中 国 国 家 标 准 汇 编

2009 年修订-8

中国标准出版社　编

中 国 标 准 出 版 社

北　京

图书在版编目（CIP）数据

中国国家标准汇编：2009年修订．8/中国标准出版社编．—北京：中国标准出版社，2010

ISBN 978-7-5066-6047-1

Ⅰ．①中…　Ⅱ．①中…　Ⅲ．①国家标准-汇编-中国-2009　Ⅳ．①T-652.1

中国版本图书馆CIP数据核字（2010）第170486号

中国标准出版社出版发行
北京复兴门外三里河北街16号
邮政编码：100045

网址 www.spc.net.cn
电话：68523946　68517548
中国标准出版社秦皇岛印刷厂印刷
各地新华书店经销

*

开本 880×1230　1/16　印张 38.5　字数 1 139 千字
2010年9月第一版　2010年9月第一次印刷

*

定价 220.00 元

ISBN 978-7-5066-6047-1

9 787506 660471 >

出 版 说 明

1.《中国国家标准汇编》是一部大型综合性国家标准全集。自1983年起，按国家标准顺序号以精装本、平装本两种装帧形式陆续分册汇编出版。它在一定程度上反映了我国建国以来标准化事业发展的基本情况和主要成就，是各级标准化管理机构，工矿企事业单位，农林牧副渔系统，科研、设计、教学等部门必不可少的工具书。

2.《中国国家标准汇编》收入我国每年正式发布的全部国家标准，分为"制定"卷和"修订"卷两种编辑版本。

"制定"卷收入上一年度我国发布的、新制定的国家标准，顺延前年度标准编号分成若干分册，封面和书脊上注明"20××年制定"字样及分册号，分册号一直连续。各分册中的标准是按照标准编号顺序连续排列的，如有标准顺序号缺号的，除特殊情况注明外，暂为空号。

"修订"卷收入上一年度我国发布的、修订的国家标准，视篇幅分设若干分册，但与"制定"卷分册号无关联，仅在封面和书脊上注明"20××年修订-1,-2,-3,……"字样。"修订"卷各分册中的标准，仍按标准编号顺序排列(但不连续)；如有遗漏的，均在当年最后一分册中补齐。需提请读者注意的是，个别非顺延前年度标准编号的新制定的国家标准没有收入在"制定"卷中，而是收入在"修订"卷中。

读者配套购买《中国国家标准汇编》"制定"卷和"修订"卷则可收齐上一年度我国制定和修订的全部国家标准。

3. 由于读者需求的变化，自1996年起，《中国国家标准汇编》仅出版精装本。

4. 2009年我国制修订国家标准共3158项。本分册为"2009年修订-8"，收入新制修订的国家标准41项。

中国标准出版社

2010年8月

目　录

ICS 29.060.10
K 11

中华人民共和国国家标准

GB/T 4909.9—2009
代替 GB/T 4909.9—1985

裸电线试验方法 第9部分:镀层连续性试验——多硫化钠法

Test methods for bare wires—
Part 9: Test for continuity of coating—Sodium polysulfide solution method

2009-03-19 发布　　2009-12-01 实施

中华人民共和国国家质量监督检验检疫总局
中国国家标准化管理委员会　发布

前 言

GB/T 4909《裸电线试验方法》分为十二个部分：

——第 1 部分：总则；

——第 2 部分：尺寸测量；

——第 3 部分：拉力试验；

——第 4 部分：扭转试验；

——第 5 部分：弯曲试验——反复弯曲；

——第 6 部分：弯曲试验——单向弯曲；

——第 7 部分：卷绕试验；

——第 8 部分：硬度试验——布氏法；

——第 9 部分：镀层连续性试验——多硫化钠法；

——第 10 部分：镀层连续性试验——过硫酸铵法；

——第 11 部分：镀层附着性试验；

——第 12 部分：镀层可焊性试验——焊球法。

本部分为 GB/T 4909 的第 9 部分。

本部分代替 GB/T 4909.9—1985《裸电线试验方法　镀层连续性试验　多硫化钠法》。

本部分与 GB/T 4909.9—1985 相比主要变化如下：

——按照 GB/T 1.1—2000 的要求，对编排格式进行了修改，并对部分文字进行了修饰；

——增加了"规范性引用文件"一章（1985 年版无；本版的第 2 章）；

——修改了预处理用的有机溶剂，并明确了硫磺试剂的要求（1985 年版的 2.2.3；本版的第 3 章）。

本部分由中国电器工业协会提出。

本部分由全国电线电缆标准化技术委员会（SAC/TC 213）归口。

本部分起草单位：上海电缆研究所、深圳市神州线缆有限公司、无锡江南电缆有限公司、河南通达电缆有限公司、江苏圣安电缆有限公司、昆明电缆股份有限公司、宝胜科技创新股份有限公司、上海亚龙工业股份有限公司和湖南湘能电工股份有限公司。

本部分起草人：陆盛叶、邢海甬、章鹏、张传省、史万福、孙萍、何文均、蒋仁章、李斌、吴学愚。

本部分所代替标准的历次版本发布情况为：

——GB/T 4909.9—1985。

裸电线试验方法
第9部分:镀层连续性试验——多硫化钠法

1 范围

GB/T 4909 的本部分规定了多硫化钠法镀层连续性试验的试验设备、试样制备、测量步骤、试验结果及评定等。

本部分适用于检验电线电缆铜导体表面金属镀层(如镀锡、银、镍层等)的连续性。

本部分与 GB/T 4909.10—2009 具有等效作用,但无论采用何种方法,应以满足产品标准对金属镀层的规定要求为准。

本部分应与 GB/T 4909.1—2009 一起使用。

2 规范性引用文件

下列文件中的条款通过 GB/T 4909 的本部分的引用而成为本部分的条款。凡是注日期的引用文件,其随后所有的修改单(不包括勘误的内容)或修订版均不适用于本部分,然而,鼓励根据本部分达成协议的各方研究是否可使用这些文件的最新版本。凡是不注日期的引用文件,其最新版本适用于本部分。

GB/T 4909.1—2009 裸电线试验方法 第1部分:总则

GB/T 4909.10—2009 裸电线试验方法 第10部分:镀层连续性试验——过硫酸铵法

3 试验设备

——玻璃量筒 250 mL;

——盐酸 化学纯;

——硫化钠 化学纯;

——硫磺 化学纯;

——乙醇或乙醚。

4 试样制备

4.1 取样

样品应由八个产品包装单位(圈或盘)组成,从每个包装单位上截取长度约为150 mm的试样一个。

4.2 预处理

将试样浸入乙醇或乙醚等适当的有机溶剂中清洗,至少3 min。取出后用清洁的软布揩干。

将预处理后的试样放在干净的盛器内,等待试验。拿放试样时不应用手触摸试样浸入试验溶液的那部分,并注意防止损伤试样表面。

5 试验步骤

5.1 盐酸溶液制备

用蒸馏水稀释化学纯盐酸,所得试验用盐酸溶液在16 ℃时的比重为1.088。

每份用于镀锡铜线试验的盐酸溶液(180 mL)经过表1中规定数量的试样浸渍两个周期后,应作失效处理。

每份用于镀银铜线的盐酸溶液(180 mL)若不能在 15 s 内使浸过多硫化钠的银褪色,应作失效处理。

表 1 镀锡铜线试样极限根数

试样标称直径 d mm	最大试样数
0.07≤d<0.75	14
0.75≤d<1.00	12
1.00≤d<1.25	10
1.25≤d<2.12	6
2.12≤d<3.55	4
3.55≤d<10.00	2

5.2 多硫化钠溶液制备

将化学纯的硫化钠晶体溶解在蒸馏水中,直至溶液在 20 ℃时达到饱和,然后再加入足量的硫磺(250 g/L 以上),加热搅拌,使之完全饱和。溶液静置 24 h 后过滤,制成多硫化钠的浓溶液。

用蒸馏水稀释适量的多硫化钠浓溶液,所得试验用多硫化钠溶液的比重在 16 ℃时应为 1.142。

多硫化钠试验溶液应有足够的浓度,应能使 1 根裸铜线在 5s 内完全变黑,否则试验溶液应作失效处理。

5.3 试验溶液的数量与温度

试验溶液装在 250 mL 的量筒中,每份为 180 mL。试验溶液的温度为 16 ℃～21 ℃。

5.4 试样的浸渍长度

试样浸入溶液中的长度应不小于 120 mm。

5.5 试验程序

从下列程序中任选一种作为试验程序:

a) 将试件浸入盐酸溶液中 1 min 后,取出,用清水冲洗,并用清洁软布揩干。立即再将试件浸入多硫化钠试验溶液中 30 s 后,取出,用清水冲洗,并用清洁软布揩干。完成上述规定程序为一个浸渍周期。完成产品标准中规定的浸渍周期后,用目力检查每个试件浸渍部分镀层表面的变色情况;

b) 将试件浸入多硫化钠试验溶液中 30 s 后,取出,用清水冲洗,并用清洁软布揩干。立即再将试件浸入盐酸试验溶液中 15 s 后,取出,用清水冲洗,并用清洁软布揩干。完成上述规定程序为一个浸渍周期。完成产品标准中规定的浸渍周期后,用目力检查每个试件浸渍部分镀层表面的变色情况;

c) 将试件浸入多硫化钠试验溶液中 30 s 后,取出,用清水冲洗,并用清洁软布揩干。完成上述规定程序为一个浸渍周期。完成产品标准中规定的浸渍周期后,用目力检查每个试样浸渍部分镀层表面的变色情况。

6 试验结果及评定

试样浸渍部分镀层表面应不发黑,但在试样切割端 12 mm 内的发黑,不作考核。

八个试样全部合格,则该批产品的镀层连续性判为合格。如有三个及以上试样不合格,则应逐件检查;如果有两个及以下试样不合格时,应从该批的其余包装单位中再随机抽取八个试样重新试验,仍有不合格时,则应逐件检查。

ICS 29.060.10
K 11

中华人民共和国国家标准

GB/T 4909.10—2009
代替 GB/T 4909.10—1985

裸电线试验方法
第 10 部分：镀层连续性试验——过硫酸铵法

**Test methods for bare wires—
Part 10: Test for continuity of coating—
Ammonium persulphate solution method**

2009-03-19 发布　　　　2009-12-01 实施

中华人民共和国国家质量监督检验检疫总局
中国国家标准化管理委员会　发布

前言

GB/T 4909《裸电线试验方法》分为十二个部分：

——第1部分：总则；

——第2部分：尺寸测量；

——第3部分：拉力试验；

——第4部分：扭转试验；

——第5部分：弯曲试验——反复弯曲；

——第6部分：弯曲试验——单向弯曲；

——第7部分：卷绕试验；

——第8部分：硬度试验——布氏法；

——第9部分：镀层连续性试验——多硫化钠法；

——第10部分：镀层连续性试验——过硫酸铵法；

——第11部分：镀层附着性试验；

——第12部分：镀层可焊性试验——焊球法。

本部分为GB/T 4909的第10部分。

本部分代替GB/T 4909.10—1985《裸电线试验方法 镀层连续性试验 过硫酸铵法》。

本部分与GB/T 4909.10—1985相比主要变化如下：

——按照GB/T 1.1—2000的要求，对编排格式进行了修改，并对部分文字进行了修饰；

——增加了"规范性引用文件"一章(1985年版无；本版的第2章)；

——修改了对预处理用有机溶剂的规定，并增加了对氨水试剂的规定(1985年版的2.2.3；本版的第3章)；

——删除了针对成品电缆的试验(1985年版的3.1.2、5.3)；

——增加了试验前对试件表面进行清洗的要求(本版的4.2)。

本部分由中国电器工业协会提出。

本部分由全国电线电缆标准化技术委员会(SAC/TC 213)归口。

本部分参加起草单位：上海电缆研究所、无锡江南电缆有限公司、河南通达电缆有限公司、江苏圣安电缆有限公司、昆明电缆股份有限公司、宝胜科技创新股份有限公司、上海亚龙工业股份有限公司、湖南湘能电工股份有限公司和深圳市神州线缆有限公司。

本部分起草人：陆盛叶、邢海甬、张传省、史万福、孙萍、何文均、蒋仁章、李斌、吴学愚、章鹏。

本部分所代替标准的历次版本发布情况为：

——GB/T 4909.10—1985。

裸电线试验方法
第10部分：镀层连续性试验——
过硫酸铵法

1 范围

GB/T 4909的本部分规定了过硫酸铵法镀层连续性试验的试验设备、试样制备、测量步骤、试验结果及评定等。

本部分适用于检验铜导体表面金属镀层(如镀锡、银、镍层等)的连续性。

本试验方法与GB/T 4909.9—2009具有等效作用，但无论采用何种方法，应以满足产品标准对金属镀层的规定要求为准。

本部分应与GB/T 4909.1—2009一起使用。

2 规范性引用文件

下列文件中的条款通过GB/T 4909本部分的引用而成为本部分的条款。凡是注日期的引用文件，其随后所有的修改单(不包括勘误的内容)或修订版均不适用于本部分，然而，鼓励根据本部分达成协议的各方研究是否可使用这些文件的最新版本。凡是不注日期的引用文件，其最新版本适用于本部分。

GB/T 4909.1—2009　裸电线试验方法　第1部分：总则

GB/T 4909.9—2009　裸电线试验方法　第9部分：镀层连续性试验——多硫化钠法

3 试验设备

——玻璃量筒　100 mL；

——过硫酸铵　化学纯；

——无水硫酸铜　化学纯；

——氨水　化学纯；

——乙醇或乙醚。

4 试样制备

4.1 取样

交货状态的样品由八个产品包装单位(圈或盘)组成。从每个样品上截取试样一个，每个试样制备成一个试件。每个试件的总长度按$L=300/d$(mm)计算。d为试样的标称直径。如果玻璃量筒中试验溶液的深度小于L时，应将试件剪成若干段，进行试验处理。

4.2 预处理

用乙醇或乙醚清洗试件的镀层，然后用干净的软布擦干并干燥。用蜡密封试件两端头使得无铜质裸露。蜡封的两个端头不应包括在测定长度L内。

5 试验步骤

5.1 过硫酸铵试验溶液的制备

将10 g过硫酸铵溶解在500 mL的蒸馏水中，加入氨水(比重0.90)75 mL，再用蒸馏水稀释至1 000 mL，制备好的试验溶液温度应不高于35 ℃。

过硫酸铵试验溶液应在每次试验时配制。

5.2 比色标准液的制备

将 0.200 g 化学纯无水硫酸铜溶解在 500 mL 的蒸馏水中，加入氨水(比重 0.90)75 mL，再用蒸馏水稀释至 1 000 mL。

5.3 试验程序

在 100 mL 的玻璃量筒中装入新配制的过硫酸铵溶液，每份为 100 mL，试验时溶液的温度为 18 ℃±3 ℃。在另一个 100 mL 的玻璃量筒中装入液面高度与试验溶液相等的比色标准液。将试件浸入试验溶液中 15 min，然后取出。沿着量筒纵深方向，用正常目力观察比较两个量筒内溶液的颜色。

6 试验结果及评定

浸过试件的试验溶液的色泽应不比比色标准液的色泽深。

八个试样全部合格，则该批产品的镀层连续性判为合格。如有三个及以上的试样不合格时，则该批产品应逐件检查，如果试样不合格数为两个及以下时，应从该批的其余包装单位中再随机抽取八个试样重新试验，第二次试验仍不合格时，则应逐件检查。

ICS 29.060.10
K 11

中华人民共和国国家标准

GB/T 4909.11—2009
代替 GB/T 4909.11—1985

裸电线试验方法 第11部分：镀层附着性试验

Test methods for bare wires—Part 11: Test for adherence of coating

2009-03-19 发布　　　　2009-12-01 实施

中华人民共和国国家质量监督检验检疫总局
中国国家标准化管理委员会　发布

前　言

GB/T 4909《裸电线试验方法》分为十二个部分：

——第1部分：总则；

——第2部分：尺寸测量；

——第3部分：拉力试验；

——第4部分：扭转试验；

——第5部分：弯曲试验——反复弯曲；

——第6部分：弯曲试验——单向弯曲；

——第7部分：卷绕试验；

——第8部分：硬度试验——布氏法；

——第9部分：镀层连续性试验——多硫化钠法；

——第10部分：镀层连续性试验——过硫酸铵法；

——第11部分：镀层附着性试验；

——第12部分：镀层可焊性试验——焊球法。

本部分为GB/T 4909的第11部分。

本部分代替GB/T 4909.11—1985《裸电线试验方法　第11部分：镀层附着性试验》。

本部分与GB/T 4909.11—1985相比主要变化如下：

——按照GB/T 1.1—2000的要求，对编排格式进行了修改，并对部分文字进行了修饰；

——增加了“规范性引用文件”一章(1985年版无；本版的第2章)；

——修改了预处理用的有机溶剂，并增加了硫磺试剂(1985年版的2.5.2；本版的第3章)。

本部分由中国电器工业协会提出。

本部分由全国电线电缆标准化技术委员会(SAC/TC 213)归口。

本部分起草单位：上海电缆研究所、河南通达电缆有限公司、江苏圣安电缆有限公司、昆明电缆股份有限公司、宝胜科技创新股份有限公司、上海亚龙工业股份有限公司、湖南湘能电工股份有限公司、深圳市神州线缆有限公司和无锡江南电缆有限公司。

本部分起草人：陆盛叶、邢海甬、史万福、孙萍、何文均、蒋仁章、李斌、吴学愚、章鹏、张传省。

本部分所代替标准的历次版本发布情况为：

——GB/T 4909.11—1985。

裸电线试验方法
第 11 部分:镀层附着性试验

1 范围

GB/T 4909 的本部分规定了裸电线镀层附着性试验的试验设备、试样制备、测量步骤、试验结果及评定等。

本部分适用于检验电线电缆铜导体表面的金属镀层(如锡和镍层)的附着性。

本部分应与 GB/T 4909.1—2009 一起使用。

2 规范性引用文件

下列文件中的条款通过 GB/T 4909 的本部分的引用而成为本部分的条款。凡是注日期的引用文件,其随后所有的修改单(不包括勘误的内容)或修订版均不适用于本部分,然而,鼓励根据本部分达成协议的各方研究是否可使用这些文件的最新版本。凡是不注日期的引用文件,其最新版本适用于本部分。

GB/T 4909.1—2009 裸电线试验方法 第 1 部分:总则

3 试验设备

——玻璃量筒 250 mL;

——试棒 黄铜或钢制成的圆棒,表面抛光;

——放大镜 放大倍数为 3 倍和 7 倍两种;

——卷绕装置 手绕;

——硫化钠 化学纯;

——硫磺 化学纯;

——乙醇或乙醚。

4 试样制备

4.1 取样

样品应由八个产品包装单位(圈或盘)组成,从每个包装单位上截取长度约为 300 mm 的试样一个。

4.2 预处理

将试样浸入乙醇或乙醚等适当的有机溶剂中清洗,至少 3min。取出后用清洁的软布揩干。

将预处理后的试样放在干净的盛器内,等待试验。拿放试样时不应用手触摸试样浸入试验溶液的那部分,并注意防止损伤试样表面。

5 试验步骤

5.1 多硫化钠溶液制备

将硫化钠晶体溶解在蒸馏水中,直至溶液在 20℃时达到饱和,然后再加入足量的硫磺(250 g/L 以上),加热搅拌,使之完全饱和。溶液静置 24 h 后过滤,制成多硫化钠浓溶液。

用蒸馏水稀释适量的多硫化钠浓溶液,所得试验用多硫化钠溶液的比重在 16℃时应为 1.142。

每份试验用的多硫化钠溶液应有足够的浓度,应能使一根裸铜线在 5s 内完全变黑,否则试验溶液应作失效处理。

试验溶液装在 250 mL 的量筒中，每份为 180 mL。试验时溶液的温度为 16 ℃～21 ℃。

5.2 卷绕试样

根据产品标准规定的直径选取试棒。

按表 1 规定用手缓慢而均匀地将试样螺旋地卷绕在试棒上。相邻匝间的距离大约等于试样的直径。卷绕时不应拉伸试样。

表 1 卷绕匝数

标称直径 d/mm	卷绕匝数
$d \leqslant 0.50$	6
$d > 0.50$	3

5.3 浸渍试样

从试棒上取下试样，将其螺旋卷绕部分完全浸入多硫化钠溶液中 30 s。

5.4 清洗

试样从多硫化钠溶液中取出后，立即用清水冲洗，并仔细甩掉表面的水滴。

5.5 检验

按表 2 规定检验试样螺旋卷绕部分的外周表面。

表 2 检验方法

试样镀层	标称直径 d/mm	检验方法
镀锡层	$d \leqslant 0.50$	3 倍放大镜
	$d > 0.50$	目力
镀镍层	所有规格	7 倍放大镜

6 试验结果及评定

试样螺旋卷绕部分的外周表面应不发黑，镀层应无裂纹。

八个试样全部合格，则该批产品的镀层附着性判为合格。如有三个及以上试样不合格时，则该批应逐件检查。如果有两个及以下试样不合格时，应从该批的其余包装单位中再随机抽取八个试样重新试验，仍有不合格时，则应逐件检查。

ICS 29.060.10
K 11

中华人民共和国国家标准

GB/T 4909.12—2009
代替 GB/T 4909.12—1985

裸电线试验方法
第12部分:镀层可焊性试验——焊球法

Test methods for bare wires—
Part 12:Solderability test of coating—Solder globule method

2009-03-19 发布　　2009-12-01 实施

中华人民共和国国家质量监督检验检疫总局
中国国家标准化管理委员会　发布

前言

GB/T 4909《裸电线试验方法》分为十二个部分：

——第1部分：总则；

——第2部分：尺寸测量；

——第3部分：拉力试验；

——第4部分：扭转试验；

——第5部分：弯曲试验——反复弯曲；

——第6部分：弯曲试验——单向弯曲；

——第7部分：卷绕试验；

——第8部分：硬度试验——布氏法；

——第9部分：镀层连续性试验——多硫化钠法；

——第10部分：镀层连续性试验——过硫酸铵法；

——第11部分：镀层附着性试验；

——第12部分：镀层可焊性试验——焊球法。

本部分为GB/T 4909的第12部分。

本部分代替GB/T 4909.12—1985《裸电线试验方法　镀层可焊性试验　焊球法》。

本部分与GB/T 4909.12—1985相比主要变化如下：

——按照GB/T 1.1—2000的要求，对编排格式进行了修改，并对部分文字进行了修饰；

——增加了"规范性引用文件"一章(1985年版无；本版的第2章)。

本部分由中国电器工业协会提出。

本部分由全国电线电缆标准化技术委员会(SAC/TC 213)归口。

本部分起草单位：上海电缆研究所、江苏圣安电缆有限公司、昆明电缆股份有限公司、宝胜科技创新股份有限公司、上海亚龙工业股份有限公司、湖南湘能电工股份有限公司、深圳市神州线缆有限公司、无锡江南电缆有限公司和河南通达电缆有限公司。

本部分起草负责人：陆盛叶、邢海甬、孙萍、何文均、蒋仁章、李斌、吴学愚、章鹏、张传省、史万福。

本部分所代替标准的历次版本发布情况为：

——GB/T 4909.12—1985。

裸电线试验方法
第12部分:镀层可焊性试验——焊球法

1 范围

GB/T 4909的本部分规定了裸电线焊球法镀层可焊性试验的试验设备、试样制备、测量步骤、试验结果及评定等。

本部分适用于测试镀锡铜线表面被熔融焊料润湿的特性,这种特性用一特定时间表示。

本部分方法是用试样将熔融焊料的焊球平分两半,测量试样切开焊球到焊料流至试样四周并把试样覆盖住所需的时间。这个时间指示出试样的可焊性。

本部分应与GB/T 4909.1—2009一起使用。

2 规范性引用文件

下列文件中的条款通过GB/T 4909的本部分的引用而成为本部分的条款。凡是注日期的引用文件,其随后所有的修改单(不包括勘误的内容)或修订版均不适用于本部分,然而,鼓励根据本部分达成协议的各方研究是否可使用这些文件的最新版本。凡是不注日期的引用文件,其最新版本适用于本部分。

GB/T 4909.1—2009　裸电线试验方法　第1部分:总则

3 试验设备

3.1 可焊性试验装置

如图1所示。试验装置的设计和加工,应能保证加热头的温度保持为(235±2)℃。

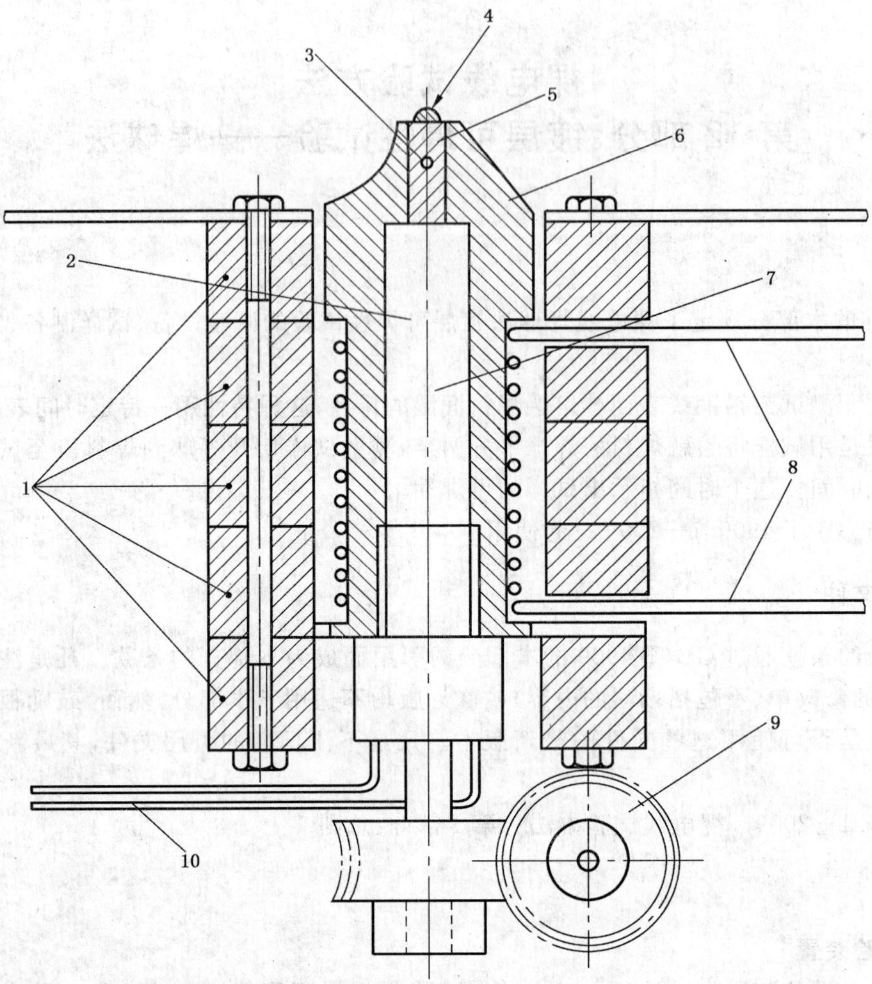

1——保温元件；

2——电加热器；

3——测温传感器孔座；

4——焊料球；

5——加热头；

6——加热体；

7——自动调温装置；

8——加热器引线；

9——调温装置调节器；

10——调温装置引线。

图 1 焊球试验装置

3.1.1 加热体

加热体如图 2 所示，应由非热处理的铝棒制成，其抗拉强度应不小于 170 N/mm^2，化学成分如表 1 所示。缠绕电加热元件部分的直径为 16.0 mm，该部分的长度允许调整，但应不超过 60 mm。传感器放置孔的中心位置应针对加热头的圆周表面，使传感器可以插到加热头的圆柱表面。孔的尺寸应与传感器相适应。

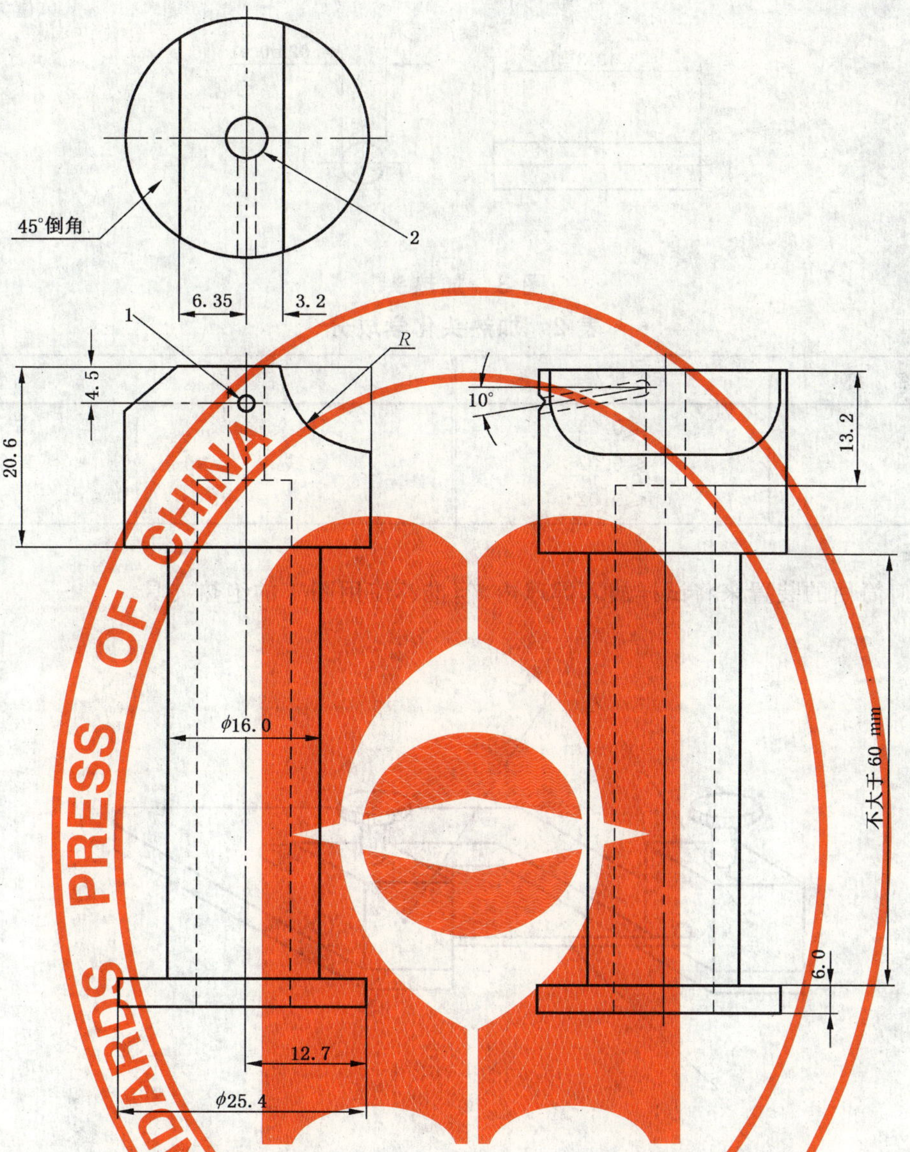

1——传感器放置孔；

2——加热头放置孔，钻并铰，ϕ 为 3.96±0.02 mm；

R——放置元件而割去的一部分。

注：尺寸以 mm 计，除非另有规定，误差为±0.1。

图 2　加热体

表 1　加热体化学成分

元　素　名　称	含量/%	元　素　名　称	含量/%
镁	1.7～2.8	铬	≤0.25
铜	≤0.1	锌	≤0.2
硅	≤0.6	钛或其他细晶化元素	≤0.15
铁	≤0.5	铝	其余部分
锰	≤0.5		

3.1.2　加热头

加热头如图 3 所示，用铁制成，其化学成分如表 2 所示。装入加热体上时，加热体应加热到约 500 ℃，然后将加热体的端面和 R 处的弧面抛光。加热头顶端表面必须镀锡。

单位为毫米

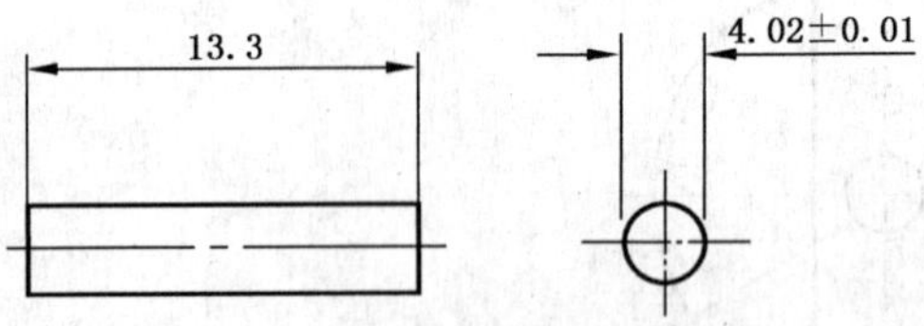

图 3 加热头

表 2 加热头化学成分

元 素 名 称	含量/%	元 素 名 称	含量/%
碳 氧 氮	≤0.05 ≤0.02 ≤0.02	其他杂质 铁	15×10^{-6} 其余部分

3.1.3 试样夹

可使用任何简便的装置来将试样放入焊球内，但推荐使用图 4 的绝热夹具。

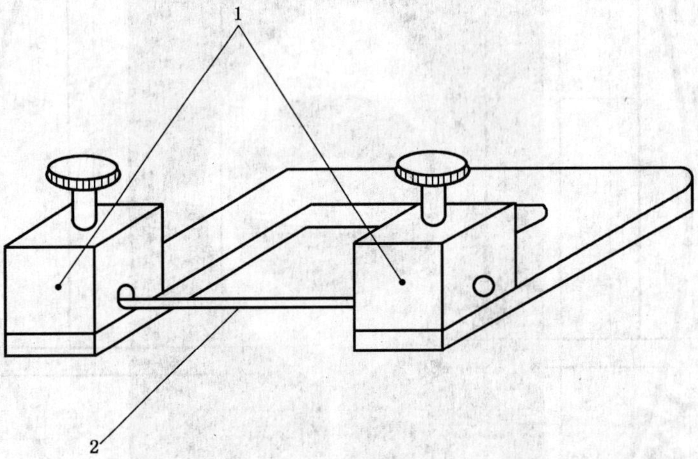

1——绝热块；
2——试样。

图 4 试样夹

3.2 焊料

3.2.1 化学成分

焊料的化学成分含量(质量分数)如表 3 所示。表 3 以外的其他杂质含量(如铅、锌或镉等)应不超过对焊料的性能产生有害影响的程度。

表 3 焊料化学成分

元 素 名 称	含量/%	元 素 名 称	含量/%
锡 锑 铜	59～61 ≤0.5 ≤0.1	砷 铁 铅	≤0.05 ≤0.02 其余部分

3.2.2 60%焊料的熔化温度范围

60%焊料的熔化温度范围为：

全固化：183 ℃；

全液化:188 ℃。

3.3 焊剂

3.3.1 松香

松香应符合下列要求:

颜色:标准松香色(WW)或更白;

酸值:每克松香中≥155 mg;

软化点(球和环):≥70 ℃;

流点(厄布洛德):≥76 ℃;

灰分:≤0.05%;

溶解度:将松香放入等质量的异丙醇中时,溶液应清澈,在室温下放置一周之后,不应有任何沉淀现象。

3.3.2 异丙醇

异丙醇应符合下列要求:

纯度:≥99.5%(按质量计);

醋酸酸度(二氧化碳除外):≤0.002%(按质量计);

非挥发性成分:≤2 mg/100 mL。

3.3.3 酒精

酒精应符合下列要求:

纯度:≥96.2%(按质量计);

游离酸(二氧化碳除外):≤4 mg/L。

4 试样制备

试样长100 mm。

试样应是直的,不应用手直接接触被试表面。

在进行可焊性试验前,试样应不进行清洁处理。若有关标准有要求,则试验样品可浸渍在室温条件下的中性有机溶剂中去除油污。

5 试验步骤

5.1 焊剂配置

5.1.1 非活性焊剂

非活性焊剂由25%的松香和75%的异丙醇或酒精所组成。

5.1.2 活性焊剂

当使用活性焊剂时,可按如下配方制作:在非活性焊剂中添加二乙胺盐酸盐(分析纯),使氯的含量上升到0.5%(指以松香含量为基准的自由氯离子表示的量)。

5.2 焊球

新的焊球放置在焊接装置中加热头上之前,应将前次试验遗留在加热头上的焊料擦干净。焊球的质量应符合表4规定。

表4 焊球质量选择

试样标称直径 d/mm	焊球标称质量/mg
d≤0.24	50
0.24<d≤0.54	75
0.54<d≤0.74	125
0.74<d≤1.2	200
注:超出标称质量±10%的焊球数量应不超过1.5%。	

5.3 试验程序

加热焊球，加热头的温度应稳定保持为(235±2)℃。

对熔融的焊球加少量的焊剂，以保证焊球清洁和不被氧化，并能完全润湿加热头。

将试样装在试样夹上，在试样表面涂上焊剂，然后将试样放到焊球中，将焊球分成两部分，使试样接触加热头表面，开始计时，当焊料沿试样表面流动至把试样覆盖时，终止计时，记录从开始计时到终止计时的时间。

每个试样应测两点，点间距离应不小于 8 mm。

6 试验结果及评定

记录每点的焊接时间，应不超过 2 s。试验结果取 8 个试样试验数据的算术平均值。

8 个试样全部合格，则该批产品的镀层可焊性判为合格。如有 3 个及以上试样不合格，则应逐件检查，如果有 2 个及以下试样不合格时，应从该批的其余包装单位中再随机抽取 8 个试样重新试验，仍有不合格时，则应逐件检查。

7 注意事项

在完成试验之后，热模应与放在工作位置的焊球一起冷却，以防止加热头氧化和相继发生的弱润湿。

可使用其他试验装置，但应满足下列要求：

a) 加热头的温度应保持为(235±2)℃；

b) 焊球的温度用体积不大于 0.2 mm^3 的热电偶(如镍铬-镍或铬镍-铝镍热电偶)放在焊球中测定；

c) 试样为刚镀好锡的铜线，直径 0.8 mm，长(50±2)mm，用使试样热传导最小的夹具夹挂试样，然后将试样插入焊球中，此时应符合下列条件：

1) 在 7 次重复试验中，至少有 5 次在 3 s 后温度不低于 222 ℃；

2) 在整个试验期间的任何时候，温度应不低于 210 ℃。

ICS 29.060.10
K 11

GB

中华人民共和国国家标准

GB/T 4910—2009
代替 GB/T 4910—1985

镀锡圆铜线

Tinned round copper wire

2009-03-19 发布　　　　2009-12-01 实施

中华人民共和国国家质量监督检验检疫总局
中国国家标准化管理委员会　发布

前　言

本标准代替 GB/T 4910—1985《镀锡圆铜线》。

本标准与 GB/T 4910—1985 相比主要变化如下：

——按照 GB/T 1.1—2000 的要求，对标准的结构和编写方式进行了调整；

——修改了对于验收规则检验项目中对如有不合格时，“应逐盘检验”，改为“判定该批不合格”。（前版的 11.3，本版的 11.3）；

——检验项目中“直径”修改为“尺寸偏差”。（前版第 11 章表 7，本版第 11 章表 7）。

本标准由中国电器工业协会提出。

本标准由全国电线电缆标准化技术委员会（SAC/TC 213）归口。

本标准负责起草单位：上海电缆研究所。

本标准参加起草单位：深圳市神州线缆有限公司、张家港市盛天金属线有限公司、上海特缆电工科技有限公司、江苏江润铜业有限公司。

本标准主要起草人：党朋、季世泽、章鹏、谢国锋、王星、初天新。

本标准所代替标准的历次版本发布情况为：

——GB/T 4910—1985。

镀锡圆铜线

1 范围

本标准规定了镀锡圆铜线的型号、规格、材料、电气和机械性能、包装及标志等。

本标准适用于制造电线电缆及电器制品用的镀锡软圆铜线,简称镀锡圆铜线。

2 规范性引用文件

下列文件中的条款通过本标准的引用而成为本标准的条款。凡是注日期的引用文件,其随后所有的修改单(不包括勘误的内容)或修订版均不适用于本标准,然而,鼓励根据本标准达成协议的各方研究是否可使用这些文件的最新版本。凡是不注日期的引用文件,其最新版本适用于本标准。

GB/T 728—1998 锡锭

GB/T 3048.2—2007 电线电缆电性能试验方法 第2部分:金属材料电阻率试验(IEC 60468:1974, MOD)

GB/T 3953—2009 电工圆铜线

GB/T 4909.2—2009 裸导线试验方法 第2部分:尺寸测量

GB/T 4909.3—2009 裸导线试验方法 第3部分:拉力试验

GB/T 4909.9—2009 裸导线试验方法 第9部分:镀层连续性试验——多硫化钠法

GB/T 4909.11—2009 裸导线试验方法 第11部分:镀层附着性试验

GB/T 4909.12—2009 裸导线试验方法 第12部分:镀层可焊性试验——焊球法

3 型号

3.1 镀锡圆铜线的型号如表1。

表1 镀锡圆铜线型号

型 号	名 称
TXR	镀锡软圆铜线
TXRH	可焊镀锡软圆铜线

3.2 表示方法

镀锡圆铜线用型号、规格及本标准号表示。

示例:标称直径为0.50 mm可焊镀锡软铜线,表示为TXRH 0.5 GB/T 4910—2009

4 规格

镀锡圆铜线的规格如表2。

表2 镀锡圆铜线规格

型 号	规格范围/mm
TXR	0.05～4.00
TXRH	0.20～1.20
注:其他规格由供需双方协议决定。	

5 材料

5.1 铜线应符合 GB/T 3953—2009 的规定。

5.2 锡应符合 GB/T 728—1998 的规定，不低于 2 号锡。

6 尺寸偏差

镀锡圆铜线的直径按照 GB/T 4909.2—2009 测量。标称直径及偏差应符合表 3 的规定。

表 3 镀锡圆铜线标称直径及偏差

单位为毫米

标称直径 d	偏差
$0.050<d\leqslant 0.125$	+0.006 −0.003
$0.125<d\leqslant 0.400$	+0.010 −0.004
$0.400<d\leqslant 4.00$	+2%d −1%d

7 伸长率

镀锡圆铜线的伸长率按照 GB/T 4909.3—2009 测量。伸长率应符合表 4 的规定。

表 4 镀锡圆铜线伸长率

标称直径 d/mm	伸长率(最小值)/%
$0.05<d\leqslant 0.09$	6
$0.09<d\leqslant 0.25$	12
$0.25<d\leqslant 0.50$	15
$0.50<d\leqslant 2.00$	20
$2.00<d\leqslant 4.00$	25

8 电阻率

镀锡圆铜线的电阻率按照 GB/T 3048.2—2007 测量。电阻率应符合表 5 规定。

表 5 镀锡圆铜线电阻率

标称直径 d/mm	电阻率 ρ_{20}(最大值)/($\Omega\cdot mm^2/m$)	
	TXR	TXRH
$0.05<d\leqslant 0.09$	0.018 51	0.018 51
$0.09<d\leqslant 0.25$	0.018 02	0.018 31
$0.25<d\leqslant 0.50$	0.017 70	0.017 93
$0.50<d\leqslant 4.00$	0.017 60	0.017 75

9 镀层

9.1 镀锡圆铜线的镀层表面应光滑连续，不得有影响产品性能的任何缺陷。用正常目力检查。

9.2 镀锡层应是连续的。经多硫化钠溶液试验后的试样表面应不变黑，或经过硫酸铵溶液试验后，试验溶液的色泽应不深于标准比色溶液的色泽。

9.3 镀锡层应牢固地粘附在铜线的表面上，镀锡铜线按表6规定卷绕，并经浸渍试验后，试样螺旋卷绕部分的外周围表面应不变黑，镀层应无裂纹。

表6 镀锡圆铜线卷绕试棒直径

标称直径 d/mm	试棒直径(最大值)
$d \leqslant 0.68$	4 d
$d > 0.68$	5 d

10 可焊性

TXRH型镀锡圆铜线应具有可焊性，焊接时间不大于2 s。

11 验收规则

11.1 产品应由制造厂的技术检查部门检验合格后方能出厂或使用，每批产品应附有制造厂的产品质量检验合格证。

11.2 产品应按表7规定进行检验。

11.3 检验项目每批按1%抽样，但不少于3盘，批量较大时不多于10盘，第一次试验有不合格时，应取双倍数量的试样就不合格项目进行第二次试验，如仍有不合格时，则判该批不合格。

表7 镀锡圆铜线检验项目

序号	检验项目	章条号	试验类型	试验方法
1	尺寸偏差	第6章	T,S	GB/T 4909.2—2009
2	伸长率	第7章	T,S	GB/T 4909.3—2009
3	电阻率	第8章	T,S	GB/T 3048.2—2007
4	镀层连续性	9.2	T,S	GB/T 4909.9—2009
5	镀层附着性	9.3	T,S	GB/T 4909.11—2009
6	可焊性	第10章	T,S	GB/T 4909.12—2009

12 包装及标志

12.1 镀锡圆铜线应均匀地绕在线盘上交货，线端必须固定牢靠，线匝不得紊乱。

最外层线与线盘侧板边缘应保持适当的距离。

每盘线应妥善包装，存放在干燥、无腐蚀气体的地方。

12.2 每盘镀锡圆铜线上应附有标签，标明：

a) 制造厂名称；

b) 型号及规格；

c) 毛重及净重:kg；

d) 制造日期： 年 月；

e) 本标准号。

ICS 07.060
P 10

中华人民共和国国家标准

GB/T 4935.2—2009

土工试验仪器　固结仪
第2部分：气压式固结仪

Instrument for soil test—Oedometer—
Part 2：Pneumatic oedometer

2009-06-12 发布　　2009-12-01 实施

中华人民共和国国家质量监督检验检疫总局
中国国家标准化管理委员会　发布

前 言

GB/T 4935《土工试验仪器 固结仪》分为两个部分：

——第1部分：单杠杆固结仪；

——第2部分：气压式固结仪。

本部分为GB/T 4935的第2部分。

本部分与GB/T 15406《岩土工程仪器基本参数及通用技术条件》等标准在技术内容上协调一致。

本部分由中华人民共和国水利部提出并归口。

本部分主要起草单位：水利部水文仪器及岩土工程仪器质量监督检验测试中心、南京土壤仪器厂有限公司、南京智龙科技开发有限公司、上海深尔科科技有限公司。

本部分参加起草单位：全国工业产品生产许可证办公室水文仪器及岩土工程仪器审查部。

本部分主要起草人：茅加峰、夏康、陆旭、袁龙、杨熙章。

本部分参加起草人：鲍良钝。

土工试验仪器 固结仪
第2部分:气压式固结仪

1 范围

GB/T 4935的本部分规定了气压式固结仪(以下简称固结仪)的分类,结构组成及规格、技术要求、试验方法、检验规则、标志、使用说明书、包装、运输和贮存的统一要求。

本部分适用于测定土样在无侧向变形条件下的固结特性相关参数的气压式固结仪。

2 规范性引用文件

下列文件中的条款通过GB/T 4935的本部分的引用而成为本部分的条款。凡是注日期的引用文件,其随后所有的修改单(不包括勘误的内容)或修订版均不适用于本部分,然而,鼓励根据本部分达成协议的各方研究是否可使用这些文件的最新版本。凡是不注日期的引用文件,其最新版本适用于本部分。

GB/T 9969 工业产品使用说明书 总则

GB/T 13384 机电产品包装通用技术条件

GB/T 15406 岩土工程仪器基本参数及通用技术条件

GB/T 15479 工业自动化仪表绝缘电阻、绝缘强度技术要求和试验方法

GB/T 50279—1998 岩土工程基本术语标准

SL/T 152—1995 透水板

SL 370—2006 土工试验仪器 环刀

JJG 34 指示表(指针式、数显式)检定规程

3 术语和定义

GB/T 50279—1998确立的以及下列术语和定义适用于GB/T 4935的本部分。

3.1

气压式固结仪 pneumatic oedometer

通过气压装置对土样施加不同垂直压力的固结仪。

3.2

加荷响应时间 response time for loading

固结仪从开始加荷到加荷至额定压力值所需的时间。

4 产品分类、结构组成及规格

4.1 产品分类

4.1.1 自动型:由计算机系统对试验过程进行自动控制和数据采集。

4.1.2 手动型:试验过程采用人工控制。

4.2 结构组成

气压式固结仪主要由固结容器、加荷装置、量测装置和气压装置等部件组成。对于自动型气压式固结仪,其结构组成还包括计算机控制系统。其工作示意图如图1所示:

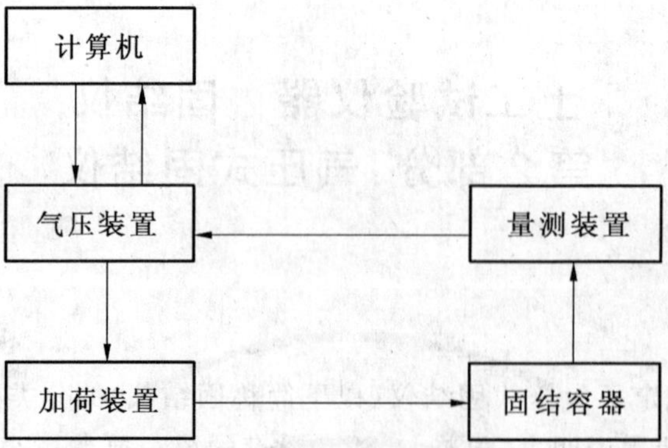

图 1　气压式固结仪原理图

4.3　产品规格

4.3.1　固结容器

4.3.1.1　环刀和透水板

环刀和透水板的主要参数应符合表 1 的规定。

表 1　环刀和透水板主要参数

环刀规格		透水板规格/mm	
面积/cm^2	内径和高度/mm	上透水板直径	下透水板直径
30	ϕ61.8×20	ϕ61.3	ϕ61.8
50	ϕ79.8×20	ϕ79.3	ϕ83.0

4.3.1.2　护环和导环

护环和导环的主要参数应符合表 2 的规定。

表 2　护环和导环主要参数

规格/cm^2	内径/mm
30	$\phi 65\mathrm{E8}\binom{+0.106}{+0.06}$
50	$\phi 83\mathrm{E8}\binom{+0.126}{+0.072}$

4.3.2　量测装置

量程不小于 10 mm 的位移传感器或百分表。

4.3.3　加荷装置

主要技术参数应符合表 3 的规定。

表 3　加荷装置主要参数

试样面积/cm^2	固结压力/kPa		
	低压	中压	高压
30	0～800	0～1 600	0～3 200
50	0～400	0～800	0～1 600

5　技术要求

5.1　工作环境

固结仪应能在下列环境下正常工作：

a） 温度：5 ℃～35 ℃；

b） 相对湿度：不大于85%(30 ℃时)；

c） 大气压：86 kPa～106 kPa。

5.2 外观

5.2.1 固结仪的电镀表面不应有脱皮和斑点存在，漆面不应有碰伤痕迹和显著的颜色不均匀。

5.2.2 固结仪的零件表面不应有毛刺和粗糙不平现象。

5.3 固结容器

5.3.1 环刀

环刀应符合SL 370—2006的有关规定。

5.3.2 透水板

透水板应符合SL/T 152—1995第4章的有关规定，渗透系数应不小于1×10^{-3} cm/s。

5.3.3 护环和导环

护环和导环的内径应符合表2的规定。

5.4 出力性能

5.4.1 灵敏度

灵敏度应不超过满量程的0.1%。

5.4.2 相对误差

加荷值为100 kPa以下时，其误差应不超过±1.0 kPa；加荷值为100 kPa以上时，其相对误差应不超过±1.0%。

5.5 加荷响应时间

固结仪的加荷响应时间应≤2 s。

5.6 量测装置

量测装置中的位移传感器或百分表应符合如下要求：

a） 位移传感器的准确度应不超过满量程的0.3%；

b） 百分表的准确度应不低于1级。

5.7 气压控制器

5.7.1 输出压力应连续可调，可以任意设置。

5.7.2 应具有标准通讯接口。

5.7.3 应能接受外部控制指令进行相应的动作并能根据需要向外传送当前压力及仪器工作状态等参数。

5.8 计算机控制系统

对于自动型气压式固结仪，其计算机系统应具有试验过程自动控制和数据自动采集、记录、存贮、显示及信号输出等功能。

5.9 稳定性

气压装置加荷至额定值并保持标准固结时间，其出力性能应满足5.4的要求。

5.10 电源适应性

固结仪应能在AC220(1±10%)V的电源条件下正常工作。

5.11 绝缘性能

5.11.1 绝缘电阻

在测量端子与外壳之间施加的直流试验电压为500 V时，绝缘电阻应≥50 MΩ。

5.11.2 绝缘强度

测量端子与外壳之间应能承受与主电源频率相同的1.5 kV的正弦交流电的试验电压，无击穿或飞弧现象。

5.12 机械环境适应性

包装好的仪器经运输颠振后,应满足如下要求:

a) 仪器表面无损伤,零件无松动、损坏;

b) 仪器的各项性能应符合 5.2～5.11 的规定。

6 试验方法

6.1 主要测试设备

主要测试设备包括:

a) 0.3 级标准测力仪:0.6 kN,1.5 kN,10 kN 或性能指标相当的标准负荷传感器(包括指示仪器);

b) 耐压测试仪;

c) 500 V 绝缘电阻表;

d) 万用表;

e) 秒表;

f) 外径千分尺:分度值为 0.01 mm;

g) 专用塞规:ϕ61.8 mm;ϕ79.8 mm;

h) 游标卡尺:150 mm。

6.2 检测

6.2.1 工作环境

必要时参照 GB/T 15406 的有关规定进行检测,结果应符合 5.1 的要求。

6.2.2 外观

目测检查仪器外观,结果应符合 5.2 的要求。

6.2.3 固结容器

6.2.3.1 环刀

应按 SL 370—2006 的有关试验方法进行检测,结果应符合 5.3.1 的要求。

6.2.3.2 透水板

参照 SL/T 152 的有关规定进行检测,结果应符合 5.3.2 的要求。

6.2.3.3 护环和导环

用游标卡尺检测护环和导环的内径,结果应符合 5.3.3 的要求。

6.2.4 出力性能

6.2.4.1 灵敏度

将气压控制器的出力调到满量程的 0.1%压强值为负载,施加在测力仪上,测力仪应有明显反应。

6.2.4.2 相对误差

在固结仪的量程范围内均匀取点 7 个～10 个,施加相应的压强,检测各点输出力值并计算其相应误差,结果应符合 5.4.2 的要求。

6.2.5 加荷响应时间

连接 4 台加荷装置,设置额定加荷值,同时揿下加荷键和秒表,当固结仪的压强达到额定值时,所需的时间应符合 5.5 的要求。

6.2.6 位移量测装置

位移传感器应参照 JJG 34 中的有关规定进行检测,结果应符合 5.6 中 a)的要求。

百分表应按照 JJG 34 的有关规定进行检测,结果应符合 5.6 中 b)的要求。

6.2.7 气压控制器

检查气压控制器的各项功能,结果应符合 5.7 的要求。

6.2.8 计算机控制系统

检查计算机控制系统的各项功能，结果应符合 5.8 的要求。

6.2.9 稳定性

固结仪在工作环境下，加至额定压强值连续运行 24 h 后，其性能应符合 5.9 的要求。

6.2.10 电源适应性

调节电源电压至额定电压的上、下限值，固结仪的性能应符合 5.10 的要求。

6.2.11 绝缘性能

固结仪的绝缘电阻的检测参照 GB/T 15479 的有关规定进行，其性能应符合 5.11.1 的要求。

固结仪的绝缘强度的检测参照 GB/T 15479 的有关规定进行，其性能应符合 5.11.2 的要求。

6.2.12 机械环境适应性

仪器在包装状态下经受三级公路 50 km 运输的颠振试验后，结果应满足 5.12 的要求。

7 检验规则

7.1 出厂检验

7.1.1 仪器出厂前应进行出厂检验，出厂检验项目分全检和抽检两种。其中，对 5.2、5.4、5.5、5.7、5.8、5.9 应进行全检，对 5.3、5.6、5.10 应进行抽检。

7.1.2 全检系对产品进行特定项目检验，抽检系对特定项目进行抽样检验；产品发现不合格品应进行返工直至合格。

7.1.3 抽检按每批产品数量的 5%～10%随机抽样进行检验，每批不得少于 3 台，若产品数量少于 3 台，则应全检；当抽检项目出现不合格项时，应根据问题性质决定加倍复检或逐台试验，并应将该台产品进行返工直至合格。

7.1.4 每台仪器应经制造厂家质量检验部门检验合格并附有质量合格证方可出厂。

7.2 型式检验

7.2.1 产品在下列情况下应作型式检验：

a) 新产品试制、定型鉴定或老产品转厂生产时；

b) 正式生产后，在结构、材料、工艺有较大改变，可能影响产品性能时；

c) 正式生产后，产品已连续生产三年以上时；

d) 产品停产一年以上又恢复生产时；

e) 产品出厂检验结果与上次型式检验结果有较大差异时；

f) 国家质量监督机构提出进行型式检验要求时。

7.2.2 型式检验应按本部分规定的全部试验项目进行全性能检验。

7.2.3 型式检验的样品，应从经出厂检验合格的产品中随机抽取 3 台。若产品总数少于 3 台，则应全部检验。

7.2.4 检验结果评定：在型式检验中有两台以上(包括两台)不合格时，则应判该批产品不合格。有一台不合格时，则应加倍抽取该产品进行扩大抽样检验。仍有不合格时，则应判该批产品为不合格；若加倍抽样产品全部合格，则该批产品应判为合格。

7.2.5 经过型式检验的仪器样机，需要更换易损件，并经出厂检验合格后方能出厂。

8 标志、使用说明书

8.1 标志

8.1.1 产品标志

在产品的显著位置应具有完整的铭牌标志，内容包括：

a) 产品型号及名称；

b） 生产单位名称、地址及商标；

c） 生产日期及出厂编号等。

8.1.2 包装标志

在产品的包装箱的适当位置，应标有显著、牢固的包装标志，内容包括：

a） 仪器型号及名称；

b） 仪器数量；

c） 箱体尺寸(mm)；

d） 净重或毛重(kg)；

e） 运输作业安全标志；

f） 到站(港)及收货单位；

g） 发站(港)及发货单位；

h） 国家工业产品生产许可证编号及标志。

8.1.3 随机文件

仪器出厂应提供下列文件：

a） 装箱单；

b） 产品出厂合格证明书；

c） 产品使用说明书。

8.2 使用说明书

产品的使用说明书的内容应符合 GB/T 9969 的有关规定。

9 包装、运输、贮存

9.1 包装

9.1.1 仪器主机、零件与附备件应分箱包装。

9.1.2 包装箱选用的材料和结构应能防止风沙和雨水侵入。

9.1.3 未涂漆的零件应用油封包装。

9.1.4 产品包装后，其包装件重心应尽量靠下且居中，产品装在箱内必须予以支撑、垫平、卡紧。

9.1.5 附件箱、备件箱应尽量固定在主机箱内适当位置，装在箱内的附件、备件等也应采取相应的固定措施。

9.1.6 产品的防震、防潮、防尘等防护包装按 GB/T 13384 中的有关规定进行。

9.2 运输

包装好的产品应能适应陆运、水运和空运等各种运输方式。

9.3 贮存

9.3.1 仪器应贮存在干燥、通风、防晒和无化学物质侵蚀的环境中。

9.3.2 仪器应能在以下规定的范围内贮存：

a） 温度：−40 ℃～60 ℃；

b） 相对湿度：不大于 85％。

ICS 43.040.50
T 23

中华人民共和国国家标准

GB/T 4970—2009
代替 GB/T 5902—1986,GB/T 4970—1996

汽车平顺性试验方法

Method of running test—Automotive ride comfort

(ISO 2631-1:1997,Mechanical vibration and shock—
Evaluation of human exposure to whole-body vibration—
Part 1:General requirements,NEQ)

2009-10-30 发布　　2010-07-01 实施

中华人民共和国国家质量监督检验检疫总局
中国国家标准化管理委员会　发布

前　言

本标准对应于 ISO 2631-1:1997《机械振动与冲击　人体暴露于整体振动的评价　第 1 部分:总要求》,与 ISO 2631-1:1997 的一致性程度为非等效。

本标准代替 GB/T 5902—1986《汽车平顺性脉冲输入行驶试验方法》和 GB/T 4970—1996《汽车平顺性随机输入行驶试验方法》。

本标准与 GB/T 5902—1986 和 GB/T 4970—1996 相比主要差异如下:

——标准名称变化,本标准名称为《汽车平顺性试验方法》;

——重新定义车辆类型(见第 1 章);

——重新定义试验路面长度(见第 3 章);

——增加了试验仪器(见第 3 章);

——删除了长坡形凸块(见第 4 章);

——增加了加速度传感器的测量位置(见第 5 章);

——增加了辅助评价方法,引入峰值系数和振动剂量值概念(见第 6 章);

——增加了振动对人体舒适性感觉影响的评价,1/3 倍频带中心频率由原来的 0.9 Hz～80 Hz 调整为 0.5 Hz～80 Hz,同时重新定义了 1/3 倍频带的主要加权系数,增加了不同研究情况下采用的频率加权函数和轴加权系数表,给出了主、客观评价对应表;

——在加权加速度均方根值计算里面去掉了直接用功率谱密度计算加权加速度均方根值的方法(见第 6 章)。

本标准的附录 A 为规范性附录,附录 B 为资料性附录。

本标准由国家发展和改革委员会提出。

本标准由全国汽车标准化技术委员会归口。

本标准起草单位:中国第一汽车集团公司技术中心。

本标准主要起草人:秦民、刘明辉、应国增、刘春雁。

本标准所代替标准的历次版本发布情况为:

——GB 4970—1985、GB/T 4970—1996;

——GB/T 5902—1986。

汽车平顺性试验方法

1 范围

本标准规定了汽车在脉冲输入行驶和随机输入行驶工况下的平顺性试验方法。

本标准适用于M类、N类车辆。

2 规范性引用文件

下列文件中的条款通过本标准的引用而成为本标准的条款。凡是注日期的引用文件，其随后所有的修改单（不包括勘误的内容）或修订版均不适用于本标准，然而，鼓励根据本标准达成协议的各方研究是否可使用这些文件的最新版本。凡是不注日期的引用文件，其最新版本适用于本标准。

GB/T 3730.1—2001 汽车和挂车类型的术语和定义

GB/T 4971 汽车平顺性术语和定义

GB/T 7031—2005 机械振动 道路路面谱测量数据报告（ISO 8608:1995,IDT）

GB/T 12534—1990 汽车道路试验方法通则

GB/T 13441.1—2007 机械振动与冲击 人体暴露于全身振动的评价 第1部分：一般要求（ISO 2631-1:1997,IDT）

GB/T 15089—2001 机动车辆及挂车分类

3 试验条件

3.1 道路

试验道路应平直，纵坡不大于1%，路面干燥，不平度应均匀无突变，累计的试验路面总长度不应小于试验样本个数要求的最短路面长度，并且两端应有30 m～50 m的稳速段。

脉冲输入行驶的试验道路为沥青路面或水泥路面，路面等级按照GB/T 7031—2005规定的A级路面。随机输入行驶的试验道路为沥青路面或水泥路面，具体试验路面等级根据需要确定。

3.2 风速

风速不大于5 m/s。

3.3 汽车技术状况

3.3.1 汽车各总成、部件、附件及附属装置（包括随车工具与备胎）应按规定装备齐全，并装在规定的位置上。调整状况应符合该车设计技术条件的规定。

3.3.2 轮胎充气压力应符合汽车设计技术条件的规定，误差不超过规定充气压力的±3%。

3.4 汽车的载荷

汽车的载荷为额定最大装载质量，根据需要可增做其他载荷工况的试验。载荷物均匀分布且固定牢靠，试验过程中不应晃动和颠离，亦不应因潮湿、散失等情况而改变质量。

3.5 人-椅系统的载荷

3.5.1 测试部位的载荷应为身高1.70 m±0.05 m、体重为65 kg±5 kg的真人。

3.5.2 非测试部位的载荷应符合GB/T 12534—1990中表1的有关规定。

3.6 人的坐姿

测试部位的乘员应全身放松，佩戴安全带，双手自然地放在大腿上，其中驾驶员的双手自然地置于转向盘上，在试验过程中应保持坐姿不变。一般情况下，乘员应自然地靠在靠背上，否则应注明。

3.7 试验车速

3.7.1 试验车速应由车速仪监控,试验时,应根据车速选用适当的挡位,车速偏差为试验车速的±4%。

3.7.2 脉冲输入行驶:试验车速为10 km/h、20 km/h、30 km/h、40 km/h、50 km/h、60 km/h。

3.7.3 随机输入行驶:针对特定车的设计原则确定试验用良好路面或一般路面。

——良好路面试验车速:40 km/h～最高设计车速(不应超过试验路面要求的最高车速),每隔10 km/h或20 km/h选取一种车速为试验车速。

——一般路面试验车速:

1) M类车辆:40 km/h、50 km/h、60 km/h、70 km/h;

2) N类车辆:30 km/h、40 km/h、50 km/h、60 km/h。

4 试验仪器和装置

4.1 试验仪器

平顺性试验仪器系统应包括加速度传感器、放大器、数据采集仪、车速仪、滤波器等。由试验仪器构成的测试系统应适宜于冲击测量,其性能应稳定、可靠。

4.2 脉冲试验用凸块

脉冲输入应采用图1所示三角形状的单凸块。根据试验条件不同,脉冲输入也可用其他高度的凸块或减速带。

图中:h=40 mm;

B——按需要而定,但必须大于轮宽。

图1 三角形凸块

5 试验方法

5.1 加速度传感器安装在下列位置:

a) M类车辆:驾驶员及同侧最后排座椅椅垫上方、座椅靠背、脚部地板上;

b) N类车辆:驾驶员座椅椅垫上方、座椅靠背、脚部地板、车厢地板中心以及与驾驶员同侧距车厢边板、车厢后板各300 mm处的车厢地板上。

座椅椅垫上方、座椅靠背、脚部地板上需测量三个方向的振动,加速度时间历程包括垂直(Z轴向)振动、横向(Y轴向)振动和纵向(X轴向)振动。车厢地板处的加速度传感器只需测量垂直振动。

座椅靠背上的传感器布置参见图2;脚部地板上的传感器布置在驾驶员(或乘员)两脚中间位置。安装在座椅座垫上方、座椅靠背上的传感器应与人体紧密接触,座椅座垫上方传感器结构见图B.1、座椅靠背传感器结构见图B.2。

可根据需要适当增加测点。

5.2 脉冲输入行驶试验方法

5.2.1 将凸块放置在试验道路中间,并按汽车轮距调整好两个凸块间的距离。为保证汽车左右车轮同时驶过凸块,应将两个凸块放在与汽车行驶方向垂直的一条直线上。

5.2.2 试验时,汽车以规定的车速匀速驶过凸块。在汽车通过凸块前50 m应稳住车速。当汽车前轮接近凸块时开始记录,待汽车驶过凸块且冲击响应消失后,停止记录。

5.2.3 每种车速的有效试验次数应不少于5次。

单位为毫米

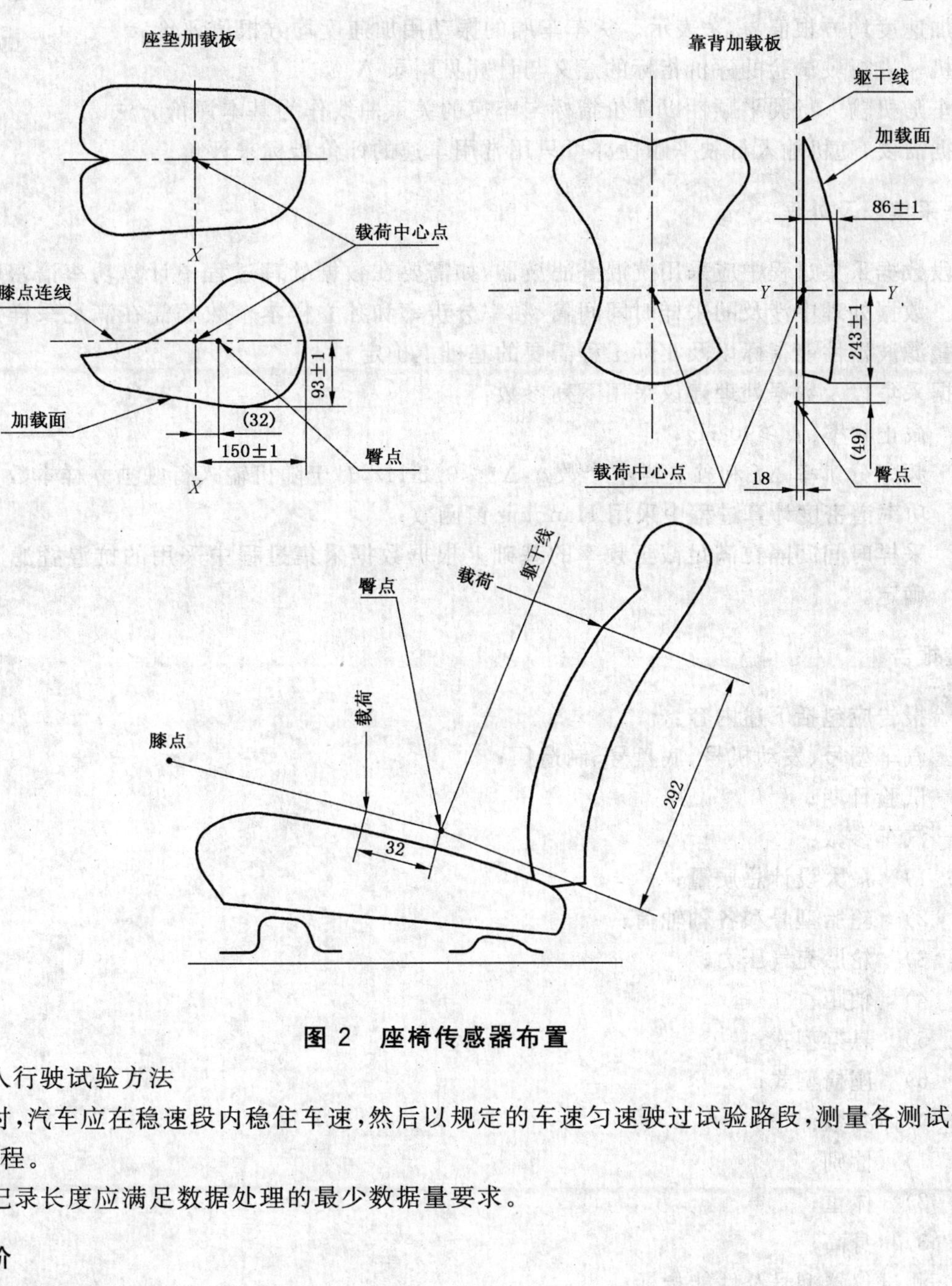

图 2　座椅传感器布置

5.3　随机输入行驶试验方法

5.3.1　试验时，汽车应在稳速段内稳住车速，然后以规定的车速匀速驶过试验路段，测量各测试部位的加速度时间历程。

5.3.2　样本记录长度应满足数据处理的最少数据量要求。

6　平顺性评价

6.1　脉冲输入行驶评价方法

6.1.1　基本评价方法

当振动波形峰值系数(见附录 A)小于 9 时，脉冲输入行驶试验用座椅座垫上方、座椅靠背、乘员(或驾驶员)脚部地板和车厢地板最大(绝对值)加速度响应 $\ddot{Z}_{max}$ 与车速 v 的关系评价。

6.1.2　辅助评价方法

当峰值系数大于 9 时，用基本评价方法不能完全描述振动对人体的影响，还应采用辅助评价方法即振动剂量值来评价(见附录 A)。

脉冲输入行驶试验基本评价方法和辅助评价方法的评价指标意义与计算见附录 A。

6.2　随机输入行驶评价方法

对乘员(或驾驶员)人体及脚部地板处的振动用加权加速度均方根值 $\overline{a}_w$ 评价，并分别用 $\overline{a}_{wx}$，$\overline{a}_{wy}$，$\overline{a}_{wz}$

表示前后方向、左右方向和垂直方向振动的加权加速度均方根值。人体及脚部地板处振动也可用综合总加权加速度均方根值 $\bar{a}_v$ 来表示。货车车厢的振动用加速度均方根值评价。

随机输入行驶试验的评价指标的意义与计算见附录A。

汽车随机输入行驶平顺性以评价指标与车速的关系曲线作为基本评价方法。

根据需要，随机输入行驶平顺性亦可只用常用车速的评价指标来评价。

7 数据采集以及处理

分段数据采集过程中应采用抗混叠滤波器，如需要在数据处理过程中计算功率谱密度则必须采用窗函数。数据处理中涉及的采样时间间隔、频率分辨率和独立样本个数等需在满足采样定理并考虑实际抗混叠滤波器性能指标以及实际工程需要的基础上确定。

数据采集以及数据处理建议采用下列参数：

a) 截止频率：$f_c \geqslant 90$ Hz；

b) 频率分辨率 Δf 和独立样本个数 q：$\Delta f \leqslant 0.2$ Hz，对于随机输入行驶独立样本数 $q \geqslant 25$；

c) 功率谱密度计算过程中采用 Hanning 窗函数；

d) 采样时间间隔在满足截至频率的基础上根据数据采集过程中采用的抗混叠滤波器性能指标确定。

8 试验报告

试验报告应包括下述内容：

——汽车型号、发动机号、底盘号、制造厂；

——试验日期；

——汽车参数：

1) 最大设计总质量；

2) 轮胎型号和各轴轴荷；

3) 轮胎充气压力；

4) 轴距；

5) 悬架型式；

6) 座椅型式；

——人体参数：

1) 性别；

2) 体重；

3) 身高；

——测试仪器型号及性能指标；

——频率分辨率与采样时间间隔；

——试验场地及路面、气候条件描述；

——试验结果及分析；

——试验参加者及报告人；

——报告日期。

附　录　A
（规范性附录）
平顺性评价指标的意义与计算

A.1　脉冲输入行驶评价指标的计算

A.1.1　最大（绝对值）加速度响应 $\ddot{Z}_{max}$ 的计算

最大（绝对值）加速度响应 $\ddot{Z}_{max}$ 按式（A.1）计算：

$$\ddot{Z}_{max} = \frac{1}{n}\sum_{j=1}^{n}\ddot{Z}_{maxj} \quad \cdots\cdots\cdots\cdots\cdots\cdots\cdots\cdots\cdots\cdots (A.1)$$

式中：

n——脉冲试验有效试验次数，$n \geqslant 5$；

$\ddot{Z}_{max}$——最大（绝对值）加速度响应，单位为米每二次方秒（m/s^2）；

$\ddot{Z}_{maxj}$——第 j 次试验结果的最大（绝对值）加速度响应，单位为米每二次方秒（m/s^2）。

将计算结果列入试验结果记录表，见表 A.1。

表 A.1　试验结果记录表

测量位置		车速/(km/h)					
		10	20	30	40	50	60
$\ddot{Z}_{max}/(m/s^2)$	驾驶员座椅座垫上方						
	驾驶员座椅靠背						
	驾驶员座椅底部地板						
	与驾驶员同侧最后排座椅座垫上方						
	与驾驶员同侧最后排座椅靠背						
	与驾驶员同侧最后排座椅底部地板						
	车厢地板中心						
	距车厢边板、车厢后板各 300 mm 的车厢地板						

作 $\ddot{Z}_{max}-v$ 曲线图，见图 A.1

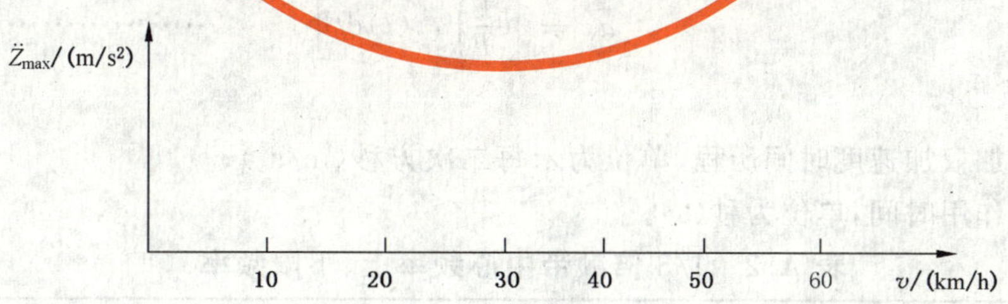

图 A.1　加速度响应与车速的关系特性

A.1.2　峰值系数及振动剂量值的计算

峰值系数是加权加速度时间历程 $a_w(t)$ 的峰值（绝对值最大）与加权加速度均方根值 $\bar{a}_w$ 比值的绝对值。

振动剂量值 VDV(单位 $m/s^{1.75}$)按式(A.2)计算：

$$VDV=\left[\int_0^T a_w^4(t)\mathrm{d}t\right]^{\frac{1}{4}} \qquad \cdots\cdots(A.2)$$

式中：

$a_w(t)$——加权加速度时间历程，单位为米每二次方秒(m/s^2)；

T——作用时间(从汽车前轮接触凸块到汽车驶过凸块且冲击响应消失时间段)，单位为秒(s)。

A.2 随机输入行驶评价指标的计算

A.2.1 加权加速度均方根值

加权加速度均方根值是按振动方向并根据人体对振动频率的敏感程度而进行加权计算的，是人体振动评价指标。

A.2.1.1 单轴向加权加速度均方根值 $\bar{a}_w$ 的计算

a) 由等带宽频率分析得到的加速度自功率谱密度函数 $G_a(f)$计算 $\bar{a}_w$。先按式(A.3)计算 1/3 倍频带加速度均方根值：

$$\bar{a}_j=\left[\int_{f_{uj}}^{f_{ij}} G_a(f)\mathrm{d}f\right]^{\frac{1}{2}} \qquad \cdots\cdots(A.3)$$

式中：

$\bar{a}_j$——中心频率为 f_j 的第 j(j=1,2,3……23)个 1/3 倍频带加速度均方根值，单位为米每二次方秒(m/s^2)；

f_{ij}、f_{uj}——分别是 1/3 倍频带的中心频率为 f_j 的上、下限频率(见表 A.2)，单位为赫兹(Hz)；

$G_a(f)$——加速度自功率谱密度函数，单位为平方米每三次方秒(m^2/s^3)。

然后，再按式(A.4)计算 $\bar{a}_w$：

$$\bar{a}_w=\left[\sum_{j=1}^{23}(w_j\cdot a_j)^2\right]^{\frac{1}{2}} \qquad \cdots\cdots(A.4)$$

式中：

$\bar{a}_w$——单轴向加权加速度均方根值，单位为米每二次方秒(m/s^2)；

w_j——第 j 个 1/3 倍频带的加权系数，根据测点的位置和方向不同分别取 w_k、w_d、w_c，见表 A.3。w_k、w_d、w_c 的具体取值见表 A.4。

b) 对于记录的加速度时间历程，通过符合表 A.4 规定的频率加权滤波网络得到加权加速度时间历程 $a_w(t)$，按式(A.5)计算：

$$\bar{a}_w=\left[\frac{1}{T}\int_0^T a_w^2(t)\mathrm{d}t\right]^{\frac{1}{2}} \qquad \cdots\cdots(A.5)$$

式中：

$a_w(t)$——加权加速度时间历程，单位为米每二次方秒(m/s^2)；

T——作用时间，单位为秒(s)。

表 A.2 1/3 倍频带中心频率上、下限频率

1/3 倍频带中心频率 f_j/Hz	f_j 的下限频率 f_{ij}/Hz	f_j 的上限频率 f_{uj}/Hz
0.50	0.45	0.57
0.63	0.57	0.71
0.80	0.71	0.9

表 A.2（续）

1/3 倍频带中心频率 f_j/Hz	f_j 的下限频率 f_{lj}/Hz	f_j 的上限频率 f_{uj}/Hz
1.0	0.9	1.12
1.25	1.12	1.4
1.6	1.4	1.8
2.0	1.8	2.24
2.5	2.24	2.8
3.15	2.8	3.55
4.0	3.55	4.5
5.0	4.5	5.6
6.3	5.6	7.1
8.0	7.1	9
10.0	9	11.2
12.5	11.2	14
16.0	14	18
20.0	18	22.4
25.0	22.4	28
31.5	28	35.5
40.0	35.5	45
50.0	45	56
63.0	56	71
80.0	71	90

表 A.3　不同测点、方向的倍频带的加权系数

位置	坐标轴名称	频率加权函数 w_j
座椅座垫上方	纵向	w_d
	横向	w_d
	垂向	w_k
靠背	纵向	w_c
	横向	w_d
	垂向	w_d
脚	纵向	w_k
	横向	w_k
	垂向	w_k

表 A.4 1/3 倍频带的主要加权系数

频率带数 x	频率 f/Hz	w_k		w_d		w_c	
		频率加权系数 ×1 000	dB	频率加权系数 ×1 000	dB	频率加权系数 ×1 000	dB
1	0.5	418	−7.57	853	−1.38	843	−1.48
2	0.63	459	−6.77	944	−0.50	929	−0.64
3	0.8	477	−6.43	992	−0.07	972	−0.24
4	1	482	−6.33	1 011	0.1	991	−0.08
5	1.25	484	−6.29	1 008	0.07	1 000	0.00
6	1.6	494	−6.12	968	−0.28	1 007	0.06
7	2	531	−5.49	890	−1.01	1 012	0.10
8	2.5	631	−4.01	776	−2.20	1 017	0.15
9	3.15	804	−1.90	642	−3.85	1 022	0.19
10	4	967	−0.29	512	−5.82	1 024	0.20
11	5	1 039	0.33	409	−7.76	1 013	0.11
12	6.3	1 054	0.46	323	−9.81	974	−0.23
13	8	1 036	0.31	253	−11.93	891	−1.00
14	10	988	−0.1	212	−13.91	776	−2.20
15	12.5	902	−0.89	161	−15.87	647	−3.79
16	16	768	−2.28	125	−18.03	512	−5.82
17	20	636	−3.93	100	−19.99	409	−7.77
18	25	513	−5.80	80.0	−21.94	325	−9.76
19	31.5	405	−7.86	63.2	−23.98	256	−11.84
20	40	314	−10.05	49.4	−26.13	199	−14.02
21	50	246	−12.19	38.8	−28.22	156	−16.13
22	63	186	−14.61	29.5	−30.60	118	−18.53
23	80	132	−17.56	21.1	−33.53	84.4	−21.47

A.2.1.2 总加权加速度均方根值 $\bar{a}_v$：

a) 座椅座垫上方、座椅靠背及驾驶室地板处各点的总加权加速度均方根值按式(A.6)计算：

$$\bar{a}_{vj} = (k_x^2\bar{a}_{wx}^2 + k_y^2\bar{a}_{wy}^2 + k_z^2\bar{a}_{wz}^2)^{\frac{1}{2}} \quad \cdots\cdots\cdots\cdots (A.6)$$

式中：

$\bar{a}_{wx}$——前后方向(即 x 轴向)加权加速度均方根值，单位为米每二次方秒(m/s^2)；

$\bar{a}_{wy}$——左右方向(即 y 轴向)加权加速度均方根值，单位为米每二次方秒(m/s^2)；

$\bar{a}_{wz}$——垂直方向(即 z 轴向)加权加速度均方根值，单位为米每二次方秒(m/s^2)；

k_x、k_y、k_z 为各轴轴加权系数；

j=1、2、3 分别代表座椅座垫上方、座椅靠背及驾驶室地板三个位置；

$\bar{a}_{vj}$——某点总加权加速度均方根值，单位为米每二次方秒(m/s^2)。

b) 综合总加权加速度均方根值 $\bar{a}_v$ 的计算参照表 A.5。

表 A.5 不同研究情况采用的频率加权函数和轴加权系数

位置	坐标轴名称	轴加权系数
座椅座垫上方	纵向	$k_x=1.00$
	横向	$k_y=1.00$
	垂向	$k_z=1.00$
靠背	纵向	$k_x=0.80$
	横向	$k_y=0.50$
	垂向	$k_z=0.40$
脚	纵向	$k_x=0.25$
	横向	$k_y=0.25$
	垂向	$k_z=0.40$
$\overline{a}_v=(\sum\overline{a}_{vj}^2)^{\frac{1}{2}}$		

研究振动对人体舒适性感觉的影响时，建议用座椅座垫上方、座椅靠背处和脚支撑面处综合总加权加速度均方根值来评价。

A.2.2 总加权加速度均方根值 $\overline{a}_v$ 与人的主观感觉之间的关系见表 A.6。

表 A.6 总加权加速度均方根值与人的主观感觉之间的关系

总加权加速度均方根值 $\overline{a}_v$/(m/s²)	人的主观感觉
小于 0.315	没有不舒服
0.315～0.63	有些不舒服
0.5～1	比较不舒服
0.8～1.6	不舒服
1.25～2.5	很不舒服
大于 2	极不舒服

附 录 B
（资料性附录）
人-椅系统安装传感器用的垫盘结构图

B.1 人-椅系统座椅座垫处安装传感器用的垫盘结构图，见图 B.1

单位为毫米

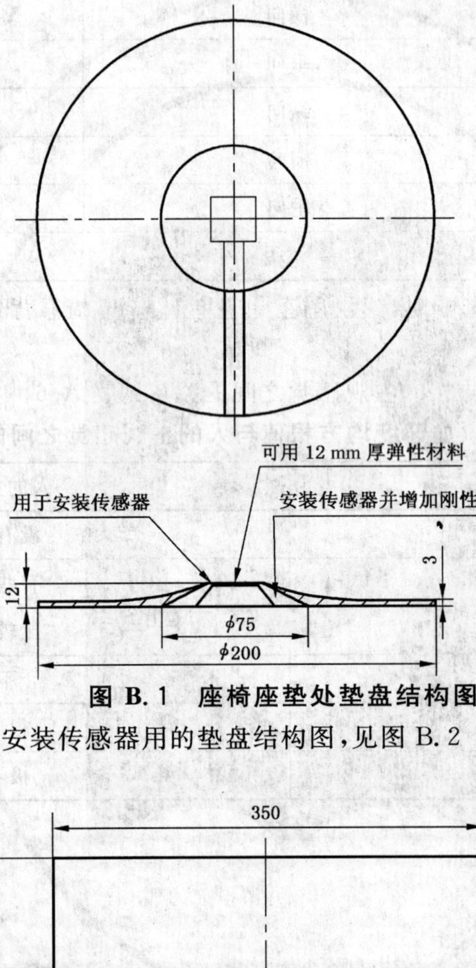

图 B.1 座椅座垫处垫盘结构图

B.2 人-椅系统座椅靠背处安装传感器用的垫盘结构图，见图 B.2

单位为毫米

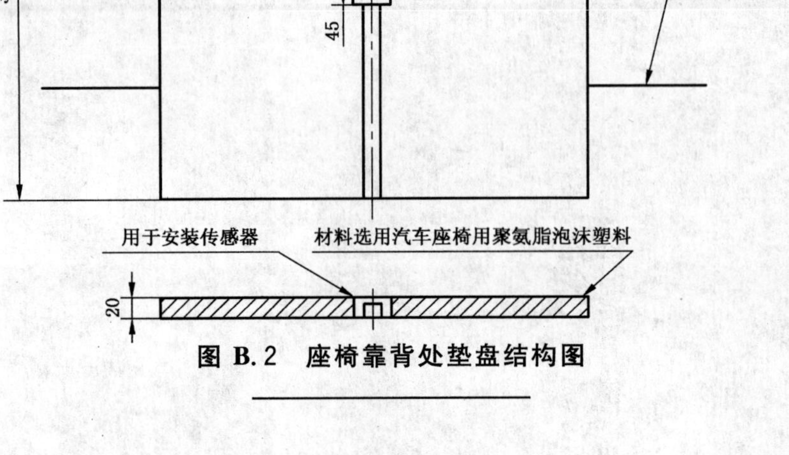

图 B.2 座椅靠背处垫盘结构图

ICS 43.040.50
T 23

中华人民共和国国家标准

GB/T 4971—2009
代替 GB/T 4971—1985

汽车平顺性术语和定义

Terms and definitions for Automotive ride comfort

2009-10-30 发布　　2010-07-01 实施

中华人民共和国国家质量监督检验检疫总局
中国国家标准化管理委员会　发布

前言

本标准代替 GB/T 4971—1985《汽车平顺性名词术语和定义》。

本标准参照 ISO 5805:1997《机械振动与冲击　人体暴露术语》制定。

本标准与 GB/T 4971—1985《汽车平顺性名词术语和定义》相比主要差异如下：

——标准名称变化，本标准名称为《汽车平顺性术语和定义》；

——感觉评价改为主观评价，物理量评价改为客观评价；

——增加了加权加速度均方根值评价方法；

——增加了滚动的加速度均方根值评价方法；

——增加了加速度峰值评价方法；

——增加了振动剂量值评价方法；

——试验方法中增加了乘员状态一项，删掉了特殊振动一项。

本标准由国家发展和改革委员会提出。

本标准由全国汽车标准化技术委员会归口。

本标准起草单位：中国第一汽车集团公司技术中心。

本标准主要起草人：秦民、应国增、刘春雁、张跃革。

本标准所代替标准的历次版本发表情况为：

GB/T 4971—1985。

汽车平顺性术语和定义

1 范围

本标准规定了汽车平顺性方面的常用名词和术语。

本标准适用于汽车平顺性设计、试验与研究。

2 术语和定义

2.1 基本术语和定义

2.1.1

舒适性 comfort

为乘员提供舒适、愉快的乘坐环境和方便的操作条件的性能。舒适性包括：

a) 平顺性；

b) 车内噪声；

c) 空气调节性能(温度、湿度、气流等)；

d) 乘坐环境(活动空间、内部设备、布置、装饰、脚踏板高度、车门及通道宽度等)；

e) 驾驶操作性能(驾驶操作的轻便性、仪表和信号设备的易辨认性等)。

2.1.2

平顺性 ride comfort

避免汽车在行驶过程中所产生的振动和冲击使人感到不舒服、疲劳甚至损害健康，或使货物损坏的性能。

注：平顺性是舒适性的主要内容之一。

2.2 汽车振动类型

2.2.1

纵向振动 longitudinal vibration

沿汽车 X 轴(见图 1)方向的直线振动。

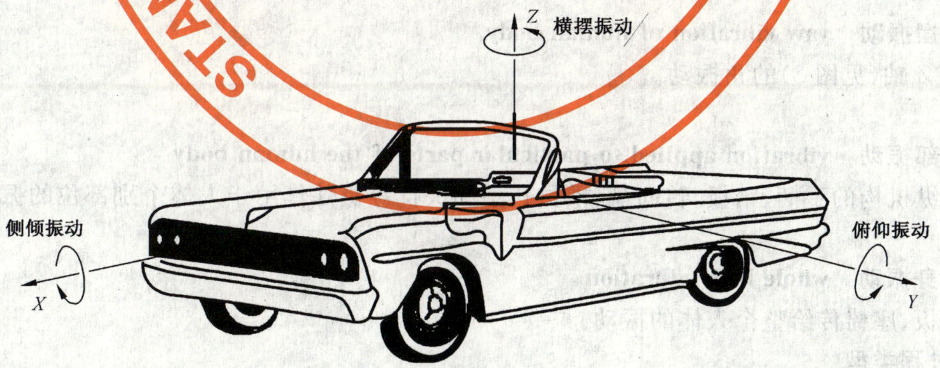

注：坐标固定在汽车上，原点在汽车重心，XOZ 在汽车纵向对称面内，X 轴平行于地面指向汽车前进方向，Z 轴指向上方，Y 轴指向驾驶员左方。

图 1 汽车三维坐标系

2.2.2

横向振动 transverse vibration

沿汽车 Y 轴(见图 1)方向的直线振动。

2.2.3

垂直振动　vertical vibration

沿汽车 Z 轴(见图 1)方向的直线振动。

2.2.4

侧倾振动　roll vibration

绕汽车 X 轴(见图 1)的角振动。

2.2.5

俯仰振动　pitch vibration

绕汽车 Y 轴(见图 1)的角振动。

2.2.6

横摆振动　yaw vibration

绕汽车 Z 轴(见图 1)的角振动。

2.3　人体振动类型

2.3.1

人体前后振动　back-to-chest vibration

沿人体前后方向(见图 2X 向)的直线振动。

2.3.2

人体侧向振动　right side to left side vibration

沿人体左右方向(见图 2Y 向)的直线振动。

2.3.3

人体垂直振动　foot-to-head vibration

沿人体脊柱方向(见图 2Z 向)的直线振动。

2.3.4

人体侧倾振动　roll vibration of human body

绕人体 X 轴(见图 2)的角振动。

2.3.5

人体俯仰振动　pitch vibration of human body

绕人体 Y 轴(见图 2)的角振动。

2.3.6

人体横摆振动　yaw vibration of human body

绕人体 Z 轴(见图 2)的角振动。

2.3.7

人体局部振动　vibration applied to particular parts of the human body

通过操纵机构的手柄、踏板、转向盘、乘员扶手和头枕等机件作用于人体个别部位的振动。

2.3.8

人体全身振动　whole body vibration

通过地板、座椅传给整个人体的振动。

2.4　振动过程类型

2.4.1

连续振动　continuous vibration

在一定时间内的不间断振动。

2.4.2

间歇振动　intermittent vibration

一连串的振动事件，每一次振动都持续很短时间，并且这些振动被其他振幅很小的振动分隔开来。

2.4.3

脉冲振动　transient（impulsive）vibration

快速达到峰值然后逐级衰减的振动。

2.5　乘员状态

2.5.1

坐姿　seated position

见图 2a)。

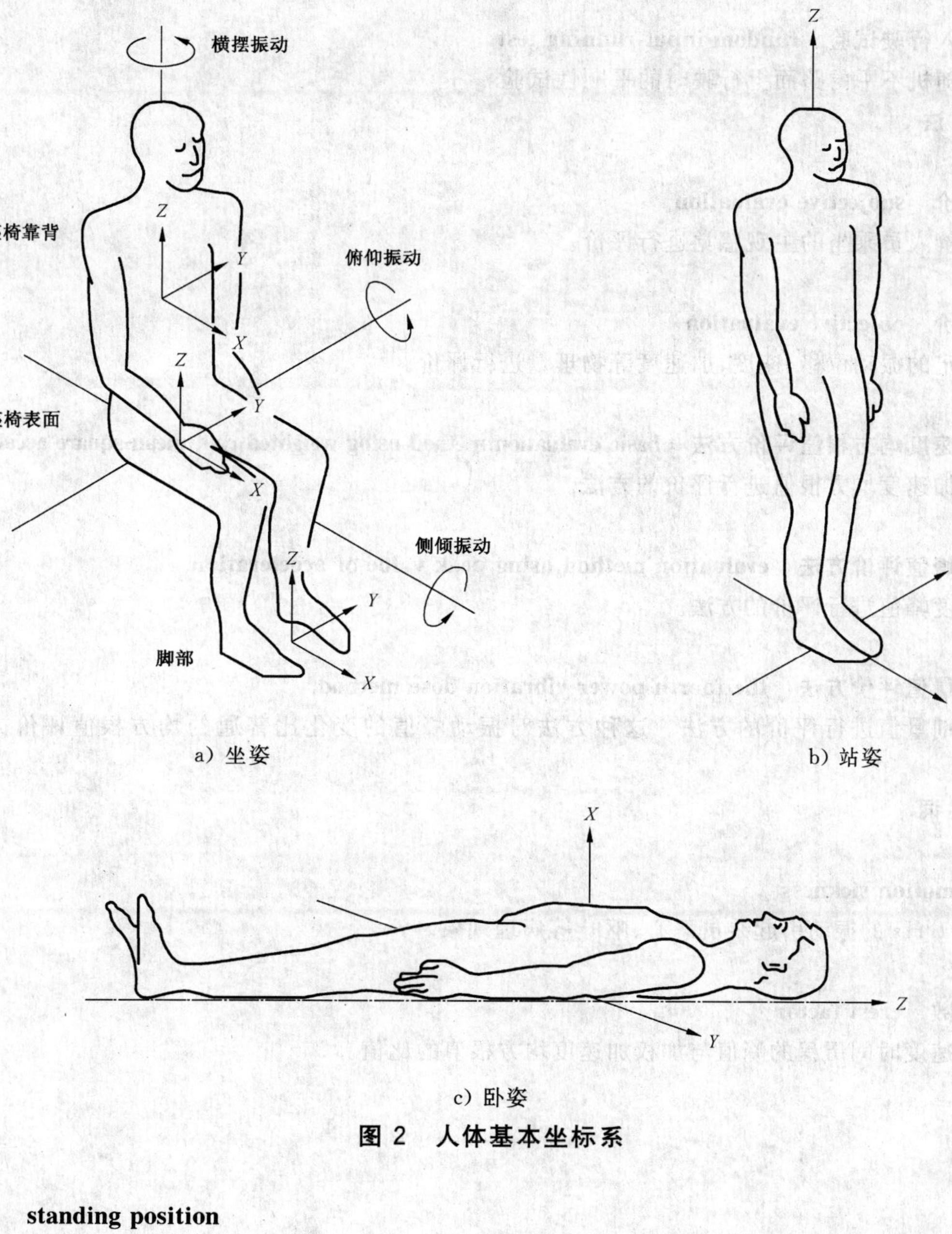

a) 坐姿　　b) 站姿　　c) 卧姿

图 2　人体基本坐标系

2.5.2

站姿　standing position

见图 2b)。

2.5.3

卧姿　recumbent position

见图 2c)。

2.5.4

支撑表面　supporting surface

人体与车体的接触表面，人体基本坐标系的原点和试验测量点均位于支撑表面上。

2.6　试验方法

2.6.1

脉冲输入行驶试验　pulse input running test

汽车驶过凸块或凹坑的平顺性试验。

2.6.2

随机输入行驶试验　random input running test

汽车在随机不平的路面上行驶时的平顺性试验。

2.7　评价方法

2.7.1

主观评价　subjective evaluation

依靠评价人员乘坐的主观感觉进行评价。

2.7.2

客观评价　objective evaluation

根据测定的振动位移、速度、加速度等物理量进行评价。

2.7.3

加权加速度均方根值评价方法　basic evaluation method using weighted root-mean-square acceleration

用加权加速度均方根值进行评价的方法。

2.7.4

加速度峰值评价方法　evaluation method using peak value of acceleration

用加速度峰值进行评价的方法。

2.7.5

振动剂量值评价方法　the fourth power vibration dose method

用振动剂量值进行评价的方法。这种方法对振动峰值的变化比普通的均方根值评价方法更为敏感。

2.8　其他名词

2.8.1

晕车　motion sickness

由低于 1 Hz 的振动引起乘员恶心、呕吐等病理现象。

2.8.2

峰值系数　crest factor

加权加速度时间历程的峰值与加权加速度均方根值的比值。

汉语拼音索引

英 文 索 引

S

T

V

W

Y

ICS 29.035.50
K 15

中华人民共和国国家标准

GB/T 5019.1—2009/IEC 60371-1:2003
代替 GB/T 5020—2002

以云母为基的绝缘材料
第1部分:定义和一般要求

Specification for insulating materials based on mica—
Part 1:Definitions and general requirements

(IEC 60371-1:2003,IDT)

2009-06-10 发布 2009-12-01 实施

中华人民共和国国家质量监督检验检疫总局
中国国家标准化管理委员会 发布

前言

GB/T 5019《以云母为基的绝缘材料》分为以下几个部分：

——第1部分：定义和一般要求；

——第2部分：试验方法；

——第3部分：换向器隔板和材料；

——第4部分：云母纸；

——第5部分：电热设备用云母板；

——第6部分：聚酯薄膜补强B阶环氧树脂粘合云母带；

——第7部分：真空压力浸渍(VPI)用玻璃布及薄膜补强环氧树脂粘合云母带；

——第8部分：玻璃布补强B阶环氧树脂粘合云母带；

——第9部分：单根导线包绕用环氧树脂粘合聚酯薄膜云母带；

——第10部分：耐火安全电缆用云母带；

——第11部分：塑型云母板。

本部分为GB/T 5019的第1部分。

本部分等同采用IEC 60371-1:2003《以云母为基的绝缘材料　第1部分：定义和一般要求》(英文版)。

本部分与IEC 60371-1:2003的差异：删除IEC 60371-1:2003的前言和引言。

本部分代替GB/T 5020—2002《以云母为基的绝缘材料　定义和一般要求》。

本部分与GB/T 5020—2002相比主要变化如下：

a) 增加了“规范性引用文件”；

b) 删除了云母定义中的注；

c) 增加了“后浸渍多孔柔软云母材料”及“耐火安全电缆用柔软云母材料”；

d) 删除了“成型件”。

本部分由中国电器工业协会提出。

本部分由全国绝缘材料标准化技术委员会(SAC/TC 51)归口。

本部分起草单位：桂林电器科学研究所、东材科技集团股份有限公司、苏州巨峰绝缘材料有限公司。

本部分主要起草人：罗传勇、赵平、张犇。

本部分所代替标准的历次版本发布情况为：

——GB/T 5020—1985、GB/T 5020—2002。

以云母为基的绝缘材料
第1部分:定义和一般要求

1 范围

GB/T 5019的本部分给出了粘合云母材料、以粘合云母材料为基的产品和云母纸等的定义、一般要求和供货条件。

本部分适用于以云母为基的绝缘材料。

2 规范性引用文件

下列文件中的条款通过GB/T 5019的本部分的引用而成为本部分的条款。凡是注日期的引用文件,其随后所有的修改单(不包括勘误的内容)或修订版均不适用于本部分,然而,鼓励根据本部分达成协议的各方研究是否可使用这些文件的最新版本。凡是不注日期的引用文件,其最新版本适用于本部分。

GB/T 2900.5—2002 电工术语 绝缘固体、液体和气体(eqv IEC 60050(212):1990)

3 术语和定义

GB/T 2900.5—2002及下列术语和定义适用于本部分。

3.1

云母 mica

一种复硅酸盐晶体,电工应用中主要有两种类型:

a) 白云母(铝-钾云母),比较硬;

b) 金云母(铝-镁-钾云母),比较软。

3.2

剥片云母 mica splitting

由云母厚片或薄箔状云母块剥成的云母片(最大厚度通常约30 μm)。

3.3

云母纸 mica paper

完全由很细的磷片云母不加任何粘合剂而制成的纸。

3.4

粘合云母 built-up mica

用合适的粘结剂将剥片云母或云母纸粘合成的一层或多层云母材料,它可以带或不带补强材料。

4 材料的说明

4.1 硬质平板云母材料或云母纸

粘合云母在压力下经加热或不加热粘合而成的硬质片状材料。

4.1.1 换向器隔板用的硬质材料

一面或双面打磨过的硬质云母材料。

注:换向器隔板是作为换向器片间的绝缘。

4.1.2 电热设备用的硬质材料

能在规定温度下使用的硬质云母材料,通常不打磨。

4.1.3 可加热成型的硬质材料

加热时能成型和模塑的硬质云母材料，通常不打磨。

4.2 柔软云母材料

具有足够柔软性的粘合云母，通常在不加热的情况下，可以在适当部位上进行缠绕或卷包。应用之后，可保持也可不保持其柔软性。

4.2.1 用B阶段树脂浸渍的柔软云母材料

含有一种应用后能最终固化的胶粘剂的柔软云母材料。

4.2.2 后浸渍多孔柔软云母材料

含有少量胶粘剂并与相容的浸渍剂一起真空压力浸渍(VPI)的柔软云母材料。

4.2.3 耐火安全电缆用柔软云母材料

含有适量胶粘剂拟应用于着火后仍能继续运行的电缆的柔软云母材料。

5 一般要求和供货条件

见适用于各种类型粘合云母的相应单项材料规范。

ICS 29.035.50
K 15

GB

中华人民共和国国家标准

GB/T 5019.2—2009
代替 GB/T 5019—2002

以云母为基的绝缘材料 第2部分：试验方法

Specification for insulating materials based on mica—
Part 2: Methods of test

(IEC 60371-2:2004,MOD)

2009-06-10 发布 2009-12-01 实施

中华人民共和国国家质量监督检验检疫总局
中国国家标准化管理委员会 发布

前　言

GB/T 5019《以云母为基的绝缘材料》分为以下几部分：

——第 1 部分：定义和一般要求；

——第 2 部分：试验方法；

——第 3 部分：换向器隔板和材料；

——第 4 部分：云母纸；

——第 5 部分：电热设备用云母板；

——第 6 部分：聚酯薄膜补强 B 阶环氧树脂粘合云母带；

——第 7 部分：真空压力浸渍(VPI)用玻璃布及薄膜补强环氧树脂粘合云母带；

——第 8 部分：玻璃布补强 B 阶环氧树脂粘合云母带；

——第 9 部分：单根导线包绕用环氧树脂粘合聚酯薄膜云母带；

——第 10 部分：耐火安全电缆用云母带；

——第 11 部分：塑型云母板。

本部分为 GB/T 5019 的第 2 部分。

本部分修改采用 IEC 60371-2:2004《以云母为基的绝缘材料　第 2 部分：试验方法》(英文版)。

本部分根据 IEC 60371-2:2004 重新起草。在附录 A 中列出了本部分章条编号与 IEC 60371-2:2004 章条编号的对照一览表。

考虑到我国国情，在采用 IEC 60371-2:2004 时，本部分做了一些修改。在附录 B 中列出了这些技术性差异及其原因的一览表以供参考。

本部分代替 GB/T 5019—2002《以云母为基的绝缘材料　试验方法》。

本部分与 GB/T 5019—2002 相比主要变化如下：增加了“加热减量”、“柔软性”、“边缘弯曲度”、“起层率”、“可塑性”、“体积电阻率”、“高温绝缘电阻”。

本部分的附录 A、附录 B 均为资料性附录。

本部分由中国电器工业协会提出。

本部分由全国绝缘材料标准化技术委员会(SAC/TC 51)归口。

本部分起草单位：桂林电器科学研究所。

本部分主要起草人：王先锋。

本部分所代替标准的历次版本发布情况为：

——GB/T 5019—1985、GB/T 5019—2002。

以云母为基的绝缘材料
第2部分：试验方法

1 范围

GB/T 5019的本部分规定了粘合云母材料、以粘合云母材料为基的产品及云母纸的试验方法。

本部分适用于有关电气设备用、由粘合云母或云母纸、带或不带补强材料粘合而成的绝缘材料，并适用于云母纸。

2 规范性引用文件

下列文件中的条款通过GB/T 5019的本部分的引用而成为本部分的条款。凡是注日期的引用文件，其随后所有的修改单(不包括勘误的内容)或修订版均不适用于本部分，然而，鼓励根据本部分达成协议的各方研究是否可使用这些文件的最新版本。凡是不注日期的引用文件，其最新版本适用于本部分。

GB/T 1033.1—2008 塑料 非泡沫塑料密度的测定 第1部分：浸渍法、液体比重瓶法和滴定法(ISO 1183-1:2004,IDT)

GB/T 1408.1—2006 绝缘材料电气强度试验方法 第1部分：工频下试验(IEC 60243-1:1988，IDT)

GB/T 1409—2006 测量电气绝缘材料在工频、音频、高频(包括米波波长在内)下电容率和介质损耗因数的推荐方法(IEC 60250:1969,MOD)

GB/T 1410—2006 固体绝缘材料体积电阻率和表面电阻率试验方法(IEC 60093:1980,IDT)

GB/T 9341—2008 塑料 弯曲性能的测定(ISO 178:2001，IDT)

GB/T 11026.1—2003 电气绝缘材料 耐热性 第1部分：老化程序和试验结果的评定(IEC 60216-1:2001,IDT)

GB/T 11026.2—2000 确定电气绝缘材料耐热性的导则 第2部分：试验判断标准的选择(IEC 60216-2:1990,IDT)

GB/T 11026.3—2006 电气绝缘材料耐热性 第3部分：计算耐热性特征参数的规程(IEC 60216-3:2002,IDT)

GB/T 11026.4—1999 确定电气绝缘材料耐热性的导则 第4部分：老化烘箱 单室烘箱(IEC 60216-4-1:1990,IDT)

ISO 67:1981 白云母块、片和薄片 按尺寸分级

3 对试验的一般要求

除另有规定外，取下的试样应在温度23 ℃±2 ℃和相对湿度50%±5%下处理24 h。试验可在15 ℃～35 ℃的温度下进行。有争议时，试验应在温度23 ℃±2 ℃和相对湿度50%±5%的条件下进行。

4 可固化材料的试样制备

4.1 一般说明

按下述方法制备试样，该方法只适用于可固化材料。

4.2 方法1

从足够的材料上清除松散的颗粒及露出的毛边，以提供特定试验所需要的试样。

裁取并堆叠制备试样所需的材料。对于带状材料，用半叠层法，采用相邻层间相互垂直的办法使试样叠层达到所要求的厚度，如有要求，则切边以获得所要求的尺寸。

除非另有规定，加压温度为160 ℃±5 ℃。

在15 ℃～35 ℃下，把试样叠层置于两块厚度不超过1.5 mm抛光钢板的中央。

放入与所需试样厚度相同的定位挡块。

把抛光钢板和试样叠层的组合件置入已预热的压机中央。

立即闭合压机并施加足够的压力至定位挡块。试样叠层固化至少30 min。

取出试样，按单项材料规范给定的或按供方推荐的温度和时间进行后固化处理。

4.3 方法2

从足够的材料上清除松散的颗粒及露出的毛边，以提供特定试验所需要的试样。

对于全幅宽和片状材料，裁取并堆叠制备试样所需要的材料。

对于带状材料，有两种推荐方法供制备试样叠层：

a) 把带材切成片，其长度等于试样叠层的长度，再把这些片平行、半搭接地叠在一起。下一层的搭接边缘应与上一层的搭接边缘错开。推荐用热的熨斗或烙铁固定这些片。

b) 取一块其长宽与所要求的试样叠层相同、厚度为2 mm～3 mm的金属板。以半搭接方式用带材绕包金属板，每层均沿着同一方向进行缠绕，直到厚度符合要求为止。建议缠绕时每层分别起头，下一层的搭接边缘应与上一层的搭接边缘错开。在金属板与带材之间要放置一张防粘衬垫材料。最终形成两个相同厚度的试样叠层。

把制备好的具有图1所示结构的试样叠层置入压机内。

下述压制程序(见图2)仅作为一个例子，其他压制程序应按合同规定。

——闭合压机并施加0.15 MPa的压力。

——在0.15 MPa的压力下，加热压机至70 ℃。

——减小压力至零，短时打开压机(放气)。

——在0.15 MPa的压力下，加热压机至90 ℃。

——减小压力至零，短时打开压机(放气)。

——在0.15 MPa压力下，加热压机至110 ℃。

——减小压力至零，短时打开压机(放气)。

——在0.15 MPa压力下，加热压机至160 ℃±5 ℃，并保持到树脂开始胶化。该胶化时间点用一根试验棒通过目测加以控制，一旦树脂开始胶化，增大压力至3 MPa。

——在3 MPa及160 ℃±5 ℃下固化60 min或在其他规定的温度下固化。

——在该压力下冷却试样。

压制完毕之后，按单项材料规范规定的或按供方推荐的时间和温度对试样进行后固化。

5 厚度

5.1 试验仪器

根据被试材料，测量厚度的仪器有如下几种：

5.1.1 恒压测厚仪，其测量平面直径为6 mm～8 mm，分度为0.01 mm，允许读到0.005 mm。施加在试样上的压力为0.1×(1±0.1)MPa。当用校正量规校验时，测量的准确度应在0.005 mm之内。

5.1.2 一种符合5.1.1规定的仪器，但施加在试样上的压力为0.7×(1±0.1)MPa。

5.1.3 一种符合5.1.1规定的仪器，但施加在试样上的压力为7.0×(1±0.1)MPa。

5.1.4 一种能产生恒压为30×(1±0.1)MPa并能均匀地分布于试样整个面上的试验设备。它是由一台带有平行压板的压机和一个允许测量到±0.02 mm 的系统组成。

5.2 试样

5.2.1 以板状或片状的形式供货的材料，试样为一块整板或整片。

5.2.2 以成卷的形式供货的材料，试样为沿卷的整幅宽切下的窄条，其面积为 0.2 m^2。

5.2.3 以带状的形式供货的材料，试样为长度 2 m 的窄条。

5.2.4 以换向器隔板的形式供货的材料。

5.2.4.1 面积为 10 cm^2 或以下的换向器隔板，试样为五块单独的隔板。

5.2.4.2 面积大于 10 cm^2 的换向器隔板，试样按单项材料规范规定：

a) 试样为一块隔板；

b) 试样为一叠压至规定尺寸的隔板(如果需要，可用隔离层来分开)，隔板的数量由购方规定。

5.2.4.3 对于切成不同于隔板形状的平板，试样为一块平板。

5.3 程序

厚度测量应按下述程序之一进行：

5.3.1 除换向器隔板以外，按薄板(含窄条)、卷、带供货的材料，在每个试样上均匀地测量十点：板材沿两条对角线；卷材和带材(不在边缘)沿着试样长边的近似中间线进行测量。测量仪器按 5.1.1 的规定，压力为 0.1 MPa。

5.3.2 换向器隔板及用于制作换向器隔板的薄板和条材，采用下述程序之一：

5.3.2.1 薄板：用 5.1.3 规定的具有 7.0 MPa 压力的仪器，按 5.3.1 规定的方法测量每个试样的厚度。

5.3.2.2 面积为 10 cm^2 或以下的隔板：用 5.1.3 规定的具有 7.0 MPa 压力的仪器，在五块隔板上各测量一点。

5.3.2.3 面积大于 10 cm^2 的隔板：按下述的 a)或 b)测量厚度，所用的方法按单项材料规范规定。

a) 对于单块供货的隔板，用 5.1.3 规定的具有 7.0 MPa 压力的仪器，均匀地在试样上测量三点。

b) 对于压至规定尺寸成叠包装供货的隔板，每个试样由一叠层组成，在 5.1.4 规定的条件下，用具有 30 MPa 压力的设备测量厚度。测量时要保证被试叠层中所有隔板对齐。

在每次测量之前，用一块尺寸已知并大致等于被测试样尺寸的钢块对压机形变进行测量。

在获得单个试样厚度(d_1)，其中包括隔离层厚度(d_2)时，应把压机形变的修正值加入测得值中或从测得值中减去修正值。

对于一叠含有($n-1$)块隔离层和 n 块隔板的总厚度(d)，按式(1)计算：

$$d = nd_1 + (n-1)d_2 \qquad \cdots\cdots(1)$$

式中：

d——由 n 块隔板和($n-1$)块隔离层组成的叠层厚度的数值，单位为毫米(mm)；

n——隔板数；

d_1——一块隔板的厚度的数值，单位为毫米(mm)；

$n-1$——隔离层数；

d_2——一块隔离层的厚度的数值，单位为毫米(mm)。

5.4 结果

对于包装好的成叠隔板，以 nd_1 值作为该叠层的厚度，并报告每叠层隔板的数目。对于所有其他情况，以结果的中值作为试样的厚度，并报告最大值和最小值。

6 密度

本试验按 GB/T 1033.1—2008 中的浸渍法进行。

对可固化的材料，每个试样用一块尺寸适宜并边缘修齐的试样板，该板应按第 4 章规定制备。

7 表观密度

表观密度由单位面积质量和厚度的中值按式(2)计算：

$$d=\frac{m_a}{d_e}\times 10^{-3} \qquad \cdots\cdots(2)$$

式中：

d——表观密度，单位为克每立方厘米(g/cm^3)；

m_a——单位面积的质量，单位为克每平方米(g/m^2)；

d_e——厚度，单位为毫米(mm)。

8 组成

8.1 试样

试样质量约 5 g(对薄的材料，取约 250 cm^2)，试样数量为两个，试样应包括材料的完整厚度。

8.2 “收货”状态下材料单位面积的质量

在 23 ℃±2 ℃的温度下从原包装中取出试样并在 4 h 内进行试验。称量试样(m_1)，准确到 1 mg，测量试样面积(A)准确到±1%。

“收货”状态下材料单位面积的质量按式(3)计算：

$$m_t=\frac{m_1}{A} \qquad \cdots\cdots(3)$$

式中：

m_t——“收货”状态下材料单位面积的质量，单位为克每平方米(g/m^2)；

m_1——“收货”状态下试样的质量，单位为克(g)；

A——试样面积，单位为平方米(m^2)。

8.3 挥发物的含量和干燥材料单位面积的质量

除供需双方另有协议外，将 8.2 称量过的试样(m_1)在 150 ℃±3 ℃的温度下加热 1 h。在干燥器中冷却至室温后称量(m_2)。

挥发物的含量按式(4)计算：

$$T_V=\frac{m_1-m_2}{m_1}\times 100 \qquad \cdots\cdots(4)$$

式中：

T_V——挥发物的含量，以百分数表示(%)；

m_1——“收货”状态下试样的质量，单位为克(g)；

m_2——干燥后试样的质量，单位为克(g)。

干燥材料单位面积的质量按式(5)计算：

$$m_t'=\frac{m_2}{A} \qquad \cdots\cdots(5)$$

式中：

m_t'——干燥材料单位面积的质量，单位为克每平方米(g/m^2)；

m_2——干燥后试样的质量，单位为克(g)；

A——试样面积，单位为平方米(m^2)。

8.4 胶粘剂的含量和单位面积胶粘剂的质量

8.4.1 无补强或无机物补强的材料

把按 8.3 干燥过的试样(m_2)放入 500 ℃±25 ℃的马弗炉中加热灼烧。除非另有规定，加热时间为 2 h。在干燥器中冷却至室温后称量(m_3)。

胶粘剂的含量按式(6)计算：

$$C_b = \frac{m_2 - m_3}{m_2} \times 100 \qquad \cdots\cdots(6)$$

式中：

C_b——胶粘剂的含量，以百分数表示(%)；

m_2——干燥后试样的质量，单位为克(g)；

m_3——灼烧后试样的质量，单位为克(g)。

有争议时，加热应延续到质量恒定。当连续两次称量的差不大于0.1%时，认为质量是恒定的。

单位面积胶粘剂的质量按式(7)计算：

$$m'_b = \frac{m_2 - m_3}{A} \qquad \cdots\cdots(7)$$

式中：

m'_b——单位面积胶粘剂的质量，单位为克每平方米(g/m^2)；

m_2——干燥后试样的质量，单位为克(g)；

m_3——灼烧后试样的质量，单位为克(g)；

A——试样面积，单位为平方米(m^2)。

8.4.2 有机物补强的材料(可溶性胶粘剂)

把按8.3干燥过的试样(m_2)放入容量为500 cm^3 的索氏(Soxhlet)抽提器或脂肪抽提器的过滤坩埚中，抽提试验装置见图3。

供方推荐的溶剂应能完全溶解胶粘剂，但不应溶解补强物。在回流下沸腾2 h，或如果需要完全溶解胶粘剂，可延续更长的时间。把处理过的试样从过滤坩埚中取出，在135 ℃±2 ℃下干燥半小时。再放入干燥器中冷却至室温后称量(m_4)。

胶粘剂的含量按式(8)计算：

$$C_b = \frac{m_2 - m_4}{m_2} \times 100 \qquad \cdots\cdots(8)$$

式中：

C_b——胶粘剂的含量，以百分数表示(%)；

m_2——干燥后试样的质量，单位为克(g)；

m_4——抽提后试样的质量，单位为克(g)。

单位面积胶粘剂的质量按式(9)计算：

$$m'_b = \frac{m_2 - m_4}{A} \qquad \cdots\cdots(9)$$

式中：

m'_b——单位面积胶粘剂的质量，单位为克每平方米(g/m^2)；

m_2——干燥后试样的质量，单位为克(g)；

m_4——抽提后试样的质量，单位为克(g)；

A——试样面积，单位为平方米(m^2)。

正常抽提时间为2 h。对较厚的材料可小心地把材料剥开以促使溶剂渗透。

8.4.3 有机物补强的材料(不溶性胶粘剂)

用m_2值(见8.3)和m_3值(见8.4.1)以及由供方提供的补强材料单位面积的质量求出的试样中有机物补强材料的质量(m_5)，按式(10)计算胶粘剂的含量：

$$C_b = \frac{m_2 - (m_3 + m_5)}{m_2} \times 100 \qquad \cdots\cdots(10)$$

式中：

C_b——胶粘剂的含量，以百分数表示(%)；

m_2——干燥后试样的质量，单位为克(g)；
m_3——灼烧后试样的质量，单位为克(g)；
m_5——试样中有机物补强材料的质量，单位为克(g)。

单位面积胶粘剂的质量按式(11)计算：

$$m_b' = \frac{m_2 - (m_3 + m_5)}{A} \qquad \cdots\cdots(11)$$

式中：

m_b'——单位面积胶粘剂的质量，单位为克每平方米(g/m²)；
m_2——干燥后试样的质量，单位为克(g)；
m_3——灼烧后试样的质量，单位为克(g)；
m_5——试样中有机物补强材料的质量，单位为克(g)；
A——试样面积，单位为平方米(m²)。

8.4.4 有机硅胶粘剂的材料(可溶性胶粘剂)

按合同规定测定有机硅胶粘剂的含量。一种可行的方法如下。

把按8.3干燥过的试样放入一个预先干燥并称量过的过滤坩埚中称量，质量之差即为试样的质量(m_2)。

把足量的二乙胺(试剂级)注入索氏(Soxhlet)抽提器的烧瓶内，使其量能充满虹吸管高度的1.5倍。以每小时六次～十次的虹吸速率完全抽提试样(对薄材料抽提时间至少4 h，对厚材料则要更长时间)。

让仪器冷却，再以丙酮代替二乙胺，如前述抽提1.5 h。

取出抽提器中的过滤坩埚，把它放在表面皿上在空气中干燥10 min，然后在105 ℃±2 ℃的烘箱中加热30 min。

过滤坩埚在干燥器中冷却至室温后称量，减去过滤坩埚的质量得抽提后试样的质量(m_4)。

胶粘剂的含量按式(2)计算：

$$C_b = \frac{m_2 - m_4}{m_2} \times 100 \qquad \cdots\cdots(12)$$

式中：

C_b——胶粘剂的含量，以百分数表示(%)；
m_2——干燥后试样的质量，单位为克(g)；
m_4——抽提后试样的质量，单位为克(g)。

单位面积胶粘剂的质量按式(13)计算：

$$m_b' = \frac{m_2 - m_4}{A} \qquad \cdots\cdots(13)$$

式中：

m_b'——单位面积胶粘剂的质量，单位为克每平方米(g/m²)；
m_2——干燥后试样的质量，单位为克(g)；
m_4——抽提后试样的质量，单位为克(g)；
A——试样面积，单位为平方米(m²)。

8.4.5 有机硅胶粘剂无补强的材料(不溶性胶粘剂)

按8.4.1进行。由制造厂说明有机硅漆漆基有机物的含量。

胶粘剂的含量按式(14)计算：

$$C_b = \frac{m_2 - m_3}{m_2 B} \times 100 \qquad \cdots\cdots(14)$$

式中：

C_b——胶粘剂的含量，以百分数表示(%)；

m_2——干燥后试样的质量，单位为克(g)；

m_3——灼烧后试样的质量，单位为克(g)；

B——有机硅漆漆基有机物的含量，以百分数表示(%)。

单位面积胶粘剂的质量按式(15)计算：

$$m'_b = \frac{m_2 - m_3}{AB} \quad \cdots\cdots(15)$$

式中：

m'_b——单位面积胶粘剂的质量，单位为克每平方米(g/m²)；

m_2——干燥后试样的质量，单位为克(g)；

m_3——灼烧后试样的质量，单位为克(g)；

A——试样面积，单位为平方米(m²)；

B——有机硅漆漆基有机物的含量的数值，以百分数表示。

8.5 单位面积补强材料的质量

供方应说明所用补强材料的单位面积的质量。测定该项性能的方法按合同规定。

另外，可用下述程序之一并在合同中说明。

a) 对于无机物补强的材料：

按 8.4.1 完成加热周期后，小心地分离补强材料并称量(m_6)。

单位面积补强材料的质量按式(16)计算：

$$m'_r = \frac{m_6}{A} \quad \cdots\cdots(16)$$

式中：

m'_r——单位面积补强材料的质量，单位为克每平方米(g/m²)；

m_6——试样中无机物补强材料的质量，单位为克(g)；

A——试样面积，单位为平方米(m²)。

b) 对于有机物补强的材料(可溶性胶粘剂)：

按 8.4.2 完成加热周期后，小心地分离补强材料并称量(m_7)。

单位面积补强材料的质量按式(17)计算：

$$m'_r = \frac{m_7}{A} \quad \cdots\cdots(17)$$

式中：

m'_r——单位面积补强材料的质量，单位为克每平方米(g/m²)；

m_7——试样中有机物补强材料的质量，单位为克(g)；

A——试样面积，单位为平方米(m²)。

8.6 云母的含量和单位面积云母的质量

根据上述试验结果，能计算云母的含量和单位面积云母的质量。

对于无补强或有机物补强的材料：

$$C_m = \frac{m_3}{m_2} \times 100 \quad \cdots\cdots(18)$$

$$m'_m = \frac{m_3}{A} \quad \cdots\cdots(19)$$

式中：

C_m——云母的含量，以百分数表示(%)；

m_2——干燥后试样的质量，单位为克(g)；

m_3——灼烧后试样的质量，单位为克(g)；

A——试样面积的数值，单位为平方米(m^2)；

m'_m——单位面积云母的质量的数值，单位为克每平方米(g/m^2)。

对于无机物补强的材料：

$$C_m = \frac{m_3/A - m'_r}{m'_t} \times 100 \quad \cdots\cdots(20)$$

$$m'_m = m'_t - m'_b - m'_r \quad \cdots\cdots(21)$$

式中：

C_m——云母的含量的数值，以百分数表示(%)；

m_3——灼烧后试样的质量的数值，单位为克(g)；

A——试样面积的数值，单位为平方米(m^2)；

m'_m——单位面积云母的质量的数值，单位为克每平方米(g/m^2)；

m'_r——单位面积补强材料的质量的数值，单位为克每平方米(g/m^2)；

m'_b——单位面积胶粘剂的质量的数值，单位为克每平方米(g/m^2)；

m'_t——干燥材料单位面积的质量的数值，单位为克每平方米(g/m^2)。

8.7 剥片云母的尺寸

8.7.1 试样

薄板试样尺寸应是 300 mm×300 mm。带材试样及特殊试验条件由单项材料规范规定。

8.7.2 试验方法

为除去胶粘剂，把试样置于一个盘或浅槽中，用 15%苛性钾(KOH)溶液煮沸直到发生解体。如果用上述方法不能除去胶粘剂，则可用任何其他合适的溶剂或把试样置于马弗炉中加热直到胶粘剂完全除去，使得能够测定剥片云母为止。另外，也可以用机械方法将剥片云母取下，但在这过程中剥片云母不应被撕裂。

解体后，用热水或未使用过溶剂把取下的剥片云母清洗几次，然后使其干燥。用 ISO 67:1981 规定的模板确定剥片云母的尺寸。

9 加热减量

称量按 8.3 干燥过的试样约 5 g，置于高温炉中逐渐升温至产品标准规定的温度，在规定的温度下加热 30 min，取出后放在干燥器内冷却至室温后称量。

加热减量按式(22)计算：

$$h = \frac{m_2 - m_3}{m_2} \times 100 \quad \cdots\cdots(22)$$

式中：

h——加热减量，以百分数表示(%)；

m_2——干燥后试样的质量，单位为克(g)；

m_3——灼烧后试样的质量，单位为克(g)。

进行两次测定，其测定值均应在标准规定的范围之内，取其平均值作为试验结果，取两位有效数字。

10 拉伸强度和断裂伸长率

10.1 试验仪器

可使用恒速加荷试验机或恒速移动试验机。试验机最好采用动力驱动，分度到能读出单项材料规范要求值的 1%。

10.2 试样

至少取五个试样，试样长度应能使试样在试验机两夹头间的距离为 200 mm 长。

当测试全幅宽和片状材料时，试样宽度为 25 mm，沿纵向和横向各切取五个试样。如果试样中含有纺织补强物，切自同一方向的任何两个试样在长度方向上不应含有同根织线。

带状材料沿其纵向取样，并按供货宽度，最宽不超过 25 mm。

10.3 程序

把试样固定于试验机上。按以下说明施加负荷：

恒定位移	10 mm/min	未补强云母或未浸渍云母
	50 mm/min	补强云母或浸渍云母

记录断裂的力和断裂时的伸长或补强物中的一个组成部分破坏时的力和伸长。

如果试样断在试验机的夹头内或夹头处，则此结果无效，用另一试样重做试验。

当需要测定接头处的拉伸强度时，把接头置于近似两夹头中间处。

注：对某些材料，可要求采取附加措施以防止试样在试验机夹头处打滑。

10.4 结果

分别报告两个方向的拉伸强度和伸长率(有要求时)。拉伸强度取五个断裂负荷的中值，以 N/10 mm 宽表示。伸长率取五次测量的中值，以对原始长度的百分数表示。同时报告最大值和最小值。

11 弯曲强度和弯曲弹性模量

11.1 试样

测定弯曲强度时，沿着与样品一个边缘相平行及相垂直的方向各取五个试样。每个试样的长度应不小于被测试样厚度的 20 倍，试样的宽度为 10 mm～25 mm，厚度为 4 mm±0.2 mm。

测定弯曲弹性模量时，沿着与样品一个边缘相平行及相垂直的方向各取两个试样。

对于可固化材料，试样应从一块按第 4 章制备的试样板上切取。

11.2 程序

按 GB/T 9341—2008 进行试验。应在 23 ℃和 155 ℃或单项材料规范规定的温度下测定该性能。

11.3 结果

分别报告两个方向的弯曲强度和弯曲弹性模量。弯曲强度取五次测量的中值，弯曲弹性模量取两次测量的平均值。

12 折叠

试样在 23 ℃±2 ℃温度下保持 1 h 后，在此温度下进行试验。把任一合适尺寸的试样折叠 180°，补强材料面朝内。尽可能快地用大拇指和食指进行折叠操作。

检查试样是否断裂或分层。

13 挺度

13.1 条件处理和试验环境

试样应在标准的试验室温度 23 ℃±2 ℃下达到平衡。

13.2 试样

全幅宽材料：纵横向各取五个试样，长度为 200 mm，宽度为 15 mm。

带状材料：取五个试样，长度为 200 mm，对于带宽大于 10 mm 的带材，宽度为带宽。当沿横向试验时，带宽即为试样的长度。

13.3 程序

测量试样尺寸应准确到±0.5 mm。按图 4 和图 5 所示放置试样，将试样对称地放在支承台上，试样的长边与槽平行，试样的补强面朝下。驱动压梁使其进入槽内，此时遇到来自试样的阻力，直到出现最大阻力为止。支承台相对压梁移动的速率应是能使最大力在 15 s±3 s 内达到。一种如台式天平的测力装置可以用来记录最大的阻力。

挺度按式(23)计算：

$$S=\frac{F_{\max}}{l} \qquad (23)$$

式中：

S——挺度，单位为牛顿每米(N/m)；

$F_{\max}$——最大的弯曲负荷，单位为牛顿(N)；

l——试样长度，单位为米(m)。

13.4 结果

分别报告纵向(纬线变形)和横向(经线变形)挺度的中值、最大值及最小值，并注明试验温度。

14 抗渗出和位移性

通常本试验用于换向器隔板材料。它是在特定的温度和压力条件下，测定云母或胶粘剂(渗出)的位移，或云母和胶粘剂两者的位移。

该试验人为因素很大，因而在说明试验结果时要特别注意。

14.1 试验仪器

用一台能对试样施加 60 MPa 压力的压机。若干 2 mm 厚的平钢板，一块钻有一个测温用热电偶插孔的 10 mm 厚钢板。

14.2 试样

试样的高度为 12 mm～15 mm，由若干块面积约 20 cm^2 的小云母板组成(推荐小云母板的尺寸为 40 mm×40 mm)。为保证试样的重现性，制样时应小心，应把所有小云母板的四个边缘切割干净。

为了进行试验，需要形成一个叠层，该叠层由 n 块小云母板和(n+1)块具有相同面积的钢板组成，小云母板和钢板交替放置，钻孔的钢板置于叠层中间并尽可能保证垂直对齐。

14.3 程序

把按 14.2 制备的叠层置于压机的两平板之间，压机已预先加热到比单项材料规范规定的温度高 5 ℃～10 ℃。然后施加 60 MPa 压力于叠层上，用隔热材料把叠层围起来。当热电偶(见 14.1)指示的温度达到单项材料规范规定的温度时，保持该温度和压力 30 min 后仔细地检查试样边缘。

对于其他时间、温度和压力，这些试验条件可在合同中说明。

14.4 结果

记录下述内容：

——材料有无位移；

——试样边缘有无胶粘剂小滴渗出。

15 弹性压缩和塑性压缩

本试验用于换向器隔板材料。

弹性压缩和塑性压缩是被测材料在经受由 7 MPa 到 60 MPa 周期性变化的压力，其尺寸达到稳定后测得的厚度变化来确定的(见 15.3)。试验温度按单项材料规范规定。弹性压缩和塑性压缩是以 7 MPa 压力下所测得的厚度的百分数表示。

15.1 试验仪器

试验仪器同 14.1 的规定。附加一个测量装置使得被测叠层的高度能测到 0.02 mm 以内。

15.2 试样

试样同 14.2 的规定。试样数量为两个叠层。

15.3 程序

把按 15.2 制备的叠层(见 14.2)置于压机的两平板之间，在室温下施加 7 MPa 的压力并测量其总

高度 d_0。用隔热材料把叠层围起来。然后把平板加热到比单项材料规范所规定的温度(t_{spec})高出 5 ℃～10 ℃。维持这温度直到热电偶(见 14.1)指示单项材料规范所规定的温度为止。然后测量叠层的总高度 d_1。

接着在约 10 min 内把叠层上的压力加大到 60 MPa，并保持 15 min。

然后测量叠层总高度 d_2。

在约 5 min 内把压力降低到 7 MPa,并再次测量叠层的总高度 d_1。

开始重复循环,但保持最大压力的时间仅 5 min。反复进行这种循环,直到 d_1 和 d_2 相继两次测量值的差稳定在 0.02 mm 内,才能认为这种循环已经稳定。把稳定后的循环值 d_1 和 d_2 记作 D_1 和 D_2。最后让叠层在 7 MPa 压力下冷却至室温并测量叠层总高度 d_5。

考虑到试验设备和中间钢板的变形,故将试验所使用的钢板叠层在规定温度下按上述循环稳定之后于 7 MPa 和 60 MPa 压力时测量的高度分别记作 d_3 和 d_4,在 7 MPa 压力和室温下测量的高度记作 d_6。

15.4 结果

记录构成试样的层数以及高度。

被测材料的弹性压缩按式(24)计算:

$$E=\frac{(D_1-d_3)-(D_2-d_4)}{D_1-d_3}\times 100 \qquad (24)$$

式中:

E——弹性压缩,以百分数表示(%);

D_1——在规定的温度下,压力为 7 MPa 时叠层循环稳定后的总高度,单位为毫米(mm);

d_3——在规定的温度下,压力为 7 MPa 时钢板叠层的高度,单位为毫米(mm);

D_2——在规定的温度下,压力为 60 MPa 时叠层循环稳定后的总高度,单位为毫米(mm);

d_4——在规定的温度下,压力为 60 MPa 时钢板叠层的高度,单位为毫米(mm)。

被测材料的塑性压缩按式(25)计算:

$$P=\frac{d_0-d_5}{d_0-d_6}\times 100 \qquad (25)$$

式中:

P——塑性压缩的数值,以百分数表示(%);

d_0——在室温下,压力为 7 MPa 时循环前叠层的总高度,单位为毫米(mm);

d_5——在室温下,压力为 7 MPa 时循环后叠层的总高度,单位为毫米(mm);

d_6——在室温下,压力为 7 MPa 时钢板叠层的高度,单位为毫米(mm)。

注:通过作相对于规定温度 t_{spec} 下的 D_1 的厚度变化百分率与连续加压、减压循环过程中压力变化的关系曲线可获得一个典型图例(见图 6)。

16 树脂的流动性和凝固性

本试验温度应在合同所陈述的单项材料规范中注明。

16.1 试样

试样数量为两个叠层。

用模板把材料切成 50 mm×50 mm 的方形试片多块,使叠后总的标称厚度约 2 mm。清除试样上松散的颗粒和露出的毛边并准确地把这些方形试片对齐。

对于带材,用相邻层间相互垂直的方法平接带材以形成足够厚度的叠层,使未压缩叠层的厚度为 2 mm。对某些宽度的带材,可切成 50 mm×50 mm 的方形试样。

16.2 程序

称量试样并准确到 1 mg(m_1)。

按 8.4 测定并记录树脂的含量(C_b)。

按 5.1.2 规定的方法(0.7 MPa)测量叠层厚度(t_1)。

在 15 ℃～35 ℃下把试样置于厚度不超过 1.5 mm 的两块抛光钢板中间,不使用定位挡块。

把钢板和试样组合件置入预先加热到单项材料规范规定的温度的压机内。

立即闭合压机并施加 1 MPa 的压力,使试样固化 5 min±1 min 后从抛光钢板中取出试样。

仔细地清除挤出的树脂并注意不要带出玻璃纤维,再次称量试样(m_2)。

按 5.1.2 规定的方法(0.7 MPa)测量叠层厚度(t_2)。

16.3 结果

规定温度下树脂的流动性按式(26)计算:

$$F = \frac{m_1 - m_2}{m_1 C_b} \times 10^4 \qquad \cdots\cdots(26)$$

式中:

F——树脂的流动性,以百分数表示(%);

m_1——叠层试验前的质量,单位为克(g);

m_2——叠层试验后的质量,单位为克(g);

C_b——按 8.4 测定的试样树脂含量,以百分数表示(%)。

规定温度下树脂的凝固性按式(27)计算:

$$C = \frac{t_1 - t_2}{t_1} \times 100 \qquad \cdots\cdots(27)$$

式中:

C——树脂的凝固性,以百分数表示(%);

t_1——叠层试验前的厚度,单位为毫米(mm);

t_2——叠层试验后的厚度,单位为毫米(mm)。

17 胶化时间

试样数量为两组,每组试样由约十片尺寸为 100 mm×25 mm 的试片堆叠而成。对于宽度小于 25 mm 的带材,试样宽度为被试带的原宽。

将叠层置于一块表面温度保持在 170 ℃±2 ℃的热板上加压,使熔融树脂挤压出来。计时器应在树脂刚刚触及热板的瞬间开始计时。

在树脂已经熔化并达到规定的胶化时间的 75%时,用一根 3 mm 直径的小木棍搅拌树脂,应尽可能垂直地握持小木棍,混合熔化树脂的中央以及边缘。在搅拌过程中,熔化树脂的熔穴直径不应超过 25 mm。

在接近胶化点时,树脂开始发粘并形成丝状物,当树脂不再形成丝状物和不再发粘但仍有弹性时,表明已经胶化。此时停止计时,把测得的时间作为胶化时间。单位为分(min)或秒(s)。

18 柔软性

18.1 云母带的柔软性

18.1.1 试验仪器

柔软性试验仪(见图 8)。辊筒线速度为 10 mm/s±1 mm/s。

18.1.2 试样

裁取长 200 mm,宽为带宽的五条试样。

18.1.3 试样的预处理

试样在温度 23 ℃±2 ℃和相对湿度 50%±5%的条件下处理 4 h。

18.1.4 试验环境

试验在温度 23 ℃±2 ℃和相对湿度 50%±5%的条件下进行。

18.1.5 试验步骤

将试样以内径面向下送入仪器辊筒内，开动仪器匀速送出，当试样端部接触到仪器标尺时停机读数。

18.1.6 结果

柔软性以五个试样测得的结果的中值表示，单位为 mm。

18.2 柔软云母板的柔软性

18.2.1 仪器

钢轴，其直径为柔软云母板标称厚度的 100 倍。

18.2.2 试样

试样宽度为 50 mm，试样长度见表 1。试样数量不少于两个。

表 1 试样长度

单位为毫米

标称厚度	试样长度	标称厚度	试样长度
0.15	100	0.30	190
0.20	130	0.40	260
0.25	160	0.50	320

18.2.3 试样的预处理

同 18.1.3。

18.2.4 试验环境

同 18.1.4。

18.2.5 试验步骤

顺着试样的长度方向，将其重叠绕在钢轴上，再自由展开观察。试验应无分层，无剥片云母滑动、折损和脱落。允许有由于内外径差所造成的拱起部分存在。

18.2.6 结果

试样有无分层，有无剥片云母滑动、折损和脱落。

19 边缘弯曲度

将云母带平铺于钢板尺上，量其 300 mm 以内的最大弯曲部分与弧弦之间的距离。以 mm 表示。

20 起层率

20.1 试验仪器

刀刃长不小于 600 mm 的剪床，刀口间无缝隙，刀片稍有斜度，刀口锋利的程度应在使用位置可将厚度为 0.05 mm 的电话纸剪开，控制刀口下降速度使试样能一次切下来，落料板距刀口 50 mm～100 mm，并垫以云母板。

20.2 试样

在距云母板边缘不少于 20 mm 处取样，云母板标称厚度为 0.4 mm～0.65 mm 时，剪切成20 mm×20 mm 的试样；云母板标称厚度为 0.7 mm～1.0 mm 时，剪切成 20 mm×40 mm 的试样。剪切 50 块试样。

20.3 试验步骤

对试样尺寸为 20 mm×40 mm 的，先切成 40 mm 宽的长条，再切成 20 mm×40 mm 的小块；对试样尺寸为 20 mm×20 mm 的，先切成 20 mm 宽的长条，再切成 20 mm×20 mm 的小块。检查云母板的层间分离(指分裂为两片以上的)数量。

20.4 计算

起层率按式(28)计算:

$$A = \frac{n}{50} \times 100 \quad \cdots\cdots (28)$$

式中:

A——岸起层率的数值,以百分数表示(%);

n——试样分层的数量。

20.5 结果

起层率的测定值,取两位有效数字。

21 可塑性

21.1 仪器

钢轴,直径见表3。

21.2 试样

试样宽度为50 mm,试样长度见表2。试样数量不少于两个。

表2 钢轴直径及试样长度 单位为毫米

标称厚度	钢轴直径	试样长度
0.15,0.20,0.25	10±0.5	70
0.30	15±0.5	100
0.40	20±0.5	140
0.50,0.60,0.70	60±0.5	400
0.80	80±0.5	520
1.0,1.2	100±0.5	640

21.3 试验步骤

将试样的钢轴置于烘箱中加热至产品标准中所规定的温度。

先将云母带纸绕在钢轴上以利脱模,再把受热变软的试样沿其长度方向迅速地卷绕在钢轴上,并用布带扎紧(云母箔在卷绕时补强材料面在外),操作可在同温度的电热板上进行。然后在产品标准中规定的温度下保持15 min取出冷却至室温,去掉布带及钢轴观察,塑制的云母管应保持以钢轴直径为直径的管形,应无分层和剥片云母脱落。塑型云母板类试样塑制的云母管,表面剥片云母翘起不应超过其面积的1/2。

21.4 结果

报告试验后试样的外观。

22 电气强度

本试验按GB/T 1408.1—2006进行。

22.1 电极

单项材料规范可按GB/T 1408.1—2006中图1a)、图1b)或图2选用试验电极。

22.2 试样

除单项材料规范另有规定外,试样厚度即为收货状态下产品的厚度。

试样面积根据产品的厚度决定,以避免电极间表面放电。

对于可固化的材料,试样应按第4章制备。试样尺寸至少为250 mm×250 mm。试样厚度应为

1 mm，并由三层以上固化而成。

试验次数为五次，可在同一试样上进行，应测量试样厚度并精确到±0.1 mm。

22.3 程序

试样按GB/T 1408.1—2006中第6章条件处理后，在空气中或在油中对其进行试验，试验用的媒质应按单项材料规范中的规定。施加电压应按GB/T 1408.1—2006中10.1，击穿判断标准按GB/T 1408.1—2006中第11章。

22.4 报告

按GB/T 1408.1—2006中第13章。

23 在48 Hz～62 Hz频率下的介质损耗因数与温度关系的特性

23.1 试样

试样尺寸约150 mm×150 mm×2 mm。对可固化材料按第4章规定制备。

23.2 试验条件

在空气中进行试验。从30 ℃开始测定，其温度间隔为10 ℃左右，一直测到单项材料规范规定的温度为止。

23.3 电极

电极按GB/T 1409—2006规定。一种合适的电极配置方法是：高压电极直径为100 mm，低压电极直径为75 mm，低压电极周围放置一个宽约10 mm的保护环，电极与保护环间的间隙为1.5 mm～2.0 mm。用黄铜电极作试样电极的背衬，电极材料应符合GB/T 1409—2006的规定。黄铜电极边缘倒角半径大于0.8 mm，以消除尖锐的边缘。

23.4 程序

按GB/T 1409—2006选用一种合适的试验仪器，在已测厚度的试样上施加一个最高电场强度1.5 kV/mm，在48 Hz～62 Hz频率下进行试验。

在上述规定的各温度下，测定试样的介质损耗因数，并作出介质损耗因数与温度的关系曲线。

23.5 报告

按GB/T 1409—2006中第9章。

24 在48 Hz～62 Hz频率下的介质损耗因数与电压关系的特性

24.1 试样

试样尺寸约150 mm×150 mm×2 mm。对可固化材料按第4章规定制备。

24.2 试验条件

在空气中进行试验。从1 kV开始施加电压，其电压间隔为1 kV，一直测到曲线出现转折点为止，最高试验电压不超过20 kV。

24.3 电极

同23.3的规定。

24.4 程序

按GB/T 1409—2006选用一种合适的试验仪器，在空气中于23 ℃±2 ℃以及48 Hz～62 Hz频率下进行试验。在上述规定的各电压下，测定试样的介质损耗因数，并作出介质损耗因数与电压的关系曲线。

24.5 报告

按GB/T 1409—2006中第9章。

25 体积电阻率

按GB/T 1410—2006进行。

25.1 试验仪器

试验仪器应符合 GB/T 1410—2006 中第 5 章的要求。

25.2 电极

测量电极直径为 50 mm，高压电极直径为 80 mm，保护电极宽度为 10 mm，电极和护环之间的间隙为 2.0 mm。电极应符合 GB/T 1410—2006 中第 8 章的要求。

25.3 试样

除非另有规定，试样面积应为 100 mm×100 mm。

25.4 试验步骤

按 GB/T 1410—2006 的要求进行，试验电压为 1 kV。

25.5 结果

体积电阻率以三个试样测得的结果的中值表示，单位为 Ω·m。

26 高温绝缘电阻

试验方法待定。

27 缺陷和导电粒子的检测

试验方法待定。

28 渗透性

28.1 试验仪器

标准 Williams 型渗透仪，其试验面直径为 60 mm±0.5 mm(见图 7)。

注：盛试验液体的容器能加热和冷却，宜恒温控制。

计时器：例如秒表，计时准确到 0.1 s。

试验液体：体积分数为 60％蓖麻油(二次精馏)和 40％甲苯的混合液。25 ℃时密度为 0.917 g/cm^3，黏度为 26 mPa·s。

注：由于甲苯易挥发，试验液体每 10 天应补充一次甲苯。另外，由于蓖麻油的老化会降低测量的准确性，建议不要使用存放四个月以上的混合液。

28.2 试样

试样尺寸为 75 mm×75 mm。每组试样为三个，共制备两组。

28.3 试验方法

按单项材料规范规定的方法测量试样厚度。在云母纸的同一面上(试验范围以外地方)对全部试样随机地从 1～6 进行编号。

把 2、4 和 6 试样的编号面朝外(即不与试液接触)进行试验。把 1、3 和 5 试样的编号面与试液接触进行试验。

把试液注入渗透仪，使试液水平面距顶部 5 mm。用夹环把试样固定在液体上方，保持试液的温度为 25 ℃±0.5 ℃(恒温控制)。

当渗透仪从水平位置转入倾斜位置时开始计时。

当试液完全浸透圆形试面时停止计时。

注：由试验而引起的试液损失，在下次试验之前应予以补充。

28.4 结果

报告每一组试样测量时间的中值、最大值及最小值，单位为秒，并注明试样厚度。

29 耐热性

本试验按 GB/T 11026.1—2003、GB/T 11026.2—2000、GB/T 11026.3—2006、GB/T 11026.4—1999 进行。

具体材料选取的特性及终点判断在单项材料规范中规定。

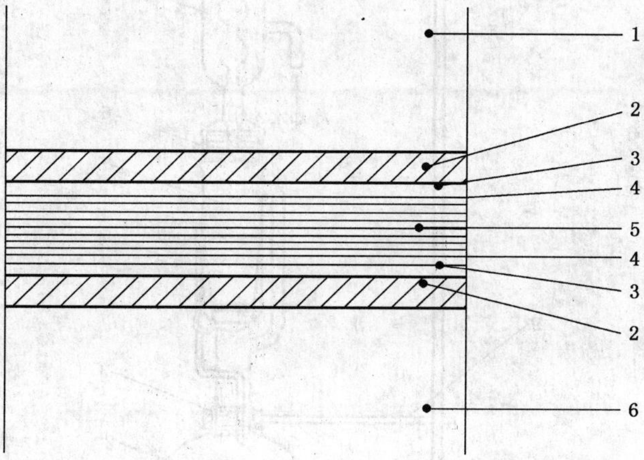

1——上加热板；

2——衬垫(衬垫应具有厚度 1 mm～2 mm。10 层牛皮纸或其他材料；例如，聚芳酰胺纤维纸、聚芳酰胺纤维布或玻璃布)；

3——抛光钢板(铬钢板，2 mm 厚)；

4——防粘材料(例如，三醋酸薄膜)；

5——叠层；

6——下加热板。

图 1　制备试验用试样板的叠层组成

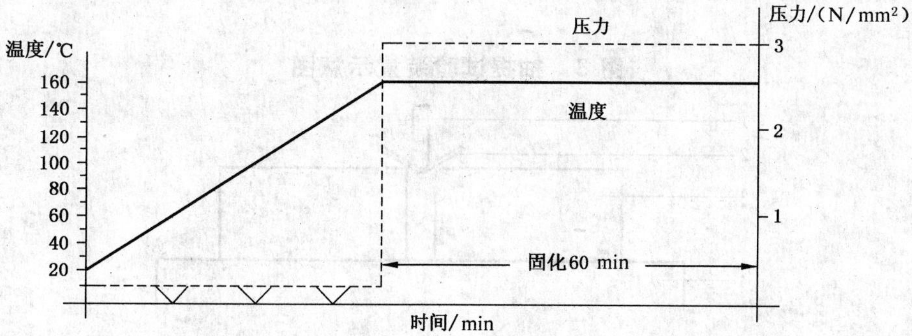

图 2　加压过程条件

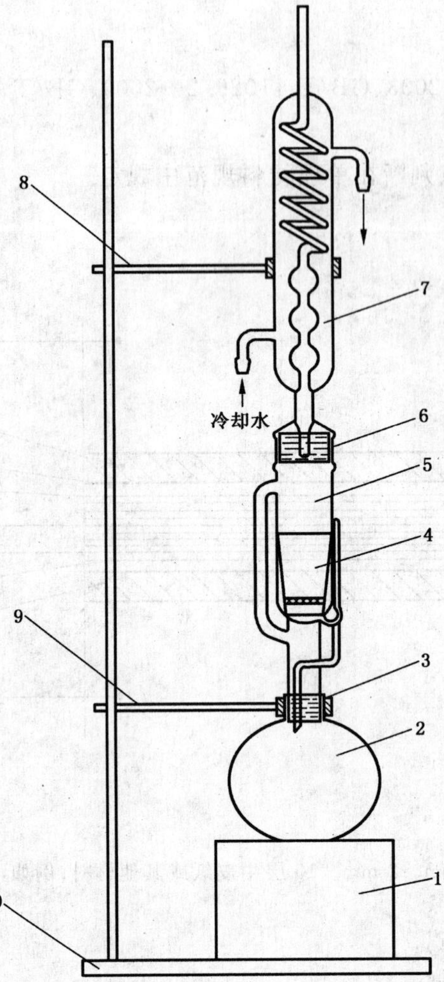

1——加热器；
2——烧瓶；
3、6——磨口；
4——过滤坩埚；
5——回流抽堤器；
7——冷凝器；
8、9——万能夹；
10——铁架台。

图 3　抽提试验装置示意图

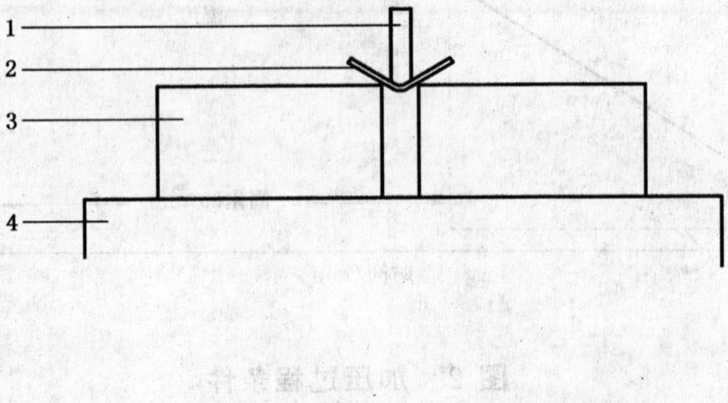

1——压梁；
2——试样；
3——支承台；
4——测力装置。

图 4　测量挺度的设备

单位为毫米

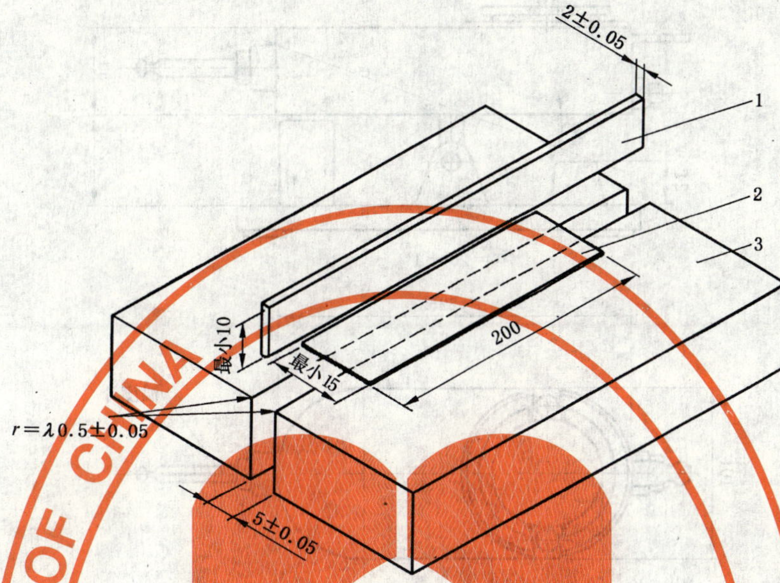

1——压梁；
2——试样；
3——支承台。

图 5 测量挺度的设备

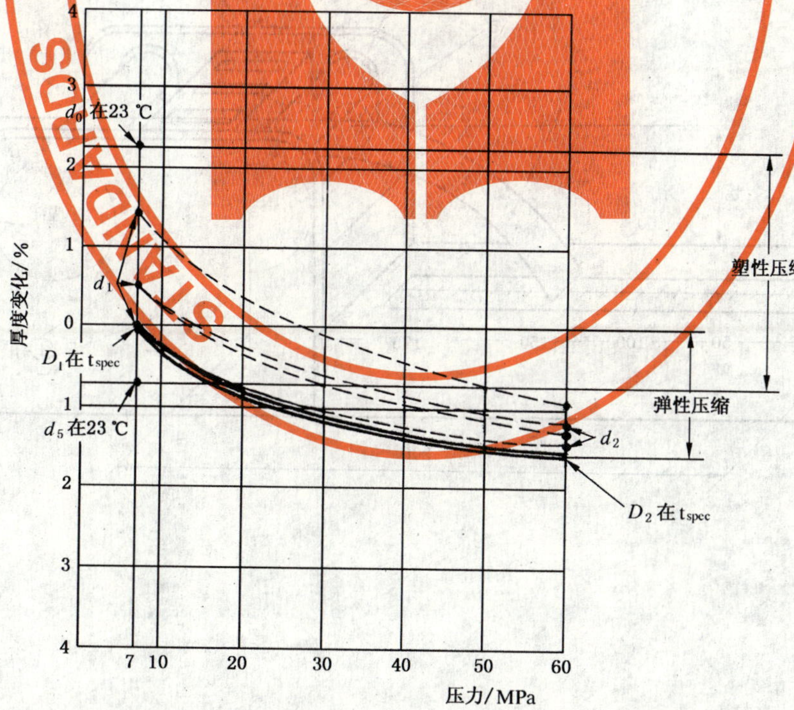

图 6 弹性压缩和塑性压缩

单位为毫米

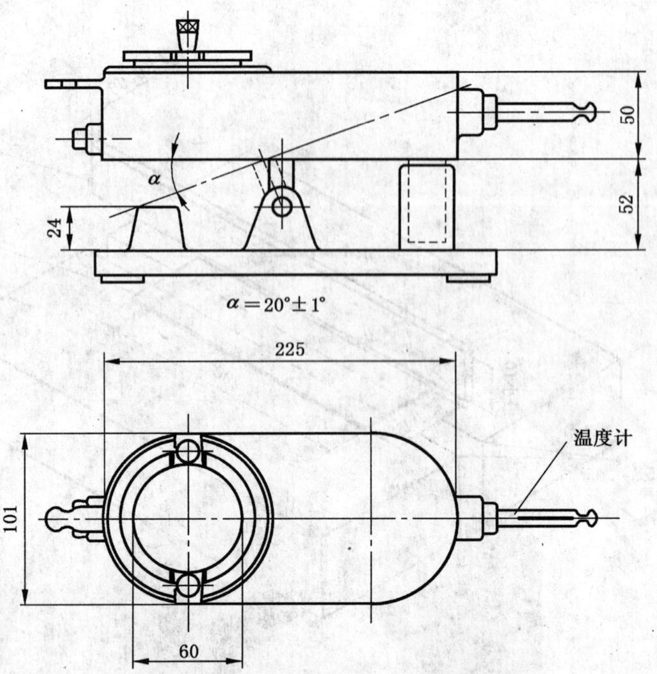

图 7 标准 Williams 型渗透仪

单位为毫米

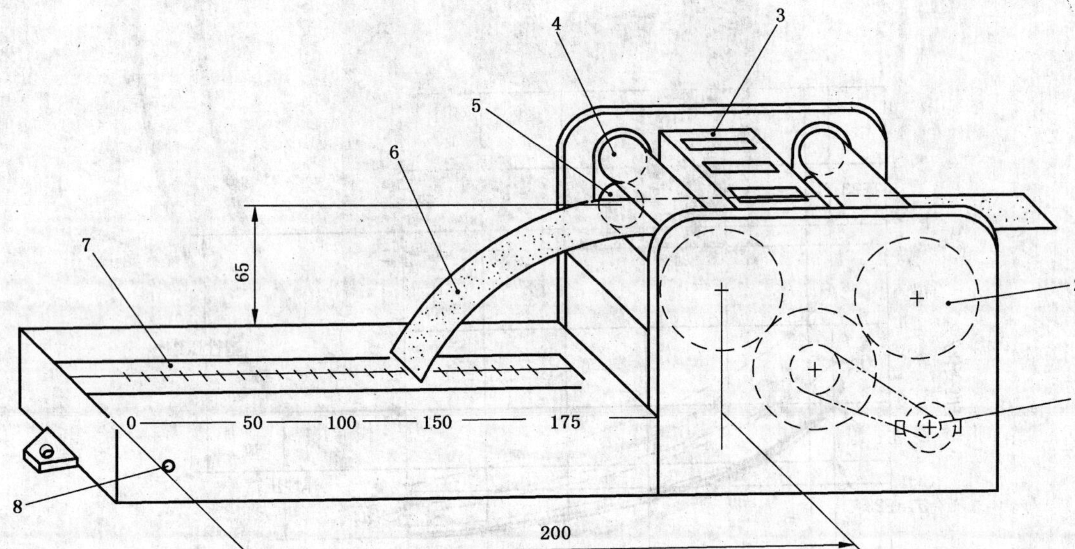

1——电机；
2——齿轮；
3——挡板；
4——上辊；
5——下辊；
6——试样；
7——刻度尺；
8——开关。

图 8 柔软性试验仪示意图

附 录 A
（资料性附录）
本部分章条编号与 IEC 60371-2:2004 章条编号对照

表 A.1 给出了本部分章条编号与 IEC 60371-2:2004 章条编号对照一览表。

表 A.1 本部分章条编号与 IEC 60371-2:2004 章条编号对照

本部分章条编号	对应的国际标准章条编号
1	1
2	2
3	—
4	3
4.1～4.3	3.1～3.3
5.1	4.1
5.2.1～5.2.3	4.2.1～4.2.3
5.2.4	—
5.2.4.1～5.2.4.3	4.2.4～4.2.6
5.3～5.4	4.3～4.4
6	5
7	6
8.1～8.3	7.1～7.3
8.4.1～8.4.3	7.4.1～7.4.3
8.4.4	7.4.4.1、7.4.4.2
8.4.5	—
8.5～8.7	7.5～7.7
9	—
10.1～10.4	8.1～8.4
11.1～11.2	9.1～9.2
11.3	—
12	10
13.1～13.4	11.1～11.4
14.1～14.4	12.1～12.4
15.1～15.4	13.1～13.4
16	14
16.1～16.3	14.1～14.3
17	15
18～21	—
22.1～22.4	16.1～16.4

表 A.1（续）

本部分章条编号	对应的国际标准章条编号
23.1～23.5	17.1～17.5
24.1～24.5	18.1～18.5
25～26	—
27	19
28.1～28.4	20.1～20.4
29	22

附 录 B
（资料性附录）
本部分与 IEC 60371-2:2004 技术性差异及其原因

表 B.1 给出了本部分与 IEC 60371-2:2004 的技术性差异及其原因的一览表。

表 B.1 本部分与 IEC 60371-2:2004 技术性差异及其原因

本标准的章条编号	技术性差异	原 因
2	增加规范性引用文件 GB/T 1033.1—2008、GB/T 1410—2006	标准中规范性引用了这些文件，GB/T 1.1 要求列出规范性引用的文件
3	增加了第 3 章。将国际标准第 3.2 条最后 1 段移至本标准的第 3 章	该段内容属“对试验的一般要求”
5.2.4	增加了条标题	使材料分类一目了然
5.2.4.1～5.2.4.3	此 3 条由第三层次的条变为第四层次的条	使条文清晰
6	增加了 GB/T 1033.1—2008	增加可操作性
8	增加了对公式含义进行解释	强调与 GB/T 1.1 的一致性
8.4.2	增加了索氏(Soxhlet)抽提器的示意图	使初学者易于识别
8.4.4	将条标题由“有机硅胶粘剂含量”修改为“有机硅胶粘剂(可溶性胶粘剂)”。并将文字表达公式修改为以字母符号表达的公式。同时增加了单位面积胶粘剂的质量计算公式	使上下文的结构一致
8.4.5	增加了 8.4.5	考虑到实际应用中需要，故增加了此项试验方法
8.7.2	增加了用“15%苛性钾(KOH)溶液煮沸直到发生解体”以除去胶粘剂	使此项试验方法的范围更宽，实际应用中增加可操作性
9	增加了第 9 章	考虑到实际应用中需要，故增加了此项试验方法(与 1985 年版第 4 章一致)
11.3	增加了 11.3	增加可操作性
13.2	试样长度由 50 mm～200 mm 修改为 200 mm	设备的测量精度不太高，故增加试样长度来减小测量误差，与上一段一致
15.2 、16.1 、17	增加了试样数量	增加可操作性
15.4、16.3	增加了对公式含义进行解释	强调与 GB/T 1.1 的一致性
18～21	增加了第 18 章～21 章	考虑到实际应用中需要，故增加了此项试验方法(与 1985 年版第 12 章～15 章一致)
25、26	增加了第 25 章、26 章	考虑到实际应用中需要，故增加了此项试验方法(与 1985 年版第 19 章、20 章一致)

ICS 29.035.50
K 15

中华人民共和国国家标准

GB/T 5019.3—2009
代替 GB/T 5021—2002

以云母为基的绝缘材料
第3部分：换向器隔板和材料

Specification for insulating materials based on mica—
Part 3: Commutator separators and materials

(IEC 60371-3-1:2006, Specification for insulating materials based on mica—
Part 3: Specifications for individual materials—
Sheet 1: Commutator separators and materials, MOD)

2009-06-10 发布 2009-12-01 实施

中华人民共和国国家质量监督检验检疫总局
中国国家标准化管理委员会 发布

前　言

GB/T 5019《以云母为基的绝缘材料》分为以下几个部分：

——第1部分：定义和一般要求；

——第2部分：试验方法；

——第3部分：换向器隔板和材料；

——第4部分：云母纸；

——第5部分：电热设备用云母板；

——第6部分：聚酯薄膜补强B阶环氧树脂粘合云母带；

——第7部分：真空压力浸渍(VPI)用玻璃布及薄膜补强环氧树脂粘合云母带；

——第8部分：玻璃布补强B阶环氧树脂粘合云母带；

——第9部分：单根导线包绕用环氧树脂粘合聚酯薄膜云母带；

——第10部分：耐火安全电缆用云母带；

——第11部分：塑型云母板。

本部分为GB/T 5019的第3部分。

本部分修改采用IEC 60371-3-1:2006《以云母为基的绝缘材料　第3部分：单项材料规范　第1篇：换向器隔板和材料》(英文版)。

本部分与IEC 60371-3-1:2006的技术差异如下：

a)　删除了IEC 60371-3-1:2006的前言和引言，将其部分内容编写入本部分的前言中；

b)　将表3和表4中“电气强度”的要求值由“7 kV/mm”改为“20 kV/mm”。

本部分代替GB/T 5021—2002《换向器隔板和材料》。

本部分与GB/T 5021—2002相比主要变化如下：

a)　删除了该标准中有关IEC前言和引言；

b)　增加了表1和表2的表头；

c)　将表3和表4中“电气强度”要求值由“7 kV/mm”改为“20 kV/mm”。

本部分由中国电器工业协会提出。

本部分由全国绝缘材料标准化技术委员会(SAC/TC 51)归口。

本部分主要起草单位：桂林电器科学研究所。

本部分起草人：王先锋。

本部分所代替标准的历次版本发布情况为：

——GB/T 5021—1985、GB/T 5021—2002。

以云母为基的绝缘材料
第3部分：换向器隔板和材料

1 范围

GB/T 5019的本部分适用于换向器隔板用的以剥片云母或云母纸为基材的硬质材料。

这些产品由白云母片或金云母片或云母纸用合适的粘合剂粘结而成。其供货形式如下：

——以压制或经切边后的尺寸供应的片材；

——由片材切成的条；

——符合用户订货条件中的形状和尺寸的换向器隔板。

产品的标称厚度为0.3 mm～2.0 mm。

2 规范性引用文件

下列文件中的条款通过GB/T 5019的本部分的引用而成为本部分的条款。凡是注日期的引用文件，其随后所有的修改单（不包括勘误的内容）或修订版均不适用于本部分，然而，鼓励根据本部分达成协议的各方研究是否可使用这些文件的最新版本。凡是不注日期的引用文件，其最新版本适用于本部分。

GB/T 5019.2—2009 以云母为基的绝缘材料 第2部分：试验方法(IEC 60371-2:2004,MOD)

3 一般要求

材料应硬度均匀，无斑点和外来杂质。

所采用的粘合剂由供需双方商定。

当按GB/T 5019.2—2009进行试验时，材料应符合本部分的要求。

4 厚度

4.1 标称厚度的定义

标称厚度为订货所要求的厚度，即到货时的厚度（换向器组装之前）。

4.2 测量与偏差

相对于标称厚度的偏差(mm)规定如下：

4.2.1 片材、条以及表面积≤10 cm^2 的换向器隔板

按GB/T 5019.2—2009中5.2.1和5.2.4的规定。测量厚度应按GB/T 5019.2—2009中5.1.3规定的仪器（测量面直径为6 mm～8 mm，压力为7 MPa）。

厚度测量应按GB/T 5019.2—2009中5.3的规定，厚度偏差见表1。

表1 片材、条及表面积≤10 cm^2 的换向器隔板的厚度偏差 单位为毫米

类　　型	剥片云母	云母纸（普通偏差）	云母纸（高精度偏差）
试样偏差	±0.03	±0.03	±0.02
同一试样最大厚度值和最小厚度值之差	0.06	0.06	0.04

4.2.2 表面积大于 10 cm^2 的换向器隔板

4.2.2.1 以单片形式供货的换向器隔板

试样按 GB/T 5019.2—2009 中 5.2.4.2 中 a)的规定。

厚度测量应按 GB/T 5019.2—2009 中 5.3 的规定,厚度偏差见表 2。

表 2 表面积大于 10 cm^2 的换向器隔板的厚度偏差

单位为毫米

类型	剥片云母	粉云母纸
试样偏差	±0.02	±0.015
同一试样最大厚度值和最小厚度值之差	0.04	0.03

4.2.2.2 以标准叠供货的换向器隔板

换向器隔板的标准叠高和每叠片数应于订货时说明。测量叠高应按 GB/T 5019.2—2009 中5.1.4 的规定。当压力为 30 MPa 时,测得的高度与标称值之差应符合供需双方的协议。

5 其他尺寸

5.1 片材

切边后的片材,其标称长度和标称宽度的偏差为±5%。

注:对未经切边的片材,其质量偏差应按协议规定。

5.2 条

长度偏差为±5%,标称宽度偏差为±0.5 mm。

5.3 换向器隔板

总的尺寸偏差为:

表面积不超过 10 cm^2 的换向器隔板为±0.3 mm。

表面积 10 cm^2 以上的换向器隔板为±0.5 mm。

6 缺陷和导电粒子

在 GB/T 5019.2—2009 中尚无缺陷和导电粒子的检测方法,缺陷可接受的形式和数量由供需双方商定。

7 性能

表 3 和表 4 列出了以云母为基材的换向器隔板用产品的性能要求。

表 3 以剥片云母为基材的换向器隔板用产品的性能要求

型号	种类	标称厚度 mm	云母含量 %	抗渗出和位移性 ℃	弹性压缩 %	塑性压缩 %	测量压缩时的温度 ℃	电气强度 kV/mm	密度 g/cm^3
S1 S2	冲孔型,白云母 冲孔型,金云母	0.3~1.6	≥92	—	≤3	≤5	150	≥20	2.2~2.6
S3 S4	标准型,白云母 标准型,底材,金云母	0.5~2.0	≥95	200	≤3	≤5	160	≥20	
S5 S6	特殊型 A,白云母 特殊型 A,金云母	0.5~2.0	≥95	220	≤2	≤4	200	≥20	
S15 S16	特殊型 B,白云母 特殊型 B,金云母	0.5~2.0	≥95	300	≤2	≤3	200	≥20	

表 3(续)

型号	种类	标称厚度 mm	云母含量 %	抗渗出和位移性 ℃	弹性压缩 %	塑性压缩 %	测量压缩时的温度 ℃	电气强度 kV/mm	密度 g/cm³
GB/T 5019.2—2009 中条款		5	8.6	14	15	15	15	22	6

注:抗渗出和位移性在规定温度下用标准视力检查不应发现有粘结剂渗出或云母位移。
电气强度对于条和换向器隔板用 6 mm 电极,片材用 25 mm/75 mm 电极。

表 4 以云母纸为基材的换向器隔板用产品的性能要求

型号	种类	标称厚度 mm	云母含量 %	耐渗出性和耐位移性 ℃	弹性压缩 %	塑性压缩 %	测量压缩时的温度 ℃	电气强度 kV/mm	密度 g/cm³
P7 P8	冲孔型,白云母 冲孔型,金云母	0.3～1.6	≥90	无要求	≤5	≤5	150	≥20	2.0～2.4
P9 P10	标准型,白云母 标准型,金云母	0.5～2.0	≥90	200	≤4	≤5	160	≥20	
P11 P12	特殊型 A,白云母 特殊型 A,金云母	0.5～2.0	≥90	220	≤2	≤4	200	≥20	
P13 P14	特殊型 B,白云母 特殊型 B,金云母	0.5～2.0	≥90	300	≤2	≤3	200	≥20	
GB/T 5019.2—2009 中条款		5	8.6	14	15	15	15	22	6

注:耐渗出性和耐位移性在规定温度下用标准视力检查不应发现有粘结剂渗出或云母位移。
电气强度对于条和换向器隔板用 6 mm 电极,片材用 25 mm/75 mm 电极。
如购者要求,对于 P11、P12、P13、P14 型的塑性压缩可降低到 2%。

8 形状

换向器隔板用的云母或剥片云母产品通常以下列形式供货:

——大约 1 000 mm 长,500 mm～1 000 mm 宽的片材;

——约 1 000 mm 长,宽度不大于 200 mm 的条;

——表面积 10 cm^2 及以下的成型换向器隔板通常以散装形式供货(除非供需双方另有协议);

——表面积大于 10 cm^2 的成型换向器隔板既可以散装形式供货,又可以非标准叠或标准叠形式供货。每叠片数(通常为 20 片～50 片)须按专门协议规定。此外,根据材料的种类可以在片间垫以隔离层。

9 标志

在包装上应标明本部分编号以及产品的型号(例如 GB/T 5019.2—2009 中 P7 型)、制造单位、标称厚度和尺寸、每包的片数和质量。

当产品以叠形式供货时,每叠上还注明下列附加说明:

——非标准叠:每叠换向器隔板数;

——标准叠:每叠换向器隔板数以及总叠的净高(应减去隔离层的厚度)。

ICS 29.035.50
K 15

中华人民共和国国家标准

GB/T 5019.4—2009
代替 GB/T 10216—1998

以云母为基的绝缘材料 第4部分:云母纸

Specification for insulating materials based on mica—
Patr 4:Mica paper

(IEC 60371-3-2:2005,Insulating materials based on mica—
Part 3:Specifications for individual materials—Sheet 2:Mica paper,MOD)

2009-06-10 发布　　　　2009-12-01 实施

中华人民共和国国家质量监督检验检疫总局
中国国家标准化管理委员会 发布

前言

GB/T 5019《以云母为基的绝缘材料》由下列几个部分组成：

——第1部分：定义和一般要求；

——第2部分：试验方法；

——第3部分：换向器隔板和材料；

——第4部分：云母纸；

——第5部分：电热设备用云母板；

——第6部分：聚酯薄膜补强B阶环氧树脂粘合云母带；

——第7部分：真空压力浸渍(VPI)用玻璃布及薄膜补强环氧树脂粘合云母带；

——第8部分：玻璃布补强B阶环氧树脂粘合云母带；

——第9部分：单根导线包绕用环氧树脂粘合聚酯薄膜云母带；

——第10部分：耐火安全电缆用云母带；

——第11部分：塑型云母板。

本部分为GB/T 5019的第4部分。

本部分修改采用IEC 60371-3-2:2005《以云母为基的绝缘材料　第3部分：单项材料规范　第2篇：云母纸》(英文版)。

本部分与IEC 60371-3-2:2005的差异如下：

a) 将“规范性引用文件”中的部分国际标准(ISO、IEC)改为采用其等同或等效转化的国家标准；另外在文本编辑格式上作了修改；

b) 根据需要，增补了目前国内现有的产品规格及要求，增补了对云母纸“电气强度”的要求，提高了“定量”偏差的要求值，对部分型号的“渗透时间”要求值作了调整。

本部分代替GB/T 10216—1998《云母纸》。

本部分与GB/T 10216—1998的主要差别是：

a) “规范性文件”进行了更新和补充；

b) “分类”增补了MPS产品型号；

c) “要求”增补了MPS型号的要求，增补了“电气强度”性能，且对其他型号的要求进行了局部修改；

d) 删除了“检验规则”和“标志、包装、运输和贮存”两章。

本部分由中国电器工业协会提出。

本部分由全国绝缘材料标准化技术委员会(SAC/TC 51)归口。

本部分起草单位：杭州凯尔云母制品有限公司、湖北平安电工材料有限公司、通城云奇云母制品有限公司、桂林电器科学研究所。

本部分主要起草人：郑立、潘艳良、王良兵、朱淼、罗传勇。

本部分所代替标准的历次版本发布情况为：

——GB/T 10216—1988，GB/T 10216—1998。

以云母为基的绝缘材料
第4部分:云母纸

1 范围

GB/T 5019的本部分规定了云母纸的分类、要求、供货及标志、试验方法。

本部分适用于电气绝缘用云母纸。

2 规范性引用文件

下列文件中的条款通过GB/T 5019的本部分的引用而成为本部分的条款。凡是注日期的引用文件,其随后所有的修改单(不包括勘误的内容)或修订版均不适用于本部分,然而,鼓励根据本部分达成协议的各方研究是否可使用这些文件的最新版本。凡是不注日期的引用文件,其最新版本适用于本部分。

GB/T 451.2—2002 纸和纸板 定量的测定(eqv ISO 536:1995)

GB/T 5019.2—2009 以云母为基的绝缘材料 第2部分:试验方法(IEC 60371-2:2004,MOD)

GB/T 7196—1987 用液体萃取测定电气绝缘材料离子杂质的试验方法(eqv IEC 60589:1977)

GB/T 20628.2—2006 电气用纤维素纸 第2部分:试验方法(IEC 60554-2:2001,MOD)

ISO 534:2005 纸和纸板 厚度及表观体积密度或纸板紧度的测定

ISO 5636-5:2003 纸和纸板 透气性的测定(中等范围) 第5部分:葛尔莱法

3 分类

根据所用云母矿物的属性及制造工艺方法,云母纸可分为几种类型。不同类型在厚度、定量以及物理和化学性能方面均有所不同。

云母纸根据所用云母矿物的属性用符号MPM、MPP或MPS来标志:

MPM——以白云母为原材料制成的云母纸;

MPP——以金云母为原材料制成的云母纸;

MPS——以人工合成云母为原材料制成的云母纸。

常用的云母纸类型如下:

MPM 1型:以煅烧白云母为原料,化学法制浆制成的云母纸;

MPM 2型:以煅烧白云母为原料,机械法制浆制成的云母纸;

MPM 3型:以未煅烧白云母为原料,机械法制浆制成的云母纸;

MPP 4型:以未煅烧金云母为原料,机械法制浆制成的云母纸;

MPS 5型:以人工合成云母为原材料,机械法制浆制成的云母纸。

上述类型相互间存在如多孔性、渗透性及拉伸强度方面的区别。

MPM 1型及2型的基材可相互掺和,获得的云母纸特性介于1型与2型之间,这些应在合同中说明。

4 供货

云母纸可以成卷或成张供货。

5 标志

云母纸卷和包应带有下列标志：

——供货者或制造商及商标的名称；

——产品批号；

——按第3章的分类；

——每卷或每包的净重。

标志应耐久、牢固，保证在云母纸完全开卷、开包之前还能辨认这些标志。

6 要求

6.1 一般要求

6.1.1 收货状态一般要求

供货的云母纸应紧密地卷绕在芯轴上，使得材料能平稳开卷且不伸缩。收货时，卷的端头必须形成一个平坦无明显伸缩的圆形面。

卷宽与纸宽之间的差值应符合供需合同规定。

卷的宽度以及卷芯直径和卷的直径应符合供需合同规定。

卷包装应保证云母纸在运输、使用和贮存期间不发生质变，包装应符合供需合同规定。

成张云母纸，或开卷后的云母纸应平坦光滑，无压坑、孔隙、折痕及污染，例如大颗云母硬粒和导电物质等缺陷。

云母纸每卷接头不应超过两个，且每段不应少于50 m，特殊接头要求应符合供需合同规定。

6.1.2 厚度规格

不同类型云母纸的厚度规格见表1。

表1 云母纸的厚度规格

类　型	厚度(规格) μm
MPM 1	45,50,55,65,75,85,95,105
MPM 2	50,60,70,75,110,130,180
MPM 3	35,55,65,75,90,95,105,115,125,150,155,160,170,180,190,200
MPM 4	55,60,65,70,75,80,90,100,105,150,160,185,235,260
MPS5(S506)	60,70,77,87,105,115

6.1.3 性能要求

云母纸的性能要求应满足表3的规定。

7 试验方法

7.1 试样

每一种试验所需的试样数量按试验方法规定。

若以成卷交货的，则在取样之前，应先去掉最外两层的云母纸。

若以成张交货的，则从代表该批云母纸性能要求的一张云母纸取样。

7.2 **取样及制样**

对所有试验，均应按下列规定取样：使它能代表材料的整个宽度。切割边缘应平直、无撕裂、破损。可能时，最好用冲切方法制备。

7.3 **试样尺寸**

每项试验的试样尺寸如表2所示。

以试片(成张供应)或样品(成卷供应)测得的十点厚度平均值作为平均厚度。测量时应大致等间隔地沿着试片或样品的对角线进行。

表2 试样尺寸

要求	试样	
	尺寸 mm	偏差 mm
定量 水萃取物电导率 500 ℃下质量损失	任选 100×100 或 Φ113	±0.2
拉伸强度	15×250	±0.2
透气性	50×120	±1
渗透性	75×75	±1

7.4 **定量**

按 GB/T 451.2—2002 的规定，结果取平均值。

7.5 **厚度**

按 GB/T 20628.2—2006 及 ISO 534:2005 的规定，结果取平均值。

7.6 **透气度**

按 ISO 5636-5:2003 的规定。

7.7 **渗透时间**

按 GB/T 5019.2—2009 第28章的规定。

7.8 **水萃取物电导率**

按 GB/T 7196—1987 的规定。

7.9 **质量损失**

按 GB/T 5019.2—2009 中 8.4.1 的规定。

7.10 **拉伸强度**

按 GB/T 20628.2—2006 的规定，以 N/cm(宽)为单位表示。

7.11 **电气强度**

按 GB/T 5019.2—2009 第22章的规定。

表 3　云母纸的性能要求

序号	1			2		3	4	5	6	7	8
类型	定　量			厚　度		透气性 s/100 mL	非网面 渗透时间 s	水萃取物 电导率 μS/cm （最大）	质量损失 % （最大）	拉伸强度 N/cm 宽 （最小）	电气强度 kV/mm （平均）
	标称值 g/m²	平均值与标称值允许偏差 %	个别值与标称值允许偏差 %	期望厚度 μm	个别值与所有平均值的最大偏差 %						
MPM 1	50	±4	±6	45	±10	2 300～5 500	40	70	0.5	5.0	30
	60			50		2 700～6 000	55			5.5	
	68			45		3 200～6 500	100			8.0	
	75			50		3 500～7 000	110			8.5	
	82			55		3 800～7 300	120			9.8	
	100			65		4 700～8 500	120			9.8	
	115			75		≥6 000	130			9.8	
	130			85		≥6 000	130			11.0	
	145			95		≥6 000	150			11.0	
	160			105		≥6 000	150			11.0	
MPM 2	80	±4	±7	50	±14	1 400～2 300	50	20	0.5	6.2	27
	100			60		1 600～2 600	70			7.0	
	115			70		1 700～2 900	90			7.5	
	120			75		1 800～3 100	100			7.5	
	125			75		1 850～3 150	110			8.0	
	150			110		2 200～3 700	160			9.0	
	180			130		2 500～4 000	225			9.5	
	250			180		3 400～5 000	400			9.5	

表 3（续）

序号	1			2		3	4	5	6	7	8
类型	定量			厚度		透气性 s/100 mL	非网面 渗透时间 s	水萃取物 电导率 μS/cm （最大）	质量损失 % （最大）	拉伸强度 N/cm 宽 （最小）	电气强度 kV/mm （平均）
	标称值 g/m^2	平均值与标称值允许偏差 %	个别值与标称值允许偏差 %	期望厚度 μm	个别值与所有平均值的最大偏差 %						
MPM 3		±4	±6	3.5	±8	100～300	8	10	0.4		15
	80			55		130～350	10			3.8	
	100			65		150～380	12			4.0	
	120			75		160～420	15			4.0	
	140			90		170～450	17			4.3	
	150			95		170～470	19			4.4	
	160			105		175～480	22			4.5	
	180			115		180～520	28			5.0	
										5.2	
	200	±5	±7	125	±10	195～550	40			5.4	
	240			150		225～600	45			5.5	
	250			155		230～610	65			5.5	
	260			160		230～620	70			5.5	
	280			170		245～650	80			5.5	
	300			180		255～670	90			5.5	
	320			190		270～700	100			6.5	
	370			200		280～750	120				

表 3（续）

<table>
<tr><td>序号</td><td colspan="3">1</td><td colspan="2">2</td><td>3</td><td>4</td><td>5</td><td>6</td><td>7</td><td>8</td></tr>
<tr><td rowspan="2">类型</td><td colspan="3">定　量</td><td colspan="2">厚　度</td><td rowspan="2">透气性
s/100 mL</td><td rowspan="2">非网面
渗透时间
s</td><td rowspan="2">水萃取物
电导率
μS/cm
（最大）</td><td rowspan="2">质量损失
%
（最大）</td><td rowspan="2">拉伸强度
N/cm 宽
（最小）</td><td rowspan="2">电气强度
kV/mm
（平均）</td></tr>
<tr><td>标称值
g/m²</td><td>平均值与标称值允许偏差
%</td><td>个别值与标称值允许偏差
%</td><td>期望厚度
μm</td><td>个别值与所有平均值的最大偏差
%</td></tr>
<tr><td rowspan="14">MPP 4</td><td>80</td><td rowspan="9">±4</td><td rowspan="9">±6</td><td>55</td><td rowspan="9">±8</td><td>600～1 000</td><td>12</td><td rowspan="14">10</td><td rowspan="14">0.4</td><td>3.8</td><td rowspan="14">13</td></tr>
<tr><td>90</td><td>60</td><td>625～1 100</td><td>14</td><td>4.0</td></tr>
<tr><td>100</td><td>65</td><td>650～1 200</td><td>16</td><td>4.2</td></tr>
<tr><td>110</td><td>70</td><td>700～1 250</td><td>18</td><td>4.3</td></tr>
<tr><td>120</td><td>75</td><td>720～1 300</td><td>18</td><td>4.4</td></tr>
<tr><td>130</td><td>80</td><td>750～1 350</td><td>20</td><td>4.5</td></tr>
<tr><td>150</td><td>90</td><td>800～1 450</td><td>22</td><td>4.6</td></tr>
<tr><td>160</td><td>100</td><td>825～1 500</td><td>28</td><td>4.8</td></tr>
<tr><td>170</td><td>105</td><td>850～1 550</td><td>30</td><td>5.0</td></tr>
<tr><td>250</td><td rowspan="5">±5</td><td rowspan="5">±7</td><td>150</td><td rowspan="5">±10</td><td>1 100～1 700</td><td>60</td><td>5.5</td></tr>
<tr><td>260</td><td>160</td><td>1 200～1 800</td><td>70</td><td>5.8</td></tr>
<tr><td>320</td><td>185</td><td>1 300～1 950</td><td>120</td><td>6.0</td></tr>
<tr><td>400</td><td>235</td><td>1 600～2 150</td><td>150</td><td>7.0</td></tr>
<tr><td>450</td><td>260</td><td>1 750～2 400</td><td>180</td><td>7.5</td></tr>
<tr><td rowspan="6">MPS5
(S506)</td><td>80</td><td rowspan="6">±3.5</td><td rowspan="6">±5</td><td>60</td><td rowspan="6">±8</td><td>100～200</td><td>8</td><td rowspan="6">10</td><td rowspan="6">0.4</td><td>2.0</td><td rowspan="6">13</td></tr>
<tr><td>105</td><td>70</td><td>150～300</td><td>10</td><td>2.5</td></tr>
<tr><td>120</td><td>77</td><td>160～350</td><td>15</td><td>3.0</td></tr>
<tr><td>135</td><td>87</td><td>180～380</td><td>18</td><td>3.0</td></tr>
<tr><td>160</td><td>105</td><td>200～400</td><td>20</td><td>3.5</td></tr>
<tr><td>195</td><td>115</td><td>230～450</td><td>25</td><td>4.5</td></tr>
<tr><td colspan="12">注：透气性应按 ISO 5636-5:2003 中 3.2“透气性”测试。结果以 s/100 mL 表示。</td></tr>
</table>

ICS 29.035.99
K 15

中华人民共和国国家标准

GB/T 5019.7—2009

以云母为基的绝缘材料 第7部分：真空压力浸渍(VPI)用玻璃布及薄膜补强环氧树脂粘合云母带

**Insulating materials based on mica—
Part 7: Glass-backed and film-backed mica paper
with an epoxy resin binder for vacuum pressure impregnation (VPI)**

(IEC 60371-3-5:2005, Insulating materials based on mica—
Part 3: Specifications for individual materials—
Sheet 5: Glass-backed and film-backed mica paper
with an epoxy resin binder for post-impregnation (VPI), MOD)

2009-06-10 发布　　　　2009-12-01 实施

中华人民共和国国家质量监督检验检疫总局
中国国家标准化管理委员会　发布

前　言

GB/T 5019《以云母为基的绝缘材料》分为以下几个部分：

——第 1 部分：定义和一般要求；

——第 2 部分：试验方法；

——第 3 部分：换向器隔板和材料；

——第 4 部分：云母纸；

——第 5 部分：电热设备用云母板；

——第 6 部分：聚酯薄膜补强 B 阶环氧树脂粘合云母带；

——第 7 部分：真空压力浸渍(VPI)用玻璃布及薄膜补强环氧树脂粘合云母带；

——第 8 部分：玻璃布补强 B 阶环氧树脂粘合云母带；

——第 9 部分：单根导线包绕用环氧树脂粘合聚酯薄膜云母带；

——第 10 部分：耐火安全电缆用云母带；

——第 11 部分：塑型云母板。

本部分为 GB/T 5019 的第 7 部分。

本部分修改采用 IEC 60371-3-5:2005(第 2 版)《以云母为基的绝缘材料　第 3 部分：单项材料规范　第5 篇：后浸渍(VPI)用玻璃布补强环氧树脂粘合云母纸》(英文版)。

本部分根据 IEC 60371-3-5:2005 重新起草。考虑到我国国情，在采用 IEC 60371-3-5:2005 时，本部分做了一些修改。有关技术性差异在它们所涉及的条款的页边空白处用垂直单线标识。

本部分与 IEC 60371-3-5:2005 的差异如下：

1)　删除 IEC 60371-3-5:2005 的前言；

2)　增加以薄膜为补强材料粘合云母带；

3)　考虑我国国情不采用 IEC 60371-3-5:2005 中产品型号命名方式；

4)　增加了"边缘弯曲度"及"介电强度"性能，并对其他性能要求做了相应修改；

6)　增加了"检验规则"一章；

7)　增加了适用期及贮存条件的内容。

本部分由中国电器工业协会提出。

本部分由全国绝缘材料标准化技术委员会(SAC/TC 51)归口。

本部分主要起草单位：苏州巨峰绝缘材料有限公司、上海新艺绝缘材料有限公司、四川东材科技集团股份有限公司、上海均达科技发展有限公司、西安西电电工材料有限责任公司、江苏冰城电材股份有限公司、浙江荣泰科技企业有限公司、吴江太湖绝缘材料厂、哈尔滨庆缘电工材料有限责任公司、国家绝缘材料工程技术研究中心、桂林电器科学研究所。

本部分主要起草人：汝国兴、章劲、伍尚华、杨丽华、张银川、许惠霖、曹万荣、张春琪、金英兰、赵平、王先锋。

本部分为首次制定。

以云母为基的绝缘材料 第7部分：真空压力浸渍（VPI）用玻璃布及薄膜补强环氧树脂粘合云母带

1 范围

GB/T 5019的本部分规定了真空压力浸渍（VPI）用玻璃布及薄膜补强环氧树脂粘合云母带的分类、性能要求、试验方法、检验规则、标志、包装、运输和贮存。

本部分适用于以云母纸为基材，以环氧胶粘漆为胶粘剂，单面或双面以电工用无碱玻璃布或薄膜为补强材料，在常态下具有柔软性，用与之相容的浸渍树脂经真空压力浸渍绝缘工艺处理后固化成型的粘合云母带。材料的最终固化性能主要取决于所用的真空压力浸渍树脂。

2 规范性引用文件

下列文件中的条款通过GB/T 5019的本部分的引用而成为本部分的条款。凡是注日期的引用文件，其随后所有的修改单（不包括勘误的内容）或修订版均不适用于本部分，然而，鼓励根据本部分达成协议的各方研究是否可使用这些文件的最新版本。凡是不注日期的引用文件，其最新版本适用于本部分。

GB/T 5019.1—2009 以云母为基的绝缘材料 第1部分：定义和一般要求（IEC 60371-1:2003，IDT）

GB/T 5019.2—2009 以云母为基的绝缘材料 第2部分：试验方法（IEC 60371-2:2004，MOD）

GB/T 5019.4—2009 以云母为基的绝缘材料 第4部分：云母纸（IEC 60371-3-2:2005，MOD）

GB/T 5402—2003 纸和纸板透气度的测定（中等范围） 葛尔莱法

GB/T 13542.4—2009 电气绝缘用薄膜 第4部分：聚酯薄膜（IEC 60674-3-2:1992，MOD）

3 分类

本部分根据产品的结构及胶含量划分型号，产品型号见表1。

表1 产品型号

产品型号	补强材料	胶粘剂	胶含量%	使用范围
5442-1D(G)	单面电工用无碱玻璃布	环氧树脂	5～11	适用于工作温度155 ℃的大、中型高压电机的真空压力浸渍绝缘
5444-1S(G)	双面电工用无碱玻璃布	环氧桐马酸酐胶粘漆	17～23	
5445-1S(G)		环氧硼胺胶粘漆	24～32	
5442-1D(P)	单面电工用聚酯薄膜	环氧树脂	3～9	
5448-1S(P/G)	一面电工用聚酯薄膜，另一面电工用无碱玻璃布	环氧树脂	7～13	

注：表中D表示单面补强，S表示双面补强；G表示玻璃布补强，P表示薄膜补强。

4 要求

4.1 原材料

4.1.1 云母纸

本部分所涉及到的云母纸应符合 GB/T 5019.4—2009 的要求。

4.1.2 玻璃布

通常，玻璃布应是由无碱玻璃制成的连续长丝玻璃纤维，除供需双方另有协议外，玻璃布应是织布状态，其浆剂含量按重量计应不大于 2%。

4.1.3 薄膜

本部分所涉及到的聚酯薄膜应符合 GB/T 13542.4—2009 的要求。

4.1.4 环氧树脂

只要材料的性能符合本部分的要求，可使用不同类型的环氧树脂。

4.2 产品

4.2.1 外观

粘合云母带胶粘剂分布均匀，不允许有气泡、针孔、粘连、分层、外来杂质、云母纸断裂和带盘松动，若为玻璃布补强，不允许有玻璃布抽丝；若为薄膜补强，不允许有撕裂、折皱的现象。

除订购合同另有规定外，材料在收卷时应使玻璃布的一面朝里。

4.2.2 尺寸

4.2.2.1 厚度

粘合云母带的标称厚度及允许偏差见表 2。

表 2 标称厚度及允许偏差

单位为毫米

产品型号	标称厚度	允许偏差	
		中值与标称厚度的偏差	个别值与标称厚度的偏差
5442-1D(G)	0.11	±0.02	±0.03
	0.14		
	0.16		
5444-1S(G)	0.14		
5445-1S(G)	0.11		
5442-1D(P)	0.13		
	0.14		
5448-1S(P/G)	0.14		
	0.16		

4.2.2.2 宽度

粘合云母带的推荐宽度为 20 mm、25 mm 及 30 mm，其他宽度由供需双方商定。

全幅宽材料及片状材料修整后的最大宽度通常为 1 000 mm。

材料的宽度偏差如表 3 所示。

表 3 宽度偏差

单位为毫米

标称宽度	偏 差
≤30	±0.5
>30≤500	±1.0
>500	±5.0

4.2.2.3 **边缘弯曲度**

粘合云母带的边缘弯曲度应不超过 1 mm。

4.2.2.4 **长度**

粘合云母带的长度以其卷或盘的直径来表示。粘合云母带卷和盘的直径为 95 mm±5 mm 或 115 mm±5 mm，其中接头不多于一个，最短的长度不少于 5 m，有接头的粘合云母带卷或盘应作标志。

对于片状材料，按订购合同规定。

4.2.2.5 **芯子**

带应紧密地缠绕在内径为 25 mm、40 mm、55 mm 或 76 mm 的芯子上供货，其他内径芯子由供需双方商定。芯子应无锐利边缘。

芯子相对于带的宽度，应符合供需双方协定。

4.2.3 **组成**

粘合云母带的组成成分见表 4。

表 4 组成

产品型号	标称厚度 mm	云母定量 g/m² 标称值	云母定量 g/m² 偏差	玻璃布定量 g/m² 标称值	玻璃布定量 g/m² 偏差	薄膜定量标称值 g/m² 标称值	薄膜定量标称值 g/m² 偏差	胶粘剂含量 %	干燥材料单位面积的总质量 g/m² 标称值	干燥材料单位面积的总质量 g/m² 偏差	挥发物含量 %
5442-1D(G)	0.11	120	±10	22	±3	—	—	5~11	153	±17	≤0.5
	0.14	160	±12						196	±20	
	0.16	180	±14						218	±23	
5444-1S(G)	0.14	120	±10	38	±6	—	—	17~23	198	±20	≤2.5
5445-1S(G)	0.11	82	±4	36	±4	—	—	24~32	160	±14	≤2.5
5442-1D(P)	0.13	160	±12	—	—	35	±3	3~9	205	±20	≤0.5
	0.14	160	±12	—	—	42	±4	3~9	214	±20	≤0.5
5448-1S(P/G)	0.14	120	±10	22	±3	32	±3	7~13	196	±20	≤2.0
	0.16	160	±10	22	±3	35	±3	7~13	243	±23	≤2.0

4.2.4 **性能要求**

粘合云母带的性能要求应符合表 5 的规定。

表 5 性能要求

序号	性能	单位	要求 5442-1D(G)	要求 5444-1S(G)	要求 5445-1S(G)	要求 5442-1D(P)	要求 5448-1S(P/G)
1	介电强度	MV/m	≥10	≥25		≥45	
2	拉伸强度	N/10 mm	≥80	≥100		≥25	≥100
3	挺度	N/m	由供需双方商定				
4	透气度	s/100 mL	≤1 000	由供需双方商定		—	

5 试验方法

5.1 外观

用眼睛观察评定。

5.2 厚度

按 GB/T 5019.2—2009 第 5 章的规定进行。

5.3 宽度

用刻度为 0.5 mm 的直尺，至少测量三处，报告其平均值。

5.4 边缘弯曲度

按 GB/T 5019.2—2009 第 19 章的规定进行。

5.5 长度

用刻度为 0.5 mm 的直尺测量粘合云母纸卷或盘的端面直径。

5.6 组成

按 GB/T 5019.2—2009 第 8 章的规定进行。

5.7 介电强度

按 GB/T 5019.2—2009 第 22 章的规定进行。

5.8 拉伸强度

按 GB/T 5019.2—2009 第 10 章的规定进行，型号为 5442-1D(G)、5444-1S(G)、5445-1S(G)的试样记录玻璃布断裂时的力；型号为 5442-1D(P)的试样记录云母纸断裂时的力；型号为 5448-1S(P/G)的试样记录任一补强材料断裂时的力。

5.9 挺度

按 GB/T 5019.2—2009 第 13 章的规定进行。

5.10 透气度

按 GB/T 5402—2003 的规定进行。

6 检验规则

6.1 相同的原材料和工艺连续生产不多于 24 h 的粘合云母带为一批，每批粘合云母带应具有相同的性能。每批粘合云母带须进行出厂检验，出厂检验项目为 4.2.1、4.2.2、4.2.3 和 4.2.4 表 5 中的第 1 项、第 2 项。

6.2 从一批不少于 5%的总包装筒(袋)数中取样，批量小时也不应少于三筒(袋)，每筒(袋)取一盘按 4.2.1 和 4.2.2 检查。从一批中取一盘，按 4.2.3 和 4.2.4 检查。

6.3 4.2.4 表 5 中的第 3 项、第 4 项每年至少检验一次。

6.4 其他应符合 GB/T 5019.1—2009 第 3 章的规定。

7 标志、包装、运输、贮存

材料应包装，以保证其在运输、装卸及贮存过程中有足够的保护。对包装的任何要求，应在订购合同中规定。

在每一个含有若干单元包装的包装物上，应清晰地标明下列内容：

a) 材料的说明及型号；

b) 对成卷交付的材料，材料的宽度及长度；

c) 对成张交付的材料，片材的尺寸及每叠的张数或每叠的重量；

d) 卷数；

e) 制造日期；

f) 材料应贮存在干燥的室内，不得靠近火源和日光直射，贮存期及贮存条件见表 6。

表 6　贮存期

单位为天

<table>
<tr><th rowspan="2">产品型号</th><th colspan="3">贮存期</th></tr>
<tr><th>5 ℃以下</th><th>6 ℃～20 ℃</th><th>21 ℃～35 ℃</th></tr>
<tr><td>5442-1D(G)</td><td colspan="3">180</td></tr>
<tr><td>5444-1S(G)</td><td rowspan="4">180</td><td>60</td><td>30</td></tr>
<tr><td>5445-1S(G)</td><td colspan="2">90</td></tr>
<tr><td>5442-1D(P)</td><td colspan="2">180</td></tr>
<tr><td>5448-1S(P/G)</td><td colspan="2">180</td></tr>
</table>

在每一包装物或每一卷上，应标明制造厂的名称及批号。

有接头的卷，应集中包装并清晰地在包装外部加以注明。

ICS 29.035.99
K 15

中华人民共和国国家标准

GB/T 5019.8—2009

以云母为基的绝缘材料 第8部分：玻璃布补强B阶环氧树脂粘合云母带

**Specification for insulating materials based on mica—
Part 8: Glass-backed mica paper with a B-stage epoxy resin binder**

(IEC 60371-3-6:1992, Specifications for insulating materials based on mica—
Part 3: Specifications for individual materials-
Sheet 6: Glass-backed mica paper with a B-stage epoxy resin binder, MOD)

2009-06-10 发布 2009-12-01 实施

中华人民共和国国家质量监督检验检疫总局
中国国家标准化管理委员会 发布

前　言

GB/T 5019《以云母为基的绝缘材料》分为以下几部分：

——第1部分：定义和一般要求；

——第2部分：试验方法；

——第3部分：换向器隔板和材料；

——第4部分：云母纸；

——第5部分：电热设备用云母板；

——第6部分：聚酯薄膜补强B阶环氧树脂粘合云母带；

——第7部分：真空压力浸渍（VPI）用玻璃布及薄膜补强环氧树脂粘合云母带；

——第8部分：玻璃布补强B阶环氧树脂粘合云母带；

——第9部分：单根导线包绕用环氧树脂粘合聚酯薄膜云母带；

——第10部分：耐火安全电缆用云母带；

——第11部分：塑型云母板。

本部分为GB/T 5019的第8部分。

本部分修改采用IEC 60371-3-6：1992《以云母为基的绝缘材料　第3部分：单项材料规范　第6篇：玻璃布补强B阶环氧树脂粘合云母带》及第1次修正（2006）（英文版）。

本部分根据IEC 60371-3-6：1992及第1次修正（2006）重新起草。考虑到我国国情，在采用IEC 60371-3-6：1992及第1次修正（2006）时，本部分做了一些修改。有关技术性差异在它们所涉及的条款的页边空白处用垂直单线标识。

本部分与IEC 60371-3-6：1992及第1次修正（2006）的差异如下：

1）　删除IEC 60371-3-6：1992的前言；

2）　考虑我国国情不采用IEC 60371-3-6：1992中产品型号命名方式；

3）　粘合云母带的长度以其卷和盘的直径表示（IEC 60371-3-6以带长表示）；

4）　增加了"边缘弯曲度"、"胶化时间"、"柔软性"、"电气强度（固化前）"性能要求；

5）　增加了"检验规则"一章；

6）　增加了适用期及贮存条件的内容。

本部分由中国电器工业协会提出。

本部分由全国绝缘材料标准化技术委员会（SAC/TC 51）归口。

本部分起草单位：四川东材科技集团股份有限公司、西安西电电工材料有限责任公司、哈尔滨庆缘电工材料有限责任公司、国家绝缘材料工程技术研究中心、桂林电器科学研究所。

本部分主要起草人：伍尚华、张银川、金英兰、赵平、王先锋。

本部分为首次制定。

以云母为基的绝缘材料
第8部分：玻璃布补强B阶环氧树脂粘合云母带

1 范围

GB/T 5019的本部分规定了由云母纸和玻璃布复合并以环氧树脂浸渍云母纸而制成的电气绝缘材料的性能要求、试验方法、检验规则、标志、包装、运输和贮存。

本部分适用于以环氧树脂为胶粘剂、单面或双面电工用无碱玻璃布为补强材料的粘合云母带，其标称厚度从0.09 mm至0.28 mm，以带状、成张或成卷柔软状态供货，该B阶产品经使用后最终固化。

2 规范性引用文件

下列文件中的条款通过GB/T 5019的本部分的引用而成为本部分的条款。凡是注日期的引用文件，其随后所有的修改单(不包括勘误的内容)或修订版均不适用于本部分，然而，鼓励根据本部分达成协议的各方研究是否可使用这些文件的最新版本。凡是不注日期的引用文件，其最新版本适用于本部分。

GB/T 5019.2—2009 以云母为基的绝缘材料 第2部分：试验方法(IEC 60371-2:2004,MOD)

GB/T 5019.4—2009 以云母为基的绝缘材料 第4部分：云母纸(IEC 60371-3-2:2005,MOD)

3 产品分类

本部分根据产品的耐热性及补强类型划分型号，产品型号见表1。

表1 产品型号

产品型号	胶粘剂	使用范围
5438-1	环氧桐油酸酐	适用于工作温度130 ℃的各种电机、电器绝缘。
5440-1	环氧桐马酸酐	适用于工作温度155 ℃的各种电机、电器绝缘。
5440-1K	环氧桐马酸酐	适用于工作温度155 ℃的各种电机、电器绝缘。

4 要求

4.1 原材料

4.1.1 云母纸

本部分所涉及到的云母纸应符合GB/T 5019.4—2009的要求。

4.1.2 玻璃布

通常，玻璃布应是由无碱玻璃制成的连续长丝玻璃纤维，除供需双方另有协议外，玻璃布应是织布状态，其浆剂含量按重量计应不大于2%。

4.1.3 环氧树脂

只要材料的性能符合本部分的要求，可使用不同类型的环氧树脂。

4.2 固化前的性能要求

4.2.1 外观

粘合云母带不允许有外来杂质。

粘合云母带胶粘剂应分布均匀，不允许有气泡、针孔、粘连、分层、云母纸断裂、玻璃布抽丝和带盘松动的现象。当需要或买方要求夹纸隔离时，不应有任何有害的影响。

除订购合同另有规定外，单面补强材料卷绕时应使云母表面朝外。

4.2.2　**宽度**

粘合云母带的推荐宽度为 15 mm、20 mm、25 mm、30 mm、35 mm，其他宽度由供需双方商定。

全幅宽材料及片状材料修整后的最大宽度通常为 1 000 mm。

材料的宽度偏差应如表 2 所示。

表 2　宽度偏差

单位为毫米

标称宽度	偏　差
≤35	±0.5
>35≤500	±1.0
>500	±5.0

4.2.3　**厚度**

粘合云母带的标称厚度及允许偏差见表 3。

表 3　标称厚度及允许偏差

单位为毫米

标称厚度	偏　差	
	中值与标称厚度的偏差	个别值与标称厚度的偏差
0.10	±0.02	±0.03
0.12	±0.02	±0.03
0.14	±0.02	±0.03
0.15	±0.02	±0.03
0.17	±0.02	±0.03
0.20	±0.03	±0.05

4.2.4　**长度**

粘合云母带的长度以其卷和盘的直径表示。粘合云母带卷和盘的直径为 95 mm±5 mm 或 115 mm±5 mm，其中接头不多于两个，最短的长度不少于 5 m。有接头的粘合云母带的卷或盘应作标志。

4.2.5　**芯子**

带应紧密地缠绕在内径为 25 mm，40 mm，55 mm 或 76 mm 的芯子上供货，其他内径芯子由供需双方商定。芯子应无锐利边缘。

芯子相对于带的宽度，应符合供需双方协定。

全幅宽及宽度大于 100 mm 的材料，应卷绕在内径为 55 mm 或 76 mm 芯子上供货，其他内径芯子由供需双方商定。

4.2.6　**边缘弯曲度**

粘合云母带的边缘弯曲度不超过 1 mm。

4.2.7　**组成**

粘合云母带的组成成分见表 4。

表 4 组成

标称厚度 mm	云母含量 g/m²		玻璃布含量 g/m²		胶粘剂含量 g/m²		胶粘剂含量 %	干燥材料单位面积的总质量 g/m²		挥发物含量 %
	标称值	偏差	标称值	偏差	标称值	偏差	参考值	标称值	偏差	
0.10	65	±5	36	±4	56	±7	35.5±4	157	±16	≤2
0.12	82	+8 −6	26	±6	70	±10	39.3±5	178	±18	
0.14	82	+8 −6	36	±4	74	±9	38.5±5	192	±19	
0.15	105	±5	26	±6	85	±10	39.3±5	216	±21	
0.17	115	±9	38	±4	96	±12	38.5±5	249	±25	
0.20	150	±12	40		110	±14	37±5	300	±30	

注：其他组成成分的粘合云母带可由供需双方商定。其中 0.12 mm 与 0.15 mm 标称厚度为单面补强。

4.2.8 拉伸强度

粘合云母带的拉伸强度应不小于 100 N/10 mm 宽。

4.2.9 挺度

粘合云母带的挺度应由供需双方商定，以 N/m 表示。

4.2.10 树脂流动性

粘合云母带的树脂流动性应不小于 45%。

4.2.11 胶化时间

粘合云母带的胶化时间应由供需双方商定，以 min 表示(5440-1 K 的胶化时间为 1 min～5 min)。

4.2.12 柔软性

粘合云母带的柔软性应由供需双方商定，以 mm 表示。

4.2.13 电气强度

粘合云母带的电气强度应不小于 40 MV/m。

4.3 固化后的性能要求

4.3.1 样品制备

为了进行下列试验，试样按附录 A 方法制备，有争议时应按 GB/T 5019.2—2009 第 4 章方法 2 制备，按照所测定性能的要求选取材料的层数，以获得最终试样的厚度。固化条件应按供方推荐。

4.3.2 粘合云母带固化后的性能要求

粘合云母带固化后的性能要求应符合表 5 的规定。

表 5 性能要求

序号	性能			单位	要求 5438-1	要求 5440-1	要求 5440-1K
1	弯曲强度	纵向	常态	MPa	≥180	≥200	≥200
			热态		≥30.0(130 ℃)	≥40.0(155 ℃)	≥40.0(155 ℃)
		横向	常态		≥100	≥120	≥120
			热态		≥20.0(130 ℃)	≥30.0(155 ℃)	≥30.0(155 ℃)
2	弯曲弹性模量		纵向	MPa	$\geq 2.4\times10^4$	$\geq 4.0\times10^4$	$\geq 1.0\times10^4$
			横向		$\geq 1.4\times10^4$	$\geq 3.0\times10^4$	$\geq 1.0\times10^4$

表 5（续）

序号	性能		单位	要求		
				5438-1	5440-1	5440-1K
3	密度		g/cm^3	≥1.6	≥1.8	≥1.8
4	电气强度		MV/m	≥50	≥50	≥50
5	在工频下介质损耗因数的温度特性	30 ℃	—	≤0.02		≤0.02
		130 ℃		≤0.04		≤0.04
		155 ℃		—	≤0.05	≤0.05

4.3.3　**温度指数**

以 23 ℃±2 ℃下的弯曲强度作为诊断性能，以其下降到起始值的 50%作为终点标准。

5　试验方法

5.1　外观

用眼睛观察评定。

5.2　厚度

按 GB/T 5019.2—2009 第 5 章的规定进行，使用该部分 5.1.1 规定的装置在一层材料上测量 10 次。

5.3　宽度

用刻度为 0.5 mm 的直尺，至少测量三处，报告其平均值。

5.4　边缘弯曲度

按 GB/T 5019.2—2009 第 19 章的规定进行。

5.5　长度

用刻度为 0.5 mm 的直尺测量粘合云母带卷或盘的端面直径。

5.6　组成

按 GB/T 5019.2—2009 第 8 章的规定进行。

5.7　胶的流动性

按 GB/T 5019.2—2009 第 16 章的规定进行。试验温度为 170 ℃±2 ℃，热压时间为 30 min。

5.8　胶化时间

按 GB/T 5019.2—2009 第 17 章的规定进行；每组试样由约 20 片尺寸为 100 mm×25 mm 的试片堆叠而成，在测胶化时间时，挤压出来的熔融树脂充满圆穴时，开始计时并搅拌。

5.9　拉伸强度

按 GB/T 5019.2—2009 第 10 章的规定进行。

5.10　柔软性

按 GB/T 5019.2—2009 第 18 章的规定进行。

5.11　电气强度

按 GB/T 5019.2—2009 第 22 章的规定进行。

5.12　弯曲强度

按 GB/T 5019.2—2009 第 11 章的规定进行。

5.13　弯曲弹性模量

按 GB/T 5019.2—2009 第 11 章的规定进行。

5.14　密度

按 GB/T 5019.2—2009 第 6 章的规定进行。

5.15 在工频下介质损耗因数的温度特性

按 GB/T 5019.2—2009 第 23 章的规定进行。

5.16 挺度

按 GB/T 5019.2—2009 第 13 章的规定进行。

5.17 温度指数

按 GB/T 5019.2—2009 第 29 章的规定进行。

6 检验规则

6.1 相同的原材料和工艺，连续生产不多于 24 h 生产的粘合云母带为一批，每批粘合云母带应具有相同的性能。每批粘合云母带须进行出厂试验，出厂试验项目为 4.2。

6.2 从一批不少于 5%的总包装筒(袋)数中取样，最少不低于三筒(袋)，每筒(袋)取一盘，按 4.2.1、4.2.2、4.2.3、4.2.4 和 4.2.6 检查。同一批中取一盘，按 4.2.7～4.2.13 检查。

6.3 4.3.2 为每年至少检查一次，其样品制备应在同批材料中取样。

6.4 4.3.3 为产品鉴定、评定试验项目。

7 标志、包装、运输、贮存

材料应予以包装，以保证在运输、装卸及贮存过程中足以保护材料。对包装的任何要求，应在订购合同中规定。

含有若干单元包装的每个包装物上，应清晰、持久地标明下列内容：

a) 材料的说明及型号；

b) 对成卷交付的材料，材料的宽度及长度；

c) 对成张交付的材料，材料的尺寸及每叠中的张数或每叠的重量；

d) 卷数；

e) 制造日期；

f) 材料应贮存在干燥的室内，不得靠近火源和日光直射，贮存期及贮存条件见表 6。

表 6 贮存期

单位为天

产品型号	贮存期		
	5 ℃以下	5 ℃～20 ℃	20 ℃～30 ℃
5438-1	90	30	15
5440-1	180	90	45
5440-1K	180	90	45

在每一包装物或每一卷上，应标明制造厂的名称及批号。

有接头的卷，应集中包装并清晰地在包装容器外部加以注明。

附 录 A
（资料性附录）
粘合云母带层压板样品的制备

A.1 叠料

A.1.1 根据粘合云母带层压板样品所需尺寸裁取粉云母带，采用平行半叠搭方式，一层一层叠料，使各层的搭接缝相互错开，直到叠到样品厚度所需的层数。叠料厚度的压缩量约为20%。

A.1.2 将叠料置于厚度不超过2 mm、面积大于样品面积的两块抛光钢板之间，并在钢板与叠料之间采用合适的隔离层或脱模剂为脱模材料。

A.1.3 为获得样品所需的厚度，可在叠料四周置放与样品厚度相应的垫条。

A.2 压制

粘合云母带层压板的压制步骤如下。需要时，也可由供需双方另行商定。

A.2.1 将叠料送进压机后，启动压机使之闭合，保持叠料与压机上下铁板的良好接触。

A.2.2 以2 ℃/min～3 ℃/min的升温速度，缓慢升温至160 ℃±5 ℃，并在此温度下保持10 min～30 min（具体根据粘合云母带的胶化时间而定），然后将压力增加到3 MPa，并升温至170 ℃±5 ℃。

A.2.3 在压力3 MPa、温度170 ℃±5 ℃的条件下保持1.5 h（对5440-1K型保持1 h），然后在压力下冷却至40 ℃（对5440-1K型冷却至80 ℃）以下出模。

A.3 后处理

粘合云母带层压板在170 ℃±5 ℃下，处理8 h（对5440-1K型处理3 h）。

ICS 29.035.99
K 15

中华人民共和国国家标准

GB/T 5019.9—2009

以云母为基的绝缘材料 第9部分:单根导线包绕用环氧树脂粘合聚酯薄膜云母带

Insulating materials based on mica—Part 9: Polyester film mica paper with an epoxy resin binder for single conductor taping

(IEC 60371-3-7:1995, Insulating materials based on mica—Part 3: Specifications for individual materials—Sheet 7: Polyester film mica paper with an epoxy resin binder for single conductor taping, MOD)

2009-06-10 发布 2009-12-01 实施

中华人民共和国国家质量监督检验检疫总局
中国国家标准化管理委员会 发布

前言

GB/T 5019《以云母为基的绝缘材料》分为以下几部分：

——第1部分：定义和一般要求；

——第2部分：试验方法；

——第3部分：换向器隔板和材料；

——第4部分：云母纸；

——第5部分：电热设备用云母板；

——第6部分：聚酯薄膜补强B阶环氧树脂粘合云母带；

——第7部分：真空压力浸渍(VPI)用玻璃布及薄膜补强环氧树脂粘合云母带；

——第8部分：玻璃布补强B阶环氧树脂粘合云母带；

——第9部分：单根导线包绕用环氧树脂粘合聚酯薄膜云母带；

——第10部分：耐火安全电缆用云母带；

——第11部分：塑型云母板。

本部分为GB/T 5019的第9部分。

本部分修改采用IEC 60371-3-7:1995《以云母为基的绝缘材料　第3部分：单项材料规范　第7篇：单根导线包绕用环氧树脂粘合聚酯薄膜云母纸》及第1次修正(2006)(英文版)。

本部分根据IEC 60371-3-7:1995及第1次修正(2006)重新起草。考虑到我国国情，在采用IEC 60371-3-7:1995及第1次修正(2006)时，本部分做了一些修改。有关技术性差异已在它们所涉及的条款的页边空白处用垂直单线标识。

本部分与IEC 60371-3-7:1995及第1次修正(2006)的差异：

a) 增加了“边缘弯曲度”性能要求；

b) 增加了“检验规则”一章。

本部分由中国电器工业协会提出。

本部分由全国绝缘材料标准化技术委员会(SAC/TC 51)归口。

本部分起草单位：江苏冰城电材有限公司、上海新艺绝缘材料有限公司、北京倚天凌云云母科技有限公司、上海均达科技发展有限公司、桂林电器科学研究所。

本部分主要起草人：许惠霖、章劲、吴海峰、杨丽华、王先锋。

本部分为首次制定。

以云母为基的绝缘材料 第9部分:单根导线包绕用环氧树脂粘合聚酯薄膜云母带

1 范围

GB/T 5019 的本部分规定了单根导线包绕用含有聚酯薄膜和环氧树脂粘合剂的云母带的电气绝缘材料的性能要求、试验方法、检验规则、标志、包装、运输及贮存。

本部分适用于不同厚度的单层或双层聚酯薄膜带组成补强材料，其标称厚度从 0.07 mm～0.10 mm，以柔软状态供货，该B阶产品经使用后最终固化。

2 规范性引用文件

下列文件中的条款通过 GB/T 5019 的本部分的引用而成为本部分的条款。凡是注日期的引用文件，其随后所有的修改单(不包括勘误的内容)或修订版均不适用于本部分，然而，鼓励根据本部分达成协议的各方研究是否可使用这些文件的最新版本。凡是不注日期的引用文件，其最新版本适用于本部分。

GB/T 5019.1—2009 以云母为基的绝缘材料 第1部分:定义和一般要求(IEC 60371-1:2003,IDT)

GB/T 5019.2—2009 以云母为基的绝缘材料 第2部分:试验方法(IEC 60371-2:2004,MOD)

GB/T 5019.4—2009 以云母为基的绝缘材料 第4部分:云母纸(IEC 60371-3-2:2005,MOD)

GB/T 13542.4—2009 电气绝缘用薄膜 第4部分:聚酯薄膜(IEC 60674-3-2:1992,MOD)

3 命名

当按本部分订购材料时，只需报出部分的编号、产品分类号及产品序号(见表1)。

例如，GB/T 5019. 9.1.01 型

型号是由下述部分得出：

——部分编号： 9

——产品分类号 1或2

1:代表单面聚酯薄膜补强的产品

2:代表双面聚酯薄膜补强的产品

——产品序号： 01

因此，给出 9.1.01 型。

表2中标出的(组成)说明代号，例如，对表2中的 9.1.01 型的 F30/M50/R5，是由下述部分得出：

—— 薄膜厚度(F)30 μm

—— 白云母含量(M)50 g/m^2

—— 树脂含量(R)5 g/m^2

又如，对表2中的 9.2.02 型的 F20/M65/R5/F20，是由下述部分得出：

——一层薄膜厚度(F)20 μm

——白云母含量(M)65 g/m^2

——树脂含量(R)5 g/m^2

——另一层薄膜厚度(F)20 μm

4 要求

4.1 原材料

4.1.1 云母纸

本部分所涉及到的云母纸应符合 GB/T 5019.4—2009 的要求。

4.1.2 薄膜

本部分所涉及到的聚酯薄膜应符合 GB/T 13542.4—2009 的要求。

4.1.3 环氧树脂

只要材料的性能符合本部分的要求,可使用不同类型的环氧树脂。

4.2 产品

4.2.1 外观

粘合云母带胶粘剂分布均匀,不允许有气泡、针孔、粘连、分层、外来杂质、云母纸断裂和带盘松动的现象。

除订购合同另有规定外,单面补强材料卷绕时应使云母表面朝外。

4.2.2 尺寸

4.2.2.1 厚度

粘合云母带的标称厚度及允许偏差见表 1。

表 1 标称厚度及允许偏差

单位为毫米

型号	说明代号	标称厚度	偏差	
			中值与标称厚度的偏差	个别值与标称厚度的偏差
9.1.01	F30/M50/R5	0.07	±0.01	±0.02
9.1.02	F35/M60/R5	0.08		
9.1.03	F30/M80/R7	0.09		
9.1.04	F35/M95/R7	0.10		
9.2.01	F15/M65/R7/F15	0.08		
9.2.02	F20/M65/R8/F20	0.09		
9.2.03	F25/M65/R9/F25	0.10		

4.2.2.2 宽度

粘合云母带的推荐宽度为 6 mm、8 mm、10 mm、12 mm、15 mm,其他宽度由供需双方商定。

全幅宽材料及成卷材料修整后的最大宽度通常为 1 000 mm。

材料的宽度偏差应如表 2 所示。

表 2 宽度偏差

单位为毫米

标称宽度	偏差
≤10	±0.3
>10≤15	±0.5
>15	±1.0

4.2.2.3 边缘弯曲度

粘合云母带的边缘弯曲度不超过 1 mm。

4.2.2.4 长度

粘合云母带的长度以其卷或盘的直径来表示。粘合云母带卷和盘的直径为 230 mm±30 mm,其中接头不多于一个，最短的长度不少于 5 m，有接头的粘合云母带卷或盘应作标志。其他长度和接头方式由供需双方商定。

对于成卷材料，按订购合同规定。

4.2.2.5 芯子

带应紧密地缠绕在内径为 55 mm 或 76 mm 的芯子上供货，其他内径芯子由供需双方商定。芯子应无锐利边缘。

芯子相对于带的宽度，应符合供需双方协定。

4.2.3 组成

粘合云母带的组成成分见表 3。

表 3 组成

型号	说明代号	标称厚度 mm	聚酯薄膜含量 g/m²	云母含量 g/m²		树脂含量 g/m²		质量/单位面积 g/m²		挥发物含量，最大 %
			标称及偏差	标称	偏差	标称	偏差	标称	偏差	
9.1.01	F30/M50/R5	0.07	42±4	50	±5	5	±2	97	±10	1.0
9.1.02	F35/M60/R5	0.08	49±4	60	±5	5	±2	114	±10	1.0
9.1.03	F30/M80/R7	0.09	42±4	80	±7	7	±3	129	±10	1.0
9.1.04	F35/M95/R7	0.10	49±4	95	±8	7	±3	151	±10	1.0
9.2.01	F15/M65/R7/F15	0.08	(21±2)×2	65	±5	7	±3	114	±10	1.0
9.2.02	F20/M65/R8/F20	0.09	(28±2)×2	65	±5	8	±3	129	±10	1.0
9.2.03	F25/M65/R9/F25	0.10	(35±3)×2	65	±5	9	±3	144	±10	1.0

注：允许用其他定量的玻璃布或薄膜组合。

4.2.4 性能要求

粘合云母带的性能要求应符合表 4 的规定。

表 4 性能要求

序号	性能	单位	要求				
			30 μm	35 μm	15 μm×2	20 μm×2	25 μm×2
1	介电强度	MV/m	≥50	≥55	≥50	≥55	≥60
2	拉伸强度	N/10mm	≥30	≥35	≥25	≥30	≥35
3	挺度	N/m	由供需双方商定				

5 试验方法

5.1 外观

用眼睛观察评定。

5.2 厚度

按 GB/T 5019.2—2009 第 5 章的规定进行。

5.3 宽度

用刻度为 0.5 mm 的直尺，至少测量三处，报告其平均值。

5.4 边缘弯曲度

按 GB/T 5019.2—2009 第 19 章的规定进行。

5.5 长度

用刻度为 0.5 mm 的直尺测量粘合云母带卷或盘的端面直径。

5.6 组成

按 GB/T 5019.2—2009 第 8 章的规定进行。

5.7 介电强度

按 GB/T 5019.2—2009 第 22 章的规定进行。

5.8 拉伸强度

按 GB/T 5019.2—2009 第 10 章的规定进行，试样记录云母纸断裂时的力。

5.9 挺度

按 GB/T 5019.2—2009 第 13 章的规定进行。

6 检验规则

6.1 相同的原材料和工艺连续生产不多于 24 h 的粘合云母带为一批，每批粘合云母带应具有相同的性能。每批粘合云母带须进行出厂检验，出厂检验项目为 4.2.1、4.2.2、4.2.3 和 4.2.4 表 4 中的第 1 项、第 2 项。

6.2 从一批不少于 5%的总包装筒(袋)数中取样，批量小时也不应少于三筒(袋)，每筒(袋)取一盘按 4.2.1 和 4.2.2 检查。从一批中取一盘，按 4.2.3 和 4.2.4 检查。

6.3 4.2.4 表 4 中的第 3 项每年至少检验一次。

6.4 其他应符合 GB/T 5019.1—2009 第 3 章的规定。

7 标志、包装、运输、贮存

材料应包装，以保证在运输、装卸及贮存过程中对材料的足够保护。对包装的任何要求，应在订购合同中规定。

在每一个含有若干单元包装的包装物上，应清晰地标明下列内容：

a) 材料的说明及型号；

b) 对成卷交付的材料，材料的宽度及长度；

c) 对成张交付的材料，片材的尺寸及每叠的张数或每叠的重量；

d) 卷数；

e) 制造日期；

f) 材料应贮存在干燥的室内，不得靠近火源和日光直射，贮存期为六个月。

在每一包装物或每一卷上，应标明制造厂的名称及批号。

有接头的卷，应集中包装并清晰地在包装外部加以注明。

ICS 29.035.99
K 15

中华人民共和国国家标准

GB/T 5019.10—2009

以云母为基的绝缘材料 第10部分:耐火安全电缆用云母带

Specification for insulating materials based on mica—
Part 10: Mica paper tapes for flame-resistant security cables

(IEC 60371-3-8:1995, Insulating materials based on mica—
Part 3: Specifications for individual materials—
Sheet 8: Mica paper tapes for flame-resistant security cables, MOD)

2009-06-10 发布 2009-12-01 实施

中华人民共和国国家质量监督检验检疫总局
中国国家标准化管理委员会 发布

前　言

GB/T 5019《以云母为基的绝缘材料》分为以下几部分：

——第 1 部分：定义和一般要求；

——第 2 部分：试验方法；

——第 3 部分：换向器隔板和材料；

——第 4 部分：云母纸；

——第 5 部分：电热设备用云母板；

——第 6 部分：聚酯薄膜补强 B 阶环氧树脂粘合云母带；

——第 7 部分：真空压力浸渍(VPI)用玻璃布及薄膜补强环氧树脂粘合云母带；

——第 8 部分：玻璃布补强 B 阶环氧树脂粘合云母带；

——第 9 部分：单根导线包绕用环氧树脂粘合聚酯薄膜云母带；

——第 10 部分：耐火安全电缆用云母带；

——第 11 部分：塑型云母板。

本部分为 GB/T 5019 的第 10 部分。

本部分修改采用 IEC 60371-3-8:1995《以云母为基的绝缘材料　第 3 部分:单项材料规范　第 8 篇：耐火安全电缆用云母纸》及第 1 次修正(2007)(英文版)。

本部分根据 IEC 60371-3-8:1995(含 2007 第 1 号修改单)重新起草。考虑到我国国情，在采用 IEC 标准时，本部分做了一些修改。有关技术性差异在它们所涉及的条款的页边空白处用垂直单线标识。

本部分与 IEC 60371-3-8:1995(含 2007 第 1 次修正)的技术差异如下：

——删除 IEC 60371-3-8:2007 的前言和引言；

——将 IEC 60371-3-8 中 6.9 所引用的 IEC 60331 纳入本部分的第 2 章；

——考虑我国国情不采用 IEC 60371-3-8 中产品型号命名方式；

——增加了人工合成云母的命名及性能要求；

——长度以其卷和盘的直径表示(IEC 60371-3-8 以带长表示)；

——增加了“边缘弯曲度”、“电气强度”和“体积电阻率”性能要求；

——增加了“检验规则”一章。

本部分由中国电器工业协会提出。

本部分由全国绝缘材料标准化技术委员会(SAC/TC 51)归口。

本部分主要起草单位：北京倚天凌云云母科技有限公司、扬州新奇特电缆材料有限公司、桂林电器科学研究所。

本部分主要起草人：吴海峰、唐崇书、王先锋。

本部分为首次制定。

以云母为基的绝缘材料
第 10 部分:耐火安全电缆用云母带

1 范围

GB/T 5019 的本部分规定了由玻璃布或塑料薄膜补强的云母纸,经用合适树脂浸渍后而成的电气绝缘材料的型号、技术要求、试验方法、检验规则、标志、包装、运输、贮存。

本部分适用于着火后仍能继续运行的电缆,其标称厚度从 0.10 mm 至 0.18 mm,以带状、成张或成卷柔软状态供货。

2 规范性引用文件

下列文件中的条款通过 GB/T 5019 的本部分的引用而成为本部分的条款。凡是注日期的引用文件,其随后所有的修改单(不包括勘误的内容)或修订版均不适用于本部分,然而,鼓励根据本部分达成协议的各方研究是否可使用这些文件的最新版本。凡是不注日期的引用文件,其最新版本适用于本部分。

GB/T 5019.2—2009 以云母为基的绝缘材料 第 2 部分:试验方法(IEC 60371-2:2004,MOD)

GB/T 5019.4—2009 以云母为基的绝缘材料 第 4 部分:云母纸(IEC 60371-3-2:2005,MOD)

GB/T 13542.6—2006 电气绝缘用薄膜 第 6 部分:电气绝缘用聚酰亚胺薄膜(IEC 60674-3-4/6:1993,MOD)

GB/T 19216.11—2003 在火焰条件下电缆或光缆的线路完整性试验 第 11 部分:试验装置 火焰温度不低于 750 ℃的单独供火(IEC 60331-11:1999,IDT)

GB/T 19216.21—2003 在火焰条件下电缆或光缆的线路完整性试验 第 21 部分:试验步骤和要求 额定电压 0.6/1.0 kV 及以下电缆(IEC 60331-21:1999,IDT)

3 产品型号

根据产品所用粉云母纸的种类和补强材料及形式不同而划分的产品型号,见表 1。

表 1 产品型号

型号	云母纸类型	补强形式
540-1D(G)/540-1D(P)	煅烧白云母纸	单面
540-1S(G)/540-1S(P)/540-1S(G/P)	煅烧白云母纸	双面
541-1D(G)/541-1D(P)	非煅烧白云母纸	单面
541-1S(G)/541-1S(P)/541-1S(G/P)	非煅烧白云母纸	双面
541-3D(G)/541-3D(P)	非煅烧金云母纸	单面
541-3S(G)/541-3S(P)/541-3S(G/P)	非煅烧金云母纸	双面
542-4D(G)/542-4D(P)	合成云母纸	单面
542-4S(G)/542-4S(P)/542-4S(G/P)	合成云母纸	双面
注:表中 D 表示为单面补强,S 表示为双面补强,G 表示玻璃布补强,P 表示薄膜补强。		

4 要求

4.1 原材料

4.1.1 云母纸

本部分所涉及到的云母纸应符合 GB/T 5019.4—2009 的要求。

4.1.2 玻璃布

通常，玻璃布应是由无碱玻璃制成的连续长丝玻璃纤维，除供需双方另有协议外，玻璃布应是织布状态，其浆剂含量按重量计应不大于 2%。

4.1.3 薄膜

本部分所涉及到的聚酰亚胺薄膜应符合 GB/T 13542.6—2006 的要求；只要薄膜的性能符合本部分的要求，可使用不同类型的薄膜。

4.1.4 树脂

只要材料的性能符合本部分的要求，可使用不同类型的树脂。

4.2 产品

4.2.1 外观

耐火云母带材质间应粘合均匀，无诸如气泡、针孔、云母纸断裂之类的缺陷，若为玻璃布补强，不允许有玻璃布抽丝；若为薄膜补强，不允许有撕裂、折皱的现象。

成卷供应的材料，应能连续开卷而不引起损伤，开卷所需的力应大致均匀。

除订购合同另有规定外，单面补强的材料卷绕时应使云母纸表面朝外。

4.2.2 尺寸

4.2.2.1 厚度

耐火云母带的厚度及允许偏差应符合表 2 规定。

表 2 耐火云母带的厚度及允许偏差　　单位为毫米

标称厚度	允许偏差	
	中值偏差	个别值偏差
0.10	±0.02	±0.03
0.11	±0.02	±0.03
0.14	±0.02	±0.03
0.18	±0.03	±0.04
注：其他厚度可由供需双方协商生产。		

4.2.2.2 宽度

耐火云母带的推荐宽度为 6 mm、8 mm、10 mm、12 mm、15 mm、20 mm，其他宽度由供需双方商定。

全幅宽材料及片状材料修整后的最大宽度通常为 860mm。

材料的宽度偏差应如表 3 所示。

表 3 宽度及偏差　　单位为毫米

标称宽度	偏　差
≤20	±0.5
>20≤500	±1.0
>500	±5.0

4.2.2.3 **边缘弯曲度**

耐火云母带的边缘弯曲度不超过 1 mm。

4.2.2.4 **长度**

耐火云母带的长度以卷盘直径来表示。

常用卷盘直径为 200 mm±20 mm。有接头的卷数应限制在 25%以内,每卷接头不多于两个,接头段最小长度不少于 80 m。

特殊要求,供需双方商定。

4.2.2.5 **管芯**

带应紧密地卷绕在内径为 50 mm±1 mm 或 76 mm±1 mm 管芯上供货,管芯应无锐利边缘。

管芯宽度与带宽之间关系,应按订购合同规定。

全幅宽材料和宽度大于 100 mm 的材料,应卷绕在内径为 55 mm±1 mm 或 76 mm±1 mm 的管芯上供货。

4.2.3 **组成**

耐火云母带的组成应符合表 4 规定。

表 4 组成

<table>
<tr><th>产品型号</th><th>玻璃布定量
g/m²</th><th>薄膜定量
g/m²</th><th>胶粘剂含量
%</th><th>云母含量
%</th><th>挥发物含量
%</th></tr>
<tr><td rowspan="2">540-1D(G)</td><td>25±2</td><td>—</td><td rowspan="14">≤25</td><td rowspan="4">≥65</td><td rowspan="14">≤1.0</td></tr>
<tr><td>30±2</td><td>—</td></tr>
<tr><td rowspan="2">540-1D(P)</td><td>—</td><td>25±2</td></tr>
<tr><td>—</td><td>30±2</td></tr>
<tr><td>540-1S(G)</td><td>2×(20±2)</td><td>—</td><td rowspan="3">≥55</td></tr>
<tr><td>540-1S(P)</td><td>—</td><td>2×(20±2)</td></tr>
<tr><td>540-1S(G/P)</td><td>25±2</td><td>20±2</td></tr>
<tr><td rowspan="2">541-1D(G)</td><td>25±2</td><td>—</td><td rowspan="4">≥65</td></tr>
<tr><td>30±2</td><td>—</td></tr>
<tr><td rowspan="2">541-1D(P)</td><td>—</td><td>25±2</td></tr>
<tr><td>—</td><td>30±2</td></tr>
<tr><td>541-1S(G)</td><td>2×(20±2)</td><td>—</td><td rowspan="3">≥55</td></tr>
<tr><td>541-1S(P)</td><td>—</td><td>2×(20±2)</td></tr>
<tr><td>541-1S(G/P)</td><td>25±2</td><td>20±2</td></tr>
<tr><td>541-3D(G)</td><td>30±2</td><td>—</td><td rowspan="5">—</td><td rowspan="2">≥65</td><td rowspan="5">—</td></tr>
<tr><td>541-3D(P)</td><td>—</td><td>25±2</td></tr>
<tr><td>541-3S(G)</td><td>2×(20±2)</td><td>—</td><td rowspan="3">≥55</td></tr>
<tr><td>541-3S(P)</td><td>—</td><td>2×(20±2)</td></tr>
<tr><td>541-3S(G/P)</td><td>25±2</td><td>20±2</td></tr>
<tr><td>542-4D(G)</td><td>30±2</td><td>—</td><td rowspan="5">≤17</td><td rowspan="2">≥65</td><td rowspan="5">≤1.0</td></tr>
<tr><td>542-4D(P)</td><td>—</td><td>25±2</td></tr>
<tr><td>542-4S(G)</td><td>2×(20±2)</td><td>—</td><td rowspan="3">≥55</td></tr>
<tr><td>542-4S(P)</td><td>—</td><td>2×(20±2)</td></tr>
<tr><td>542-4S(G/P)</td><td>25±2</td><td>20±2</td></tr>
<tr><td colspan="6">注:允许用其他定量的玻璃布或薄膜组合。</td></tr>
</table>

4.2.4 性能要求

4.2.4.1 耐火云母带机械性能和介电性能要求应符合表5规定。

表5 性能要求

序号	性能	单位	补强形式	要求		
				玻璃布补强	薄膜补强	玻璃布/薄膜补强
1	拉伸强度	N/10 mm	单面补强	≥60		
			双面补强	≥80		
2	挺度	N/m	单、双面补强	按合同规定		
3	工频介电强度（常态下）	MV/m	单面补强	≥30	≥30	≥30
			双面补强	≥25	≥40	≥40
4	体积电阻率（常态下）	Ω·m	单、双面补强	$\geqslant 1.0\times10^{10}$		
5	绝缘电阻（耐火试验温度下）	Ω	单、双面补强	$>1.0\times10^{6}$		

4.2.4.2 耐火特性

当耐火云母带用于设计正确的耐火电缆时应能通过GB/T 19216.11—2003及GB/T 19216.21—2003规定的A类或B类耐火试验要求。

5 试验方法

5.1 外观

用眼睛观察评定。

5.2 厚度

按GB/T 5019.2—2009第5章的规定进行。

5.3 宽度

用刻度为0.5 mm的直尺，至少测量三处，报告其平均值。

5.4 边缘弯曲度

按GB/T 5019.2—2009第19章的规定进行。

5.5 长度

用刻度为0.5 mm的直尺测量粘合云母纸卷或盘的端面直径。

5.6 组成

按GB/T 5019.2—2009第8章的规定进行。

5.7 介电强度

按GB/T 5019.2—2009第22章的规定进行。

5.8 拉伸强度

按GB/T 5019.2—2009第10章的规定进行。

5.9 挺度

按GB/T 5019.2—2009第13章的规定进行。

5.10 体积电阻率

按GB/T 5019.2—2009第25章的规定进行，样品为固化前样品。

5.11 耐火特性

按GB/T 19216.11—2003及GB/T 19216.21—2003的规定进行。

6 检验规则

6.1 相同的原材料和生产工艺，连续生产不多于 24 h 的耐火云母带为一批，每批产品应具有相同的性能。产品应进行出厂试验和型式试验，出厂试验项目为 4.2.1，4.2.2，4.2.3 和 4.2.4 表 5 中第 1 项、第 3 项。耐火特性为产品鉴定项目或需要仲裁时才进行检验。

6.2 出厂检验应分批抽样进行，从一批中不少于 5% 的总包装筒（袋）中取样，最少为三筒（袋）。每筒（袋）取一盘按 4.2.1，4.2.2 检查。其他各项在同一盘上取样。

7 标志、包装、运输、贮存

材料应加以包装以保证在运输、装卸和贮存过程中对材料的足够保护。对包装的任何要求，应在订购合同中规定。

含有若干单元包装的每一个包装物上，应清晰、持久地标明下列内容：

a) 材料的说明和本规范编号；

b) 对成卷交付的材料，材料的宽度和每卷长度；

c) 对成张交付的材料，片材的尺寸和每叠中的张数，或每叠的重量；

d) 卷数；

e) 制造日期；

f) 适用期和贮存条件，耐火云母带自出厂之日起常温下的贮存期为半年。

在每一包装物或每卷上，应标明制造厂名称和批号。

有接头的卷，应集中包装并清晰地在包装容器外部加以注明。

ICS 29.035.99
K 15

中华人民共和国国家标准

GB/T 5019.11—2009

以云母为基的绝缘材料 第11部分:塑型云母板

Specification for insulating materials based on mica—Part 11:Moulding micanite

(IEC 60371-3-9:1995,Insulating materials based on mica—
Part 3:Specifications for individual materials—
Sheet 9:Moulding micanite,MOD)

2009-06-10 发布　　2009-12-01 实施

中华人民共和国国家质量监督检验检疫总局
中国国家标准化管理委员会　发布

前言

GB/T 5019《以云母为基的绝缘材料》分为以下几部分：

——第1部分：定义和一般要求；

——第2部分：试验方法；

——第3部分：换向器隔板和材料；

——第4部分：云母纸；

——第5部分：电热设备用云母板；

——第6部分：聚酯薄膜补强B阶环氧树脂粘合云母带；

——第7部分：真空压力浸渍(VPI)用玻璃布及薄膜补强环氧树脂粘合云母带；

——第8部分：玻璃布补强B阶环氧树脂粘合云母带；

——第9部分：单根导线包绕用环氧树脂粘合聚酯薄膜云母带；

——第10部分：耐火安全电缆用云母带；

——第11部分：塑型云母板。

本部分为GB/T 5019的第11部分。

本部分修改采用IEC 60371-3-9：1995《以云母为基的绝缘材料　第3部分：单项材料规范　第9篇：塑型云母板》及第1次修改(2007)。

本部分根据IEC 60371-3-9：1995(含2007第1次修正)重新起草。考虑到我国国情，在采用IEC标准时，本部分做了一些修改。有关技术性差异已在它们所涉及的条款的页边空白处用垂直单线标识。

本部分与IEC 60371-3-9：1995(含2007第1次修正)的差异如下：

1)　删除了IEC 60371-3-9：1995的前言和引言；

2)　考虑我国国情不采用IEC 60371-3-9：1995中产品型号命名方式；

3)　增加“可塑性”和“电气强度”性能要求；

4)　增加了“检验规则”一章。

本部分由中国电器工业协会提出。

本部分由全国绝缘材料标准化技术委员会(SAC/TC 51)归口。

本部分主要起草单位：桂林电器科学研究所。

本部分起草人：王先锋。

本部分为首次制定。

以云母为基的绝缘材料 第11部分:塑型云母板

1 范围

GB/T 5019的本部分规定了由剥片云母、加或不加补强材料、用合适粘合剂粘合而成电气绝缘用塑型云母板的性能要求、试验方法、检验规则、标志、包装、运输和贮存。

本部分适用于以剥片云母为基材,用合适的胶粘剂粘结而成的,在常态时为硬质板状材料,在一定温度条件下可塑制成型的电气绝缘用塑型云母板。其标称厚度从0.10 mm～7 mm,可成张或成卷供应。

2 规范性引用文件

下列文件中的条款通过GB/T 5019的本部分的引用而成为本部分的条款。凡是注日期的引用文件,其随后所有的修改单(不包括勘误的内容)或修订版均不适用于本部分,然而,鼓励根据本部分达成协议的各方研究是否可使用这些文件的最新版本。凡是不注日期的引用文件,其最新版本适用于本部分。

GB/T 5019.1—2009 以云母为基的绝缘材料 第1部分:定义和一般要求(IEC 60371-1:2003,IDT)

GB/T 5019.2—2009 以云母为基的绝缘材料 第2部分:试验方法(IEC 60371-2:2004,MOD)

IEC 60554-3-2:1983 电气用纤维素纸 第3部分:单项材料规范 第2篇:电容器纸

ISO 6386:1981 白云母剥片 分级和外观分类

3 产品分类

本部分根据产品的耐热性划分型号,产品型号见表1。

表1 产品型号

产品型号	胶粘剂	使用范围
5230	醇酸胶粘漆	适用于工作温度155 ℃及以下的各种电机电器用绝缘管、环及其他零件。
5231	虫胶胶粘漆	
5235	醇酸胶粘漆	
5236	虫胶胶粘漆	
5240	环氧桐马胶粘漆	
5250	有机硅胶粘漆	适用于工作温度180 ℃的各种电机电器用绝缘管、环及其他零件。

4 要求

4.1 原材料

4.1.1 剥片云母

剥片云母应符合ISO 6386:1981的要求。

4.1.2 玻璃布

通常,玻璃布应是由无碱玻璃制成的连续长丝玻璃纤维,除供需双方另有协议外,玻璃布应是织布状态,其浆剂含量按重量计应不大于2%。

4.1.3 电容器纸

电容器纸应符合IEC 60554-3-2:1983的要求。

4.1.4 树脂

只要其能使材料满足本部分要求,可使用任何虫胶、醇酸、环氧或硅树脂体系。按订购合同,也可使用其他胶粘剂。

4.2 产品

4.2.1 外观

塑型云母板应边缘整齐、胶粘剂分布均匀,不允许有外来杂质、分层和剥片云母间漏洞的现象。

4.2.2 尺寸

4.2.2.1 厚度

标称厚度及允许偏差见表2。

表2 标称厚度及允许偏差

单位为毫米

标称厚度	偏差	
	中值与标称厚度的偏差	个别值与标称厚度的最大偏差
0.15 0.20 0.25	±0.05	±0.10
0.30	±0.06	±0.12
0.40	±0.06	±0.12
0.50	±0.07	±0.16
0.60	±0.08	±0.18
0.70	±0.09	±0.20
0.80	±0.11	±0.22
1.00	±0.14	±0.28
1.20	±0.18	±0.32

4.2.2.2 长度和宽度

材料的宽度和长度按供需双方协议尺寸供货,但偏差不应超过表3的规定。

表3 宽度和长度偏差

	宽 度	长 度
整张	+5 mm −0 mm	+5 mm −0 mm
整卷	+5 mm −0 mm	+0.3 mm −0 mm
切割片材(≥50 mm)	±5%	±5%

4.2.3 性能要求

塑型云母板的性能要求应符合表4的规定。

表 4 性能要求

<table>
<tr><th rowspan="2">序号</th><th rowspan="2" colspan="2">性 能</th><th rowspan="2">单位</th><th colspan="3">要 求</th></tr>
<tr><th>5230;5231</th><th>5235;5236</th><th>5240;5250</th></tr>
<tr><td>1</td><td colspan="2">胶粘剂含量</td><td>%</td><td>15～25</td><td>8～15</td><td>15～25</td></tr>
<tr><td rowspan="3">2</td><td rowspan="3">介电强度</td><td>0.15 mm～0.25 mm</td><td rowspan="3">MV/m</td><td colspan="3">≥35</td></tr>
<tr><td>0.30 mm～0.50 mm</td><td colspan="3">≥30</td></tr>
<tr><td>0.60 mm～1.20 mm</td><td colspan="3">≥25</td></tr>
<tr><td>3</td><td colspan="2">可塑性</td><td>—</td><td>在 110 ℃±5 ℃的条件下可塑制成管</td><td colspan="2">在 130 ℃±5 ℃条件下可塑制成管</td></tr>
</table>

5 试验方法

5.1 外观

用眼睛观察评定。

5.2 厚度

按 GB/T 5019.2—2009 第 5 章的规定进行。

5.3 长度和宽度

用刻度为 0.5 mm 的直尺，至少测量三处，报告其平均值。

5.4 胶粘剂含量

按 GB/T 5019.2—2009 第 8 章的规定进行。

5.5 介电强度

按 GB/T 5019.2—2009 第 22 章的规定进行，采用直径为 25 mm/75 mm 电极进行试验。

5.6 可塑性

按 GB/T 5019.2—2009 第 21 章的规定进行。

6 检验规则

6.1 相同的原材料和工艺，生产的数量不超过 300 kg 的塑型云母板为一批，每批须进行出厂试验，出厂试验项目为 4.2.1、4.2.2 和 4.2.3 表 4 中的第 2 项、第 3 项。

6.2 每批取样不少于总重量的 5%，按 4.2.1 和 4.2.2 检查，其他各项试验在同一张板上取样。

6.3 其他应符合 GB/T 5019.1—2009 第 3 章的规定。

7 标志、包装、运输、贮存

材料应加以包装以保证在运输、装卸和贮存过程中对材料的足够保护。对包装的任何要求，应在订购合同中规定。

含有若干单元包装的每一包装物上，应清晰、持久地标明下列内容：

a) 材料的说明；

b) 对成卷交付的材料，材料的宽度和每卷长度；

c) 对成张交付的材料、片材的尺寸；

d) 每一包装物内的张数/卷数；

e) 制造日期；

f) 适用期和贮存条件，有机硅塑型云母板从出厂之日算起的贮存期为四个月，其他塑型云母板从出厂之日算起的贮存期为六个月。

在每一包装物或每卷上，应标明制造厂名称和批号。

ICS 25.120.10
J 62

中华人民共和国国家标准

GB 5093—2009
代替 GB 5093—1985

压力机用手持电磁吸盘　技术条件

Technical requirements for hand-held electromagnetic disk used for the presses

2009-03-05 发布　　2009-10-01 实施

中华人民共和国国家质量监督检验检疫总局
中国国家标准化管理委员会　发布

前　言

本标准的第1章、第2章、第3章、7.1为推荐性的，其余为强制性的。

本标准是对GB 5093—1985《压力机用手持电磁吸盘技术条件》的修订，与GB 5093—1985相比主要变化如下：

——增加了规范性引用文件；

——增加了术语和定义；

——修改了绝缘电阻的要求(1985年版的2.5，本版的5.5)；

——修改了耐压试验的要求(1985年版的2.6，本版的5.6)；

——修改了检验规则的要求(1985年版的第3章，本版的第6章)；

——修改了包装、贮运和随机文件的要求(1985年版的第4章，本版的第7章)。

本标准实施之日起，代替GB 5093—1985。

本标准由中国机械工业联合会提出。

本标准由全国锻压机械标准化技术委员会归口。

本标准起草单位：济南铸造锻压机械研究所、浙江萧山金龟机械有限公司、长治市科维锻压机械技术有限公司。

本标准主要起草人：马立强、来建中、陈汝昌、李世平。

本标准所代替标准的历次版本发布情况为：

——GB 5093—1985。

压力机用手持电磁吸盘　技术条件

1　范围

本标准规定了压力机用手持电磁吸盘(以下简称手持电磁吸盘)的设计、制造、检验、包装和运输的要求。

本标准适用于在压力机上使用的各种手持电磁吸盘。

2　规范性引用文件

下列文件中的条款通过本标准的引用而成为本标准的条款。凡是注日期的引用文件,其随后所有的修改单(不包括勘误的内容)或修订版均不适用于本标准,然而,鼓励根据本标准达成协议的各方研究是否可使用这些文件的最新版本。凡是不注日期的引用文件,其最新版本适用于本标准。

GB/T 191—2008　包装储运图示标志(ISO 780:1997,MOD)

GB/T 2828.1—2003　计数抽样检验程序　第1部分:按接收质量限(AQL)检索的逐批检验抽样计划(ISO 2859-1:1999,IDT)

GB 5226.1—2002　机械安全　机械电气设备　第1部分:通用技术条件(IEC 60204-1:2000,IDT)

GB/T 9969　工业产品使用说明书　总则

GB/T 13384　机电产品包装通用技术条件

GB/T 16935.1—2008　低压系统内设备的绝缘配合　第1部分:原理、要求和试验(IEC 60664-1:2007,IDT)

3　术语和定义

手持电磁吸盘　hand-held electromagnetic disk used for the presses

手持电磁吸盘是通过电磁的吸力,向压力机的工作危险区内放置或取出工件用的一种手持工具。它的作用是使操作者的手或手指不需要直接进入工作危险区。手持电磁吸盘包括供电电源和吸盘两部分。

4　技术要求

4.1　基本要求

4.1.1　手持电磁吸盘应符合本标准的规定,并应按规定程序批准的图样及技术文件制造。

4.1.2　手持电磁吸盘应操作方便、可靠,手持电磁吸盘在使用时容易松动的零件,应有可靠的防松措施。

4.1.3　应根据其公称吸力的大小选用手持电磁吸盘。

4.2　手持电磁吸盘应保证在下列条件下可靠工作:

a)　海拔不超过1 000 m;

b)　在预期使用环境空气温度－10 ℃～40 ℃范围内;

c)　空气相对湿度不超过95%;

d)　位移振幅和其相应的振动频率在表1的规定范围内;

表 1　位移振幅和其相应的振动频率表

单向位移振幅值/mm	振动频率/Hz
1.25	20
0.55	30
0.15	40
0.15	50

e)　在无爆炸危险的介质中，且介质中无足以腐蚀金属和破坏绝缘的气体及导电粉尘。

4.3　手持电磁吸盘应保证在下列贮运条件下不损坏：

a)　环境空气温度－40 ℃～55 ℃范围内；

b)　并且能够承受温度 70 ℃，相对湿度不超过 95%，连续时间不超过 24 h 的条件；

c)　加速度不大于 10g，脉冲持续时间为 16 ms，频率为每分钟 40 次。

4.4　手持电磁吸盘所采用的元器件，除应符合本标准外，还应符合有关元器件技术要求的规定。

4.5　手持电磁吸盘的导磁零件应选用高导磁率的工业用纯铁或含碳量小于 0.22% 的优质碳素钢等材料制造。导磁零件不应有影响磁力性能的缺陷。

4.6　电磁吸盘的隔磁物应采用铜、铝或铅锡合金等非导磁材料。在不降低隔磁性能的条件下，亦可采用其他非磁性材料。

4.7　手持电磁吸盘用的磁力线圈应选用绝缘性能良好的高强度铜漆包线绕制。线圈绕组应排列整齐、均匀紧密、绝缘可靠。

4.8　手持电磁吸盘的吸持面应平整、光洁。

4.9　在电源电压为 0.90～1.1 倍额定电压的条件下，手持电磁吸盘的吸力应为公称吸力的 100%～140%。

4.10　手持电磁吸盘的剩磁所产生的吸力不应超过公称吸力的 10%。

4.11　手持电磁吸盘电源变压器的表面的温升不应超过 65 ℃，手持电磁吸盘的吸盘表面的温升不得超过 25 ℃。

4.12　在电源线与外壳施加直流电压 500 V 时测得的的绝缘电阻值应不低于 100 MΩ。

4.13　手持电磁吸盘在电源线与外壳保护接地端子之间应能经受交流电压 1 000 V 和 1 s 时间的耐压试验。

4.14　手持电磁吸盘的线圈绕组电压不应超过直流 24 V。

4.15　手持电磁吸盘的电源控制箱应为 PELV 电源，并应有良好的接地保护，电源壳体上应有接地点。不能明显表明的接地点应在其附近标注明显的接地标识。接地标识应耐久而不易脱落。

4.16　手持电磁吸盘的开关应有良好的绝缘性能，并操作方便。

4.17　手持电磁吸盘的手持柄部应有良好的绝缘性能，并适合于操作者握持，还应有防止手指向前握或向前滑移的措施。

4.18　手持电磁吸盘的杆部应采用铜等软质材料，并保证足够的强度和刚度。

4.19　手持电磁吸盘的爬电距离和电气间隙应符合 GB/T 16935.1—2008 中 5.1、5.2 的规定。

4.20　手持电磁吸盘应有可靠的防震、防松措施。

4.21　手持电磁吸盘的外壳油漆应均匀、光洁、平整，不得有裂纹、脱皮、起泡、流挂及起皱等现象，壳体应能防止油液的浸入，防护等级应符合 GB 5226.1—2002 中 12.3 的规定，不低于 IP45。

4.22　手持电磁吸盘的使用寿命应不少于 10^6 次。

4.23　手持电磁吸盘安全装置上应有耐酒精、汽油、中强度酸、碱侵蚀和清洁保养擦拭而不消失的耐久性标识。应在合适部位明确标明下列中文信息标志：

a)　产品名称；

b) 规格型号；

c) 公称吸力；

d) 工作电源，包括额定电压、频率和功耗；

e) 产品编号和出厂时间；

f) 制造商名称。

5 试验方法

5.1 环境试验

5.1.1 高温负荷试验[见 4.2b)]

将手持电磁吸盘放入恒温箱内，在 40 ℃±3 ℃的条件下，通电 2 h，应能正常工作。

5.1.2 低温负荷试验[见 4.2b)]

将手持电磁吸盘装入塑料袋内，并扎紧封口，放入恒温箱内，在－10 ℃±3 ℃的条件下，通电 2 h，应能正常工作。

5.1.3 相对湿度负荷试验[见 4.2c)]

保持 40 ℃±3 ℃的温度，将相对湿度在 1 h 内逐渐增加到 92%～97%，并保持此湿度 1 h，应能正常工作。

5.1.4 高温贮运试验[见 4.3a)]

将手持电磁吸盘放入恒温箱内，在温度上升到 55 ℃±3 ℃的条件下，放置 4 h。取出后，在自然环境中放置 2 h，待温度降至 40 ℃以下时，通电试验，应能正常工作。

5.1.5 低温贮运试验[见 4.3a)]

将手持电磁吸盘装入塑料袋内，并扎紧封口，放入恒温箱内，在温度－40 ℃±3 ℃的条件下，放置 4 h。取出后，在自然环境放置 4 h，待温度上升到－10 ℃以上时，通电试验，应能正常工作。

5.1.6 湿热贮运试验[见 4.3b)]

将手持电磁吸盘放入恒温恒湿箱内，先将温度升到 70 ℃±3 ℃，再将相对湿度升到 95%，在此条件下，放置 48 h。取出后，立即测量其绝缘电阻，阻值不得小于 1.5 MΩ，然后在自然环境放置 12 h，再进行通电试验，应能正常工作。同时检查安全装置的零部件及外观不得有损坏和生锈现象。

5.1.7 振动试验[见 4.2d)]

将手持电磁吸盘按使用状态紧固在振动试验台上，在位移振幅和振动频率符合表 1 的规定下，做上下坐标方向振动，各振动 15 min(共 1 h)。在此期间通电试验，应能正常工作。

5.1.8 冲击贮运试验[见 4.3c)]

将带有包装的手持电磁吸盘紧固在冲击试验台上，在峰值加速度为 10g、脉冲持续时间为 16 ms、频率为每分钟 40 次的条件下，进行上下、左右、前后各方冲击 200 次(共 1 200 次)，不应损坏。冲击试验后进行通电试验，应能正常工作。

5.2 手持电磁吸盘的吸力试验(见 4.9)是在电源电压为 0.9～1.1 倍额定电压的条件下，用直径略大于吸盘吸持面、材料为 10 号钢的标准试块进行吸持。能够吸持标准试块的重量大小为吸力。该吸力最小值应不小于公称吸力的 100%，最大值应不大于公称吸力的 140%。

5.3 手持电磁吸盘的剩磁试验(见 4.10)是将通电的吸盘吸起直径略大于吸盘吸持面、材料为 10 号钢、重量等于吸盘公称吸力的 10%的标准试块后，再将吸盘断电，试块应能立即脱落。

5.4 手持电磁吸盘的温升试验(见 4.11)是在额定电压条件下吸盘连续通电工作 4 h 后，用点温计立即在电源变压器的表面和吸盘的表面测出最高温度。其测出温度减去室温则为温升。电源变压器的温升不得超过 65 ℃。吸盘的温升不得超过 25 ℃。

5.5 手持电磁吸盘的绝缘电阻试验(见 4.12)是用直流 500 V 兆欧表接在电源线与外壳接地端子之间，在施加直流电压 500 V 时其绝缘电阻值不应小于 100 MΩ。

5.6　电源线与保护接地电路之间应经受至少 1 s 时间的耐压试验。试验电压应：

——1 000 V；

——频率为 50 Hz；

——由最小额定值为 500 VA 的变压器供电。

5.7　手持电磁吸盘的线圈绕组电压试验(见 4.14)是用直流电压表测量其线圈绕组的两端电压。其电压值不得超过直流 24 V。

5.8　手持电磁吸盘的控制箱接地保护试验(见 4.15)，根据 4.15 检验手持电磁吸盘的接地状态，接地线的标志和横截面积、接地电阻及连接地线的螺钉是否符合 4.15 的规定。

5.9　手持电磁吸盘的使用寿命试验(见 4.22)是以每分钟 30 次的频率进行吸、脱。每次连续试验时间不低于 4 h，其吸持次数累积为 10^6 次，不发生故障。

6　检验规则

6.1　手持电磁吸盘检验分为出厂检验和型式检验两种。手持电磁吸盘应通过国家认可的检验机构依据本标准进行的检验。

6.2　型式检验

型式检验是在产品试制完成后，或遇产品重大变化时，按照本标准的第 4 章对样品进行的全面系统的检验。

6.2.1　型式检验应提供的文件和样品

型式检验应当提供下列资料：

a)　型式检验申请书；

b)　设计文件，包括：结构配置图、部件装配图、电路原理图、电路原理说明文件、电路元器件配置图、主要零部件及元器件技术要求一览表；

c)　每种系列的样品数不少于 5 个，样品由检验机构随机抽样；

d)　同种系列或规格的产品，再次申请型式检验的，还应当提供上次型式检验的报告(副本)。

6.2.2　手持电磁吸盘在下列情况时应进行型式检验：

a)　新产品开发试制完成时；

b)　当产品的设计(结构、电路原理)、工艺或所用材料改变时；

c)　停产 6 个月以上的产品，再次恢复生产时；

d)　出现用户伤亡事故的投诉时；

e)　批量生产的产品连续正常生产满 3 年时；

f)　国家质量监督检查不合格时；

g)　本标准发生重大修改时。

6.3　每台手持电磁吸盘在出厂时，除了应有出厂检验合格文件外，还要附有型式检验合格证书才能出厂。

6.4　出厂检验应按 GB/T 2828.1—2003 中正常检验一次抽样方案进行。

6.4.1　检查项目按本标准的 4.1、4.8～4.15、7.1、7.2 检查。

6.4.2　缺陷分类

——致命缺陷：不符合本标准 4.12、4.13、4.15。

——重缺陷：不符合本标准 4.9、4.10、4.11、4.14。

——轻缺陷：不符合本标准第 4 章中除了致命缺陷和重缺陷之外的其他要求之一。

6.5　不合格分类

6.5.1　致命不合格类：有一个或一个以上的致命缺陷，还可能存在重、轻缺陷的单位产品。

6.5.2　重不合格类：有一个或一个以上的重缺陷，还可能存在轻缺陷，但不存在致命缺陷的单位产品。

6.5.3 轻不合格类:有一个或一个以上的轻缺陷,但不存在致命缺陷和重缺陷的单位产品。

6.6 出厂检验合格质量水平判定

6.6.1 接收质量限(AQL)按表2的规定。

表2 不合格项目分类

不合格类别	接收质量限(AQL)
重不合格类	0.4
轻不合格类	4.0

6.6.2 合格或不合格的判定

6.6.2.1 在检验样本中,只要存在一个致命不合格品,就判定该批产品为不合格。

6.6.2.2 按照本标准6.4.1和表2中规定的接收质量限(AQL)分别判定,当重、轻不合格品都小于或等于接收数Ac时,则判定该批产品为合格;凡重、轻不合格品数等于或大于拒收数Re时,就判定该批产品为不合格。

6.6.2.3 当判定批量为不合格后,应对该批产品的设计、生产、半成品、原材料等影响产品质量的环节进行整改。整改完成后再重新提交检验。

6.7 型式检验的合格判定

6.7.1 型式检验的抽样是从出厂检验合格的产品中抽样,每个设计系列产品,每次抽样数量不少于5台。

注:不同设计系列的产品是指在电路原理或者基本结构上存在明显差异的产品。

6.7.2 若检验中发现任何一台存在一项轻缺陷,则需另外抽取首次样本两倍的数量进行重检,若仍发现存在一项不合格,则判定该产品为不合格。

6.7.3 若检验中发现任何一台存在一项致命缺陷或重缺陷,则直接判定该产品为不合格。

7 包装、贮运和随机文件

7.1 手持电磁吸盘的包装要求

7.1.1 手持电磁吸盘的包装应符合GB/T 13384的规定。

7.1.2 手持电磁吸盘的包装应具有减振、防潮的措施。

7.1.3 包装箱外壁的储运标志符号应符合GB/T 191的有关规定。

7.2 产品随机的文件要求

7.2.1 每件产品均应配发产品使用说明书。使用说明书应符合GB/T 9969的规定。产品使用说明书,必须清楚地说明性能、使用、维护保养和特别注意事项等。

7.2.2 手持电磁吸盘出厂检验完成时,应当配发检验合格证。合格证上应说明执行的标准。

7.2.3 每个独立包装都应有装箱清单。

ICS 29.035.99
K 15

中华人民共和国国家标准

GB/T 5132.1—2009/IEC 61212-1:2006
代替 GB/T 1305—1985

电气用热固性树脂工业硬质圆形层压管和棒　第1部分:一般要求

Industrial rigid round laminated tubes and rods based on thermosetting resins for electrical purposes—Part 1:General requirements

(IEC 61212-1:2006,IDT)

2009-06-10 发布　　2009-12-01 实施

中华人民共和国国家质量监督检验检疫总局
中国国家标准化管理委员会　发布

前　言

GB/T 5132《电气用热固性树脂工业硬质圆形层压管和棒》包含下列几个部分：

——第1部分：一般要求；

——第2部分：试验方法；

——第3部分：圆形层压卷制管；

——第4部分：圆形层压模制管；

——第5部分：圆形层压模制棒。

本部分为GB/T 5132的第1部分。

本部分等同采用IEC 61212-1:2006《电气用热固性树脂工业硬质圆形层压管和棒　第1部分：一般要求》(英文版)。

本部分将"规范性引用文件"中已转化为国家标准的引用文件改为相对应的国家标准，其他未变。

本部分代替GB/T 1305—1985《电气绝缘热固性层压材料检验、标志、包装、运输和贮存通用规则》。

本部分与GB/T 1305—1985的区别如下：

a) 本部分仅规定了电气用热固性树脂工业硬质圆形层压管和棒的一般要求，未包括电气用热固性树脂工业硬质层压板，因为电气用热固性树脂工业硬质层压板已另外单独以国家标准来制定；

b) 本部分在"前言"中列出了有关电气用热固性树脂工业硬质圆形层压管和棒标准系列组成部分；

c) 增加了"规范性引用文件"一章；

d) 增加了"术语和定义"一章，在该章中详细规定了有关层压管和棒的"命名"、"缩写"和"型号特征"；

e) 增加了"一般要求　外观"章节、改写了GB/T 1305—1985"标志和包装"为"供货条件"；

f) 删除了GB/T 1305—1985中"检验规则"和"运输和贮存"章节。

本部分由中国电器工业协会提出。

本部分由全国绝缘材料标准化技术委员会(SAC/TC 51)归口。

本部分主要起草单位：桂林电器科学研究所、东材科技集团股份有限公司、北京新福润达绝缘材料有限公司、西安西电电工材料有限责任公司。

本部分起草人：罗传勇、赵平、刘琦焕、杜超云。

本部分所代替标准的历次版本发布情况为：

——GB/T 1305—1985。

电气用热固性树脂工业硬质圆形层压管和棒　第1部分:一般要求

1　范围

GB/T 5132的本部分规定了电气用热固性树脂工业硬质圆形层压管和棒的定义、命名、一般要求及供货条件。层压管和棒是由下列任意树脂作为粘合剂制成的:酚醛、环氧树脂(环氧化合物)、三聚氰胺及硅树脂。可以以单一或复合形式使用下列补强材料:纤维素纸、棉布、玻璃布、云母纸。

GB/T 5132的本部分适用于电气用热固性树脂工业硬质圆形层压管和棒。

2　规范性引用文件

下列文件中的条款通过GB/T 5132的本部分的引用而成为本部分的条款。凡是注日期的引用文件,其随后所有的修改单(不包括勘误的内容)或修订版均不适用于本部分,然而,鼓励根据本部分达成协议的各方研究是否可使用这些文件的最新版本。凡是不注日期的引用文件,其最新版本适用于本部分。

GB/T 5132.2—2009　电气用热固性树脂工业硬质圆形层压管和棒　第2部分:试验方法(IEC 61212-2:2006,IDT)

ISO 472　塑料　词汇

3　术语和定义

本部分采用ISO 472中的下述术语和定义。

3.1

圆形层压卷制管(适用于热固性材料)　round laminated rolled tube(as applied to thermosets)

在热压辊之间的管芯上卷绕浸渍过的材料层,经炉中固化,然后脱去管芯而形成的一种管。

3.2

圆形层压模制管(适用于热固性材料)　round laminated moulded tube(as applied to thermosets)

在管芯上卷绕浸渍过的材料层,再将其一起置于圆柱形模中,在一定的热和压力条件下固化,然后脱去管芯而形成的一种管。

3.3

圆形层压模制棒(适用于热固性材料)　round laminated moulded rod(as applied to thermosets)

在管芯上卷绕浸渍过的材料层,脱去管芯之后在一定的热和压力条件下置于圆柱形模中固化,然后磨削到规定尺寸而形成的一种棒。

4　命名和缩写

4.1　概述

层压管和棒按GB/T 5132.2—2009中的试验方法进行测试,按照它们采用的不同树脂和补强物、制造方法和识别特征分成不同型号。

4.2　命名

按下述方法命名层压管和棒的产品型号:

——以头两个缩写字母表示树脂；

——以接下来两个缩写字母表示补强物；

——以两个数字表示系列号。其中第一个数字表示产品形状，例如"2"表示卷制管，"3"表示模制管，"4"表示模制棒，第二个数字表示同一型号的再分类。

缩写按 4.3 规定。

管和棒的完整名称由下述表示：

——产品说明：卷制管、模制管、模制棒；

——GB 标准编号：GB/T 5132.1；

——型号名称；

——尺寸(mm)。

管的尺寸：内径×外径×长度

棒的尺寸：直径×长度

——表示管或棒外表面修整程度的字母：

"A"表示"下线"状态的管或棒；

"B"表示经磨削或车削状态的管或棒。

例如：

——卷制管　GB/T 5132.3-EPGC21-25×37×1000-A

——模制管　GB/T 5132.4-EPCC31-25×37×1000-A

——模制棒　GB/T 5132.5-EPCC41-25×1000-A

4.3 缩写

树脂型号		补强物型号	
EP	环氧	CC	编织棉布
MF	三聚氰胺	CP	纤维素纸
PF	酚醛	GC	编织玻璃布
SI	有机硅	MP	云母纸

4.4 各种型号的特征

表 1、表 2、表 3 列出了管和棒的型号，可用作帮助选择材料。有关详细要求由 GB/T 5132(所有单项材料)规定。

表 1 工业圆形层压卷制管型号

树脂	补强物	系列号	适用范围及识别特征[a]
EP	GC	21	机械、电气、电子用，中等温度下机械强度极高，暴露于高湿时，电气性能的稳定性很好
		22	类似于 EPGC21，且高温下机械强度高
		23	类似于 EPGC21，且抗燃性有所提高
	MP	21	机械、电气、电子用，暴露于高湿时电气性能的稳定性好，耐热性好
MF	GC	21	机械、电气用，机械强度高，耐电弧和耐漏电起痕好

表 1（续）

树脂	补强物	系列号	适用范围及识别特征[a]
PF	CC	21	机械、电气用，细布[b]
		22	机械、电气用，粗布[b]
		23	机械用、特粗布[b]
		24	类似于 PFCC21，紧公差机械用(特细布)[b]
	CP	21	机械和低压电气用，暴露于常湿时，电气性能好
		22	工频高压电气用，油中电气强度高
		23	类似于 PFCP21，暴露于高湿时，电气性能有所提高
	GC	21	机械、电气用，中等温度下机械强度很高
SI	GC	21	适用于高温下的机械、电气、电子用
	MP	21	机械、电气、电子用，高温下电气性能稳定性好

a 表中不代表仅适用于罗列的范围而不适用于其他情况，也不代表在给出的范围内全部适用。

b CC 型补强物编织布：

	单位面积质量 g/m²	每厘米线数 cm⁻¹
特粗布	＞200	＜18
粗布	＞300	18～29
细布	≤130	30～37
特细布	≤125	＞37

这些数值仅供参考，但不作为规范要求。通常越细的布制成的材料其机械性能越好。

表 2　工业圆形层压模制管型号

树脂	补强物	系列号	适用范围及识别特征[a]
EP	CC	31	机械、电气、电子用，耐漏电起痕好
PF	CC	31	机械、电气用，细布[b]
		32	类似于 PFCC31，粗布[b]
		33	类似于 PFCC31，特粗布
	CP	31	电气和机械用，暴露于常温时，电气性能好
		32	类似于 PFCP31，且有更好的电气、机械性能

这些数据仅供参考，但不作为规范要求。通常越细的布制成的材料其机械性能越好。

a 表中不代表仅适用于罗列的范围而不适用于其他情况，也不代表在给出的范围内全部适用。

b CC 型补强物编织布：

	单位面积质量 g/m²	每厘米线数 cm⁻¹
特粗布	＞200	＜18
粗布	＞130	18～29
细布	≤130	30～37

表 3 工业圆形层压模制棒的型号

树脂	补强物	系列号	适用范围及识别特征[a]
EP	CC	41	机械、电气、电子用，耐漏电起痕好，细布[b]
	GC	41	机械、电气用，中等温度下机械强度高，暴露于高湿时，电气性能稳定性好
		42	类似于 EPGC41，高温下机械强度高
		43	类似于 EPGC41，抗燃性好
PF	CC	41	机械、电气用，细布[b]
		42	机械、电气用，粗布[b]
		43	机械、电气用，特粗布[b]
	CP	41	机械、电气用，暴露于高湿时，电气性能稳定性好
		42	类似于 PFCP41，机械、电气性能较低
		43	机械及低压电气用
SI	GC	41	机械、电气、电子用，高温下，电气性能稳定性好

[a] 表中不代表仅适用于罗列的范围而不适用于其他情况，也不代表在给出的范围内全部适用。

[b] CC 型补强物编织布：

	单位面积质量 g/m^2	每厘米线数 cm^{-1}
特粗布	＞200	＜18
粗布	＞130	18～29
细布	⩽130	⩾30

5 一般要求 外观

管和棒应该按生产下线状态或磨削加工后供货。当以磨削加工后供货时，其外圆表面应均匀一致且无明显开裂、裂纹和分层现象。

所有供货的管和棒应确保无孔眼、空隙或裂口且其端部平滑并修整垂直。

注 1：细微的应力裂纹是某些型号和尺寸的管和棒的内在固有特征，尤其是纸基的。裂纹大多存在于直径超过 25 mm的棒、壁厚超过 12 mm 以及壁厚与内径之比大于 0.4 的管和壁厚与内径之比小于或等于 0.25 的纸基管。

注 2：对于模制管和棒，模压接缝线区域内和棒的中央处允许有一些积胶。

注 3：根据供需协议，管和棒也可以经涂漆或其他表面处理后供货。

6 供货条件

产品应经包装后供货以确保在运输、搬运及贮存中对其有足够的保护。在每一件包装物的外部应清晰注明材料的 GB 名称、数量、型号和质量。当同一包装物内含有不同产品时，应把所要求的信息附在包装物上。

个别需要单独进行标记的产品应在订购合同中商定。

应确保标记的印章所使用的油墨不会损害产品的电气性能。

ICS 29.035.99
K 15

中华人民共和国国家标准

GB/T 5132.2—2009/IEC 61212-2:2006
代替 GB/T 5132—1985,GB/T 5134—1985

电气用热固性树脂工业硬质圆形层压管和棒 第2部分:试验方法

Industrial rigid round laminated tubes and rods based on thermosetting resins for electrical purposes—Part 2:Methods of test

(IEC 61212-2:2006,IDT)

2009-06-10 发布 2009-12-01 实施

中华人民共和国国家质量监督检验检疫总局
中国国家标准化管理委员会 发布

前　言

GB/T 5132《电气用热固性树脂工业硬质圆形层压棒和管》包含下列几个部分：

——第1部分：一般要求；

——第2部分：试验方法；

——第3部分：圆形层压卷制管；

——第4部分：圆形层压模制管；

——第5部分：圆形层压模制棒；

………

本部分为GB/T 5132的第2部分。

本部分等同采用IEC 61212-2:2006《电气用热固性树脂工业硬质圆形层压管和棒　第2部分：试验方法》(英文版)。

为便于使用，本部分与IEC 61212-2:2006相比做了下列编辑性修改：

a) 删除了国际标准的前言、引言和参考文献；

b) 按GB/T 1.1修改国际标准第1章"范围"中的表述并删除了安全警告语；

c) "规范性引用文件"中的引用标准，凡是有与IEC(或ISO)标准对应的国家标准均用国家标准替代。

在附录A中给出了这些差异及其原因的一览表以供参考。

本部分代替GB/T 5132—1985《电气绝缘层压管　试验方法》和GB/T 5134《电气绝缘层压棒　试验方法》。

本部分与GB/T 5132—1985和GB/T 5134—1985相比主要变化如下：

标准结构发生了变化，将两个标准的内容合并，相应的章条也作了调整。

本部分的附录A为资料性附录。

本部分由中国电器工业协会提出。

本部分由全国绝缘材料标准化技术委员会(SAC/TC 51)归口。

本部分主要起草单位：桂林电器科学研究所、东材科技集团股份有限公司、西安西电电工材料有限责任公司、北京新福润达绝缘材料有限责任公司。

本部分主要起草人：马林泉、赵平、杜超云、刘琦焕。

本部分所代替标准的历次版本发布情况为：

——GB/T 5132—1985；

——GB/T 5134—1985。

电气用热固性树脂工业硬质圆形层压管和棒 第2部分:试验方法

1 范围

GB/T 5132 的本部分规定了电气用热固性树脂工业硬质圆形层压管和棒的试验方法。

本部分适用于电气用热固性树脂工业硬质圆形层压管和棒。

2 规范性引用文件

下列文件中的条款通过 GB/T 5132 的本部分的引用而成为本标准的条款。凡是注日期的引用文件,其随后所有的修改单(不包括勘误的内容)或修订版均不适用于本部分,然而,鼓励根据本部分达成协议的各方研究是否可使用这些文件的最新版本。凡是不注日期的引用文件,其最新版本适用于本部分。

GB/T 1033.1—2008 塑料 非泡沫塑料密度的测定 第1部分:浸渍法、液体比重瓶法和滴定法(ISO 1183-1:2004,IDT)

GB/T 1034—2008 塑料 吸水性的测定(ISO 62:2008,IDT)

GB/T 1041—2008 塑料 压缩性能的测定(ISO 604:2002,IDT)

GB/T 1408.1—2006 固体绝缘材料电气强度试验方法 第1部分:工频下试验(IEC 60243-1:1998,IDT)

GB/T 1409—2006 测量电气绝缘材料在工频、音频、高频(包括米波波长在内)下电容率和介质损耗因数的推荐方法(IEC 60250:1969,MOD)

GB/T 5169.16—2008 电工电子产品着火危险试验 第16部分:试验火焰50 W水平与垂直火焰试验方法(IEC 60695-11-10:2003,IDT)

GB/T 9341—2008 塑料 弯曲性能的测定(ISO 178:2001,IDT)

GB/T 10064—2006 测定固体绝缘材料电阻的试验方法(IEC 60167:1964,IDT)

GB/T 10580—2003 固体绝缘材料在试验前和试验时采用的标准条件(IEC 60212:1971,IDT)

GB/T 11026.1—2003 电气绝缘材料耐热性 第1部分:老化程序和试验结果的评价(IEC 60216:2001,IDT)

ISO 3611:1978 外径千分尺

ISO 3599:1976 读数为0.1和0.05 mm的游标卡尺

ISO 6906:1984 读数为0.02 mm的游标卡尺

IEC 60216-2:2005 电气绝缘材料耐热性 第2部分:电气绝缘材料耐热性测定 试验判断标准的选择

IEC 60296:2003 电工流体 变压器和开关用的未使用过的矿物绝缘油

3 条件处理

除非另有规定,试样应按 GB/T 10580—2003 在标准大气B(温度23 ℃±2 ℃,相对湿度50%±5%)下进行处理,处理时间为24 h。

除非另有规定,每个试样应在条件处理的大气中试验或者在每个试样从条件处理的大气中取出3 min 内开始试验。

对产品规范中要求在高温下进行试验的场合，试验前试样应在该高温下处理 1 h，然后立即进行试验。

4 尺寸

4.1 概述

所有尺寸均应在收货状态下测量。

4.2 外径

4.2.1 试验器具

管和棒的外径应采用下述器具之一进行测量：

a) 标称外径≤100 mm

采用符合 ISO 3611:1978、准确度为±0.02 mm 或更佳、测量面直径为 6 mm～8 mm 的外径千分尺测量。

b) 标称外径＞100 mm 至≤500 mm

采用符合 ISO 3599:1976 的游标卡尺测量。

c) 标称外径＞500 mm

采用分度为 0.50 mm 的钢卷尺测量。

可以采用任何具有相同或更高准确度的其他测量器具。在有争议的情况下，应采用规定的器具。

4.2.2 步骤

对于标称外径≤500 mm 的管或棒，沿管长度并距端头不少于 20 mm 的三处测量其外径。通常，在两端头和中部测量。在每处，沿其周长以大致均匀的间隔至少读取三个值。

对于外径＞500 mm 的管或棒，沿其长度如上所述三处测量每一处的周长并计算外径。

4.2.3 结果

对于标称外径≤100 mm 的管或棒，其测得值应准确至 0.02 mm。

对于标称外径＞100 mm 至≤500 mm 的管或棒，其测得值应准确至 0.1 mm。

对于标称外径＞500 mm 者的管或棒，应由周长测得值计算外径并准确至 1 mm。

4.2.4 报告

应报告全部测得值的算术平均值作为管或棒的外径。

4.3 内径

4.3.1 试验器具

管的内径用下述推荐的相应器具进行测量：

a) 管的标称内径≤10 mm

采用准确度为±0.02 mm 或更佳的锥型塞规或针尖型测微计测量。

b) 管的标称内径＞10 mm 至≤500 mm

采用符合 ISO 3599:1976 的游标卡尺测量。

c) 管的标称内径＞500 mm

采用同 4.2.1c)的钢卷尺测量外周长。

采用同 4.2.1b)的游标卡尺测量管壁厚。

可以采用任何具有相同或更高准确度的其他测量器具。在有争议的情况下，应采用规定的器具。

4.3.2 步骤

a) 管的标称内径≤10 mm

采用锥型塞规在两端头测量管的内径，或者采用针尖形测微计在两端头沿内圆周等间隔的三点处测量管的内径。

b) 管的标称内径＞10 mm 至≤500 mm

在两端头沿内圆周等间隔的至少三点处测量管的内径。

c) 管的标称内径>500 mm

管的内径按 4.2 测得的外径和按 4.4 测得的壁厚计算而得。

4.3.3 结果

对于采用锥型塞规或针尖型测微计测量的、标称内径≤10 mm 的管，在两端头测得的值应准确至 0.02 mm。

对于采用游标卡尺测量的、标称内径>100 mm 至≤500 mm 的管，在两端头点测得的三个值应准确至 0.1 mm。

对于标称内径>500 mm 者的管，由测得的外径和壁厚计算内径并准确至 1 mm。

4.3.4 报告

对于采用锥型塞规测量的、标称内径≤10 mm 的管，应报告两个测得值的算术平均值作为管的内径。对采用针尖型测微计测量的、标称内径≤10 mm 的管，应报告六个测得值的算术平均值作为管的内径。

对于标称内径>100 mm 至≤500 mm 的管，应报告六个测得值的算术平均值作为管的内径。

对于标称内径>500 mm 者的管，应报告计算所得值的算术平均值作为管的内径。

4.4 壁厚

4.4.1 试验器具

管的壁厚应采用针尖形测微计或符合 ISO 3611:1978 的通用外径千分尺或符合 ISO 6906:1984 读数为 0.02 mm 的合适游标卡尺测量。

可以采用任何具有与上述规定相同或更高准确度的其他测量器具。在有争议的情况下，应采用规定的器具。

4.4.2 步骤

在管的每一端头沿圆周等间隔的至少三点处测量管的壁厚。

4.4.3 结果

测得值应准确至 0.02 mm。

4.4.4 报告

报告测得值的算术平均值作为管的壁厚。

4.5 平直度(适用于直径≤300 mm 的管)

4.5.1 试样

试样应是试验中的管。只要合适，应修整管的长度以便在试验前除去两端多余的树脂或飞边。

4.5.2 步骤

应先测量并记录管或棒的长度，准确度为±1 mm。然后将管或棒置于平直水平面上并滚动直到管或棒与水平面之间出现最大间隙。保持管或棒处于这个位置且不施加会使其变形的任何压力。应用塞规测量其最大间隙并记下此值作为被试管或棒的平直度。

4.5.3 结果

记录测得值至 0.1 mm 作为被试管或棒的平直度。

随长度变化的平直度的限值在产品规范中规定。

4.5.4 报告

报告以毫米表示的测得值作为平直度，同时报告长度。

5 机械性能试验

5.1 垂直层向弯曲强度

弯曲强度应按 GB/T 9341—2008 中规定的方法测定。

注1：本方法为材料规范提供了有用的数据信息，但这种数据信息不应被用作结构计算。因在试样制备过程中会消除存在于管内的残余应力，故这些结果也许与管的真实弯曲性能无关。

注2：就本标准所述的材料而言，弯曲强度与弯曲断裂应力可被认为是同一性能。

5.1.1 试样

应试验三个试样。

5.1.1.1 管

本试验适用于标称内径大于100 mm的管和可制备出符合下述规定的满意试样的其他管。对带有可见模压接缝线的模制管，至少应有一个试样从每一模压接缝线处切取。

试样应具有矩形横截面，并且切自管壁。试样长轴应平行于管轴，其尺寸应按GB/T 9341—2008中的规定。试样厚度应为3 mm～5 mm，优选厚度为4 mm。

其他试样尺寸应按GB/T 9341—2008中的规定，见图1。

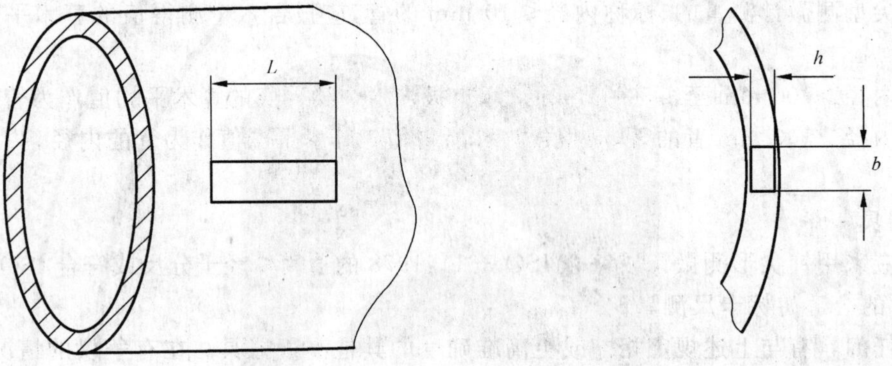

图1 从大管制备弯曲强度试样

5.1.1.2 棒

除了直径超过13 mm的棒应将其同心地机加工至13 mm±1 mm之外，每个试样应是一段被试的原棒。试样长度应不短于直径的20倍。

5.1.2 步骤

5.1.2.1 管

试验按GB/T 9341—2008中规定进行。

压头速度应是5 mm/min±1 mm/min。

5.1.2.2 棒

应试验五个试样。

应按4.2.1测量试样直径。

跨距L应是(16±1)D（D等于棒的直径或由棒加工而成的试样的直径）。跨距应准确测量至0.5 mm。

按简支梁方式于跨度的中部在无冲击作用下对试样施加负荷。

压头速度应是5 mm/min±1 mm/min。

记录断裂瞬间的负荷F。

5.1.3 结果

5.1.3.1 管

按GB/T 9341—2008计算矩形试样的弯曲强度并记录所得三个结果，单位为MPa。

5.1.3.2 棒

在负荷F下的弯曲应力σ_F，由下式计算：

$$\sigma_F = \frac{M}{W} \quad \cdots\cdots (1)$$

式中：

σ_F——负荷 F 下的弯曲应力的数值，单位为兆帕(MPa)；

M——负荷 F 下的弯矩的数值，单位为兆牛·米(MN·m)，由公式(2)给出；

W——截面系数的数值，单位为三次方米(m^3)，由公式(3)给出。

$$M=\frac{F\times L}{4} \qquad \cdots\cdots\cdots(2)$$

式中：

M——负荷 F 下的弯矩的数值，单位为兆牛·米(MN·m)；

F——断裂瞬间的负荷的数值，单位为兆牛(MN)；

L——跨距长度的数值，单位为米(m)。

$$W=\frac{\pi D^3}{32} \qquad \cdots\cdots\cdots(3)$$

式中：

W——截面系数的数值，单位为三次方米(m^3)；

π——圆周率；

D——圆形试样的直径的数值，单位为米(m)。

5.1.4 报告

报告记录所得三个值的算术平均值作为被试管或棒的弯曲强度，单位为 MPa。同时应报告最大值和最小值。

5.2 轴向压缩强度

5.2.1 概述

轴向压缩强度应按 GB/T 1041—2008 中规定的方法测定。

5.2.2 试样

应试验三个试样。试样按 GB/T 1041—2008 中规定。

每个试样应是一段管或圆柱体。两端面应平整、相互平行并与轴向成 90°。如果被试管或棒的尺寸使得所需负荷超过试验机或压缩工具的量程，那么应按下述方法之一制备较小尺寸的试样：

——棒：由原棒同心机加工；

——管：由被试管同心机加工减小壁厚或按 GB/T 1041—2008 中表 B.1 给出的Ⅱ型试样推荐尺寸从被试管壁机加工。

5.2.3 步骤

应按 GB/T 1041—2008 在收货状态下试验三个试样，但形变速率作下述修改。

对于圆柱形试样，按 5.1.1.2 测量其高度和直径。

对于管状试样，按 5.1.1.1 测量其内外径。

对于切自管的矩形试样，按 GB/T 1041—2008 测量每一试样横截面两边的尺寸并据此计算三个试样中每个试样的最小横截面面积。

将试样置于两压板之间并确保试样两端面相互平行而且能与压板表面良好接触。试样中心线应与压缩工具的中心线对齐。调整试验机使压板表面刚好接触试样两端面。

将试验机速度设定至形变速率为$(0.3\times L)\pm 20\%$mm/min，L 为以毫米表示的试样的高度。

开动试验机，记录试样破坏瞬间所承受的以牛顿表示的总负荷。

5.2.4 结果

以破坏瞬间负荷(N)除以原始横截面面积(mm^2)计算压缩强度(MPa)并取三位有效数字。

5.2.5 报告

报告三个结果的算术平均值作为被试管或棒的轴向破坏压缩强度。

5.3 层间粘合强度

5.3.1 试样

本试验仅适用于标称内径不大于 100 mm 且其内径与外径比(d/D)在 0.70～0.95 范围内的管。

对于大直径的管和内径与外径比(d/D)小于 0.70 的管，可同心机加工至前述尺寸后再试验。在这种情况下，优先取内径与外径比(d/D)为 0.8。

对于模制管，在切取试样前，在管的外表面上画一条用来指示模压接缝线之一位置的平行于轴向的基准线。如果管没有可见的模压接缝线，则在任何位置画一条平行于管的轴线的基准线。

切取两个试样，使其标称长度等于所测得的被试管的外径。该长度的偏差应是(所测外径的 1%) mm±0.5 mm。

如果必需进一步减小试验力以便试验得以进行，试样的长度可减至最小值 50 mm+(所测外径的 1%)mm±0.5 mm。

5.3.2 步骤

按 5.2 进行试验并作如下修改：

按第 4 章测量内径 d、外径 D 和壁厚 t。将试样置于压缩试验机两钢板之间，使得管轴与所施加的力相垂直(见图 2)。

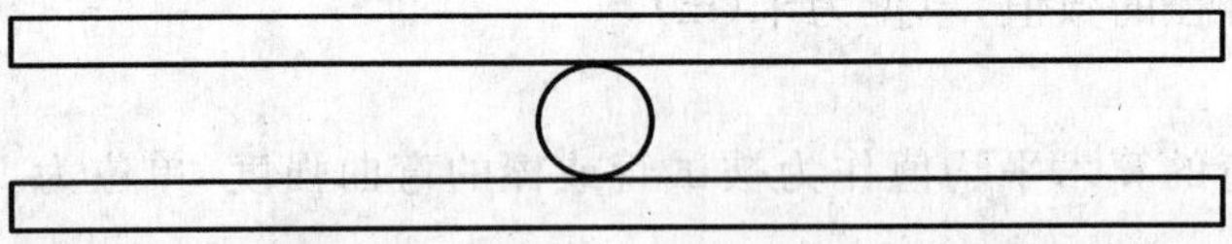

图 2 层间粘合强度试验时管在试验机中的位置

开动试验机，以选定的可在 15 s～45 s 内引起试样破坏的均匀速度增加压缩力。记录破坏瞬间最大的力 F(N)。

对于模制管，试验一个试样，使施加的力作用在含基准线的面上。再试验第二个试样，使施加的力与含基准线的面相垂直。

5.3.3 结果

如果试样的长度等于管的外径，从下式计算每一试样层间粘合强度 σ_c(MPa)：

$$\sigma_c = \frac{F}{t^2} \quad \cdots\cdots(4)$$

式中：

σ_c——层间粘合强度的数值，单位为兆帕(MPa)；

F——破坏瞬间的最大力的数值，单位为牛(N)；

t——壁厚的数值，单位为毫米(mm)。

注：采用标准试样时，应用简化公式 F/t^2 给出层间粘合强度真值的近似值，对本控制试验是合适的。

如果试样的长度不等于管的外径，应采用下式：

$$\sigma_c = \frac{3F(D+d)^2}{\pi Ld(D-d)^2} \quad \cdots\cdots(5)$$

式中：

σ_c——层间粘合强度的数值，单位为兆帕(MPa)；

F——破坏瞬间的最大力的数值，单位为牛(N)；

D——外径的数值，单位为毫米(mm)；

d——内径的数值，单位为毫米(mm)；

π——圆周率；

L——试样长度的数值，单位为毫米(mm)。

5.3.4 报告

取两个试验结果中较低的值作为被试管的层间粘合强度。

有争议时，应采用更精确的公式。

6 电气性能试验

6.1 电气强度和击穿电压

6.1.1 概述

垂直于管和棒层向的电气强度应按 GB/T 1408.1—2006 采用 20 s 逐级升压试验或者按 1 min 耐压试验进行测定。除非另有规定，试验应在符合 IEC 60296:2003 的洁净的矿物油中进行。

6.1.2 试样

6.1.2.1 平行层向击穿电压试验用试样

应试验三个试样。

试样从棒或管上切取，长度应是 25 mm±0.2 mm。试样的两端面应光滑、互相平行且垂直于棒或管的轴线。

对于棒，试样应是一根棒。对于标称外径≤75 mm 的管，试样应是一个管的环。而对于标称外径>75 mm 的管，试样应是一个周边长 100 mm±10 mm 的弧块。

6.1.2.2 垂直层向电气强度试验的试样

应试验三个试样。试样应是一段长度≥100 mm 的管。

对于标称内径≤100 mm 的管，外电极应是一条宽 25 mm±1 mm 的金属箔带且应紧密地并与管的两端相对称地缠绕在管上。

内电极应是一种能与管内表面紧密配合的金属导体(棒、管、金属箔)或一种能与管内表面良好接触的金属珠(直径 0.75 mm～2.0 mm)填充物。内电极端部应超出外电极端部至少 25 mm[见图 3a)]。

对于标称内径>100 mm 的管，外电极应是一条宽 75 mm±1 mm 的金属箔带且应紧密地并与内电极相对称地缠绕在管的外表面。

内电极应是一片贴在与管长度相对称的位置上、直径 25 mm±1 mm 的金属箔圆片，并柔软至足以与管的内表面紧贴[见图 3b)]。

6.1.3 步骤

采用选定的 GB/T 1408.1—2006 中的方法在 90 ℃±2 ℃下进行试验。

6.1.4 结果

记录击穿电压的测量值，单位为 kV。

计算并记录电气强度值，单位为 kV/mm。

6.1.5 报告

报告以 kV 为单位的击穿电压记录值和以 kV/mm 为单位的电气强度记录值的算术平均值。同时应报告最大值和最小值。

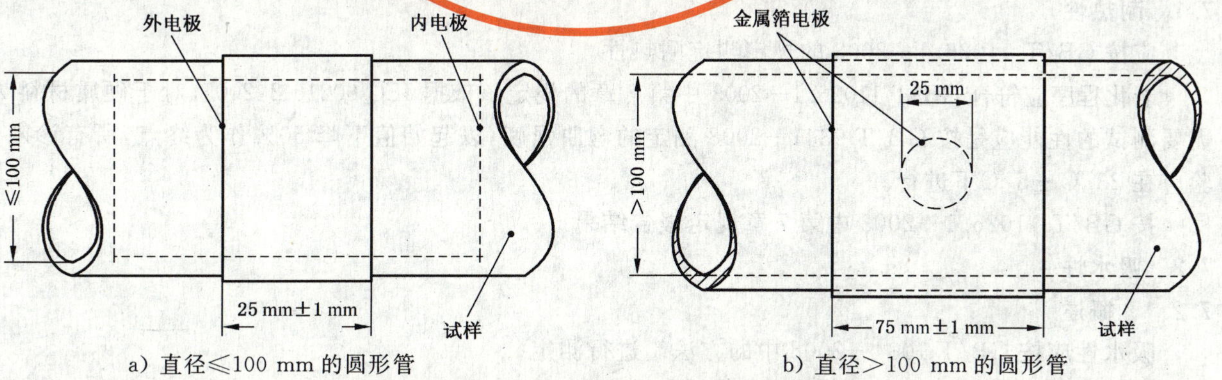

a) 直径≤100 mm 的圆形管　　b) 直径>100 mm 的圆形管

图 3 管的电气强度试验用试样和电极

6.2 浸水后绝缘电阻

6.2.1 概述

浸水后绝缘电阻应按 GB/T 10064—2006 规定的锥销电极法进行测定。本试验不适用于内径小于 20 mm 或壁厚大于 25 mm 的管和外径小于 20 mm 或大于 25 mm 的棒。粗大的棒可经同心机加工将直径减小至便于试验的 25 mm，而粗大的管可经同心机加工将壁厚减小至 25 mm。

6.2.2 试样

应试验两个切自管或棒的试样。每个试样应机加工出适合锥销电极插入的孔。

切割前应在管或棒的外表面画一条与管或棒的轴线相平行的基准线。应选用不会影响试验结果的画线材料。如果棒和模制管上有可见的模压接缝线，则该基准线应与其中一条模压接缝线重合。

对于棒，两个长 75 mm±5 mm 的试样应切自原棒。

对于管，两个长 75 mm±5 mm 的试样应切自原管。

对于标称内径>75 mm 的管，试样应是一个切自管壁的长 75 mm±5 mm、宽 50 mm±5 mm 的弧块，或试验在一个试样上进行，一对锥销电极插在基准线上，另一对锥销电极插在与前一对锥销电极成 90°的位置上。

在所有其他情况下，应机加工两个试样以便一对锥销电极插在第一个试样的基准线上，另一对锥销电极插在与该基准线成 90°的第二个试样上。

6.2.3 步骤

把试样置于 50 ℃±2 ℃的烘箱中加热 24 h±1 h，冷却至室温，然后在 23 ℃±2 ℃的蒸馏水或相同纯度的水中浸 24 h±1 h。从水中取出试样，用干净的棉布或滤纸擦干。插入锥销电极，在 25 ℃±10 ℃ 下于相对湿度不大于 75%的大气中测量绝缘电阻。

在样品从水中取出后的 0.5 min 至 1.0 min 之间施加电压，施加电压 1.0 min 后测量绝缘电阻。

6.2.4 结果

记录两个读数中较低的那个读数。

6.2.5 报告

报告记录值作为被试管或棒的浸水后绝缘电阻，单位为 MΩ。

6.3 损耗因数和电容率(仅适用于管)

按 GB/T 1409—2006 规定的方法测定损耗因数和电容率。试样应按相应材料规范中的规定进行条件处理。

按 GB/T 1409—2006 报告结果。

7 其他试验

7.1 耐热性

应按 GB/T 11026.1—2003 的规定测定耐热性。

老化程序应符合 GB/T 11026.1—2003 中第 7 章的规定。依据 IEC 60216-2:2005，对于硬质材料 A，需要测试的性能应是按 GB/T 9341—2008 测定的弯曲强度，以起始值下降 50%作为终点，所有诊断试验应在 23 ℃±5 ℃下进行。

按 GB/T 11026.1—2003 中第 7 章规定报告结果。

7.2 吸水性

7.2.1 概述

吸水性应按 GB/T 1034—2008 中的方法 1 进行测定。

7.2.2 试样

应按 GB/T 1034—2008 中的 5.4.1 及 5.4.2 制备三个试样。

7.2.3 步骤

按 GB/T 1034—2008 中的方法 1 完成试验。

7.2.4 结果

对于每个试样，按 GB/T 1034—2008 中的 7.2.1 计算并记录每单位面积的吸水性，单位为 mg/cm^2。

7.2.5 报告

报告三个记录值的算术平均值作为被试管或棒的吸水性，单位为 mg/cm^2。

7.3 密度

密度应按 GB/T 1033.1—2008 中的 A 法进行测定并按 GB/T 1033.1—2008 报告结果。

7.4 燃烧性

7.4.1 概述

燃烧性应按 GB/T 5169.16—2008 中方法 B 进行测定。

7.4.2 试样

7.4.2.1 概述

从管或棒上切取 10 根条形试样，或从一试验板上切取，但压制该试验板所用的半固化片与生产管或棒所用的半固化片应同一批次。

7.4.2.2 管

从一根外径 50 mm 或更大、壁厚 3 mm±0.2 mm 的管上切取试样。若管的壁厚超过该值，切取之前应将其同心地机加工至 3 mm±0.2 mm。

如图 4a 所示，从管壁上切取宽为 13 mm±0.5 mm 的试样。应确保试样无尘或无污染。

7.4.2.3 棒

如图 4b 所示，从直径大于 16 mm 的棒上切取试样。应确保试样无尘或无污染。

7.4.2.4 替换试样

如果无法从管或棒上通过机加工得到令人满意的试样，也可以从厚为 3 mm±0.2 mm 的平板上制取试样，但压制该平板所用的半固化片与生产管或棒所用的半固化片应同一批次。在这种情况下，根据 GB/T 5169.16—2008 中方法 B 制备出来的试样应该是长条矩形的形状。应确保试样无尘或无污染。

7.4.3 步骤

按 GB/T 5169.16—2008 完成试验。

7.4.4 报告

按 GB/T 5169.16—2008 报告燃烧性等级。

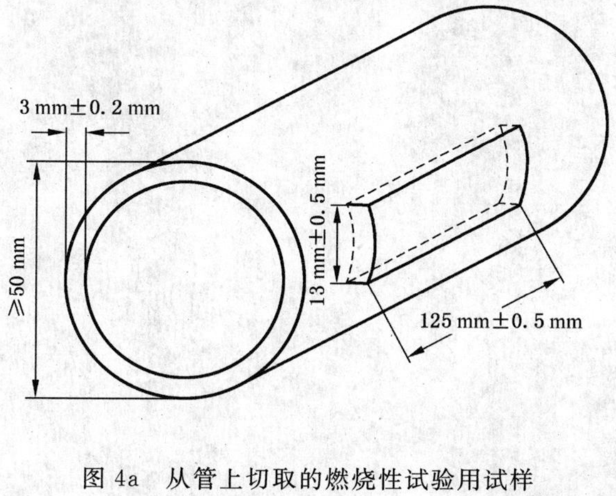

图 4a　从管上切取的燃烧性试验用试样

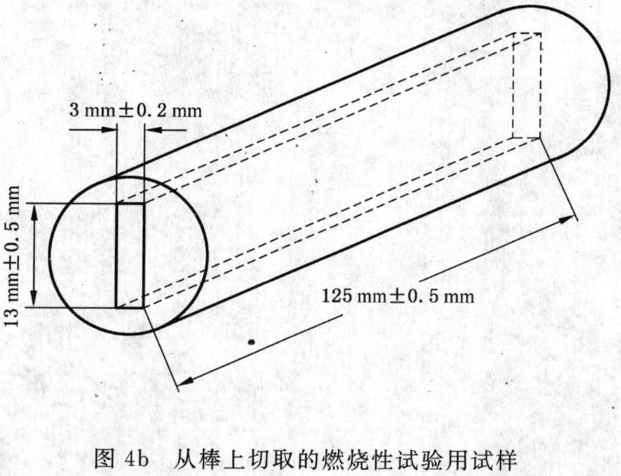

图 4b　从棒上切取的燃烧性试验用试样

图 4　燃烧性试验用试样

附　录　A
（资料性附录）
本部分与 IEC 61212-2:2006 的差异及其原因

A.1 给出了本部分与 IEC 61212-2:2006 的差异及其原因一览表。

表 A.1　本部分与 IEC 61212-2:2006 的差异及其原因

章条编号	差　异	原　因
2	引用了部分国家标准，而非国际标准	IEC 61212-2:2006 中引用的 ISO 标准是最新版本的标准，而本部分引用的几个国家标准是由 ISO 标准的早期版本转化而来的，但经核对主要技术内容未变，不会对本部分的使用造成影响，故为方便使用仍引用相应的国家标准
7.2.3	试验步骤改为按 GB/T 1034—2008，而非 ISO 1642:1987	IEC 61212-2:2006 中规定吸水性试验步骤按 ISO 1642:1987（已废止），而 GB/T 1034—2008 的内容已完整无缺，可完全按 GB/T 1034—2008 完成吸水性试验

ICS 29.035.99
K 15

中华人民共和国国家标准

GB/T 5132.5—2009/IEC 61212-3-3:2006
代替 GB/T 5133—1985

电气用热固性树脂工业硬质圆形层压管和棒 第5部分:圆形层压模制棒

Industrial rigid round laminated tubes and rods based on thermosetting resins for electrical purposes—Part 5:Round laminated moulded rods

(IEC 61212-3-3:2006,Insulating materials-Industrial rigid round laminated tubes and rods based on thermosetting resins for electrical purposes—Part 3:Specifications for individual materials-Sheet 3:Round laminated moulded rods,IDT)

2009-06-10 发布 2009-12-01 实施

中华人民共和国国家质量监督检验检疫总局
中国国家标准化管理委员会 发布

前 言

GB/T 5132《电气用热固性树脂工业硬质圆形层压管和棒》包含下列几个部分：

——第1部分：一般要求；

——第2部分：试验方法；

——第3部分：圆形层压卷制管；

——第4部分：圆形层压模制管；

——第5部分：圆形层压模制棒。

本部分为GB/T 5132的第5部分。

本部分等同采用IEC 61212-3-3:2006《电气用热固性树脂工业硬质圆形层压管和棒　第3部分：单项材料规范　第3篇：圆形层压模制棒》(英文版)。

本部分与IEC 61212-3-3:2006相比做了下列编辑性修改：将“表1　圆形模制棒的型号”编写入第3章“命名和分类”中。

本部分代替GB/T 5133—1985《层压棒》。

本部分与GB/T 5133—1985的区别如下：

a) 本部分在“前言”中列出了有关电气用热固性树脂工业硬质圆形层压管和棒标准系列组成部分；

b) 在第4章“命名和分类”中增加了有关层压棒的“名称构成”、“树脂类型”和“补强材料类型”的详细规定，并根据IEC列入了层压棒的所有型号并同时删除原国内型号；

c) 删除了GB/T 5133—1985中对长度及偏差的要求；

d) 增加了“浸水后绝缘电阻”、“长期耐热性”、和“燃烧性”性能要求；

e) 删除了GB/T 5133—1985中对“试验方法”一章的分述，将相应章条编号列入本部分表4“圆形模制棒的性能要求”中，删除了“检验规则、标志、包装、运输和贮存”一章。

本部分由中国电器工业协会提出。

本部分由全国绝缘材料标准化技术委员会(SAC/TC 51)归口。

本部分主要起草单位：东材科技集团股份有限公司、北京新福润达绝缘材料有限公司、西安西电电工材料有限责任公司、桂林电器科学研究所。

本部分主要起草人：李学敏、赵　平、刘琦焕、杜超云。

本部分所代替标准的历次版本发布情况为：

——GB/T 5133—1985。

电气用热固性树脂工业硬质圆形层压管和棒 第5部分:圆形层压模制棒

1 范围

GB/T 5132的本部分规定了以不同树脂和补强材料制成的电气用工业硬质圆形层压模制棒分类和要求。模制棒的适用范围及识别特征由表1规定。

本部分适用于电气用工业硬质圆形层压模制棒。

2 规范性引用文件

下列文件中的条款通过GB/T 5132的本部分的引用而成为本部分的条款。凡是注日期的引用文件,其随后所有的修改单(不包括勘误的内容)或修订版均不适用于本部分,然而,鼓励根据本部分达成协议的各方研究是否可使用这些文件的最新版本。凡是不注日期的引用文件,其最新版本适用于本部分。

GB/T 5132.1—2009 电气用热固性树脂工业硬质圆形层压管和棒 第1部分:一般要求(IEC 61212-1:2006,IDT)

GB/T 5132.2—2009 电气用热固性树脂工业硬质圆形层压管和棒 第2部分:试验方法(IEC 61212-2:2006,IDT)

ISO 472 塑料 词汇

3 术语和定义

根据需要ISO 472的以下术语和定义适用于本部分。

3.1

模制棒(适用于热固性材料) round laminated moulded rod (as applied to thermosets)

在管芯上卷绕浸渍过的材料层,脱去管芯之后在热和压力作用下于圆柱形模中固化,然后磨削到规定尺寸而形成的一种棒。

4 命名和分类

4.1 概述

模制棒可以按照它们所采用的不同树脂、补强物、制造方法及识别特征分成不同型号。

4.2 命名

按下述方法进行命名:

——以头两个缩写字母表示树脂;

——以接下来两个缩写字母表示补强物;

——以两个数字表示系列号。其中第一个数字表示产品形状,"4"表示模制棒,第二个数字表示同一型号的不同再分类。

缩写按4.3规定。

模制棒的名称是由下述表示:

——产品说明:模制棒;

——国家标准编号:GB/T 5132.5;

——各型号名称;

——尺寸(mm):内径×外径×长度;

——表示模制棒外径修整程度的字母:"A"表示"下线"状态的管;"B"表示经磨削或车削状态的管。

例如:模制棒 GB/T 5132.5-EPGC41-25×1000-A

4.3 缩写

树脂型号		补强材料型号	
EP	环氧	CC	编织棉布
PF	酚醛	GC	编织玻璃布
SI	有机硅	CP	纤维素纸

4.4 型号

模制棒的型号见表 1。

表 1 圆形模制棒的型号

树脂	补强物	系列号	适用范围及识别特征[a]
EP	CC	41	机械、电气、电子用,耐漏电起痕好,细布[b]
	GC	41	机械、电气用,中等温度下机械强度高,暴露于高湿时电气稳定性好
		42	类似于 EPGC41,高温下机械强度高
		43	类似于 EPGC41,有更好的阻燃性
PF	CC	41	机械、电气用,细布[b]
		42	机械、电气用,粗布[b]
		43	机械、电气用,特粗布[b]
	CP	41	机械、电气用,暴露于高温时电气稳定性好
		42	类似于 PFCP41,机械、电气性能较低
		43	机械及低压电气用
SI	GC	41	机械、电气、电子用,高温下电气稳定性好

[a] 不应该从表 1 给出的应用说明推断:任何一种型号的模制棒,除了适用于列出的该型应用场合外,而不适于其他场合,也不可断言某一具体模制棒,在给出的所有应用范围内它都全部适用。

[b] CC 型补强物编织布:

	单位面积质量 g/cm^2	每厘米线数 cm^{-1}
特粗布	>200	<18
粗布	>130	18~29
细布	≤130	≤30

这些数值仅供参考,但不作为规范要求考虑,通常越细的布制成的材料其机械性能越佳。

5 要求

模制棒除了应满足 GB/T 5132.1—2009 给出的一般要求外,还应满足表 2a、表 2b、表 3、表 4、表 6 和表 7 给出的附加要求,供货长度按供需双方商定。

表 2　圆形模制棒的直径与标称直径的允许偏差

表 2a　以“下线”态提供的圆形模制棒，其直径与标称直径的允许偏差　　单位为毫米

标称直径 D	最大编差[a] ± 型　号 PF CP	最大编差[a] ± 型　号 EP GC　SI GC　EP CC　PF CC
≤10	0.3	0.4
10＜D≤20	0.3	0.4
20＜D≤30	0.4	0.5
30＜D≤50	0.4	0.5
50＜D≤75	0.4	0.7
75＜D≤100	0.5	1.0
100＜D≤150	0.6	1.5
150＜D≤200	0.7	1.7
200＜D≤300	0.75	2.0
300＜D≤500	0.8	2.2
＞500	1.0	2.5

[a] 若供需双方就一个单方向的允许偏差值达成一致，其值不能超过表中给出数据的 1 倍。

表 2b　以磨削或车削加工后状态提供的圆形模制管，其直径与标称直径的允许偏差　　单位为毫米

标称直径 D	最大偏差 ±
≤25	0.15
25＜D≤50	0.25
50＜D≤75	0.30
75＜D≤100	0.35
100＜D≤125	0.45
＞125	0.50

表 3　圆形模制棒的偏离平直度

所有棒	$3.5L^2$ mm

注：按 GB/T 5132.2—2009 测量，任何棒的偏离平直度不应超过表中给出的相应极限值，式中 L 是棒的长度，m。

表 4　圆形模制棒的性能要求

性能	GB/T 5132.2—2009 条款	单位	最大或最小	要求 EP CC 41	EP GC 41	EP GC 42	EP GC 43	PF CC 41	PF CC 42	PF CC 43	PF CP 41	PF CP 42	PF CP 43	SI GC 41
垂直层向弯曲强度	5.1	MPa	最小	125	220	220	220	125	90	90	120	110	100	180
轴向压缩强度	5.2	MPa	最小	80	175	175	175	90	80	80	80	80	80	40

表 4（续）

性能	GB/T 5132.2—2009 条款	单位	最大或最小	要求										
				EP CC 41	EP GC 41	EP GC 42	EP GC 43	PF CC 41	PF CC 42	PF CC 43	PF CP 41	PF CP 42	PF CP 43	SI GC 41
90 ℃油中平行层向击穿电压	6.1	kV	最小	30	40	40	40	5	5	1	13	10	10	30
浸水后绝缘电阻	6.2	MΩ	最小	50	1 000	150	1 000	5.0	1.0	0.1	75	30	0.1	150
长期耐热性 TI	7.1	—	最小	130	130	155	130	120	120	120	120	120	120	180
吸水性	7.2	mg/cm^2	最大	2	3	5	3	5	8	8	3	5	8	2
密度	7.3	g/cm^3	范围	1.2～1.4	1.7～1.9	1.7～1.9	1.7～1.9	1.2～1.4	1.2～1.4	1.2～1.4	1.2～1.4	1.2～1.4	1.2～1.4	1.6～1.8
燃烧性	7.4	级	—	—	—	—	V-0	—	—	—	—	—	—	V-0

注：EP GC 42 型“垂直层向弯曲强度”经过 1 h，150 ℃±3 ℃处理后在 150 ℃±3 ℃下测得的弯曲强度应不小于规定值的 50%；

90 ℃油中平行层向击穿电压的 20 s 逐级升压试验和 1 min 耐压试验的要求可任选其中一个；

燃烧性试验主要是用来监控层压板生产的一致性。如此测得的结果不应被看作是全面表示这些层压板在实际应用条件下的潜在着火危险性。

ICS 19.040
K 04

中华人民共和国国家标准

GB/T 5170.14—2009
代替 GB/T 5170.14—1985

电工电子产品环境试验设备基本参数检验方法 振动(正弦)试验用电动振动台

Inspection methods for basic parameters of environmental testing equipments for electric and electronic products—Electrodynamic vibrating type machines for vibration(sinusoidal)test

2009-05-06 发布 2009-11-01 实施

中华人民共和国国家质量监督检验检疫总局
中国国家标准化管理委员会 发布

前　言

GB/T 5170 分为如下部分：

——GB/T 5170.1　电工电子产品环境试验设备检验方法　总则

——GB/T 5170.2　电工电子产品环境试验设备检验方法　温度试验设备

——GB/T 5170.5　电工电子产品环境试验设备检验方法　湿热试验设备

——GB/T 5170.8　电工电子产品环境试验设备检验方法　盐雾试验设备

——GB/T 5170.9　电工电子产品环境试验设备检验方法　太阳辐射试验设备

——GB/T 5170.10　电工电子产品环境试验设备检验方法　高低温低气压试验设备

——GB/T 5170.11　电工电子产品环境试验设备检验方法　腐蚀气体试验设备

——GB/T 5170.13　电工电子产品环境试验设备基本参数检定方法　振动(正弦)试验用机械振动台

——GB/T 5170.14　电工电子产品环境试验设备基本参数检定方法　振动(正弦)试验用电动振动台

——GB/T 5170.15　电工电子产品环境试验设备基本参数检定方法　振动(正弦)试验用液压振动台

——GB/T 5170.16　电工电子产品环境试验设备基本参数检定方法　稳态加速度试验用离心机

——GB/T 5170.17　电工电子产品环境试验设备基本参数检定方法　低温/低气压/湿热综合顺序试验设备

——GB/T 5170.18　电工电子产品环境试验设备基本参数检定方法　温度/湿度组合循环试验设备

——GB/T 5170.19　电工电子产品环境试验设备基本参数检定方法　温度/振动(正弦)综合试验设备

——GB/T 5170.20　电工电子产品环境试验设备基本参数检定方法　水试验设备

——GB/T 5170.21　电工电子产品环境试验设备基本参数检验方法　振动(随机)试验用液压振动台

本部分是 GB/T 5170 的第 14 部分。

本部分代替 GB/T 5170.14—1985《电工电子产品环境试验设备基本参数检定方法　振动(正弦)试验用电动振动台》。

本部分与 GB/T 5170.14—1985 相比，技术内容主要有如下变化：

——标准名称《电工电子产品环境试验设备基本参数检定方法　振动(正弦)试验用电动振动台》改为《电工电子产品环境试验设备基本参数检验方法　振动(正弦)试验用电动振动台》。

——增加了“范围”一章。

——增加了“规范性引用文件”一章。

——增加了“术语和定义”一章。

——在“检验用主要仪器及要求”一章中，给出了检验用仪器的测量结果扩展不确定度($k=2$)的要求。

——增加了“检验条件”一章。

——在“一般规定”一章，要求检验用负载“表面光洁度不低于 7 级”改为“表面粗糙度 Ra 优于 6.4 μm”；将“第 3 条”移至“范围”一章。

——在“检验方法”一章，对图1进行了修改，删除了图2～图7；关于最大动态力的检验，“运动部件等效质量”改用“动圈质量”，并删除了对应的附录“运动部件等效质量的测量方法”；增加了“8.3.4　台面一阶共振频率的检验”和图2；加速度单位由“g”改为“m/s^2”；“加速度波形失真度的检验”改为“台面加速度谐波失真度的检验”；对“台面加速度幅值均匀度的检验”1条进行了修改；“本底噪声加速度的检验”改为“试验系统加速度信噪比的检验”；修改了“8.12　扫频速率误差的检验”。

——增加了“数据处理结果与检验结果”一章。

——增加了“检验周期”一章。

——附录A改为资料性附录，并对检验项目的选择作出了修改。

——附录B改为资料性附录，并对基本参数的指标要求作出了修改。

本部分的附录A、附录B为资料性附录。

本部分由中国电器工业协会提出。

本部分由全国电工电子产品环境条件与环境试验标准化技术委员会归口。

本部分起草单位：信息产业部电子第五研究所。

本部分主要起草人：郑术力、肖建红。

本部分所代替标准的历次版本发布情况为：

——GB/T 5170.14—1985。

电工电子产品环境试验设备
基本参数检验方法
振动(正弦)试验用电动振动台

1 范围

本部分规定了振动(正弦)试验用电动振动台在进行定型鉴定、出厂检验和定期检验时的检验项目、检验用主要仪器及要求、检验条件、检验时的一般规定、检验方法及检验结果等内容。

本部分适用于对 GB/T 2423.10《电工电子产品环境试验　第2部分:试验方法　试验 Fc 和导则:振动(正弦)》进行振动试验用电动振动台系统(以下简称振动台)基本参数的检验方法。

对于带有水平工作台的振动台,检验项目中除频率指示误差、频率稳定度、振动幅值指示误差、扫频速率误差、台面温度外,其余均应参照检验方法中的相应条款进行检验。

本部分也适用于类似试验设备的检验。

2 规范性引用文件

下列文件中的条款通过 GB/T 5170 的本部分的引用而成为本部分的条款。凡是注日期的引用文件,其随后所有的修改单(不包括勘误的内容)或修订版均不适用于本部分,然而,鼓励根据本部分达成协议的各方研究是否可使用这些文件的最新版本。凡是不注日期的引用文件,其最新版本适用于本部分。

GB/T 2423.10—2008　电工电子产品环境试验　第2部分:试验方法　试验 Fc 和导则:振动(正弦)(IEC 60068-2-6:1995,IDT)

GB/T 5170.1—2008　电工电子产品环境试验设备检验方法　总则

3 术语和定义

本部分采用 GB/T 5170.1 规定的术语和定义。

4 检验项目

本部分规定的检验项目如下:

——额定参数(最大动态力、最大载荷、最大位移幅值、最大速度幅值、空载最大加速度幅值、满载最大加速度幅值、空载频率范围、满载频率范围、台面一阶共振频率);

——台面加速度谐波失真度;

——台面横向振动比;

——台面加速度幅值均匀度;

——频率指示误差;

——频率稳定度;

——振动幅值(加速度、速度、位移)指示误差;

——加速度幅值稳定度;

——试验系统加速度信噪比;

——扫频速率误差;

——扫频定振精度;

——台面漏磁；

——辐射噪声最大声压级；

——连续工作时间；

——台面温度。

5 检验用主要仪器及要求

5.1 振动幅值测量仪器

采用由加速度计(包括三向加速度计)，带积分和滤波网络的放大器，显示器或动态信号分析仪组成的振动幅值测量系统，振动幅值测量结果的扩展不确定度：加速度优于 3%($k=2$)；位移优于 5%($k=2$)。

5.2 频率测量仪器

频率计或动态信号分析仪，频率测量结果的扩展不确定度应优于 0.05%($k=2$)。

5.3 失真度测量仪器

采用由加速度计(包括三向加速度计)，带积分和滤波网络的放大器，动态信号分析仪组成的失真度测量系统，失真度测量结果的扩展不确定度应优于 10%($k=2$)。

5.4 定振精度测量仪器

采用由加速度计(包括三向加速度计)，带积分和滤波网络的放大器，记录仪或动态信号分析仪组成的定振精度测量系统，定振精度测量结果的扩展不确定度应优于 0.5 dB($k=2$)。

5.5 时间测量仪器

计时器，时间测量结果的扩展不确定度应优于 0.5 s($k=2$)。

5.6 声压级测量仪器

带 A 计权网络的声级计，声压级测量结果的扩展不确定度应优于 1 dB($k=2$)。

5.7 表面温度测量仪器

表面温度计，温度测量结果的扩展不确定度应优于 5 ℃($k=2$)。

5.8 台面漏磁测量仪器

特斯拉计，磁通测量结果的扩展不确定度应优于 0.1 mT($k=2$)。

6 检验条件

6.1 受检试验设备在检验时的气候条件、电源条件、用水条件和其他条件应符合 GB/T 5170.1—2008 第 4 章的规定。

6.2 受检试验设备的外观和安全要求应符合 GB/T 5170.1—2008 第 8 章的规定。

7 一般规定

7.1 检验用负载

检验用负载应是由金属材料制成外形对称的刚性体，其质量、质心高及安装偏心距除非有关规范另有规定，应符合以下要求：

a) 应在所有可利用的安装位置使用固定螺栓；

b) 固定螺栓头和螺纹约束部分之间的长度，应使其安装共振频率在试验频率范围以外；

c) 负载与振动台面连接表面的平面度应优于 0.1/1 000，表面粗糙度 Ra 优于 6.4 μm；

d) 应避免使用薄的负载，厚度与直径(或对角线尺寸)的比应大于 0.4，其最大直径(或对角线尺寸)应不大于振动台台面的直径(或对角线尺寸)。

7.2 加速度计

a) 加速度计的安装谐振频率应大于 5 倍振动台运动部件的一阶共振频率；

b) 应尽量选用质量小的加速度计。

8 检验方法

8.1 安装负载

根据检验要求选择空载检验或安装检验用负载。检验用负载应满足本部分第7章的要求。

8.2 安装传感器

振动台按规定准备完毕，按本部分第7章的要求，如图1在振动台台面或负载上安装加速度传感器，并连接动态信号分析仪。

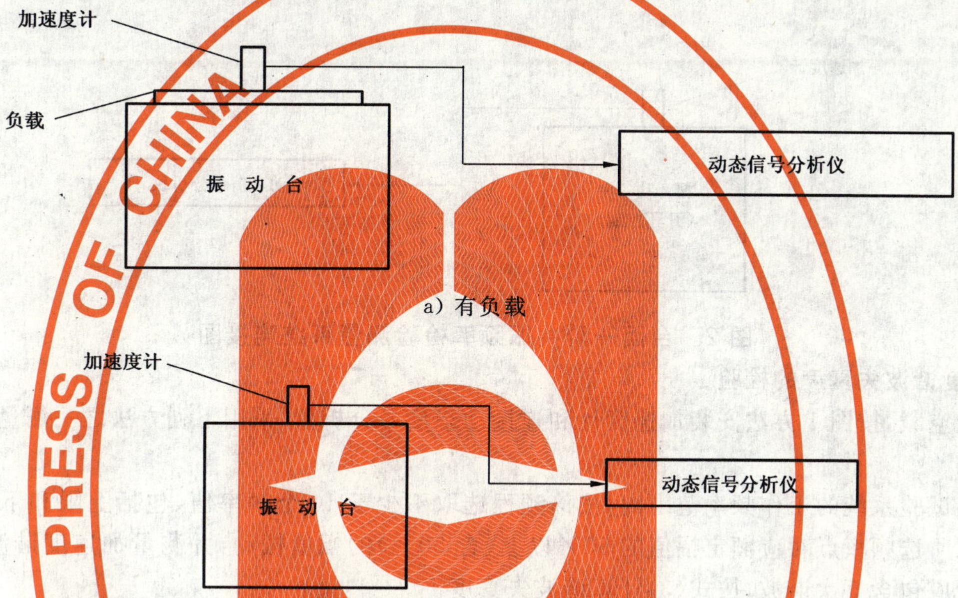

a) 有负载

b) 无负载

图1 测量系统连接图

8.3 额定参数检验

8.3.1 最大动态力的检验

按本部分第7章的要求安装负载，按图1方法安装加速度计和连接动态信号分析仪。在振动台额定工作特性曲线的定加速度段，按式(1)计算加速度峰值。振动台系统在该频段内，设为此加速度值，以1 oct/min的速率作定振扫频振动。测量实际的加速度幅值 a，则最大动态力按式(2)计算。其结果应符合产品说明书的要求。

$$a_{max} = \frac{F_{max}}{m_a + m_d} \quad \cdots\cdots (1)$$

$$F'_{max} = (m_a + m_d) \cdot a \quad \cdots\cdots (2)$$

式中：

F_{max}——振动台最大动态力；

F'_{max}——振动台实际最大动态力；

m_d——振动台动圈质量；

m_a——振动台负载质量。

8.3.2 最大载荷、满载最大加速度幅值、满载频率范围的检验

按本部分第7章的要求安装负载，按图1方法安装加速度计和连接动态信号分析仪。在振动台额定工作特性曲线的定加速度段，振动台系统按产品说明书设置满载最大加速度幅值，以1 oct/min的速率作定振扫频振动。振动台系统应能正常工作，其最大负载质量、最大加速度幅值、频率范围上限应符

合产品说明书的要求。

8.3.3 最大位移幅值、最大速度幅值、空载最大加速度幅值、空载频率范围的检验

振动台空载，按图1方法安装加速度计和连接测量分析系统。在振动台额定频率范围内，振动台系统按额定工作特性曲线设置最大位移幅值、最大速度幅值、空载最大加速度幅值，以1 oct/min的速率作定振扫频振动，振动台系统应能正常工作。

8.3.4 台面一阶共振频率的检验

按图2方法安装加速度计和连接动态信号分析仪，振动台开环控制，控制仪输出较小的恒定电压信号，在规定的频率范围内以1 oct/min的速率作扫频振动，测量其共振频率并记录振动台的频率响应曲线。

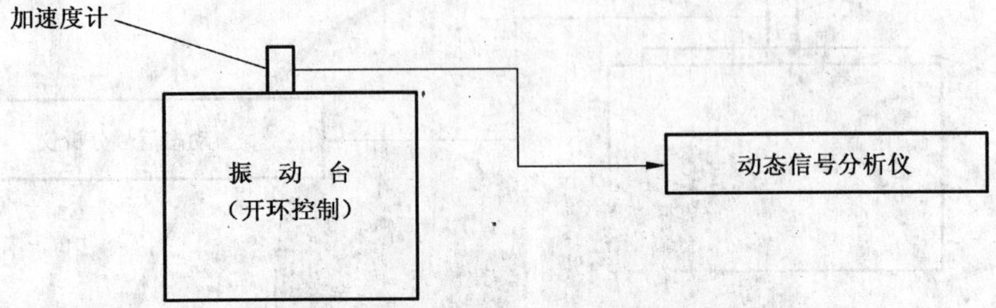

图2 台面一阶共振频率检验测量系统连接图

8.4 加速度谐波失真度的检验

振动台空载，按图1方法安装加速度计和连接动态信号分析仪，采用下列方法之一测量加速度谐波失真度。

a) 在试验系统的工作频率范围内，按倍频程选取不少于10个频率值(包括上限和下限频率值)，以所选频率点对应额定幅值的50%以上(含50%)的幅值振动，并测量加速度谐波失真度，至少应包含5次谐波，按式(3)计算谐波失真度。

$$D=\frac{\sqrt{A_2^2+A_3^2+A_4^2+A_5^2+\cdots}}{A_1}\times 100\% \qquad \cdots\cdots(3)$$

式中：

D——加速度谐波失真度；

A_1——振动信号的基波幅值，单位为米每二次方秒(m/s^2)；

$A_2, A_3, A_4, A_5, \cdots$——振动信号的各次谐波幅值，单位为米每二次方秒($m/s^2$)。

b) 在试验系统的工作频率范围内，反复寻找加速度谐波失真度较大的频率点，并测量该频率下的加速度谐波失真度和所对应的频带宽度。

8.5 台面横向振动比的检验

振动台空载，将三轴向加速度计刚性连接在振动台台面中心，按图1方法连接测量系统，采用下列方法之一测量台面横向振动比。

a) 在试验系统的工作频率范围内，按倍频程选取不少于10个频率值(包括上限和下限频率值)，以所选频率点对应额定幅值的50%以上(含50%)的幅值振动，测量三轴向加速度计三个方向的加速度值，按式(4)计算出各频率点的横向振动比T。

$$T=\frac{\sqrt{A_x^2+A_y^2}}{A_z}\times 100\% \qquad \cdots\cdots(4)$$

式中：

T——横向振动比；

A_z——同次测量中主振方向的加速度幅值，单位为米每二次方秒(m/s^2)；

A_x、A_y——同次测量中垂直于主振方向且互相垂直的两个横向加速度幅值，单位为米每二次方秒

(m/s^2)。

b) 在试验系统的工作频率范围内，振动台按 1 oct/min 的速率，以额定幅值的 50%以上（含 50%）的幅值作扫频振动，测量并记录三轴向加速度计三个方向的加速度值，寻找台面横向振动比较大的频率点，并测量该频率下的横向振动比和所对应的频带宽度。

8.6 台面加速度幅值均匀度的检验

振动台空载，将不少于 5 只加速度计刚性连接在振动台台面中心和不同直径的安装螺孔分布圆周上，按图 1 方法连接测量系统，采用下列方法之一测量台面加速度幅值均匀度。

a) 在试验系统的工作频率范围内，按倍频程选取不少于 10 个频率值（包括上限和下限频率值），以所选频率点对应额定幅值的 50%以上（含 50%）的幅值振动，测量各个安装点的加速度幅值，按式(5)计算出各频率点的加速度幅值均匀度 N。

$$N_A = \frac{|\Delta A_{max}|}{A} \times 100\% \quad \cdots\cdots(5)$$

式中：

N_A——台面加速度幅值均匀度；

A——同次测量中台面中心点的加速度幅值，单位为米每二次方秒(m/s^2)；

$|\Delta A_{max}|$——同次测量中台面各安装点的加速度幅值相对于台面中心点的加速度幅值最大偏差的绝对值，单位为米每二次方秒(m/s^2)。

b) 在试验系统的工作频率范围内，振动台按 1 oct/min 的速率，以额定幅值的 50%以上（含 50%）的幅值作扫频振动，测量并记录各个安装点的加速度幅值，寻找台面加速度幅值均匀度较大的频率点，并测量该频率下的台面加速度幅值均匀度和所对应的频带宽度。

8.7 频率指示误差的检验

振动台控制仪信号发生器的输出接频率计。在振动台额定空载频率范围内，均匀选取 10 个以上频率点进行测量，记录振动台频率示值和频率计示值并计算其误差。

8.8 频率稳定度的检验

振动台控制仪信号发生器的输出接频率计。在振动台额定空载频率范围内，任选 2 个频率点，各连续工作 4 h，每隔 15 min 记录 1 次频率计示值，按式(6)计算频率稳定度 F_c。

$$F_c = \frac{|\Delta f_{max}|}{f_0} \times 100\% \quad \cdots\cdots(6)$$

$$\text{或 } F_c = \Delta f_{max}$$

式中：

F_c——频率稳定度；

f_0——给定的试验频率示值，单位为赫兹(Hz)；

$|\Delta f_{max}|$——各次测量中，频率计频率示值相对于给定频率值的最大偏差的绝对值，单位为赫兹(Hz)。

8.9 振动幅值（加速度、速度、位移）指示误差的检验

振动台空载，加速度计刚性安装在台面中心。在振动台工作特性曲线的位移段、速度段、加速度段各选一个频率点，分别均匀选取 5 个位移幅值、速度幅值、加速度幅值进行测量，记录振动台幅值示值及动态信号分析仪示值。振动幅值指示误差 δ_A 按式(7)计算：

$$\delta_A = \frac{A_i - A_r}{A_r} \times 100\% \quad \cdots\cdots(7)$$

式中：

δ_A——振动幅值（加速度、速度、位移）指示误差；

A_i——振动台的振动幅值（加速度、速度、位移）示值，加速度的单位为 m/s^2，速度的单位为 m/s，位移的单位为 mm；

A_r——动态信号分析仪的振动幅值(加速度、速度、位移)示值,加速度的单位为 m/s²,速度的单位为 m/s,位移的单位为 mm。

8.10 加速度幅值稳定度的检验

振动台空载,按图 1 方法安装振动加速度计和连接测量仪器。在振动台工作特性曲线的加速度段选一个频率点,加速度幅值设为额定值的 80%,连续考察 1 h,每隔 5 min 记录一次动态信号分析仪的加速度幅值示值,加速度幅值稳定度 S 按式(8)计算:

$$S = \frac{\Delta A_{max}}{A_0} \times 100\% \qquad \cdots\cdots\cdots (8)$$

式中:

S——加速度幅值稳定度;

A_0——设定的加速度幅值,单位为米每二次方秒(m/s²);

ΔA_{max}——各次测量中,动态信号分析仪加速度示值相对于设定加速度幅值的最大偏差,单位为米每二次方秒(m/s²)。

8.11 试验系统加速度信噪比的检验

振动台空载,加速度计刚性连接在台面中心,输出经放大器连接到分析系统,分析系统设置测量上限频率为振动试验系统额定工作频率上限的 5 倍。振动台系统处于工作状态,控制仪输出信号幅值为零,功率放大器增益调至最大,测量台面中心的加速度有效值 a_0,按式(9)计算出试验系统加速度信噪比 M。

$$M = 20\lg \frac{a_{max}}{a_0} \qquad \cdots\cdots\cdots (9)$$

式中:

a_{max}——振动台系统额定最大加速度有效值,单位为米每二次方秒(m/s²);

a_0——系统工作,动圈无激励信号输入时,台面中心加速度有效值,单位为米每二次方秒(m/s²)。

8.12 扫频速率误差的检验

振动台空载,在工作频率范围内,以 1 oct/min 的速率作定振扫频振动,用秒表测量振动台扫频时间 t,按式(10)计算理论扫频时间 t_n,扫频速率误差 δ_t 按式(11)计算:

$$t_n = \frac{\lg(f_2/f_1)/\lg 2}{R} \qquad \cdots\cdots\cdots (10)$$

$$\delta_t = \frac{t_n - t}{t} \times 100\% \qquad \cdots\cdots\cdots (11)$$

式中:

f_1——扫频频率下限值,单位为赫兹(Hz);

f_2——扫频频率上限值,单位为赫兹(Hz);

δ_t——扫频速率误差;

R——扫频速率,单位为倍频程每分钟(oct/min);

t_n——理论扫频时间,单位为分钟(min);

t——测量到的实际扫频时间,单位为分钟(min)。

8.13 扫频定振精度的检验

振动台空载,加速度计刚性连接在台面中心或尽量靠近控制加速度计("肩并肩"),连接到动态信号分析仪。在工作频率范围内,振动幅值为额定工作特性曲线幅值的 50%以上(含 50%),以 1 oct/min 的速率作定振扫频振动,动态信号分析仪记录幅频曲线。

8.14 台面漏磁的检验

当振动台系统励磁装置处于工作状态时,用特斯拉计测量台面安装螺孔的最大分布圆直径的 1/4 高度处的整个平面上的磁通密度。所有安装螺孔的上方位置都应作为测量点。测量结果应满足产品说明书的要求。

8.15　辐射噪声最大声压级的检验

振动台空载，在额定频率范围内，以 1 oct/min 的速率定振扫频振动，振动幅值设为额定工作特性曲线幅值。在距离台体边缘 1 m 远，离地面 1.5 m 高度处用声级计测量并记录 A 计权最大声压级。测量结果应满足产品说明书的要求。

8.16　连续工作时间的检验

振动台空载，在额定空载频率范围内，以 1 oct/min 的速率和空载最大振动幅值作定振扫频振动，振动台在规定的连续工作时间内应能正常工作。

振动台满载，在规定的最大位移幅值的频率上限值上以最大位移幅值定频振动，分别在垂直和水平方向上按规定的连续工作时间连续运行，振动台应能正常工作。

8.17　台面温度的检验

振动台空载，在机电共振频率上以空载最大加速度幅值作定频振动，测量台面温度的最大值。

9　数据处理结果与检验结果

9.1　数据处理结果

数据处理结果应符合有关标准、合同的要求。

9.2　检验结果

按 GB/T 5170.1—2008 第 10 章的规定出具检验报告。

10　检验周期

按 GB/T 5170.1—2008 第 6 章的规定。

附　录　A
（资料性附录）
检验项目的选择

除非有关规范另有规定，振动台作定型鉴定、出厂/验收检验及定期检验时，按表A.1选择检验项目；未经定型鉴定的，出厂/验收检验项目按定型鉴定项目选取。

表A.1　检验项目的选择

序号	检验项目		定型鉴定	出厂/验收检验	定期检验	对应章节
1	额定参数	最大动态力	○	○		8.3
		最大载荷	○	△		
		最大位移幅值	○	○		
		最大速度幅值	○	○		
		空载最大加速度幅值	○	○		
		满载最大加速度幅值	○	△		
		空载频率范围	○	○		
		满载频率范围	○	△		
		台面一阶共振频率	○	○		
2	台面加速度谐波失真度		○	○	○	8.4
3	台面横向振动比		○	○	○	8.5
4	台面加速度幅值均匀度		○	○	○	8.6
5	频率指示误差		○	○	○	8.7
6	频率稳定度		○	△		8.8
7	振动幅值(加速度、速度、位移)指示误差		○	○	○	8.9
8	加速度幅值稳定度		○	△		8.10
9	试验系统加速度信噪比		○	○		8.11
10	扫频速率误差		○	○	○	8.12
11	扫频定振精度		○	○	○	8.13
12	台面漏磁		○	○		8.14
13	辐射噪声最大声压级		○	△		8.15
14	连续工作时间		○	△		8.16
15	台面温度		○	△		8.17

注：符号“○”表示必须检验的项目；符号“△”表示抽样检查或视情况选择检验（指检验方或被检验方中任一方提出需检验）的项目。

附　录　B
（资料性附录）
基本参数允许误差

除非有关规范另有规定，振动台检验时，额定参数要求与型号规格规定一致；其他参数的允许误差参照表B.1。

表 B.1　基本参数误差要求

序号	检验项目	允　差	备　注
1	台面加速度谐波失真度	频率低于20 Hz和超过2 000 Hz，≤25%；20 Hz～2 000 Hz，≤15%	允许在20 Hz以上有1～2个失真度较大的频带，在该频带内最大失真度不大于25%，频带宽度不超过最大失真度对应频率的±10%
2	横向振动比	频率500 Hz及以下，≤25%；频率500 Hz以上，≤50%	允许在2 000 Hz以下有1～2个横向振动比较大的频带，在该频带内横向振动比应不大于100%，频带宽度不超过最大横向振动比对应频率的±10%；或给出实际测量值
3	台面加速度幅值均匀度	小台面：频率500 Hz及以下，≤15%；500 Hz以上，≤25%；大台面：频率500 Hz及以下，≤25%；500 Hz以上，≤50%	振动台台面最外圈安装螺栓分布圆直径大于或等于400 mm的振动台台面为大台面。 对于大台面，允许在2 000 Hz以下有1～2个均匀度较大的频带，在该频带内均匀度应不大于100%，频带宽度不超过最大均匀度对应频率的±10%；或给出实际测量值
4	频率指示误差	±1%	
5	频率稳定度	±1%	
6	振动幅值（加速度、速度、位移）指示误差	±10%	
7	加速度幅值稳定度	±5%	
8	试验系统加速度信噪比	≥50 dB	
9	扫频速率误差	±5%	
10	扫频定振精度	±1 dB	
11	台面漏磁	满足产品说明书	
12	辐射噪声最大声压级	满足产品说明书	
13	连续工作时间	满足产品说明书	

ICS 77.120.99
H 66

中华人民共和国国家标准

GB/T 5238—2009
代替 GB/T 5238—1995、GB/T 15713—1995

锗单晶和锗单晶片

Monocrystalline germanium and monocrystalline germanium slices

2009-10-30 发布　　　　2010-06-01 实施

中华人民共和国国家质量监督检验检疫总局
中国国家标准化管理委员会　发布

前言

本标准代替 GB/T 5238—1995《锗单晶》和 GB/T 15713—1995《锗单晶片》。

本标准与 GB/T 5238—1995、GB/T 15713—1995 相比,主要有如下变动:

——扩大了锗单晶和锗单晶片的适用范围;

——删掉了锗单晶按电阻率允许偏差分成的三个等级和锗单晶片中的大圆片及小圆片;

——标准格式按 GB/T 1.1—2000《标准化工作导则》的要求进行了修改、补充和完善。

本标准由全国半导体设备和材料标准化技术委员会提出。

本标准由全国半导体设备和材料标准化技术委员会材料分技术委员会归口。

本标准负责起草单位:南京锗厂有限责任公司。

本标准主要起草人:张莉萍、吴玉麟。

本标准所代替标准的历次版本发布情况为:

——GB 5238—1985,GB/T 5238—1995,GB/T 15713—1995。

锗单晶和锗单晶片

1 范围

本标准规定了锗单晶和锗单晶片的要求、试验方法、检验规则及标志、包装、运输、贮存、订货单(或合同)内容。

本标准适用于制作半导体器件、激光、外延衬底等用的锗单晶和锗单晶片。

2 规范性引用文件

下列文件中的条款通过本标准的引用而成为本标准的条款。凡是注日期的引用文件,其随后所有的修改单(不包括勘误的内容)或修订版均不适用于本标准,然而,鼓励根据本标准达成协议的各方研究是否可使用这些文件的最新版本。凡是不注日期的引用文件,其最新版本适用于本标准。

GB/T 1550 非本征半导体材料导电类型测试方法

GB/T 1552 硅、锗单晶电阻率测定 直排四探针法

GB/T 1553 硅和锗体内少数载流子寿命测定 光电导衰退法

GB/T 2828.1 计数抽样检验程序 第1部分:按接收质量限(AQL)检索的逐批检验抽样计划(GB/T 2828.1—2003,ISO 2859-1:1999,IDT)

GB/T 5252 锗单晶位错腐蚀坑密度测量方法

GB/T 5254 锗单晶晶向X光衍射测定方法

3 要求

3.1 产品分类

锗单晶和锗单晶片按导电类型分为n型和p型。

3.2 牌号

3.2.1 锗单晶和锗单晶片的牌号表示方法为:

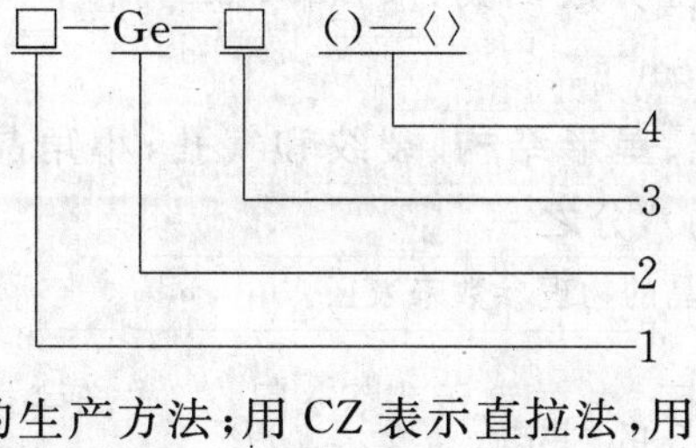

1——表示锗单晶和锗单晶片的生产方法;用CZ表示直拉法,用HB表示水平法。

2——Ge表示锗单晶和锗单晶片。

3——用n或p表示导电类型,括号内的元素符号表示掺杂剂。

4——用密勒指数表示晶向。

3.2.2 牌号示例:

a) CZ-Ge-n(Sb)-〈111〉表示晶向为〈111〉n型掺锑直拉锗单晶和锗单晶片。

b) CZ-Ge-p(Ga)-〈111〉表示晶向为〈111〉p型掺镓直拉锗单晶和锗单晶片。

3.3 物理及几何参数

3.3.1 物理参数

3.3.1.1 电阻率

锗单晶的电阻率参数应符合表1的规定。

表 1

导电类型	掺杂剂	电阻率/(Ω·cm)	断面电阻率不均匀度/%,不大于
p	Ga	0.001～45	10
	In	0.001～45	
	Au+Ga(In)	0.5～5	
n	Sb	0.001～45	

3.3.1.2　**少数载流子寿命**

锗单晶的少数载流子寿命应符合表 2 的规定。

表 2

电阻率/(Ω·cm)	少数载流子寿命/μs,不小于	
	n 型	p 型
＜0.8	—	—
≥0.8～2.5	100	80
＞2.5～4.0	150	120
＞4.0～8.0	220	200
＞8.0～16.0	350	300
＞16.0～45	600	500

3.3.1.3　**锗单晶的晶向**

＜111＞、＜100＞。偏离应不大于 2°。

3.3.1.4　**锗单晶的晶体完整性**

3.3.1.4.1　锗单晶的位错密度范围分成四类：＜1 000 cm^{-2}、1 000 cm^{-2}～3 000 cm^{-2}、2 000 cm^{-2}～4 000 cm^{-2}和 3 000 cm^{-2}～5 000 cm^{-2}。

3.3.1.4.2　锗单晶不得有位错堆、星形结构、裂纹和气孔，小角晶界和位错排每根的长度不得大于 3 mm，总长度不得超过单晶直径的六分之一。

注：锗单晶片的物理参数均以锗单晶的物理参数来表征。

3.3.2　**几何参数**

3.3.2.1　锗单晶的规格应符合表 3 的规定。

表 3

导电类型	掺杂剂	直径/mm	直径允许偏差/%,不大于	长度/mm
p	Ga	10～100	10	40～200
	In	10～100		
	Au+Ga(In)	10～100		
n	Sb	10～100		
注：直径相对允许偏差指同一单晶段的最大直径和最小直径之差与平均直径的比值的百分数。				

3.3.2.2　锗单晶片的规格应符合表 4 的规定。

表 4

项　目	锗片几何参数/mm	
	方片	腐蚀片
边长	0.90×0.90	0.85×0.85
	1.00×1.00	0.90×0.90
	2.00×2.00	0.95×0.95
	2.25×2.25	—
边长允许偏差	±0.05	±0.05
厚度	0.24～0.30	0.13～0.17
厚度允许偏差	±0.01	±0.01

3.3.3 锗单晶片的表面质量

3.3.3.1 锗单晶方片不得有长度大于边长七分之一的崩边。边长不大于 2 mm 的锗片，崩边宽度不得超过边长的十分之一；边长大于 2 mm 的锗片，崩边宽度不得超过边长的二十分之一，每片的崩边数不得多于 2 个。

3.3.3.2 锗单晶片不允许有裂纹。

3.3.3.3 锗单晶片经超声清洗干燥后，表面应洁净、无色斑和沾污。

3.3.3.4 锗切割片不得有明显刀痕。

3.3.3.5 锗研磨片表面应无划道和刀痕。

3.3.3.6 锗腐蚀片表面应无划道、刀痕、色斑、污物和叠片现象。

3.4 其他

本标准规定以外的技术参数，由供需双方另行商定。

4 试验方法

4.1 导电类型的测定按 GB/T 1550 规定进行。

4.2 电阻率的测定按 GB/T 1552 规定进行。

4.3 位错密度的测定按 GB/T 5252 规定进行。

4.4 晶向的测定按 GB/T 5254 规定进行。

4.5 少数载流子寿命的测定按 GB/T 1553 规定进行。

4.6 几何参数的测定分为：

a) 锗单晶方片的边长用分度值为 0.01 mm 千分尺或精度相当的量具测量。

b) 锗单晶片的厚度用分度值为 0.001 mm 千分表或精度相当的量具测量。

4.7 表面质量的检验用目视检查。

5 检验规则

5.1 检查和验收

5.1.1 产品应由供方技术监督部门进行检验，保证产品质量符合本标准(或订货合同)的规定，并填写质量证明书。

5.1.2 需方应对收到的产品按本标准的规定进行检验，若检验结果与本标准(或订货合同)的规定不符时，应在收到产品之日起 2 个月内向供方提出，由供需双方协商解决。如需仲裁，仲裁取样由供需双方共同委托仲裁机构在产品所在地进行。

5.2 组批

产品应成批提交检验，每批应由同一牌号的产品组成。锗单晶每批重量不大于50 kg，锗单晶片每批重量不大于2 kg。

5.3 检验项目

5.3.1 供方应对锗单晶的导电类型、电阻率、晶向、位错密度、少数载流子寿命、外形尺寸、表面质量进行检验。

5.3.2 供方应对锗单晶片的几何参数、表面质量进行检验。

5.4 抽样

锗单晶片的抽样是在每批产品中抽取包装盒数的20%，5盒以下抽取一盒。对抽取的包装盒内的样品的检验项目采用GB/T 2828.1—2003Ⅱ级检查水平的一次抽取方案。

5.5 合格质量水平（AQL）

锗片的几何尺寸及表面质量的合格质量水平累计为1.5或由供需双方商定。

5.6 检验结果的判定

5.6.1 若锗单晶的导电类型、晶向与本标准规定不符时，则判该批产品为不合格。

5.6.2 锗单晶的的电阻率、位错密度、少数载流子寿命检测结果若有一项不合格，则加倍取样对该不合格项目进行重复试验，若重复试验结果仍不合格，则判该批产品为不合格。

5.6.3 锗单晶片的几何参数、表面质量的判定按GB/T 2828.1的规定。

6 标志、包装、运输、贮存

6.1 标志

6.1.1 产品应密封于透明塑料袋或相应规格的型膜中，并在其上贴上标签，注明：生产厂名称、商标、产品名称、产品编号、规格尺寸、净重、数量、生产日期。

6.1.2 产品应包装成箱，每箱上注明：

a) 供方名称；

b) 产品名称；

c) 批号；

d) 毛重、净重。

6.2 包装、运输、贮存

6.2.1 将密封于塑料袋中的产品装入符合环保要求的适宜的包装箱内，箱内空隙用填料塞紧。包装箱外用包扎带捆紧。

6.2.2 产品在运输和贮存过程中要防止机械损伤，要防腐蚀、防受潮、防震动、防沾污。箱外应标有“小心轻放”、“防腐”和“防潮”字样。

6.3 质量证明书

每批产品都应附有质量证明书，其上注明：

a) 供方名称、地址、电话、传真；

b) 产品名称和牌号；

c) 批号；

d) 净重和件数；

e) 分析检验结果和技术监督部门印记；

f) 本标准编号；

g) 出厂日期（或包装日期）。

7 订货单（或合同）内容

本标准所列材料的订货单（或合同）应包括下列内容：

a） 产品名称；

b） 牌号；

c） 导电类型、电阻率、晶向、位错密度、少数载流子寿命、外形尺寸等特殊要求；

d） 数量；

e） 本标准编号；

f） 其他。

需方如对锗单晶、锗单晶片的标志、包装、运输、贮存有特殊要求时，由供需双方商定。

ICS 65.060.01
B 90

中华人民共和国国家标准

GB/T 5263—2009/ISO 5674:2004
代替 GB/T 5263.1—2000,GB/T 5263.2—2000

农林拖拉机和机械　动力输出万向节传动轴防护罩　强度和磨损试验及验收规范

Agricultural tractors and machinery—Guards for power take-off drive shafts—Strength and wear tests and acceptance criteria

(ISO 5674:2004,IDT)

2009-11-30 发布　　2010-04-01 实施

中华人民共和国国家质量监督检验检疫总局
中国国家标准化管理委员会　发布

前　言

本标准等同采用 ISO 5674:2004《农林拖拉机和机械　动力输出万向节传动轴防护罩　强度和磨损试验及验收规范》(英文版)。

本标准等同翻译 ISO 5674:2004。

为便于使用,本标准做了如下编辑性修改:

——“本国际标准”一词改为“本标准”;

——删除 ISO 5674:2004 的前言;

——用小数点“.”代替作为小数点的逗号“,”;

——对 ISO 5674:2004 中引用的其他国际标准,用已被等同采用为我国的标准代替。

本标准是对 GB/T 5263.1—2000 和 GB/T 5263.2—2000 的修订,除根据新版国际标准将两部分合并外,主要技术内容没有变化。

本标准的附录 A、附录 B 为规范性,附录 C、附录 D 为资料性附录。

本标准自实施之日起代替 GB/T 5263.1—2000 和 GB/T 5263.2—2000。

本标准由中国机械工业联合会提出。

本标准由全国农业机械标准化技术委员会归口。

本标准起草单位:中国农业机械化科学研究院、洛阳拖拉机研究所、国家农机具质量监督检验中心。

本标准主要起草人:张咸胜、吕树盛、尚项绳、陈戈、赵丽伟。

本标准所代替标准的历次版本发布情况为:

——GB 5263—1985;

——GB/T 5263.1—2000;

——GB/T 5263.2—2000。

引　言

本标准属于 GB/T 15706.1—2007 规定的 C 类标准。

GB/T 15706.1—2007 的范围给出了涉及的危险、危险状态和危险事件与机械的关联和严重程度。

若本 C 类标准的规定与 A 类或 B 类标准的规定不同时，对于按照本 C 类标准规定进行设计和制造的机器，则应优先执行本 C 类标准的规定。

农林拖拉机和机械　动力输出万向节传动轴防护罩　强度和磨损试验及验收规范

1　范围

本标准规定了确定农林拖拉机和机械动力输出万向节传动轴防护罩的强度和耐磨性的实验室试验方法及验收规范。本标准应与GB/T 17126配合使用。

本标准适用于动力输出万向节传动轴防护罩及其止动装置的试验。本标准不适用于作为阶梯使用的动力输出万向节传动轴防护罩的试验。

2　规范性引用文件

下列文件中的条款通过本标准的引用而成为本标准的条款。凡是注日期的引用文件，其随后所有的修改单(不包括勘误的内容)或修订版均不适用于本标准，然而，鼓励根据本标准达成协议的各方研究是否可使用这些文件的最新版本。凡是不注日期的引用文件，其最新版本适用于本标准。

GB/T 250　纺织品　色牢度试验　评定变色用灰色样卡(GB/T 250—2008,ISO 105-A02:1993,IDT)

GB/T 1592(所有部分)　农业拖拉机后置动力输出轴1、2和3型(GB/T 1592—2008,ISO 500:2004,IDT)

GB/T 16422.1　塑料实验室光源暴露试验方法　第1部分:总则(GB/T 16422.1—2006,ISO 4892-1:1999,IDT)

GB/T 16422.2　塑料实验室光源暴露试验方法　第2部分:氙弧灯(GB/T 16422.2—1999,idt ISO 4892-2:1994)

GB/T 17126.1　农业拖拉机和机械　动力输出万向节传动轴和动力输入连接装置　第1部分:制造和安全要求(GB/T 17126.1—2009,ISO 5673-1:2005,IDT)

GB/T 17126.2　农业拖拉机和机械　动力输出万向节传动轴和动力输入连接装置　第2部分:动力输出万向节传动轴的使用规范及不同附加装置用PTO动力传动系统和PIC的位置及间隙规范(GB/T 17126.2—2009,ISO 5673-2:2005,IDT)

3　术语和定义

GB/T 17126.1确立的及下列术语和定义适用于本标准。

3.1

常温　ambient temperature

5 ℃～35 ℃之间的任意温度。

4　一般试验条件

4.1　防护罩

4.1.1　防护罩试样应具有代表性，并在其规定的公差范围内。只要基本结构相同，由试样获得的试验结果可用于较长或较短防护罩的认证。当设计的防护罩用于几种类型的万向节传动轴时，应选择具有代表性的传动轴和防护罩组合进行试验。

4.1.2　如果防护罩使用塑料(或其他在紫外线照射下易于裂解的材料)制作,制造厂应通过适当并认可的方法证明其产品具有耐紫外线照射裂解的性能。方法示例见附录B。

4.1.3　除本标准专门规定外,试验过程中传动轴和防护罩的所有操作和保养应遵守制造厂使用说明书的规定。

4.1.4　防护罩应与收缩长度在 900 mm～1 010 mm 之间的动力输出万向节传动轴组合在一起进行试验。整个过程中的所有试验应使用同一防护罩。

4.2　其他

4.2.1　本标准规定动力输出万向节传动轴应是可旋转的,其转速应为 1 000 r/min。

4.2.2　所有试验应按规程和附录 A 给出的顺序进行。

5　试验装置

5.1　一般要求

5.1.1　磨损试验装置

该装置应能支撑动力输出万向节传动轴,并使其以 1 000 r/min 的转速转动。

传动轴和防护罩应按规定使用状态安装,且只能使用其指定的止动装置固定。固定点应符合 GB/T 1592 和与其等效机器标准的规定,除非针对该类型传动轴另有规定。磨损试验装置的尺寸和形状应能确保试验环境保持一致,例如:温度和 5.2.3 规定的粉末浓度保持一致。

5.1.2　强度试验装置

该装置在控制温度和规定转速下以及表 1 规定的误差范围内,应能精确地施加已知载荷进行试验。

5.2　试验参数

5.2.1　测量准确度

除本标准另有规定外,所有测量结果的误差应符合表 1 的规定。

表 1　测量准确度

参数	测量准确度	测量误差
转速	±0.5%	±5%
温度	±1.0 ℃	±5%
时间	±0.2%	±5%
长度	±0.5%	±2%
外力	±1.0%	+2%

5.2.2　试验用水和盐水

5.2.2.1　试验用水应使用饮用水。

5.2.2.2　试验用盐水溶液应由氯化钠溶解在水中制成,浓度为 50 g/L±5 g/L。氯化钠应为白色,其水溶液应为无色。溶液中不应含有铜和镍。以盐的干基计算,碘化钠的含量不应超过 0.1%,杂质总含量不应超过 0.4%。

5.2.3　试验粉末

5.2.3.1　试验粉末应是等质量的有机粉末和无机粉末的混合物。

5.2.3.2　有机粉末应是碾碎的苜蓿粉,其最高含水量为 12%,最大颗粒尺寸为 2 mm。环境中的悬浮物浓度应保持在 0.5 kg/m³。

5.2.3.3　无机粉末应是纯磷肥,其主要成分硅磷化钙应具有以下特性:

——最小含量:P_2O_5 总量的 9%(±3%);

——其他:至少 P_2O_5 额定总量的 75%,能溶解在浓度为 2%的柠檬酸中。

详见表 2。

表 2 无机粉末的规范

筛网眼尺寸 mm	筛分后,研磨粒度 最小 %m/m
>0.063	—
>0.125	—
>0.16	>75
>0.63	>96

6 试验

6.1 一般要求

每次试验后,注意并记录防护罩状况,特别是能导致防护罩损坏的断裂、永久变形和零件脱落情况。试验顺序见附录 A。

如果满足下列情况,则认为动力输出万向节传动轴防护罩通过试验:

——防护罩没有导致传动轴失去防护的穿孔或永久变形;

——防护罩没有断裂、裂纹或零件脱落。

6.2 磨损试验

6.2.1 整个试验过程中,传动轴应保持旋转,且在旋转的同时,传动轴应能重复伸展到延伸长度(见 GB/T 17126.1)并保持 1 min,然后收缩到收缩长度(见 GB/T 17126.1)并保持 4 min。在整个试验过程应始终重复上述动作。试验顺序见附录 A。

防护罩仅应使用制造厂规定的常规锁定装置和止动系统固定。

在每个磨损循环试验开始前和结束后,测量固定防护罩各部件所需转矩,测量时应使防护罩先旋转 1 min。每个轴承座圈的测定转矩不应超过 2.5 N·m,每个传动轴总成的测定转矩不应超过 10 N·m。

6.2.2 在磨损试验开始前和结束后,当传动轴以 1 000 r/min 的转速转动时测量固定每个防护罩套管所需施加的转矩。

6.2.3 按规定顺序,进行下列试验规程:

a) 在 85 ℃下,运行 48 h;

b) 在常温下,运行 48 h;

c) 在常温下,空气中符合 5.2.3 规定的粉末的浓度为 0.5 kg/m^3,运行 96 h;

d) 在 85 ℃下,运行 24 h;

e) 在常温下,运行 24 h;

f) 在常温下,空气中符合 5.2.3 规定的粉末的浓度为 0.5 kg/m^3,运行 48 h。

6.3 轴承腐蚀试验(仅对采用轴承和动力输出传动轴连接的防护罩进行)

抽取轴承安装在位的传动轴,拆除防护罩,水平支撑并固定,在 48 h 的每小时前 5 min 用盐水(见 5.2.2.2)喷淋所有轴承,然后使轴承自然干燥(即进行 48 次循环,每个循环喷淋盐水 5 min,每个循环的其余 55 min 进行自然干燥)。

盐水可采用喷洒、浇注或其他适当的方式施加,只要能保证在 5 min 内的某一阶段盐水至少流经过轴承系统的所有金属零件。试验进行中为保证轴承与盐水良好接触,可旋转传动轴,但转动转速要很慢不能有盐水溶液被甩出现象。施加盐水过程中应避免盐水溶液腐蚀传动轴内套管。

6.4 强度试验

6.4.1 规定温度下动态径向加载试验

每个完整的磨损试验循环后,对装防护罩的传动轴在常温下进行径向加载试验(见 A.1 和 D.9)。

如果满足下列情况,则认为动力输出万向节传动轴防护罩通过试验:

——防护罩没有导致传动轴失去防护的穿孔或永久变形；

——防护罩没有断裂、裂纹或零件脱落。

6.4.2 覆盖万向节的防护罩组件的试验

在动力输出万向节传动轴旋转的同时，使用一根宽 100 mm 的光滑、平直木梁，按附录 A 规定，在万向节罩冠上垂直于动力输出万向节传动轴，直接施加 500 N 的载荷，并保持 60 s。

为避免过度振动，木梁上应有一块厚度 20 mm、肖氏硬度约 A20 的橡胶垫。在加载过程中，应避免产生冲击力。

对每个万向节都应进行该试验。

如果满足下列情况，则认为动力输出万向节传动轴防护罩通过试验：

——防护罩没有导致传动轴失去防护的穿孔或永久变形；

——防护罩没有断裂、裂纹或零件脱落。

6.4.3 套管的试验

将装防护罩的动力输出万向节传动轴用常规端联接件水平直线支撑，并伸展到延伸长度（按制造厂的规定）。

在动力输出万向节传动轴旋转的同时，使用一根宽 100 mm 的光滑、平直木梁，按附录 A 规定，在防护罩中间位置垂直于传动轴防护罩，直接施加 500 N 的载荷，并保持 60 s。

记录试验期间或试验后旋转传动轴的任何部位是否有能被 30 mm 探棒触及的裸露旋转件。

如果满足下列情况，则认为动力输出万向节传动轴防护罩通过试验：

——防护罩没有导致传动轴失去防护的穿孔或永久变形；

——防护罩没有断裂、裂纹或零件脱落。

6.4.4 动态转动试验

当传动轴和防护罩处于最大允许角度且传动轴按制造厂使用说明书规定旋转时，万向节防护罩罩冠的尺寸应保证罩冠与动力输出轴主防护罩接触时不会发生损坏。

当万向节传动轴在规定的最大转角位置时，防护罩罩冠不会与动力输出轴主防护罩或传动轴的任何部分发生接触，则不需进行本项试验。

动力输出万向节传动轴以 1 000 r/min 的转速转动时，进行下列操作，确定是否满足要求：

a) 对于 1 型和 2 型动力输出轴的主防护罩，给万向节传动轴施加小于 1 000 N · m 的额定转矩或转速 540 r/min 下传输小于 57 kW 的额定功率进行试验；

b) 对于 3 型动力输出轴的主防护罩，给万向节传动轴施加更大的额定转矩或传输更大的额定功率进行试验。

将与被试动力输出轴主防护罩组成一体的万向节传动轴安装在一固定装置上，如图 1 所示。固定装置的尺寸由表 3 给出，试验转矩为规定的额定转矩。

重复性地将万向节传动轴和防护罩从水平面内的直线状态移动到制造厂规定的万向节最大运行转角状态，并返回原状。该循环操作中，在最大转角状态要停顿 5 s±2 s。在 15 min±3 min 时间内完成 100 次上述循环操作。

如果满足下列情况，则认为动力输出万向节传动轴防护罩通过试验：

——防护罩没有导致传动轴失去防护的穿孔或永久变形；

——防护罩没有断裂、裂纹或零件脱落。

6.4.5 常温下静态轴向加载试验

万向节传动轴和防护罩保持静止，双向地在每个罩冠和套管之间逐渐施加 250 N 的轴向力，保持该力 60 s，见附录 A。

万向节传动轴和防护罩保持静止，对每个联接轴承双向地在防护罩套管和动力输出万向节传动轴之间施加 1 000 N 的轴向力，保持该力至少 60 s，见附录 A。

单位为毫米

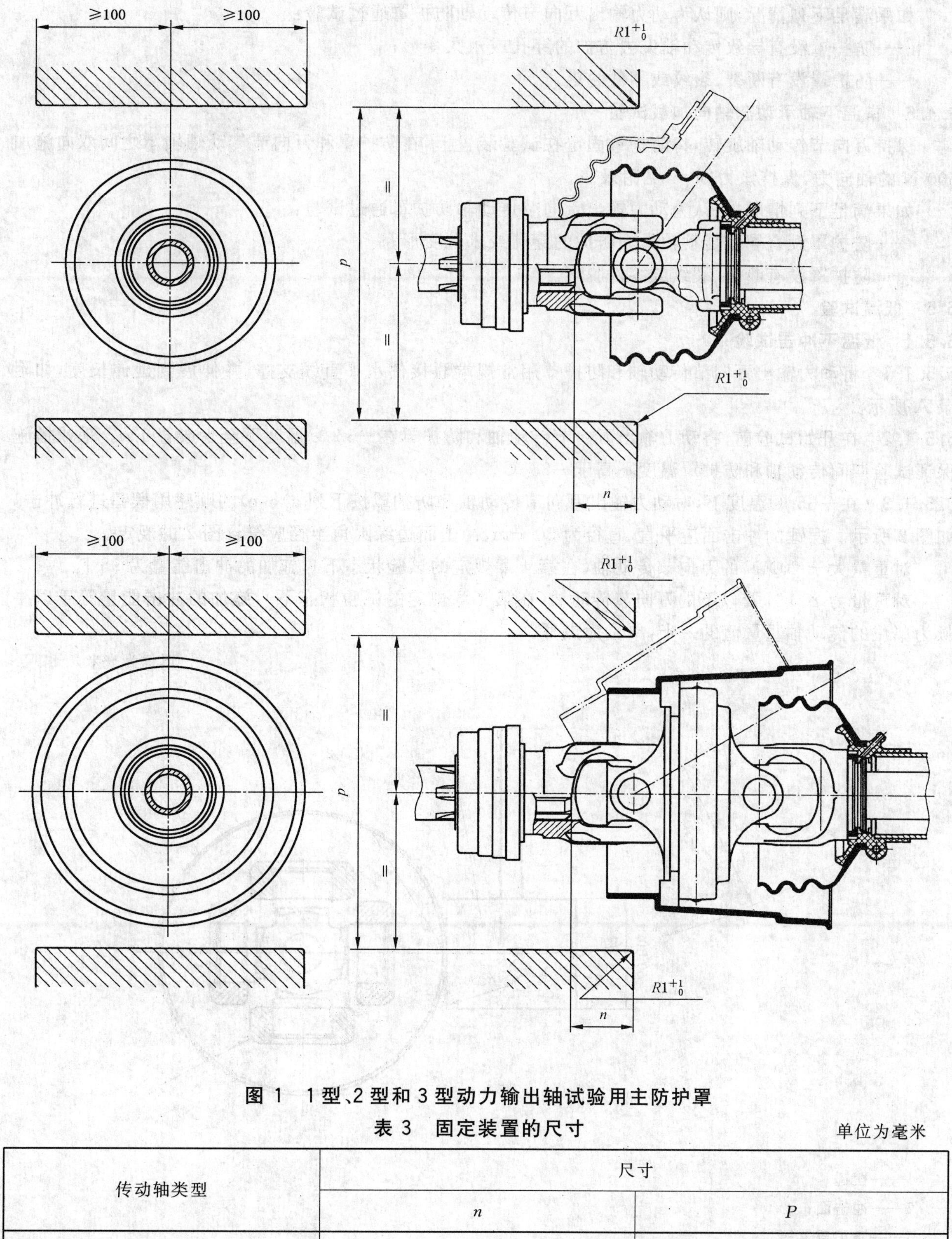

图 1　1 型、2 型和 3 型动力输出轴试验用主防护罩

表 3　固定装置的尺寸

单位为毫米

传动轴类型	尺寸	
	n	P
1 型和 2 型	85^{+2}_{0}	280^{+2}_{0}
3 型	105^{+2}_{0}	350^{+2}_{0}

对传动轴的每一端进行上述试验。

如果满足下列情况，则认为动力输出万向节传动轴防护罩通过试验：

——防护罩没有导致传动轴失去防护的穿孔或永久变形；

——防护罩没有断裂、裂纹或零件脱落。

6.4.6 常温下轴承动态轴向加载试验

保持万向节传动轴旋转，将防护罩固定在试验装置上，在防护罩和万向节传动轴轴承之间双向施加500 N的轴向力，保持该力60 s，见附录A。

如果满足下列情况，则认为动力输出万向节传动轴防护罩通过试验：

——防护罩没有导致传动轴失去防护的穿孔或永久变形；

——防护罩没有断裂、裂纹或零件脱落。

6.5 低温试验

6.5.1 低温下冲击试验

6.5.1.1 将动力输出万向节传动轴和防护罩用常规端联接件水平直线支撑，并伸展到延伸长度，如附录A所示。

6.5.1.2 在开始试验前，将动力输出万向节传动轴和防护罩在－35 ℃温度下至少放置1 h。采取措施保证试验期间传动轴和防护罩温度不高于－35 ℃。

6.5.1.3 在－35 ℃温度下，对动力输出万向节传动轴和防护罩按下列a)～c)的顺序用摆锤进行冲击，如图2所示。摆锤的冲击面应平直、直径为50 mm、冲击面边缘圆角半径应符合图2的规定。

对重量大于200 N的万向节传动轴(在第4章规定的试验状态下)，施加的冲击能量为98 J。

对重量为200 N及以下的万向节传动轴(在第4章规定的试验状态下)，施加的冲击能量等于以牛顿为单位的传动轴重量值的一半，单位为焦耳。

单位为毫米

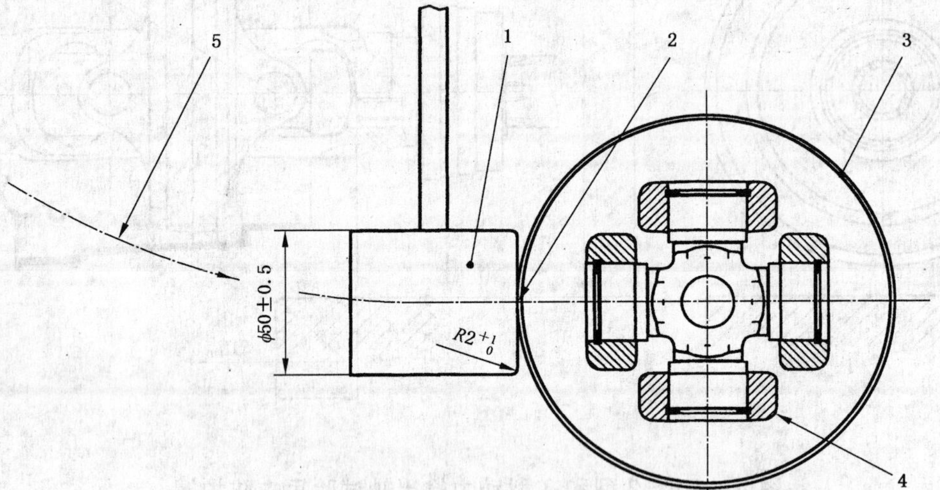

1——摆锤；

2——冲击面；

3——防护罩罩冠；

4——节叉状态；

5——摆锤轨迹。

图2 冲击测试

a) 在动力输出万向节传动轴成直线——万向节节叉平面平行于冲击面的状态下(见图2),对万向节铰接中心处的每个罩冠进行一次冲击(如果两个罩冠相同则仅冲击一个罩冠);

b) 在其中一个套管的中间进行一次冲击;

c) 在两个套管重叠区的中间进行一次冲击。

如果满足下列情况,则认为动力输出万向节传动轴防护罩通过试验:

——防护罩没有导致传动轴失去防护的穿孔或永久变形;

——防护罩没有断裂、裂纹或零件脱落。

6.5.2 低温下静态轴向加载试验

按下列试验规程进行。

温度降至-35 ℃,并将动力输出万向节传动轴和防护罩在该温度下放置1 h。

动力输出万向节传动轴和防护罩保持不动,在-35 ℃下,双向地在每个罩冠和套管之间以250 N的级差施加轴向力,保持该力至少60 s,见附录A。

——如果防护罩外套管的内径 D 小于等于80 mm,轴向力应为2.5 kN;

——如果防护罩外套管的内径 D 大于80 mm,轴向力[F,单位为千牛(kN)]的值应按式 $F=D\times 0.031$ 计算,但最大值为3.5 kN。

对传动轴的每一端进行上述试验。

如果满足下列情况,则认为动力输出万向节传动轴防护罩通过试验:

——防护罩没有导致传动轴失去防护的穿孔或永久变形;

——防护罩没有断裂、裂纹或零件脱落。

6.6 规定温度下止动装置的试验

6.6.1 常规止动装置

对与各个防护罩部件或总成联接的常规止动装置(如链条、钢索等)进行下列试验规程。

a) 在垂直于动力输出万向节传动轴轴线的平面内,对每个固定止动装置的元件施加400 N的力,并保持60 s,一次沿轴向施加力,一次沿径向施加力。固定防护罩的装置不应导致防护罩损坏或永久变形。

b) 施加的力保持60 s后,进一步增大径向力,直到止动元件失效。止动元件应在最薄弱点失效,该点仅应处于防护罩端部。该薄弱点应在施加力达到800 N前失效。

试验结束后,止动系统(止动元件或固定装置)不应有削弱其功能的改变,薄弱点除外。

6.6.2 其他止动装置

对各种其他止动装置进行下列试验规程。

a) 将装防护罩的动力输出万向节传动轴用常规端联接件水平直线支撑,并收缩到制造厂推荐的最小长度,测试防护罩的固定转矩。对延伸的传动轴重复本试验,且两个半轴均进行。本试验可使用磨损试验用箱体(见D.3)。

b) 保持万向节传动轴旋转,止动系统不连接或不运行,对防护罩套管的每一半,在套管重叠区的中间沿垂直于防护罩方向逐渐施加100 N的直接力。施加力应使用100 mm宽,100 mm长,50 mm~100 mm厚的钢条。钢条整个宽度上切有120°的"V"形槽。"V"型块(见图3)槽的整个长度上应附厚度5 mm~10 mm、肖氏硬度约A 50的橡胶垫。附加橡胶垫的固定方法应使钢条不与防护罩接触。钢条应由一块厚度20 mm、肖氏硬度A20的橡胶背衬支撑。

一旦载荷完全施加,则防护罩应在3 s内完全停止转动。记录防护罩在施加的载荷下是否在3 s时间内停止转动。

单位为毫米

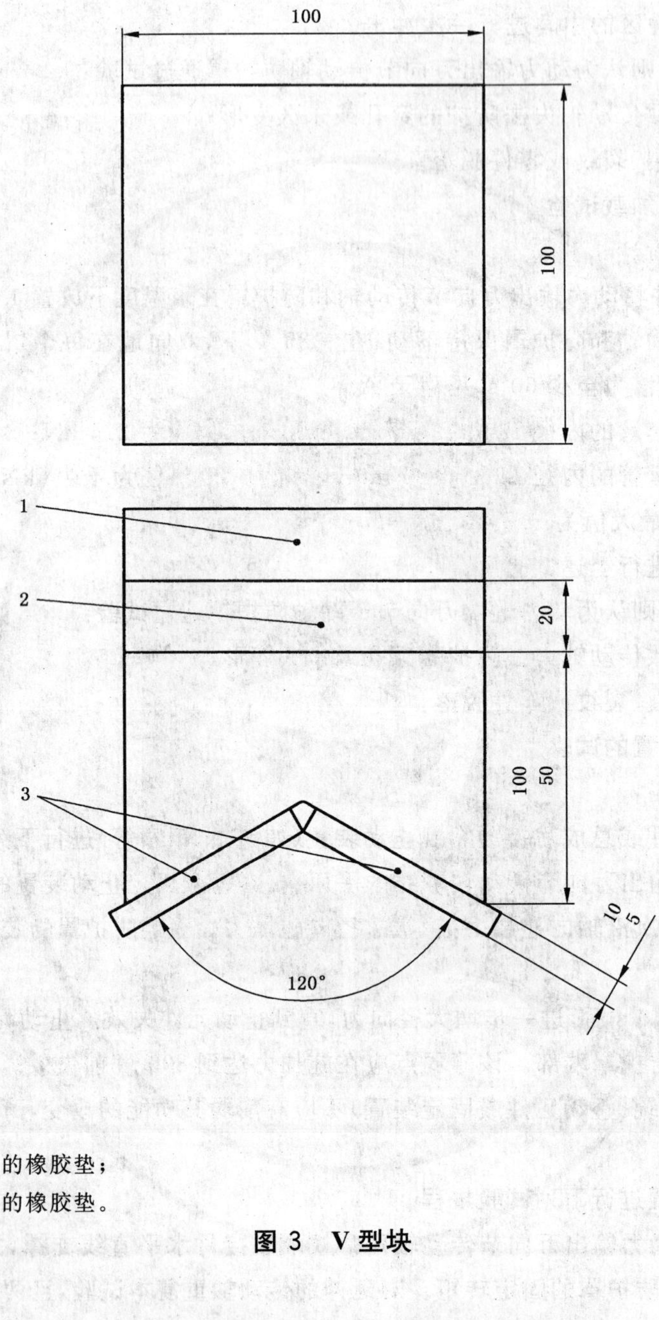

1——钢条；

2——肖氏硬度为 A20 的橡胶垫；

3——肖氏硬度为 A50 的橡胶垫。

图 3 V 型块

7 最终验收规范

最终验收规范如下：

a) 仅当所有适用的试验完成后，才可确定防护罩和止动装置通过试验。

b) 所有试验完成后，所有的标志应仍存在并可读。

c) 所有试验完成后，防护罩应仍具有防护功能，不应出现断裂、裂纹或零件脱落和导致传动轴失去防护的穿孔或永久变形。

d) 所有试验完成后，传动轴上的防护罩相对于其原始位置不应有移动现象，如轴承应保持在传动轴的轴承槽内。

8 试验报告

试验报告应包含以下内容：

——动力输出万向节传动轴防护罩概况，包括动力输出万向节传动轴和防护罩的全部标志；

——所有的试验结果；

——防护罩是否符合第7章要求的情况陈述。

附录C给出了典型的试验报告格式。

附 录 A
（规范性附录）
试验顺序

A.1 防护罩罩冠和套管的试验顺序

按下列顺序进行试验：

a) 转速 1 000 r/min 下的磨损试验：
   1) 在 85 ℃下，运行 48 h；
   2) 在常温下，运行 48 h；

b) 必要时，根据保养说明保养防护罩轴承（润滑等）；

c) 常温下万向节动态径向加载试验；

d) 常温下套管动态径向加载试验；

e) 常温下动态轴向加载试验；

f) 转速 1 000 r/min 下的磨损试验：常温下，粉末中运行 96 h；

g) 按使用说明书中给出的保养说明，从动力输出万向节传动轴上拆下防护罩，然后重新装上；

h) 轴承腐蚀试验；

i) 必要时，根据保养说明保养防护罩轴承（润滑等）；

j) 转速 1 000 r/min 下的磨损试验：
   1) 在 85 ℃下，运行 24 h；
   2) 在常温下，运行 24 h；

k) 必要时，根据保养说明保养防护罩轴承（润滑等）；

l) 常温下万向节动态径向加载试验；

m) 常温下套管动态径向加载试验；

n) 常温下动态轴向加载试验；

o) 转速 1 000 r/min 下的磨损试验：
   ——常温下，粉末中运行 48 h；

p) 按使用说明书中给出的保养说明，从动力输出万向节传动轴上拆下防护罩，然后重新装上；

q) 动态转动试验；

r) 常温下罩冠静态轴向加载试验；

s) 常温下套管静态轴向加载试验；

t) −35 ℃下冲击试验；

u) −35 ℃下静态轴向加载试验；

v) 常温下止动元件连接的试验；

w) 常温下止动元件的试验；

x) 检查紫外线照射试验数据（见附录 B）；

y) 完成试验报告。

有关情况参见图 A.1。

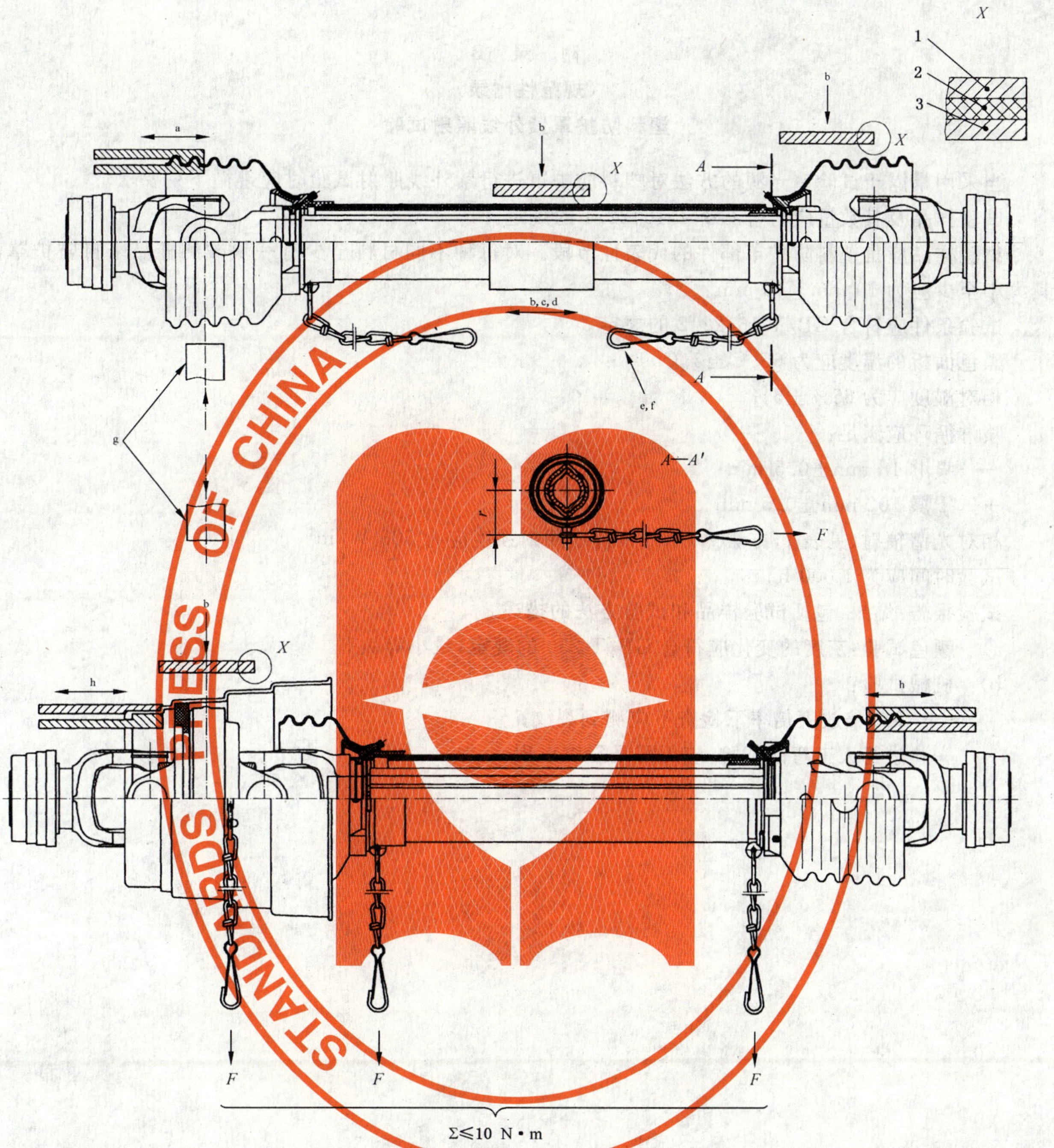

1——载荷；
2——橡胶；
3——木梁。

a 每个罩冠施加力 200 N 保持 60 s。

b 在转速 1 000 r/min 下，施加力 500 N 保持 60 s。

c 施加力 1 000 N 保持 60 s。

d －35 ℃下，施加力 2 500 N 保持 60 s(最大施加力 3 500 N)。

e 施加力 400 N 保持 60 s。

f 施加力大于 400 N 且小于 800 N 保持 60 s(薄弱连接应打开)。

g －35 ℃下，98 J 的冲击(见 6.5.1)。

h 施加力 200 N 保持 60 s。

图 A.1 防护罩试验示意图

附 录 B
（规范性附录）
塑料防护罩紫外线照射试验

当采用暴露于试验室光源的方法对塑料防护罩进行紫外线照射试验时应遵循下列要求。

试验样品及其数量应符合 GB/T 16422.1 的规定。

试验样品应是塑料防护罩部件的代表性节段。对每种不同材料至少有一块被测样品来自防护罩，其大小至少应为 10 mm×10 mm。

试验条件应符合 GB/T 16422.2 的规定。

黑色面板的温度应为 65 ℃±3 ℃。

相对湿度应为 65%±5%。

喷淋循环应满足：

——喷淋 18 min±0.5 min；

——干燥 102 min±0.5 min。

相对光谱辐射（见表 1，方法 A）——紫外线照射强度应为 505 W/m^2。

试验时间应为 1 000 h。

试验报告/结果：包括试验样品和试验方法的描述。

a) 颜色试验：灰度的变化应符合 GB/T 250 的规定，最小等级 3。

b) 机械试验：

——100 倍放大倍率下检查不应测到裂纹；

——进行人工弯曲试验，应无可见裂纹出现。

附　录　C
（资料性附录）
典型试验报告格式

概述

本报告是＿＿＿＿＿＿＿＿＿＿＿＿＿＿＿＿动力输出万向节传动轴防护罩的有关试验
该防护罩安装在＿＿＿＿＿＿＿＿＿＿＿＿＿＿＿＿动力输出万向节传动轴上
传动轴长度　　　　收缩长度：＿＿＿＿＿＿＿＿mm
　　　　　　　　　延伸长度：＿＿＿＿＿＿＿＿mm
传动轴标志：＿＿＿＿＿＿＿＿＿＿＿＿＿＿＿＿
防护罩标志：＿＿＿＿＿＿＿＿＿＿＿＿＿＿＿＿
防护罩类型：
保养要求：　　　　频次：＿＿＿＿＿＿＿＿
　　　　　　　　　润滑油类型：＿＿＿＿＿＿＿＿

紫外线照射试验数据

试验数据是否提供？是/否（根据情况删选）
对数据的评价：＿＿＿＿＿＿＿＿＿＿＿＿＿＿＿＿

罩冠

材料：＿＿＿＿＿＿＿＿＿＿＿＿＿＿＿＿
长度：＿＿＿＿＿＿＿＿＿＿＿＿＿＿＿＿mm
最大直径：＿＿＿＿＿＿＿＿＿＿＿＿＿＿＿＿mm

套管

材料：＿＿＿＿＿＿＿＿＿＿＿＿＿＿＿＿
尺寸：

	外径	壁厚	长度
外套管	＿＿＿＿mm	＿＿＿＿mm	＿＿＿＿mm
内套管	＿＿＿＿mm	＿＿＿＿mm	＿＿＿＿mm

在轴上的固定方法：＿＿＿＿＿＿＿＿＿＿＿＿＿＿＿＿
轴承类型：＿＿＿＿＿＿＿＿＿＿＿＿＿＿＿＿
其他：＿＿＿＿＿＿＿＿＿＿＿＿＿＿＿＿

磨损试验

固定防护罩所需转矩

当传动轴转动时，固定防护罩所需要的转矩是否超过 10 N·m？

——磨损试验前：是/否

——磨损试验后：是/否

评价，如果有：＿＿＿＿＿＿＿＿＿＿＿＿＿＿＿＿

传动轴是否满足 6.2 的要求？是/否

强度试验

常温下轴向加载试验

常温：____℃

60 s 期间防护罩罩冠是否与套管相连？是/否

防护罩是否失效？是/否

评价，如果有：____

常温下径向加载试验

常温：____℃

60 s 期间防护罩是否保持固定？是/否

试验过程中或试验后，传动轴是否有任何附件裸露？是/否

防护罩是否失效？是/否

评价，如果有：____

低温轴向加载试验

低温温度：____℃

防护罩是否失效？是/否

防护罩是否仍固定在轴上？是/否

评价，如果有：____

低温冲击试验

低温温度：____℃

防护罩是否失效？是/否

评价，如果有：____

止动系统试验

常温：____℃

止动系统是否失效？是/否

评价，如果有：____

防护罩是否符合 6.6.1 的要求？是/否

或者

在 6.6.2 规定的试验期间，当传动轴转动时，固定防护罩所需时间是否超过 3 s？

——磨损试验前？是/否

——磨损试验后？是/否

评价，如果有：____

附　录　D
（资料性附录）
异型防护罩和止动系统试验

重要事项：在试验的严格性没有降低的情况下，本附录可以用来对非常规设计的防护罩进行试验。对此，应明确指出的是被认证的产品可能仅满足本标准相关部分的规定。

D.1　一般要求

对在机器系统中使用的任何伸缩式防护罩组合和盖板型（非伸缩式）防护罩都可采用来自本标准正文和本附录的试验规程组合进行试验。

D.2　术语和定义

下列术语和定义适用于本附录。

D.2.1

最小长度　minimum length

当传动轴处于收缩长度时，沿防护罩的外沿测得的最小距离。

注：收缩长度见 GB/T 17126.1。

D.2.2

最大长度　maximum length

当传动轴处于延伸长度且弯转 90°时，沿防护罩的外沿测得的最大距离。

注：延伸长度见 GB/T 17126.1。

D.3　非伸缩式（即盖板型）防护罩磨损试验

本试验目的是评价防护罩在延展和收缩的同时承受苛刻条件的耐久性。

按 6.2.1 的规定，将连接配套传动轴的防护罩安装在磨损试验箱中。带防护罩传动轴的安装方式宜采用制造厂设计的传动轴在拖拉机或机器上的固定方法，安装方式应适应在试验箱中安装。

除最大长度和最小长度应符合 D.2 的规定外，其他试验要求应与 6.2.1 的规定一致。

D.4　覆盖万向节防护罩组件的试验

在动力输出万向节传动轴旋转的同时，使用一根宽 100 mm 的光滑、平直木梁，沿垂直于动力输出万向节传动轴方向，给防护罩直接施加 500 N 的力，并保持 60 s，如图 D.1 所示。

对传动轴的每一端进行上述试验。

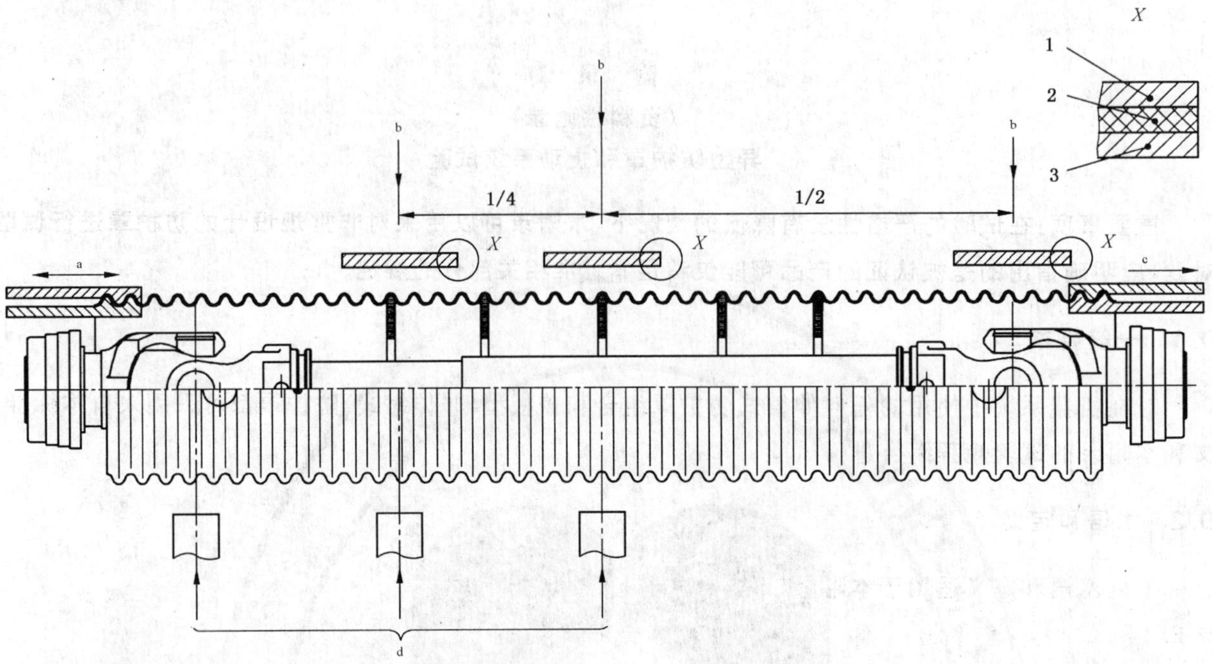

1——载荷；
2——橡胶；
3——木梁。

a 施加 3 500 N 力保持 60 s。

b 在转速 1 000 r/min 下，施加力 500 N 保持 60 s。

c −35 ℃下，施加最大载荷。

d −35 ℃下，98 J 的冲击三次(见 D.8)。

图 D.1 异型防护罩结构示意图

D.5 套管的试验

将装防护罩的动力输出万向节传动轴用常规端联接件水平直线支撑。

为确保防护罩不延伸时，试验用木梁的重量不施加到传动轴上，从收缩位置开始，人工转动防护罩，将防护罩延展到延伸长度状态，确定该状态下与传动轴最接近或接触的防护罩内部零件的位置。将防护罩设定在该状态下的长度上，转动动力输出万向节传动轴，在该位置沿垂直于传动轴防护罩方向直接施加 500 N 的力并保持 60 s，接着在该位置与防护罩一端的中间位置施加另一载荷。

记录防护罩或其端联接件的损坏情况。

D.6 常温下轴向加载试验

使用常规方式固定防护罩，施加 3.5 kN 的拉力，在施加的力达到 3.5 kN 之前如果防护罩延展到 D.2.2 定义的最大长度的 1.25 倍则中止加载。如果因使用不当可能出现防护罩承受轴向压力的情况，则给整个防护罩施加 3.5 kN 的轴向压力进行试验。

D.7 低温下轴向加载试验

延展防护罩至标准运行长度并浸入饮用水中 60 s。收缩防护罩并保持最小长度，在放入−35 ℃冷藏处前，将防护罩翻转 60°滴水 60 s。在开始试验前，将动力输出万向节传动轴和防护罩在−35 ℃温度下至少放置 1 h。采取措施保证试验期间传动轴和防护罩温度不高于−35 ℃。

从冷藏处取出，使用适当的连接件连接到拉伸试验台上，并将其拉伸到最大长度，记录所需的拉伸载荷。

记录防护罩及其固定装置的损坏情况。

D.8 低温冲击试验

将动力输出万向节传动轴和防护罩用常规端联接件水平直线支撑，并伸展到延伸长度(GB/T 17126.1)。

在开始试验前，将动力输出万向节传动轴和防护罩在－35 ℃温度下至少放置1 h。采取措施保证试验期间传动轴和防护罩温度不高于－35 ℃。

在－35 ℃温度下，对动力输出万向节传动轴和防护罩用摆锤进行下列三次冲击。摆锤的冲击面应平直、直径为50 mm、施加的冲击能为98 J，如图2所示。

a) 在动力输出万向节传动轴成直线，万向节节叉平面平行于冲击面的状态下，对万向节铰接中心处的防护罩进行一次冲击；

b) 在最靠近传动轴铰接中心的支撑装置处进行一次冲击；

c) 在传动轴两铰接中心中间进行一次冲击。

D.9 试验顺序

本试验应按下列顺序进行：

a) 磨损试验
   1) 85 ℃下，运行24 h；
   2) 常温下，运行24 h；
   3) 常温下，空气含粉末，运行48 h；

b) 常温下万向节动态径向加载试验；

c) 常温下套管动态径向加载试验；

d) 常温下动态轴向加载试验；

e) 按制造厂保养说明，从动力输出万向节传动轴拆下防护罩，然后重新装上；

f) 保养(润滑等)；

g) 磨损试验
   1) 85 ℃下，运行24 h；
   2) 常温下，运行24 h；
   3) 常温下，空气含粉末，运行48 h；

h) 常温下万向节动态径向加载试验；

i) 常温下套管动态径向加载试验；

j) 常温下动态轴向加载试验；

k) 按制造厂保养说明，从动力输出万向节传动轴拆下防护罩，然后重新装上；

l) 轴承腐蚀试验；

m) 保养(润滑等)；

n) 磨损试验
   1) 85 ℃下，运行24 h；
   2) 常温下，运行24 h；
   3) 常温下，空气含粉末，运行48 h；

o) 常温下万向节动态径向加载试验；

p) 常温下套管动态径向加载试验；

q) 常温下动态轴向加载试验；

r) 按制造厂保养说明,从动力输出万向节传动轴拆下防护罩,然后重新装上;

s) 保养(润滑等);

t) —35 ℃下冲击试验;

u) —35 ℃下静态轴向加载试验;

v) 检查紫外线照射试验数据(见附录B);

w) 完成试验报告。

ICS 17.140
A 59

GB

中华人民共和国国家标准

GB/T 5265—2009
代替 GB/T 5265—1985

声学　水下噪声测量

Acoustics—Measurement of underwater noise

2009-09-30 发布　　　　2009-12-01 实施

中华人民共和国国家质量监督检验检疫总局
中国国家标准化管理委员会　发布

前言

本标准代替 GB/T 5265—1985《水下噪声测量》。

本标准与 GB/T 5265—1985 相比，主要增加了不确定度分析以及数据处理等方面的内容。

本标准的附录 A、附录 B、附录 C、附录 D 为资料性附录。

本标准由中国科学院提出。

本标准由全国声学标准化技术委员会(SAC/TC 17)归口。

本标准起草单位：中国科学院声学研究所、海军装备研究院系统所。

本标准主要起草人：马力、刘清宇、李凡、陈耀明。

本标准所代替标准的历次版本发布情况为：

——GB/T 5265—1985。

声学 水下噪声测量

1 范围

本标准规定了测量水下噪声的条件和方法，以使所获得的测量数据结果能够对照和比较。

本标准适用于大洋深海、陆架浅海、港口和海湾等处所的水下噪声测量。

注：内河、湖泊等的水下噪声测量也可参考本标准。

本标准的适用频率范围：20 Hz～20 kHz。

本标准规定的测量结果可以为声纳系统设计、水声装备作用距离分析和预估、舰艇水下辐射噪声测量的背景修正等的分析提供数据；水下噪声测量作为海洋声学遥感方法，可以用于估计有关环境参数，如风速、波浪、地震、海啸等；监测水下生物噪声以及人为噪声来源；还可以用于研究水下噪声产生、传播的物理机制及其统计特性。

2 规范性引用文件

下列文件中的条款通过本标准的引用而成为本标准的条款。凡是注日期的引用文件，其随后所有的修改单(不包括勘误的内容)或修订版均不适用于本标准，然而，鼓励根据本标准达成协议的各方研究是否可使用这些文件的最新版本。凡是不注日期的引用文件，其最新版本适用于本标准。

GB/T 3223—1994 声学 水声换能器自由场校准方法

GB/T 3947—1996 声学名词术语

GB/T 4128—1995 声学 标准水听器

GB/T 4130—2000 声学 水听器低频校准方法

GB/T 16165—1996 水听器相位一致性测量方法

GB/T 18314 全球定位系统(GPS)测量规范

3 术语和定义

GB/T 3947—1996 确立的以及下列术语和定义适用于本标准。

3.1

海洋噪声 sea noise

由于自然原因，如波浪、湍流、热扰动等在海洋中引起的噪声。

注：除了生物噪声、地震噪声、雨噪声、人为噪声等以外的噪声称为海洋噪声，前者则称为海洋环境噪声(ambient noise of the sea)。

3.2

水听器 hydrophone

用于接收水声信号的声电换能器。

注：由于工作原理、特性及构造等不同有不同类型的水听器。如按工作原理分类，有压电水听器、电磁式水听器、光纤水听器、微机电水听器等。

3.3

测量水听器 measuring hydrophone

用作水声测量的二级标准水听器。测量水听器通常用标准水听器或标准发射器比较方法进行校准。

3.4

[水下]噪声频带声压级 [underwater]noise band sound pressure level

一定频带内的水下噪声的声压级,单位为分贝(dB)。频带宽度和基准声压应指明。噪声频带声压级可用式(1)计算:

$$L_{pf} = 20\ \lg \frac{p_f}{p_0} \qquad \cdots\cdots(1)$$

式中:

L_{pf}——噪声频带声压级,单位为分贝(dB);

p_f——测得的一定带宽噪声声压,单位为帕(Pa);

p_0——基准声压,单位为帕(Pa),通常取 $p_0 = 1\ \mu\text{Pa}$。

3.5

[水下]噪声声压谱[密度]级 [underwater]noise pressure spectrum [density] level

水下噪声信号在某一频率的声压谱密度与基准声压谱密度之比的以 10 为底的对数乘以 20。单位为分贝(dB)。

噪声声压谱级可用式(2)计算:

$$L_{ps} = L_{pf} - 10\ \lg \Delta f \qquad \cdots\cdots(2)$$

式中:

L_{ps}——水下噪声声压谱(密度)级,单位为分贝(dB),基准值为 $1\ \mu\text{Pa}/\sqrt{\text{Hz}}$;

L_{pf}——测得的中心频率为 f 的频带声压级,单位为分贝(dB),基准值为 $1\ \mu\text{Pa}$;

Δf——相对于 1 Hz 的带宽。

注:L_{ps} 与水声中的噪声(功率)谱级等价。

3.6

干扰噪声 interference noise

测量时由于各种原因所产生的,对测量造成影响的干扰。

注:干扰噪声主要来源于测量水听器及仪器系统所具有的电噪声、接地屏蔽不良引起的电感应干扰、水听器接收系统在水中受到水流激励和各种牵动从而引起结构振动、电缆抖动等水动力作用引起的系统自噪声。

3.7

水听器等效噪声声压谱级 hydrophone equivalent noise pressure spectrum level

水听器的等效噪声声压谱与其基准值之比的以 10 为底的对数并乘以 20。单位为分贝(dB),基准值为 $1\ \mu\text{Pa}/\sqrt{\text{Hz}}$。

注:水听器的等效噪声是平行于水听器主轴传播的平面正弦行波,使水听器产生的开路电压等于带宽 1 Hz 的噪声电压时所具有的声压。水听器等效噪声声压谱级的测量方法参照 GB/T 4128—1995。

3.8

Wenz 噪声谱级低限 the lowest limit of Wenz noise pressure spectrum level

Wenz 谱级图中给出的测量得到的海洋噪声最低界限谱级。

注:Wenz 谱级图是深海噪声测量的总结,已被广泛采用。

4 测量的量

水下噪声测量的参数包括:

a) 噪声频带声压级 L_{pf};

b) 噪声声压谱(密度)级 L_{ps}。

注:根据需要,还可以要求测量和存储噪声声压的瞬时值,检测噪声的各种类型如脉冲性噪声、非平稳态噪声等。

5 测量设备

5.1 概论

测量设备应能获得本标准所规定的测量的量。保存原始数据样本,以供实验室重放,作进一步分析时使用。基本测量设备一般应包括以下几部分:

a) 测声换能器系统;

b) 测量滤波放大系统;

c) 数据记录存储系统;

d) 其他系统:包括监听系统、特殊需要(如相关、统计等)的处理系统。

5.2 测声换能器系统

5.2.1 测声换能器系统的结构及布置

测声换能器系统可根据实际情况设计成浮标或者潜标方式(特定情况下也可采用船载方式),声系统的结构及布置设计要求如下:

a) 声系统结构不应在水下海流中引起共振,不影响声场及不形成声屏障效应;

b) 信号传送应使用柔软、纤细的电缆;

c) 水听器的固定要有防振措施,亦可加导流罩。

5.2.2 测量水听器

测量水听器要保证高灵敏度和低噪声以满足测量要求。具体技术要求如下:

a) 在测量频率范围内,水听器灵敏度应大于−170 dB,不均匀性应小于±2 dB;

b) 等效噪声声压谱级:小于 Wenz 噪声谱低限;

c) 水平指向性:其指向性图与理想的全指向性图的偏差应小于±1.5 dB;

d) 垂直指向性:−3 dB 波束宽度应大于 60°;

e) 其他电声性能应符合 GB/T 4128—1995 的有关规定;

f) 如果测量采用水听器阵,则各通道阵元相位不一致性不超过 2°。

5.3 测量滤波放大系统

测量放大系统可以用滤波器、放大器等。对滤波器和放大器的具体要求如下:

a) 在测量频率范围:通带内频响起伏为 0.5 dB;

b) 在测量频率范围:阻带内最小衰减为 60 dB;

c) 在测量频率范围:放大器幅频不均匀性应小于±0.2 dB。

5.4 数据记录存储系统

根据噪声测量要求,可以使用各种型号的数字采集记录设备(如有特殊需要,也可根据实际情况使用模拟记录设备,如声级计等)。数据记录过程中根据不同测量要求,在 20 Hz～20 kHz 频带内可以分段记录;数据采样率应为最高分析频率的 2 倍以上,数据采集记录精度保证 12 bit 以上;数据记录长度可按实际要求确定,一般不少于 2 min。

6 测量环境

6.1 声学环境

声学测量环境要求如下:

a) 在海上使用调查船或其他船只进行水下噪声测量时,不论是使用浮标式还是潜标式布放测声换能系统,测声换能器系统和调查船之间的有效距离应不小于 50 m。在开阔海域测量并使用固定式布放时,声换能系统离岸边的距离应不小于 1 km。应尽量避免布放在海底凹坑、礁石之上或其附近处。如在港口、海湾测量,并有特殊要求时,测声换能器系统的布放应根据需要确定。

b) 如使用船载方式进行测量，在噪声测量期间不能启动主机和辅机，禁止船上进行能产生撞击声传入水中的人为活动。

c) 根据测量的目的和要求选择待测的实际现场环境，对现场的环境状况须作详细描述和记录。

6.2 降低干扰噪声

降低干扰噪声要求如下：

a) 要尽量避开测量点附近可能存在的各种干扰噪声源；

b) 所使用的测量水听器及测量仪器电噪声尽可能低，其等效噪声声压谱级应小于 Wenz 谱级低限。

7 测量步骤

7.1 设备校准

对所有测量设备进行校准。

7.1.1 测量水听器校准

校准测量水听器(阵)灵敏度、相位一致性等。校准标准按照 GB/T 4128—1995、GB/T 4130—2000、GB/T 3223—1994、GB/T 16165—1996 进行。

7.1.2 放大及采集设备校准

采用标准信号源对滤波器、放大器、采集器等进行校准，保证放大设备的幅频和相频特性符合测量要求。

7.1.3 定位系统设备校准

对 GPS 等设备进行校准，校准标准按照 GB/T 16165—1996 和 GB/T 18314 进行，保证系统定位精度符合测量要求。

7.2 系统联调

整个测量系统要进行联调，检查各部分工作是否正常。

7.3 系统校准

校准测量设备带来的系统误差。

7.4 测量应注意的问题

测量应注意问题如下：

a) 在进行测量之前，首先确认测量环境、各项要求均应符合第 6 章规定；

b) 防止测量系统过载；

c) 测量期间，测量设备的供电设施应不干扰测量的进行(例如采用电池供电方式)；

d) 测量过程中，应进行监听(现场监听或录声重放监听)。

7.5 水下噪声测量

7.5.1 水下噪声测量方式

水下噪声测量方式分为漂浮式布放、坐底式布放以及特殊情况下的船载布放方式。

7.5.2 测量一般步骤

水下噪声测量一般步骤如下：

a) 测量船到达就位点，按照规定位置布放测声换能器系统(浮标、潜标或船载)；

b) 按试验要求接收记录水下噪声数据，同步监听噪声信号，测量数据存储到数字记录设备中；同时记录相应的水听器灵敏度、放大器放大倍数、水听器阵列的位置等测量系统相关信息；

c) 在观测噪声的同时，还应对为噪声测量目的所要求的气象学、海洋学、水声学的若干环境参数进行测量，如测声换能器 GPS 位置、水文情况、波浪、风速、声速等进行测量，测量的方法以及测量设备均符合有关规定；

d) 由于水下噪声昼夜和季节性变化，应对同一地点进行多次测量。测量次数根据需要确定，每次测量记录长度不少于 2 min。

8 数据处理

8.1 数据处理方法

截取有效接收信号，根据测量系统特性对实测数据进行修正，然后进行频谱分析(如 FFT)，按 3.4、3.5 中式(1)、式(2)计算要求频带的噪声声压级或声压谱级，并按附录 A 进行修正。利用数据结果也可以进行其他需要量(如统计参数、相干函数、噪声场空间指向性等)的计算和求取。当考虑测量系统特性如接收系统放大倍数、水听器灵敏度的影响，计算公式见附录 B。

注：本标准在计算噪声声压级和声压谱级时，可采用 matlab 编程中功率谱密度估计的子程序命令 pwelch。

8.2 测量不确定度分析

测量不确定度分析具体方法参见附录 D，分析过程中声场起伏、测量仪器及设备误差是主要不确定因素。

9 测量记录

9.1 测量现场环境描述

记录的现场环境内容包括：

a) 海区位置(经纬度、地名)、测量现场气象形势；
b) 声学系统布放方式描述、结构略图；
c) 测量方式(同船、岸边试验站、离岸距离)；
d) 测量方法(有线遥测、无线遥测、自记式测量)；
e) 通过监听，详细记录水下噪声的形式及主观感受。对听出来的噪声特征(如近于纯音的线谱分量、有节奏的谐波分量等)，尽可能使之与环境现状详细地同步记录下来。应特别注意对噪声有异常情况的记述。

9.2 测量设备记录

记录的测量设备内容包括：

a) 测量使用的仪器，包括名称、型号、厂家和序号；
b) 滤波放大器性能；
c) 仪器系统的频率响应；
d) 测量水听器的灵敏度、频响、水平及垂直指向性、等效噪声压谱级、校准日期、准确度级别等；
e) 仪器系统校准方法及日期。

9.3 声学数据记录

记录的声学数据内容包括：

a) 噪声频带声压级 L_{pf}；
b) 噪声声压谱级 L_{ps}；
c) 干扰噪声修正值 K；
d) 噪声声压谱级图表；
e) 对噪声瞬时值存储数据给以识别标志，说明测量条件及校正参数和曲线。

9.4 环境参数数据记录

记录的环境参数数据内容包括：

a) 风速(m/s)、海况(级)；
b) 海流流向、流速(kn)；
c) 水深(m)、海水温度剖面；
d) 海浪(波形、波向、波高)；

e） 海底底质；

f） 降雨记录（中雨、中阵雨、大雨、大阵雨、冰雹）；

g） 测量站位附近出现航船和其他水中物体时的记述。

注：根据噪声测量的目的要求，选择记录上列参数中的若干项，可参考附录C。

10 报告内容

报告内容包括：

a） 测量的日期、时间、地点；

b） 测量噪声的 L_{pf}、L_{ps} 和测量时相应的环境条件、参数以及有关说明；

c） 测量水听器和系统结构以及性能简述；

d） 对测量结果进行分析和讨论。

附 录 A
（资料性附录）
背景干扰噪声消除方法

为了减小背景干扰噪声对测量的影响，应对测得的结果按下式进行修正，具体修正公式如式（A.1）所示：

$$L_{pf} = L_{pf_0} - K \qquad \cdots\cdots\cdots\cdots (A.1)$$

式中：

L_{pf}——修正后的频带声压级，单位为分贝（dB），基准值为 1 μPa；

L_{pf_0}——实测频带声压级，单位为分贝（dB），基准值为 1 μPa；

K——修正值，单位为分贝（dB）。

背景干扰噪声及修正值见表 A.1，表中 ΔL 由式（A.2）给出：

$$\Delta L = L_{pf_0} - L_{pf_B} \qquad \cdots\cdots\cdots\cdots (A.2)$$

式中：

L_{pf_B}——测量系统干扰噪声等效声压级，单位为分贝（dB），基准值为 1 μPa。

表 A.1 干扰噪声修正值表

ΔL/dB	K/dB
<3	测量无效
3	3
4	2
5	2
6	1
7	1
8	1
9	0.5
10	0.5
>10	0

附 录 B
（资料性附录）
水下噪声频带声压级计算公式

频带声压级 $L_{pf}(i)$ 按式(B.1)计算：

$$L_{pf}(i) = 20\lg\left(\frac{U_i}{U_0}\right) - M_i - m_i \quad \cdots\cdots(B.1)$$

式中：

i——频带序号；

$L_{pf}(i)$——频带声压级，单位为分贝(dB)，基准值为 1 μPa；

U_i——第 i 个频带对应的接收噪声信号电压有效值数据，单位为伏特(V)；

U_0——基准电压数据，1 V；

M_i——第 i 个频带对应的水听器灵敏度级，单位为分贝(dB)，基准值为 1 V/μPa；

m_i——第 i 个频带对应的接收系统放大倍数，单位为分贝(dB)。

附　录　C
（资料性附录）
测量环境参数记录表格

C.1　海洋环境参数记录表格

海洋环境参数记录表格见表C.1。

表C.1　海洋环境参数记录表格

海区＿＿＿＿观测时间＿＿＿＿调查船＿＿＿＿纬度＿＿＿＿经度＿＿＿＿水深＿＿＿＿

时间	风速	风向	海洋流速	海况	波高	航船记录	降雨记录

记录＿＿＿＿校对＿＿＿＿

C.2　海水声速观测记录表格

海水声速观测记录表格见表C.2。

表C.2　海水声速观测记录表格

海区＿＿＿＿纬度＿＿＿＿经度＿＿＿＿水深＿＿＿＿调查船＿＿＿＿海况＿＿＿＿

天气＿＿＿＿测试日期＿＿＿＿船只漂移备注＿＿＿＿仪器型号＿＿＿＿

声速计算公式＿＿＿＿＿＿＿＿

序　号	记录文件名	纬度	经度	入水时间	出水时间	声速采样间隔

记录＿＿＿＿校对＿＿＿＿

附 录 D
（资料性附录）
环境噪声测量不确定度分析

D.1 不确定度分类

测量过程中的随机效应及系统效应均会导致测量不确定度，数据处理中的近似也会导致不确定度。广义而言测量不确定度是对测量结果正确性的可疑程度，也是表征被测量值的分散性，并与测量结果相联系的参数。

不确定度可分为A、B两类标准不确定度。A、B分类是评定不确定度的方法不同，只是便于理解和讨论，并不意味着两类分量之间存在本质上的区别。它们都基于概率分布，并都用方差或标准差定量表示。表征A类标准不确定度分类的估计方差 u^2，是由一系列重复观测值计算得到的，即为统计方差估计值 s^2。标准不确定度 u 为 u^2 的正平方根值，故 $u=s$。B类标准不确定度分量的方差估计值 u^2，则是根据有关信息来评定的，即通过一个假定的概率密度函数得到的，此函数基于事件发生的可信程度，即主观概率或先验概率。

D.2 A类标准不确定度

a) 算术平均值

在重复性条件或复现性条件下得到 n 个测量数据 x_i，变量 x 的期望值的最佳估计是 n 次独立测试结果的算术平均值 $\overline{x}$（$\overline{x}$ 又称为样本平均值）。算术平均值计算公式见式(D.1)：

$$\overline{x}=\frac{1}{n}\sum_{i=1}^{n}x_i \qquad \cdots\cdots\cdots(\text{D.1})$$

式中：

$\overline{x}$——算术平均值；

n——统计的测量数据个数；

x_i——第 i 个统计的数据值（声压测量、背景噪声测量等）。

b) 标准差

标准差 s 表征了 x_i 在 $\overline{x}$ 上下的分散性。标准差计算公式见式(D.2)：

$$s(x_i)=\sqrt{\frac{\sum\limits_{i=1}^{n}(x_i-\overline{x})^2}{n-1}} \qquad \cdots\cdots\cdots(\text{D.2})$$

式中：

$\overline{x}$——算术平均值；

n——统计的测量数据个数；

x_i——第 i 个统计的数据值（声压测量、背景干扰噪声测量等）。

c) 测量不确定度

通常以独立观测序列的算术平均值作为测量结果，测量结果的标准不确定度计算公式见式(D.3)：

$$u(\overline{x})=s(\overline{x})=\frac{s(x_i)}{\sqrt{n}}=\sqrt{\frac{\sum\limits_{i=1}^{n}(x_i-\overline{x})^2}{n(n-1)}} \qquad \cdots\cdots\cdots(\text{D.3})$$

式中：

$\overline{x}$——算术平均值；

n——统计的测量数据个数；

x_i——第 i 个统计的数据值(声压测量、传播特性测量、背景噪声测量等)。

D.3 B类标准不确定度

各误差源相互独立，具体分析如下：

a) 标准水听器校准不确定度引起的分量(已知 $k=2$)：$\mu_{B1} \leqslant \frac{0.6}{2}$ dB；

b) 放大滤波系统非线性和换档误差引起的分量：$\mu_{B2} \leqslant 0.5$ dB；

c) 电压测量误差引起的分量(按均匀分布)：$\mu_{B3} \leqslant \frac{0.2}{\sqrt{3}}$ dB；

d) 声场不均匀性引起的分量：$\mu_{B4} \leqslant 1.5$ dB。

总的B类标准不确定度分量：

$$\mu_B \leqslant \sqrt{\mu_{B1}^2 + \mu_{B2}^2 + 2\mu_{B3}^2 + \mu_{B4}^2} = \sqrt{\left(\frac{0.6}{2}\right)^2 + (0.5)^2 + 2 \times \left(\frac{0.2}{\sqrt{3}}\right)^2 + (1.5)^2} \approx 1.6 \text{ dB}$$

参 考 文 献

［1］ Urick, R. J.. Principles of Underwater Sound, 3rd ed. NewYork: McGraw-Hill, 1983

［2］ Jensen, F. B., W. A. Kuperman, M. B. Porter, H. Schmidt. Computational Ocean Acoustics. NewYork: American Institute of Physics, 1994

［3］ Urick, R. J.. Ambient Noise in the Sea. Washington, DC: Nav. Sea Syst. Command, 1984

［4］ G. M. Wenz. Acoustic ambient noise in the ocean: spectra and sources. J. Acoust. Soc. Am. 34, 1936-1956(1962)

［5］ Etter, P. C.. Underwater Acoustic Modeling: Principles, Techniques and Applications. London: Elsevier Applied Science, 1991

ICS 21.060.10
J 13

中华人民共和国国家标准

GB/T 5267.4—2009/ISO 16048:2003

紧固件表面处理 耐腐蚀不锈钢钝化处理

Passivation of corrosion-resistant stainless-steel fasteners

(ISO 16048:2003,IDT)

2009-10-15 发布　　2010-03-01 实施

中华人民共和国国家质量监督检验检疫总局
中国国家标准化管理委员会　发布

前　言

本部分是国家标准“紧固件表面处理”系列标准之一。该系列包括：

a） GB/T 5267.1—2002　紧固件　电镀层；

b） GB/T 5267.2—2002　紧固件　非电解锌片涂层；

c） GB/T 5267.3—2008　紧固件　热浸镀锌层；

d） GB/T 5267.4—2009　紧固件表面处理　耐腐蚀不锈钢钝化处理。

本部分是GB/T 5267的第4部分。

本部分等同采用国际标准ISO 16048:2003《耐腐蚀不锈钢紧固件钝化处理》(英文版)。

在引用文件中，用我国标准代替国际标准(第2章)。

本部分的附录A为资料性附录。

本部分由中国机械工业联合会提出。

本部分由全国紧固件标准化技术委员会(SAC/TC 85)归口。

本部分负责起草单位：中机生产力促进中心。

本部分由全国紧固件标准化技术委员会秘书处负责解释。

紧固件表面处理
耐腐蚀不锈钢钝化处理

1 范围

GB/T 5267 的本部分规定了用于耐腐蚀不锈钢紧固件表面钝化处理的常用方法。

附录 A 给出了活性-钝态-过钝态金属典型的阳极溶解过程。

2 规范性引用文件

下列文件中的条款通过 GB/T 5267 的本部分的引用而成为本部分的条款。凡是注日期的引用文件,其随后所有的修改单(不包括勘误的内容)或修订版均不适用于本部分,然而,鼓励根据本部分达成协议的各方研究是否可使用这些文件的最新版本。凡是不注日期的引用文件,其最新版本适用于本部分。

GB/T 3098.6 紧固件机械性能 不锈钢螺栓、螺钉和螺柱(GB/T 3098.6—2000,idt ISO 3506-1:1997)

GB/T 3098.15 紧固件机械性能 不锈钢螺母(GB/T 3098.15—2000,idt ISO 3506-2:1997)

GB/T 3098.16 紧固件机械性能 不锈钢紧定螺钉(GB/T 3098.16—2000,idt ISO 3506-3:1997)

GB/T 3098.21 紧固件机械性能 不锈钢自攻螺钉(GB/T 3098.21—2008,ISO 3506-4:2003,Mechanical properties of corrosion-resistant stainless-steel fasteners—Part 4:Tapping screws,IDT)

3 术语和定义

3.1 钝化

防止各种类型的不锈钢由于自然出现富铬氧化膜而导致表面厚度增加的化学处理。

3.2 钝态

不锈钢表面的无活性化学反应的状态。

4 钝化

4.1 钝化处理前的酸洗

钝化处理前的酸洗,推荐从表 1 中选择酸洗槽。

酸洗前,紧固件应进行脱脂和清洗处理。

表 1 酸洗技术条件

组别[a]	化学制品	浓度[c] %	温度[c] ℃	在新槽中暴露时间[c] min
A2 A3 A4 A5 C3[b] F1	HNO_3	20～30	20～60	10～30
	H_2SO_4	8～11	60～80	5～30

表 1（续）

组别[a]	化学制品	浓度[c] %	温度[c] ℃	在新槽中暴露时间[c] min
A1 C1[b] C4[b]	HNO_3	10～15	20～60	10～30
	H_2SO_4	8～11	60～80	5～30

[a] 钢等级按照 GB/T 3098.6、GB/T 3098.15、GB/T 3098.16 和 GB/T 3098.21。

[b] 酸洗前，为减少氢脆的风险，热锻紧固件 C1、C3 和 C4 原料过程的紧固件可能仅需要喷丸处理。

[c] 如有必要，在调整酸的浓度、温度和曝光时间时，允许采用规定以外的数值。

4.2 钝化过程

酸洗后，紧固件应进行钝化处理，从表 2 中选择钝化槽。

表 2　钝化技术条件

组别[a]	化学制品	浓度[c] %	温度[c] ℃	在新槽中暴露时间[c] min
A2 A3 A4 A5 C1 F1	HNO_3	20～50	20～40	10～30
A1 C4	HNO_3[b]	25～35	15～40	
A1	$H_2NO_3+Na_2Cr_2O_7\cdot 2H_2O$[c]	15～25		
C4	$H_2NO_3+Na_2Cr_2O_7\cdot 2H_2O$[c]	2～6		

[a] 钢等级按照 GB/T 3098.6、GB/T 3098.15、GB/T 3098.16 和 GB/T 3098.21。

[b] 选择适宜的槽。

[c] 附加使用 $Na_2Cr_2O_7\cdot 2H_2O$，用来减少高碳和易切削不锈钢的污渍和蚀刻。

5　钝化的检验

制造商根据质量保证体系检验钝化处理。并没有通用的钝化处理检验方法供使用。

附 录 A
（资料性附录）
钝 化

图A.1以图解的形式说明活性-钝态-过钝态金属典型特性。此材料最初的表现与未钝化材料类似。即随着电极电势阳性的增加，材料曲线趋向于特费尔(Tafel)图，并且溶解率指数增加。这是活性区域。在更多的惰性电势区域，溶解率减少到一个很小的值并在一个相当大的电势区域内保持一个基本的独立电位。这一区域被定位中性区域。最后，在绝对大的惰性电势区域，随着过钝态区域内电势的增长，溶解率重新增长。

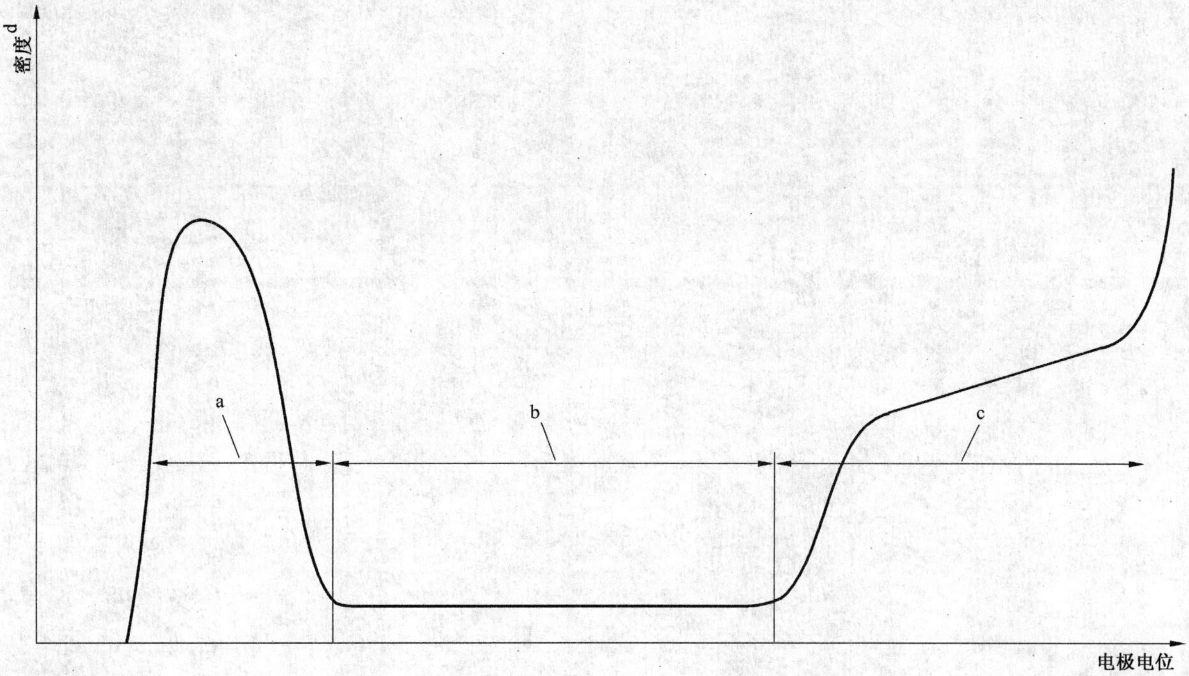

a 活性。

b 钝态。

c 过钝态。

d 对数坐标。

图 A.1 活性-钝态-过钝态金属典型的阳极溶解过程

ICS 71.040.40
G 86

中华人民共和国国家标准

GB/T 5275.10—2009/ISO 6145-10:2002
代替 GB/T 5275—2005

气体分析 动态体积法制备校准用混合气体 第10部分:渗透法

Gas analysis—
Preparation of calibration gas mixtures using dynamic volumetric methods—
Part 10: Permeation method

(ISO 6145-10:2002, IDT)

2009-06-02 发布　　2010-02-01 实施

中华人民共和国国家质量监督检验检疫总局
中国国家标准化管理委员会　发布

前　言

GB/T 5275《气体分析　动态体积法制备校准用混合气体》预计分为11部分：

——第1部分：校准法；

——第2部分：容积泵；

——第3部分：(暂缺)；

——第4部分：连续注射法；

——第5部分：毛细校准器；

——第6部分：临界锐孔；

——第7部分：热质传动控制器；

——第8部分：扩散法；

——第9部分：饱和法；

——第10部分：渗透法；

——第11部分：电化学发生法。

本部分为GB/T 5275的第10部分。

本部分等同采用ISO 6145-10:2002《气体分析　动态体积法制备校准用混合气体　第10部分：渗透法》。

本部分代替GB/T 5275—2005《气体分析　校准用混合气体的制备　渗透法》。

本部分与GB/T 5275—2005相比主要差异如下：

——增加对试剂和材料的要求(本部分的第4章)；

——将"方法应用实例"(GB/T 5275—2005的第3章)分成"设备"(本部分的第5章)、"程序"(本部分的第6章)两章分别进行详细的介绍；

——修改计算方法(GB/T 5275—2005的4.2,本部分的7.1)；

——将"误差"(GB/T 5275—2005的4.1)改为"不确定度"并增加不确定度的计算(本部分的7.3)；

——修改不确定度的来源(GB/T 5275—2005的4.1,本部分的6.2)；

——增加双盘天平连续称量系统的不确定度的计算示例并作为附录A(本部分的附录A)。

本部分的附录A为规范性附录。

本部分由中国石油和化学工业协会提出。

本部分由全国气体标准化技术委员会(SAC/TC 206)归口。

本部分起草单位：中国计量科学研究院、西南化工研究设计院。

本部分主要起草人：金美兰、梁建平、陈雅丽。

本部分所代替标准的历次版本发布情况为：

——GB/T 5275—1985、GB/T 5275—2005。

气体分析 动态体积法制备校准用混合气体 第10部分:渗透法

1 范围

GB/T 5275的本部分规定了用膜渗透的动态体积法制备校准用混合气体的方法。用这种方法制备的校准用混合气体的组分的摩尔分数范围为$10^{-9}\sim10^{-6}$,其相对扩展不确定度为2.5%。由于在这样低的范围内要保持校准用混合气体的组分含量稳定不变是困难的,因此校准用混合气体应在临用时制备,并且输送管路应尽量短。该技术已在制备低含量的校准用混合气体如空气中的SO_2、NO_2、C_2H_6等领域得到成功应用。

当载气流量测定结果为气体质量流量时,用渗透管制备校准用混合气体组分的方法即为动态体积法且该法给出组分的含量为摩尔分数的形式。

2 规范性引用文件

下列文件中的条款通过GB/T 5275的本部分的引用而成为本部分的条款。凡是注日期的引用文件,其随后所有的修改单(不包括勘误的内容)或修订版均不适用于本部分,然而,鼓励根据本部分达成协议的各方研究是否可使用这些文件的最新版本。凡是不注日期的引用文件,其最新版本适用于本部分。

ISO 6145-1 气体分析 动态容积法制备校准用混合气体 第1部分:校准法

3 原理

校准组分例如SO_2、NO_2、氨(NH_3)、苯、甲苯、二甲苯通过适当的膜渗透到载气流中,即得到校准用混合气体。将已知纯度的校准组分气盛装在渗透管中,该渗透管置于温度受控的容器中,用流量已知的并受控制的载气吹扫这个容器。混合气中组分的含量由该组分气体的渗透率和高纯度载气的流量来确定,该组分气体不应受混合气中的任何其他痕量组分气的干扰并且不应与渗透管的材料起任何化学反应。

校准组分气透过膜的渗透率取决于组分物质本身的性质、渗透膜的化学特性、结构、面积、厚度、温度以及校准组分气透过渗透膜的局部压力梯度。这些因素通过适当的系统操作可保持恒定。

将渗透管置于微量天平上,通过连续地或定期地对其进行称量,即可直接测定其渗透率。

4 试剂和材料

4.1 校准用的渗透物质

应选择纯度尽可能高的物质作为渗透物,以避免其中的杂质对渗透速率的影响;如果不可能则应知道其杂质的含量和性质,并且应考虑这些杂质对渗透率的影响因素。

4.2 载气

应用适当的分析方法对其纯度进行确定,例如,气相色谱分析法(GC)或傅立叶变换红外光谱法(FTIR)。

5 设备

5.1 渗透设备

由两种典型的渗透装置(5.1.1 和 5.1.2)的其中之一组成。

渗透设备材料的选择应避免对校准成分有任何吸附作用（化学或物理的）。最终得到的组分含量越低,吸附现象的影响就越大。如果可能,用玻璃作为温度受控的渗透管的外罩材料。气体在渗透设备和分析仪器之间的传输,应选择具有柔韧性和化学惰性的金属管材。特别要注意确保所有的连接处没有泄漏。

载气流量通过一个控制系统保持恒定,并由一个流量计进行监控。例如,气体流量的大小，可借助于一个质量流量控制器控制并且用质量流量计来测定。

为了确保分析仪的正常运行,应采用分流的方法将多余的气体排到大气中。

5.1.1 定期称量模式的渗透装置

由装在一个用载气吹扫的控温外罩中的渗透管组成。渗透管会每隔一定周期从外罩中取出进行称量。在操作时确保洁净,要使用手套和干净镊子进行称量。

典型的示例见图 1 和图 2。

5.1.2 连续称量模式的渗透装置

由温度受控的外罩、渗透管(由载气吹扫)组成。渗透管悬挂于称量装置并且连续地称量。

典型的示例见图 3。

5.2 渗透膜

由聚合物制成,这种聚合物应有足够的化学惰性和机械强度,例如:合适的聚四氟乙烯(PTFE)、聚乙烯、聚丙烯或四氟乙烯和六氟丙烯(FEP)的一种共聚物。

要考虑当温度变化时对材料性质的影响。

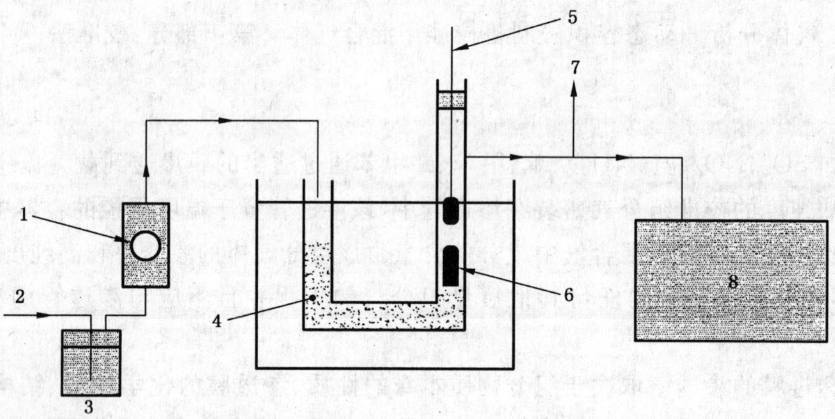

1——流量计；
2——载气；
3——干燥剂；
4——过滤器；
5——温度计；
6——渗透管；
7——余气出口；
8——分析仪。

图 1 定期称量模式的渗透装置示例 1

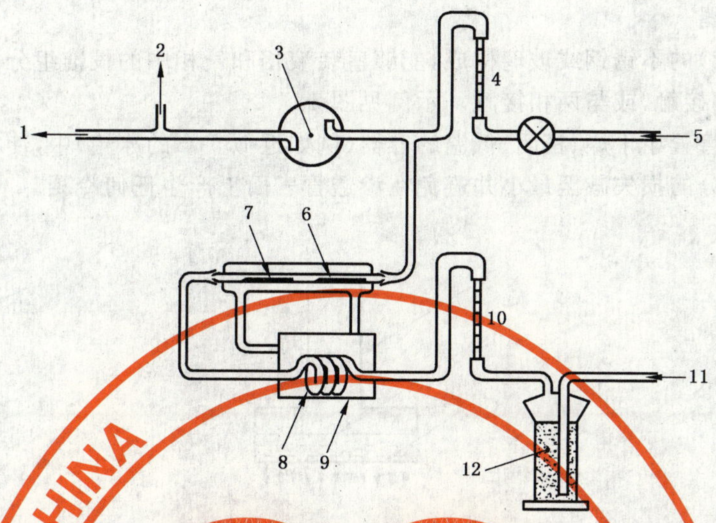

1——余气出口；
2——取样系统；
3——混合球形室；
4——流量计；
5——稀释气；
6——温度计；
7——渗透管；
8——铜蛇形管；
9——水浴；
10——流量计；
11——载气；
12——干燥剂。

图 2　定期称量模式渗透仪器示例 2

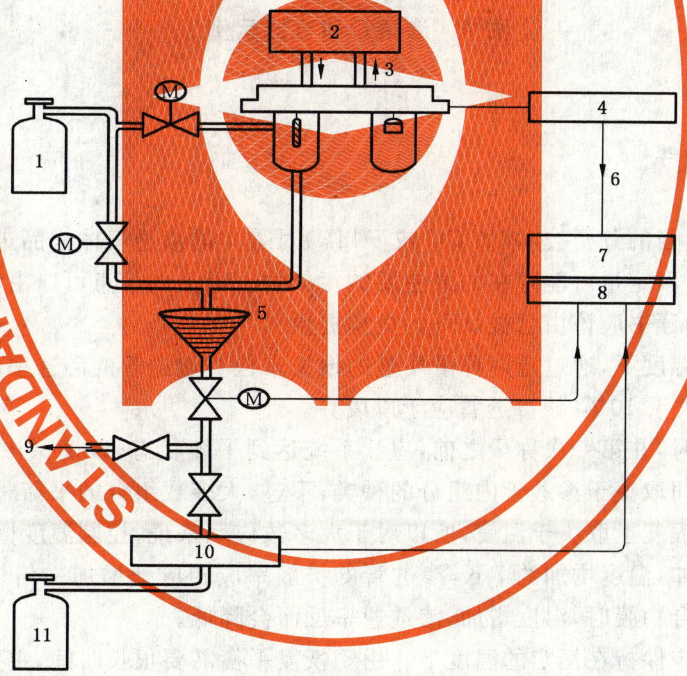

渗透管；
质量流速控制器；
称量配平物体。
1——高纯 air/N_2；
2——温度控制器；
3——水；
4——微量天平控制器；
5——气体搅拌器；
6——RS232 连线；
7——PC(采集、分析、检定程序)；
8——16 比特 ADC；
9——流量校准设施；
10——气体分析器；
11——有证的稳定的混合物。

图 3　连续称量模式渗透仪器示例

5.3 渗透管或渗透容器

由配有渗透膜(5.2)的不锈钢或玻璃构成，能够盛装液相和气相中的校准组分；膜用于渗透，可以只与液相接触或只与气相接触，或与两相接触。示例见图4。

在使用前，把渗透管置于干燥、密闭、低温的容器(例如近似5 ℃的冰箱)中，使渗透率维持在尽可能低的水平，以使校准组分的损失减至最小并避免在渗透管表面上产生任何冷凝。

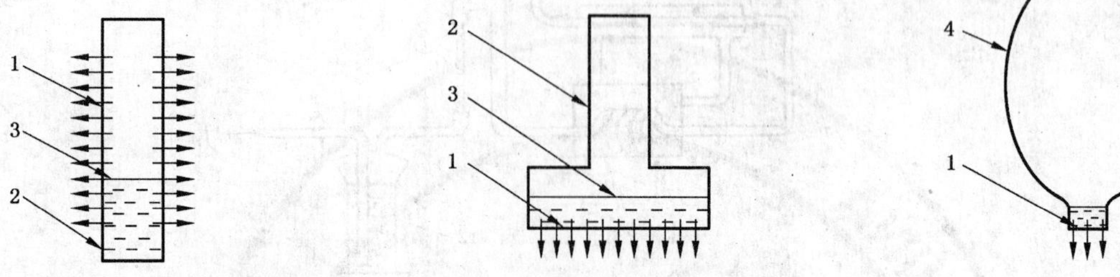

a) 配备与气、液两相接触的膜的圆柱形渗透管

b) 配备只与液相接触的膜的渗透管

c) 配备只与气相接触的膜的容器

1——膜；
2——不锈钢；
3——液体水平面；
4——玻璃。

图4 渗透管和容器示例

6 程序

6.1 初步检查和操作条件

6.1.1 渗透管

在使用前，应选择适当的分析技术(如GC或FTIR)对采集的渗透气体样品进行分析来评估渗透管中产品的纯度，这样就可以定量可能存在的最主要的污染物。以上的信息可以由渗透管的供应商提供，如果是这样的话，分析的证书应该由已被认可的机构提供。

在已知的和固定的温度下，通过定期称量质量的损失来检查渗透管的渗透率。如果在已知、固定的温度下，渗透率的变化大于10%，该渗透管应予以废弃。

当初次使用渗透管时，在第一次称量之前，应让系统达到平衡状态，以确保渗透速率已稳定在恒定值。达到平衡所需的时间取决于渗透管内组分的种类，不过，大多数组分的平衡时间为72 h。

由于渗透率在很大程度上取决于温度，所以对于大多数应用来说，控制温度槽的温度变化在0.1 K以内是必不可少的。例如，温度增加约7 K，渗透管的扩散率应相应地增加一倍。在某些情况下，扩散气体高度溶解于渗透聚合物膜时，温度增加，渗透速率反而会降低。

渗透管在使用期间应保持在恒定的温度下。由于恢复平衡需要很长时间，主要应避免平衡迟滞，此外还应避免温度的快速变化。

如果操作条件发生显著变化(如操作温度发生变化)，在重新开始测定之前，应预留72 h以让渗透管恢复平衡。

6.1.2 载气

载气流入渗透管之前，应将其温度调节至与渗透管的温度一致。任何一个能使载气在温度受控的容器内停留足够长的时间的系统就是令人满意的系统。

调节载气流量与稀释气流量(避免因温度改变而引起渗透管渗透率的变化)以改变校准用混合气体的组分含量。在这种情况下，渗透管能迅速达到平衡。图1、图2即为改变载气流量与稀释气流量的示例。稀释分一步或两步进行。第一步将气体从渗透管移走，第二步使混合气达到所需的浓度。图1给出的是一步稀释法的示例,图2、图3给出的是两步稀释法的示例。

在两步稀释法中,温度恒定之前,调节载气流至适当的流量,所需校准组分的含量通过调节稀释气流量即可得到,应避免影响渗透管的热质平衡。

6.1.3 温度的选择

温度的选择取决于渗透管的特征和所需要的渗透率。选择温度时,应选择接近环境的温度,以易于建立渗透装置的热质平衡;或选择比环境足够高的温度,以确保环境温度的变化不足以影响系统的热质平衡。

选择接近于周围环境温度有两个优点:

a) 在渗透管的温度接近周围环境温度时,更易准确控制其温度;

b) 载气的温度更容易被控制。

6.1.4 渗透管的处理

确保所有的称量在极度清洁的条件下进行,而且应避免操作人员的手直接接触渗透管。应使用手套和干净的镊子。

6.2 质量损失速率的测定

确保称量室里的温度和空气相对湿度受控,并且在连续称量期间保持恒定。称量渗透管并且在称量以后放回温度受控的环境。尽量使渗透管在温度未受控制的环境中停留的时间最短。如果在连续称量期间,不要把渗透管从称量盘移开。

在一个给定的时间间隔内,渗透装置的质量将减少。测定该质量的变化会产生相应的不确定度。因此测定的时间间隔长短的选择取决于所需的准确度,即与总质量损失的分数比。选择称量的时间间隔以使在该时间间隔内称量的不确定度与渗透管的质量损失之比很小(例如<1%)。在连续称量的模式情况下,选择称量的频率使其与渗透速率除以天平的感量所得之值尽可能接近。它会给出来源于恒定质量损失的系统偏差。例如,渗透速率为 2.0×10^{-6} g/min、天平感量为 1×10^{-6} g 时,建议采样频率为 2 次/min。

7 结果的表述

7.1 计算

所得校准用混合气体中校准成分 A 的质量浓度 β,由式(1)给出:

$$\beta=\frac{q_m(\mathrm{A})}{q_V} \qquad \cdots\cdots(1)$$

式中:

$q_m(\mathrm{A})$——校准组分 A 的渗透率(质量流量),有量纲 $\mathrm{MT^{-1}}$,例如,单位为微克每分(μg /min);

q_V——组分气体的流量与稀释气体的流量之和,有量纲 $\mathrm{L^3T^{-1}}$,例如,单位为立方米每分($\mathrm{m^3}$/min)。

实际上,组分的流量 q_V 可忽略不计。在两步稀释法中流量 q_V 是载气流量和稀释气流量之和。

从式(1)可计算出混合气体组分的质量浓度 β,量纲为 $\mathrm{ML^{-3}}$,例如,单位为微克每立方米($\mu\mathrm{g/m^3}$)。注意,在这种情况中,浓度取决于压力条件和温度条件。

如将组分气的摩尔质量 $M(\mathrm{A})$、混合气中所有成分的分摩尔质量 M_{tot} 代入计算,可将计算所得的浓度转换成测定条件下的摩尔分数 $x(\mathrm{A})$。混合气的质量流量可通过测定条件下的混合气的体积流量 $q_{V,\mathrm{tot}}$ 与混合气的密度 ρ_{tot} 二者的乘积计算而得;摩尔质量流量则由 $q_{V,\mathrm{tot}}\times\rho_{\mathrm{tot}}$ 除以 M_{tot} 即可获得。实际上,在测定条件下可代入载气的密度和摩尔质量进行计算,见式(2):

$$x(\mathrm{A})=\frac{q_m(\mathrm{A})/M(\mathrm{A})}{q_{V,\mathrm{tot}}\times\rho_{\mathrm{tot}}/M_{\mathrm{tot}}}=\frac{q_m(\mathrm{A})\times M_{\mathrm{tot}}}{q_{V,\mathrm{tot}}\times\rho_{\mathrm{tot}}\times M(\mathrm{A})} \qquad \cdots\cdots(2)$$

式中 $q_{V,\mathrm{tot}}$ 是混合物体积流量之和。

由式(1)和式(2)可导出式(3):

$$x(\mathrm{A})=\frac{\beta(\mathrm{A})\times M_{\mathrm{tot}}}{\rho_{\mathrm{tot}}\times M(\mathrm{A})} \qquad \cdots\cdots(3)$$

另一方面,如果载气流量是以气体质量流量 $q_{m,\mathrm{cg}}$ 的形式,将校准组分气的摩尔质量 M_{A} 和载气的摩尔质量 M_{cg} 代入计算,则可算出最终混合气体的摩尔分数。在质量流量总和的计算中,校准组分气的流量通常可忽略不计,于是可得:

$$x(\mathrm{A})=\frac{q_m(\mathrm{A})/M(\mathrm{A})}{q_{m,\mathrm{cg}}/M_{\mathrm{cg}}} \qquad \cdots\cdots(4)$$

计算结果可以用任何适当的单位表示。

注意到式(1)、式(3)、式(4)均与常数相关,而与这些常数相关的不确定度可忽略不计(摩尔质量的相对不确定度通常为 $\pm10^{-5}$)。因此,与摩尔分数相关的相对不确定度的值等于与质量浓度相关的相对不确定度的值。

7.2 不确定度的来源

7.2.1 总则

产生不确定度的因素有很多种,下述几个子条款将作具体介绍。

7.2.2 杂质

同前面讨论过的一样,制备混合气体的渗透装置在使用前,校准组分气和载气中的每一种杂质都应该定性和定量,或规定它们相应的浓度值的上限。为了达到这个目的,可使用适当的分析技术(例如GC或FTIR)。在恒定的温度下,经常(例如每周一次)对渗透速率进行检测,可很好地确认某一种组分正在渗透。

7.2.3 易聚合或化合的物质

一些物质(例如氯乙烯)可以聚合或可以相互化合。这将使最终混合气体中组分的真实浓度降低,计算总不确定度时应考虑这些效应产生的影响。

7.2.4 渗透管质量损失速率的测定

渗透管质量损失速率的测定也会产生误差。这可能由不正确的质量测定而产生或者由于渗透管壁温度的波动而导致质量损失速率的变化。

质量测定的不确定度通常来源于天平未按规定的周期检定或天平灵敏度不够高。应定期对天平进行可溯源性检定(见7.3.2.2)。

温度的波动而产生的质量损失速率的变化将影响连续称量和定期称量两种方法的渗透率的测定。

当使用连续称量的方法时,渗透率的变化立刻就能被识别。对于定期称量的方法,在计算总不确定度时应考虑到由于温度波动而产生的质量损失速率的偏差(见7.3.2.3)。

7.2.5 载气流量的测定

在载气流量的测定中会产生误差。测定流量设备的定期校准溯源可以将误差减到最小。在计算总的不确定度时应考虑到该不确定度因素。

7.2.6 在仪器的壁上发生的吸附或解吸附作用过程

由于在仪器的壁上发生吸附或解吸附作用致使最终混合气体的含量的计算结果与实际含量存在误差。用这种方法制备的混合气体的表观浓度(比如由分析仪器来测定显示)的长时间的漂移即可很好地表明有吸附和解吸附作用的发生。在挑选装置(例如渗透管和混合容器)的材料时,应小心选择能将吸附和解吸作用降至最低的材料。如果这些作用不可避免,那么设备在使用前应让其达到平衡。

7.2.7 浮力变化

在称量中,渗透管排开空气的质量将影响装置质量的称量结果。通过计算该浮力的变化值即可对浮力进行校正。渗透管质量损失的真值 Δm 可根据式(5)计算:

$$\Delta m=m_1-m_2+(\rho_2-\rho_1)V \qquad \cdots\cdots(5)$$

式中：

m_1——第一次称量时渗透管的表观质量；

m_2——最后一次称量时渗透管的表观质量；

ρ_1——第一次称量时的空气密度；

ρ_2——最后一次称量时的空气密度；

V——渗透管的体积。

在第一次和最后一次称量期间大气条件(温度，压力和湿度)保持恒定的前提下，浮力将保持恒定，质量损失的测定由两次称量之差算出，将不需进行浮力校正。

如果使用双盘结构的天平，采用与渗透管相同体积的物体称量，将消除浮力影响。

如果使用单盘结构的天平，为了消除浮力影响，采用与渗透管体积相同的称量配平体进行多次相对称量。

7.2.8 静电影响

渗透管周围场地的静电可干扰称量。用金属丝网或金属(如黄金)薄膜罩住称量盒或在称量盒内设置微弱的放射源可减弱静电的影响。

7.2.9 泄漏的可能性

渗透装置存在泄漏会影响混合气体的准确性。如果载气吹扫渗透管后即刻产生泄漏，那么所制备的混合气体的浓度将会比式(1)的计算值偏低。在使用测量系统前应对渗透装置进行严密试漏并确定允许泄漏量。

7.2.10 时间的测定

由于时间测定的误差会使称量之间的时间间隔的测定不准确，应对测定时间的设备进行定期、可溯源的检定，以便将该误差降至最低。在计算总的不确定度时应考虑到该不确定度因素。

7.3 不确定度计算

7.3.1 计算

根据式(1)，质量浓度的合成标准不确定度 $u_c(\beta)$，可通过对校准组分气体的渗透速率测定的标准不确定度 $u(q_m)$ 和总的稀释气体流量测定的标准不确定度 $u(q_V)$ 计算得到，见式(6)：

$$u_c^2(\beta)=\left[\frac{\partial\beta}{\partial q_m}\right]^2 u^2(q_m)+\left[\frac{\partial\beta}{\partial q_V}\right]^2 u^2(q_V) \qquad \cdots\cdots(6)$$

当灵敏度系数是由式(1)确定的，相对不确定度的计算式见式(7)：

$$\frac{u_c(\beta)}{\beta}=\sqrt{\left[\frac{u(q_m)}{q_m}\right]^2+\left[\frac{u(q_V)}{q_V}\right]^2} \qquad \cdots\cdots(7)$$

另一方面，不确定度 $u(q_m)$、$u(q_V)$ 可转换成相对不确定度 $Z(q_m)$、$Z(q_V)$。这两个相对不确定度是相互独立、无关联的，因此对其平方和开平方得式(8)：

$$Z(\beta)=\sqrt{Z(q_m)^2+Z(q_V)^2} \qquad \cdots\cdots(8)$$

同前面讨论过的一样，我们可以假设摩尔分数的相对不确定度同质量浓度的是一样的。

7.3.2 质量损失率测定的不确定度

7.3.2.1 方法

渗透管质量损失速率测定的不确定度主要与测定的时间间隔的长短有关。以下是两种不同的示例：

a) 运用连续式称量技术在相对短的时间间隔(比如 1 h)内进行渗透管质量损失的常规测定，在这种情况下，不确定度主要源自天平的灵敏度。渗透管长期的温度波动不会影响其质量损失速率的测定。

b) 运用间断式称量技术在较长的时间间隔内(比如 1 周)内进行渗透管质量损失速率的常规测定，在这种情况下，渗透管温度的长期波动将影响渗透管的瞬时质量损失并且成为产生不确定度的主要来源。

7.3.2.2　**天平灵敏度产生的质量损失的不确定度**

由天平灵敏度产生的标准不确定度可以通过不确定度的A类计算方法(见附录A)来计算。应在恒定温度下、采用与混合气体制备中质量损失速率常规测定相同的时间间隔下,对渗透管的质量损失速率进行反复测定。$u(q_m)$由这些反复测定结果的标准偏差计算得到。同时还应考虑天平校准的不确定度的因素。

7.3.2.3　**由渗透管温度波动产生的质量损失率的不确定度**

当渗透管的称量是定期进行的,两次称量间的时间间隔比7.3.2.2中提到的时间间隔要长,并且由天平灵敏度引起的质量损失速率的相对不确定度很小时,不确定度的主要来源为渗透管在相对长的时间间隔(一般为10 h)内的温度波动。可以通过不确定度的B类计算方法(见附录A)来计算。

如果渗透率q_m对操作温度T_{op}的变化速率为$\left(\frac{\partial q_m}{\partial T_{op}}\right)$、由渗透管腔室温度稳定性测定的标准偏差给出的温度控制设备的稳定性由$S(T)$表示,那么渗透率的相对标准不确定度见式(9):

$$\frac{u(q_m)}{q}=\frac{1}{q_m}\left(\frac{\partial q_m}{\partial T}\right)_{T_{op}}\quad S(T) \qquad \cdots\cdots(9)$$

注:当温度波动很小时(<0.1 K),关于渗透率与温度的从属关系的描述常由渗透管生产商提供,$\left(\frac{\partial q_m}{\partial T}\right)$可用于不确定度的粗略计算。

7.3.2.4　**由浮力波动产生的质量损失速率的不确定度**

当对渗透管进行称量时,也应对浮力的波动进行修正并计算相应的不确定度的值。如果质量损失的测定源自一个可相抵消的称量配平物体或浮力的修正系数远远小于渗透管质量损失速率测定而产生的不确定度,则修正可以忽略。

空气的密度可用潮湿空气密度的计算公式来计算。当温度为0 ℃～27 ℃时,潮湿空气的密度ρ(kg/m³)计算式可简化为式(10):

$$10^3\rho=\frac{[3.484\,88p-(8.037+737.4\times10^{-3}+975.25\times10^{-6}t^3)h]}{(273.15+t)} \qquad \cdots\cdots(10)$$

式中:

p——称量时的大气压力,单位为百帕(hPa);

t——称量时的大气温度,单位为摄氏度(℃);

h——称量时的大气的相对湿度,%。

表1给出了两种状态下空气密度的变化。

表1　空气密度的变化

条　　件	空气密度/(kg/m³)
24 ℃、986 hPa、80%相对湿度	1.145 8
18 ℃、1 040 hPa、20%相对湿度	1.242 9

假定大气压力(p_i)、大气温度为(t_i,单位为℃)、相对湿度(h_i)及渗透管的体积(V)为下列值($i=1$时代表初始值、$i=2$时代表最终值)。用这些值计算浮力修正系数,所得值为0.400 μg±0.014 μg(±3.5%)。

p_1=1 040 hPa±0.5 hPa

p_2=1 000 hPa±0.5 hPa

t_1=20 ℃±0.05 ℃

t_2=20.5 ℃±0.05 ℃

h_1=20%±1%

$h_2 = 30\% \pm 1\%$

$V = (7.853\,9 \pm 0.235\,6) \times 10^{-6}\ m^3$

浮力修正的影响可以通过对渗透管在初时和最终称量而得出的质量损失的数量级来判断。例如，质量损失为 20 mg(渗透速率为 2×10^{-6} g/min、两次称量时间间隔为 1 周)，浮力的影响对渗透管质量损失测定产生的相对不确定度为 2×10^{-5}。

当浮力产生的相对不确定度低于最主要的相对不确定度的 100 倍时，浮力产生的相对不确定度可忽略不计。否则，就要用标准方法进行浮力修正和计算修正所产生的不确定度。

浮力校正系数的不确定度主要来源为计算空气密度所需的、称量时的大气温度、大气压力、大气相对湿度的测定。同时还应考虑渗透管体积的不确定度因素。

7.3.3 稀释气流量测定的不确定度

不确定度的主要来源是测定流量的设施的绝对校正和测定的标准偏差。与误差相关联的标准不确定度可通过不确定度的 B 类计算方法(见附录 A)来计算。不确定度的大小通常作为制备方法校准的一部分内容给出。例如，对热质流量计而言，可用 ISO 6145-1 中介绍的其中一种方法对设施进行校准而计算其不确定度，即为满量程的 0.5%～1.0%。

7.3.4 校准组分气中的杂质与载气中的主要杂质

载气和液化校准组分气很有可能含有影响渗透法制备的混合气体的准确浓度的杂质。由于这些杂质会降低最终混合气体的准确性和稳定性，因此有必要对载气和校准组分气中的杂质进行分析。校准组分气中的杂质会作用于混合气体而影响其准确性，这一点有别于载气中的杂质对混合气体的影响。

7.1 中的计算是基于校准组分气是纯气体这一假设的。该组分气中任何一种能渗透过渗透管管壁的杂质都有可能导致所制备的混合气体中的组分气的浓度低于式(1)计算所得值(不能渗透的杂质则不能影响 q_m 的值)。

载气中的杂质则在对所制备的混合气体浓度上所扮演的角色不同。例如：

——如果载气中含有作为杂质的校准组分气，那么所制备的混合气体中该组分气的浓度会明显高于式(1)计算所得值。因此，应该选用足够高灵敏度的仪器对载气中的相应校准组分进行分析，以保证其对总的不确定度没有贡献或者其含量在仪器的检测限以下。

——如果载气中含有的杂质能与校准组分气发生反应，这就会影响混合气体最终准确性和稳定性。因此，对以上杂质分析必须达到一定的检出限，以保证其含量足够低对校准组分没有影响，或者在计算校准气浓度的总不确定度时，加入对这些杂质测定后的修定值。

7.4 不确定度计算示例

附录 A 给出了采用双盘天平连续称量系统的总不确定度的计算示例。

附 录 A
（规范性附录）
双盘天平连续称量系统的不确定度的计算示例

本示例采用双盘天平连续称量技术。由于称量配平物体的体积与渗透管的体积相同，因此浮力的影响可忽略。如7.3所述，有多种因素影响所制备的混合气体β中的校准组分A的质量浓度β的不确定度。

A.1 渗透率$u(q_m)$的不确定度（相对不确定度）

渗透率测定中不确定度的A类评估按如下进行：在48 h内对渗透管的质量进行测定并每2 h计算一次渗透率。48 h内渗透速率的平均值、样品的标准偏差计算值为：

$$q_m = 1.06 \times 10^{-6}\ \text{g/min}$$

$$u(q_m) = 7.77 \times 10^{-9}\ \text{g/min}$$

A.2 天平校准的不确定度Z_{mcal}（相对不确定度）

天平校准不确定度的A类评估按如下进行：在天平上对一整套标准砝码（可溯源到国家标准质量）进行称量。将砝码的测定值与校准证书上的标示值进行比较，二者之间的平均差值即可计算天平校准的不确定度：

$$Z_{mcal} = 0.085\%$$

注：当使用实验测定的最大值或在没有天平制造商提供的值和校准不确定度时，不确定度可以使用B类评估。

A.3 稀释气流量测定的不确定度$u(q_V)$

稀释气流量测定的不确定度$u(q_V)$的A类评估按如下进行：在制备混合气体校准时进行流量的各次测定。计算的平均流量及其标准偏差为：

$$q_V = 1.525\ \text{L/min}$$

$$u(q_V) = 0.003\ \text{L/min}$$

A.4 流量计校准的不确定度Z_{Vcal}（相对不确定度）

按如下进行流量计校准不确定度的A类评估：根据国家标准的规定，应对每一定间隔范围进行流量计校准。测定值与标示值之间的平均差值即为流量计校准的不确定度：

$$Z_{Vcal} = 0.25\%$$

注：利用实验测定的最大差值或生产商提供的标准不确定度进行B类评估。

A.5 所用时间测定的不确定度Z_{time}（相对不确定度）

按如下进行B类评估：渗透管每隔1 h～2 h称量一次，因此不确定度为0.03%（1 h误差为1 s）：

$$Z_{time} = 0.03\%$$

A.6 由于渗漏的存在而产生的不确定度Z_L（相对不确定度）

按如下进行B类评估：进行检测限为2 mL/h的渗漏测试。由于测试结果观察不到任何渗漏，因此相对于3 000 mL/h流量（以3 000 mL/h的速率直接通过渗透管）2 mL/h的不确定度为：

$$Z_L = 0.07\%$$

A.7 校准组分气和载气中的杂质产生的不确定度 Z_{imp}（相对不确定度）

该不确定度按B类评估。该不确定度将被直接累加到总不确定度中。

$$Z_{imp}=0.5/200=0.25\%$$

其中0.5、200的单位均为nmol/mol。

上述所列不确定度均以相对不确定度表示，并且都是相互独立、相互无关联的。因此校准混合气体质量浓度的相对合成标准不确定度可按式(A.1)计算：

$$\frac{u_c(\beta)}{\beta}=\sqrt{\left(\frac{u(q_m)}{q_m}\right)^2+\left(\frac{u(q_V)}{q_V}\right)^2+Z_{mcal}^2+Z_{Vcal}^2+Z_{time}^2+Z_L^2+Z_{imp}} \quad \cdots\cdots\cdots(A.1)$$

式(A.1)同样可以用于计算校准用混合气体的摩尔分数的相对合成标准不确定度。

表A.1中给出了总不确定度的计算示例。

校准混合气体的摩尔分数为200×10^{-9}，其相对扩展不确定度为3.76%(1.88%)，$k=2$时。

表A.1 总不确定度示例

不确定度来源	符号	A或B类	概率分布	因子	示例值
天平校准	Z_{mcal}	A	正态	1	0.09%
渗透速率	$u(q_m)/q_m$	A	正态	1	0.73%
时间的测定	Z_{time}	B	矩形	$\sqrt{3}$	0.02%
渗漏的可能性	Z_L	B	矩形	$\sqrt{3}$	0.04%
流速计的校准	Z_{Vcal}	A	正态	1	0.25%
流速的测定	$u(q_V)/q_V$	A	正态	1	0.20%
平方和	—	—	—	—	0.80%
平衡气中杂质[a]	Z_{imp}	B	矩形	$\sqrt{3}$	0.14%
相对合成标准不确定度	$u_c(\beta)/\beta$	—	矩形	—	0.94%
相对扩展不确定度	—	—	正态($k=2$)	—	1.88%

[a] 当校准气含量为200 μmol/mol、平衡气引入的不确定度为0.14%。

ICS 77.140.75
H 48

中华人民共和国国家标准

GB/T 5312—2009
代替 GB/T 5312—1999

船舶用碳钢和碳锰钢无缝钢管

Carbon and carbon-manganese steel seamless steel tubes and pipes for ship

2009-10-30 发布　　2010-05-01 实施

中华人民共和国国家质量监督检验检疫总局
中国国家标准化管理委员会　发布

前　言

本标准参照中国船级社(CCS)《材料与焊接规范》(2006 版)中无缝钢管技术内容修订。

本标准代替 GB/T 5312—1999《船舶用碳钢和碳锰钢无缝钢管》。本标准与 GB/T 5312—1999 相比,主要变化如下:

——增加了订货内容;

——删除了标记示例;

——修改了热轧(挤压)钢管的外径允许偏差;

——增加了长度允许偏差等级;

——增加了全长弯曲度指标;

——修改了硫、磷的含量;

——修改了钢的冶炼方法;

——修改了弯曲试验的方法;

——取消了标准原附录 A、附录 B。

本标准的附录 A 为资料性附录。

本标准由中国钢铁工业协会提出。

本标准由全国钢标准化技术委员会归口。

本标准负责起草单位:宝山钢铁股份有限公司。

本标准参加起草单位:攀钢集团成都钢铁有限责任公司、江阴市界达特异制管有限公司。

本标准主要起草人:罗玉清、张耀飞、刘彩玲、李奇、薛建良、杨帆。

本标准所代替标准的历次版本发布情况为:

——GB/T 5312—1985、GB/T 5312—1999。

船舶用碳钢和碳锰钢无缝钢管

1 范围

本标准规定了船舶用碳钢和碳锰钢无缝钢管(以下简称钢管)的分类、代号、尺寸、外形、重量、技术要求、试验方法、检验规则、包装、标志和质量证明书。

本标准适用于制造船舶用的Ⅰ级承压管系、Ⅱ级承压管系、锅炉及过热器用的碳钢和碳锰钢无缝钢管。

2 规范性引用文件

下列文件中的条款通过本标准的引用而成为本标准的条款。凡是注日期的引用文件，其随后所有的修改单(不包括勘误的内容)或修订版均不适用于本标准，然而，鼓励根据本标准达成协议的各方研究是否可使用这些文件的最新版本。凡是不注日期的引用文件，其最新版本适用于本标准。

GB/T 222 钢的成品化学成分允许偏差

GB/T 223.5 钢铁 酸溶硅和全硅含量的测定 还原型硅钼酸盐分光光度法(GB/T 223.5—2008,ISO 4829-1:1986,ISO 4829-2:1988,MOD)

GB/T 223.12 钢铁及合金化学分析方法 碳酸钠分离-二苯碳酰二肼光度法测定铬量

GB/T 223.26 钢铁及合金 钼含量的测定 硫氰酸盐分光光度法

GB/T 223.53 钢铁及合金化学分析方法 火焰原子吸收分光光度法测定铜量

GB/T 223.54 钢铁及合金化学分析方法 火焰原子吸收分光光度法测定镍量(GB/T 223.54—1987,eqv ISO/DIS 4940:1986)

GB/T 223.59 钢铁及合金 磷含量的测定 铋磷钼蓝分光光度法和锑磷钼蓝分光光度法

GB/T 223.63 钢铁及合金化学分析方法 高碘酸钠(钾)光度法测定锰量

GB/T 223.68 钢铁及合金化学分析方法 管式炉内燃烧后碘酸钾滴定法测定硫含量

GB/T 223.69 钢铁及合金 碳含量的测定 管式炉内燃烧后气体容量法

GB/T 228 金属材料 室温拉伸试验方法(GB/T 228—2002,eqv ISO 6892:1998)

GB/T 229 金属材料 夏比摆锤冲击试验方法(GB/T 229—2007,ISO 148-1:2006,MOD)

GB/T 232 金属材料 弯曲试验方法(GB/T 232-1999,eqv ISO 7438:1985)

GB/T 241 金属管 液压试验方法

GB/T 242 金属管 扩口试验方法(GB/T 242—2007,ISO 8493:1998,IDT)

GB/T 245 金属管 卷边试验方法(GB/T 245—2008,ISO 8494:1998,IDT)

GB/T 246 金属管 压扁试验方法(GB/T 246—2007,ISO 8492:1998,IDT)

GB/T 2102 钢管的验收、包装、标志和质量证明书

GB/T 2975 钢及钢产品 力学性能试验取样位置及试样制备(GB/T 2975—1998,eqv ISO 377:1997)

GB/T 4336 碳素钢和中低合金钢的光电发射光谱分析方法

GB/T 4338 金属材料高温拉伸试验(GB/T 4338—2006,ISO 783:1989,MOD)

GB/T 5777 无缝钢管超声波探伤检验方法(GB/T 5777—2008,ISO 9303:1989,MOD)

GB/T 7735 钢管涡流探伤检验方法(GB/T 7735—2004,ISO 9304:1989,MOD)

GB/T 12606 钢管漏磁探伤方法(GB/T 12606—1999,eqv ISO 9402:1989、ISO 9598:1989)

GB/T 17395 无缝钢管尺寸、外形、重量及允许偏差(GB/T 17395—2008,ISO 1127:1992、

ISO 4200:1991、ISO 5252:1991,NEQ)

GB/T 20066　钢和铁　化学成分测定用试样的取样和制样方法(GB/T 2006—2006,ISO 14284:1996,IDT)

3　分类、代号

3.1　钢管按产品制造方式分为两类,类别和代号如下:

a)　热轧 WHR(挤压 WHEX、扩 WHE)钢管;

b)　冷拔 WCD(轧 WCR)钢管。

3.2　钢管按用途分为:承压管系用无缝钢管和锅炉及过热器用无缝钢管。

3.2.1　承压管系用无缝钢管按设计压力和设计温度分为 3 级,如表 1 所示。

表 1　管系等级

等级	Ⅰ级		Ⅱ级		Ⅲ级	
介质	设计压力/MPa	设计温度/℃	设计压力/MPa	设计温度/℃	设计压力/MPa	设计温度/℃
	大于		—		不大于	
蒸汽和热油	1.6	300	0.7～1.6	170～300	0.7	170
燃油	1.6	150	0.7～1.6	60～150	0.7	60
其他介质	4.0	300	1.6～4.0	200～300	1.6	200

注 1:当管系的设计压力和设计温度其中一个参数达到表中Ⅰ级规定时,即定为Ⅰ级管;当管系的设计压力和设计温度二个参数均满足表中Ⅱ级规定时,即定为Ⅱ级管。

注 2:其他介质是指空气、水、润滑油和液压油等。

注 3:Ⅲ级管系用无缝钢管可根据船检部门认可的国家标准制造。

3.2.2　锅炉及过热器用无缝钢管管壁的工作温度应不超过 450 ℃。

3.2.3　表示方法如下:

a)　承压管系用无缝钢管在钢级后面分别加“Ⅰ”、“Ⅱ”或“Ⅲ”表示;

b)　锅炉及过热器用无缝钢管在钢级后面加“G”表示。

4　订货内容

按本标准订购钢管的合同或订单应包括下列内容:

a)　标准编号;

b)　产品名称;

c)　钢级及管系级别;

d)　订购数量(总重量或总长度);

e)　尺寸规格;

f)　制造方法;

g)　特殊要求。

5　尺寸、外形、重量及允许偏差

5.1　外径和壁厚

5.1.1　钢管应优先选用 GB/T 17395 表 1 中系列 1 的尺寸。根据需方要求,经供需双方协商,可供应其他尺寸的钢管。

5.1.2 钢管外径和壁厚的允许偏差应符合表2的规定。

根据需方要求，经供需双方协商，并在合同中注明，可供表2规定以外尺寸允许偏差的钢管。

表2 外径和壁厚允许偏差

单位为毫米

分类代号	制造方式	钢管尺寸		允许偏差
WHR (WHEX)	热轧(挤压)钢管	外径(D)	全部	±1%D 或±0.50 (取其较大者)
		壁厚(S)	≤20	$^{+15}_{-10}\%S$ 或 $^{+0.45}_{-0.30}$ (取较大者)
			>20	±10%S
WHE	热扩钢管	外径(D)	全部	±1%D
		壁厚(S)	全部	±15%S
WCD (WCR)	冷拔(轧)钢管	外径(D)	≤30	±0.20
			30<D≤50	±0.30
			>50	±0.8%D
		壁厚(S)	1.5≤S≤3	$^{+12.5}_{-10}\%S$
			>3	±10%S

5.2 长度

钢管的通常长度、定尺长度和倍尺长度应符合GB/T 17395的规定，长度允许偏差等级为L2。

5.3 弯曲度

5.3.1 钢管的每米弯曲度应符合表3的规定。

表3 钢管每米弯曲度

钢管壁厚/mm	每米弯曲度/(mm/m)
≤15	≤1.5
>15～30	≤2.0
>30或D≥351	≤3.0

5.3.2 钢管的全长弯曲度应不大于钢管总长的1.5‰。

5.4 管端外形

钢管两端端面应与钢管轴线垂直，切口毛刺应予清除。

5.5 不圆度和壁厚不均

根据需方要求，并在合同中注明，钢管同一截面的不圆度和壁厚不均应分别不超过外径公差和壁厚公差的80%。

5.6 交货重量

钢管按实际重量交货，亦可按理论重量交货。钢管的每米理论重量按GB/T 17395的规定(钢的密度为7.85 kg/dm^3)。

根据需方要求，经供需双方协商，并在合同中注明，交货钢管的实际重量与理论重量的偏差应符合如下规定：

a) 单根钢管：±10%；

b) 每批最小为10 t的钢管：±7.5%。

6 技术要求

6.1 钢级和化学成分

6.1.1 钢的级别和化学成分(熔炼分析)应符合表4的规定。

表4 钢级和化学成分

钢级	化学成分/%									
	C	Si	Mn	S	P	残余元素				
						Cr	Mo	Ni	Cu	总量
320	≤0.16	—	0.40～0.70	≤0.020	≤0.025	≤0.25	≤0.10	≤0.30	≤0.30	≤0.70
360	≤0.17	≤0.35	0.40～0.80							
410	≤0.21	≤0.35	0.40～1.20							
460	≤0.22	≤0.35	0.80～1.20							
490	≤0.23	≤0.35	0.80～1.50							

6.1.2 当需方要求做成品分析时,应在合同中注明,成品钢管的化学成分允许偏差应符合GB/T 222的规定。

6.2 制造方法

6.2.1 钢的冶炼方法

钢应采用电炉加炉外精炼或氧气转炉加炉外精炼方法冶炼。

6.2.2 钢管的制造方法

钢管应采用热轧(扩、挤压)或冷拔(轧)无缝方法制造。

6.3 交货状态

钢管以正火状态交货。热轧钢管的终轧温度不低于Ar3时,可视为正火。

6.4 力学性能

6.4.1 交货状态钢管的室温纵向力学性能应符合表5的规定。

表5 钢管的力学性能

钢级	抗拉强度 R_m/MPa	下屈服强度 R_{eL}/MPa	断后伸长率 A/%
320	320～440	≥195	≥25
360	360～480	≥215	≥24
410	410～530	≥235	≥22
460	460～580	≥265	≥21
490	490～610	≥285	≥21

6.4.2 供设计用的无缝压力管的高温力学性能参见附录A。

6.4.3　冲击试验

根据需方要求，经供需双方协商，并在合同中注明，壁厚大于 10 mm 的钢管可做冲击试验。

6.5　液压试验

钢管应逐根进行液压试验，试验压力按式(1)计算，最大试验压力为 14 MPa。在试验压力下，稳压时间应不少于 10 s，钢管不允许出现渗漏现象。

$$P = 2SR/D \qquad \cdots\cdots(1)$$

式中：

P——试验压力，单位为兆帕(MPa)；

S——钢管的公称壁厚，单位为毫米(mm)；

D——钢管的公称外径，单位为毫米(mm)；

R——允许应力，为表 5 规定的最小下屈服强度的 80%，单位为兆帕(MPa)。

经需方同意，供方可用无损检测(涡流探伤或漏磁探伤)代替液压试验。

6.6　工艺性能

6.6.1　压扁试验

钢管应作压扁试验，试样压扁后平板间距离 H(单位为毫米)按式(2)计算：

$$H = \frac{(1+\alpha)S}{\alpha + S/D} \qquad \cdots\cdots(2)$$

式中：

S——钢管的公称壁厚，单位为毫米(mm)；

D——钢管的公称外径，单位为毫米(mm)；

α——单位长变形系数，320、360 钢级取 0.10；410 钢级取 0.08；460、490 钢级取 0.07。

压扁试验后，试样上不允许出现裂缝或裂口。

6.6.2　弯曲试验

6.6.2.1　外径大于 400 mm 或壁厚大于 40 mm 的钢管可以横向弯曲试验代替压扁试验。弯曲试验分别为钢管外表面(或尽量靠近外表面的机加工表面)受拉变形的正向弯曲和内表面(或尽量靠近内表面的机加工表面)受拉变形的反向弯曲。

弯曲试验的弯芯直径应为钢管公称壁厚的 4 倍，在室温下弯曲到 180°。弯曲试验后试样上应无裂缝或裂口。

6.6.2.2　弯曲试验的试样应从钢管的一端横向截取，一个试样尽量靠近外表面截取，另一个试样尽量靠近内表面截取。试样弯曲受拉变形表面可机加工为光亮表面，但应尽可能靠近原始轧制面(钢管的内外表面)。试样弯曲受拉变形表面不允许有明显伤痕和其他缺陷。

试样加工后的截面尺寸为宽度(b)25 mm，厚度(a)12.5 mm；截面上的四个角应倒成圆角，圆角半径不大于 1.6 mm。试样外表面弧长应保证在规定的试验条件下进行弯曲，并可按式(3)估算。

$$L = \pi(d + 2.2a)/2 + (40 \sim 80) \qquad \cdots\cdots(3)$$

式中：

L——试样外表面弧长，单位为毫米(mm)；

π——圆周率，其值取 3.1；

d——弯芯直径，单位为毫米(mm)；

a——试样厚度，单位为毫米(mm)。

6.6.3　扩口试验或卷边试验

外径为 18 mm～146 mm，且内径大于 15 mm 的Ⅰ级管和锅炉及过热器管应作扩口试验或卷边试验。

扩口试验的扩口率或卷边试验的卷边率应符合表 6 的规定。

表 6 钢管扩口试验的扩口率和卷边率

钢级	扩口率和卷边率/%		
	内径/外径		
	≤0.6	>0.6～0.8	>0.8
320	≥12	≥15	≥19
360	≥12	≥15	≥19
410	≥10	≥12	≥17
460	≥8	≥10	≥15

扩口试验后，试样的扩口处应无目视可见的裂纹。

卷边试验后，试样的卷边处应无目视可见的裂纹。

6.7 表面质量

钢管的内外表面不允许有裂纹、折叠、分层、结疤和轧折。这些缺陷应完全清除，清除部位的实际壁厚应不小于壁厚偏差所允许的最小值。

钢管内外表面的直道深度应符合如下规定：

a) 冷拔(轧)钢管应不大于公称壁厚的 4%，最大为 0.2 mm；

b) 热轧(挤压、扩)钢管应不大于公称壁厚的 5%，最大为 0.4 mm。

6.8 无损检测

Ⅰ级管和锅炉及过热器管应逐根全长进行超声波探伤。超声波探伤检验按 GB/T 5777 的规定。对比样管纵向刻槽深度等级为：冷拔(轧)钢管 L2 级；热轧(挤压、扩)钢管 L2.5 级。

经供需双方协商，可增做其他无损检验。

7 检验和试验方法

7.1 钢管的尺寸和外形应采用符合精度要求的量具逐根测量。

7.2 钢管的内外表面应在充分照明条件下逐根目视检查。

7.3 钢管其他检验项目的试验方法、取样方法应符合表 7 和表 8 的规定。

表 7 Ⅰ级管和锅炉及过热器管的检验项目、试验方法、取样方法和取样数量

序号	检验项目	试验方法	取样方法	取样数量[a]
1	化学成分	GB/T 223、GB/T 4336	GB/T 20066	每炉 1 个试样
2	拉伸试验	GB/T 228	GB/T 2975	每批在 2% 的钢管上(且不得少于 2 根)各取 1 个试样
3	冲击试验	GB/T 229	GB/T 2975	每批在 2% 的钢管上(且不得少于 2 根)各取 1 组 3 个试样
4	压扁试验	GB/T 246	GB/T 2975	每批在 2% 的钢管上(且不得少于 2 根)各取 1 个试样
5	弯曲试验	GB/T 232	GB/T 2975	每批在 2% 的钢管上(且不得少于 2 根)各取 1 组试样
6	扩口试验	GB/T 242	GB/T 2975	每批在 2% 的钢管上(且不得少于 2 根)各取 1 个试样
7	卷边试验	GB/T 245	GB/T 2975	每批在 2% 的钢管上(且不得少于 2 根)各取 1 个试样

表 7（续）

序号	检验项目	试验方法	取样方法	取样数量[a]
8	液压试验	GB/T 241	—	逐根
9	涡流检验	GB/T 7735	—	逐根
10	漏磁检验	GB/T 12606	—	逐根
11	超声波检验	GB/T 5777	—	逐根
[a] 当单根钢管作为检验批时，只取 1 个(组)试样。				

表 8　Ⅱ级管检验项目、试验方法、取样方法和取样数量

序号	检验项目	试验方法	取样方法	取样数量
1	化学成分	GB/T 223、GB/T 4336	GB/T 20066	每炉取 1 个试样
2	拉伸试验	GB/T 228	GB/T 2975	每批在 1 根钢管上取 1 个试样
3	冲击试验	GB/T 229	GB/T 2975	每批在 1 根钢管上取 1 组 3 个试样
4	压扁试验	GB/T 246	GB/T 2975	每批在 1 根钢管上取 1 个试样
5	弯曲试验	GB/T 232	GB/T 2975	每批在 1 根钢管上取 1 组试样
6	液压试验	GB/T 241	—	逐根
7	涡流检验	GB/T 7735	—	逐根
8	漏磁检验	GB/T 12606	—	逐根
9	超声波检验	GB/T 5777	—	逐根

8　检验规则

8.1　检查和验收

钢管的检查和验收由供方质量技术监督部门进行。

8.2　组批规则

8.2.1　钢管按批检查和验收。

8.2.2　若钢管切成单根后不再进行热处理，则从一根管坯轧制的钢管截取的所有管段都应视为一根。

8.2.3　每批应由同一牌号、同一炉号、同一规格和同一热处理制度(炉次)的钢管组成。对于Ⅱ级管，外径不大于 325 mm 时，每批应不超过 200 根；外径大于 325 mm 时，每批应不超过 100 根。

8.3　复验和判定规则

钢管的复验和判定规则应符合 GB/T 2102 的规定。

9　包装、标志和质量证明书

钢管的包装、标志和质量证明书应符合 GB/T 2102 的规定。

附 录 A
（资料性附录）
船舶用碳钢和碳锰钢无缝钢管高温力学性能

钢管的高温力学性能参见表 A.1。

表 A.1 高温力学性能

钢级	高温规定非比例延伸强度 $R_{P0.2}$/MPa 不小于								
	50 ℃	100 ℃	150 ℃	200 ℃	250 ℃	300 ℃	350 ℃	400 ℃	450 ℃
320	172	168	158	147	125	100	91	88	87
360	192	187	176	165	145	122	111	109	107
410	217	210	199	188	170	149	137	134	132
460	241	234	223	212	195	177	162	159	156
490	256	249	237	226	210	193	177	174	171

ICS 59.080.20
W 12

GB

中华人民共和国国家标准

GB/T 5324—2009
代替 GB/T 5324—1997

精梳涤棉混纺本色纱线

Combed polyester/cotton blended grey yarn

2009-04-21 发布　　　　2009-12-01 实施

中华人民共和国国家质量监督检验检疫总局
中国国家标准化管理委员会　发布

前言

本标准代替 GB/T 5324—1997《精梳涤棉混纺本色纱线》。本标准在技术内容和要求等方面参照采用2007年乌斯特统计公报制定。

本标准与 GB/T 5324—1997 比较主要变化如下：

——产品分类、标识内容单列一章；

——取消顺降指标考核，按检测项目中最低一项品等评定；

——将纤维含量偏差列入考核指标；

——股线指标取消条干均匀度变异系数考核，增加十万米纱疵优等品考核；

——增加附录 A“精梳涤棉混纺本色纱线百米重量的计算”；

——要求中的部分指标适当提高。

本标准的附录 A、附录 C 为规范性附录，附录 B 为资料性附录。

本标准由中国纺织工业协会提出。

本标准由全国纺织品标准化技术委员会棉纺织印染分技术委员会(SAC/TC 209/SC 2)归口。

本标准起草单位：上海市纺织工业技术监督所。

本标准起草人：邵天乐、王憬义。

本标准所代替标准的历次版本发布情况为：

——GB/T 5324—1985、GB/T 5324—1989、GB/T 5324—1997。

精梳涤棉混纺本色纱线

1 范围

本标准规定了涤纶(棉型短纤维)与棉混纺,涤纶混用比例在50%及以上的精梳涤棉混纺本色纱线产品分类、标识、要求、试验方法、检验规则和标志、包装。

本标准适用于鉴定环锭机制精梳涤棉混纺本色纱线(包括机织用纱和针织用纱)的品质。

本标准不适用于鉴定特种用途的精梳涤棉混纺本色纱线的品质。

2 规范性引用文件

下列文件中的条款通过本标准的引用而成为本标准的条款,凡是注日期的引用文件,其随后所有的修改单(不包括勘误的内容)或修订版均不适用于本标准,然而,鼓励根据本标准达成协议的各方研究是否可使用这些文件的最新版本。凡是不注日期的引用文件,其最新版本适用于本标准。

GB/T 398—2008 棉本色纱线

GB/T 2543.1 纺织品 纱线捻度的测定 第1部分:直接计数法

GB/T 2543.2 纺织品 纱线捻度的测定 第2部分:退捻加捻法

GB/T 2910 纺织品 二组分纤维混纺产品定量化学分析方法

GB/T 3292.1 纺织品 纱线条干不匀试验方法 第1部分:电容法

GB/T 3916 纺织品 卷装纱 单根纱线断裂强力和断裂伸长率的测定

GB/T 4743 纱线线密度的测定 绞纱法

GB/T 9996.2 棉及化纤纯纺、混纺纱线外观质量黑板检验方法 第2部分:分别评定法

FZ/T 01050 纺织品 纱线疵点的分级与检验方法 电容式

FZ/T 10007 棉及化纤纯纺、混纺本色纱线检验规则

FZ/T 10008 棉及化纤纯纺、混纺本色纱线标志与包装

FZ/T 10013.1 温度与回潮率对棉及化纤纯纺、混纺制品断裂强力的修正方法 本色纱线及染色加工线断裂强力的修正方法

3 产品分类、标识

3.1 精梳涤棉混纺本色纱线分类

3.1.1 精梳涤棉混纺本色纱线的线密度(tex)以1 000 m纱线在公定回潮率时的重量(g)表示,其公称线密度的100 m标准重量应按附录A计算确定。

3.1.2 精梳涤棉混纺本色纱线以不同涤棉混纺比和线密度分类。

3.2 精梳涤棉混纺本色纱线标识

混纺比以涤纶的含量/棉的含量表示,线密度用特克斯(tex)制。

示例:精梳涤棉混纺本色纱线密度为13 tex,含量为涤纶65%,棉35%,应写为JT/C 65/35 13 tex。

3.3 精梳涤棉混纺本色纱线的线密度规定

单纱和股线的最后成品设计线密度应与其公称线密度相符。纺股线用的单纱设计线密度应保证股线的设计线密度与公称线密度相等。

4 要求

4.1 精梳涤棉混纺本色纱(涤纶含量在60%及以上)的技术要求见表1。

表1 精梳涤棉混纺本色纱(涤纶含量在60%及以上)的技术要求

公称线密度/tex(英制支数)	等别	单纱断裂强力变异系数/% ≤	百米重量变异系数/% ≤	单纱断裂强度/(cN/tex) ≥	百米重量偏差/%	条干均匀度 黑板条干均匀度10块板比例(优：一：二：三) 不低于	条干均匀度 条干均匀度变异系数/% ≤	黑板棉结粒数/(粒/g) ≤	十万米纱疵/(个/10^5 m) ≤	纤维含量偏差/%
6～6.5(100～85)	优	15.0	2.0	18.5	±2.0	7：3：0：0	18.5	15	10	±1.5
	一	18.0	3.0	16.5	±2.5	0：7：3：0	20.5	25	25	
	二	21.0	4.0	13.5	±3.0	0：0：7：3	22.0	35	—	
7～7.5(84～74)	优	14.5	2.0	18.5	±2.0	7：3：0：0	17.0	15	10	±1.5
	一	17.5	3.0	16.5	±2.5	0：7：3：0	19.0	25	25	
	二	20.5	4.0	13.5	±3.0	0：0：7：3	20.5	35	—	
8～10(73～55)	优	14.0	2.0	19.0	±2.0	7：3：0：0	15.5	12	10	±1.5
	一	17.0	3.0	17.0	±2.5	0：7：3：0	17.5	22	25	
	二	20.0	4.0	14.0	±3.0	0：0：7：3	19.0	32	—	
11～13(54～45)	优	12.5	2.0	19.5	±2.0	7：3：0：0	15.0	12	10	±1.5
	一	15.5	3.0	17.5	±2.5	0：7：3：0	17.0	22	25	
	二	18.5	4.0	14.5	±3.0	0：0：7：3	18.5	32	—	
14～16(44～36)	优	11.5	2.0	20.0	±2.0	7：3：0：0	13.5	12	10	±1.5
	一	14.5	3.0	18.0	±2.5	0：7：3：0	15.5	22	25	
	二	17.5	4.0	15.0	±3.0	0：0：7：3	17.0	32	—	
17～20(35～29)	优	10.5	2.0	20.5	±2.0	7：3：0：0	12.5	10	10	±1.5
	一	13.5	3.0	18.5	±2.5	0：7：3：0	14.5	20	25	
	二	16.5	4.0	15.5	±3.0	0：0：7：3	16.0	30	—	
21～24(28～24)	优	9.5	2.0	21.0	±2.0	7：3：0：0	11.5	10	10	±1.5
	一	12.5	3.0	19.0	±2.5	0：7：3：0	13.5	20	25	
	二	15.5	4.0	16.0	±3.0	0：0：7：3	15.0	30	—	
25～30(23～19)	优	8.5	2.0	21.5	±2.0	7：3：0：0	11.0	10	10	±1.5
	一	11.5	3.0	19.5	±2.5	0：7：3：0	13.0	20	25	
	二	14.5	4.0	16.5	±3.0	0：0：7：3	14.5	30	—	
32及以上(18及以下)	优	7.5	2.0	22.0	±2.0	7：3：0：0	10.5	8	10	±1.5
	一	10.5	3.0	20.0	±2.5	0：7：3：0	12.5	18	25	
	二	13.5	4.0	17.0	±3.0	0：0：7：3	14.0	28	—	

4.2 精梳涤棉混纺本色线(涤纶含量在60%及以上)的技术要求见表2。

表2 精梳涤棉混纺本色线(涤纶含量在60%及以上)的技术要求

公称线密度/tex(英制支数)	等别	单线断裂强力变异系数/% ≤	百米重量变异系数/% ≤	单线断裂强度/(cN/tex) ≥	百米重量偏差/%	十万米纱疵/(个/10^5 m) ≤	黑板棉结粒数/(粒/g) ≤	纤维含量偏差/%
6×2~7.5×2(100/2~74/2)	优	10.0	2.0	22.5	±2.0	10	8	±1.5
	一	12.0	3.0	20.5	±2.5	—	15	
	二	14.0	4.0	17.5	±3.0	—	25	
8×2~10×2(73/2~55/2)	优	9.5	2.0	23.0	±2.0	10	8	±1.5
	一	11.5	3.0	21.0	±2.5	—	15	
	二	13.5	4.0	18.0	±3.0	—	25	
11×2~13×2(54/2~45/2)	优	8.5	2.0	23.5	±2.0	10	6	±1.5
	一	10.5	3.0	21.5	±2.5	—	12	
	二	12.5	4.0	18.5	±3.0	—	20	
14×2~16×2(44/2~36/2)	优	8.0	2.0	24.0	±2.0	10	6	±1.5
	一	10.0	3.0	22.0	±2.5	—	12	
	二	12.0	4.0	19.0	±3.0	—	20	
17×2~20×2(35/2~29/2)	优	7.5	2.0	24.5	±2.0	10	6	±1.5
	一	9.5	3.0	22.5	±2.5	—	12	
	二	11.5	4.0	19.5	±3.0	—	20	
21×2~24×2(28/2~24/2)	优	7.0	2.0	25.0	±2.0	10	5	±1.5
	一	9.0	3.0	23.0	±2.5	—	10	
	二	11.0	4.0	20.0	±3.0	—	18	
25×2~30×2(23/2~19/2)	优	6.5	2.0	25.5	±2.0	10	5	±1.5
	一	8.5	3.0	23.5	±2.5	—	10	
	二	10.5	4.0	20.5	±3.0	—	18	
32×2及以上(18/2及以下)	优	6.0	2.0	26.0	±2.0	10	5	±1.5
	一	8.0	3.0	24.0	±2.5	—	10	
	二	10.0	4.0	21.0	±3.0	—	18	

4.3 精梳涤棉混纺本色纱(涤纶含量在60%以下~50%)的技术要求见表3。

表 3 精梳涤棉混纺本色纱(涤纶含量在60%以下～50%)的技术要求

公称线密度/tex(英制支数)	等别	单纱断裂强力变异系数/% ≤	百米重量变异系数/% ≤	单纱断裂强度/(cN/tex) ≥	百米重量偏差/%	条干均匀度 黑板条干均匀度10块板比例(优：一：二：三)不低于	条干均匀度 条干均匀度变异系数/% ≤	黑板棉结粒数/(粒/g) ≤	十万米纱疵/(个/10^5 m) ≤	纤维含量偏差/%
6～6.5(100～85)	优	15.0	2.0	18.0	±2.0	7：3：0：0	18.5	17	10	±1.5
	一	18.0	3.0	16.0	±2.5	0：7：3：0	20.5	30	25	
	二	21.0	4.0	13.0	±3.0	0：0：7：3	22.0	45	—	
7～7.5(84～74)	优	14.5	2.0	18.0	±2.0	7：3：0：0	17.0	17	10	±1.5
	一	17.5	3.0	16.0	±2.5	0：7：3：0	19.0	30	25	
	二	20.5	4.0	13.0	±3.0	0：0：7：3	20.5	45	—	
8～10(73～55)	优	14.0	2.0	18.5	±2.0	7：3：0：0	15.5	15	10	±1.5
	一	17.0	3.0	16.5	±2.5	0：7：3：0	17.5	25	25	
	二	20.0	4.0	13.5	±3.0	0：0：7：3	19.0	40	—	
11～13(54～45)	优	12.5	2.0	19.0	±2.0	7：3：0：0	15.0	15	10	±1.5
	一	15.5	3.0	17.0	±2.5	0：7：3：0	17.0	25	25	
	二	18.5	4.0	14.0	±3.0	0：0：7：3	18.5	40	—	
14～16(44～36)	优	11.5	2.0	19.5	±2.0	7：3：0：0	13.5	15	10	±1.5
	一	14.5	3.0	17.5	±2.5	0：7：3：0	15.5	25	25	
	二	17.5	4.0	14.5	±3.0	0：0：7：3	17.0	40	—	
17～20(35～29)	优	10.5	2.0	20.0	±2.0	7：3：0：0	12.5	12	10	±1.5
	一	13.5	3.0	18.0	±2.5	0：7：3：0	14.5	22	25	
	二	16.5	4.0	15.0	±3.0	0：0：7：3	16.0	35	—	
21～24(28～24)	优	9.5	2.0	20.0	±2.0	7：3：0：0	11.5	12	10	±1.5
	一	12.5	3.0	18.0	±2.5	0：7：3：0	13.5	22	25	
	二	15.5	4.0	15.0	±3.0	0：0：7：3	15.0	35	—	
25～30(23～19)	优	8.5	2.0	20.5	±2.0	7：3：0：0	11.0	12	10	±1.5
	一	11.5	3.0	18.5	±2.5	0：7：3：0	13.0	22	25	
	二	14.5	4.0	15.5	±3.0	0：0：7：3	14.5	35	—	
32及以上(18及以下)	优	7.5	2.0	21.0	±2.0	7：3：0：0	10.5	12	10	±1.5
	一	10.5	3.0	19.0	±2.5	0：7：3：0	12.5	22	25	
	二	13.5	4.0	16.0	±3.0	0：0：7：3	14.0	35	—	

4.4 精梳涤棉混纺本色线(涤纶含量在60%以下～50%)的技术要求见表4。

表4 精梳涤棉混纺本色线(涤纶含量在60%以下～50%)的技术要求

公称线密度/tex(英制支数)	等别	单线断裂强力变异系数/% ≤	百米重量变异系数/% ≤	单线断裂强度/(cN/tex) ≥	百米重量偏差/%	十万米纱疵/(个/10^5 m) ≤	黑板棉结粒数/(粒/g) ≤	纤维含量偏差/%
6×2～7.5×2(100/2～74/2)	优	10.0	2.0	21.5	±2.0	10	10	±1.5
	一	12.0	3.0	19.5	±2.5	—	18	
	二	14.0	4.0	16.5	±3.0	—	25	
8×2～10×2(73/2～55/2)	优	9.5	2.0	22.0	±2.0	10	10	±1.5
	一	11.5	3.0	20.0	±2.5	—	18	
	二	13.5	4.0	17.0	±3.0	—	25	
11×2～13×2(54/2～45/2)	优	8.5	2.0	22.5	±2.0	10	10	±1.5
	一	10.5	3.0	20.5	±2.5	—	18	
	二	12.5	4.0	17.5	±3.0	—	25	
14×2～16×2(44/2～36/2)	优	8.0	2.0	23.0	±2.0	10	10	±1.5
	一	10.0	3.0	21.0	±2.5	—	18	
	二	12.0	4.0	18.0	±3.0	—	25	
17×2～20×2(35/2～29/2)	优	7.5	2.0	23.5	±2.0	10	8	±1.5
	一	9.5	3.0	21.5	±2.5	—	12	
	二	11.5	4.0	18.5	±3.0	—	20	
21×2～24×2(28/2～24/2)	优	7.0	2.0	24.0	±2.0	10	8	±1.5
	一	9.0	3.0	22.0	±2.5	—	12	
	二	11.0	4.0	19.0	±3.0	—	20	
25×2～30×2(23/2～19/2)	优	6.5	2.0	24.5	±2.0	10	8	±1.5
	一	8.5	3.0	22.5	±2.5	—	12	
	二	10.5	4.0	19.5	±3.0	—	20	
32×2及以上(18/2及以下)	优	6.0	2.0	25.0	±2.0	10	8	±1.5
	一	8.0	3.0	23.0	±2.5	—	12	
	二	10.0	4.0	20.0	±3.0	—	20	

4.5 分等规定

4.5.1 纱线规定以同品种一昼夜的生产量为一批，按规定的试验周期和各项试验方法进行试验，并按其结果评定纱线的品等。

4.5.2 纱线的品等分为优等、一等、二等，低于二等指标者作三等。

4.5.3 单纱以单纱断裂强力变异系数、百米重量变异系数、单纱断裂强度、百米重量偏差、条干均匀度、黑板棉结粒数、十万米纱疵、纤维含量偏差八项中最低的一项品等评定。

4.5.4 股线以单线断裂强力变异系数、百米重量变异系数、单线断裂强度、百米重量偏差、黑板棉结粒数、纤维含量偏差六项中最低的一项品等评定。优等品增加十万米纱疵考核。

4.5.5 检验单纱条干均匀度可以选用黑板条干均匀度或条干均匀度变异系数两者中的任何一种。但一经确定，不得任意变更。发生质量争议时，以条干均匀度变异系数为准。

4.6 纱线重量偏差月度累计，应按产量进行加权平均，全月生产在15批以上的品种，应控制在±0.5%及以内。

5 试验方法

5.1 试验条件

5.1.1 各项试验应在各方法标准规定的标准条件下进行。

5.1.2 如生产需要，要求迅速检验产品的质量，可采用快速试验方法，该试验可以在接近车间温湿度条件下进行。但试验地点的温湿度应保持稳定，并不得故意偏离标准条件。

5.2 试验周期

一般为两天试验一次，以一次试验为准，作为该周期内纱线的分等依据。但周期一经确定，不得任意变更，十万米纱疵、纤维含量试验周期可适当延长，但不得超过两周，捻度试验参见附录B。

5.3 试样

纱线的黑板条干均匀度、黑板棉结粒数、十万米纱疵的检验皆采用筒子纱(直接纬纱用管纱)，其他各项指标的试验均采用管纱。用户对产品质量有异议时，以成品质量检验为准。

5.4 百米重量变异系数和百米重量偏差的试验方法

5.4.1 百米重量变异系数和百米重量偏差试验方法按照GB/T 4743执行，其中百米重量变异系数采用方法1，线密度采用方法3。百米重量偏差的计算见式(1)：

$$D=\frac{m-m_d}{m_d}\times 100 \qquad \cdots\cdots(1)$$

式中：

D——百米重量偏差，%；

m——试样实际干燥重量，单位为克(g)；

m_d——试样设计干燥重量，单位为克(g)。

5.4.2 百米重量变异系数、百米重量偏差的取样数和试验次数按GB/T 398—2008中5.3.2执行。

5.5 单纱线断裂强度及单纱线断裂强力变异系数的试验方法

5.5.1 按GB/T 3916执行，单纱线断裂强度如不在标准大气条件下进行试验，其测试强力应按FZ/T 10013.1进行修正，修正系数见附录C。

5.5.2 修正单纱线断裂强力的回潮率可采用百米重量偏差试验的同一份回潮率数据，核算修正强力。但如两种试验不在同一条件下测试时，修正单纱线断裂强力回潮率应另行测试，修正单纱线断裂强力回潮率试样重量不少于50 g。

5.5.3 单纱线断裂强度及单纱线断裂强力变异系数取样数和试验次数可按GB/T 398—2008中5.4.1规定执行。

5.6 黑板条干均匀度试验方法、黑板棉结粒数的试验方法

按照GB/T 9996.2规定执行，精梳涤棉混纺本色纱用黑板条干均匀度标准样照编号见表5。

表5 黑板条干均匀度标准样照编号

纱的线密度/tex(英制支数)	标准样照编号	标准样照等别
6～10(100～55)	600	优等
	601	一等
11～20(54～29)	610	优等
	611	一等
21及以上(28及以下)	620	优等
	621	一等

5.7 条干均匀度变异系数的试验方法

按 GB/T 3292.1 执行。

5.8 十万米纱疵($A_3+B_3+C_3+D_2$)的试验方法

按 FZ/T 01050 执行。

5.9 涤棉纤维含量试验方法

按 GB/T 2910 执行,纤维含量结果以净干百分比表示。

5.10 纱线成包净重量

5.10.1 在确定纱线公定回潮率的重量时,应进行回潮率试验,然后计算公定回潮率时的重量。测试回潮率的仪器,管纱线和绞纱线用电热烘箱;筒子纱线可用电热烘箱,也可用筒子测湿仪,有争议时,以电热烘箱为准。

5.10.2 管纱线或筒子纱线的取样,每批量在 2 t 及以下,每 0.2 t 取样一个,但不得少于六个,批量在 2 t以上,其超过 2 t 的部分,每 0.5 t 取一个,取样应随机均匀,并注意生产班次的代表性。管纱线或筒子纱线采用烘箱试验方法时(筒子纱线应采取距边纱层厚度的 6 mm 以上处),可采用间接称重法或直接称重法。

5.10.2.1 间接称重法:采样前将管纱线或筒子纱线称重,然后摇取试样,采样后再将管纱线或筒子纱线称重,两次称重的差数即为试样烘前重量。然后将试样放入烘箱中烘干,称重,再计算回潮率。

5.10.2.2 直接称重法:先将筒子纱外层去除 6 mm 以上,然后剥取内层纱线(总重量不少于 150 g)将其称重,作为试样烘前重量。然后放入烘箱中,烘干称重,再计算回潮率。

5.10.3 绞纱线的取样,每批量在 2 t 及以下的,取样总重量不少于 75 g,2 t 以上取样总重量不少于 150 g。

5.10.4 烘箱法测试回潮率按照 GB/T 4743 执行。

5.10.5 筒子纱线采用测湿仪试验时,应按筒子纱线测湿仪试验方法进行,在取得筒子试样后,立即进行测试以避免回潮率变化。每月至少一次应以烘箱测试法核对回潮率的测试结果,并根据核对的数据,核正修正系数。

5.10.6 在成包过程中,如因温湿度升降而影响回潮率变化时,可按温湿度情况,分阶段进行回潮率试验,根据不同阶段的试验回潮率,分别计算不同阶段的成包公定重量,不得混淆。

5.10.7 根据实际回潮率,按式(2)计算纱线在公定回潮率时的重量。

$$m_K = m \times \frac{1+W}{1+W_1} \qquad \cdots\cdots(2)$$

式中:

m_K——纱线在公定回潮率时的重量,单位为千克(kg);

m——取样时该批纱线实际重量,单位为千克(kg);

W——公定回潮率,%;

W_1——该批纱线试样的实际回潮率,%。

5.11 试验结果的表示

一批纱线的各种试验结果是由该种试验的全部试验值的计算结果表示,各种试验结果的计算精确度,除已规定者外,按表 6 规定。

表 6 计算值的数值修约规定

项 目	小数点后有效位数
单纱线断裂强度/(cN/tex)	1
单纱线强力变异系数(CV)/%	1
百米重量变异系数(CV)/%	1

表 6（续）

项　　目	小数点后有效位数
条干均匀度变异系数(CV)/%	1
黑板条干均匀度/块	整数
黑板棉结粒数/(粒/g)	整数
十万米纱疵/(个/10^5 m)	整数
百米重量偏差/%	1
纤维含量偏差/%	1
百米重量(每批平均)/(g/100 m)	3
平均线密度/tex	1
修正强力用回潮率/%	1
折算重量用回潮率/%	2
捻系数	整数
线密度开方	2

6 检验规则

按照 FZ/T 10007 规定执行。

7 标志、包装

按照 FZ/T 10008 执行。

8 其他

用户有特殊要求者，供需双方可另定协议。

附　录　A
（规范性附录）
精梳涤棉混纺本色纱线百米重量的计算

A.1　精梳涤棉混纺本色纱线的公定回潮率按干重混纺比例，以涤纶公定回潮率0.4%和棉公定回潮率8.5%，按式（A.1）加权平均计算，计算结果修约至小数点后一位。

$$W = \frac{W_T \times P_T + W_C \times P_C}{100} \qquad \cdots\cdots\cdots\cdots\cdots\cdots(A.1)$$

式中：

W——精梳涤棉混纺本色纱线公定回潮率，%；

W_T——涤纶公定回潮率，%；

W_C——棉公定回潮率，%；

P_T——涤纶含量比例，%；

P_C——棉含量比例，%。

A.2　100 m纱线在公定回潮率时的标准重量(g)按式（A.2）计算，计算结果修约至小数点后三位。

$$m_g = \frac{T_t}{10} \qquad \cdots\cdots\cdots\cdots\cdots\cdots(A.2)$$

式中：

m_g——100 m纱线在公定回潮率时的标准重量，单位为克每百米(g/100 m)；

T_t——纱线线密度，单位为特克斯(tex)。

A.3　100 m纱线的标准干燥重量(g)按式（A.3）计算，计算结果修约到小数点后三位。

$$m_d = \frac{T_t}{10} \times \frac{100}{100 + W} \qquad \cdots\cdots\cdots\cdots\cdots\cdots(A.3)$$

式中：

m_d——100 m纱线的标准干燥重量，单位为克每百米(g/100 m)；

T_t——纱线线密度，单位为特克斯(tex)；

W——公定回潮率，%。

附 录 B
（资料性附录）
纱线捻度试验的建议

B.1 纱线捻度试验的取样

各品种各机台每月至少轮试一次，试样应在各机台上均匀、随机拔取，每台不少于2个管纱，但不得在同一锭带上拔取，每管测试2次，总数不少于40次。如捻度齿轮调换或其他机械和工艺上的调整影响捻度时，都应随时试验。

B.2 纱线实际捻系数建议值

实际捻系数控制范围建议为不低于经纱320，纬纱300，针织用纱300，股线350。有特殊要求另订协议。捻度试验方法按GB/T 2543.1和GB/T 2543.2规定执行。

B.3 纱线定捻缩率

精梳涤棉混纺本色纱线的定捻缩率，应每月至少试验一次，每次试验间隔日期力求均匀。原料工艺及定捻工艺改变时应及时增加试验次数，试验时试样应从定捻前后同一成品种采取，按式(B.1)计算纱线定捻缩率。

$$T = \frac{m_{dA} - m_{dB}}{m_{dA}} \times 100 \quad \cdots\cdots\cdots\cdots(B.1)$$

式中：

T——定捻缩率，%；

m_{dA}——定捻后试样干重，单位为克每百米(g/100 m)；

m_{dB}——定捻前试样干重，单位为克每百米(g/100 m)。

附　录　C
（规范性附录）
温度与回潮率对纱线断裂强力的修正系数值

C.1　涤棉(65/35)本色单纱断裂强力的温度和回潮率修正系数见表 C.1。

表 C.1　涤棉(65/35)本色单纱断裂强力的温度和回潮率修正系数

温度/℃	回潮率/%													
	1.5	1.6	1.7	1.8	1.9	2.0	2.1	2.2	2.3	2.4	2.5	2.6	2.7	2.8
5	1.078	1.069	1.060	1.052	1.044	1.036	1.029	1.022	1.015	1.008	1.002	0.996	0.990	0.984
6	1.081	1.072	1.063	1.055	1.047	1.039	1.031	1.024	1.017	1.011	1.004	0.998	0.992	0.986
7	1.084	1.075	1.066	1.058	1.049	1.042	1.034	1.027	1.020	1.013	1.007	1.001	0.995	0.989
8	1.087	1.078	1.069	1.060	1.052	1.044	1.037	1.030	1.023	1.016	1.009	1.003	0.997	0.991
9	1.090	1.081	1.072	1.063	1.055	1.047	1.040	1.032	1.025	1.019	1.012	1.006	1.000	0.994
10	1.093	1.083	1.075	1.066	1.058	1.050	1.042	1.035	1.028	1.021	1.015	1.008	1.002	0.996
11	1.096	1.086	1.078	1.069	1.061	1.053	1.045	1.038	1.031	1.024	1.017	1.011	1.005	0.999
12	1.099	1.089	1.081	1.072	1.064	1.056	1.048	1.041	1.033	1.027	1.020	1.014	1.007	1.001
13	1.102	1.093	1.084	1.075	1.067	1.059	1.051	1.043	1.036	1.029	1.023	1.016	1.010	1.004
14	1.105	1.096	1.087	1.079	1.069	1.061	1.054	1.046	1.039	1.032	1.025	1.019	1.013	1.007
15	1.108	1.099	1.090	1.081	1.072	1.064	1.056	1.049	1.042	1.035	1.028	1.021	1.015	1.009
16	1.111	1.102	1.093	1.084	1.075	1.067	1.059	1.052	1.044	1.037	1.031	1.024	1.018	1.012
17	1.114	1.105	1.096	1.087	1.078	1.070	1.062	1.055	1.047	1.040	1.033	1.027	1.021	1.014
18	1.118	1.108	1.099	1.090	1.081	1.073	1.065	1.057	1.050	1.043	1.036	1.030	1.023	1.017
19	1.121	1.111	1.102	1.093	1.084	1.076	1.068	1.060	1.053	1.046	1.039	1.032	1.026	1.020
20	1.124	1.114	1.105	1.096	1.087	1.079	1.071	1.063	1.056	1.049	1.042	1.035	1.029	1.022
21	1.127	1.117	1.108	1.099	1.090	1.082	1.074	1.066	1.059	1.051	1.044	1.038	1.031	1.025
22	1.130	1.121	1.111	1.102	1.093	1.085	1.077	1.069	1.061	1.054	1.047	1.040	1.034	1.028
23	1.134	1.124	1.114	1.105	1.096	1.088	1.080	1.072	1.064	1.057	1.050	1.043	1.037	1.030
24	1.137	1.127	1.117	1.108	1.099	1.091	1.083	1.075	1.067	1.060	1.053	1.046	1.039	1.033
25	1.140	1.130	1.121	1.111	1.103	1.094	1.086	1.078	1.070	1.063	1.056	1.049	1.042	1.036
26	1.144	1.134	1.124	1.115	1.106	1.097	1.089	1.081	1.073	1.066	1.058	1.052	1.045	1.039
27	1.147	1.137	1.127	1.118	1.109	1.100	1.092	1.084	1.076	1.068	1.061	1.054	1.048	1.041
28	1.150	1.140	1.130	1.121	1.112	1.103	1.095	1.087	1.079	1.071	1.064	1.057	1.051	1.044
29	1.154	1.143	1.134	1.124	1.115	1.106	1.098	1.090	1.082	1.074	1.067	1.060	1.053	1.047
30	1.157	1.147	1.137	1.127	1.118	1.109	1.101	1.093	1.085	1.077	1.070	1.063	1.056	1.050
31	1.160	1.150	1.140	1.131	1.121	1.113	1.104	1.096	1.088	1.080	1.073	1.066	1.059	1.053
32	1.164	1.154	1.144	1.134	1.125	1.116	1.107	1.099	1.091	1.083	1.076	1.069	1.062	1.055
33	1.167	1.157	1.147	1.137	1.129	1.119	1.110	1.102	1.094	1.086	1.079	1.072	1.065	1.058
34	1.171	1.160	1.150	1.140	1.131	1.122	1.113	1.105	1.097	1.089	1.082	1.075	1.078	1.061
35	1.174	1.164	1.154	1.144	1.134	1.125	1.117	1.108	1.110	1.092	1.085	1.078	1.071	1.064

表 C.1（续）

温度/℃	回潮率/%													
	2.9	3.0	3.1	3.2	3.3	3.4	3.5	3.6	3.7	3.8	3.9	4.0	4.1	4.2
5	0.978	0.973	0.968	0.963	0.959	0.954	0.950	0.946	0.942	0.938	0.934	0.931	0.927	0.924
6	0.981	0.976	0.970	0.966	0.961	0.956	0.952	0.948	0.944	0.940	0.936	0.933	0.930	0.926
7	0.983	0.978	0.973	0.968	0.963	0.959	0.954	0.950	0.946	0.942	0.939	0.935	0.932	0.929
8	0.986	0.980	0.975	0.970	0.966	0.961	0.957	0.952	0.948	0.945	0.941	0.937	0.934	0.931
9	0.988	0.983	0.978	0.973	0.968	0.963	0.959	0.955	0.951	0.947	0.943	0.940	0.936	0.933
10	0.991	0.985	0.980	0.975	0.970	0.966	0.961	0.957	0.953	0.949	0.945	0.942	0.938	0.935
11	0.993	0.988	0.983	0.978	0.973	0.968	0.964	0.959	0.955	0.951	0.948	0.944	0.941	0.937
12	0.996	0.990	0.985	0.980	0.975	0.970	0.966	0.962	0.958	0.954	0.950	0.946	0.943	0.940
13	0.998	0.993	0.988	0.982	0.978	0.973	0.968	0.964	0.960	0.956	0.952	0.949	0.945	0.942
14	1.001	0.995	0.990	0.985	0.980	0.975	0.971	0.966	0.962	0.958	0.955	0.951	0.947	0.944
15	1.003	0.998	0.993	0.987	0.982	0.978	0.973	0.969	0.965	0.961	0.957	0.953	0.950	0.946
16	1.006	1.000	0.995	0.990	0.985	0.980	0.976	0.971	0.967	0.963	0.959	0.956	0.952	0.949
17	1.009	1.003	0.997	0.992	0.987	0.983	0.978	0.974	0.969	0.965	0.962	0.958	0.954	0.951
18	1.011	1.006	1.000	0.995	0.990	0.985	0.981	0.976	0.972	0.968	0.964	0.960	0.957	0.953
19	1.014	1.008	1.003	0.997	0.992	0.988	0.983	0.979	0.974	0.970	0.966	0.963	0.959	0.956
20	1.016	1.011	1.005	1.000	0.995	0.990	0.985	0.981	0.977	0.973	0.969	0.965	0.961	0.958
21	1.019	1.013	1.008	1.003	0.997	0.993	0.988	0.983	0.979	0.975	0.971	0.967	0.964	0.960
22	1.022	1.016	1.010	1.005	1.000	0.995	0.990	0.986	0.982	0.977	0.974	0.970	0.966	0.963
23	1.024	1.019	1.013	1.008	1.003	0.998	0.993	0.988	0.984	0.980	0.976	0.972	0.969	0.965
24	1.027	1.021	1.016	1.010	1.005	1.000	0.995	0.991	0.987	0.982	0.978	0.975	0.971	0.967
25	1.030	1.024	1.018	1.013	1.008	1.003	0.998	0.993	0.989	0.985	0.981	0.977	0.973	0.970
26	1.032	1.027	1.021	1.016	1.010	1.005	1.000	0.996	0.991	0.987	0.983	0.979	0.976	0.972
27	1.035	1.029	1.024	1.018	1.013	1.008	1.003	0.998	0.994	0.990	0.986	0.982	0.978	0.975
28	1.038	1.032	1.026	1.021	1.016	1.010	1.006	1.001	0.997	0.992	0.988	0.984	0.981	0.977
29	1.041	1.035	1.029	1.023	1.018	1.013	1.008	1.004	0.999	0.995	0.991	0.987	0.983	0.980
30	1.043	1.037	1.032	1.026	1.021	1.016	1.011	1.006	1.002	0.997	0.993	0.989	0.986	0.982
31	1.046	1.040	1.034	1.029	1.023	1.018	1.013	1.009	1.004	1.000	0.996	0.992	0.988	0.984
32	1.049	1.043	1.037	1.032	1.026	1.021	1.016	1.011	1.007	1.002	0.998	0.994	0.991	0.987
33	1.052	1.046	1.040	1.034	1.029	1.024	1.019	1.014	1.009	1.005	1.001	0.997	0.993	0.989
34	1.055	1.049	1.043	1.037	1.032	1.026	1.021	1.017	1.012	1.008	1.003	0.999	0.996	0.992
35	1.058	1.051	1.045	1.040	1.034	1.029	1.024	1.019	1.015	1.010	1.006	1.002	0.998	0.994

表 C.1（续）

温度/℃	回潮率/%									
	4.3	4.4	4.5	4.6	4.7	4.8	4.9	5.0	5.1	5.2
5	0.921	0.918	0.916	0.913	0.911	0.908	0.906	0.904	0.902	0.901
6	0.923	0.921	0.918	0.915	0.913	0.911	0.908	0.906	0.905	0.903
7	0.926	0.923	0.920	0.917	0.915	0.913	0.910	0.908	0.907	0.905
8	0.928	0.925	0.922	0.920	0.917	0.915	0.913	0.911	0.909	0.907
9	0.930	0.927	0.924	0.922	0.919	0.917	0.915	0.913	0.911	0.909
10	0.932	0.929	0.926	0.924	0.921	0.919	0.917	0.915	0.913	0.911
11	0.934	0.931	0.929	0.926	0.924	0.921	0.919	0.917	0.915	0.913
12	0.937	0.934	0.931	0.928	0.926	0.923	0.921	0.919	0.917	0.915
13	0.939	0.936	0.933	0.930	0.928	0.926	0.923	0.921	0.919	0.918
14	0.941	0.938	0.935	0.933	0.930	0.928	0.926	0.923	0.922	0.920
15	0.943	0.940	0.938	0.935	0.932	0.930	0.928	0.926	0.924	0.922
16	0.946	0.943	0.940	0.937	0.935	0.932	0.930	0.928	0.926	0.924
17	0.948	0.945	0.942	0.939	0.937	0.934	0.932	0.930	0.928	0.926
18	0.950	0.947	0.944	0.942	0.939	0.937	0.934	0.932	0.930	0.928
19	0.952	0.949	0.947	0.944	0.941	0.939	0.937	0.934	0.932	0.931
20	0.955	0.952	0.949	0.946	0.944	0.941	0.939	0.937	0.935	0.933
21	0.957	0.954	0.951	0.948	0.946	0.943	0.941	0.939	0.937	0.935
22	0.959	0.956	0.953	0.951	0.948	0.946	0.943	0.941	0.939	0.937
23	0.962	0.959	0.956	0.953	0.950	0.948	0.946	0.943	0.941	0.940
24	0.964	0.961	0.958	0.955	0.953	0.950	0.948	0.946	0.944	0.942
25	0.967	0.963	0.960	0.958	0.955	0.952	0.950	0.948	0.946	0.944
26	0.969	0.966	0.963	0.960	0.957	0.955	0.952	0.950	0.948	0.946
27	0.971	0.968	0.965	0.962	0.960	0.957	0.955	0.953	0.951	0.949
28	0.974	0.971	0.968	0.965	0.962	0.959	0.957	0.955	0.953	0.951
29	0.976	0.973	0.970	0.967	0.964	0.962	0.959	0.957	0.955	0.953
30	0.979	0.975	0.972	0.969	0.967	0.964	0.962	0.960	0.957	0.956
31	0.981	0.978	0.975	0.972	0.969	0.967	0.964	0.962	0.960	0.958
32	0.984	0.980	0.977	0.974	0.972	0.969	0.967	0.964	0.962	0.960
33	0.986	0.983	0.980	0.977	0.974	0.971	0.969	0.967	0.965	0.963
34	0.988	0.985	0.982	0.979	0.976	0.974	0.971	0.969	0.967	0.965
35	0.991	0.988	0.985	0.982	0.979	0.976	0.974	0.971	0.969	0.967

表 C.1（续）

温度/℃	回潮率/%							
	5.3	5.4	5.5	5.6	5.7	5.8	5.9	6.0
5	0.899	0.898	0.896	0.895	0.894	0.893	0.892	0.892
6	0.901	0.900	0.898	0.897	0.896	0.895	0.894	0.894
7	0.903	0.902	0.900	0.899	0.898	0.897	0.896	0.896
8	0.905	0.904	0.903	0.901	0.900	0.899	0.898	0.898
9	0.907	0.906	0.905	0.903	0.902	0.901	0.901	0.900
10	0.910	0.908	0.907	0.905	0.904	0.903	0.903	0.902
11	0.912	0.910	0.909	0.908	0.906	0.905	0.905	0.904
12	0.914	0.912	0.911	0.910	0.909	0.908	0.907	0.906
13	0.916	0.914	0.913	0.912	0.911	0.910	0.909	0.908
14	0.918	0.917	0.915	0.914	0.913	0.912	0.911	0.910
15	0.920	0.919	0.917	0.916	0.915	0.914	0.913	0.912
16	0.922	0.921	0.919	0.918	0.917	0.916	0.915	0.914
17	0.925	0.923	0.922	0.920	0.919	0.918	0.917	0.917
18	0.927	0.925	0.924	0.922	0.921	0.920	0.919	0.919
19	0.929	0.927	0.926	0.925	0.924	0.923	0.922	0.921
20	0.931	0.930	0.928	0.927	0.926	0.925	0.924	0.923
21	0.933	0.932	0.930	0.929	0.928	0.927	0.926	0.925
22	0.936	0.934	0.933	0.931	0.930	0.929	0.928	0.927
23	0.938	0.936	0.935	0.933	0.932	0.931	0.930	0.930
24	0.940	0.938	0.937	0.936	0.935	0.933	0.933	0.932
25	0.942	0.941	0.939	0.938	0.937	0.936	0.935	0.934
26	0.945	0.943	0.941	0.940	0.939	0.938	0.937	0.936
27	0.947	0.945	0.944	0.942	0.941	0.940	0.939	0.939
28	0.949	0.948	0.946	0.945	0.943	0.942	0.942	0.941
29	0.951	0.950	0.948	0.947	0.946	0.945	0.944	0.943
30	0.954	0.952	0.951	0.949	0.948	0.947	0.946	0.945
31	0.956	0.954	0.953	0.952	0.950	0.949	0.948	0.948
32	0.958	0.957	0.955	0.954	0.953	0.952	0.951	0.950
33	0.961	0.959	0.958	0.956	0.955	0.954	0.953	0.952
34	0.963	0.961	0.960	0.959	0.957	0.956	0.955	0.954
35	0.965	0.964	0.962	0.961	0.960	0.959	0.958	0.957

C.2 涤棉(65/35)本色单根股线断裂强力的温度和回潮率修正系数见表 C.2。

表 C.2 涤棉(65/35)本色单根股线断裂强力的温度和回潮率修正系数

温度/℃	回潮率/%													
	1.5	1.6	1.7	1.8	1.9	2.0	2.1	2.2	2.3	2.4	2.5	2.6	2.7	2.8
5	1.109	1.099	1.089	1.079	1.070	1.061	1.052	1.044	1.036	1.029	1.021	1.014	1.008	1.002
6	1.111	1.100	1.090	1.080	1.071	1.062	1.054	1.045	1.038	1.030	1.023	1.016	1.009	1.003
7	1.113	1.102	1.092	1.082	1.073	1.064	1.055	1.047	1.039	1.032	1.024	1.017	1.011	1.005
8	1.114	1.104	1.094	1.084	1.074	1.065	1.057	1.048	1.041	1.033	1.026	1.019	1.012	1.006
9	1.116	1.105	1.095	1.085	1.076	1.067	1.058	1.050	1.042	1.035	1.027	1.020	1.014	1.007
10	1.118	1.107	1.097	1.087	1.078	1.069	1.060	1.052	1.044	1.036	1.029	1.022	1.015	1.009
11	1.120	1.109	1.099	1.089	1.079	1.070	1.061	1.053	1.045	1.038	1.030	1.023	1.017	1.010
12	1.122	1.111	1.100	1.090	1.081	1.072	1.063	1.055	1.047	1.039	1.032	1.025	1.018	1.012
13	1.123	1.112	1.102	1.092	1.083	1.073	1.065	1.056	1.048	1.041	1.033	1.026	1.020	1.013
14	1.125	1.114	1.104	1.094	1.084	1.075	1.066	1.058	1.050	1.042	1.035	1.028	1.021	1.015
15	1.127	1.116	1.105	1.096	1.086	1.077	1.068	1.059	1.051	1.044	1.036	1.029	1.022	1.016
16	1.129	1.118	1.107	1.097	1.087	1.078	1.069	1.061	1.053	1.045	1.038	1.031	1.024	1.017
17	1.131	1.119	1.109	1.099	1.089	1.080	1.071	1.063	1.054	1.047	1.039	1.032	1.025	1.019
18	1.132	1.121	1.111	1.101	1.091	1.082	1.073	1.064	1.056	1.048	1.041	1.034	1.027	1.020
19	1.134	1.123	1.112	1.102	1.093	1.083	1.074	1.066	1.058	1.050	1.042	1.035	1.028	1.022
20	1.136	1.125	1.114	1.104	1.094	1.085	1.076	1.067	1.059	1.051	1.044	1.037	1.030	1.023
21	1.138	1.127	1.116	1.106	1.096	1.087	1.078	1.069	1.061	1.053	1.045	1.038	1.031	1.025
22	1.139	1.128	1.118	1.107	1.098	1.088	1.079	1.071	1.062	1.055	1.047	1.040	1.033	1.026
23	1.141	1.130	1.119	1.109	1.099	1.090	1.081	1.072	1.064	1.056	1.048	1.041	1.034	1.028
24	1.143	1.132	1.121	1.111	1.101	1.092	1.083	1.074	1.066	1.058	1.050	1.043	1.036	1.029
25	1.145	1.134	1.123	1.113	1.104	1.093	1.084	1.076	1.067	1.059	1.052	1.044	1.037	1.031
26	1.147	1.135	1.125	1.114	1.106	1.095	1.086	1.078	1.069	1.061	1.053	1.046	1.039	1.032
27	1.149	1.137	1.127	1.116	1.108	1.097	1.087	1.079	1.070	1.062	1.055	1.047	1.040	1.034
28	1.151	1.139	1.128	1.118	1.110	1.098	1.089	1.081	1.072	1.064	1.056	1.049	1.042	1.035
29	1.152	1.141	1.130	1.120	1.111	1.100	1.091	1.082	1.074	1.066	1.057	1.051	1.043	1.037
30	1.154	1.143	1.132	1.121	1.113	1.102	1.093	1.084	1.075	1.067	1.059	1.052	1.045	1.038
31	1.156	1.145	1.134	1.123	1.115	1.103	1.094	1.085	1.077	1.069	1.061	1.054	1.047	1.040
32	1.158	1.146	1.136	1.125	1.116	1.105	1.096	1.087	1.078	1.070	1.062	1.055	1.048	1.041
33	1.160	1.148	1.137	1.127	1.118	1.107	1.098	1.088	1.080	1.072	1.064	1.057	1.050	1.043
34	1.162	1.150	1.139	1.128	1.120	1.109	1.099	1.090	1.082	1.074	1.065	1.058	1.051	1.044
35	1.164	1.152	1.141	1.130	1.122	1.110	1.101	1.091	1.083	1.075	1.067	1.060	1.053	1.046

表 C.2（续）

温度/℃	回潮率/%													
	2.9	3.0	3.1	3.2	3.3	3.4	3.5	3.6	3.7	3.8	3.9	4.0	4.1	4.2
5	0.996	0.990	0.984	0.979	0.974	0.970	0.965	0.961	0.957	0.953	0.950	0.946	0.943	0.940
6	0.997	0.991	0.986	0.981	0.976	0.971	0.966	0.962	0.958	0.954	0.951	0.947	0.944	0.941
7	0.998	0.993	0.987	0.982	0.977	0.972	0.968	0.964	0.960	0.956	0.952	0.949	0.946	0.943
8	1.000	0.994	0.989	0.983	0.978	0.974	0.969	0.965	0.961	0.957	0.953	0.950	0.947	0.944
9	1.001	0.996	0.990	0.985	0.980	0.975	0.970	0.966	0.962	0.958	0.955	0.951	0.948	0.945
10	1.003	0.997	0.991	0.986	0.981	0.976	0.972	0.968	0.964	0.960	0.956	0.953	0.949	0.946
11	1.004	0.998	0.993	0.988	0.982	0.978	0.973	0.969	0.965	0.961	0.957	0.954	0.951	0.948
12	1.006	1.000	0.994	0.989	0.984	0.979	0.974	0.970	0.966	0.962	0.959	0.955	0.952	0.949
13	1.007	1.001	0.996	0.990	0.985	0.980	0.976	0.971	0.967	0.963	0.960	0.956	0.953	0.950
14	1.008	1.002	0.997	0.992	0.987	0.982	0.977	0.973	0.969	0.965	0.961	0.958	0.954	0.951
15	1.010	1.004	0.999	0.993	0.988	0.983	0.978	0.974	0.970	0.966	0.962	0.959	0.956	0.952
16	1.011	1.005	1.000	0.994	0.989	0.984	0.980	0.975	0.971	0.967	0.964	0.960	0.957	0.954
17	1.013	1.007	1.001	0.996	0.991	0.986	0.981	0.977	0.973	0.969	0.965	0.962	0.958	0.955
18	1.014	1.008	1.003	0.997	0.992	0.987	0.983	0.978	0.974	0.970	0.966	0.963	0.960	0.957
19	1.016	1.010	1.004	0.999	0.994	0.989	0.984	0.980	0.975	0.971	0.968	0.964	0.961	0.958
20	1.017	1.011	1.005	1.000	0.995	0.990	0.985	0.981	0.977	0.973	0.969	0.966	0.962	0.959
21	1.019	1.013	1.007	1.001	0.996	0.991	0.987	0.982	0.978	0.974	0.970	0.967	0.964	0.961
22	1.020	1.014	1.008	1.003	0.998	0.993	0.988	0.984	0.979	0.975	0.972	0.968	0.965	0.962
23	1.021	1.015	1.010	1.004	0.999	0.994	0.989	0.985	0.981	0.977	0.973	0.969	0.966	0.963
24	1.023	1.017	1.011	1.006	1.000	0.996	0.991	0.986	0.982	0.978	0.974	0.971	0.967	0.965
25	1.024	1.018	1.013	1.007	1.002	0.997	0.992	0.988	0.983	0.979	0.976	0.972	0.969	0.966
26	1.026	1.020	1.014	1.009	1.003	0.998	0.993	0.989	0.985	0.981	0.977	0.973	0.970	0.967
27	1.027	1.021	1.015	1.010	1.005	1.000	0.995	0.990	0.986	0.982	0.978	0.975	0.971	0.968
28	1.029	1.023	1.017	1.011	1.006	1.001	0.996	0.992	0.988	0.983	0.980	0.976	0.973	0.970
29	1.030	1.024	1.018	1.013	1.008	1.002	0.998	0.993	0.989	0.985	0.981	0.977	0.974	0.971
30	1.032	1.026	1.020	1.014	1.009	1.004	0.999	0.995	0.990	0.986	0.982	0.979	0.975	0.972
31	1.033	1.027	1.021	1.016	1.010	1.005	1.001	0.996	0.992	0.988	0.984	0.980	0.977	0.974
32	1.035	1.029	1.023	1.017	1.012	1.007	1.002	0.997	0.993	0.989	0.985	0.981	0.978	0.975
33	1.036	1.030	1.024	1.019	1.013	1.008	1.003	0.999	0.994	0.990	0.986	0.983	0.979	0.976
34	1.038	1.032	1.026	1.020	1.015	1.010	1.005	1.000	0.996	0.992	0.988	0.984	0.981	0.978
35	1.039	1.033	1.027	1.022	1.016	1.011	1.006	1.002	0.997	0.993	0.989	0.986	0.982	0.979

表 C.2（续）

温度/℃	回潮率/%								
	4.3	4.4	4.5	4.6	4.7	4.8	4.9	5.0	5.1
5	0.937	0.935	0.932	0.930	0.928	0.926	0.925	0.923	0.922
6	0.938	0.936	0.934	0.931	0.929	0.928	0.926	0.925	0.923
7	0.939	0.937	0.935	0.933	0.931	0.929	0.927	0.926	0.925
8	0.941	0.939	0.936	0.934	0.932	0.930	0.928	0.927	0.926
9	0.942	0.940	0.937	0.935	0.933	0.931	0.930	0.928	0.927
10	0.943	0.941	0.939	0.936	0.934	0.933	0.931	0.929	0.928
11	0.944	0.942	0.940	0.938	0.936	0.934	0.932	0.931	0.929
12	0.946	0.943	0.941	0.939	0.937	0.935	0.933	0.932	0.931
13	0.947	0.945	0.942	0.940	0.938	0.936	0.935	0.933	0.932
14	0.948	0.946	0.944	0.941	0.939	0.937	0.936	0.934	0.933
15	0.950	0.947	0.945	0.943	0.940	0.939	0.937	0.936	0.934
16	0.951	0.948	0.946	0.944	0.942	0.940	0.938	0.937	0.935
17	0.952	0.950	0.947	0.945	0.943	0.941	0.940	0.938	0.937
18	0.954	0.951	0.949	0.946	0.944	0.942	0.941	0.939	0.938
19	0.955	0.952	0.950	0.948	0.946	0.944	0.942	0.941	0.939
20	0.956	0.954	0.951	0.949	0.947	0.945	0.943	0.942	0.940
21	0.958	0.955	0.952	0.950	0.948	0.946	0.945	0.943	0.942
22	0.959	0.956	0.954	0.951	0.949	0.947	0.946	0.944	0.943
23	0.960	0.957	0.955	0.953	0.951	0.949	0.947	0.946	0.944
24	0.961	0.959	0.956	0.954	0.952	0.950	0.948	0.947	0.945
25	0.963	0.960	0.958	0.955	0.953	0.951	0.949	0.948	0.947
26	0.964	0.961	0.959	0.956	0.954	0.953	0.951	0.949	0.948
27	0.965	0.963	0.960	0.958	0.956	0.954	0.952	0.951	0.949
28	0.967	0.964	0.961	0.959	0.957	0.955	0.953	0.952	0.950
29	0.968	0.965	0.963	0.960	0.958	0.956	0.955	0.953	0.952
30	0.969	0.967	0.964	0.962	0.960	0.958	0.956	0.954	0.953
31	0.971	0.968	0.965	0.963	0.961	0.959	0.957	0.956	0.954
32	0.972	0.969	0.967	0.964	0.962	0.960	0.958	0.957	0.956
33	0.973	0.971	0.968	0.966	0.963	0.962	0.960	0.958	0.957
34	0.975	0.972	0.969	0.967	0.965	0.963	0.961	0.960	0.958
35	0.976	0.973	0.971	0.968	0.966	0.964	0.962	0.961	0.959

表 C.2（续）

温度/℃	回潮率/%								
	5.2	5.3	5.4	5.5	5.6	5.7	5.8	5.9	6.0
5	0.921	0.920	0.919	0.918	0.918	0.918	0.918	0.918	0.918
6	0.922	0.921	0.921	0.920	0.920	0.919	0.919	0.919	0.919
7	0.923	0.923	0.922	0.921	0.921	0.921	0.921	0.921	0.921
8	0.925	0.924	0.923	0.922	0.922	0.922	0.922	0.922	0.922
9	0.926	0.925	0.924	0.923	0.923	0.923	0.923	0.923	0.923
10	0.927	0.926	0.925	0.925	0.924	0.924	0.924	0.924	0.924
11	0.928	0.927	0.927	0.926	0.926	0.925	0.925	0.925	0.925
12	0.930	0.930	0.928	0.927	0.927	0.927	0.927	0.927	0.927
13	0.931	0.931	0.929	0.929	0.928	0.928	0.928	0.928	0.928
14	0.932	0.932	0.930	0.930	0.929	0.929	0.929	0.929	0.929
15	0.933	0.932	0.931	0.931	0.930	0.930	0.930	0.930	0.930
16	0.934	0.933	0.933	0.932	0.932	0.931	0.931	0.931	0.931
17	0.936	0.935	0.934	0.933	0.933	0.933	0.933	0.932	0.933
18	0.937	0.936	0.935	0.935	0.934	0.934	0.934	0.934	0.934
19	0.938	0.937	0.936	0.936	0.935	0.935	0.935	0.935	0.935
20	0.939	0.938	0.938	0.937	0.937	0.936	0.936	0.936	0.936
21	0.941	0.940	0.939	0.938	0.938	0.938	0.938	0.938	0.938
22	0.942	0.941	0.940	0.939	0.939	0.939	0.939	0.939	0.939
23	0.943	0.942	0.941	0.941	0.940	0.940	0.940	0.940	0.940
24	0.944	0.943	0.943	0.942	0.941	0.941	0.941	0.941	0.941
25	0.946	0.945	0.944	0.943	0.943	0.943	0.943	0.943	0.943
26	0.947	0.946	0.945	0.944	0.944	0.944	0.944	0.944	0.944
27	0.948	0.947	0.946	0.946	0.945	0.945	0.945	0.945	0.945
28	0.949	0.948	0.948	0.947	0.947	0.946	0.946	0.946	0.946
29	0.951	0.950	0.949	0.948	0.948	0.948	0.948	0.948	0.948
30	0.952	0.951	0.950	0.950	0.949	0.949	0.949	0.949	0.949
31	0.953	0.952	0.951	0.951	0.950	0.950	0.950	0.950	0.950
32	0.954	0.953	0.953	0.952	0.952	0.951	0.951	0.951	0.951
33	0.956	0.955	0.954	0.953	0.953	0.953	0.953	0.953	0.953
34	0.957	0.956	0.955	0.955	0.954	0.954	0.954	0.954	0.954
35	0.958	0.957	0.956	0.956	0.955	0.955	0.955	0.955	0.955

ICS 59.080.30
W 13

GB

中华人民共和国国家标准

GB/T 5325—2009
代替 GB/T 5325—1997

精梳涤棉混纺本色布

Combed polyester/cotton grey fabrics

2009-04-21 发布　　2009-12-01 实施

中华人民共和国国家质量监督检验检疫总局
中国国家标准化管理委员会　发布

前　言

本标准代替 GB/T 5325—1997《精梳涤棉混纺本色布》。

本标准与 GB/T 5325—1997 相比主要变化如下：

——增加纤维含量偏差考核；

——取消三等品品等；

——棉结疵点格率规定加严；

——布面疵点总评分由分/m 改为分/m^2，取消幅宽分类；

——外观疵点评分由十分制改为四分制；

——横档疵点不分明显与不明显；

——取消划条量计。

本标准的附录 A、附录 B、附录 C 是规范性附录，附录 D、附录 E 是资料性附录。

本标准由中国纺织工业协会提出。

本标准由全国纺织品标准化技术委员会棉纺织印染分技术委员会(SAC/TC 209/SC 2)归口。

本标准起草单位：上海市纺织工业技术监督所。

本标准主要起草人：邵蓓华、王憬义、贺美娣。

本标准所代替标准的历次版本发布情况为：

——GB/T 5325—1985、GB/T 5325—1989、GB/T 5325—1997。

精梳涤棉混纺本色布

1 范围

本标准规定了精梳涤棉混纺本色布的分类、要求、布面疵点的评分、试验方法、检验规则和标志、包装。

本标准适用于有梭织机、无梭织机生产的涤纶混纺比在50%及以上的精梳涤棉混纺本色布。

本标准不适用于提花织物。

2 规范性引用文件

下列文件中的条款通过本标准的引用而成为本标准的条款。凡是注日期的引用文件，其随后所有的修改单(不包括勘误的内容)或修订版均不适用于本标准，然而，鼓励根据本标准达成协议的各方研究是否可使用这些文件的最新版本。凡是不注日期的引用文件，其最新版本适用于本标准。

GB/T 2910 纺织品 二组分纤维混纺产品定量化学分析方法

GB/T 3923.1 纺织品 织物拉伸性能 第1部分:断裂强力和断裂伸长的测定 条样法

GB/T 4666 纺织品 织物长度和幅宽的测定

GB/T 4668 机织物密度的测定

GB/T 8170 数值修约规则与极限数值的表示和判定

FZ/T 10004 棉及化纤纯纺、混纺本色布检验规则

FZ/T 10006 棉及化纤纯纺、混纺本色布棉结杂质疵点格率检验

FZ/T 10009 棉及化纤纯纺、混纺本色布标志与包装

FZ/T 10013.2 温度与回潮率对棉及化纤纯纺、混纺制品断裂强力的修正方法 本色布的温度与回潮率对其断裂强力的修正方法

3 分类

精梳涤棉混纺本色布的产品品种、规格分类，根据用户需要，按附录A规定。

4 要求

4.1 项目

精梳涤棉混纺本色布要求分为内在质量和外观质量两个方面，内在质量包括织物组织、纤维含量偏差、幅宽、密度、断裂强力、棉结疵点格率六项，外观质量为布面疵点一项。

4.2 分等规定

4.2.1 精梳涤棉混纺本色布的品等分为优等品、一等品、二等品，低于二等品为等外品。

4.2.2 精梳涤棉混纺本色布的评等以匹为单位，织物组织、幅宽、布面疵点按匹评等，密度、断裂强力、纤维含量偏差、棉结疵点格率按批评等，以其中最低一项品等作为该匹布的品等。

4.2.3 内在质量分等规定见表1和表2。

表 1　内在质量分等规定

项　　目	标　　准	允　许　偏　差		
		优等品	一等品	二等品
织物组织	设计规定要求	符合设计要求	符合设计要求	不符合设计要求
纤维含量偏差/%	产品规格	±1.5		不符合一等品要求
幅宽/cm	产品规格	+1.2% −1.0%	+1.5% −1.0%	+2.0% −1.5%
密度/(根/10 cm)	产品规格	经密−1.2% 纬密−1.0%	经密−1.5% 纬密−1.0%	经密超过−1.5% 纬密超过−1.0%
断裂强力/N	按附录 A 断裂强力公式计算	经向−6% 纬向−6%	经向−8% 纬向−8%	经向超过−8% 纬向超过−8%
注：当幅宽偏差超过 1.0%时，经密允许偏差为−2.0%。				

表 2　棉结疵点格率分等规定

涤纶纤维含量/%	织物总紧度 80 及以下/%			织物总紧度 80 以上/%		
	优等品	一等品	二等品	优等品	一等品	二等品
60 及以上	3	6	超过一等品允许范围	4	8	超过一等品允许范围
50～60 以下	4	8		5	10	
注：棉结疵点格率超过表 2 规定降到二等为止。						

4.2.4　布面疵点评分限度规定见表 3。

表 3　布面疵点评分限度

单位为分每平方米

优　　等	一　　等	二　　等
0.2	0.3	0.6

4.2.5　幅宽、经纬向密度应保证成包后符合表 1 规定。

4.2.6　布面疵点评等规定

4.2.6.1　每匹布允许总评分按式(1)计算。

$$A = a \cdot L \cdot W \quad \cdots\cdots(1)$$

式中：

A——每匹布允许总评分，单位为分每匹(分/匹)；

a——每平方米允许评分数，单位为分每平方米(分/米^2)；

L——匹长，单位为米(m)；

W——幅宽，单位为米(m)。

计算至一位小数，按 GB/T 8170 修约成整数。

4.2.6.2　一匹布中所有疵点评分加合累计超过允许总评分为降等品。

4.2.6.3　1 m 内严重疵点评 4 分为降等品。

5　布面疵点的评分

5.1　布面疵点的检验

5.1.1　检验时布面上的光照度为 400 lx±100 lx。

5.1.2　布面疵点评分以布的正面为准，平纹织物和山形斜纹织物，以交班印一面为正面，斜纹织物中纱织物以左斜(↖)为正面，线织物以右斜为(↗)为正面，破损性疵点考核严重一面。

5.2　**布面疵点评分规定**

布面疵点评分规定见表4。

表4　布面疵点评分规定

疵点分类		评分数			
		1	2	3	4
经向明显疵点		8 cm及以下	8 cm以上～16 cm	16 cm以上～24 cm	24 cm以上～100 cm
纬向明显疵点		8 cm及以下	8 cm以上～16 cm	16 cm以上～24 cm	24 cm以上
横档		—	—	半幅及以下	半幅以上
严重疵点	根数评分	—	—	3根	4根及以上
	长度评分	—	—	1 cm以下	1 cm及以上

注1：布面疵点具体内容见附录B,疵点名称说明见附录C。

注2：严重疵点在根数和长度评分矛盾时，从严评分。

注3：不影响后道质量的横档疵点评分，由供需双方协定。

5.3　**1 m中累计评分**

1 m中累计评分最多评4分。

5.4　**布面疵点的量计**

5.4.1　疵点长度以经向或纬向最大长度量计。

5.4.2　经向明显疵点及严重疵点，长度超过1 m的，其超过部分按表4再行评分。

5.4.3　断续发生的疵点，在经(纬)向8 cm内有两个及以上的，则按连续长度评分。

5.4.4　共断或并列(包括正反面)是包括1根或2根好纱，隔3根及以上的不作共断或并列(斜纹、缎纹织物以间隔一个完全组织及以内作共断或并列处理)。

5.5　**疵点评分的说明**

5.5.1　**疵点的评分起点和规定**

5.5.1.1　有两种疵点混合在一起，以严重一项评分。

5.5.1.2　边组织及距边1 cm内的疵点(包括边组织)不评分，但毛边、拖纱、猫耳朵、凹边、烂边、豁边、深油锈疵及评4分的破洞、跳花要评分，如疵点延伸在距边1 cm以外时应加合评分。无梭织造布布边，绞边的毛须伸出长度规定为0.3 cm～0.8 cm。边组织有特殊要求的则按要求评分。

5.5.1.3　布面拖纱长1 cm以上每根评2分，布边拖纱长2 cm以上的每根评1分(一进一出作一根计)。

5.5.1.4　0.3 cm以下的杂物每个评1分，0.3 cm及以上杂物和金属杂物(包括瓷器)评4分(测量杂物粗度)。

5.5.2　**加工坯中疵点的评分**

5.5.2.1　水渍、污渍、不影响组织的浆斑不评分。

5.5.2.2　漂白坯中的筘路、筘穿错、密路、拆痕、云织减半评分。

5.5.2.3　印花坯中的星跳、密路、条干不匀减半评分，双经、筘路、筘穿错、长条影、浅油疵、单根双纬、云织、轻微针路、煤灰纱、花经、花纬不明显错纬不评分。

5.5.2.4　杂色坯不洗油的浅色油疵和油花纱不评分。

5.5.2.5　深色坯油疵、油花纱、煤灰纱、不褪色色疵不洗不评分。

5.5.2.6　加工坯距布头5 cm内的疵点不评分(但六大疵点应开剪)。

5.5.3　**对疵点处理的规定**

5.5.3.1　0.5 cm以上的豁边，1 cm及以上的破洞、烂边、稀弄，不对接轧梭，2 cm以上的跳花等六大疵点，应在织布厂剪去。

5.5.3.2 金属杂物织入，应在织布厂挑除。

5.5.3.3 凡在织布厂能修好的疵点应修好后出厂。

5.5.4 假开剪和拼件的规定

5.5.4.1 假开剪的疵点应是评为4分或3分不可修织的疵点，假开剪后各段布都应是一等品。

5.5.4.2 凡用户允许假开剪或拼件的，可实行假开剪和拼件。假开剪和拼件，二联匹不允许超过两处、三联匹及以上不允许超过三处。

5.5.4.3 假开剪和拼件率合计不允许超过20%，其中拼件率不得超过10%。另有要求时按双方协议执行。

5.5.4.4 假开剪布应作明显标记。假开剪布应另行成包，包内附假开剪段长记录单，外包注明“假开剪”字样。

6 试验方法

6.1 试验条件

6.1.1 各项试验应在各方法标准规定的标准条件下进行。

6.1.2 快速试验：由于生产需要，要求迅速检验产品的质量，可采用快速试验的方法。快速试验可以在接近车间温湿度条件下进行，但试验地点的温湿度应保持稳定，参见附录D和附录E。

6.2 涤、棉纤维含量分析试验方法

按GB/T 2910执行(按净干重量百分率计算)。

6.3 长度测定

按GB/T 4666执行。

6.4 幅宽测定

按GB/T 4666执行。

6.5 密度测定

按GB/T 4668执行。

6.6 断裂强力测定

按GB/T 3923.1执行。

6.7 棉结杂质疵点格率检验

按FZ/T 10006执行。

7 检验规则

按FZ/T 10004执行。

8 标志和包装

按FZ/T 10009执行。

9 其他

用户对产品有特殊要求者，可由供需双方另订协议。

附 录 A
（规范性附录）
涤棉混纺本色布技术条件制定规定

A.1 涤棉混纺本色布技术条件的制定，除下列规定外，其他按 GB/T 406 附录 A 规定执行。

A.2 涤棉混纺本色纱线的公称线密度（tex）及标准干燥重量（g/100 m），根据不同回潮率、不同混纺比例进行计算。

A.2.1 涤棉混纺纱线密度按式（A.1）计算。

$$T_t = \frac{590.5}{N_e} \times \frac{100 + W_t}{100 + W_e} \quad \cdots\cdots\cdots\cdots (A.1)$$

式中：

T_t——纱线公称线密度，单位为特克斯（tex）；

N_e——涤棉混纺纱线的英制支数；

W_t——涤棉混纺纱线的公制公定回潮率，%；

W_e——涤棉混纺纱线的英制公定回潮率，%。

A.2.2 100 m 涤棉混纺纱线的标准干燥重量按式（A.2）计算。

$$m_d = \frac{T_t}{10} \times \frac{1}{1 + W} \quad \cdots\cdots\cdots\cdots (A.2)$$

式中：

m_d——纱线的标准干燥重量，单位为克（g）；

T_t——纱线的公称线密度，单位为特克斯（tex）；

W——纱线的公定回潮率，%。

示例：

65/35 涤棉混纺纱线线密度（T_t）及公制公定回潮率（W_t），英制公定回潮率（W_e）的计算：

$$W_t = \frac{0.4\% \times 65}{100} + \frac{8.5\% \times 35}{100} = 3.2\%$$

$$W_e = \frac{0.4\% \times 65}{100} + \frac{9.89\% \times 35}{100} = 3.72\%$$

$$T_t = \frac{590.5}{N_e} \times \frac{100 + 3.2\%}{100 + 3.72\%} = \frac{587.5}{N_e}$$

A.3 涤棉混纺本色布断裂强力标准的制定

A.3.1 断裂强力标准计算

A.3.1.1 织物的断裂强力以 5×20 cm 布条的断裂强力（N）表示。

A.3.1.2 断裂强力按式（A.3）计算。

$$Q = \frac{P_0 \cdot N \cdot K \cdot T_t}{2 \times 100} \quad \cdots\cdots\cdots\cdots (A.3)$$

式中：

Q——织物断裂强力，单位为牛顿（N）；

P_0——单根纱线一等品断裂强度，单位为厘牛顿每特克斯（cN/tex）；

N——织物中纱线标准密度，单位为根每 10 厘米（根/10 cm）；

K——织物中纱线强力的利用系数；

T_t——纱线线密度，单位为特克斯（tex）。

计算的小数不计，取整数。

A.3.2 织物中纱线强力的利用系数 K

A.3.2.1 织物中纱线强力的利用系数 K 值见表 A.1。

表 A.1 强力利用系数

织物类别			经向		纬向	
			紧度/%	利用系数 K_t	紧度/%	利用系数 K_w
平布		粗特	37～55	1.17～1.26	35～50	1.10～1.25
		中特	37～55	1.11～1.20	35～50	1.05～1.20
		细特	37～55	1.08～1.17	35～50	1.05～1.20
纱府绸		中特	62～70	1.16～1.24	33～45	1.21～1.33
		细特	62～75	1.24～1.37	33～45	1.21～1.33
线府绸			62～70	0.90～0.98	33～45	0.96～1.08
华达呢及卡其	纱	粗特	80～90	1.14～1.24	40～60	0.94～1.04
		中特及以下	80～90	1.08～1.18	40～60	0.82～0.92
	线	粗特	90～110	1.02～1.12	40～60	0.94～1.04
		中特及以下				0.86～0.96

注 1：紧度在本表紧度范围内时，K 值按比例增减；小于本表紧度范围时，则按比例减小；如大于本表紧度范围时，则按最大的 K 值计算。

注 2：纱线按粗细程度分为特细、细特、中特、粗特四档。

特细 10 tex 以下(60^s 以上)　　细特 10 tex～20 tex(60^s～29^s)

中特 21 tex～32 tex(28^s～19^s)　　粗特 32 tex 及以上(18^s 及以下)

A.4 总伸长率规定单纱为 1%，股线为 0。

A.5 总飞花率规定粗织物为 0.6%，中细织物(包括股线织物)为 0.3%。

附 录 B
(规范性附录)
各类布面疵点的具体内容

B.1 经向明显疵点

竹节、粗经、错线密度、综穿错、筘路、筘穿错、多股经、双经、并线松紧、松经、紧经、吊经、经缩波纹、断经、断疵、沉纱、星跳、跳纱、棉球、结头、边撑疵、拖纱、修正不良、错纤维、油渍、油经、锈经、锈渍、不褪色色经、不褪色色渍、水渍、污渍、浆斑、布开花、油花纱、猫耳朵、凹边、烂边、花经、长条影、极光、针路、磨痕、绞边不良、方眼、木棍皱、荷叶边。

B.2 纬向明显疵点

错纬(包括粗、细、紧、松)、条干不匀、脱纬、双纬、纬缩、毛边、云织、杂物织入、花纬、油纬、锈纬、不褪色色纬、煤灰纱、百脚、开车经缩。

B.3 横档

拆痕、稀纬、密路。

B.4 严重疵点

破洞、豁边、跳花、稀弄、经缩浪纹(三楞起算)、并列3根吊经、松经(包括隔开1根～2根好纱的)、不对接轧梭、1 cm及以上烂边、金属杂物织入、影响组织的浆斑、霉斑、损伤布底的修正不良、经向8 cm内整幅中满10个结头或边撑疵。

B.5 其他

B.5.1 经向疵点及纬向疵点中,有些疵点是这两类共同性的,如竹节、跳纱等,在分类中只列入经向疵点一类,如在纬向出现时,应按纬向疵点评分。

B.5.2 如在布面上出现上述未包括的疵点,按相似疵点评分。

附 录 C
（规范性附录）
疵点名称的说明

C.1 竹节:纱线上短片段的粗节。

C.2 粗经:直径偏粗长 5 cm 及以上的经纱织入布内。

C.3 错线密度:线密度用错工艺标准。

C.4 综穿错:没有按工艺要求穿综,而造成布面组织错乱。

C.5 筘路:织物经向呈现条状稀密不匀。

C.6 筘穿错:没有按工艺要求穿筘,造成布面上经纱排列不匀。

C.7 多股经:两根以上单纱合股者。

C.8 双经:单纱(线)织物中有 2 根经纱并列织入。

C.9 并线松紧:单纱加捻为股线时张力不匀。

C.10 松经:部分经纱张力松弛织入布内。

C.11 紧经:部分经纱捻度过大。

C.12 吊经:部分经纱在织物中张力过大。

C.13 经缩波纹:部分经纱受意外张力后松弛,使织物表面呈波纹状起伏不平。

C.14 断经:织物内经纱断缺。

C.15 断疵:经纱断头纱尾织入布内。

C.16 沉纱:由于提综不良,造成经纱浮在布面。

C.17 星跳:1 根经纱或纬纱跳过 2～4 根形成星点状的。

C.18 跳纱:1～2 根经纱或纬纱跳过 5 根及以上的。

C.19 棉球:纱线上的纤维呈球状。

C.20 结头:影响后工序质量的结头。

C.21 边撑疵:边撑或刺毛辊使织物中纱线起毛或轧断。

C.22 拖纱:拖在布面或布边上的未剪去纱头。

C.23 修正不良:布面被刮起毛,起皱不平,经、纬纱交叉不匀或只修不整。

C.24 错纤维:异纤维纱线织入。

C.25 油渍:织物沾油后留下的痕迹。

C.26 油经:经纱沾油后留下的痕迹。

C.27 锈经:被锈渍沾污的经纱痕迹。

C.28 锈渍:织物沾锈后留下的痕迹。

C.29 不褪色色经:被沾污而洗不清的有色经纱。

C.30 不褪色色渍:被沾污洗不清的污渍。

C.31 水渍:织物沾水后留下的痕迹。

C.32 污渍:织物沾污后留下的痕迹。

C.33 浆斑:浆块附着布面影响织物组织。

C.34 布开花:异纤维或色纤维混入纱线中织入布内。

C.35 油花纱:在纺纱过程中沾污油渍的纤维附入纱线。

C.36 猫耳朵:凸出布边 0.5 cm 及以上。

C.37 凹边:凹进布面 0.5 cm 及以上。

C.38 烂边:边组织内单断纬纱,一处断 3 根及以上的。

C.39　花经：由于配棉成分变化，使布面色泽不同。

C.40　长条影：由于不同批次纱的混入或其他因素，造成布面经向间隔的条痕。

C.41　极光：由于机械原因造成布面摩擦而留下的痕迹。

C.42　针路：由于点啄式断纬自停装置不良，造成经向密集的针痕。

C.43　磨痕：布面经向形成一直条的痕迹。

C.44　绞边不良：因绞边装置不良或绞边纱张力不匀，造成2根及以上绞边纱不交织或交织不良。

C.45　错纬：直径偏粗、偏细长5 cm及以上的纬纱、紧捻、松捻纱织入布内。

C.46　条干不匀：叠起来看前后都能与正常纱线明显划分得开的较差的纬纱条干。

C.47　脱纬：一梭口内有3根及以上的纬纱织入布内（包括连续双纬和长5 cm及以上的纬缩）。

C.48　双纬：单纬织物一梭口内有2根纬纱织入布内。

C.49　纬缩：纬纱扭结织入布内或起圈现于布面（包括经纱起圈及松纬缩三楞起算）。

C.50　毛边：由于边剪作用不良或其他原因，使纬纱不正常被带入织物内（包括距边5 cm以下的双纬和脱纬）。

C.51　云织：纬纱密度稀密相间呈规律性的段稀段密。

C.52　杂物：飞花、回丝、油花、皮质、木质、金属（包括瓷器）等杂物织入。

C.53　花纬：由于配棉成分或陈旧的纬纱，使布面色泽不同，且有1～2个分界线。

C.54　油纬：纬纱沾油或被污染。

C.55　锈纬：被锈渍沾污的纬纱痕迹。

C.56　不褪色色纬：被沾污而洗不净的有色纬纱。

C.57　煤灰纱：被空气中煤灰污染的纱（单层检验为准，对深色油卡）。

C.58　百脚：斜纹或缎纹织物一个完全组织内缺1～2根纬纱（包括多头百脚）。

C.59　开车经缩（印）：开车时部分经纱受意外张力后松弛，使织物表面呈现块状或条状的起伏不平开车痕迹。

C.60　拆痕：拆布后布面上留下的起毛痕迹和布面揩浆抹水。

C.61　稀纬：经向1 cm内少2根纬纱（横贡织物稀纬少2根作1根计）。

C.62　密路：经向0.5 cm内纬密多25％以上（纬纱紧度40％以下多20％及以上的）。

C.63　破洞：3根及以上经纬纱共断或单断经、纬纱（包括隔开1～2根好纱的），经纬纱起圈高出布面0.3 cm，反面形似破洞。

C.64　豁边：边组织内3根及以上经、纬纱共断或单断经纱（包括隔开1～2根好纱）。双边纱2根作1根计，3根及以上的有1根算1根。

C.65　跳花：3根及以上的经、纬纱相互脱离组织，包括隔开一个完全组织。

C.66　稀弄：纬密少于工艺标准较大，呈“弄”现象。

C.67　不对接轧梭：轧梭后的经纱未经对接。

C.68　霉斑：受潮后布面出现霉点（斑）。

C.69　方眼：织造时局部经纱张力过大，布面形成块状风格差异。

C.70　木棍皱：坯布经过卷布棍时，张力不当，织物在布棍中间部位处形成经向折皱。

C.71　荷叶边：布边经纱张力较小或横向拉幅过度或不足，织物边缘呈起伏波浪状。

附 录 D
(资料性附录)
用于快速测定织物断裂强力的修正

D.1 在常规试验及工厂内部质量控制检验时,可在普通大气条件下进行快速试验,然后按标准温度和回潮率的办法进行换算修正,但检验地点的温湿度应保持稳定。

D.2 断裂强力修正见式(D.1)。

$$F_X = F_S \times K_S \quad \cdots\cdots (D.1)$$

式中:

F_X——修正后的断裂强力,单位为牛顿(N);

F_S——实测断裂强力,单位为牛顿(N);

K_S——强力修正系数。

D.3 涤棉混纺本色布断裂强力的修正系数按 FZ/T 10013.2 执行。

附 录 E
（资料性附录）
检 验 规 定

E.1 常规试验及内部品质控制检验

在常规试验及工厂内部品质控制检验时，可在普通大气条件下进行快速试验。

E.2 分批规定

E.2.1 以同一品种整理车间的一班或一昼夜三班的生产入库数量为一批，以一昼夜三班为一批的，如逢单班时，则并入邻近一批计算；两班生产的，则以两班为一批。

E.2.2 如一昼夜三班入库数量不满300匹时，可累计满300匹为一批，但一周累计仍不满300匹时，则以每周为一批（品种翻改时不受此限）。

E.2.3 分批定时点一经确定，不得在取样后加以变更。

E.3 分批检验按批评等的项目

涤棉布物理指标和棉结分批检验，按批评等。

E.4 评等依据

物理指标和棉结检验以一次检验结果为评等依据。

E.5 筘号或纬密牙轮用错的处理

经纬密度因个别机台的筘号或纬密牙轮用错，造成经、纬密度不符合规格的，该个别机台所生产的布匹，如确能划分清楚的，可将这部分布匹剔除出来作降等处理，但该批布仍应重新取样检验定等。如划不清楚并超过允许公差范围的，应全批降等。

E.6 检验周期

物理指标、棉结每批检验一次，质量稳定时，也可延长检验周期，但每周至少检验一次。如遇原料及工艺变动较大或物理指标及棉结降等时，应立即进行逐批检验，直至连续三批合格后，方可恢复原定检验周期。

E.7 取样数量

检验布样在每批涤棉本色布经整理后、成包前的布匹中随机取样，取样数量不少于总匹数的0.5%，最少不得少于3匹。

E.8 检验方法

E.8.1 涤棉布长度检验

采取折叠好的布匹，每1折为1 m，先量折幅，然后数折数，并用钢板尺测量其余不足1 m的实际长度，精确至0.01 m（以检验者指定的一边为准），不足0.01 m的不计。

涤棉布长度按式（E.1）计算：

$$L = l_1 \cdot a + l_2 \qquad \text{(E.1)}$$

式中：

L——每段棉布的匹长或段长，单位为米(m)；

l_1——实际折幅长度，单位为米(m)；

a——折数；

l_2——不足 1 m 的实际长度，单位为米(m)。

折幅长度的测量应将布平摊在平台上进行，用钢板尺在距布的头尾各 5 m 范围内，均匀地测量 5 个折幅(联匹布加倍)的上下两页(距边 5 cm～10 cm)，以测得的 10 个数值的算术平均值作为该匹布的实际折幅长度，测量精确至 0.1 cm，平均数值计算精确至 0.01 cm，按 GB/T 8170 修约为 0.1 cm 。

E.8.2 涤棉布幅宽检验

涤棉布幅宽检验应按匹检验，采用折叠好的布匹，将布平摊在平台上，用钢板尺均匀测量 5 处，但距布的头尾不小于 2 m，并以测得数值的算术平均值作为该匹布的幅宽平均数，计算精确至 0.01 cm，按 GB/T 8170 修约为 0.1 cm。

E.8.3 涤棉布密度检验

涤棉布密度检验应按批检验，检验密度一般用移动式织物密度镜在布匹(距布的头尾不少于 5 m)的中间部位进行。当织物密度在 100 根以下时应检验 10 cm 内的经纱或纬纱根数。织物密度在 100 根及以上时可检验 5 cm 内的经纱或纬纱根数，将结果乘 2 即得所测织物密度。检验经密应在每匹的全幅上同一纬向不同位置检验 5 处(其中 2 处应在距离布边 3 cm 处)，检验纬密应在每匹不同的五个位置。幅宽在 110 cm 及以下的棉布可每匹查经密 3 处、纬密 4 处，然后分别求出算术平均数。点数经纱或纬纱根数时，应精确至 0.5 根，经纬密的点数起讫点均以 2 根纱线间空隙的中间为标准，终点位于最后 1 根纱线上，不足 0.25 根的不计，0.25 根～0.75 根作 0.5 根计，0.75 根以上作 1 根计。密度计算精确至 0.01 根，然后按 GB/T 8170 修约为 0.1 根。在测定经密时，应同时在该处测定布幅，记录数字精确至 0.1 cm。

E.9 长度、幅宽、经纬向密度的成包要求

长度、幅宽、经纬向密度应保证成包后符合标准规定。

ICS 59.080.30
W 71

中华人民共和国国家标准

GB/T 5326—2009
代替 GB/T 5326—1997

精梳涤棉混纺印染布

Combed printed or dyed polyester/cotton blended fabrics

2009-04-21 发布 2009-12-01 实施

中华人民共和国国家质量监督检验检疫总局
中国国家标准化管理委员会 发布

前　言

本标准代替 GB/T 5326—1997《精梳涤棉混纺印染布》。

本标准与 GB/T 5326—1997 相比主要变化如下：

——扩大了适用范围；

——增加基本安全技术要求的考核；

——撕破强力由内控指标改为考核指标；

——水洗尺寸变化率作了修改；

——增加纤维含量偏差的考核；

——耐汗渍、耐热压色牢度由个别染料考核改为所有染料都考核；

——取消耐刷洗色牢度的考核；

——分等规定中取消三等品；

——外观质量局部性疵点评分规定参照美标四分制；

——外观质量局部性疵点由十分制改为四分制，允许评分由分每米改为分每平方米计算；除边疵外，其余采用 0 起点；

——散布性疵点允许程度作了修改；

——外观质量将局部性疵点与散布性疵点结合评定改为以最低等级评定。

本标准的附录 A 是资料性附录。

本标准由中国纺织工业协会提出。

本标准由全国纺织品标准化技术委员会棉纺织印染分技术委员会(SAC/TC 209/SC 2)归口。

本标准由上海市纺织工业技术监督所、国家棉印染产品质量监督检验中心负责起草。

本标准主要起草人：贺美娣、王憬义、张芸。

本标准所代替标准的历次版本发布情况为：

——GB/T 5325—1985、GB/T 5326—1989、GB/T 5326—1997。

精梳涤棉混纺印染布

1 范围

本标准规定了精梳涤棉混纺印染布的术语和定义、分类、要求、试验检验方法、检验规则及标志和包装。

本标准适用于鉴定服饰、家纺用含涤纶短纤维50%及以上与精梳棉混纺的各类漂白、染色和印花布的品质。

2 规范性引用文件

下列文件中的条款通过本标准的引用而成为本标准的条款。凡是注日期的引用文件，其随后所有的修改单（不包括勘误的内容）或修订版均不适用于本标准，然而，鼓励根据本标准达成协议的各方研究是否可使用这些文件的最新版本。凡是不注日期的引用文件，其最新版本适用于本标准。

GB/T 250 纺织品 色牢度试验 评定变色用灰色样卡（GB/T 250—2008，ISO 105-A02：1993，IDT）

GB/T 251 纺织品 色牢度试验 评定沾色用灰色样卡（GB/T 251—2008，ISO 105-A03：1993，IDT）

GB/T 411 棉印染布

GB/T 2910 纺织品 二组分纤维混纺产品定量化学分析方法

GB/T 3917.1 纺织品 织物撕破性能 第1部分：冲击摆锤法撕破强力的测定

GB/T 3920 纺织品 色牢度试验 耐摩擦色牢度（GB/T 3920—2008，ISO 105-X12：2001，MOD）

GB/T 3921—2008 纺织品 色牢度试验 耐皂洗色牢度（ISO 105-C10：2006，MOD）

GB/T 3922 纺织品耐汗渍色牢度试验方法（eqv ISO 105-E04：1994）

GB/T 3923.1 纺织品 织物拉伸性能 第1部分：断裂强力和断裂伸长率的测定 条样法

GB/T 4666 纺织品 织物长度和幅宽的测定

GB/T 4668 机织物密度的测定

GB/T 6152—1997 纺织品 色牢度试验 耐热压色牢度

GB/T 8170 数值修约规则与极限数值的表示和判定

GB/T 8427—2008 纺织品 色牢度试验 耐人造光色牢度：氙弧（ISO 105-B02：1994，MOD）

GB/T 8628 纺织品 测定尺寸变化的试验中织物试样和服装的准备、标记及测量（GB/T 8628—2001，eqv ISO 3759：1994）

GB/T 8629—2001 纺织品 试验用家庭洗涤和干燥程序

GB/T 8630 纺织品 洗涤和干燥后尺寸变化的测定（GB/T 8630—2002，ISO 5077：1984，MOD）

GB/T 14801 机织物与针织物纬斜和弓纬试验方法

GB 18401 国家纺织产品基本安全技术规范

FZ/T 10005 棉及化纤纯纺、混纺印染布检验规则

FZ/T 10010 棉及化纤纯纺、混纺印染布标志与包装

3 术语和定义

GB/T 411确立的术语和定义适用于本标准。

4 分类

精梳涤棉混纺印染布按品种、规格分类，各类产品的品种和规格根据客户合同或用户需要确定。

5 要求

精梳涤棉混纺印染布分内在质量和外观质量。内在质量包括：纬向密度、断裂强力、撕破强力、水洗尺寸变化率、纤维含量偏差、色牢度等六项；外观质量包括：局部性疵点和散布性疵点两项。

5.1 分等规定

5.1.1 产品的品等分为优等品、一等品、二等品，低于二等品的为等外品。

5.1.2 精梳涤棉混纺印染布的评等：内在质量按批评等，外观质量按匹(段)评等，以内在质量和外观质量中最低一项品等作为该匹(段)布的品等。

5.1.3 在同一匹(段)布内，局部性疵点采用有限度的每平方米允许评分的办法评定等级；散布性疵点按严重一项评等。

5.2 内在质量

内在质量分等规定见表1。

表1 内在质量要求

考核项目			优等品	一等品	二等品
纬向密度偏差/%			≥−1.0	≥−2.0	<−2.0
断裂强力(经向/纬向)/N ≥	纱织物		245/200		
	线织物		294/245		
撕破强力(经向/纬向)/N ≥	纱织物		7.0/7.0		
	线织物		11.0/11.0		
水洗尺寸变化率(经纬向)/%	纱织物		−1.5～+1.0	−2.0～+1.0	
	线织物		−2.0～+1.0	−2.5～+1.0	
纤维含量偏差/%			±3.0		
色牢度/级 ≥	耐光	变色	4	4(浅色3)	3
	耐皂洗	变色	4	3-4	3
		沾色	4	3-4	3
	耐摩擦	干摩	4	3-4	3
		湿摩	3-4	2-3(深色2)	2
	耐汗渍	变色	4	3-4	3
		沾色	4	3-4	3
	耐热压	变色	4	3-4	3
		沾色	4	3	2-3

注1：纬向密度指成品密度(加工系数参见附录A)。

注2：深、浅色程度按GB/T 250标准，5级为深色，2级及以下为浅色，介于两者之间为中色。

5.3 外观质量

5.3.1 局部性疵点允许评分数的规定

5.3.1.1 每匹(段)布的局部性疵点允许评分数规定见表2。

表 2　局部性疵点允许评分数规定

单位为分每平方米

优　等　品	一　等　品	二　等　品
≤0.2	≤0.3	≤0.6

5.3.1.2　每匹(段)布的局部性疵点允许总评分见式(1)。

$$A = a \times L \times W \qquad \cdots\cdots\cdots\cdots(1)$$

式中：

A——每匹(段)布的局部性疵点允许总评分，单位为分每匹(段)[分/匹(段)]；

a——每平方米允许评分数，单位为分每平方米(分/m^2)；

L——匹(段)长，单位为米(m)；

W——标准幅宽，单位为米(m)。

5.3.1.3　计算结果按 GB/T 8170 修约到个位数。

5.3.2　局部性疵点评分规定

5.3.2.1　局部性疵点评分规定见表 3。

表 3　局部性疵点评分规定

疵点长度	评　分
疵点在 8 cm 及以下时	1 分
疵点在 8 cm 以上至 16 cm 及以下时	2 分
疵点在 16 cm 以上至 24 cm 及以下时	3 分
疵点在 24 cm 以上时	4 分

5.3.2.2　1 m 评分不得超过 4 分。

5.3.2.3　所有破洞(断纱 3 根及以上)不论大小，均评 4 分。

5.3.3　局部性疵点评分说明

5.3.3.1　疵点长度按经向或纬向的最大长度量计。

5.3.3.2　除破损和边疵外，距边 1.0 cm 及以内的其他疵点不评分，距边 1.0 cm 以上～2.0 cm 疵点按表 3 减半评分。距边 2.0 cm 及以内破洞按破边评分，距边 2.0 cm 以上的破边、豁边按破洞评分。

5.3.3.3　评定布面疵点时，均以布匹正面为准，反面有通匹、散布性的严重疵点时应降一个等级。

5.3.3.4　印花布的布面疵点应根据对总体效果的影响程度评定。

5.3.4　散布性疵点允许程度的规定

散布性疵点允许程度规定见表 4。

表 4　散布性疵点的允许程度

疵点名称和类别				优　等　品	一　等　品	二　等　品
幅宽偏差/cm	幅宽 145 及以下			−1.0～+2.0	−1.5～+2.5	−2.0～+3.0
	幅宽 145 以上			−1.5～+2.5	−2.0～+3.0	−2.5～+3.5
色差/级 ≥	原样	漂色布	同类布样	4	3-4	3
			参考样	3-4	3	2-3
		花布	同类布样	3-4	3	2-3
			参考样	3-4	3	2
	左中右		漂色布	4-5	4	3-4
			花布	4	3-4	3
	前后			4	4	3-4

表 4（续）

疵点名称和类别		优 等 品	一 等 品	二 等 品
歪斜/% ≤	条格、花斜或纬斜	3.0	3.0	4.0
花纹不符、染色不匀		不影响外观	不影响外观	影响外观
条花		不影响外观	不影响外观	影响外观
棉结杂质、深浅细点		不影响外观	不影响外观	影响外观

5.3.5 优等品不允许有下列疵点：

——单独一处评 4 分的局部性疵点；

——破边、缺边和豁边。

5.4 假开剪和拼件的规定

5.4.1 假开剪的疵点应是评为 4 分或 3 分的疵点，假开剪后各段布都应是一等品。

5.4.2 凡用户允许假开剪或拼件的，可实行假开剪和拼件，最低拼件长度不低于 10 m；假开剪和拼件按每 60 m 不允许超过 2 处，长度每增加 30 m，假开剪可相应增加 1 处。

5.4.3 假开剪和拼件率合计不允许超过 20%，其中拼件率不得超过 10%。另有要求时按双方协议执行。

5.4.4 假开剪布应作明显标记，附假开剪段长记录单。

6 试验检验方法

6.1 试验方法

6.1.1 幅宽检验方法按 GB/T 4666 执行。

6.1.2 密度检验方法按 GB/T 4668 执行。

6.1.3 断裂强力试验方法按 GB/T 3923.1 执行。

6.1.4 撕破强力试验方法按 GB/T 3917.1 执行。

6.1.5 水洗尺寸变化率试验方法按 GB/T 8628、GB/T 8629—2001(洗涤 4A，干燥 F)和 GB/T 8630 执行。

6.1.6 纤维含量试验按 GB/T 2910 执行，结果以净干重量百分率表示。

6.1.7 耐光色牢度试验方法按 GB/T 8427—2008 中方法 3 执行。

6.1.8 耐皂洗色牢度试验方法按 GB/T 3921—2008 中 C(3)单纤维贴衬执行。

6.1.9 耐摩擦色牢度试验方法按 GB/T 3920 执行。

6.1.10 耐热压色牢度试验方法按 GB/T 6152—1997(潮压法，温度 150 ℃±2 ℃)执行。

6.1.11 耐汗渍色牢度试验按 GB/T 3922 执行。

6.1.12 变色、色差按 GB/T 250 评定，沾色按 GB/T 251 评定。

6.1.13 纬斜(或花型、格型)歪斜率按 GB/T 14801 执行。

6.2 外观质量检验条件和方法

6.2.1 采用灯光检验时，以 40 W 加罩青光日光灯管 3～4 根，布面处照度不低于 750 lx，光源与布面距离为 1.0 m～1.2 m。

6.2.2 验布机验布板角度为 45°，布行速度最高为 40 m/min。布匹的评等检验，按验布机上作出的疵点标记，评分评等。

6.2.3 布匹的复验、验收应将布平摊在验布台上，按纬向逐幅展开检验，检验人员的视线应正视布面，眼睛与布面的距离为 55.0 cm～60.0 cm。

6.2.4 规定检验布的正面，斜纹织物中纱织物以左斜“↖”为正面，线织物以右斜“↗”为正面。

7 检验规则

检验规则按 FZ/T 10005 执行。

8 标志和包装

标志和包装按 FZ/T 10010 执行。

9 其他

特殊品种及用户对产品有特殊要求的，由供需双方另订协议。

附　录　A
（资料性附录）
精梳涤棉混纺印染布加工系数

A.1　幅宽、密度的加工系数

加工系数见表 A.1。

表 A.1　加工系数

产品类别	幅宽加工系数(b)	密度加工系数(c)	
		经纱	纬纱
细平布	0.92	1.09	0.95
府绸、纱卡其	0.945	1.06	0.96
线卡其、华达呢	0.95	1.05	0.97

A.2　计算方法

A.2.1　标准幅宽按式(A.1)计算。

$$W = W_1 \times b \qquad \cdots\cdots(A.1)$$

式中：

W——精梳涤棉混纺印染布标准幅宽，单位为米(m)；

W_1——精梳涤棉混纺本色布标准幅宽，单位为米(m)；

b——精梳涤棉混纺印染布幅宽加工系数。

A.2.2　标准经、纬纱密度按式(A.2)计算。

$$D_{T,W} = D_1 \times c \qquad \cdots\cdots(A.2)$$

式中：

$D_{T,W}$——精梳涤棉混纺印染布标准(经、纬纱)密度，单位为根每 10 厘米(根/10 cm)；

D_1——精梳涤棉混纺本色布标准经、纬纱密度，单位为根每 10 厘米(根/10 cm)；

c——精梳涤棉混纺印染布经、纬纱密度加工系数。

ICS 59.080.30;13.220.40
W 04

GB

中华人民共和国国家标准

GB/T 5456—2009
代替 GB/T 5456—1997

纺织品　燃烧性能
垂直方向试样火焰蔓延性能的测定

**Textiles—Burning behaviour—
Flame spread properties of vertically oriented specimens**

(ISO 6941:2003,Textile fabrics—Burning behaviour—
Measurement of flame spread properties of
vertically oriented specimens,MOD)

2009-09-30 发布　　　　2010-02-01 实施

中华人民共和国国家质量监督检验检疫总局
中国国家标准化管理委员会　发布

前　言

本标准修改采用国际标准 ISO 6941:2003《纺织织物　燃烧性能　垂直方向试样火焰蔓延性能的测定》。

本标准根据 ISO 6941:2003 重新起草，与 ISO 6941:2003 的主要差异如下：

——规范性引用文件中的国际标准替换为相应的国家标准，增加了引用文件 GB/T 6529。

——将第 8 章的调湿用大气由“在温度 20 ℃±2 ℃，相对湿度 65%±5%下调湿 24 h”改为“在 GB/T 6529规定的标准大气条件下进行调湿”。

——在第 10 章增加了“注”。

本标准代替 GB/T 5456—1997《纺织品　燃烧性能　垂直方向试样火焰蔓延性能的测定》，主要内容变化如下：

——标准的适用范围简化为“各类单组分或多组分(涂层、衍缝、多层、夹层制品及类似组合)的纺织织物和产业用制品”。

——规范性引用文件中增加了 GB/T 8746 和 GB/T 3291.3。

——在第 3 章中删去了“续燃”、“续燃时间”、“阴燃”和“阴燃时间”，增加了“点火时间”。

——在原理中删去了“亦可同时观察、测定和记录试样的其他有关火焰蔓延的性能”。

——在设备和材料中增加了支撑架的规格说明。

——增加了气体点火器水平或者倾斜位置移动时点火器顶端距试样距离的描述。

——将“试样夹持器”改为“试样框架”，并修改了规格的描述。

——将模板上钻孔描述改为“在模板上钻有 12 个直径约 4 mm 的小孔”。

——点火气源增加了“丙烷/丁烷混合气体”。

——将标记线的规格改为“线密度为 45tex～50tex”。

——试样尺寸由(560×170) mm 改为(560×170) mm±2 mm。

——将原标准中的三个调湿条件改为一个标准调湿条件，为“在 GB/T 6529 规定的标准大气条件下进行调湿”。

——火焰高度的调节方式由垂直调节改为水平调节和垂直调节两种方式。

——对点火时间的规定进行了修改。

——取消了对织物其他燃烧性能的记录。

——增加第 11 章“精密度”。

本标准的附录 A 是规范性附录，附录 B 是资料性附录。

本标准由中国纺织工业协会提出。

本标准由全国纺织品标准化技术委员会基础标准分会(SAC/TC209/SC1)归口。

本标准起草单位：上海出入境检验检疫局、纺织标准化研究所、上海爱丽服装检验修理有限公司。

本标准主要起草人：陆维民、袁志磊、隋阳华、梁国斌。

本标准于 1985 年首次发布，1997 年第一次修订，本次为第二次修订。

纺织品　燃烧性能　垂直方向试样火焰蔓延性能的测定

1　范围

本标准规定了纺织品垂直方向火焰蔓延时间的试验方法。

本标准适用于各类单组分或多组分(涂层、绗缝、多层、夹层制品及类似组合)的纺织织物和产业用制品。

2　规范性引用文件

下列文件中的条款通过本标准的引用而成为本标准的条款。凡是注日期的引用文件,其随后所有的修改单(不包括勘误的内容)或修订版均不适用于本标准,然而,鼓励根据本标准达成协议的各方研究是否可使用这些文件的最新版本。凡是不注日期的引用文件,其最新版本适用于本标准。

GB/T 3291.3　纺织　纺织材料性能和试验术语　第3部分:通用

GB/T 6529　纺织品　调湿和试验用标准大气(GB/T 6529—2008,ISO 139:2005,MOD)

GB/T 8746　纺织品　燃烧性能　垂直方向试样易点燃性的测定(GB/T 8746—2009,ISO 6940:2004,MOD)

3　术语和定义

GB/T 3291.3确定的以及下列术语和定义适用于本标准。

3.1

点火时间　flame application time

点火源的火焰施加到试样上的时间。

3.2

火焰蔓延时间　flame spread time

在规定的试验条件下,燃烧的材料上的火焰扩展一定的距离或表面面积所需要的时间,以秒表示。

4　原理

用规定点火器产生的火焰,对垂直方向的试样表面或底边点火10 s。测定火焰在试样上蔓延至三条标记线分别所用的时间。

5　仪器

5.1　支承架

应能使点火器(5.2,见图1)和试样框架(5.3,见图2)之间保持规定的相对位置(见图3)。

仪器可以在如图2所示的位置上装三条标记线(见5.7)。在每个标记线的位置安装一个圆环以使其两面到试样的前表面相距1 mm和5 mm。每个圆环处都安装一个计时装置(5.6.2)。

单位为毫米

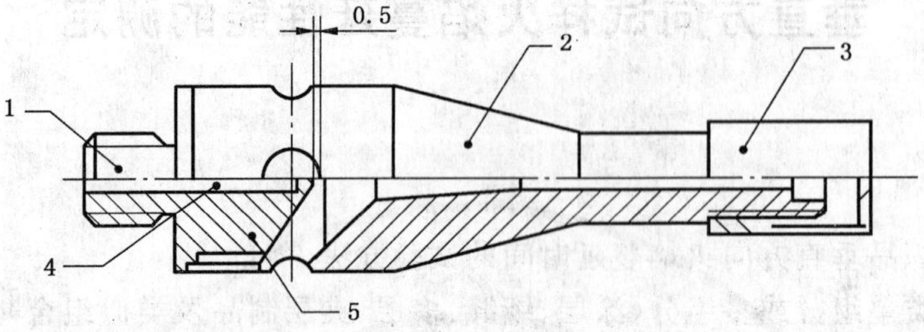

a) 气体燃烧器结构

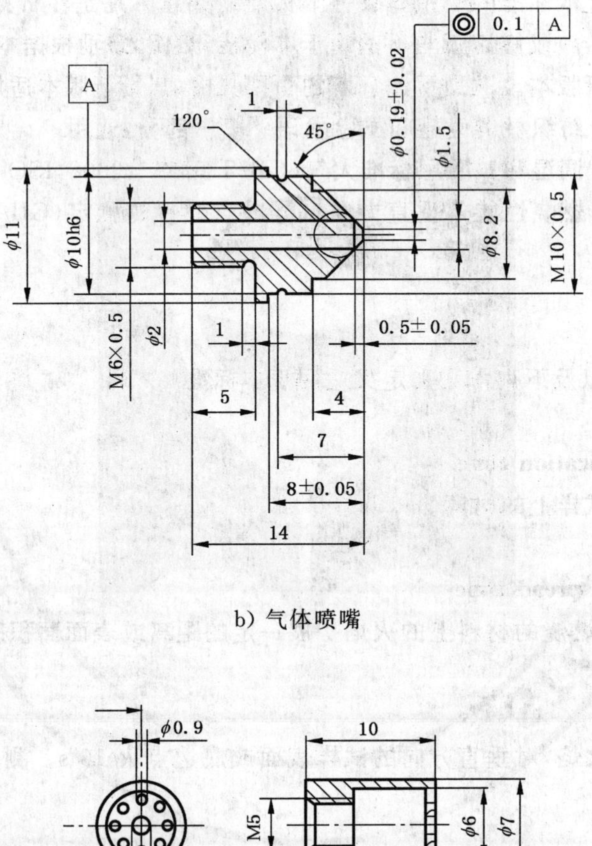

b) 气体喷嘴

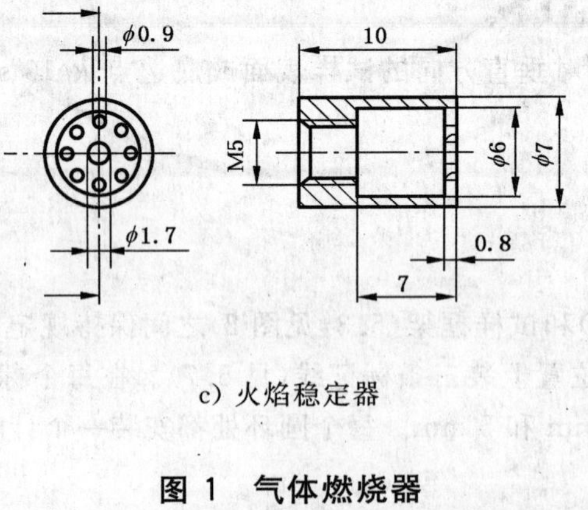

c) 火焰稳定器

图 1　气体燃烧器

单位为毫米

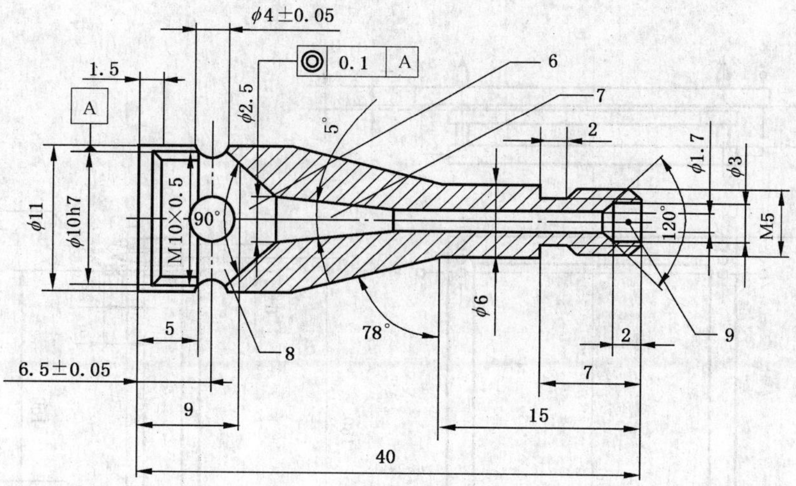

d) 燃烧管

说明：

1——喷气嘴；

2——燃烧管；

3——火焰稳定器；

4——阻塞管；

5——凹口；

6——气体混合区；

7——扩散区；

8——气体室；

9——出口。

图 1 （续）

单位为毫米

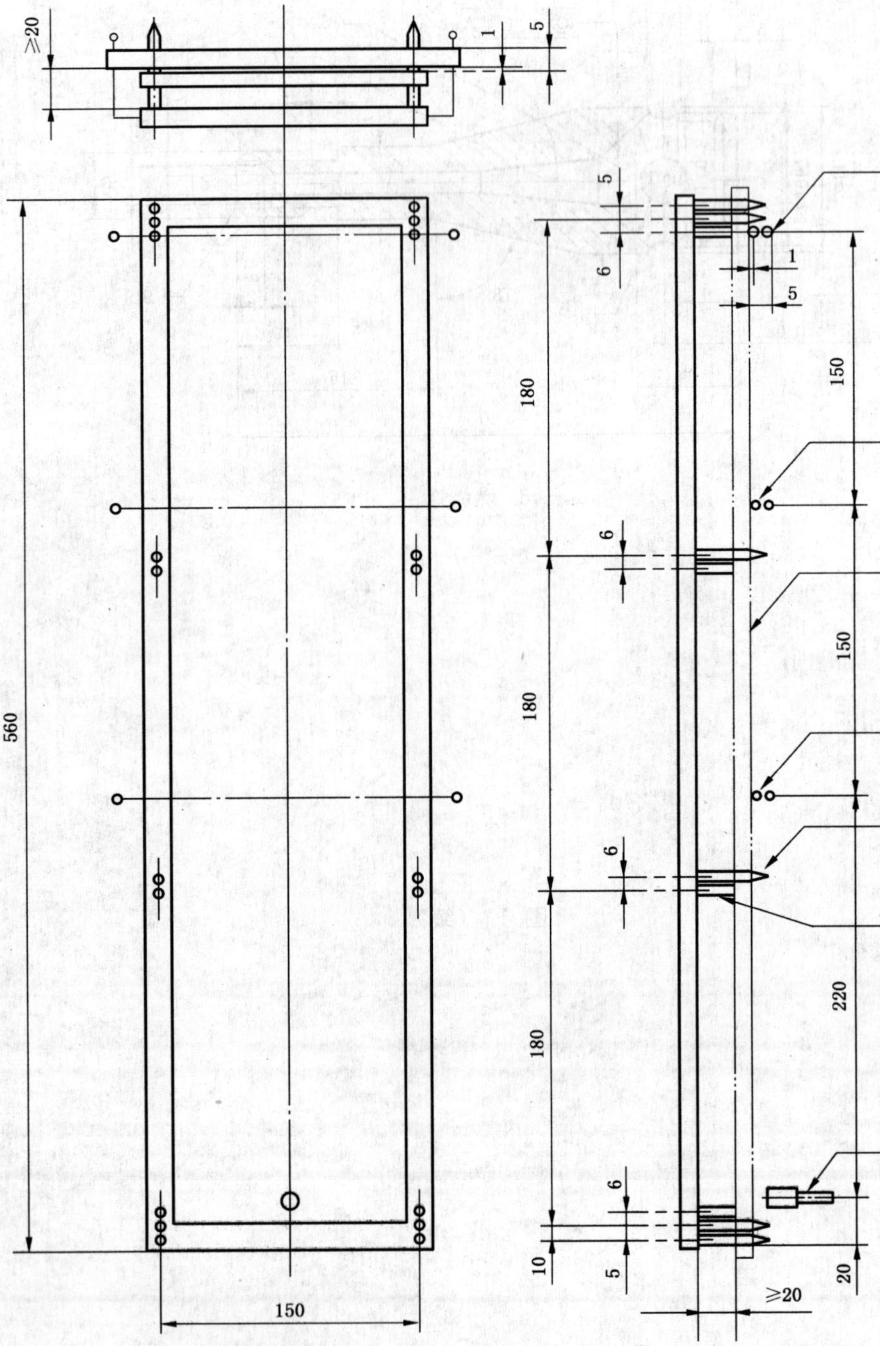

说明：

1——第三条标记线；

2——第二条标记线；

3——织物试验样品；

4——第一条标记线；

5——固定针；

6——隔离棒(可选)；

7——燃烧器(定向表面点火)。

图 2　试样框架

单位为毫米

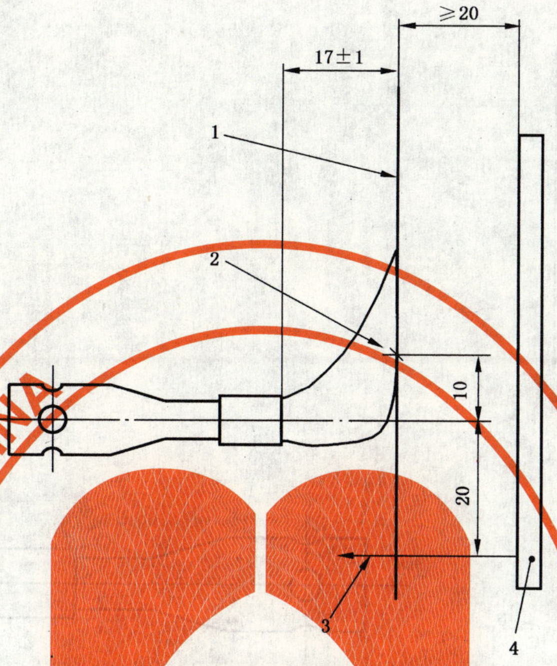

a）表面点火

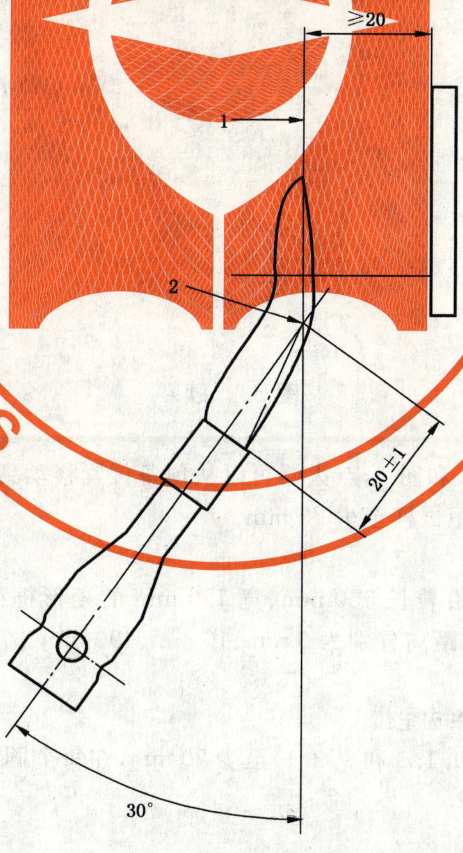

b）边缘点火

图 3　火焰位置和调节

单位为毫米

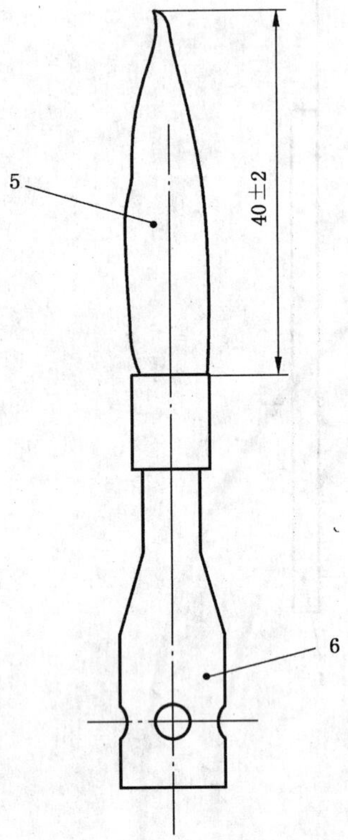

c）垂直火焰高度

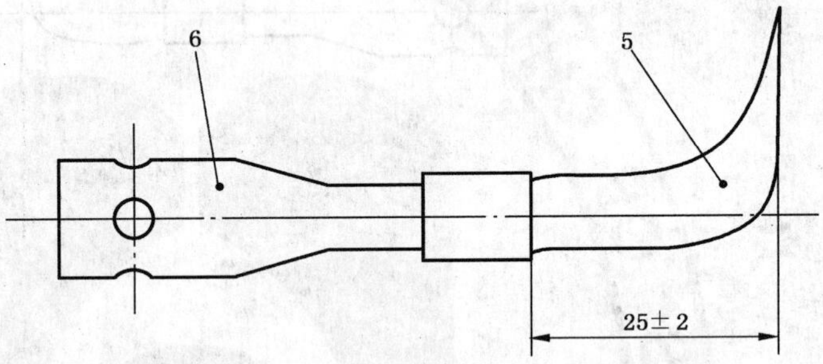

d）火焰的水平延伸

说明：

1——织物实验样品；

2——名义上的火焰点火点；

3——固定针；

4——安装框；

5——火焰；

6——燃烧器。

图3 （续）

5.2 气体点火器

气体点火器的描述见附录A和图1，点火器可以从预备位置移动到水平位置或者倾斜位置上（见图3）。在预备位置时，点火器顶端距试样至少75 mm。

5.3 试样框架

由一个矩形金属框架组成，沿着长560 mm、宽150 mm的矩形框架的长边安装有12个试样固定针。试样固定针距离框架底边的距离分别为5 mm、10 mm、190 mm、370 mm、550 mm和555 mm，固定针的长度至少为26 mm。

注：对于较厚或多层试样需要加长固定针。

为了使试样平面距框架（见9.1.1和9.2.1）至少20 mm，在每个固定针的附近要安装直径为2 mm，长度至少20 mm的定位圆柱。

5.4 模板

刚性平型模板由适当的材料构成，其大小与试样尺寸相适应。在模板上钻有12个直径约4 mm的小孔，其位置应使孔心距与框架上固定针之间的距离一致（见图2）。这些小孔位于模板的垂直中心线等距离处。

5.5 气体

工业用丙烷或丁烷或丙烷/丁烷混合气体。

注：推荐使用工业用丙烷，但也可用其他气体。

5.6 计时装置

5.6.1 计时装置用来控制和测量火焰施加时间以及火焰蔓延时间，精度至少为0.2 s。

5.6.2 测量火焰蔓延时间需要三个精度至少为0.2 s的计时装置。当开始点火的同时启动设备，当每个标记线被烧断时自动停止。

5.7 标记线

白色丝光棉线，线密度为45 tex～50 tex。

6 注意事项

6.1 试验装置的构成

某些燃烧产物具有腐蚀性，设备应由不受烟雾侵蚀影响的材料构成。

6.2 试验装置的放置

试验场所环境空气量应不对试验产生任何影响。试验柜为前开门式箱体，箱体的任一壁距离试样的位置至少300 mm。

6.3 试验人员的健康和安全

纺织品的燃烧可能会产生影响操作人员健康的烟雾和有毒气体，试验场所周围应有足够的空间，两次试验之间，应使用排风扇或其他通风设备清除试验场所内的烟雾和有毒气体，以避免危及试验人员的健康。

注：烟雾的排放要符合国家有关气体污染控制的规定。

7 试样

7.1 试样的数量

用模板(5.4)取6块试样，长度方向和宽度方向各取三块。

对于表面点火，如果试样的两面不同，并且预备试验表明两面的燃烧性能不同，那么在表面点火试验时应两面分别试验。

7.2 试样上针位的标记

把模板放在试样上，并用模板(5.4)上的小孔对固定针须穿过的位置作出标记。

注：织物若是网眼结构(如：稀松窗帘布、纱罗织物)，则需在固定针标记处贴一块胶布，并将针位也标记在胶布上。对于松弛的织物，应将其拉直，而不用过度拉伸。

7.3 试样的尺寸

每块试样的尺寸为(560×170) mm±2 mm。

8 调湿和试验用标准大气

8.1 调湿

将试样放在GB/T 6529规定的标准大气条件下进行调湿。调湿之后如果不立刻进行试验，应将调湿后试样放在密闭容器中。每一块试样从调湿大气或密闭容器中取出后，应在2 min之内开始试验。

注：测试时，在将试样安装到固定针上的时候要小心操作以避免损伤。如果有必要，在试样从标准环境中拿出之前，将其安装到试样框架上(5.3)。

8.2 试验大气

在温度为10 ℃～30 ℃，相对湿度为15%～80%的大气环境中进行试验。

在试样开始试验时，点火处的空气流动速度应小于0.2 m/s，在试验期间也不应受运转着的机械设备的影响。

注：如果需要，可以用气流防护罩来保持测试火焰的稳定。

9 仪器设置

9.1 程序 A（表面点火）

9.1.1 安装试样

将试样放置在试样框架的固定针上（见 7.1），使固定针穿过试样上通过模板作的标记点，并使试样的背面距框架至少 20 mm。然后将试样框架装在支承架上，使试样呈垂直状态。

9.1.2 点火器的位置

将点火器垂直于试样表面放置，使点火器轴心线在下端固定针标记线的上方 20 mm 处，并与试样的垂直中心线在一个平面内。确保点火器的顶端距试样表面（17±1）mm[见图 3a)]。

9.1.3 水平火焰高度的调节

把点火器放在垂直预备位置上，点燃点火器并预热至少 2 min。将点火器移至水平预备位置，在黑色背景下调节水平火焰高度，使点火器顶端至黄色火焰尖端的水平距离为（25±2）mm[见图 3d)]。

在每组（6 块）试样试验前都应检查火焰高度。

注：如果实验仪器没有水平预备位置，那么在进行火焰调节之前就必须将试样移开。

9.1.4 火焰的位置

将点火器从预备位置移到水平的试验位置（见 9.1.2）。确定火焰在正确的位置接触试样[见图 3a)]。

9.2 程序 B（底边点火）

9.2.1 安装试样

将试样放置在试样框架的固定针上（见 7.1），使固定针穿过试样上通过模板作的标记点，并使试样的背面距框架至少 20 mm。然后将试样框架装在支承架上，使试样呈垂直状态。

9.2.2 点火器的位置

点火器放在试样前下方，位于通过试样的垂直中心线和试样表面垂直的平面中，其纵向轴与垂直线成 30°，与试样的底边垂直。确保点火器的顶端到试样底边的距离为（20±1）mm[见图 3b)]。

注：对于悬垂性较大的织物，保持上述要求可能比较难，这种织物更适合用表面点火。

9.2.3 垂直火焰高度的调节

把点火器放在垂直预备位置上，点燃点火器并预热至少 2 min。在黑色背景下调节垂直火焰高度，使点火器顶端到黄色火焰尖端的距离为（40±2）mm[见图 3c)]。

在每组（6 块）试样试验前都应检查火焰高度。

9.2.4 火焰的位置

将点火器从垂直预备位置移到倾斜的试验位置（见 9.2.2）。确保试样的底边对分火焰[见图 3b)]。

10 试验步骤

10.1 表面点火

10.1.1 按照 9.1 所述设置试验仪器。

10.1.2 将一块试样放到试样框架上（见 9.1.1）。在如图 2 所示的位置装标记线（见 5.1），并使标记线在一定张力下与试样保持相对位置。记录是样品的纵向还是横向是垂直的，以及样品的哪一面朝向测试火焰。

10.1.3 对试样点火 10 s 或者按照 GB/T 8746 中的临界点火时间进行测试、观察和记录：

a) 从点火开始到第一条标记线被烧断的时间（s）；

b) 从点火开始到第二条标记线被烧断的时间（s）；

c) 从点火开始到第三条标记线被烧断的时间（s）。

10.1.4 重复10.1.2和10.1.3测试剩余的5块试样，所有的试样都以相同的表面朝向火焰。

10.2 底边点火

10.2.1 按照9.2的规定设置试验仪器。

10.2.2 将一块试样放到试样夹持器上（见9.1.1）。在如图2所示的位置装标记线（见5.1），并使标记线在一定张力下与试样保持相对位置。记录是样品的纵向还是横向是垂直的，以及试样的哪一面朝向测试火焰。

10.2.3 对试样点火10 s或者按照GB/T 8746中规定的临界点火时间，按照10.1.3中的规定进行测试、观察和记录。

10.2.4 重复10.2.2和10.2.3测试剩余的5块试样，所有的试样都以相同的表面朝向火焰。

注：有关操作方面的要求参见附录B。

11 精密度

这个方法是用来比较不同易燃材料的火焰蔓延时间，方法的精密度主要由所测试材料的类型决定。

火焰蔓延速率不是常量。在样品的最短点火时间没有火焰的延伸。点燃之后，在一段时期内火焰会出现强度增加和加速的现象。如果火焰蔓延至样品的整个宽度，火焰蔓延速率就变得稳定。对于某些热塑性材料，火焰蔓延速度可能会减慢或者甚至停止。

计算所得的蔓延速率因此不能很好的再现，并且推荐将上面的标记线的烧断时间作为比较的基础。1993年，在11个实验室进行的比较试验中，一般重量的服饰材料烧断上面标记线的时间大约为20 s～24 s。非常轻的材料所得的结果大约为这些值的一半。对5块机织物进行的重复测试结果差异为3 s～4 s。

针织物的再现性是比较差的。当在夹持器上安装试样时，由于针织物容易下垂，使得控制燃烧器到试样的距离比较难。如果遇到了下垂的问题，那么在试验报告中要将其记录。试样的安装方法也需要改进，可以在针织物上施加轻微的张力来将织物拉平。

燃烧时容易收缩的材料的再现性问题会受安装方法的影响。因此，试样在安装时不应被张紧以防止由于收缩而导致试样远离点火火焰，致使点火失败。

12 试验报告

试验报告应包括以下内容：

a) 说明试验是按本标准进行的，如有改变应说明细节；
b) 所采用的气体；
c) 试验日期；
d) 试验时的温度和相对湿度；
e) 对于不能用固定针固定的织物，应说明所采用的固定方法（见7.2）；
f) 试验样品的描述，包括任何预处理的详细信息，例如：清洗程序；
g) 试验时的点火方式：表面点火或底边点火，注明试样表面点火的受试面；
h) 试验中所用的点火时间；
i) 每块试样在10.1.3a)到c)中规定的详细信息。

附　录　A
（规范性附录）
点火器的描述和结构

A.1　描述

点火器能提供适当尺寸的火焰，火焰高度可以在 10 mm～60 mm 间进行调节。

A.2　结构

点火器的结构如图 1，它由三部分组成。

a)　气体喷嘴

气体喷嘴［见图 1b)］的喷嘴口径为 0.19 mm±0.02 mm。

喷嘴口系钻成，钻加工后应将钻孔两端的所有毛刺磨去，但并不磨成圆角。

b)　点火器管

点火器管［见图 1d)］由四部分组成：

1) 空气室；

2) 气体混合区；

3) 扩散区；

4) 气体出口。

在空气室内，点火器管有四个直径为 4 mm 的空气入口小孔。孔的前部边缘与喷嘴的顶端接近水平。扩散区呈锥形，其尺寸如图 1d)所示。点火器孔腔内径为 1.7 mm，出口内径为 3.0 mm。

c)　火焰稳定器

火焰稳定器如图 1c)所示。

附 录 B
（资料性附录）
试验技术

火焰蔓延性能测定所要求的试验技术质量在很大程度上取决于所用试验仪器的设计。而且，要想达到高精度，仪器的自动化程度越差，对操作者熟练程度的要求就越高。

某些基本的操作要求如下：

a) 为安全起见，试验仪器应远离贮气钢瓶，钢瓶可放在建筑物的外面。在这种情况下，手工操作的开关阀门应当安装在放置仪器的室内，在进入该仪器的管道处。使用该仪器时应考虑气体到达点火器喷嘴所需的时间，从而提供稳定的火焰。

b) 安装与使用仪器应使会被热气带走或从试样上落下的冒烟微粒不致停留在可燃材料上。操作者应当备有防护服、灭火器和报警信号装置。

c) 保持仪器的清洁并确保安全。

d) 某些未经整理的织物，如单面针织品容易发生卷边。因此，在试验这类织物时最好用经过整理的。

e) 试验后，粘附在固定针上的残留物可用金属丝刷清除。任何还在冒烟的材料必须先将其熄灭，再与其他废品一起放进一个不可燃的容器内。

f) 如果经过检查认为织物的两个表面可点燃性不同，或者两个表面不同，则织物的两面都应当进行试验。

ICS 01.080
K 04

中华人民共和国国家标准

GB/T 5465.1—2009

电气设备用图形符号 第1部分:概述与分类

Graphical symbols for use on electrical equipment—Part 1:Overview and classification

(IEC 60417 Database:2007-01,
Graphical symbols for use on equipment,MOD)

2009-03-13 发布 2009-11-01 实施

中华人民共和国国家质量监督检验检疫总局
中国国家标准化管理委员会 发布

前 言

GB/T 5465《电气设备用图形符号》和 GB/T 23371《电气设备用图形符号基本规则》共同构成支撑电气设备用图形符号的系列国家标准。

GB/T 5465《电气设备用图形符号》分为二个部分：

——第 1 部分：概述与分类(IEC 60417 DB)；

——第 2 部分：图形符号(IEC 60417 DB)。

本部分为 GB/T 5465 的第 1 部分。

本部分修改采用 IEC 60417 DB(2007 年 1 月)《设备用图形符号》(英文版)。

本部分与 IEC 60417 DB(2007 年 1 月)相比，增加了符号中文名称索引和符号英文名称索引。

与本标准密切关联的 GB/T 23371《电气设备用图形符号基本规则》分为四个部分：

——第 1 部分：原形符号的生成(IEC 80416-1)；

——第 2 部分：箭头的形式与使用；

——第 3 部分：应用导则(IEC 80416-3)；

——第 4 部分：屏幕和显示设备用图形符号(图标)的适用规则。

本部分由全国电气信息结构文件编制和图形符号标准化技术委员会(SAC/TC 27)提出并归口。

本部分起草单位：信息产业部电信研究院、机械科学研究院。

本部分主要起草人：谭泳、武冰梅、郭汀。

电气设备用图形符号
第1部分:概述与分类

1 范围

GB/T 5465 的本部分给出了电气设备用图形符号一览表及中英文名称索引,还给出了按基本图形、功能和应用专业划分的类别索引。

本部分适用于电气设备用图形符号。

2 图形符号概述

2.1 图形符号一览

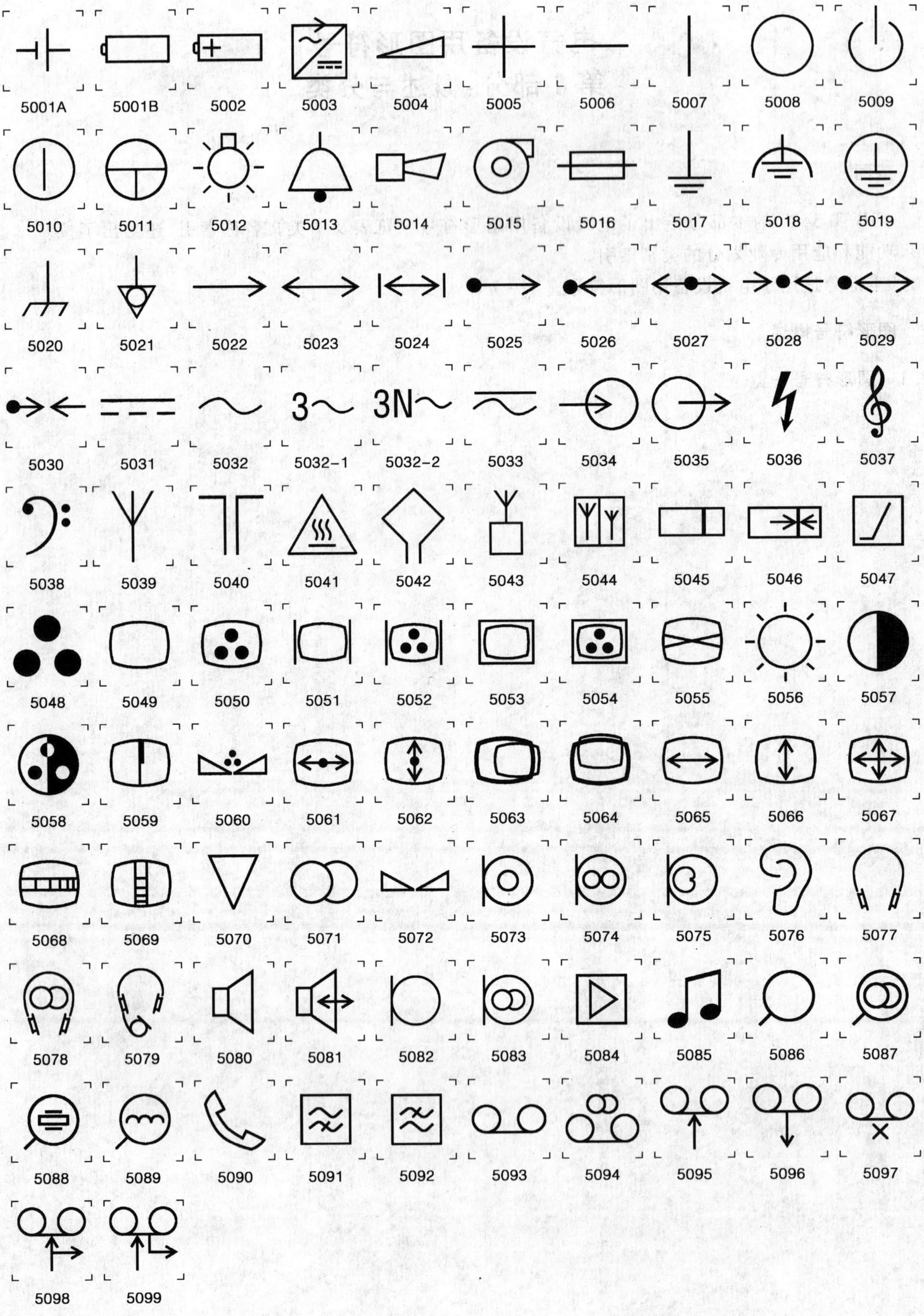

5001A 5001B 5002 5003 5004 5005 5006 5007 5008 5009

5010 5011 5012 5013 5014 5015 5016 5017 5018 5019

5020 5021 5022 5023 5024 5025 5026 5027 5028 5029

5030 5031 5032 5032-1 5032-2 5033 5034 5035 5036 5037

5038 5039 5040 5041 5042 5043 5044 5045 5046 5047

5048 5049 5050 5051 5052 5053 5054 5055 5056 5057

5058 5059 5060 5061 5062 5063 5064 5065 5066 5067

5068 5069 5070 5071 5072 5073 5074 5075 5076 5077

5078 5079 5080 5081 5082 5083 5084 5085 5086 5087

5088 5089 5090 5091 5092 5093 5094 5095 5096 5097

5098 5099

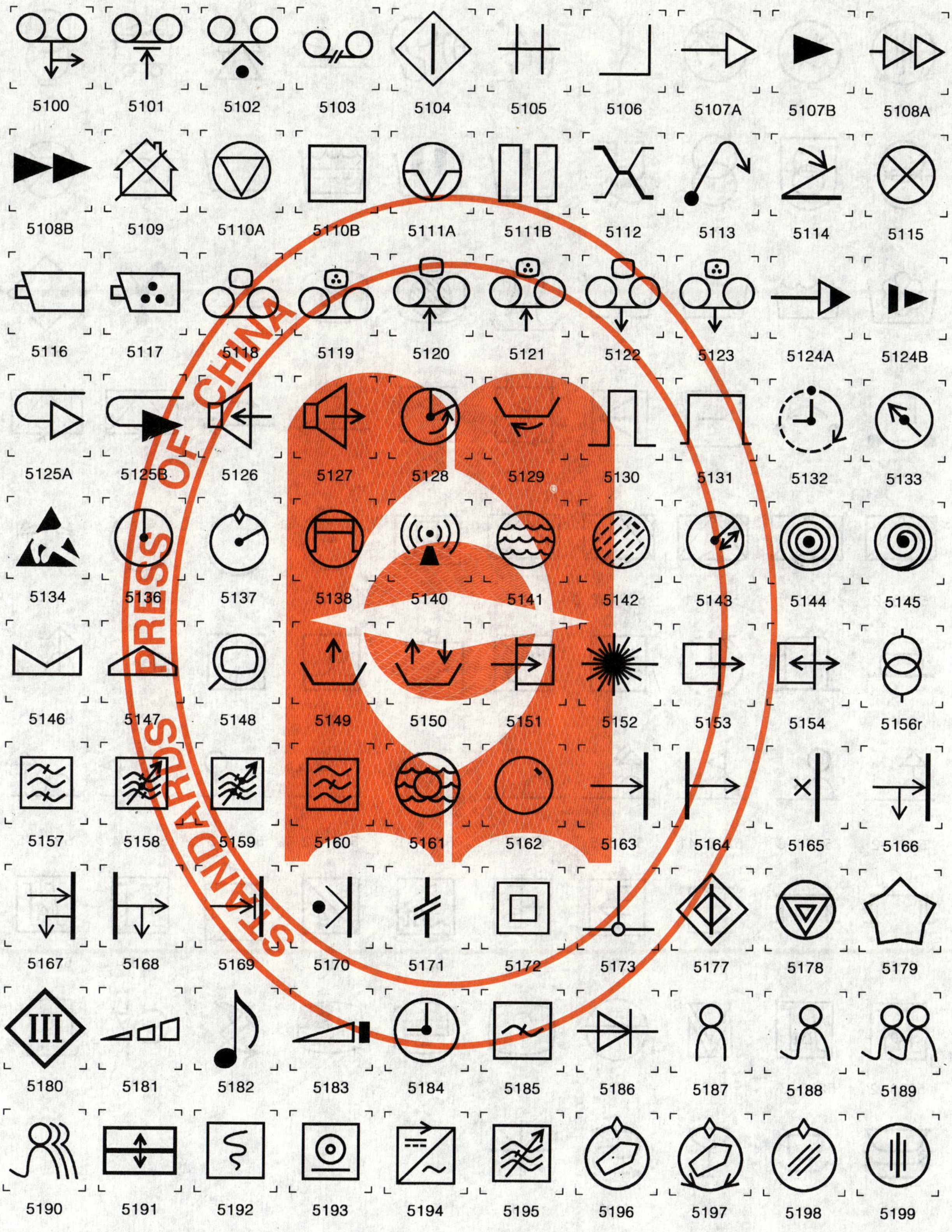
5100 5101 5102 5103 5104 5105 5106 5107A 5107B 5108A
5108B 5109 5110A 5110B 5111A 5111B 5112 5113 5114 5115
5116 5117 5118 5119 5120 5121 5122 5123 5124A 5124B
5125A 5125B 5126 5127 5128 5129 5130 5131 5132 5133
5134 5136 5137 5138 5140 5141 5142 5143 5144 5145
5146 5147 5148 5149 5150 5151 5152 5153 5154 5156r
5157 5158 5159 5160 5161 5162 5163 5164 5165 5166
5167 5168 5169 5170 5171 5172 5173 5177 5178 5179
5180 5181 5182 5183 5184 5185 5186 5187 5188 5189
5190 5191 5192 5193 5194 5195 5196 5197 5198 5199

5200 5201 5202 5204 5210 5211 5213 5216 5219 5220
5221 5222 5223 5225 5226 5227 5228 5229 5230 5231
5232 5234 5235 5236 5237 5244 5245 5249 5250 5251
5252 5253 5254 5255 5256 5257 5258 5259 5260 5260-1
5260-2 5261 5261-1 5261-2 5262 5263 5264 5265 5266 5267
5268 5269 5270 5271 5272 5273 5274 5275 5276 5276-1
5276-2 5276-3 5276-41 5276-5 5277 5277-1 5277-2 5277-3 5277-4 5277-5
5278 5279 5280 5281 5282 5283 5284 5285 5286 5286-1
5286-2 5286-3y 5287 5288 5289 5290 5291 5292 5293 5294
5295 5296 5297 5298 5299

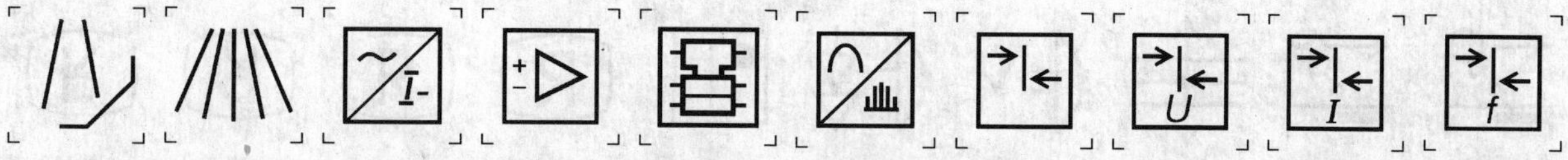

5300 5301 5302 5303 5304 5305 5306 5306-1 5306-2 5306-3

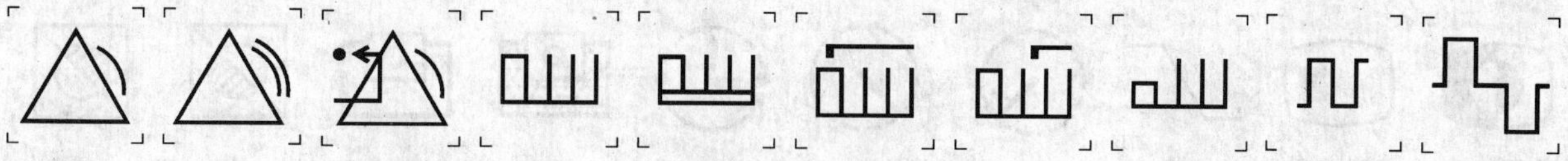

5307 5308 5309 5310 5311 5312 5313 5314 5315 5316

5317 5318 5318-1 5319 5320 5321 5322 5323 5324 5325

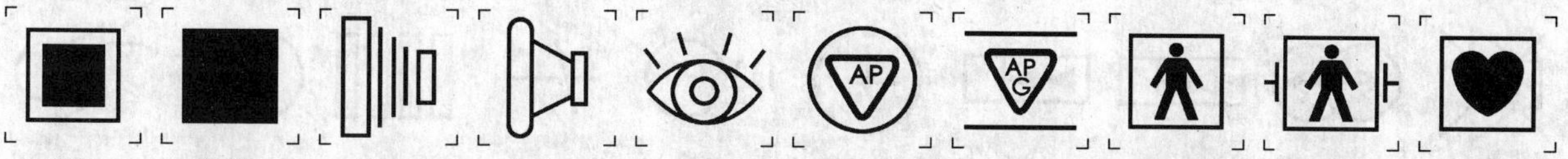

5326 5327 5328 5329 5330 5331 5332 5333 5334 5335

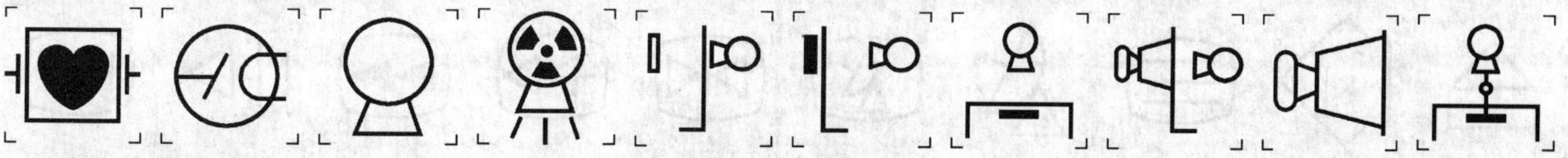

5336 5337 5338 5339 5340 5341 5342 5343 5344 5345

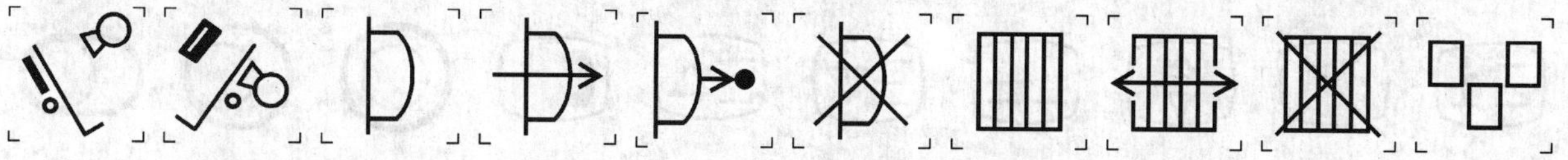

5346 5347 5348 5349 5350 5351 5352 5353 5354 5355

5356 5359 5360 5361 5362 5363 5364 5365 5366 5367

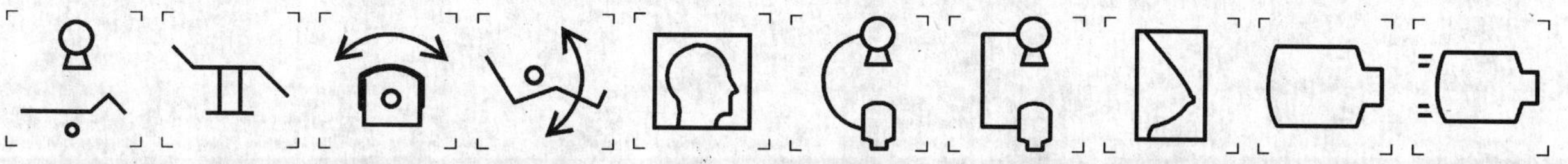

5368 5369 5370 5371 5372 5373 5374 5375 5376 5377

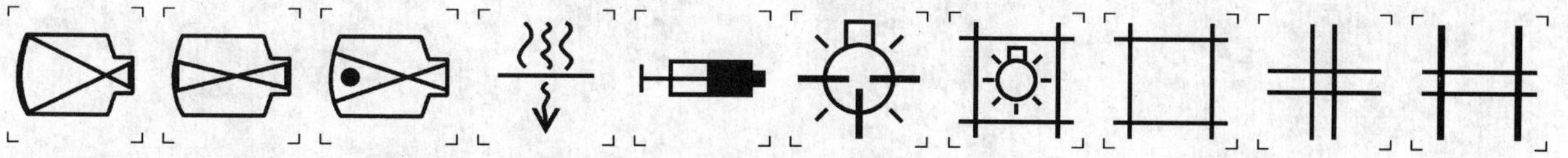

5378 5379 5380 5381 5382 5383 5384 5385 5386 5387

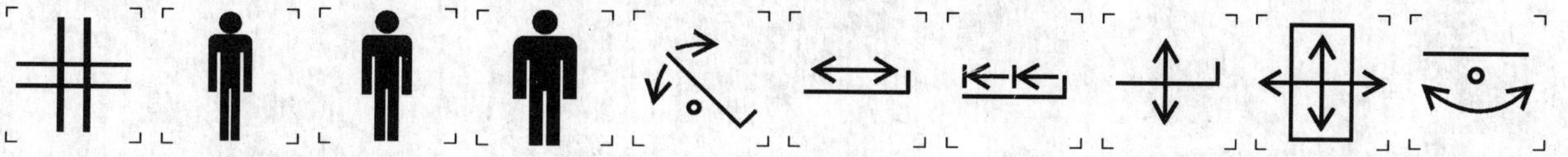

5388 5389 5390 5391 5392 5393 5394 5395 5396 5397

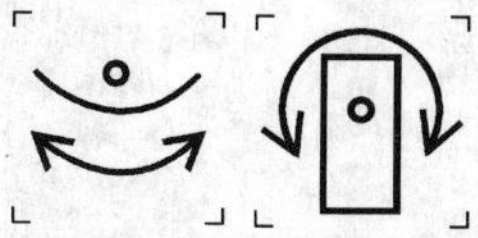

5398 5399

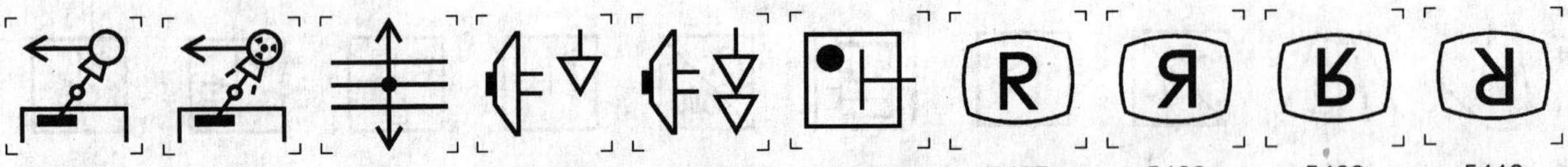

5401 5402 5403 5404 5405 5406 5407 5408 5409 5410

5411 5412 5413 5415 5416 5417 5418 5419 5420 5421

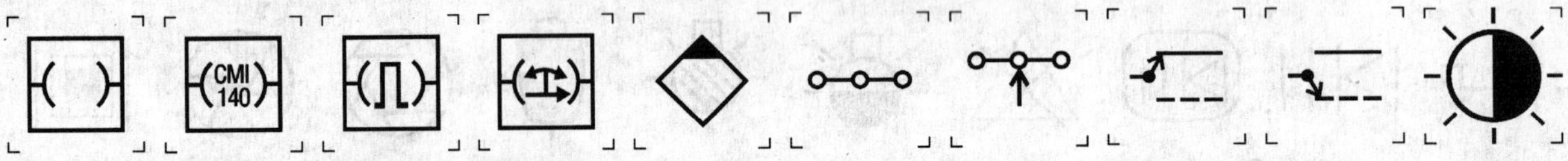

5424i 5424- 5424-2 5424-3 5430 5431 5432 5433 5434 5435

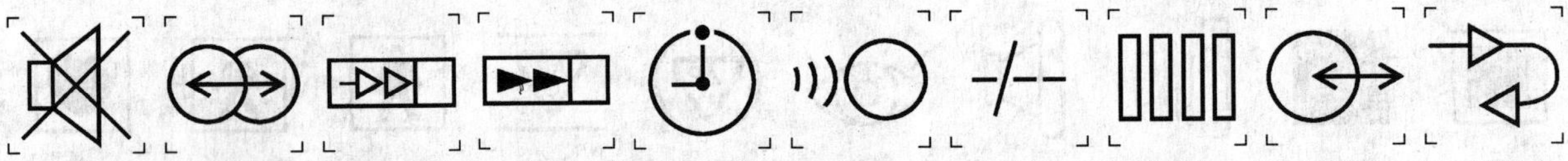

5436 5438 5439A 5439B 5440 5444 5446 5447 5448 5457

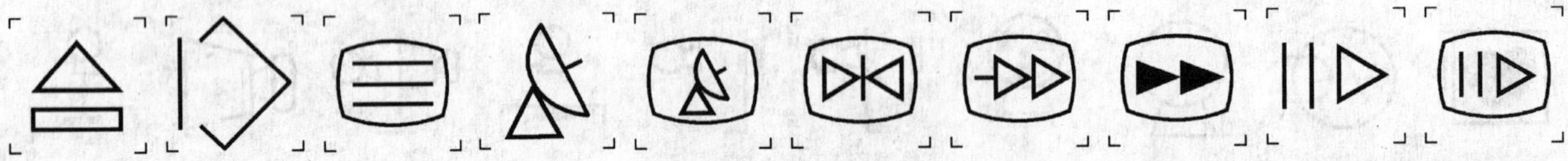

5459 5460 5463 5464 5464-1 5467 5470A 5470B 5471 5471-1

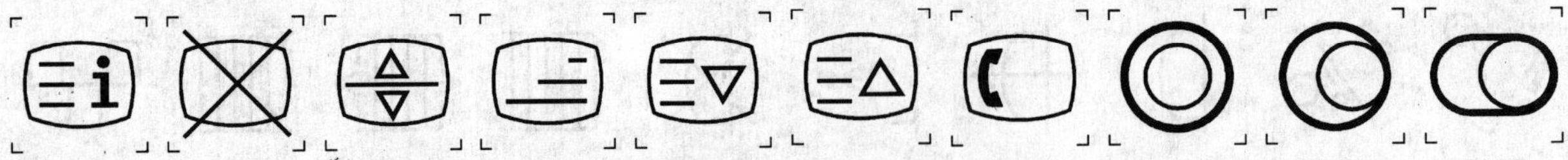

5476 5477 5478 5480 5483 5484 5487 5490 5491 5492

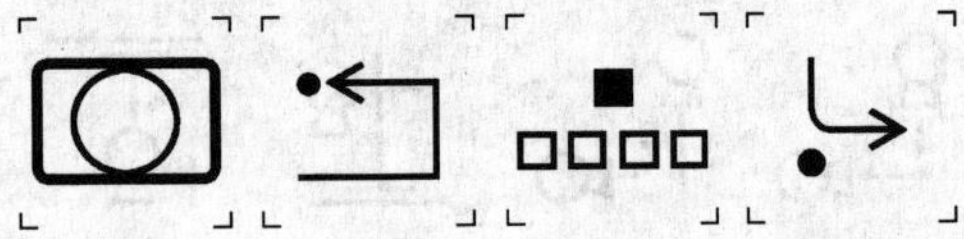

5493 5495 5498 5499

5500 5501 5502 5503 5504 5505 5506 5507 5508 5509

5510 5511 5512 5513t 5514 5515 5516 5517A 5517B 5518

5519 5520 5521A 5521B 5522 5522-1 5522-2 5525A 5525B 5526

5526-1 5526-2 5529A 5529B 5530 5530-1 5530-2 5533 5534 5535

5536 5537r 5538 5539 5540 5541t 5542 5543 5544 5546

5547 5548 5549 5550 5551 5552 5553 5554 5555 5556

5557 5558 5559 5560 5561 5562 5569 5570 5572 5573

5574 5575 5576 5577 5578 5579 5580 5581 5582 5583

5584 5585 5586 5587 5588 5589 5594 5595 5596 5597

5598 5599

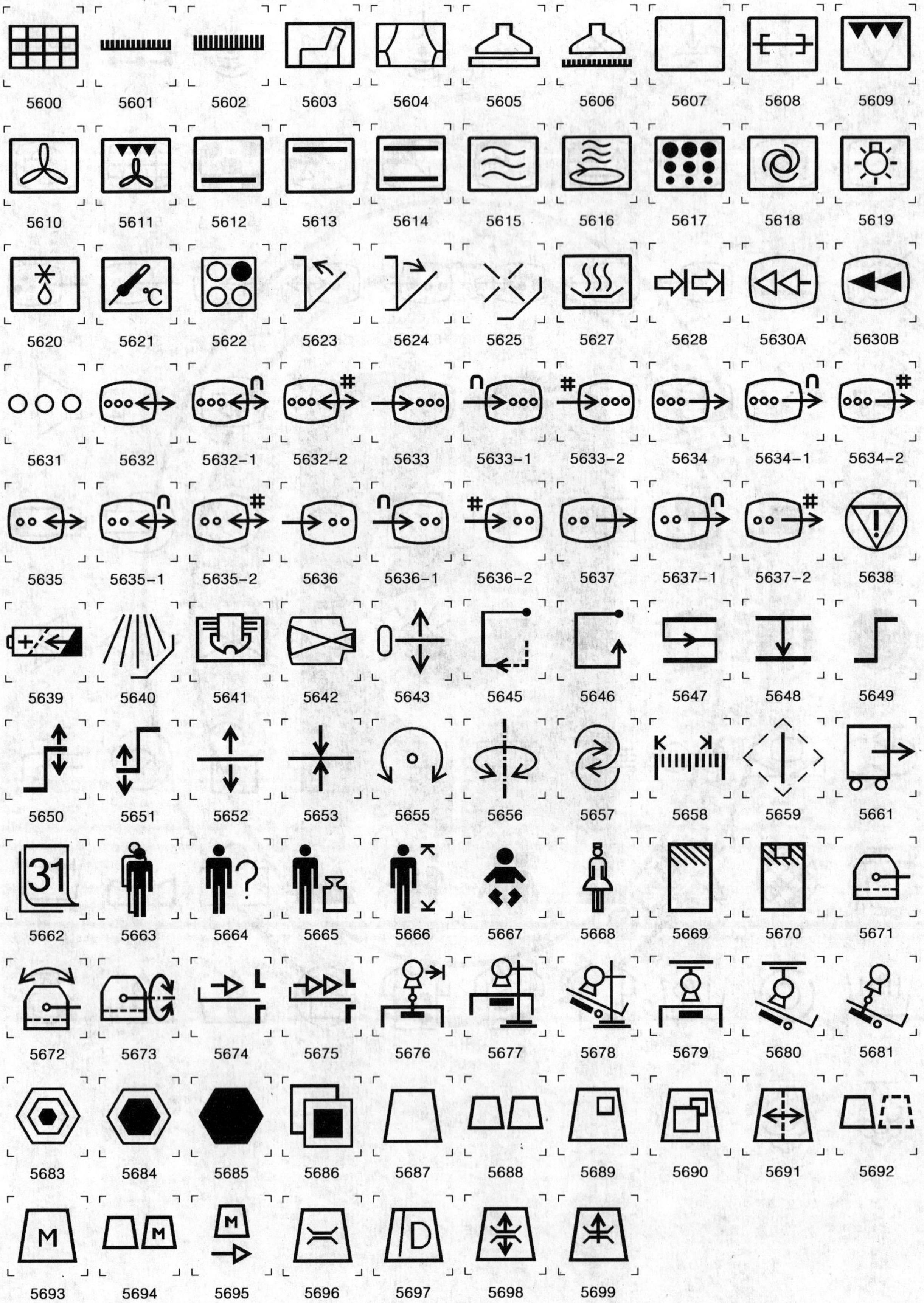
5600 5601 5602 5603 5604 5605 5606 5607 5608 5609
5610 5611 5612 5613 5614 5615 5616 5617 5618 5619
5620 5621 5622 5623 5624 5625 5627 5628 5630A 5630B
5631 5632 5632-1 5632-2 5633 5633-1 5633-2 5634 5634-1 5634-2
5635 5635-1 5635-2 5636 5636-1 5636-2 5637 5637-1 5637-2 5638
5639 5640 5641 5642 5643 5645 5646 5647 5648 5649
5650 5651 5652 5653 5655 5656 5657 5658 5659 5661
5662 5663 5664 5665 5666 5667 5668 5669 5670 5671
5672 5673 5674 5675 5676 5677 5678 5679 5680 5681
5683 5684 5685 5686 5687 5688 5689 5690 5691 5692
5693 5694 5695 5696 5697 5698 5699

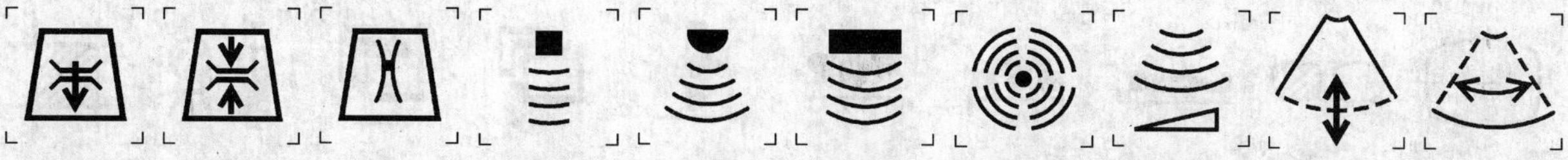

5700 5701 5702 5707 5709 5710 5711 5712 5713 5714

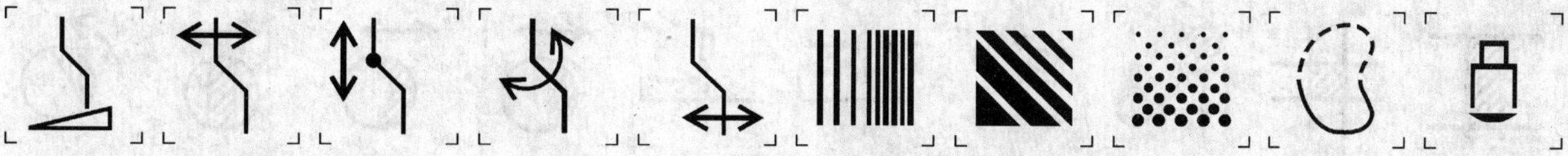

5715 5716 5717 5718 5719 5720 5721 5722 5723 5725

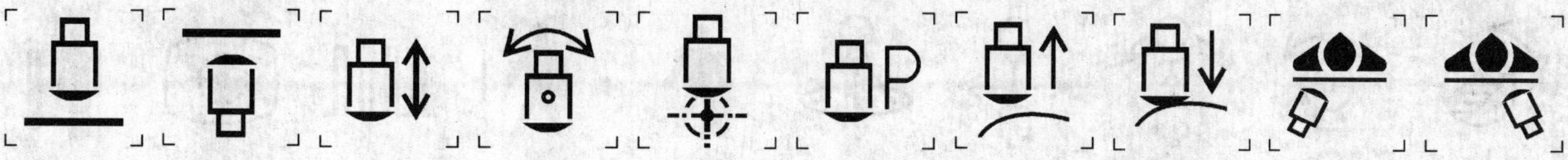

5726 5727 5728 5729 5730 5731 5732 5733 5734 5735

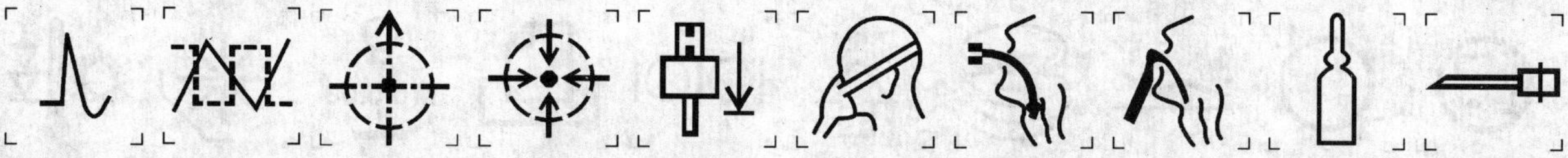

5736 5737 5738 5739 5740 5741 5742 5743 5744 5745

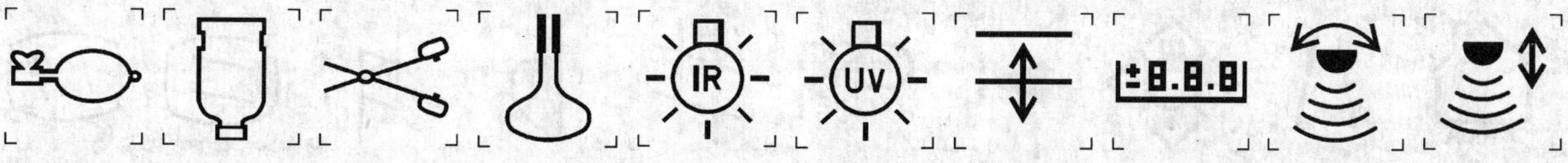

5746 5747 5748 5749 5750 5751 5752 5753 5754 5755

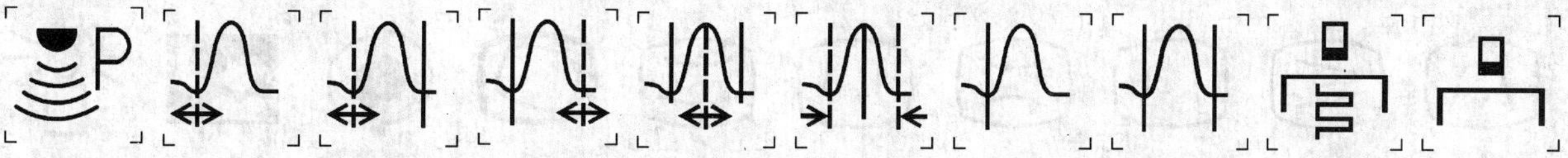

5756 5757 5758 5759 5760 5761 5762 5763 5764 5765

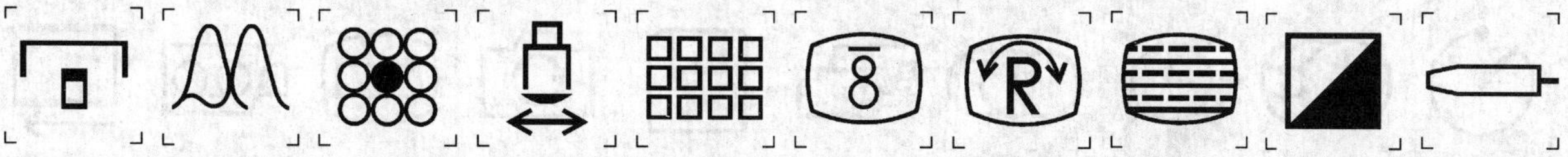

5766 5767 5768 5769 5770 5771 5772 5773 5774 5777

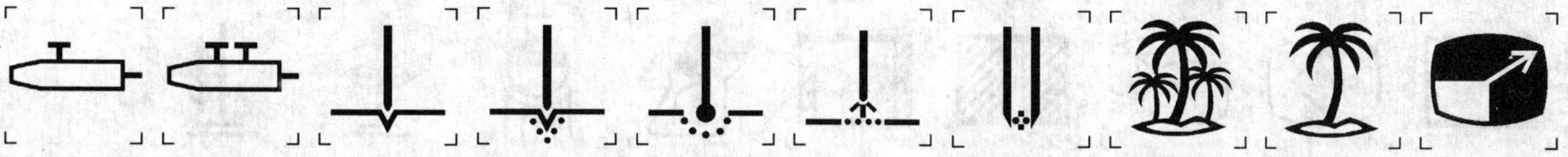

5778 5779 5780 5781 5782 5783 5784 5785 5786 5788

5789 5791 5792 5794 5795

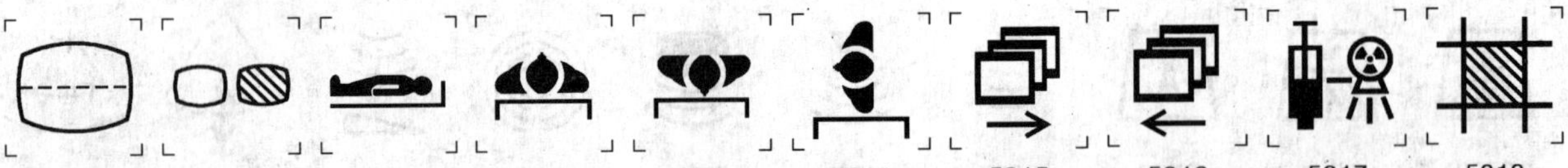

5800 5802 5810 5811 5812 5814 5815 5816 5817 5818

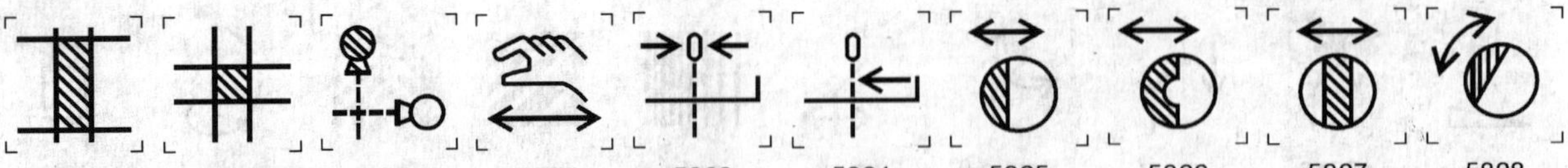

5819 5820 5821 5822 5823 5824 5825 5826 5827 5828

5829 5830 5831 5832 5833 5840 5841 5842 5843 5844

5845 5846 5847 5848 5849 5850 5851 5852 5853 5854

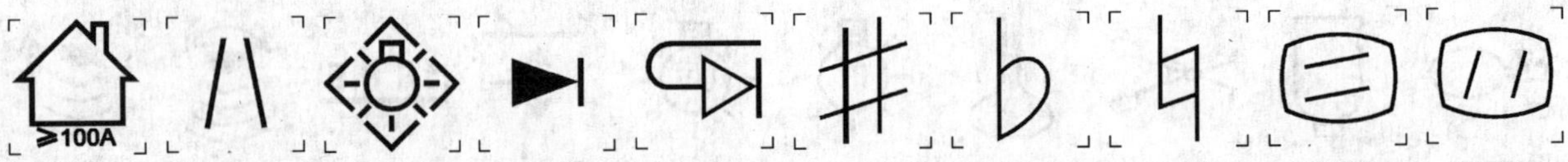

5855 5856 5857 5861 5862 5863 5864 5865 5866 5867

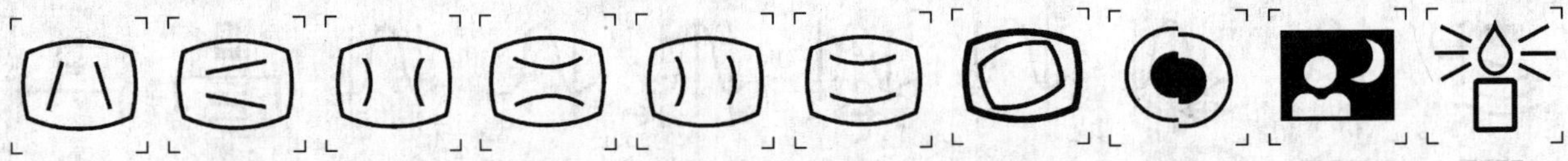

5868 5869 5870 5871 5872 5873 5874 5875 5876 5877

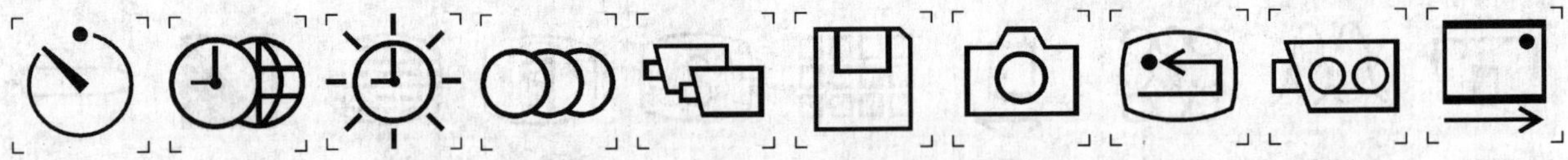

5879 5880 5881 5882 5883 5884 5885 5886 5887 5888

5889 5890 5892 5893 5894 5895 5896 5897 5898

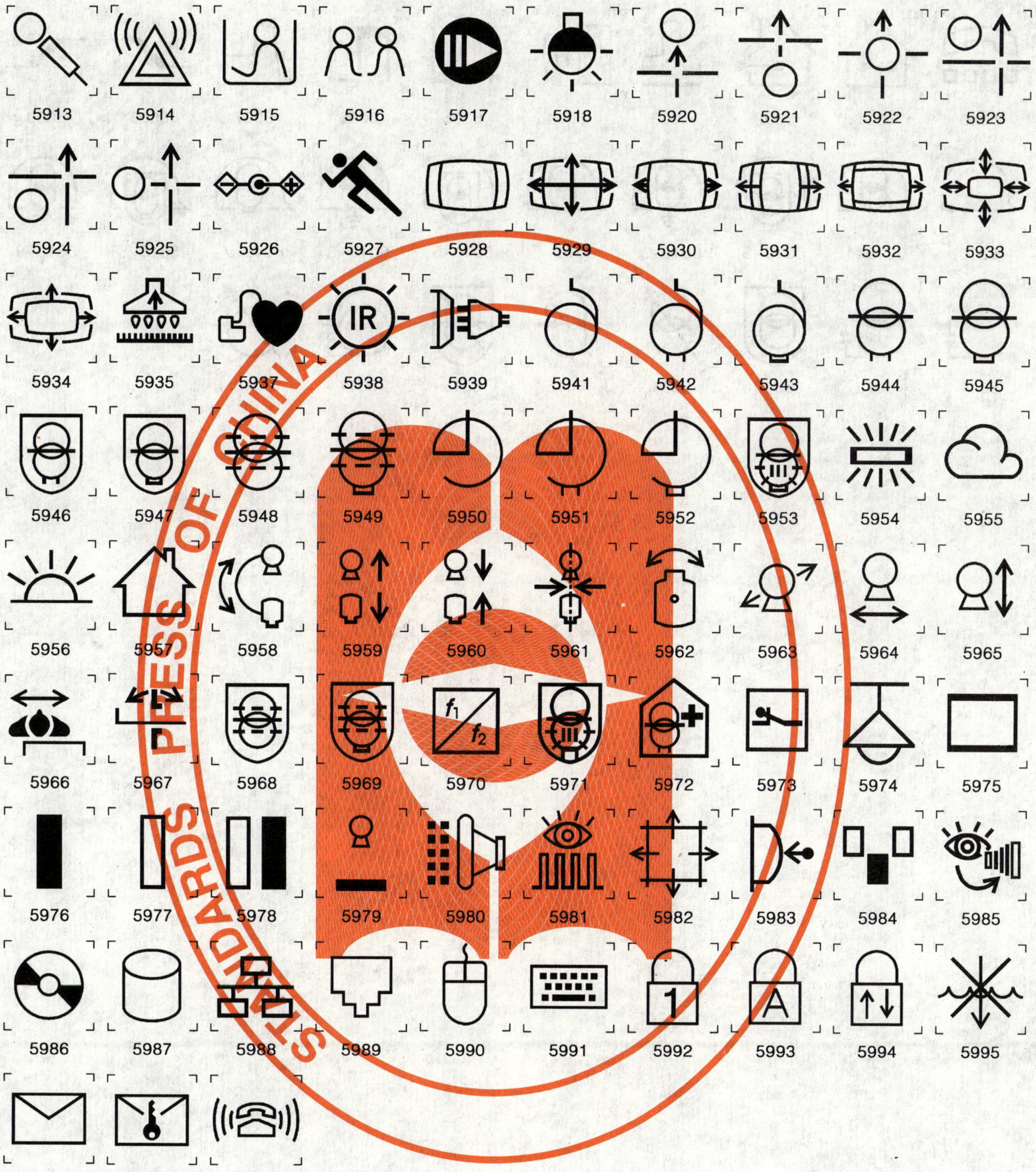
5913 5914 5915 5916 5917 5918 5920 5921 5922 5923
5924 5925 5926 5927 5928 5929 5930 5931 5932 5933
IR
5934 5935 5937 5938 5939 5941 5942 5943 5944 5945
5946 5947 5948 5949 5950 5951 5952 5953 5954 5955
5956 5957 5958 5959 5960 5961 5962 5963 5964 5965
f_1 f_2
5966 5967 5968 5969 5970 5971 5972 5973 5974 5975
5976 5977 5978 5979 5980 5981 5982 5983 5984 5985
1
A
5986 5987 5988 5989 5990 5991 5992 5993 5994 5995
5997I 5998I 5999

6000

6001

6002

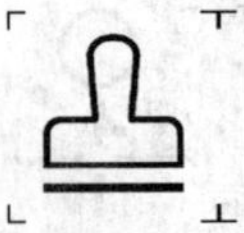
6003

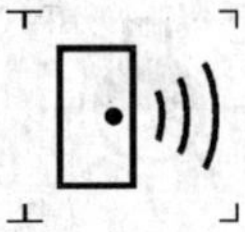
6004

6005

6006

6007

6008

6009

6010

6010-1

6010-2

6010-3

6010-4

6010-5

6010-6

6010-7

6010-8

6010-9

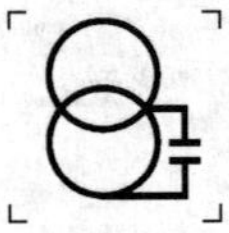
6011

6012

6013

6014

6015

6016

6017

6018

2.2 符号中文名称索引

中文名称	符号编号	中文名称	符号编号
超声接收器,远场增益	5719	冲击波头,治疗位置左	5734
超声接收器,总增益	5715	冲击波头,纵向运动	5728
超声能量调节	5712	储存/存储方式结束	5460
超声图像,B和M模式	5694	ECG触发显示	5795
超声图像,CW多普勒模式	5697	传递图像	5892
超声图像,M模式	5693	传声器,一般符号	5082
超声图像,M速度	5695	传输被标记的图像	5888
超声图像,测量容积扩大	5698	传送准备就绪	5661
超声图像,测量容积上移	5699	串行接口	5850
超声图像,测量容积缩小	5701	窗帘	5604
超声图像,测量容积下移	5700	床上位置探头	5765
超声图像,放大	5690	床下位置探头	5766
超声图像,焦点定位	5702	垂直(场)线性	5069
超声图像,脉冲多普勒模式	5696	垂直X射线摄影架	5341
超声图像,区域选择	5689	垂直X射线透视架	5340
超声图像,扫描线选择	5691	垂直同步	5062
超声图像,双图像	5688	垂直图像位移	5064
超声图像,图像选择	5692	垂直图像幅度	5066
超声图像,一般符号	5687	磁带剪辑	5103
撤线	5509	磁带录像机	5118
冲击波	5736	磁带录音机上的脉冲标记	5102
冲击波头	5725	磁带录音机锁定装置	5101
冲击波头,横向移动	5769	磁带录制	5095
冲击波头,目标位置	5730	磁带录制后的磁带监视	5099
冲击波头,耦合	5733	磁带录制时的输入监视	5098
冲击波头,去耦	5732	磁带消磁	5097
冲击波头,台上位置	5726	磁带运转方向	5555
冲击波头,台下位置	5727	磁带终端	5562
冲击波头,停放位置	5731	磁带重放或读出	5096
冲击波头,旋转运动	5729	磁带重放或读出的监视	5100
冲击波头,治疗位置右	5735	磁盘媒体	5986

中文名称	符号编号
次群调制器	5261-2
次群解调器	5260-2
存储盘	5884
存储显示的图像	5890
D	
打印机	5193
打印机连接；并行接口	5851
大焦点	5327
带反射镜的照明	5918
带可倾斜台的X射线断层摄影设备	5681
带可倾斜台的地架式X射线源组件	5678
带可倾斜台的顶棚悬挂式X射线源组件	5680
带式录音机	5093
带水平台的地架式X射线源组件	5677
带水平台的顶棚悬挂式X射线源组件	5679
带通滤波器	5157
带有台上X射线源组件的可倾斜台	5346
带有台下X射线源组件的可倾斜台	5347
带中性线的三相交流电	5032-2
带阻滤波器	5160
待机	5009
单道声	5070
单片射线照相的连续换片器	5356
单向或心形传声器	5075
单向运动	5022
单帧拍摄	5917
弹出	5113
弹出	5459
灯；照明；照明设备	5012
灯测试	5857
等电位	5021
低强度照明	5321
低水位	5235
低通滤波器	5092
低音控制	5038
底架，垂直调节	5898
底架，水平调节	5897
地毯，长毛	5602
地毯，一般符号	5601
电唱机；唱机	5543
电池，一般符号	5001A
电池，一般符号	5001B
电池定位	5002
电池校验	5546
电磁式拾音器	5089
电动剃刀插座	5225
电话；电话适配器	5090
电话线	5989
电极更换位置	5740
电缆盘	5572
电离室	5406
电气装置的供电型式	5939
电视；视频	5049
电视电缆分配	5560
电视监视器	5051

中文名称	符号编号	中文名称	符号编号
电视接收机	5053	调谐	5045
电视摄像机	5116	调谐器;无线电接收机	5043
电外科,电极柄	5777	调制解调器	5262
电外科,混合切割模式	5781	调制器	5261
电外科,凝结模式	5782	定时器	5879
电外科,喷雾凝结模式	5783	定时页码取消	5519
电外科,切割模式	5780	定义感兴趣区	5646
电外科,双极凝结模式	5784	动态范围	5721
电外科,双键式电极手柄	5779	独立的照明辅助设备	5138
电外科,一键式电极手柄	5778	短路保护变压器	5220
电源插头	5534	断(电源)	5008
电子快门,关	5893	断层成像设备	5345
电子快门,开	5894	断层摄影层位选择	5403
电子烧灼装置	5749	对比度	5057
电子图像,从右向左翻转	5408	对称调节窗宽的能量选择型辐射测量	5761
电子图像,黑白反置	5411		
电子图像,灰度控制	5413	多画面,显示	5517A
电子图像,基准场	5412	多画面,显示	5517B
电子图像,交错	5773	多脉冲	5842
电子图像,平均值	5771	耳机	5076
电子图像,上下倒置	5409	**E**	
电子图像,上下倒置和从右向左翻转	5410	二电平信号	5315
		二进制编码信号	5317
电子图像,旋转	5772	**F**	
电子图像,正常	5407	发射/接收监视器	5150
调到最大	5147	发射功率监视器	5149
调到最小	5146	方位标记	5133
调节,最大步	5183	方位尺定位	5200
调节窗中心位置的能量选择型辐射测量	5760	防除颤的BF应用部分	5334
		防除颤的CF型应用部分	5336
调节探头角度	5754	防心脏除颤B型应用部分	5841

中文名称	符号编号	中文名称	符号编号
放大器	5084	告警信号的频率	5249
放射性核素扫描仪	5764	隔间,语音实验室	5915
非电离的电磁辐射	5140	隔离变压器	5221
非短路保护变压器	5223	隔离变压器,非耐短路	5944
非同时移离和移向参考点的效应或作用	5029	隔离变压器,耐短路	5945
		个人鉴别	5664
分割屏幕	5800	跟踪	5287
辐射场的灯光指示器	5384	更新剂	5298
辐射场中心的灯光指示器	5383	功能性接地	5018
辐射过滤器或渗透	5381	功能性运动,步进模式	5628
辅助应用	5289	固定照明的连接设备;DCL	5974
负号;负极	5006	关闭铃音	5576
复原	5495	光导照明	5896
复帧	5311	光学聚焦	5875
G		广角	5539
伽玛照相机	5671	过压保护装置	5275
伽玛照相机,倾斜	5672	**H**	
伽玛照相机,旋转	5673	航首标志	5128
改变线间距	5752	航首方位	5136
干燥或热度控制	5237	盒式磁带	5561
感光材料面;成像面	5542	红外辐射	5750
感兴趣区的放大	5792	喉镜	5743
感兴趣区的修正	5645	呼叫等待	5507
高水位	5234	呼叫拾起	5508
高通滤波器	5091	呼叫转移	5499
高音控制	5037	呼吸触发	5737
告警,本地	5276-5	呼吸面罩	5741
告警,一般符号	5307	护士	5668
告警,远端	5277-5	画中画,固定	5514
告警禁止	5319	画中画,切换	5515
告警系统解除	5309	画中画,选择	5516

中文名称	符号编号	中文名称	符号编号
画中画,移动	5513	会议电话	5250
画中画模式	5291	混合链路	5432
环路	5280	J	
环行声场探头	5711	机架,倾斜	5967
环形天线	5042	积分辐射测量,阈值	5757
患者,肥胖体型	5391	积分型辐射测量	5762
患者,较瘦体型	5389	基线调整	5652
患者,正常体型	5390	基线重置为确定值	5653
患者位置,俯卧	5812	激光设备的辐射	5152
患者位置,头/脚相反	5810	计算机网络	5988
患者位置,仰卧	5811	记录内容的长度或结尾	5106
患者位置,左侧卧	5814	间接X射线摄影	5329
患者摇架,绕纵轴旋转	5398	间接X射线摄影,数字式	5980
患者支撑台,患者位置移动	5966	间接照明	5320
患者支撑台快速移动	5675	剪辑	5171
患者支撑台正常速度移动	5674	键盘	5991
患者支架,步进移动	5394	键区	5770
患者支架,床面平面内移动	5396	将用户数据输入本地存储器	5251
患者支架,垂直床面移动	5395	讲	5210
患者支架,倾斜	5392	交换	5292
患者支架,绕垂直轴旋转	5399	交流/直流变换器;整流器;电源转接器	5003
患者支架,绕纵轴旋转	5397		
患者支架,纵向移动	5393	交流电	5032
患者支架向起始位置移动	5824	交直流两用	5033
患者支架移动起始位置的定义	5823	胶片或底片切换器	5362
患者专用椅,绕垂直轴旋转	5370	胶片或底片切换器,双向操作	5363
患者专用椅,绕水平轴倾斜	5371	胶片致黑	5774
灰尘袋	5419	角度校准	5202
灰尘袋,满	5418	脚踏开关	5114
灰度	5722	教师;管理员	5187
回叫	5501	接地	5017

中文名称	符号编号
接机壳;接机架	5020
接口器件,140 Mbit/s	5424-1
接口器件,二进制	5424-2
接口器件,同步	5424-3
接口器件,一般符号	5424
节约;节能	5581
解调器	5260
解扰器	5421
解锁	5570
仅限室内使用	5957
紧急告警	5308
紧急停止	5638
晶体或陶瓷的压电拾音器	5088
精致易碎的物品	5297
井型闪烁计数器	5670
静电敏感器件	5134
静物照相机	5885
静音	5436
静止模式	5554
镜像触点	5973
拒波滤波器;陷波器	5185
具有X射线辐射的断层摄影的移动	5402
具有独立关闭挡板的限束装置	5388
具有独立开启挡板的限束装置	5387
具有肯定断开操作的动断触点的行程开关	5293
具有逻辑元件的设备	5304
具有稳定输入的X射线影像增强器	5377
聚焦	5055

中文名称	符号编号
聚焦范围,很近距离	5577
聚焦范围,近距离	5578
聚焦范围,远距离	5580
聚焦范围,中距离	5579
K	
抗干扰安全隔离变压器	5968
抗干扰安全隔离变压器,耐短路	5969
抗干扰隔离变压器,耐短路	5949
抗干扰隔离变压器,一般符号	5948
抗皱	5594
烤炉,托盘指示	5622
烤箱,底部和顶部加热	5614
烤箱,底部加热	5612
烤箱,电转烤肉架	5608
烤箱,顶部加热	5613
烤箱,烤架	5609
烤箱,热空气烤架	5611
烤箱,热循环空气	5610
可编程的起点	5132
可编程定时器,一般符号	5440
可编程停止;睡眠定时器	5270
可编程序的持续时间	5417
可变光阑孔板,闭合	5324
可变光阑孔板,开启	5323
可变性(可调性)	5004
可充电电池	5639
可调带宽的带通滤波器;选择性控制	5159
可调带阻滤波器	5195
可调区域标记	5145
可调上限	5650

中文名称	符号编号	中文名称	符号编号
可调下限	5651	1/2 量	5586
可调整装置	5285	亮度;辉度	5056
可调中心频率的带通滤波器	5158	亮度调节器	5537
快速快门模式;运动模式	5927	亮度和对比度	5435
快速起动	5177	铃	5013
快速停止	5178	零位偏移	5643
快速运转;快速	5108A	流逝时间显示	5415
快速运转;快速	5108B	炉(箱式),保温	5627
快洗模式	5583	炉(箱式),灯	5619
宽屏幕(16∶9),标准模式	5928	炉(箱式),解冻位置	5620
宽屏幕(16∶9),放大/缩小	5933	炉(箱式),温度计	5621
宽屏幕(16∶9),放大模式	5932	炉(箱式),一般符号	5607
宽屏幕(16∶9),全屏模式	5930	炉(箱式),自动	5618
宽屏幕(16∶9),水平缩放模式	5931	炉(箱式),自洁式	5617
宽屏幕(16∶9),图像模式选择	5929	录像	5120
宽屏幕(16∶9);图像放大模式	5934	录制,一般符号	5547
框架调整	5191	录制检查	5533
L		录制静噪	5549A
喇叭	5014	录制锁定	5169
来话禁止	5502	滤线栅	5352
Ⅱ类设备	5172	滤线栅,未用	5354
Ⅲ类设备	5180	滤线栅,移动	5353
Ⅲ类手持灯变压器,非耐短路	5971	轮廓楔形滤板,进/出移动	5826
Ⅲ类手持灯用变压器,耐短路	5953	逻辑控制通路选择	5271
立体焦点	5686	**M**	
立体声	5071	脉冲,一般符号	5130
立体声唱片拾音器	5087	脉冲背景	6005
立体声传声器	5083	脉冲峰值	6006
立体声磁带录音机	5094	慢速运转;慢速	5124B
立体声效果	5438	慢速运转;慢速	5124A
链路装置	5254	门,关闭	5623

中文名称	符号编号	中文名称	符号编号
门,开启	5624	轻度污染	5587
莫尔斯电键	5213	轻微玷污的物品	5296
目标位置	5843	倾斜,减少	6009
目标位置校准	5738	倾斜,增加	6008
内径	5845	清洁/更换过滤器	5575
能量选择辐射多道测量	5767	清洁用电动吸水清洗头	5935
能量选择型辐射测量	5763	清洗	5228
凝液收集器,满	5596	区域环亮度	5144
凝液收集器,一般符号	5595	区域选择器	5143
O		趋势	5847
偶极子天线	5040	取样单元	5305
P		全体学生或操作人员	5190
排水	5236	全向传声器	5073
配录	5288	**R**	
烹饪区扩展,偏心	5491	扰码器	5420
烹饪区扩展,双侧	5493	绕轴旋转,侧视	5656
烹饪区扩展,同心	5490	绕轴旋转,轴视	5655
烹饪区扩展,椭圆	5492	热启动	6007
皮下注射针头	5745	人工反转	5556
频带选择	5447	人工呼吸器	5746
平衡	5072	日期	5662
平滑地板或平面	5600	熔断器	5016
屏幕上的附加信息	5510	柔和甩干	5585
屏幕选择	5802	乳腺X射线照相设备	5375
Q		**S**	
其他双平面通道的选择	5821	三电平信号	5316
起动,测试运行	5659	三方通话	5500
起动;动作的开始	5104	三基色视频输出	5634
气管插管	5742	三基色视频输出,模拟式	5634-1
前一个;播放前一部分	5862	三基色视频输出,数字式	5634-2
前一个图像系列	5816	三基色视频输入	5633

中文名称	符号编号	中文名称	符号编号
三基色视频输入,模拟式	5633-1	设置	5849
三基色视频输入,数字式	5633-2	X射线暗盒,自由放置	5979
三基色视频输入/输出	5632	X射线断层摄影设备,移动到起始位置	5676
三基色视频输入/输出,模拟式	5632-1		
三基色视频输入/输出,数字式	5632-2	X射线管	5337
三基色视频信号(限定信号)	5631	X-射线滤板	5852
三相交流电	5032-1	X射线摄影胶片选择,半幅和方向	5360
扫描孔径调节	5714		
扫描深度调节	5713	X射线摄影控制	5328
色饱和度	5058	X射线透视	5330
色差视频输出	5637	X射线野,不受遮光器限制	5982
色差视频输出,模拟式	5637-1	X射线影像接收器,X射线透视	5977
色差视频输出,数字式	5637-2	X射线影像增强器	5376
色差视频输入	5636	X射线影像增强器,消气器	5380
色差视频输入,模拟式	5636-1	X射线源,垂直移动	5965
色差视频输入,数字式	5636-2	X射线源,横向移动	5963
色差视频输入/输出	5635	X射线源,绕其光束轴旋转	5833
色差视频输入/输出,模拟式	5635-1	X射线源,绕水平轴旋转	5830
色差视频输入/输出,数字式	5635-2	X射线源,纵向移动	5964
色调	5060	X射线源到影像增强器,中心对准	5961
色温,白炽灯	5553		
色温,多云/多雨	5955	X射线源到影像增强器距离,减少	5960
色温,日出/日落	5956		
色温,荧光灯	5954	X射线源到影像增强器距离,增加	5959
色温,自然光	5552		
删除画面	5477	X射线源和影像增强器,共同旋转	5831
闪烁计数器	5669		
扇形声场探头	5709	X射线源和影像增强器,联合移动	5832
设备的一部分“断”	5265		
设备的一部分“通”	5264	X射线源组件	5338
设备的一部分处于等待或预备状态	5266	X射线源组件,发射	5339

中文名称	符号编号	中文名称	符号编号
X射线增感屏，低灵敏度	5683	视频输出	5529A
X射线增感屏，高灵敏度	5685	视频输出	5529B
X射线增感屏，中灵敏度	5684	视频输入	5525B
X射线诊断C形臂	5373	视频输入	5525A
X射线诊断C形臂，角度	5958	视频输入/输出	5521A
X射线诊断U形臂	5374	视频输入/输出	5521B
X射线诊断泌尿科专用床	5368	视频数据	5487
X射线诊断双向交替操作	5365	室内装潢	5603
X射线诊断双向同步操作	5364	适合带电作业；双三角	5216
X射线诊断压迫器	5348	适合覆盖	5641
X射线诊断压迫器，进行压迫	5350	手持话筒	5913
X射线诊断压迫器，停放	5351	手持开关	5322
X射线诊断压迫器，移动	5349	手动移动	5822
X射线诊断自动控制系统	5355	手动转换单元	5274
射线照相胶片选择，四分之一幅和方向	5361	手术器械	5748
		手形功能	5791
射线照相胶片选择，整幅和方向	5359	输出	5035
身高	5666	输入	5034
声音；音频	5182	输入/输出	5448
声音和语言选择	5882	鼠标	5990
剩余时间显示	5416	数字分离器	5282
失真校正器	5286	数字指示器	5753
失真校正器，相位/频率	5286-2	数字组合器	5281
失真校正器，延迟/频率	5286-3	刷子，伸出	5605
失真校正器，振幅/频率	5286-1	刷子，缩进	5606
湿度	5536	甩干	5230
拾音器臂，放下	5551	双声道	5559
拾音器臂，抬起	5550	双位按钮控制的“按入”状态	5268
世界时间	5880	双位按钮控制的“弹出”状态	5269
视盘播放机	5518	双向传声器	5074
视频放像机拾像器	5148	双向局限运动	5024

中文名称	符号编号	中文名称	符号编号
双向运动	5023	通/断(按钮开关)	5011
水龙头,关	5573	通风机;鼓风机;风扇	5015
水龙头,开	5574	通信,红外线	5938
水平(行)线性	5068	同步功能	5267
水平X射线摄影台	5342	同步信令的频率	5259
水平同步	5061	同时移离和移向参考点的效应或作用	5030
水平图像位移	5063		
水平图像幅度	5065	头戴耳机	5077
水声可逆换能器	5154	头戴立体声耳机	5078
水听器	5151	头戴送、受话器	5079
水下发声器	5153	头颅X射线照相设备	5372
速冻;快速结霜	5854	透视,脉冲	5981
缩位拨号	5498	图文方式	5463
索引主页面	5476	图文混合	5480
锁定,大写字母	5993	图像标记	5889
锁定,滚动;滚动锁定	5994	图像尺寸调整	5067
锁定,数字	5992	图像调整,垂直弓形	5873
锁定,一般符号	5569	图像调整,垂直基准	5869
T		图像调整,垂直枕形	5871
探头旋转	5848	图像调整,倾斜	5866
特殊处理	5232	图像调整,失真	5867
体温	5844	图像调整,水平弓形	5872
体重	5665	图像调整,水平基准	5868
天线	5039	图像调整,水平枕形	5870
天线旋转;扫描器旋转	5129	图像调整,旋转	5874
听	5211	图像固定	5467
停放位置的探头	5756	图像交换	5794
停机(动作的停止)	5110A	图像轮廓加重器	5059
停机(动作的停止)	5110B	图像显示,基本设置	5886
通(电源)	5007	图像线密度	5720
通/断(按-按)	5010	图形记录器	5192

中文名称	符号编号
陀螺罗盘仪真实方位	5198
陀螺指示器	5196
陀螺指示器的定位	5197
W	
外径	5846
外科专用床	5369
玩具用安全隔离变压器	5219
危险电压	5036
微波炉	5615
微波炉,转盘	5616
微光模式	5877
微距	5538
卫星接收模式,电视	5464-1
卫星接收模式,一般符号	5464
位置,中后	5921
位置,中前	5920
位置,中央	5922
位置,左	5925
位置,左后	5924
位置,左前	5923
无X射线辐射的断层摄影的移动	5401
无应答转移	5505
物质混合	5657
X	
洗净剂	5299
洗碗机中的预洗	5300
洗衣粉(剂)	5584
系统状态显示	5512
下一个;播放下一部分	5861
下一个人	5663

中文名称	符号编号
下一个图像系列	5815
夏令时	5881
显示图像,放大	5788
显示图像,缩小	5789
显示转换	5648
显像运转,回放	5630B
显像运转,回放	5630A
显像运转,提示信号	5470A
显像运转,提示信号	5470B
线形或凸形探头	5710
限束器,常规预置	5818
限束器,食道成像预置	5819
限束器,小区域预置	5820
限束装置,关闭	5386
限束装置,开启	5385
限值,一般符号	5649
相对方位	5199
相位抖动	5278
相位抖动滤波器	5279
相位校准	5201
响度	5535
像素平均值	5768
像增强器,中等输入范围	5642
小焦点	5325
小心,烫伤	5041
小型电抗器,非耐过载	5951
小型电抗器,耐过载	5952
小型电抗器,一般符号	5950
楔形滤板,进/出移动	5825
楔形滤板,旋转	5828
谐波发生器	5272

中文名称	符号编号	中文名称	符号编号
心脏起搏器;植入型心律转复除颤器	5937	**Y**	
信号灯	5115	严重玷污的物品,烹调用具	5294
信号低端	5173	扬声器	5080
信号强度衰减,本地/远端	5044	扬声器/传声器	5081
信号转换	5112	阳极旋转,高速	5405
信令,本地	5276-4	阳极旋转,正常速度	5404
信令,远端	5277-4	遥控接收指示器	5444
信令发送器	5256	药瓶	5744
信令接收器	5257	页号加	5484
信息载体的读出或重放	5164	页号减	5483
信息载体的读出或重放时对输出数据的监视	5168	页面扩展	5478
		页面暂停	5290
信息载体的记录或录制后对输入数据的监视	5167	夜间人像模式	5876
		一般玷污的物品	5295
信息载体的记录或录制时对输入数据的监视	5166	一对学生	5916
		一位或多位数选择	5446
信息载体的录制	5163	一组学生或操作人员	5189
信息载体的消迹	5165	医用场所的电源隔离变压器,非耐短路	5972
行波管放大器	5255	移离参考点的双向效应或作用	5027
APG 型设备	5332	移离参考点的效应或作用	5025
AP 型设备	5331	移向参考点的双向效应或作用	5028
BF 型应用部分	5333	移向参考点的效应或作用	5026
B 型应用部分	5840	以上阈调节窗宽的能量选择型辐射测量	5759
CF 型应用部分	5335		
悬吊在天花板上的放射线设备	5367	以下阈调节窗宽的能量选择型辐射测量	5758
选通,视频设备	5318-1		
选通,一般符号	5318	抑制海面杂波,最大位置	5161
学生;操作人员	5188	抑制海面杂波,最小位置	5141
询问呼叫	5506	抑制雨点杂波,最大位置	5162

中文名称	符号编号	中文名称	符号编号
抑制雨点杂波，最小位置	5142	暂停；中断	5111B
音调，还原	5865	暂停通话；阻断通话	5252
音调，降调	5864	噪声抑制	5047
音调，升调	5863	照相机位置选择	5883
音乐	5085	照相记录仪	5887
应急告警接收模式	5914	蒸汽	5597
婴儿	5667	蒸汽，高强度	5599
荧光照相机	5344	蒸汽，中强度	5598
荧光照相架	5343	整流器，一般符号	5186
影像增强器，全野输入	5378	正常运行	5433
影像增强器，绕水平轴旋转	5962	正号；正极	5005
影像增强器，小野输入	5379	帧	5310
硬盘	5987	帧定位	5312
用于热带地区	5785	帧定位丢失	5313
用于亚热带地区	5786	帧定位误差	5314
用于浴缸或淋浴器附近	5582	直达链路	5431
优先	5430	直流/交流变换器	5194
有稳定输出电流的变换器	5302	直流电	5031
有稳定输出电压的变换器	5284	直流电源连接器的极性	5926
预洗，纺织品洗衣机	5226	指北方位	5137
预洗洗涤剂	5856	指令或纠错	5105
远端	5277	至目标位置	5739
远距（照相）	5540	中等水量清洗，洗碗机	5625
运算放大器	5303	中度污染	5588
Z		中焦点	5326
载波，本地	5276-1	中心楔形滤板，进/出移动	5827
载波，远端	5277-1	中心楔形滤板，旋转	5829
载频，本地	5276-2	钟；定时开关；计时器	5184
载频，远端	5277-2	重度污染	5589
再生中继器	5283	重放彩色视频	5123
暂停；中断	5111A	重放视频	5122

中文名称	符号编号	中文名称	符号编号
重复呼叫	5504	字幕	5520
重述	5125A	自动反向	5457
重述	5125B	自动连续反转	5557
轴向移动探头	5755	自动频率控制	5046
逐帧画面,视频	5471-1	自动搜索调谐	5439A
逐帧画面,一般符号	5471	自动搜索调谐	5439B
主控台	5263	自动增益控制,大范围	5244
主群调制器	5260-1	自动增益控制,小范围	5245
主群解调器	5261-1	自动转换单元	5273
主洗,纺织品洗衣机	5227	自耦变压器,非耐短路	5942
主洗涤,洗碗机	5640	自耦变压器,耐短路	5943
主洗涤剂	5301	自耦变压器,一般符号	5941
注射对比剂曝光	5817	总注销	5503
注射器	5382	最后一次清洗后停止	5229
注射液瓶	5747	最小供电容量	5855
(呼叫)转移	5253	最终漂洗,洗碗机	5853
紫外线辐射	5751		

2.3 符号英文名称索引

英文名称	符号编号	英文名称	符号编号
A		Alarm inhibit	5319
AC/DC-converter; rectifier; substitute power supply	5003	Alarm system clear	5309
		Alarm, general	5307
Additional information on screen	5510	Alarm, local	5276-5
Adjustable device	5285	Alarm, remote	5277-5
Adjustable lower limit	5651	Alignment of the target position	5738
Adjustable upper limit	5650	All students; all operators	5190
Adjustment to a maximum	5147	Alternating current	5032
Adjustment to a minimum	5146	Amplifier	5084
Aerial rotation; scanner rotation	5129	Ampule	5744
Aerial; antenna	5039	Angle calibration	5202
Air impeller; blower; fan	5015	Anode rotation, high speed	5405

英文名称	符号编号	英文名称	符号编号
Anode rotation, normal speed	5404	Band-pass filter	5157
Anti rain-clutter, position of maximum	5162	Band-pass filter with variable centre frequency	5158
Anti rain-clutter, position of minimum	5142	Band-pass filter with variable pass-band; selectivity control	5159
Anti sea-clutter, position of maximum	5161	Band-stop filter	5160
		Baseline adjustment	5652
Anti sea-clutter, position of minimum	5141	Baseline reset to a determined value	5653
Anti-scatter grid	5352	Basic diversion	5499
Anti-scatter grid, not used	5354	Bass control	5038
Anti-scatter grid, movement	5353	Battery check	5546
Application assistance	5289	Battery, general	5001A
Auto reverse	5457	Battery, general	5001B
Auto reverse continuously	5557	Beam limiting device with separate closing of the shutters	5388
Automatic change-over unit	5273		
Automatic frequency control	5046	Beam limiting device with separate opening of the shutters	5387
Automatic gain control, large field	5244		
Automatic gain control, small field	5245	Beam limiting device, closed	5386
Automatic search tuning	5439A	Beam limiting device, esophagus preset	5819
Automatic search tuning	5439B		
Auto-transformer, general	5941	Beam limiting device, general preset	5818
Auto-transformer, non-short-circuit proof	5942	Beam limiting device, open	5385
		Beam limiting device, small preset	5820
Auto-transformer, short-circuit proof	5943		
B		Bearing marker	5133
Baby	5667	Bearing ruler setting	5200
Background light	5541	Bell	5013
Badly soiled items; cooking utensils	5294	Bell cancel	5576
		Bi-directional microphone	5074
Balance	5072	Binary coded signal	5317

英文名称	符号编号	英文名称	符号编号
Body height	5666	Ceiling suspended X-ray source assembly with horizontal table	5679
Body temperature	5844		
Body weight	5665	Ceiling suspended X-ray source assembly with tilting table	5680
Booth, language laboratory	5915		
Both direct and alternating current	5033	Central wedge, in/out movement	5827
		Central wedge, rotation	5829
Brightness and contrast	5435	Changing the line spacing	5752
Brightness; brilliance	5056	Channel selector with logic control	5271
Brush, extended	5605		
Brush, retracted	5606	Class Ⅱ equipment	5172
C		Class Ⅲ equipment	5180
Cable coiling	5572	Clock; time switch; timer	5184
Cable television distribution	5560	Close-up	5538
Call pick-up	5508	Colour (qualifying symbol)	5048
Call waiting	5507	Colour saturation	5058
Call-back	5501	Colour television	5050
Camera position selection	5883	Colour television camera	5117
Camera recorder	5887	Colour television monitor	5052
Cancel picture	5477	Colour television receiver	5054
Cardiac pacemaker; implantable cardioverter defibrillator	5937	Colour temperature, cloudy/rainy	5955
		Colour temperature, fluorescent lamp	5954
Carpet, general	5601	Colour temperature, incandescent lamp	5553
Carpet, long pile	5602		
Carrier, local	5276-1	Colour temperature, natural light	5552
Carrier, remote	5277-1	Colour temperature, sunrise/sunset	5956
Cassette	5561	Colour video input	5526
Category AP equipment	5331	Colour video input, analogue	5526-1
Category APG equipment	5332	Colour video input, digital	5526-2
Caution, hot surface	5041	Colour video input/output	5522
Ceiling suspended radiological equipment	5367	Colour video input/output, analogue	5522-1

英文名称	符号编号
Colour video input/output, digital	5522-2
Colour video output	5530
Colour video output, analogue	5530-1
Colour video output, digital	5530-2
Colour video play-back	5123
Colour video recording	5121
Colour videotape recorder	5119
Communication, infrared	5938
Compact disc player	5544
Comparator, current	5306-2
Comparator, frequency	5306-3
Comparator, general	5306
Comparator, voltage	5306-1
Computer network	5988
Condensate collector, full	5596
Condensate collector, general	5595
Conference	5250
Contour wedge, in/out movement	5826
Contrast	5057
Converter with stabilized output current	5302
Converter with stabilized output voltage	5284
Correction of a region of interest	5645
Craniographic equipment	5372
Crease resisting	5594
Crispener	5059
Curtains	5604

英文名称	符号编号
Cutting	5171
D	
Dangerous voltage	5036
Date	5662
DC/AC-converter	5194
Defibrillation-proof type B applied part	5841
Defibrillation-proof type BF applied part	5334
Defibrillation-proof type CF applied part	5336
Definition of a region of interest	5646
Definition of start position of patient support movement	5823
Delicate items	5297
Demodulator	5260
Demodulator, primary group	5260-1
Demodulator, secondary group	5260-2
Descrambler	5421
Detector head in overtable position	5765
Detector head in undertable position	5766
Devices for connection of fixed luminaires; DCL	5974
Digital combiner	5281
Digital indicator	5753
Digital separator	5282
Dipole	5040
Direct current	5031
Direct link	5431

英文名称	符号编号	英文名称	符号编号
Disc media	5986	Effect or action away from a reference point	5025
Disconnection	5509		
Display in cascade	5647	Effect or action in both directions away from a reference	5027
Display transfer	5648		
Displayed image,enlarged	5788	Effect or action in both directions towards a reference	5028
Displayed image,reduced	5789		
Distance measurement	5658	Effect or action towards a reference point	5026
Distortion corrector	5286		
Distortion corrector,amplitude/frequency	5286-1	Eject	5459
		Elapsed time display	5415
Distortion corrector, delay/frequency	5286-3	Electric shaver outlet	5225
		Electrical cautery device	5749
Distortion corrector, phase/frequency	5286-2	Electrode replacement position	5740
		Electronic image,averaging	5771
Door,closed	5623	Electronic image,gamma control	5413
Door,open	5624	Electronic image,interlacing	5773
Draining	5236	Electronic image, inverted top-to-bottom	5409
Driving to the target position	5739		
Drying or warming operation	5237	Electronic image, inverted top-to-bottom and reversal	5410
Dubbing	5288		
Dust bag	5419	Electronic image,normal aspect	5407
Dust bag,full	5418		
Dynamic pick-up, electro-or magneto-dynamic	5089	Electronic image,reference field	5412
		Electronic image,reversal black-to-white	5411
Dynamic range	5721		
E		Electronic image,reversal right-to-left	5408
Earphone	5076		
Earth;ground	5017	Electronic image,rotation	5772
ECG triggered display	5795	Electronic shutters,close	5893
Edge enhancement	5723	Electronic shutters,open	5894

英文名称	符号编号
Electrostatic sensitive devices	5134
Electrosurgery, bipolar coagulation mode	5784
Electrosurgery, blended cutting mode	5781
Electrosurgery, coagulation mode	5782
Electrosurgery, cutting mode	5780
Electrosurgery, electrode handle	5777
Electrosurgery, one-button electrode handle	5778
Electrosurgery, spray coagulation mode	5783
Electrosurgery, two-button electrode handle	5779
Emergency stop	5638
Emergency warning reception mode	5914
Energy selective radiation measurement, window center position	5760
Energy selective radiation measurement, window width, lower threshold	5758
Energy selective radiation measurement, window width, symmetrical adjustment	5761
Energy selective radiation measurement, window width, upper threshold	5759
Energy selective radiation multichannel measurement	5767
Enlargement of region of interest	5792
Enlargement of the cooking zone, bilateral	5493

英文名称	符号编号
Enlargement of the cooking zone, concentric	5490
Enlargement of the cooking zone, eccentric	5491
Enlargement of the cooking zone, oval	5492
Enquiry call	5506
Enter subscriber data into the local memory	5251
Equipment containing logic element	5304
Equipment for tomography	5345
Equipment for tomography with tilting table	5681
Equipment for tomography, movement to start position	5676
Equipotentiality	5021
Erasing from an information carrier	5165
Erasing from tape	5097
Ergometer	5895
Error in frame alignment	5314
Exposure with contrast injection	5817
F	
Fader	5537
Fast freeze; superfrost	5854
Fast run; fast speed	5108A
Fast run; fast speed	5108B
Fast shutter speed mode; sports mode	5927
Fast start	5177

英文名称	符号编号
Fast stop	5178
Film blackening	5774
Film or cassette changer	5362
Film or cassette changers, bi-plane operation	5363
Filter cleaning / changing	5575
Final rinse agent	5299
Final rinsing, dish washers	5853
Floor mounted radiological equipment	5366
Floor stand, horizontal adjustment	5897
Floor stand, vertical adjustment	5898
Floor standing X-ray source assembly with horizontal table	5677
Floor standing X-ray source assembly with tilting table	5678
Focus	5055
Foot switch	5114
For indoor use only	5957
Frame	5310
Frame adjustment	5191
Frame aerial; loop antenna	5042
Frame alignment	5312
Frame by frame, general	5471
Frame by frame, video	5471-1
Frame or chassis	5020
Frequency band selection	5447
Frequency converter	5970
Frequency of a synchronizing signal	5259
Frequency of a test, identification or control signal	5258
Frequency of an alarm signal	5249
Functional earthing; functional grounding (US)	5018
Functional movement, stepwise mode	5628
Fuse	5016
G	
Gamma camera	5671
Gamma camera, rotation	5673
Gamma camera, tilt	5672
Gantry, tilt	5967
General cancel	5503
Gentle spin dry	5585
Graphical recorder	5192
Grey scale	5722
Group of students; group of operators	5189
Gyro indicator, general	5196
Gyro indicator, setting	5197
Gyro-compass true bearing	5198
H	
Half load	5586
Handheld microphone	5913
Hand-held switch	5322
Hard disk	5987
Harmonic generator	5272
Heading marker	5128
Headphones	5077
Headset	5079
Heavily soiled	5589

英文名称	符号编号
High water level	5234
High-pass filter	5091
Horizontal linearity	5068
Horizontal picture amplitude	5065
Horizontal Picture shift	5063
Horizontal radiographic table	5342
Horizontal synchronization	5061
Horn	5014
Hot start	6007
Hue	5060
Hydrophone	5151
Hypodermic needle	5745
I	
Image display, basic setting	5886
Image intensifier, full input field	5378
Image intensifier, medium input field	5642
Image intensifier, rotation around a horizontal axis	5962
Image intensifier, small input field	5379
Image interchange	5794
Image line density	5720
Impulse	5736
"IN" position of a bi-stable push control	5268
Incoming calls barred	5502
Independent lighting auxiliary	5138
Indication of radiation field by light	5384
Indication of radiation field centre by light	5383
Indirect lighting	5320
Indirect radiography	5329
Indirect radiography, digital	5980
Infusion bottle	5747
Injection syringe	5382
Inner diameter	5845
Input	5034
Input/output	5448
Insertion of signals	5548
Instruction or correction	5105
Integral radiation measurement, threshold	5757
Interchange	5292
Interface device, 140 Mbit/s	5424-1
Interface device, binary	5424-2
Interface device, general	5424
Interface device, synchronization	5424-3
Intermediate focal spot	5326
Intermediate rinsing, dish washers	5625
Ionization chamber	5406
Iris diaphragm, closed	5324
Iris diaphragm, open	5323
Isolating transformer for the supply of medical locations, non-short-circuit proof	5972
Isolating transformer, general	5221
Isolating transformer, non-short-circuit proof	5944
Isolating transformer, short-circuit proof	5945

英文名称	符号编号	英文名称	符号编号
K		Loudspeaker/microphone	5081
Keyboard	5991	Low- intensity lighting	5321
Keypad	5770	Low light mode	5877
L		Low water level	5235
Lamp test	5857	Low-pass filter	5092
Lamp;lighting;illumination	5012	**M**	
Large focal spot	5327	Magnetic tape stereo sound recorder	5094
Laryngoscope	5743		
Laundry starch	5584	Main index page	5476
Length or end of text	5106	Main wash detergent	5301
Lighting with reflector	5918	Main wash,dish washers	5640
Lightly soiled	5587	Main wash,textile washing machines	5227
Lightly soiled items	5296		
Limits,general	5649	Mammographic equipment	5375
Linear or curved array probe	5710	Manual change-over unit	5274
Link unit	5254	Manual movement	5822
Listen	5211	Manual reverse	5556
Local	5276	Marker	5170
Locking,capitals;caps-lock	5993	Marking of an image	5889
Locking,general	5569	Measure,local	5276-3
Locking,numerals;num-lock	5992	Measure,remote	5277-3
Locking,scroll;scroll lock	5994	Medium soiled	5588
Long pulse	5131	Memory disk	5884
Loop	5280	Menu	5511
Loss of Frame alignment	5313	Microphone,general	5082
Loudness	5535	Minimum supply capacity	5855
Loudspeaker	5080	Minus;negative polarity	5006
Loudspeaker in operation as a microphone	5126	Mirror contact	5973
		Mixing of substances	5657
Loudspeaker in operation as such	5127	Modem	5262
		Modulator	5261

英文名称	符号编号
Modulator, primary group	5261-1
Modulator, secondary group	5261-2
Moisture	5536
Monitoring at the input during recording on tape	5098
Monitoring during play-back or reading from tape	5100
Monitoring input data after writing or recording on an information carrier	5167
Monitoring input data during writing or recording on an information	5166
Monitoring of tape after recording on tape	5099
Monitoring output data during read-out or reproduction from an information carrier	5168
Monophonic	5070
Morse key	5213
Motorized cleaning head for water suction cleaning	5935
Mouse	5990
Movement in both directions	5023
Movement in one direction	5022
Movement limited in both directions	5024
Movement of a patient support at high speed	5675

英文名称	符号编号
Movement of a patient support at normal speed	5674
Movement of patient support to start position	5824
Multiframe	5311
Multi-picture display	5517A
Multi-picture display	5517B
Multi-pulse	5842
Music	5085
Muting; squelch	5047
N	
Next image series	5815
Next person	5663
Next; to play next part	5861
Night portrait mode	5876
Non-ionizing electromagnetic radiation	5140
Non-short-circuit-proof transformer	5223
Non-simultaneous effect or action away from and towards a reference point	5029
No-reply diversion	5505
Normal operation	5433
Normal run; normal speed	5107A
Normal run; normal speed	5107B
Normally soiled items	5295
North-up presentation	5137
Not to be used in residential areas	5109
Nurse	5668

英文名称	符号编号	英文名称	符号编号
O		Oven, warming	5627
"OFF" (power)	5008	Overvoltage protection device	5275
"OFF" for a part of equipment	5265	**P**	
Omnibus link	5432	Page enlargement	5478
Omnidirectional microphone	5073	Page hold	5290
"ON" (power)	5007	Page number down	5483
"ON" for a part of equipment		Page number up	5484
"ON"/"OFF" (push button)		Pair of students	5916
"ON"/"OFF" (push-push)		Panning function	5791
Operational amplifier	5303	Parked call; held call	5252
Optical conductor lighting	5896	Patient cradle, rotation about its longitudinal axis	5398
Optical focus	5875		
Outer diameter	5846	Patient position, head/foot reversed	5810
Output	5035		
"OUT" position of a bi-stable push control	5269	Patient position, left side	5814
		Patient position, prone	5812
Oven, automatic	5618	Patient position, supine	5811
Oven, defrosting position	5620	Patient support, longitudinal movement	5393
Oven, general	5607		
Oven, grill	5609	Patient support, movements in its plane	5396
Oven, lighting	5619		
Oven, lower and upper heating	5614	Patient support, orthogonal movement to its plane	5395
Oven, lower heating	5612		
Oven, microwave	5615	Patient support, patient transfer position	5966
Oven, microwave and turntable	5616		
Oven, rotisserie	5608	Patient support, rotation about a longitudinal axis	5397
Oven, self-cleaning	5617		
Oven, thermometer	5621	Patient support, rotation about an orthogonal axis	5399
Oven, upper heating	5613		
Oven, warm air grill	5611	Patient support, stepwise movement	5394
Oven, warm circulating air	5610		

英文名称	符号编号
Patient support, tilting	5392
Patient, normal	5390
Patient, obese	5391
Patient, thin	5389
Patient's chair, rotation about a vertical axis	5370
Patient's chair, tilt about a horizontal axis	5371
Pause; interruption	5111A
Pause; interruption	5111B
Pencil probe	5707
Person identification	5664
Perturbation attenuation isolating transformer, general	5948
Perturbation attenuation isolating transformer, short-circuit proof	5949
Perturbation attenuation safety isolating transformer	5968
Perturbation attenuation safety isolating transformer, short-circuit proof	5969
Phase calibration	5201
Phase jitter	5278
Phase jitter filter	5279
Photo-fluorographic camera	5344
Photo-fluorographic stand	5343
Pick-up for disk records	5086
Pick-up for video disk record player	5148
Picture adjustment, horizontal bow	5872
Picture adjustment, horizontal keystone	5868

英文名称	符号编号
Picture adjustment, horizontal pincushion	5870
Picture adjustment, rotation	5874
Picture adjustment, skew	5867
Picture adjustment, tilt	5866
Picture adjustment, vertical bow	5873
Picture adjustment, vertical keystone	5869
Picture adjustment, vertical pincushion	5871
Picture freeze	5467
Picture size adjustment	5067
Picture-in-picture mode	5291
Picture-in-picture, freeze	5514
Picture-in-picture, shift	5513
Picture-in-picture, swap	5515
Picture-in-picture, select	5516
Piezo-electric pick-up, crystal or ceramic	5088
Pilot, local	5276-2
Pilot, remote	5277-2
Pixel averaging	5768
Plane of sensitized material; image plane	5542
Play-back or reading from tape	5096
Plus; positive polarity	5005
Polarity of d. c. power connector	5926
Position switch having a break contact with positive opening operation	5293
Position, centre	5922

英文名称	符号编号	英文名称	符号编号
Position, centre front	5920	Pulse background	6005
Position, centre rear	5921	Pulse marker on tape recorders	5102
Position, left	5925	Pulse peak	6006
Position, left front	5923	Pulse, general	5130
Position, left rear	5924	**R**	
Positioning of cell	5002	Radiation filter or filtration	5381
Power plug	5534	Radiation measurement, energy selective	5763
Power supply type of electric device	5939	Radiation measurement, integral	5762
Previous image series	5816	Radiation of laser apparatus	5152
Previous; to play previous part	5862	Radiation, infrared	5750
Pre-wash detergent	5856	Radiation, ultraviolet	5751
Pre-wash, dish washers	5300	Radiodiagnostic alternating biplane operation	5365
Pre-wash, textile washing machines	5226	Radiodiagnostic automatic control system	5355
Principal control panel	5263	Radiodiagnostic C-arm	5373
Printer	5193	Radiodiagnostic C-arm, angulation	5958
Printer connection; parallel interface	5851	Radiodiagnostic compression device	5348
Priority	5430	Radiodiagnostic compression device, parked	5351
Probe angulation	5754	Radiodiagnostic compression device, pressure applide	5350
Probe for circular sound field	5711	Radiodiagnostic compression device, movement	5349
Probe for sector-shaped sound field	5709	Radiodiagnostic simultaneous biplane operation	5364
Probe in parking position	5756	Radiodiagnostic U-arm	5374
Probe rotation	5848	Radiodiagnostic urological table	5368
Probe, longitudinal movement	5755		
Programmable duration	5417		
Programmable start	5132		
Programmable stop; sleep timer	5270		
Programmable timer, general	5440		
Protective earth; protective ground	5019		

英文名称	符号编号	英文名称	符号编号
Radiographic control	5328	Rejection	5113
Radiographic film selection, division by four and orientation	5361	Rejection filter; wave trap	5185
		Relative bearing	5199
Radiographic film selection, division by two and orientation	5360	Remaining time display	5416
		Remote	5277
Radiographic film selection, full format and orientation	5359	Remote control reception indicator	5444
Radionuclide scanner	5764	Repeat last call	5504
Radioscopy	5330	Reserve operation	5434
Radioscopy, pulsed	5981	Respiratory mask	5741
Range rings brilliance	5144	Respiratory triggering	5737
Range selector	5143	Resuscitator	5746
Reading or reproduction from an information carrier	5164	Return to an initial state	5495
		Reversible transducer for underwater sound	5154
Ready for transport	5661		
Recapitulate	5125A	Rinsing	5228
Recapitulate	5125B	Rotation around an axis, axial view	5655
Rechargeable battery	5639	Rotation around an axis, side view	5656
Record muting	5549	Run with visualization; cue	5470B
Record player; phonograph	5543	Run with visualization; cue	5470A
Record review	5533	Run with visualization; review	5630A
Recording lock	5169	Run with visualization; review	5630B
Recording lock on tape recorders	5101	**S**	
Recording on an information carrier	5163	Safety isolating transformer for toys	5219
Recording on tape	5095	Safety isolating transformer, general	5222
Recording, general	5547	Safety isolating transformer, non-short-circuit proof	5946
Rectifier, general	5186		
Regenerating agent	5298	Safety isolating transformer, short-circuit proof	5947
Regenerative repeater	5283		

英文名称	符号编号	英文名称	符号编号
Sampling unit	5305	Shockwave head,target position	5730
Satellite reception mode, general	5464	Shockwave head, therapy position left	5734
Satellite reception mode, television	5464-1	Shockwave head, therapy position right	5735
Save;economize	5581	Shockwave head, undertable position	5727
Scintillation counter	5669		
Scintillation counter with well	5670	Short code dialling	5498
Scrambler	5420	Short wash programme	5583
Screen selection	5802	Short-circuit-proof transformer	5220
Selection of other bi-plane channel	5821	Signal lamp	5115
Self-timer	5879	Signal low terminal	5173
Sense-aerial switch; sense-antenna switch	5204	Signal strength attenuation, local/distant	5044
Serial changer for single radiographic film	5356	Signalling receiver	5257
		Signalling sender	5256
Serial interface	5850	Signalling, local	5276-4
Setup	5849	Signalling, remote	5277-4
Ship's head-up presentation	5136	Simultaneous effect or action away from and towards a reference point	5030
Shockwave head	5725		
Shockwave head, couple	5733	Single frame shot	5917
Shockwave head, decouple	5732	Single or multi-digit selection	5446
Shockwave head, movement in lateral direction	5769	Slope, decreasing	6009
		Slope, increasing	6008
Shockwave head, movement in the longitudinal direction	5728	Slow run; slow speed	5124A
		Slow run; slow speed	5124B
Shockwave head, overtable position	5726	Small focal spot	5325
		Small reactor, general	5950
Shockwave head, park position	5731	Small reactor, non-overload proof	5951
Shockwave head, rotational movement	5729	Small reactor, overload proof	5952
		Smooth floor or surface	5600

英文名称	符号编号	英文名称	符号编号
Sound and language selection	5882	Strobe, Video equipment	5318-1
Sound muting	5436	Student; operator	5188
Sound; audio	5182	Subtitle	5520
Spatial sound effect	5438	Suitable for covering	5641
Speak	5210	Suitable for live working; double triangle	5216
Special treatment	5232		
Spinning	5230	Suitable for use in a bath or shower	5582
Split Screen	5800		
Stand-by	5009	Suitable for use in the subtropics	5786
Stand-by or preparatory state for a part of equipment	5266		
		Suitable for use in the tropics	5785
Start, test run	5659	Summer time	5881
Start; start of action	5104	Surgical instrument	5748
Steam	5597	Surgical table	5369
Steam, high	5599	Synchronizing function	5267
Steam, medium	5598	System status display	5512
Stereo focal spot	5686	T	
Stereophonic	5071	Tape cutting	5103
Stereophonic headphones	5078	Tape end	5562
Stereophonic microphone	5083	Tape recorder	5093
Stereophonic pick-up for disk records	5087	Tape running direction	5555
		Target position	5843
Still camera	5885	Teacher; supervisor	5187
Still mode	5554	Tele(photo)	5540
Stop	5110A	Telephone line	5989
Stop	5110B	Telephone; telephone adapter	5090
Stop after last rinse	5229	Teletext mode	5463
Storage/store mode finished	5460	Television camera	5116
Store displayed image	5890	Television monitor	5051
Stove, plate indicator	5622	Television receiver	5053
Strobe, general	5318	Television; video	5049

英文名称	符号编号	英文名称	符号编号
Test voltage	5179	Tomographic movement with X radiation	5402
Three component video input	5633		
Three component video input, analogue	5633-1	Tomographic movement without X radiation	5401
Three component video input, digital	5633-2	Tone arm, down	5551
		Tone arm, up	5550
Three component video input/output	5632	Tracheal tube	5742
		Tracking	5287
Three component video input/output, analogue	5632-1	(Call) transfer	5253
		Transfer image	5892
Three component video input/output, digital	5632-2	Transfer marked images	5888
		Transfer of signal	5112
Three component video output	5634	Transformer	5156
Three component video output, analogue	5634-1	Transformer for Class Ⅲ handlamps, non-short-circuit proof	5971
Three component video output, digital	5634-2	Transformer for Class Ⅲ handlamps, short-circuit proof	5953
Three component video signal (qualifying symbol)	5631	Transmit/receive monitor	5150
		Transmitted power monitor	5149
Three-level signal	5316	Travelling wave tube amplifier	5255
Three-party call	5500	Treble control	5037
Three-phase alternating current	5032-1	Trend	5847
		Tune, high key	5863
Three-phase alternating current with neutral conductor	5032-2	Tune, low key	5864
		Tune, normal key	5865
Tilting table with overtable X-ray source assembly	5346	Tuner; radio receiver	5043
		Tuning	5045
Tilting table with undertable X-ray source assembly	5347	TV and text mixed	5480
		Two component video input	5636
Timed page cancel	5519	Two component video input, analogue	5636-1
Tomographic layer selection	5403		

英文名称	符号编号
Two component video input, digital	5636-2
Two component video input/output	5635
Two component video input/output, analogue	5635-1
Two component video input/output, digital	5635-2
Two component video output	5637
Two component video output, analogue	5637-1
Two component video output, digital	5637-2
Two independent audio channels	5559
Two-level signal	5315
Type B applied part	5840
Type BF applied part	5333
Type CF applied part	5335
U	
Ultrasound image, B and M modes	5694
Ultrasound image, CW Doppler mode	5697
Ultrasound image, dual-image	5688
Ultrasound image, field selection	5689
Ultrasound image, general	5687
Ultrasound image, image selection	5692
Ultrasound image, M mode	5693
Ultrasound image, M speed	5695
Ultrasound image, magnification	5690
Ultrasound image, measuring volume decrease	5701
Ultrasound image, measuring volume increase	5698
Ultrasound image, measuring volume movement downwards	5700
Ultrasound image, measuring volume movement upwards	5699
Ultrasound image, positioning of the focus	5702
Ultrasound image, pulsed Doppler mode	5696
Ultrasound image, scan-line selection	5691
Ultrasound receiver, depth compensation	5718
Ultrasound receiver, far field gain	5719
Ultrasound receiver, near field gain	5716
Ultrasound receiver, overall gain	5715
Ultrasound receiver, start point depth compensation	5717
Underwater sound projector	5153
Unidirectional or cardiold microphone	5075
Unlocking	5570
Upholstery	5603
Urgent alarm	5308
V	
Variability	5004
Variability in steps	5181
Variability, maximum step	5183

英文名称	符号编号	英文名称	符号编号
Variable band-stop filter	5195	Wide-screen (16：9), horizontal zoom mode	5931
Variable range marker	5145		
Variation of scan aperture	5714	Wide-screen (16：9), normal mode	5928
Variation of scan depth	5713	Wide-screen (16：9), picture enlarge mode	5934
Variation of ultrasound energy	5712		
Vertical linearity	5069	Wide-screen (16：9), selection of picture mode	5929
Vertical picture amplitude	5066		
Vertical picture shift	5064	Wide-screen (16：9), zoom in/out	5933
Vertical radiographic stand	5341	Wide-screen (16：9), zoom mode	5932
Vertical radioscopic stand	5340	Without spinning	5231
Vertical synchronization	5062	World time	5880
Video data	5487	**X**	
Video disc player	5518	X-ray cassette, freely positioned	5979
Video input	5525A	X-ray field, not limited by shutters	5982
Video input	5525B		
Video input/output	5521A	X-ray filter	5852
Video input/output	5521B	X-ray image intensifier	5376
Video output	5529A	X-ray image intensifier with stabilized input	5377
Video output	5529B		
Video play-back	5122	X-ray image intensifier, gettering	5380
Video recording	5120		
Videotape recorder	5118	X-ray image receptor, radioscopic	5977
W			
Water tap, closed	5573	X-ray intensifying screen, high sensitivity	5685
Water tap, open	5574		
Wedge, in/out movement	5825	X-ray intensifying screen, low sensitivity	5683
Wedge, rotation	5828		
White balance	5558	X-ray intensifying screen, medium sensitivity	5684
Wide-angle	5539		
Wide-screen (16：9), full picture mode	5930	X-ray source and image intensifier, combined movement	5832

英文名称	符号编号	英文名称	符号编号
X-ray source and image intensifier, combined rotation	5831	X-ray source, rotation around a horizontal axis	5830
X-ray source assembly	5338	X-ray source, rotation around its beam axis	5833
X-ray source assembly, emitting	5339		
X-ray source to image intensifier distance, decrease	5960	X-ray source, vertical movement	5965
		X-ray tube	5337
X-ray source to image intensifier distance, increase	5959	**Z**	
		Zero line shift	5643
X-ray source to image intensifier, centering	5961	Zone focus, long distance	5580
		Zone focus, middle distance	5579
X-ray source, lateral movement	5963	Zone focus, short distance	5578
X-ray source, longitudinal movement	5964	Zone focus, very short distance	5577

3 按基本图形分类

每个符号只出现在一个类别中。为帮助使用者查找到合适的符号，该分类根据符号给人的第一印象确定，因此分类包含了主观色彩。

3.1 线

符号	编号	中文名称	英文名称
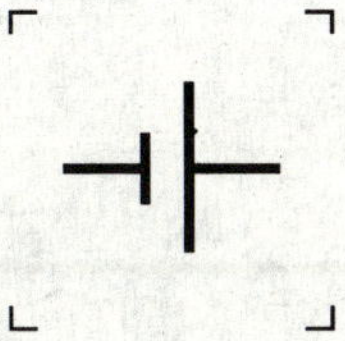	5001A	电池，一般符号	Battery, general
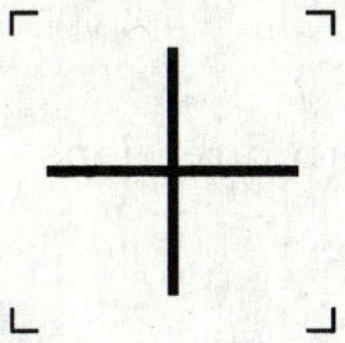	5005	正号；正极	Plus; positive polarity
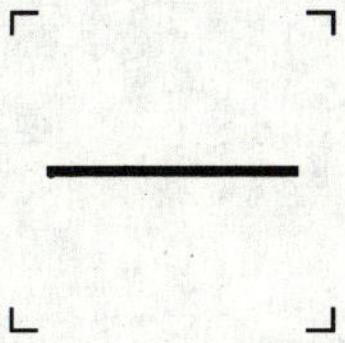	5006	负号；负极	Minus; negative polarity

符　号	编　号	中文名称	英　文　名　称
	5007	通(电源)	“ON” (power)
	5010	通/断(按-按)	“ON”/“OFF” (push-push)
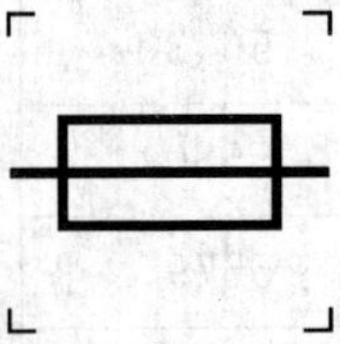	5016	熔断器	Fuse
	5017	接地	Earth;ground
	5018	功能性接地	Functional earthing; functional grounding (US)
	5019	保护接地	Protective earth;protective ground
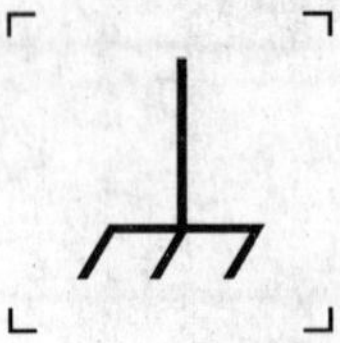	5020	接机壳;接机架	Frame or chassis
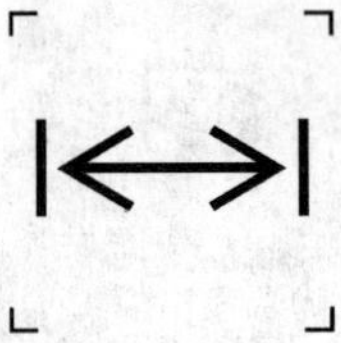	5024	双向局限运动	Movement limited in both directions
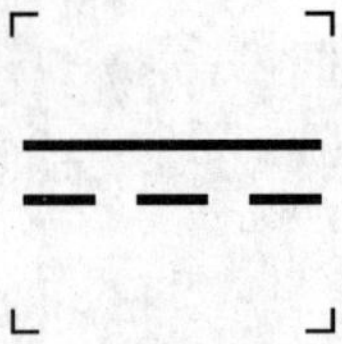	5031	直流电	Direct current

符　号	编　号	中文名称	英　文　名　称
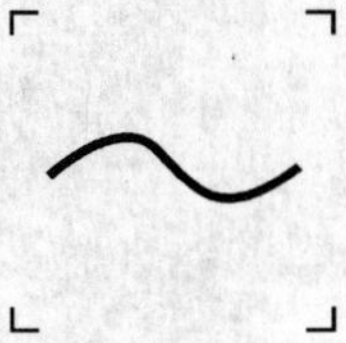	5032	交流电	Alternating current
	5033	交直流两用	Both direct and alternating current
	5039	天线	Aerial;antenna
	5040	偶极子天线	Dipole
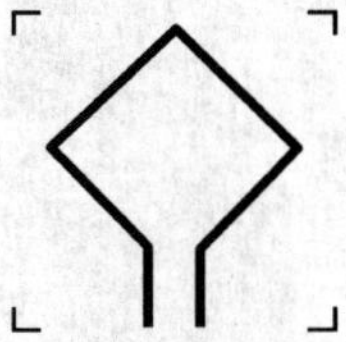	5042	环形天线	Frame aerial;loop antenna
	5044	信号强度衰减,本地/远端	Signal strength attenuation, local/distant
	5047	噪声抑制	Muting;squelch
	5104	起动;动作的开始	Start;start of action
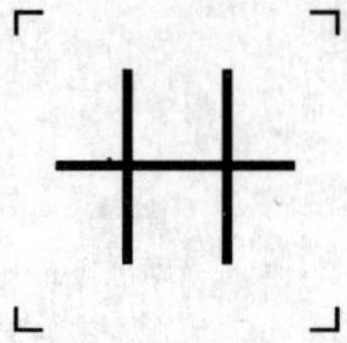	5105	指令或纠错	Instruction or correction

符　号	编　号	中文名称	英　文　名　称
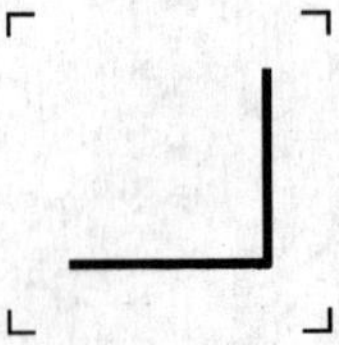	5106	记录内容的长度或结尾	Length or end of text
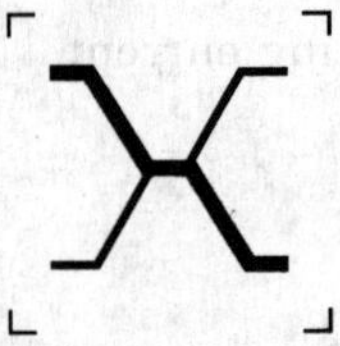	5112	信号转换	Transfer of signal
	5129	天线旋转;扫描器旋转	Aerial rotation;scanner rotation
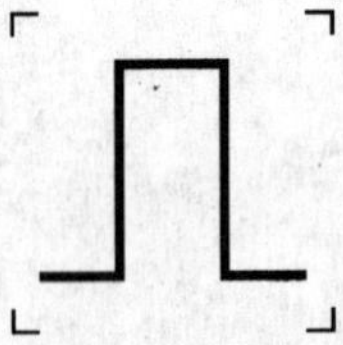	5130	脉冲,一般符号	Pulse,general
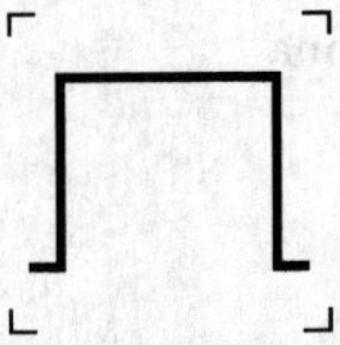	5131	长脉冲	Long pulse
	5138	独立的照明辅助设备	Independent lighting auxiliary
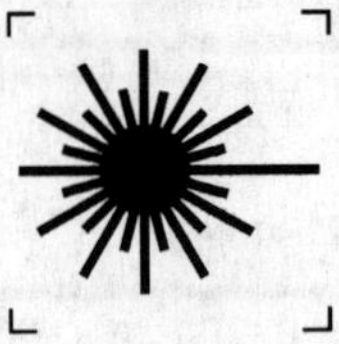	5152	激光设备的辐射	Radiation of laser apparatus
	5165	信息载体的消迹	Erasing from an information carrier
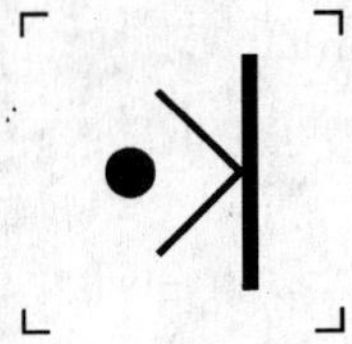	5170	标志	Marker

符 号	编 号	中文名称	英 文 名 称
	5171	剪辑	Cutting
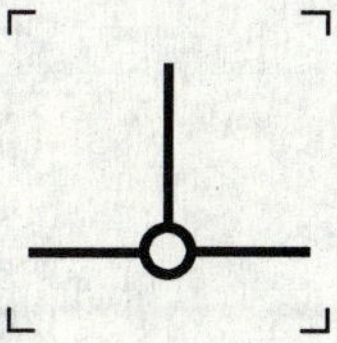	5173	信号低端	Signal low terminal
	5204	辨向天线开关	Sense-aerial switch;sense-antenna switch
	5237	干燥或热度控制	Drying or warming operation
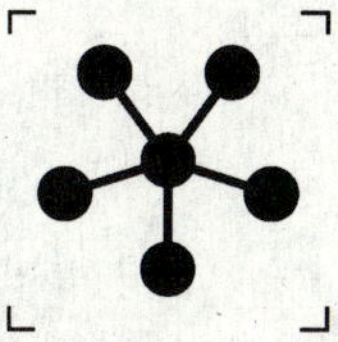	5250	会议电话	Conference
	5252	暂停通话;阻断通话	Parked call;held call
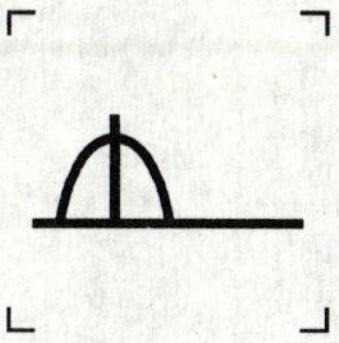	5276	本地	Local
	5276-1	载波,本地	Carrier,local
	5276-3	测量,本地	Measure,local

符　号	编　号	中文名称	英　文　名　称
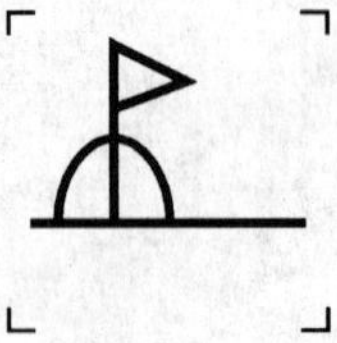	5276-4	信令,本地	Signalling,local
	5276-5	告警,本地	Alarm,local
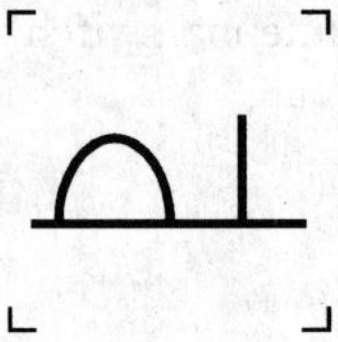	5277	远端	Remote
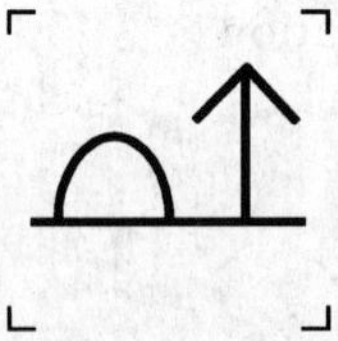	5277-1	载波,远端	Carrier,remote
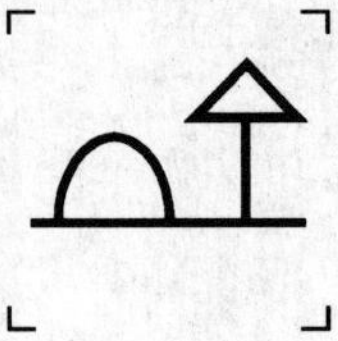	5277-2	载频,远端	Pilot,remote
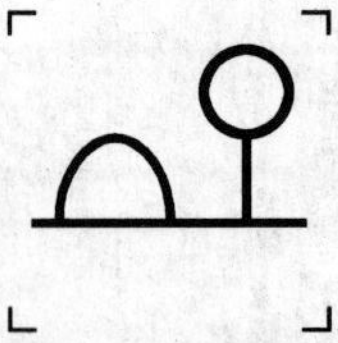	5277-3	测量,远端	Measure,remote
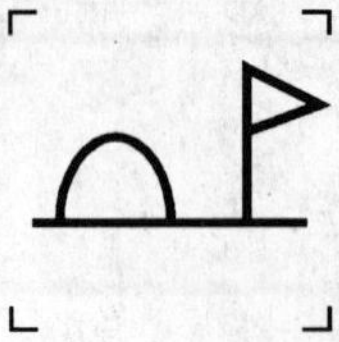	5277-4	信令,远端	Signalling,remote
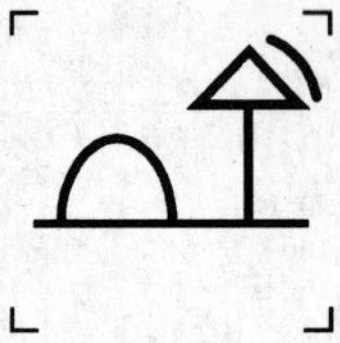	5277-5	告警,远端	Alarm,remote
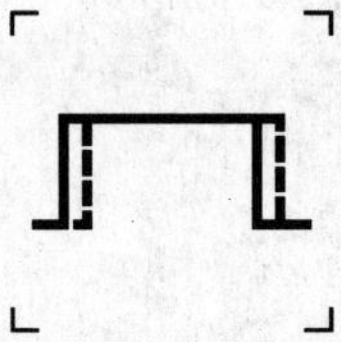	5278	相位抖动	Phase jitter

符　号	编　号	中文名称	英　文　名　称
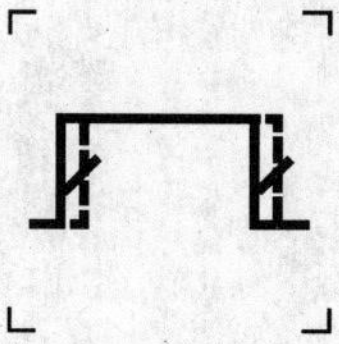	5279	相位抖动滤波器	Phase jitter filter
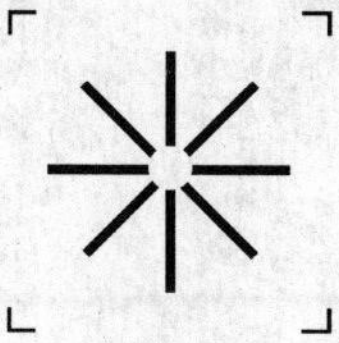	5299	洗净剂	Final rinse agent
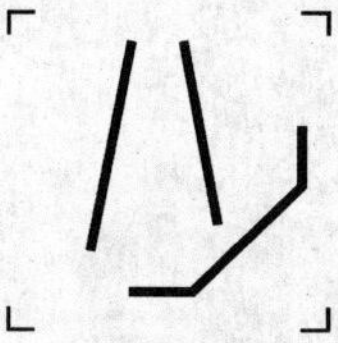	5300	洗碗机中的预洗	Pre-wash,dish washers
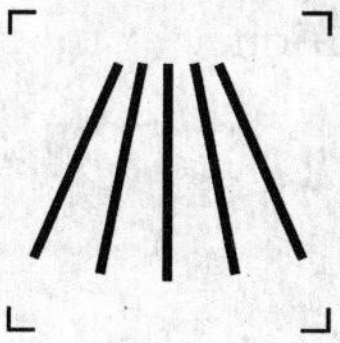	5301	主洗涤剂	Main wash detergent
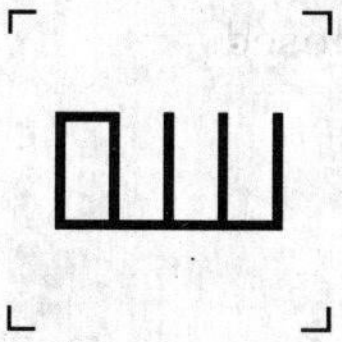	5310	帧	Frame
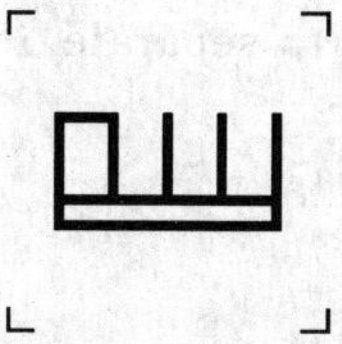	5311	复帧	Multiframe
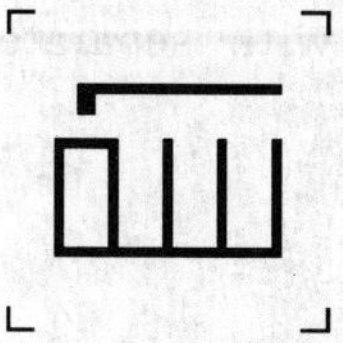	5312	帧定位	Frame alignment
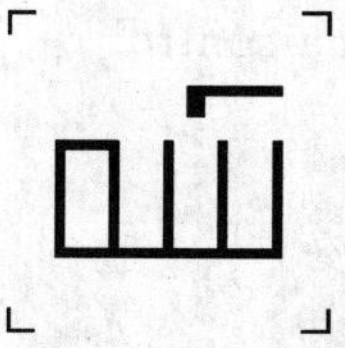	5313	帧定位丢失	Loss of frame alignment
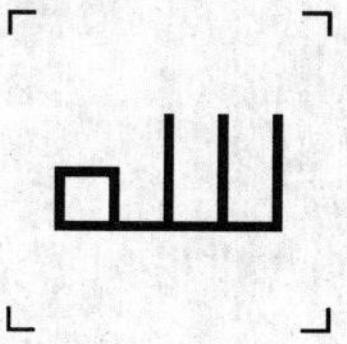	5314	帧定位误差	Error in frame alignment

符 号	编 号	中文名称	英 文 名 称
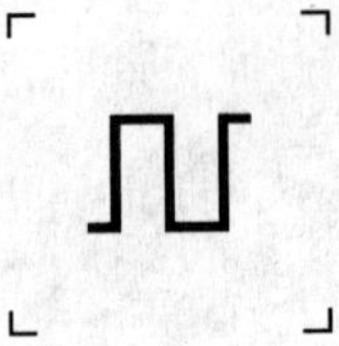	5315	二电平信号	Two-level signal
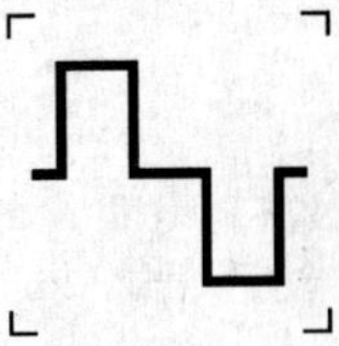	5316	三电平信号	Three-level signal
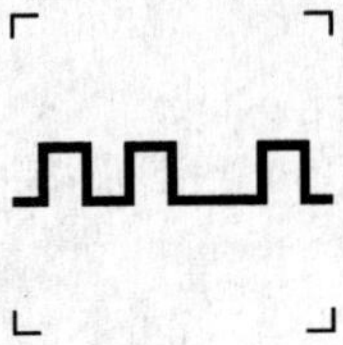	5317	二进制编码信号	Binary coded signal
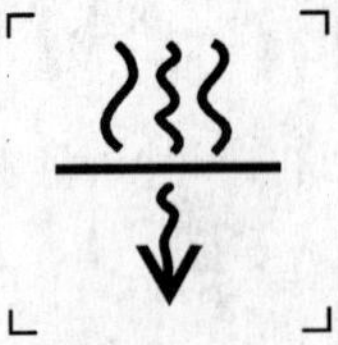	5381	辐射过滤器或渗透	Radiation filter or filtration
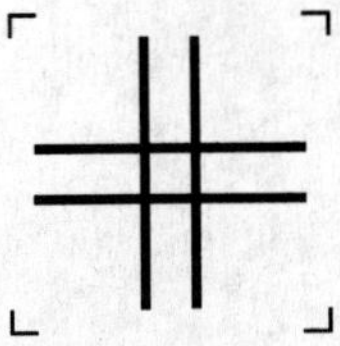	5386	限束装置，关闭	Beam limiting device, closed
	5387	具有独立开启挡板的限束装置	Beam limiting device with separate opening of the shutters
	5388	具有独立关闭挡板的限束装置	Beam limiting device with separate closing of the shutters
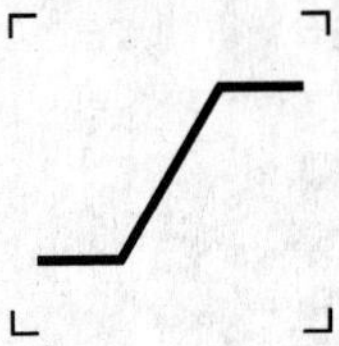	5413	电子图像，灰度控制	Electronic image, gamma control
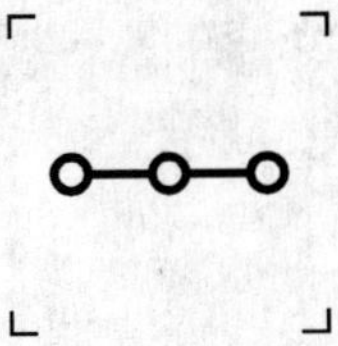	5431	直达链路	Direct link

符　号	编　号	中文名称	英 文 名 称
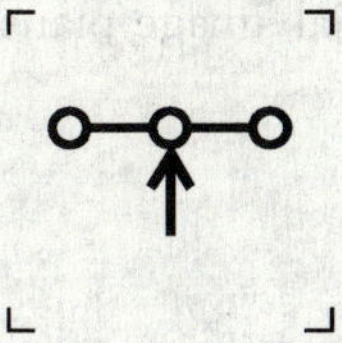	5432	混合链路	Omnibus link
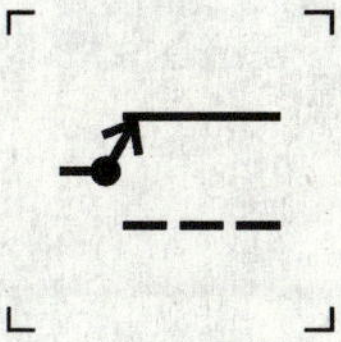	5433	正常运行	Normal operation
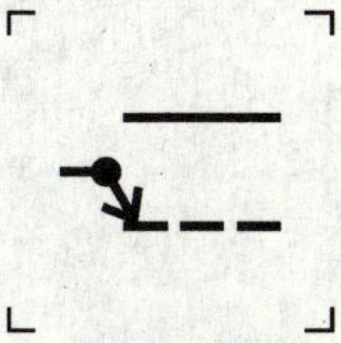	5434	备用操作	Reserve operation
	5435	亮度和对比度	Brightness and contrast
	5446	一位或多位数选择	Single or multi-digit selection
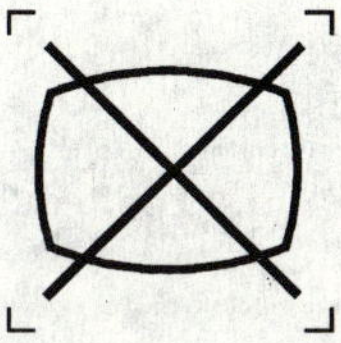	5477	删除画面	Cancel picture
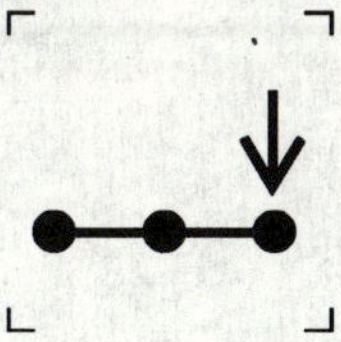	5508	呼叫拾起	Call pick-up
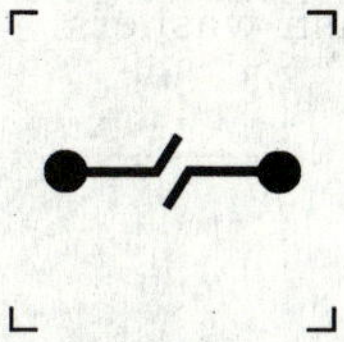	5509	撤线	Disconnection
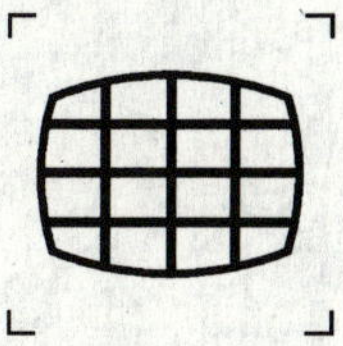	5517B	多画面，显示	Multi-picture display

符　号	编　号	中文名称	英　文　名　称
	5542	感光材料面;成像面	Plane of sensitized material;image plane
	5550	拾音器臂,抬起	Tone arm,up
	5551	拾音器臂,放下	Tone arm,down
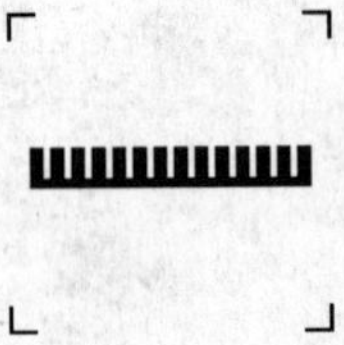	5601	地毯,一般符号	Carpet,general
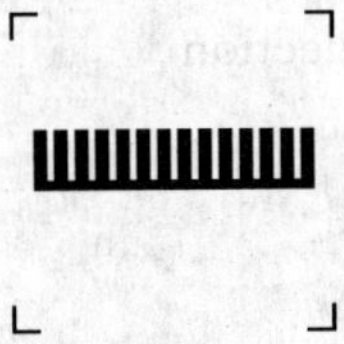	5602	地毯,长毛	Carpet,long pile
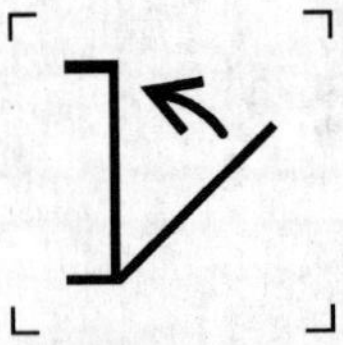	5623	门,关闭	Door,closed
	5624	门,开启	Door,open
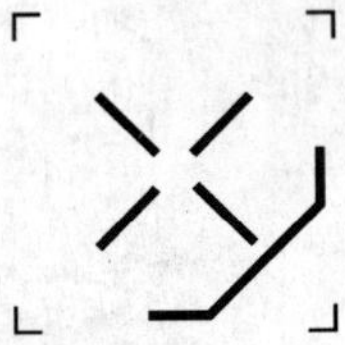	5625	中等水量清洗,洗碗机	Intermediate rinsing,dish washers
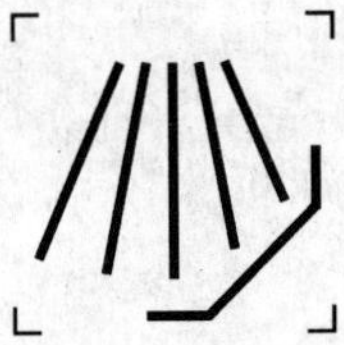	5640	主洗涤,洗碗机	Main wash,dish washers

符　号	编　号	中文名称	英　文　名　称
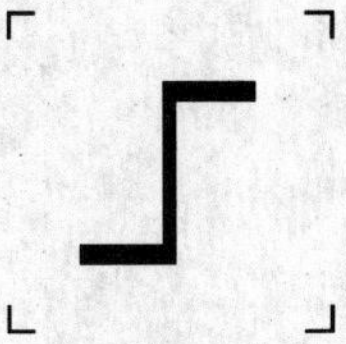	5649	限值,一般符号	Limits,general
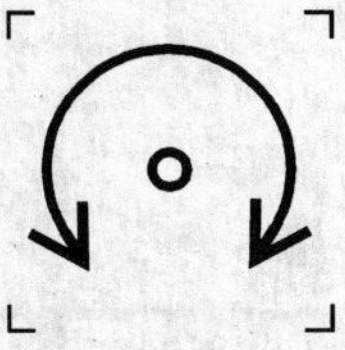	5655	绕轴旋转,轴视	Rotation around an axis,axial view
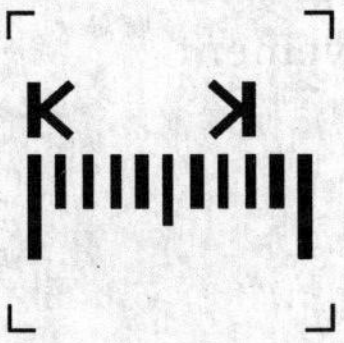	5658	测距	Distance measurement
	5707	笔式探头	Pencil probe
	5709	扇形声场探头	Probe for sector-shaped sound field
	5710	线形或凸形探头	Linear or curved array probe
	5712	超声能量调节	Variation of ultrasound energy
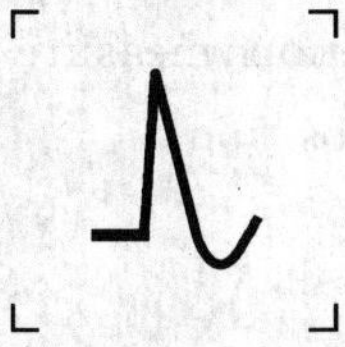	5736	冲击波	Impulse
	5737	呼吸触发	Respiratory triggering

符　号	编　号	中文名称	英　文　名　称
	5753	数字指示器	Digital indicator
	5754	调节探头角度	Probe angulation
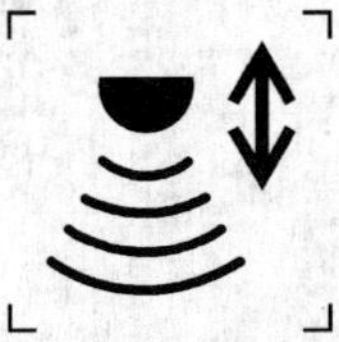	5755	轴向移动探头	Probe,longitudinal movement
	5756	停放位置的探头	Probe in parking position
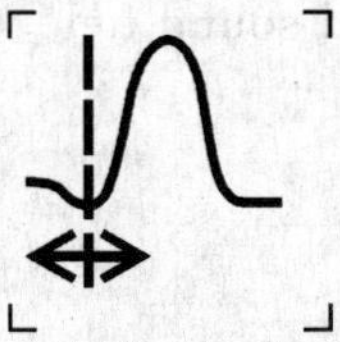	5757	积分辐射测量,阈值	Integral radiation measurement,threshold
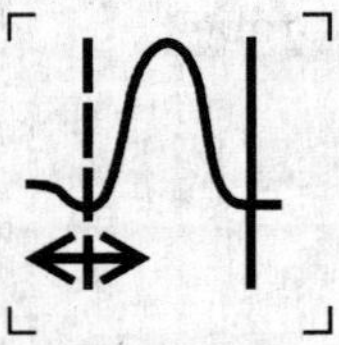	5758	以下阈调节窗宽的能量选择型辐射测量	Energy selective radiation measurement,window width,lower threshold
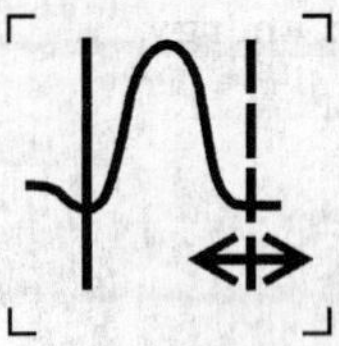	5759	以上阈调节窗宽的能量选择型辐射测量	Energy selective radiation measurement,window width,upper threshold
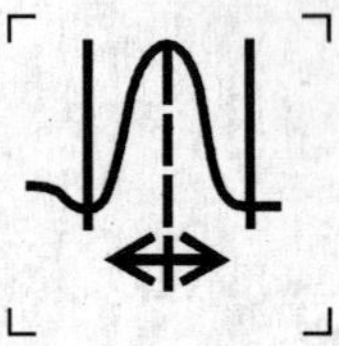	5760	调节窗中心位置的能量选择型辐射测量	Energy selective radiation measurement,window center position
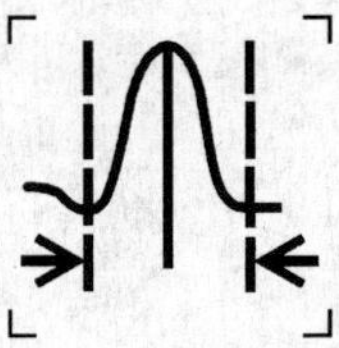	5761	对称调节窗宽的能量选择型辐射测量	Energy selective radiation measurement,window width,symmetrical adjustment

符　号	编　号	中文名称	英　文　名　称
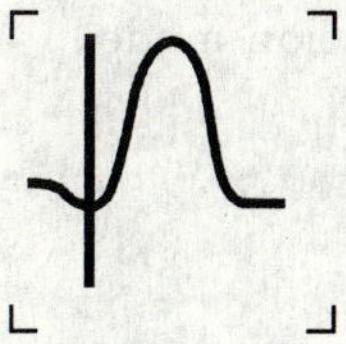	5762	积分型辐射测量	Radiation measurement, integral
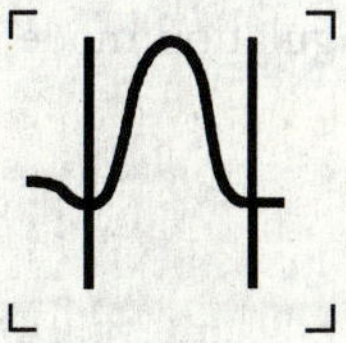	5763	能量选择型辐射测量	Radiation measurement, energy selective
	5764	放射性核素扫描仪	Radionuclide scanner
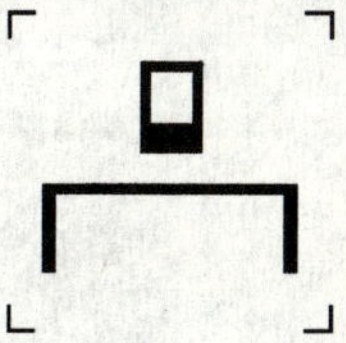	5765	床上位置探头	Detector head in overtable position
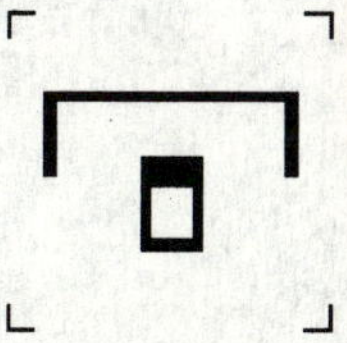	5766	床下位置探头	Detector head in undertable position
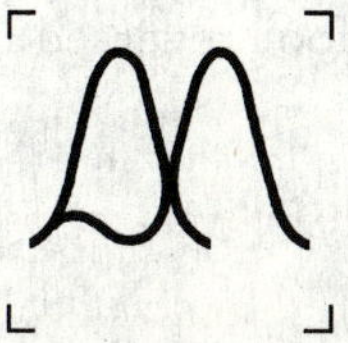	5767	能量选择辐射多道测量	Energy selective radiation multichannel measurement
	5773	电子图像，交错	Television or video image, interlacing
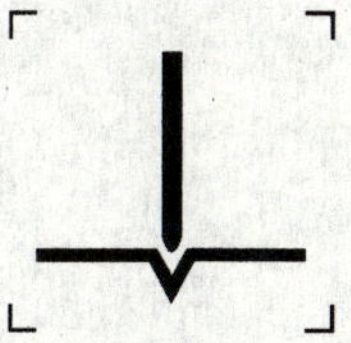	5780	电外科，切割模式	Electrosurgery, cutting mode
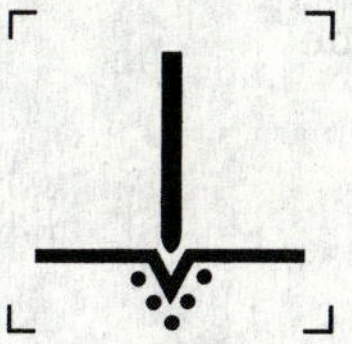	5781	电外科，混合切割模式	Electrosurgery, blended cutting mode

符 号	编 号	中文名称	英 文 名 称
	5782	电外科，凝结模式	Electrosurgery, coagulation mode
	5783	电外科，喷雾凝结模式	Electrosurgery, spray coagulation mode
	5784	电外科，双极凝结模式	Electrosurgery, bipolar coagulation mode
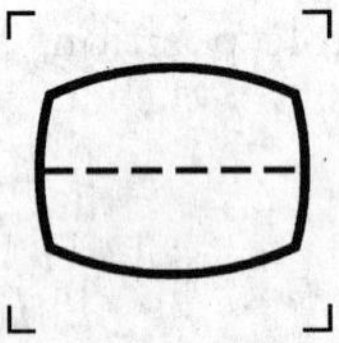	5800	分割屏幕	Split screen
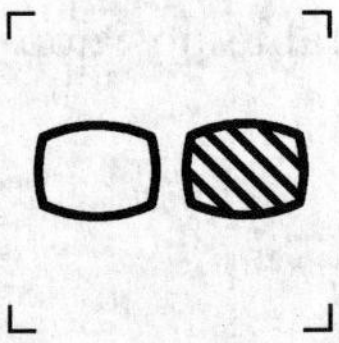	5802	屏幕选择	Screen selection
	5810	患者位置，头/脚相反	Patient position, head/foot reversed
	5811	患者位置，仰卧	Patient position, supine
	5812	患者位置，俯卧	Patient position, prone
	5814	患者位置，左侧卧	Patient position, left side

符　号	编　号	中文名称	英　文　名　称
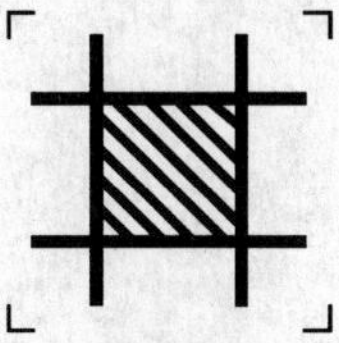	5818	限束器,常规预置	Beam limiting device, general preset
	5819	限束器,食道成像预置	Beam limiting device, esophagus preset
	5820	限束器,小区域预置	Beam limiting device, small field preset
	5821	其他双平面通道的选择	Selection of other bi-plane channel
	5823	患者支架移动起始位置的定义	Definition of start position of patient support movement
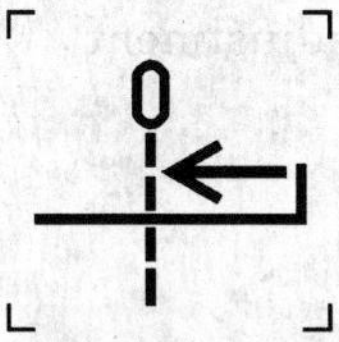	5824	患者支架向起始位置移动	Movement of patient support to start position
	5842	多脉冲	Multi-pulse
	5848	探头旋转	Probe rotation
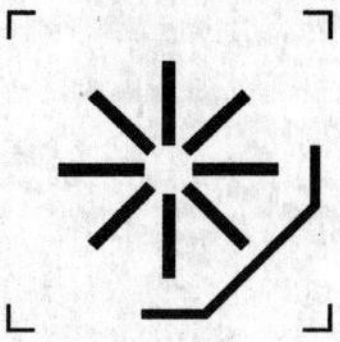	5853	最终漂洗,洗碗机	Final rinsing, dish washers

符　号	编　号	中文名称	英 文 名 称
	5856	预洗洗涤剂	Pre-wash detergent
	5863	音调,升调	Tune,high key
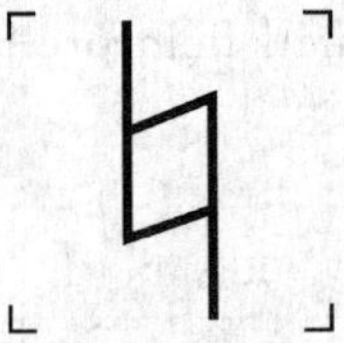	5865	音调,还原	Tune,normal key
	5893	电子快门,关	Electronic shutters,close
	5894	电子快门,开	Electronic shutters,open
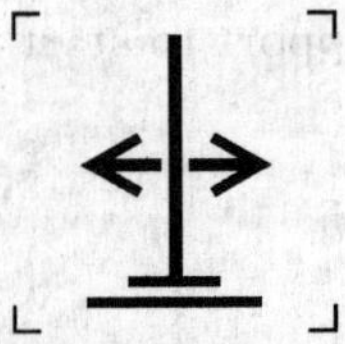	5897	底架,水平调节	Floor stand,horizontal adjustment
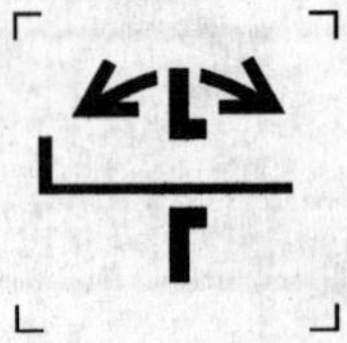	5967	机架,倾斜	Gantry,tilt
	5970	变频器	Frequency converter
	5981	透视,脉冲	Radioscopy,pulsed

符　号	编　号	中文名称	英 文 名 称
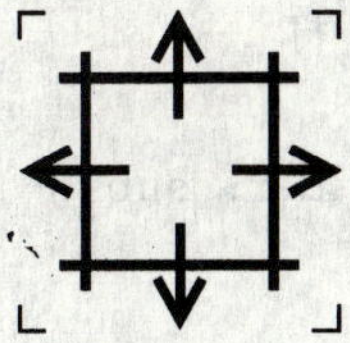	5982	X 射线野，不受遮光器限制	X-ray field, not limited by shutters
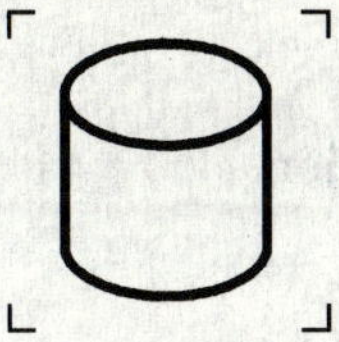	5987	硬盘	Hard disk
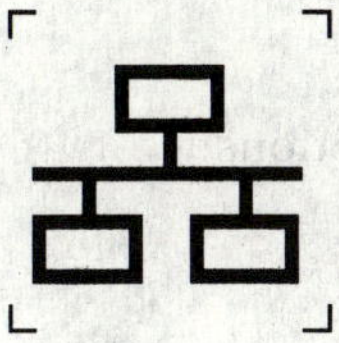	5988	计算机网络	Computer network
	6005	脉冲背景	Pulse background
	6006	脉冲峰值	Pulse peak
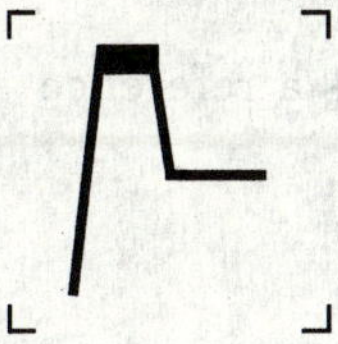	6007	热启动	Hot start
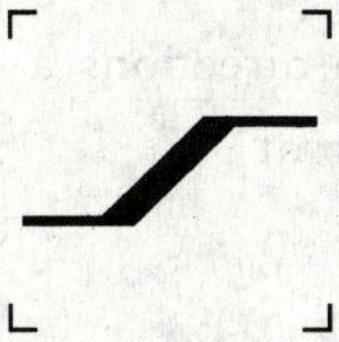	6008	倾斜，增加	Slope, increasing
	6009	倾斜，减少	Slope, decreasing

3.2 箭头

符号	编号	中文名称	英文名称
	5003	交流/直流变换器;整流器;电源转接器	AC/DC-converter; rectifier; substitute power supply
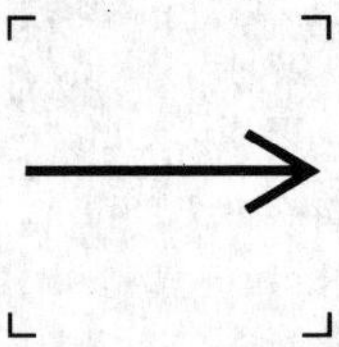	5022	单向运动	Movement in one direction
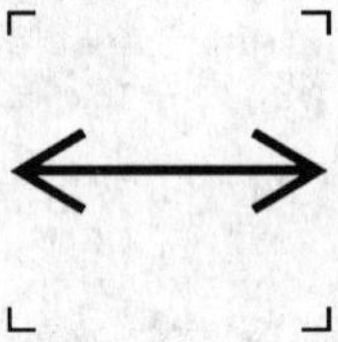	5023	双向运动	Movement in both directions
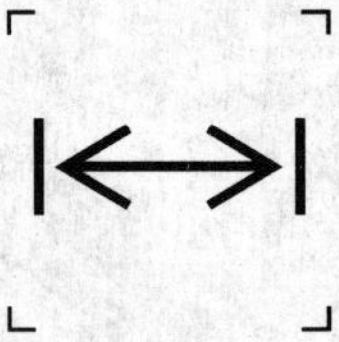	5024	双向局限运动	Movement limited in both directions
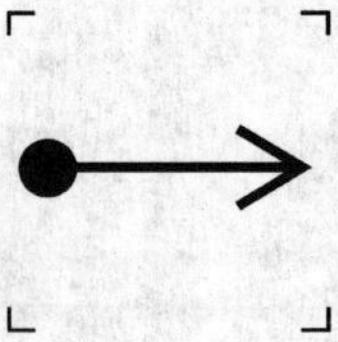	5025	移离参考点的效应或作用	Effect or action away from a reference point
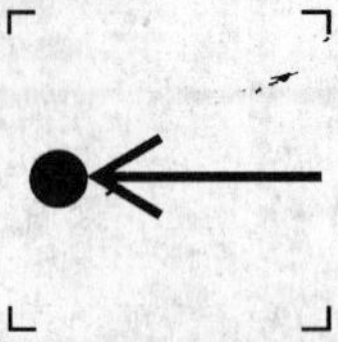	5026	移向参考点的效应或作用	Effect or action towards a reference point
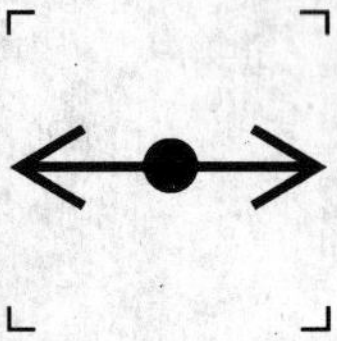	5027	移离参考点的双向效应或作用	Effect or action in both directions away from a reference point
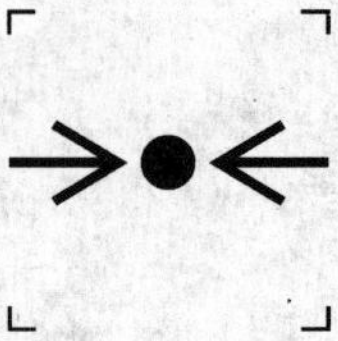	5028	移向参考点的双向效应或作用	Effect or action in both directions towards a reference point

符　号	编　号	中文名称	英　文　名　称
	5029	非同时移离和移向参考点的效应或作用	Non-simultaneous effect or action away from and towards a reference point
	5030	同时移离和移向参考点的效应或作用	Simultaneous effect or action away from and towards a reference point
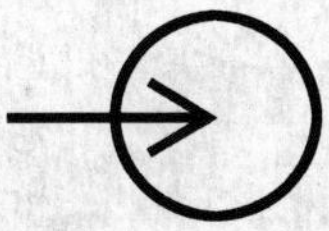	5034	输入	Input
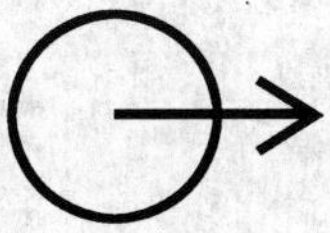	5035	输出	Output
	5036	危险电压	Dangerous voltage
	5107A	常速运转;常速	Normal run;normal speed
	5107B	常速运转;常速	Normal run;normal speed
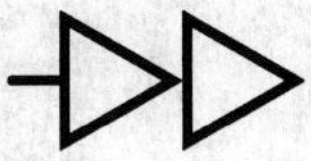	5108A	快速运转;快速	Fast run;fast speed
	5108B	快速运转;快速	Fast run;fast speed

符 号	编 号	中文名称	英 文 名 称
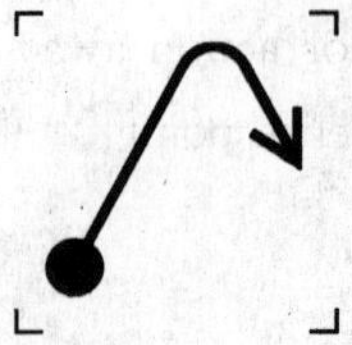	5113	弹出	Rejection
	5114	脚踏开关	Foot switch
	5124A	慢速运转;慢速	Slow run;slow speed
	5124B	慢速运转;慢速	Slow run;slow speed
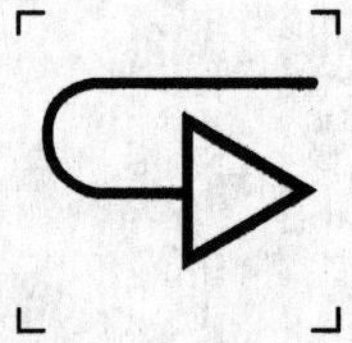	5125A	重述	Recapitulate
	5125B	重述	Recapitulate
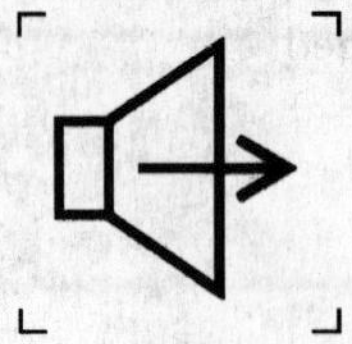	5127	按扬声器方式工作的扬声器	Loudspeaker in operation as such
	5129	天线旋转;扫描器旋转	Aerial rotation;scanner rotation
	5149	发射功率监视器	Transmitted power monitor

符号	编号	中文名称	英文名称
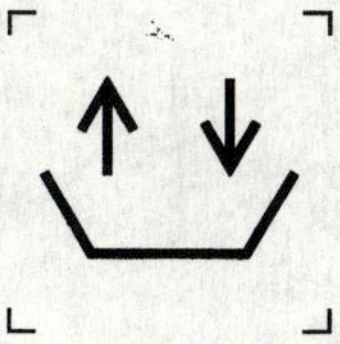	5150	发射/接收监视器	Transmit/receive monitor
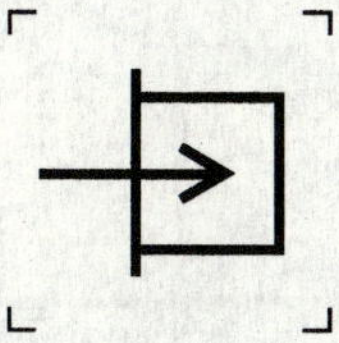	5151	水听器	Hydrophone
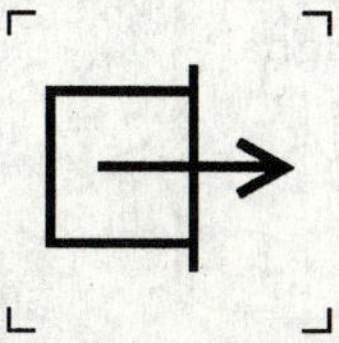	5153	水下发声器	Underwater sound projector
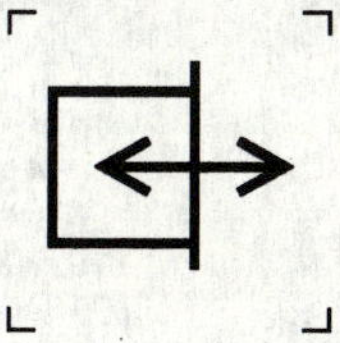	5154	水声可逆换能器	Reversible transducer for underwater sound
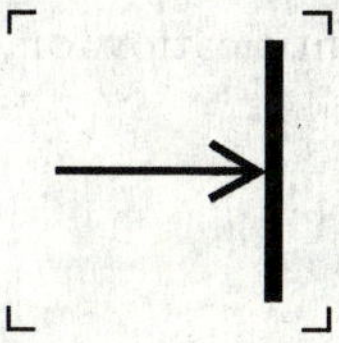	5163	信息载体的录制	Recording on an information carrier
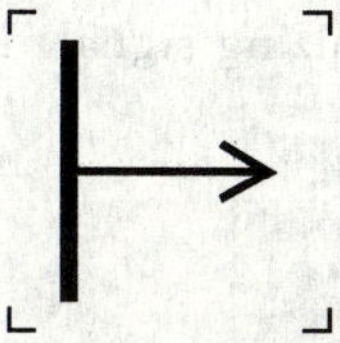	5164	信息载体的读出或重放	Reading or reproduction from an information carrier
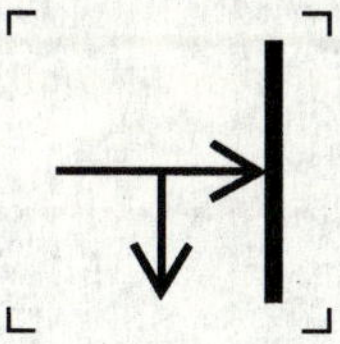	5166	信息载体的记录或录制时对输入数据的监视	Monitoring input data during writing or recording on an information carrier
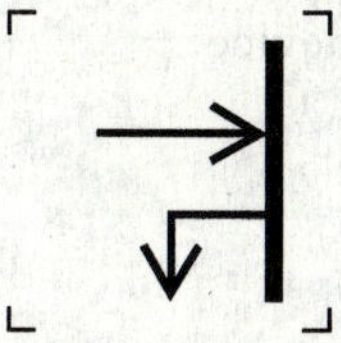	5167	信息载体的记录或录制后对输入数据的监视	Monitoring input data after writing or recording on an information carrier
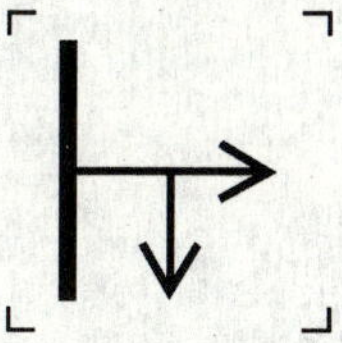	5168	信息载体的读出或重放时对输出数据的监视	Monitoring output data during read-out or reproduction from an information carrier

符　号	编　号	中文名称	英　文　名　称
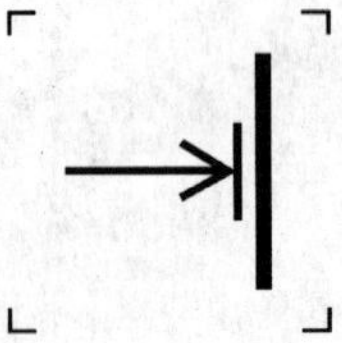	5169	录制锁定	Recording lock
	5194	直流/交流变换器	DC/AC-converter
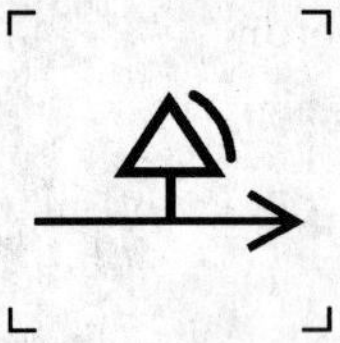	5249	告警信号的频率	Frequency of an alarm signal
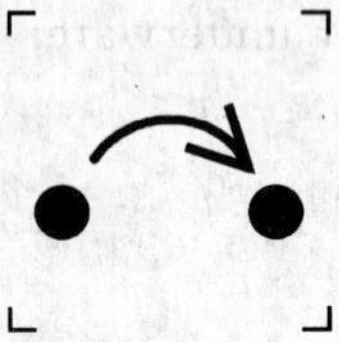	5253	(呼叫)转移	(Call) transfer
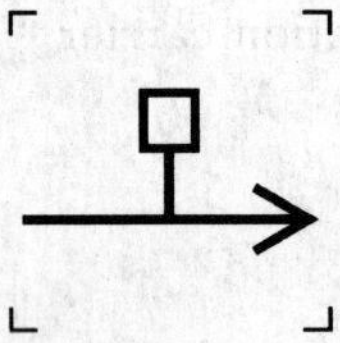	5258	测试;识别或控制信令的频率	Frequency of a test, identification or control signal
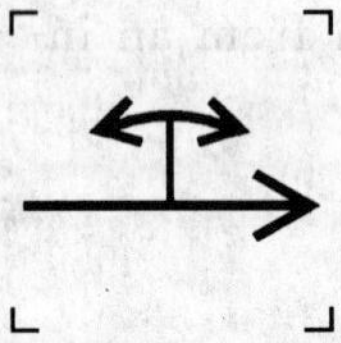	5259	同步信令的频率	Frequency of a synchronizing signal
	5267	同步功能	Synchronizing function
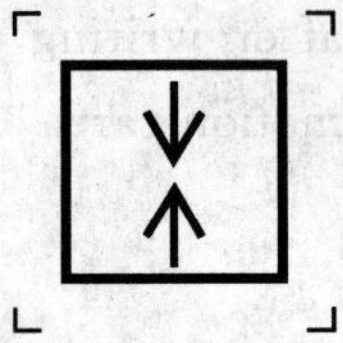	5275	过压保护装置	Overvoltage protection device
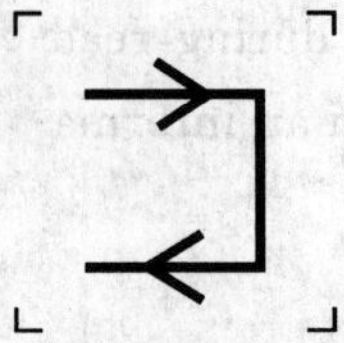	5280	环路	Loop

符　号	编　号	中文名称	英　文　名　称
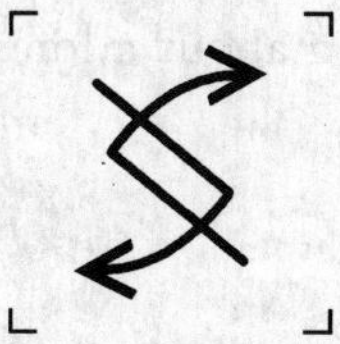	5292	交换	Interchange
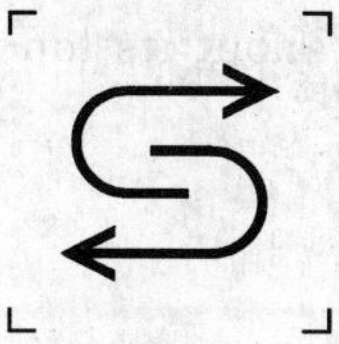	5298	更新剂	Regenerating agent
	5370	患者专用椅，绕垂直轴旋转	Patient's chair, rotation about a vertical axis
	5371	患者专用椅，绕水平轴倾斜	Patient's chair, tilt about a horizontal axis
	5392	患者支架，倾斜	Patient support, tilting
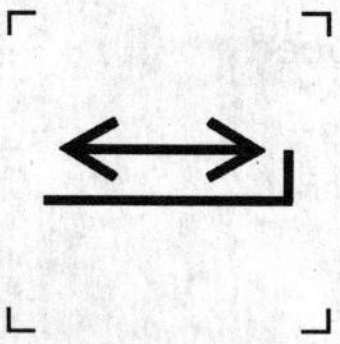	5393	患者支架，纵向移动	Patient support, longitudinal movement
	5394	患者支架，步进移动	Patient support, stepwise movement
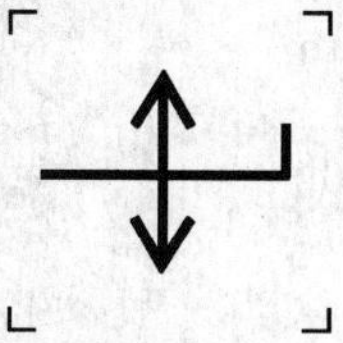	5395	患者支架，垂直床面移动	Patient support, orthogonal movement to its plane
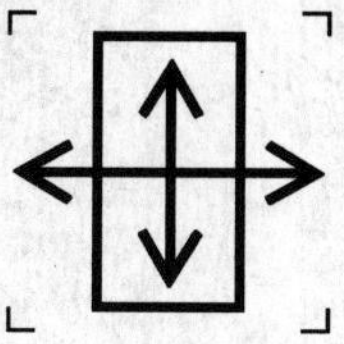	5396	患者支架，床面平面内移动	Patient support, movements in its plane

符　号	编　号	中文名称	英　文　名　称
	5397	患者支架,绕纵轴旋转	Patient support, rotation about a longitudinal axis
	5398	患者摇架,绕纵轴旋转	Patient cradle, rotation about its longitudinal axis
	5399	患者支架,绕垂直轴旋转	Patient support, rotation about an orthogonal axis
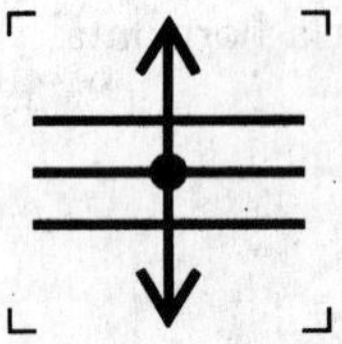	5403	断层摄影层位选择	Tomographic layer selection
	5404	阳极旋转,正常速度	Anode rotation, normal speed
	5405	阳极旋转,高速	Anode rotation, high speed
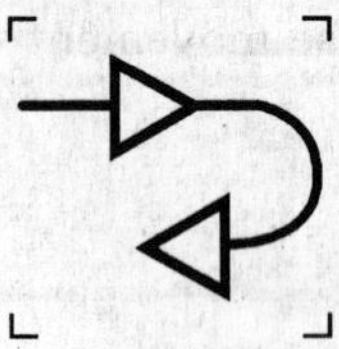	5457	自动反向	Auto reverse
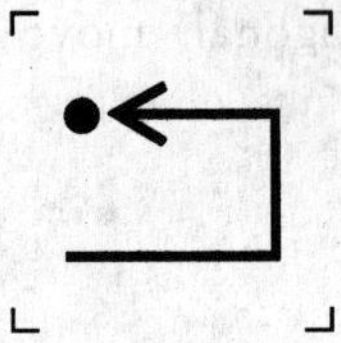	5495	复原	Return to an initial state
	5499	呼叫转移	Basic diversion

符号	编号	中文名称	英文名称
	5501	回叫	Call-back
	5502	来话禁止	Incoming calls barred
	5504	重复呼叫	Repeat last call
	5505	无应答转移	No-reply diversion
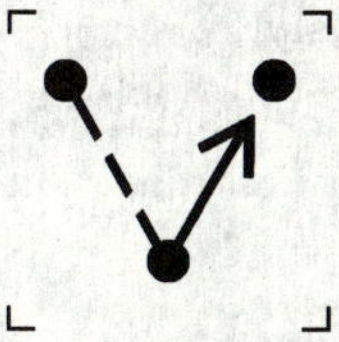	5506	询问呼叫	Enquiry call
	5507	呼叫等待	Call waiting
	5513	画中画,移动	Picture-in-picture, shift
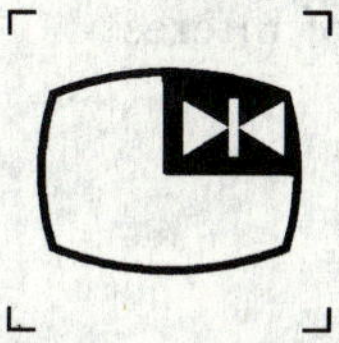	5514	画中画,固定	Picture-in-picture, freeze
	5515	画中画,切换	Picture-in-picture, swap

符号	编号	中文名称	英文名称
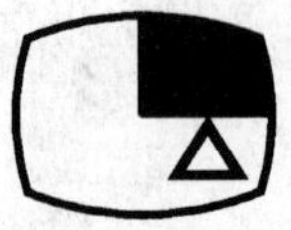	5516	画中画,选择	Picture-in-picture, select
	5550	拾音器臂,抬起	Tone arm, up
	5551	拾音器臂,放下	Tone arm, down
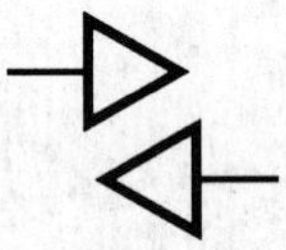	5556	人工反转	Manual reverse
	5557	自动连续反转	Auto reverse continuously
	5628	功能性运动,步进模式	Functional movement, stepwise mode
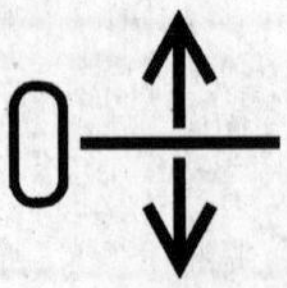	5643	零位偏移	Zero line shift
	5645	感兴趣区的修正	Correction of a region of interest
	5646	定义感兴趣区	Definition of a region of interest

符　号	编　号	中文名称	英　文　名　称
	5647	层叠显示	Display in cascade
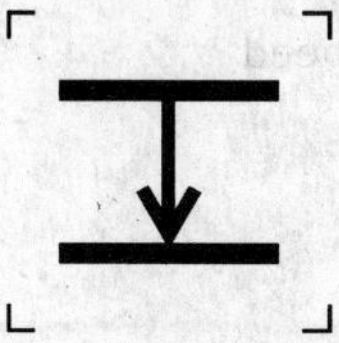	5648	显示转换	Display transfer
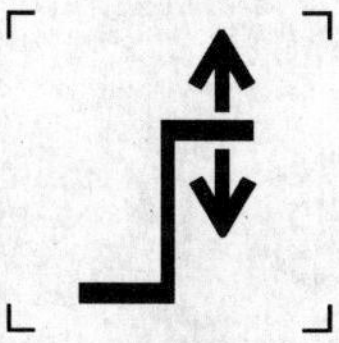	5650	可调上限	Adjustable upper limit
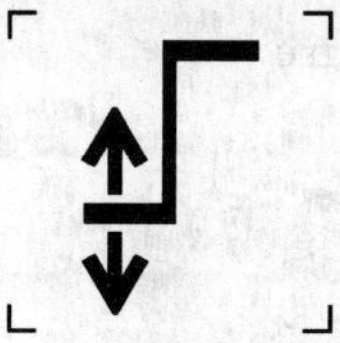	5651	可调下限	Adjustable lower limit
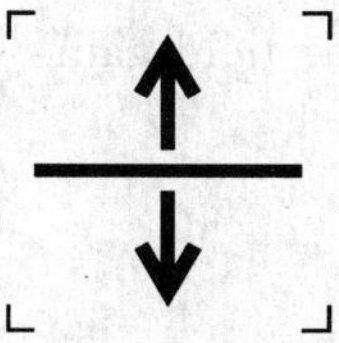	5652	基线调整	Baseline adjustment
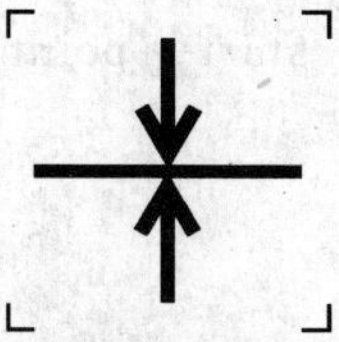	5653	基线重置为确定值	Baseline reset to a determined value
	5656	绕轴旋转，侧视	Rotation around an axis, side view
	5657	物质混合	Mixing of substances
	5674	患者支撑台正常速度移动	Movement of a patient support at normal speed

符　号	编　号	中文名称	英 文 名 称
	5675	患者支撑台快速移动	Movement of a patient support at high speed
	5695	超声图像,M 速度	Ultrasound image,M speed
	5713	扫描深度调节	Variation of scan depth
	5714	扫描孔径调节	Variation of scan aperture
	5716	超声接收器,近场增益	Ultrasound receiver,near field gain
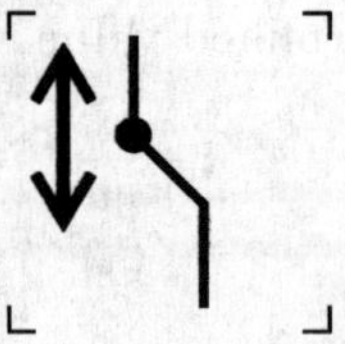	5717	超声接收器,起点深度补偿	Ultrasound receiver, start point depth compensation
	5718	超声接收器,深度补偿	Ultrasound receiver, depth compensation
	5719	超声接收器,远场增益	Ultrasound receiver,far field gain
	5738	目标位置校准	Alignment of the target position

符号	编号	中文名称	英文名称
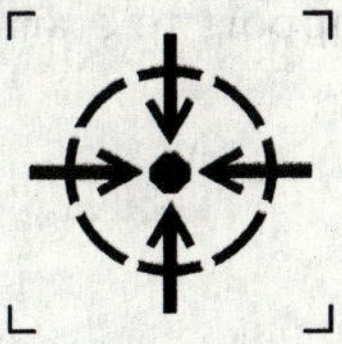	5739	至目标位置	Driving to the target position
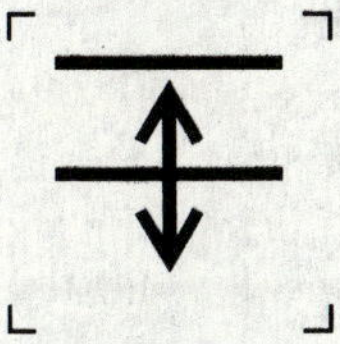	5752	改变线间距	Changing the line spacing
	5788	显示图像，放大	Displayed image, enlarged
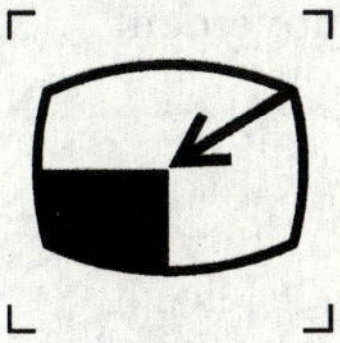	5789	显示图像，缩小	Displayed image, reduced
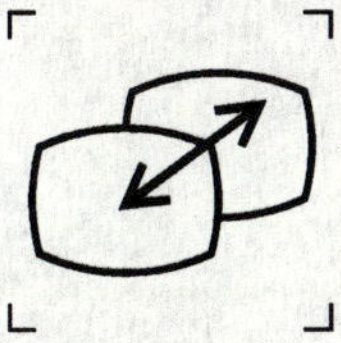	5794	图像交换	Image interchange
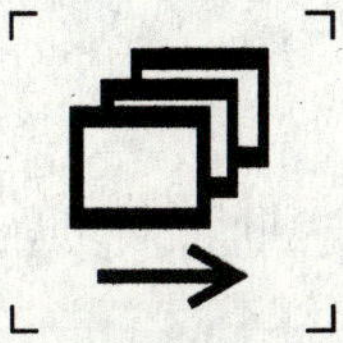	5815	下一个图像系列	Next image series
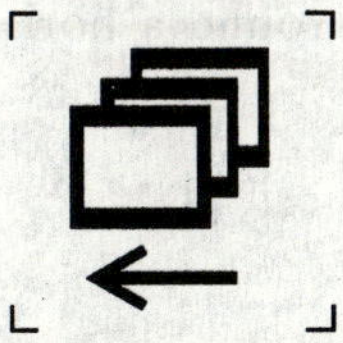	5816	前一个图像系列	Previous image series
	5822	手动移动	Manual movement
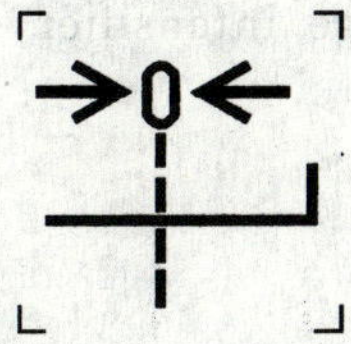	5823	患者支架移动起始位置的定义	Definition of start position of patient support movement

符　号	编　号	中文名称	英　文　名　称
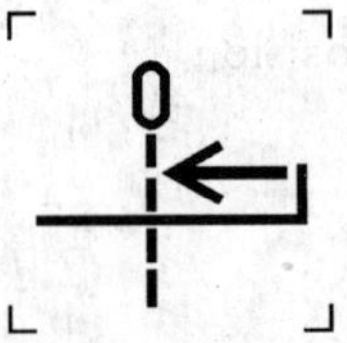	5824	患者支架向起始位置移动	Movement of patient support to start position
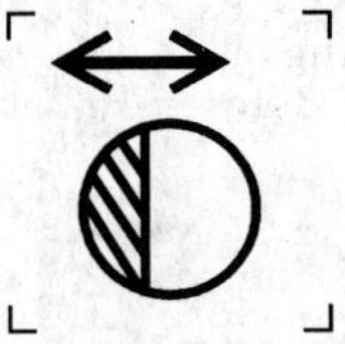	5825	楔形滤板,进/出移动	Wedge,in/out movement
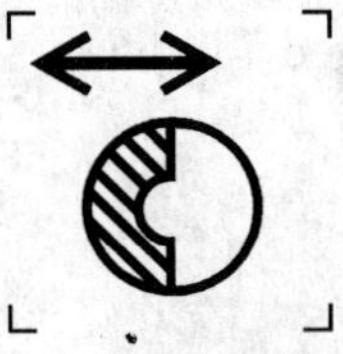	5826	轮廓楔形滤板,进/出移动	Contour wedge,in/out movement
	5827	中心楔形滤板,进/出移动	Central wedge,in/out movement
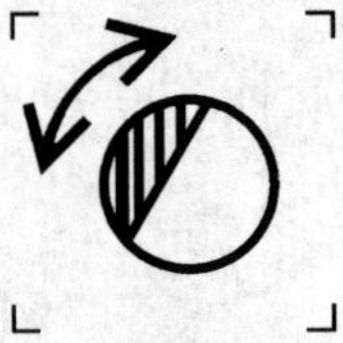	5828	楔形滤板,旋转	Wedge,rotation
	5829	中心楔形滤板,旋转	Central wedge,rotation
	5830	X射线源,绕水平轴旋转	X-ray source,rotation around a horizontal axis
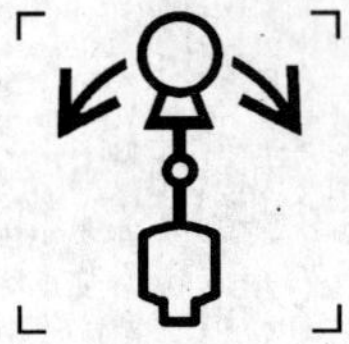	5831	X射线源和影像增强器,共同旋转	X-ray source and image intensifier, combined rotation
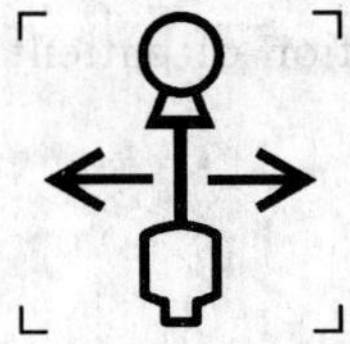	5832	X射线源和影像增强器,联合移动	X-ray source and image intensifier, combined movement

符　号	编　号	中文名称	英　文　名　称
	5833	X射线源，绕其光束轴旋转	X-ray source, rotation around its beam axis
	5845	内径	Inner diameter
	5846	外径	Outer diameter
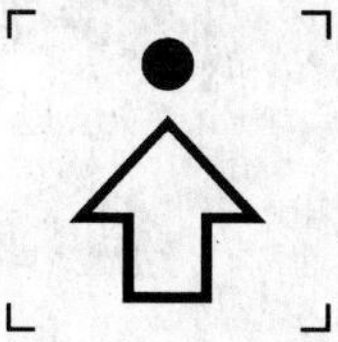	5849	设置	Setup
	5861	下一个；播放下一部分	Next; to play next part
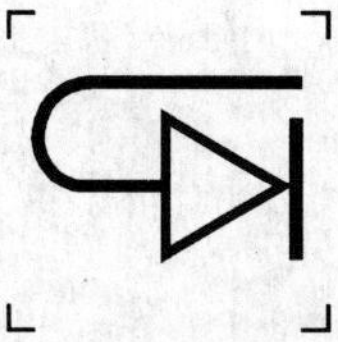	5862	前一个；播放前一部分	Previous; to play previous part
	5886	图像显示，基本设置	Image display, basic setting
	5888	传输被标记的图像	Transfer marked images
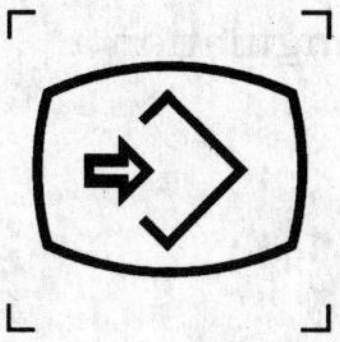	5890	存储显示的图像	Store displayed image

符　号	编　号	中文名称	英文名称
	5892	传递图像	Transfer image
	5920	位置,中前	Position, centre front
	5921	位置,中后	Position, centre rear
	5922	位置,中央	Position, centre
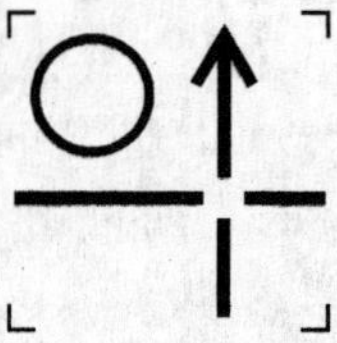	5923	位置,左前	Position, left front
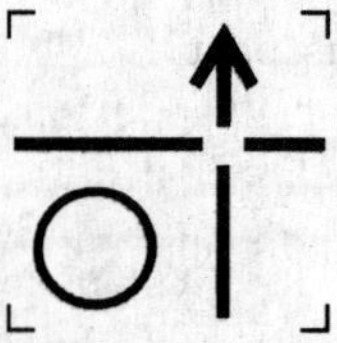	5924	位置,左后	Position, left rear
	5925	位置,左	Position, left
	5935	清洁用电动吸水清洗头	Motorized cleaning head for water suction cleaning
	5958	X射线诊断C形臂,角度	Radiodiagnostic C-arm, angulation

符　号	编　号	中文名称	英　文　名　称
	5959	X射线源到影像增强器距离，增加	X-ray source to image intensifier distance, increase
	5960	X射线源到影像增强器距离，减少	X-ray source to image intensifier distance, decrease
	5961	X射线源到影像增强器，中心对准	X-ray source to image intensifier, centering
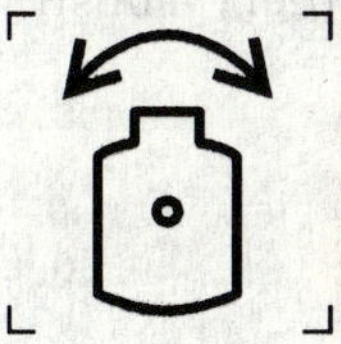	5962	影像增强器，绕水平轴旋转	Image intensifier, rotation around a horizontal axis
	5963	X射线源，横向移动	X-ray source, lateral movement
	5964	X射线源，纵向移动	X-ray source, longitudinal movement
	5965	X射线源，垂直移动	X-ray source, vertical movement
	5966	患者支撑台，患者位置移动	Patient support, patient transfer position
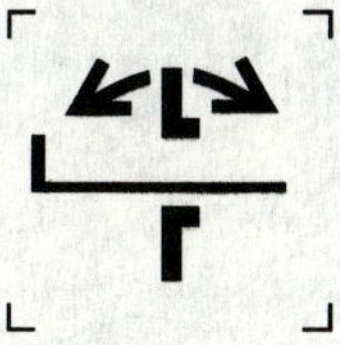	5967	机架，倾斜	Gantry, tilt

符　号	编　号	中文名称	英　文　名　称
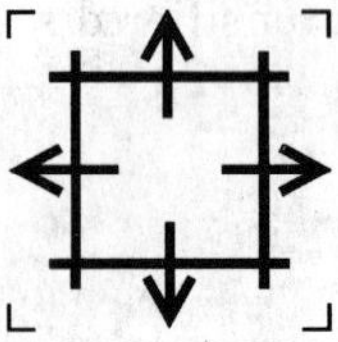	5982	X射线野，不受遮光器限制	X-ray field, not limited by shutters
	5994	锁定，滚动；滚动锁定	Locking, scroll; scroll lock

3.3 正方形

符　号	编　号	中文名称	英　文　名　称
	5003	交流/直流变换器；整流器；电源转接器	AC/DC-converter; rectifier; substitute power supply
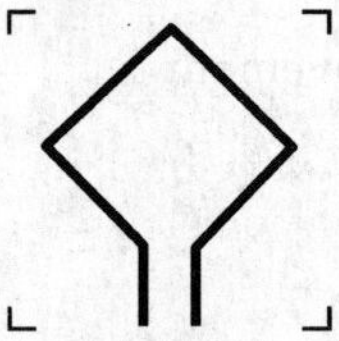	5042	环形天线	Frame aerial; loop antenna
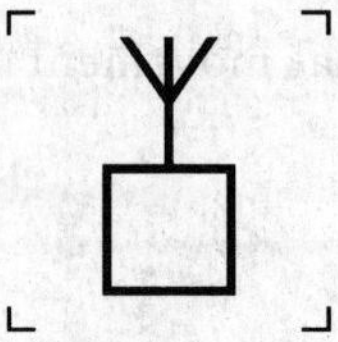	5043	调谐器；无线电接收机	Tuner; radio receiver
	5044	信号强度衰减，本地/远端	Signal strength attenuation, local/distant
	5047	噪声抑制	Muting; squelch
	5084	放大器	Amplifier

符　号	编　号	中文名称	英　文　名　称
	5091	高通滤波器	High-pass filter
	5092	低通滤波器	Low-pass filter
	5104	起动；动作的开始	Start;start of action
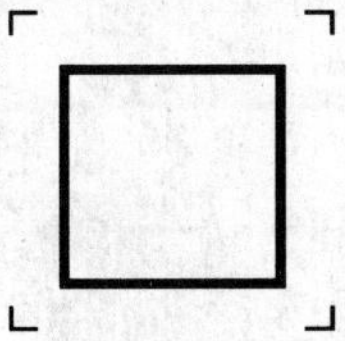	5110B	停机（动作的停止）	Stop
	5157	带通滤波器	Band-pass filter
	5158	可调中心频率的带通滤波器	Band-pass filter with variable centre frequency
	5159	可调带宽的带通滤波器；选择性控制	Band-pass filter with variable pass-band;selectivity control
	5160	带阻滤波器	Band-stop filter
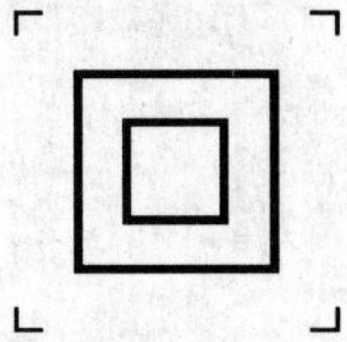	5172	Ⅱ类设备	Class Ⅱ equipment

符　号	编　号	中文名称	英　文　名　称
	5177	快速起动	Fast start
	5180	Ⅲ类设备	Class Ⅲ equipment
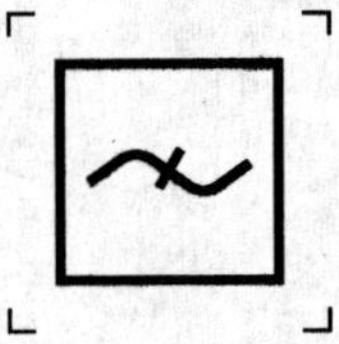	5185	拒波滤波器;陷波器	Rejection filter;wave trap
	5192	图形记录器	Graphical recorder
	5193	打印机	Printer
	5194	直流/交流变换器	DC/AC-converter
	5195	可调带阻滤波器	Variable band-stop filter
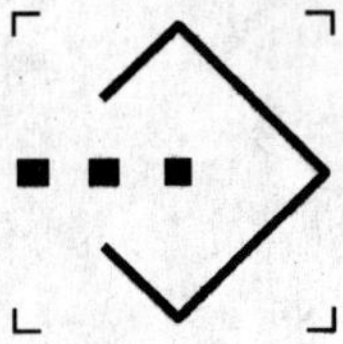	5251	将用户数据输入本地存储器	Enter subscriber data into the local memory
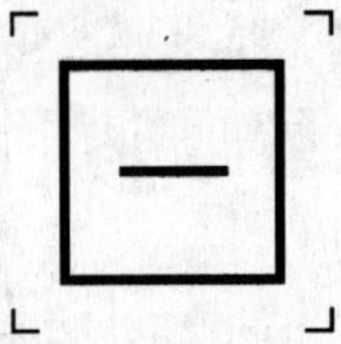	5254	链路装置	Link unit

符 号	编 号	中文名称	英 文 名 称
	5255	行波管放大器	Travelling wave tube amplifier
	5256	信令发送器	Signalling sender
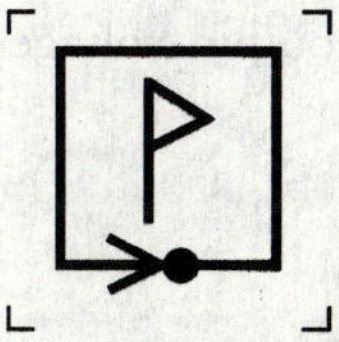	5257	信令接收器	Signalling receiver
	5271	逻辑控制通路选择	Channel selector with logic control
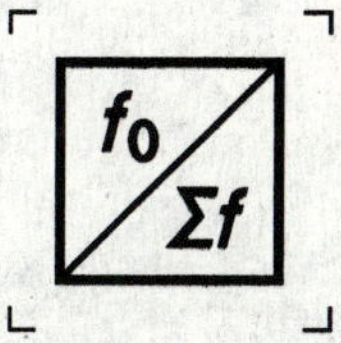	5272	谐波发生器	Harmonic generator
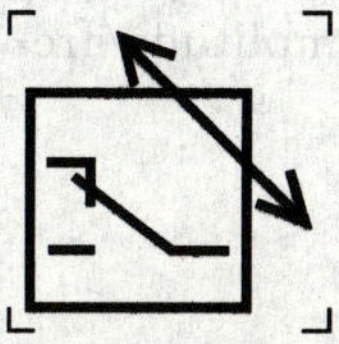	5273	自动转换单元	Automatic change-over unit
	5274	手动转换单元	Manual change-over unit
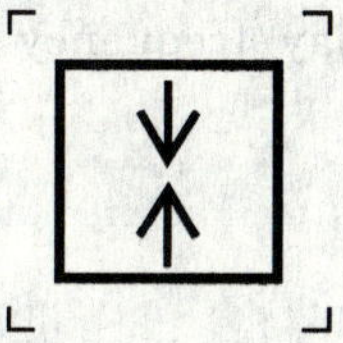	5275	过压保护装置	Overvoltage protection device
	5281	数字组合器	Digital combiner

符　号	编　号	中文名称	英　文　名　称
	5282	数字分离器	Digital separator
	5283	再生中继器	Regenerative repeater
	5284	有稳定输出电压的变换器	Converter with stabilized output voltage
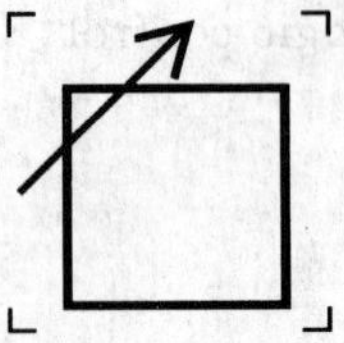	5285	可调整装置	Adjustable device
	5286	失真校正器	Distortion corrector
	5286-1	失真校正器，振幅/频率	Distortion corrector, amplitude/frequency
	5286-2	失真校正器，相位/频率	Distortion corrector, phase/frequency
	5286-3	失真校正器，延迟/频率	Distortion corrector, delay/frequency
	5302	有稳定输出电流的变换器	Converter with stabilized output current

符　号	编　号	中文名称	英　文　名　称
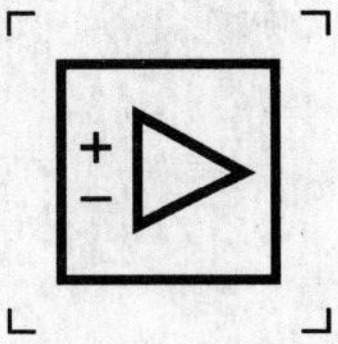	5303	运算放大器	Operational amplifier
	5304	具有逻辑元件的设备	Equipment containing logic elements
	5305	取样单元	Sampling unit
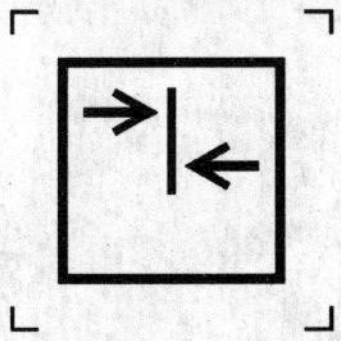	5306	比较器，一般符号	Comparator, general
	5306-1	比较器，电压	Comparator, voltage
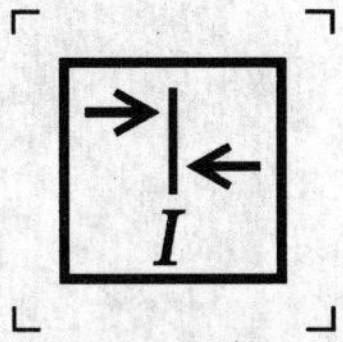	5306-2	比较器，电流	Comparator, current
	5306-3	比较器，频率	Comparator, frequency
	5325	小焦点	Small focal spot
	5326	中焦点	Intermediate focal spot

符 号	编 号	中文名称	英 文 名 称
	5327	大焦点	Large focal spot
	5333	BF 型应用部分	Type BF applied part
	5334	防除颤的 BF 型应用部分	Defibrillation-proof type BF applied part
	5335	CF 型应用部分	Type CF applied part
	5336	防除颤的 CF 型应用部分	Defibrillation-proof type CF applied part
	5352	滤线栅	Anti-scatter grid
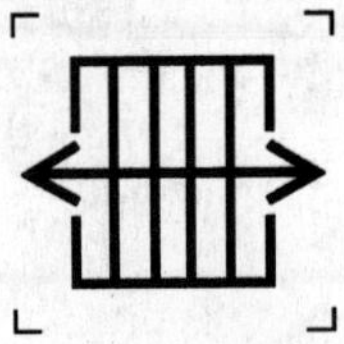	5353	滤线栅，移动	Anti-scatter grid, movement
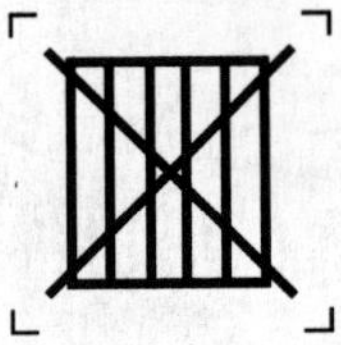	5354	滤线栅，未用	Anti-scatter grid, not used
	5372	头颅 X 射线照相设备	Craniographic equipment

符　号	编　号	中文名称	英　文　名　称
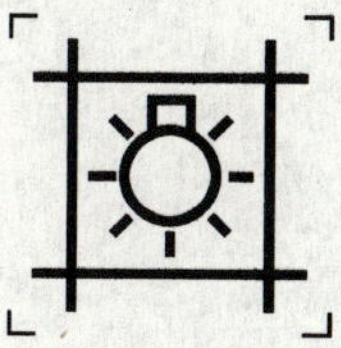	5384	辐射场的灯光指示器	Indication of radiation field by light
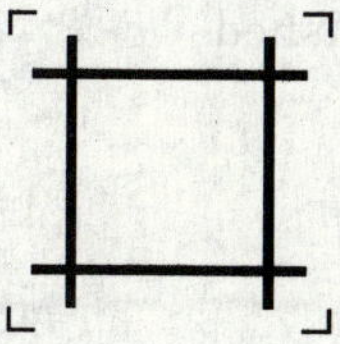	5385	限束装置，开启	Beam limiting device, open
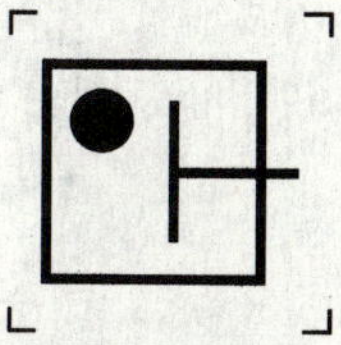	5406	电离室	Ionization chamber
	5420	扰码器	Scrambler
	5421	解扰器	Descrambler
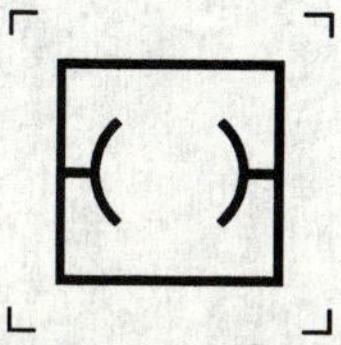	5424	接口器件，一般符号	Interface device, general
	5424-1	接口器件，140 Mbit/s	Interface device, 140 Mbit/s
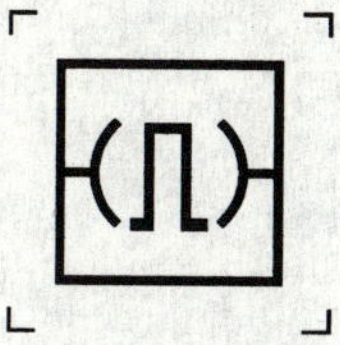	5424-2	接口器件，二进制	Interface device, binary
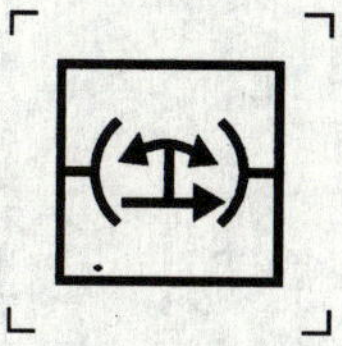	5424-3	接口器件，同步	Interface device, synchronization

符　号	编　号	中文名称	英　文　名　称
	5430	优先	Priority
	5460	储存/存储方式结束	Storage/store mode finished
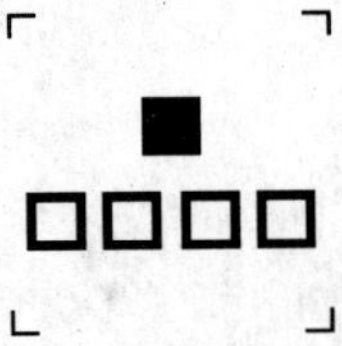	5498	缩位拨号	Short code dialling
	5536	湿度	Moisture
	5537	亮度调节器	Fader
	5541	背景光	Background light
	5569	锁定,一般符号	Locking,general
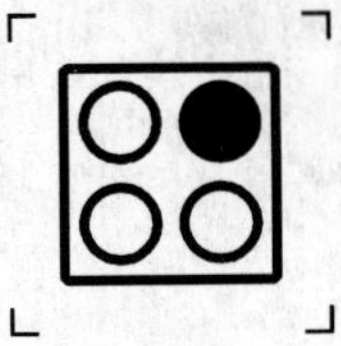	5622	烤炉,托盘指示	Stove,plate indicator
	5659	起动,测试运行	Start,test run

符　号	编　号	中文名称	英　文　名　称
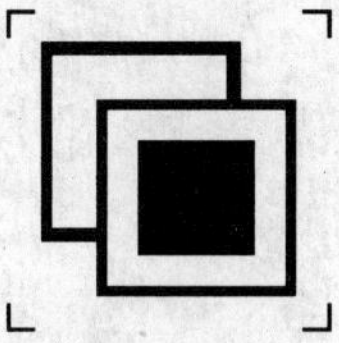	5686	立体焦点	Stereo focal spot
	5720	图像线密度	Image line density
	5721	动态范围	Dynamic range
	5722	灰度	Grey scale
	5770	键区	Keypad
	5774	胶片致黑	Film blackening
	5818	限束器，常规预置	Beam limiting device, general preset
	5819	限束器，食道成像预置	Beam limiting device, esophagus preset
	5820	限束器，小区域预置	Beam limiting device, small field preset

符 号	编 号	中文名称	英 文 名 称
	5857	灯测试	Lamp test
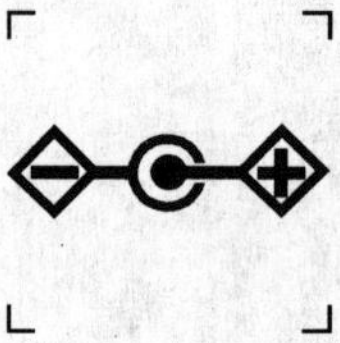	5926	直流电源连接器的极性	Polarity of d. c. power connector
	5970	变频器	Frequency converter
	5973	镜像触点	Mirror contact

3.4 矩形和多边形

符 号	编 号	中文名称	英 文 名 称
	5002	电池定位	Positioning of cell
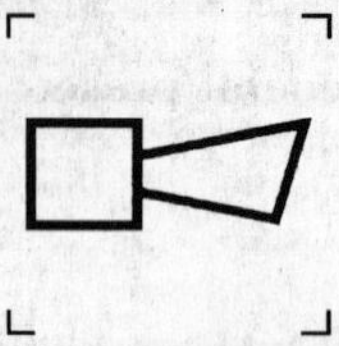	5014	喇叭	Horn
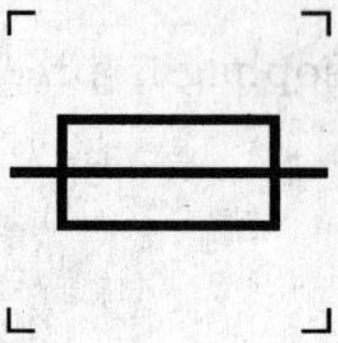	5016	熔断器	Fuse
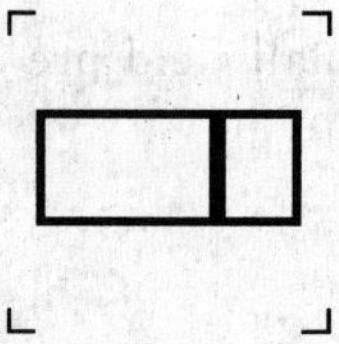	5045	调谐	Tuning

符　号	编　号	中文名称	英　文　名　称
	5046	自动频率控制	Automatic frequency control
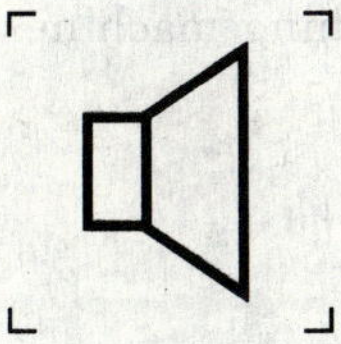	5080	扬声器	Loudspeaker
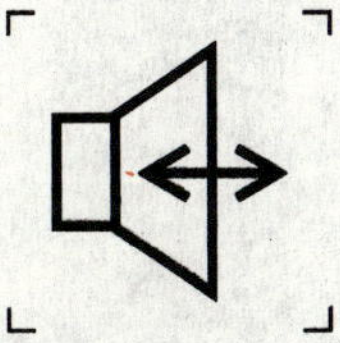	5081	扬声器/传声器	Loudspeaker/microphone
	5111B	暂停;中断	Pause;interruption
	5116	电视摄像机	Television camera
	5117	彩色电视摄像机	Colour television camera
	5126	按传声方式工作的扬声器	Loudspeaker in operation as a microphone
	5191	框架调整	Frame adjustment
	5219	玩具用安全隔离变压器	Safety isolating transformer for toys

符 号	编 号	中文名称	英 文 名 称
	5226	预洗,纺织品洗衣机	Pre-wash, textile washing machines
	5227	主洗,纺织品洗衣机	Main wash, textile washing machines
	5228	清洗	Rinsing
	5229	最后一次清洗后停止	Stop after last rinse
	5232	特殊处理	Special treatment
	5234	高水位	High water level
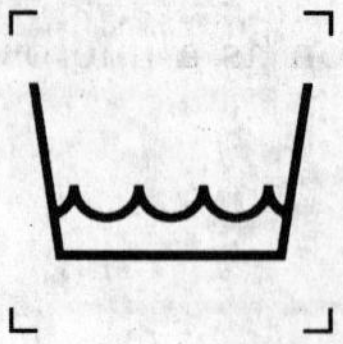	5235	低水位	Low water level
	5236	排水	Draining
	5260	解调器	Demodulator

符　号	编　号	中文名称	英　文　名　称
	5260-1	主群解调器	Demodulator,primary group
	5260-2	次群解调器	Demodulator,secondary group
	5261	调制器	Modulator
	5261-1	主群调制器	Modulator,primary group
	5261-2	次群调制器	Modulator,secondary group
	5262	调制解调器	Modem
	5263	主控台	Principal control panel
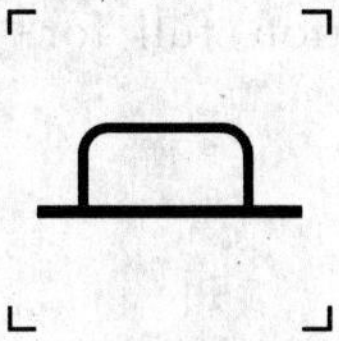	5268	双位按钮控制的“按入”状态	“IN” position of a bi-stable push control
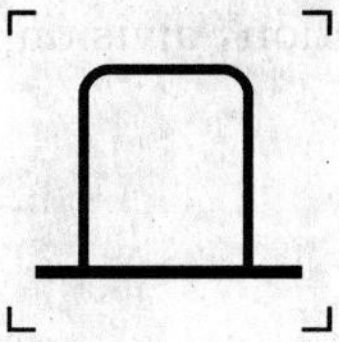	5269	双位按钮控制的“弹出”状态	“OUT” position of a bi-stable push control

符　号	编　号	中文名称	英　文　名　称
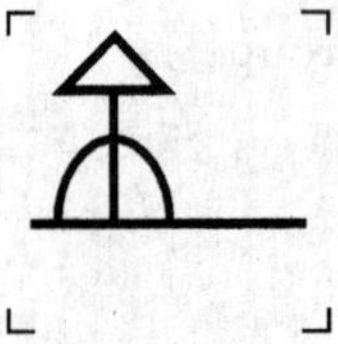	5276-2	载频,本地	Pilot,local
	5328	X射线摄影控制	Radiographic control
	5329	间接X射线摄影	Indirect radiography
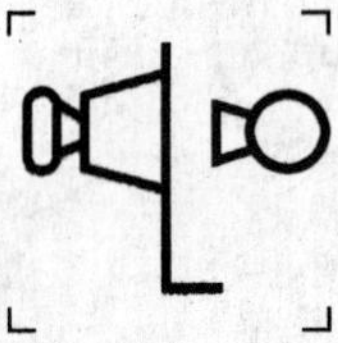	5343	荧光照相架	Photo-fluorographic stand
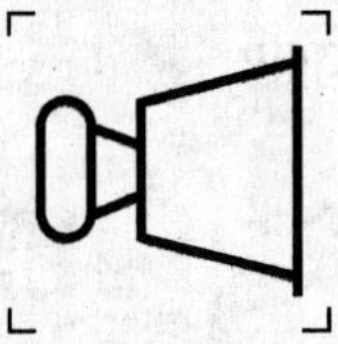	5344	荧光照相机	Photo-fluorographic camera
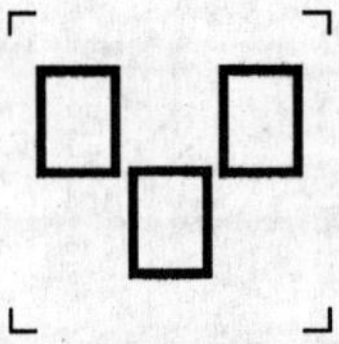	5355	X射线诊断自动控制系统	Radiodiagnostic automatic control system
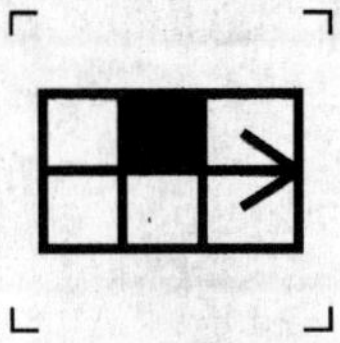	5356	单片射线照相的连续换片器	Serial changer for single radiographic film
	5359	射线照相胶片选择,整幅和方向	Radiographic film selection, full format and orientation
	5360	X射线摄影胶片选择,半幅和方向	Radiographic film selection, division by two and orientation

符 号	编 号	中文名称	英 文 名 称
	5361	射线照相胶片选择，四分之一幅和方向	Radiographic film selection, division by four and orientation
	5418	灰尘袋，满	Dust bag, full
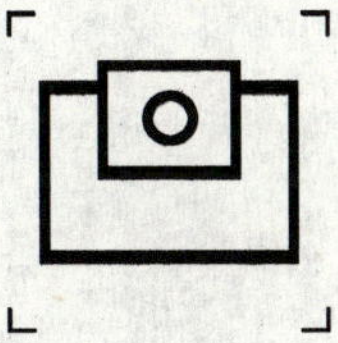	5419	灰尘袋	Dust bag
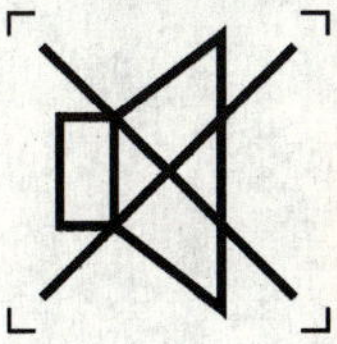	5436	静音	Sound muting
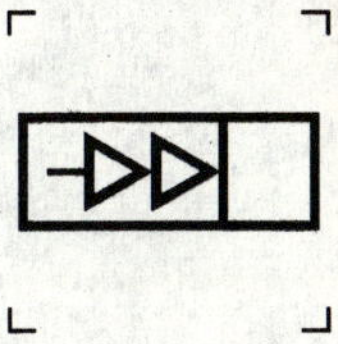	5439A	自动搜索调谐	Automatic search tuning
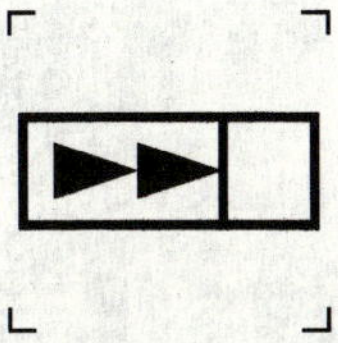	5439B	自动搜索调谐	Automatic search tuning
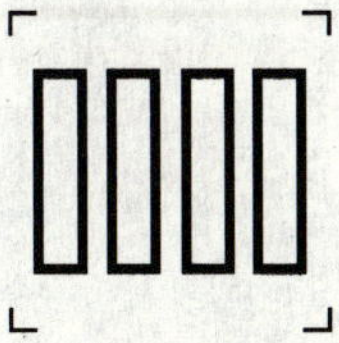	5447	频带选择	Frequency band selection
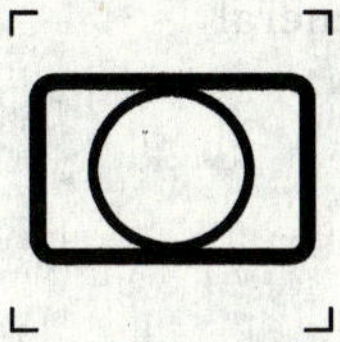	5493	烹饪区扩展，双侧	Enlargement of the cooking zone, bilateral
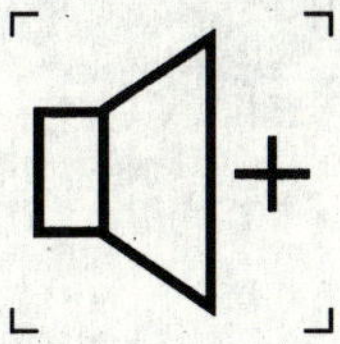	5535	响度	Loudness

符　号	编　号	中文名称	英　文　名　称
	5546	电池校验	Battery check
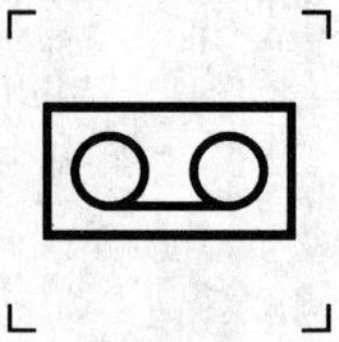	5561	盒式磁带	Cassette
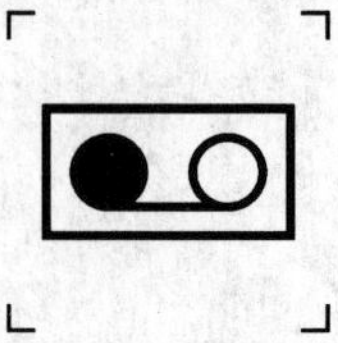	5562	磁带终端	Tape end
	5581	节约;节能	Save;economize
	5583	快洗模式	Short wash programme
	5584	洗衣粉(剂)	Laundry starch
	5586	1/2 量	Half load
	5595	凝液收集器,一般符号	Condensate collector,general
	5596	凝液收集器,满	Condensate collector,full

符　号	编　号	中文名称	英　文　名　称
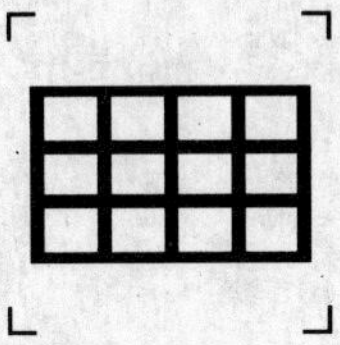	5600	平滑地板或平面	Smooth floor or surface
	5603	室内装潢	Upholstery
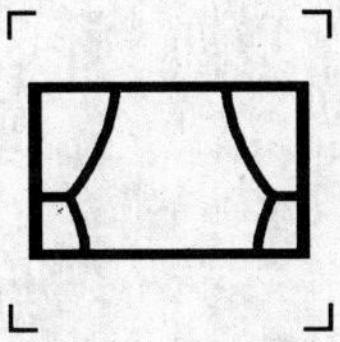	5604	窗帘	Curtains
	5607	炉(箱式),一般符号	Oven,general
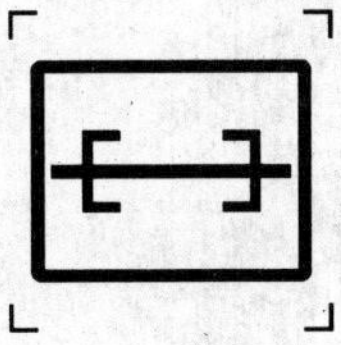	5608	烤箱,电转烤肉架	Oven,rotisserie
	5609	烤箱,烤架	Oven,grill
	5610	烤箱,热循环空气	Oven,warm circulating air
	5611	烤箱,热空气烤架	Oven,warm air grill
	5612	烤箱,底部加热	Oven,lower heating

符　号	编　号	中文名称	英　文　名　称
	5613	烤箱，顶部加热	Oven,upper heating
	5614	烤箱，底部和顶部加热	Oven,lower and upper heating
	5615	微波炉	Oven,microwave
	5616	微波炉，转盘	Oven,microwave and turntable
	5617	炉(箱式)，自洁式	Oven,self-cleaning
	5618	炉(箱式)，自动	Oven,automatic
	5619	炉(箱式)，灯	Oven,lighting
	5620	炉(箱式)，解冻位置	Oven,defrosting position
	5621	炉(箱式)，温度计	Oven,thermometer

符　号	编　号	中文名称	英　文　名　称
	5627	炉(箱式),保温	Oven, warming
	5639	可充电电池	Rechargeable battery
	5661	传送准备就绪	Ready for transport
	5669	闪烁计数器	Scintillation counter
	5670	井型闪烁计数器	Scintillation counter with well
	5671	伽玛照相机	Gamma camera
	5672	伽玛照相机,倾斜	Gamma camera, tilt
	5673	伽玛照相机,旋转	Gamma camera, rotation
	5683	X射线增感屏,低灵敏度	X-ray intensifying screen, low sensitivity

符号	编号	中文名称	英文名称
	5684	X 射线增感屏,中灵敏度	X-ray intensifying screen, medium sensitivity
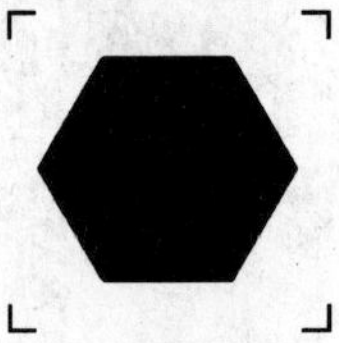	5685	X 射线增感屏,高灵敏度	X-ray intensifying screen, high sensitivity
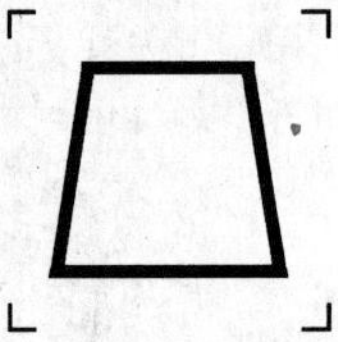	5687	超声图像,一般符号	Ultrasound image, general
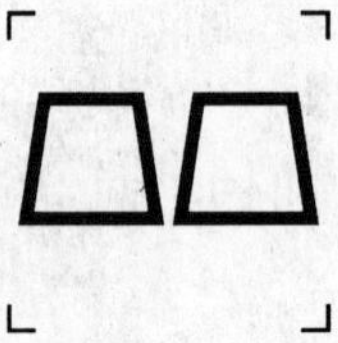	5688	超声图像,双图像	Ultrasound image, dual-image
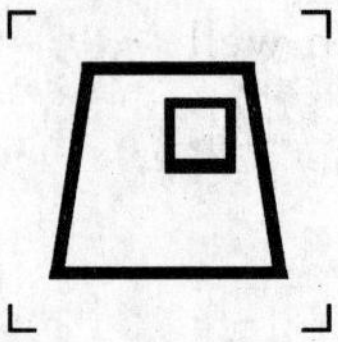	5689	超声图像,区域选择	Ultrasound image, field selection
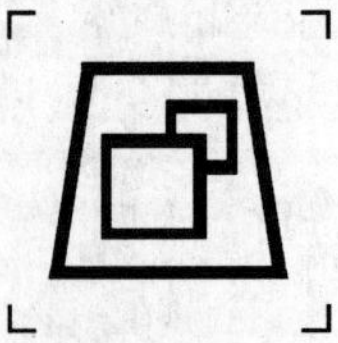	5690	超声图像,放大	Ultrasound image, magnification
	5691	超声图像,扫描线选择	Ultrasound image, scan-line selection
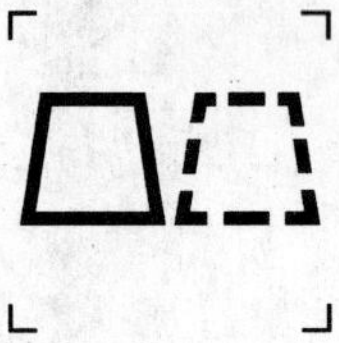	5692	超声图像,图像选择	Ultrasound image, image selection
	5693	超声图像,M 模式	Ultrasound image, M mode

符　号	编　号	中文名称	英　文　名　称
	5694	超声图像,B 和 M 模式	Ultrasound image,B and M modes
	5695	超声图像,M 速度	Ultrasound image,M speed
	5696	超声图像,脉冲多普勒模式	Ultrasound image,pulsed Doppler mode
	5697	超声图像,CW 多普勒模式	Ultrasound image,CW Doppler mode
	5698	超声图像,测量容积扩大	Ultrasound image,measuring volume increase
	5699	超声图像,测量容积上移	Ultrasound image, measuring volume movement upwards
	5700	超声图像,测量容积下移	Ultrasound image, measuring volume movement downwards
	5701	超声图像,测量容积缩小	Ultrasound image, measuring volume decrease
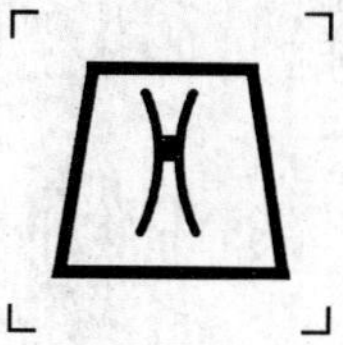	5702	超声图像,焦点定位	Ultrasound image, positioning of the focus

符　号	编　号	中文名称	英　文　名　称
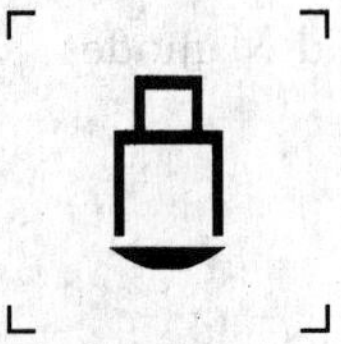	5725	冲击波头	Shockwave head
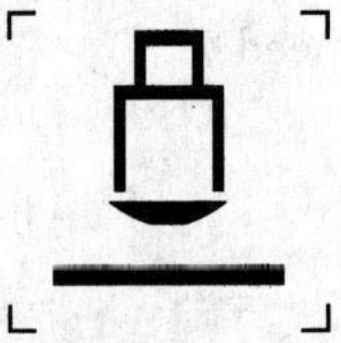	5726	冲击波头,台上位置	Shockwave head, overtable position
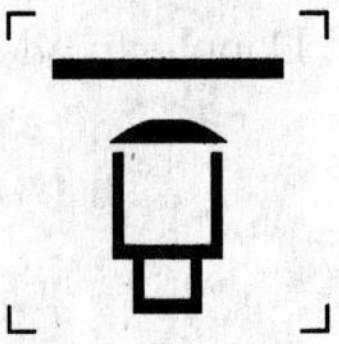	5727	冲击波头,台下位置	Shockwave head, undertable position
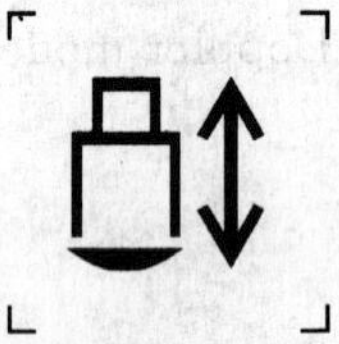	5728	冲击波头,纵向运动	Shockwave head, movement in the longitudinal direction
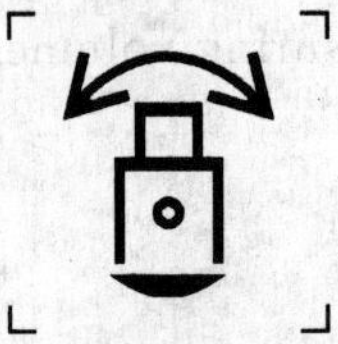	5729	冲击波头,旋转运动	Shockwave head, rotational movement
	5730	冲击波头,目标位置	Shockwave head, target position
	5731	冲击波头,停放位置	Shockwave head, park position
	5732	冲击波头,去耦	Shockwave head, decouple
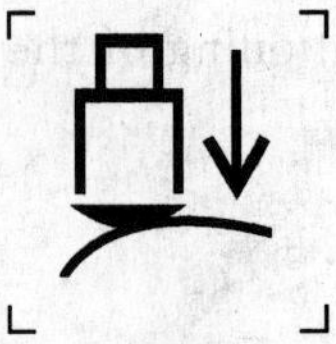	5733	冲击波头,耦合	Shockwave head, couple

符　号	编　号	中文名称	英　文　名　称
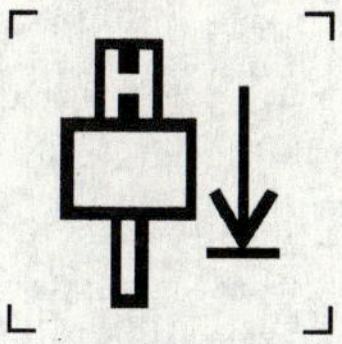	5740	电极更换位置	Electrode replacement position
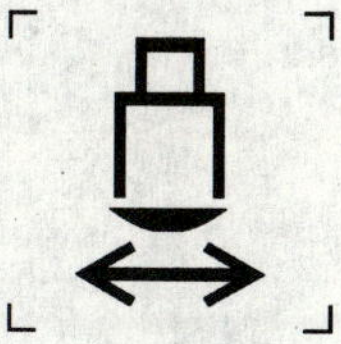	5769	冲击波头，横向移动	Shockwave head, movement in lateral direction
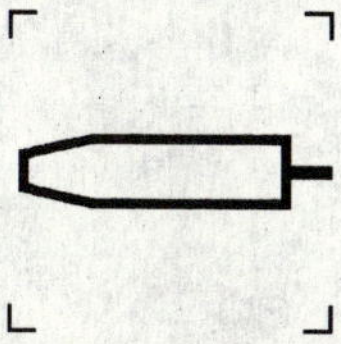	5777	电外科，电极柄	Electrosurgery, electrode handle
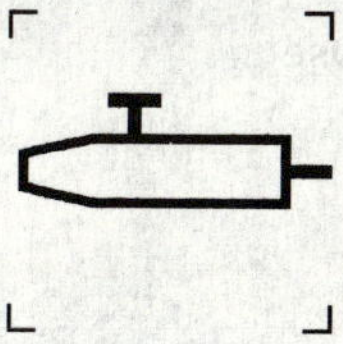	5778	电外科，一键式电极手柄	Electrosurgery, one-button electrode handle
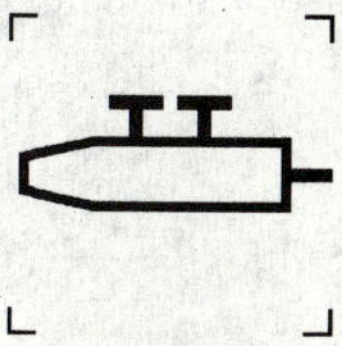	5779	电外科，双键式电极手柄	Electrosurgery, two-button electrode handle
	5815	下一个图像系列	Next image series
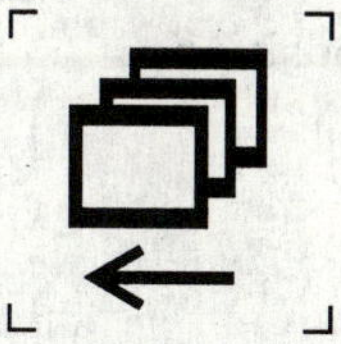	5816	前一个图像系列	Previous image series
	5817	注射对比剂曝光	Exposure with contrast injection
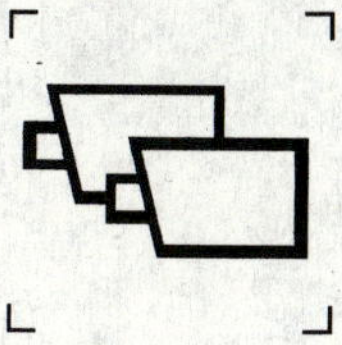	5883	照相机位置选择	Camera position selection

符　号	编　号	中文名称	英　文　名　称
	5887	照相记录仪	Camera recorder
	5888	传输被标记的图像	Transfer marked images
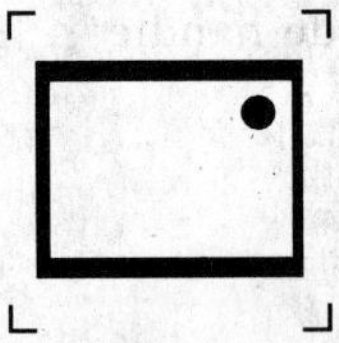	5889	图像标记	Marking of an image
	5893	电子快门,关	Electronic shutters, close
	5894	电子快门,开	Electronic shutters, open
	5977	X射线影像接收器,X射线透视	X-ray image receptor, radioscopic
	5979	X射线暗盒,自由放置	X-ray cassette, freely positioned
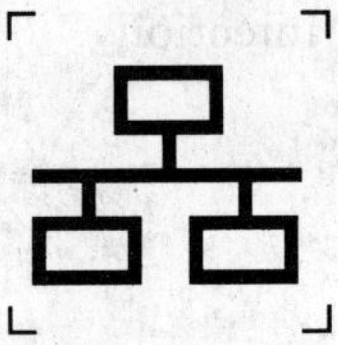	5988	计算机网络	Computer network
	5991	键盘	Keyboard

3.5 圆形

符号	编号	中文名称	英文名称
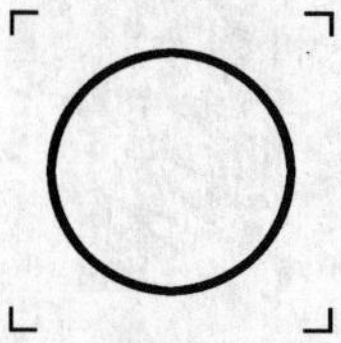	5008	断(电源)	"OFF" (power)
	5009	待机	Stand-by
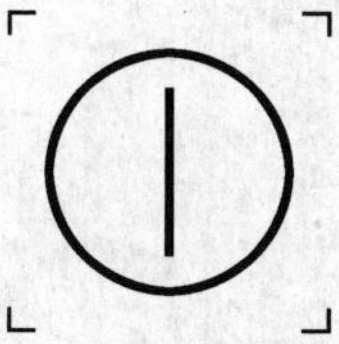	5010	通/断(按-按)	"ON"/"OFF" (push-push)
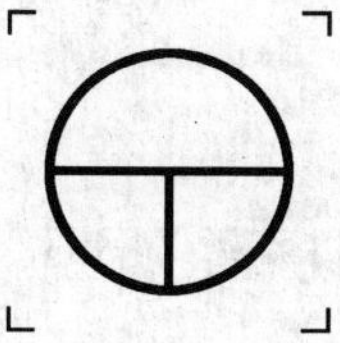	5011	通/断(按钮开关)	"ON"/"OFF" (push button)
	5012	灯;照明;照明设备	Lamp; lighting; illumination
	5015	通风机;鼓风机;风扇	Air impeller; blower; fan
	5018	功能性接地	Functional earthing; functional grounding (US)
	5019	保护接地	Protective earth; protective ground
	5021	等电位	Equipotentiality

符号	编号	中文名称	英文名称
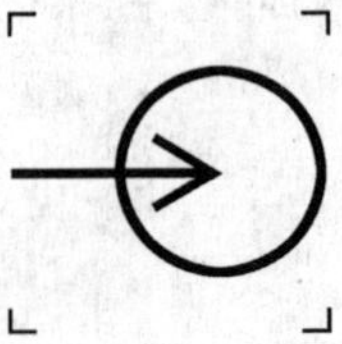	5034	输入	Input
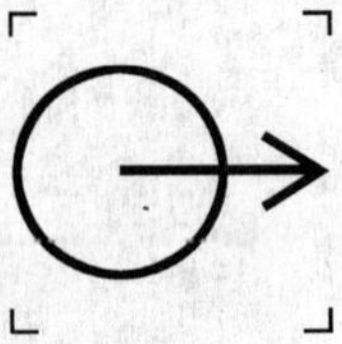	5035	输出	Output
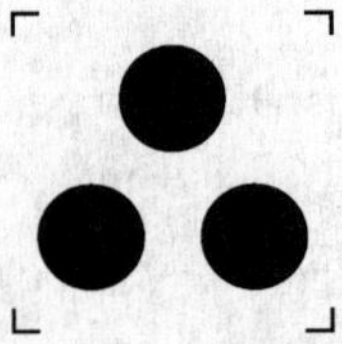	5048	彩色(限定符号)	Colour (qualifying symbol)
	5056	亮度;辉度	Brightness; brilliance
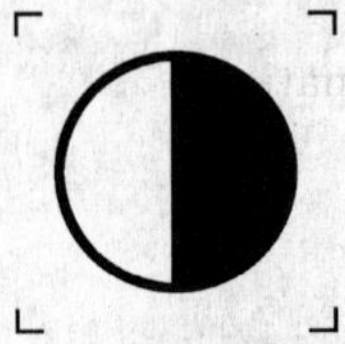	5057	对比度	Contrast
	5058	色饱和度	Colour saturation
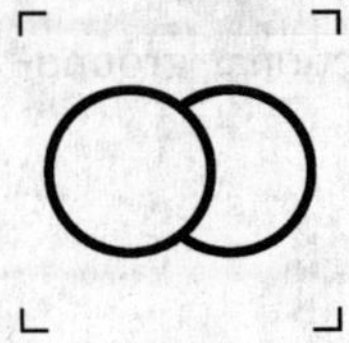	5071	立体声	Stereophonic
	5073	全向传声器	Omnidirectional microphone
	5074	双向传声器	Bi-directional microphone

符　号	编　号	中文名称	英　文　名　称
	5075	单向或心形传声器	Unidirectional or cardioid microphone
	5082	传声器，一般符号	Microphone，general
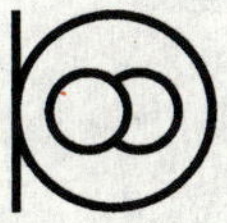	5083	立体声传声器	Stereophonic microphone
	5086	唱片拾音器	Pick-up for disk records
	5087	立体声唱片拾音器	Stereophonic pick-up for disk records
	5088	晶体或陶瓷的压电拾音器	Piezo-electric pick-up，crystal or ceramic
	5089	电磁式拾音器	Dynamic pick-up，electro- or magneto-dynamic
	5093	带式录音机	Tape recorder
	5094	立体声磁带录音机	Magnetic tape stereo sound recorder

符 号	编 号	中文名称	英 文 名 称
	5095	磁带录制	Recording on tape
	5096	磁带重放或读出	Play-back or reading from tape
	5097	磁带消磁	Erasing from tape
	5098	磁带录制时的输入监视	Monitoring at the input during recording on tape
	5099	磁带录制后的磁带监视	Monitoring of tape after recording on tape
	5100	磁带重放或读出的监视	Monitoring during play-back or reading from tape
	5101	磁带录音机锁定装置	Recording lock on tape recorders
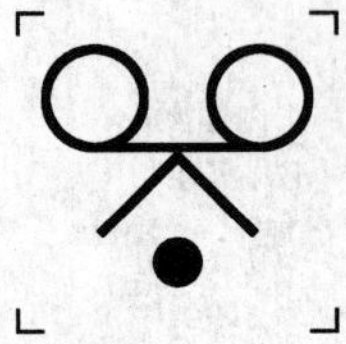	5102	磁带录音机上的脉冲标记	Pulse marker on tape recorders
	5103	磁带剪辑	Tape cutting

符　号	编　号	中文名称	英　文　名　称
	5110A	停机(动作的停止)	Stop
	5111A	暂停;中断	Pause; interruption
	5115	信号灯	Signal lamp
	5118	磁带录像机	Videotape recorder
	5119	彩色磁带录像机	Colour videotape recorder
	5120	录像	Video recording
	5121	彩色录像	Colour video recording
	5122	重放视频	Video play-back
	5123	重放彩色视频	Colour video play-back

符　号	编　号	中文名称	英　文　名　称
	5128	航首标志	Heading marker
	5132	可编程的起点	Programmable start
	5133	方位标记	Bearing marker
	5136	航首方位	Ship's head-up presentation
	5137	指北方位	North-up presentation
	5138	独立的照明辅助设备	Independent lighting auxiliary
	5141	抑制海面杂波,最小位置	Anti sea-clutter, position of minimum
	5142	抑制雨点杂波,最小位置	Anti rain-clutter, position of minimum
	5143	区域选择器	Range selector

符　号	编　号	中文名称	英　文　名　称
	5144	区域环亮度	Range rings brilliance
	5145	可调区域标记	Variable range marker
	5148	视频放像机拾像器	Pick-up for video disk record player
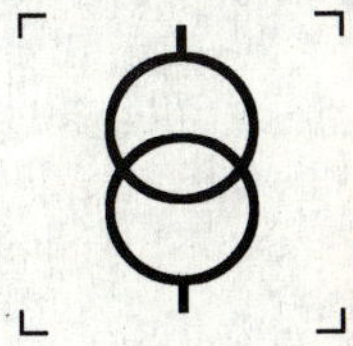	5156	变压器	Transformer
	5161	抑制海面杂波，最大位置	Anti sea-clutter, position of maximum
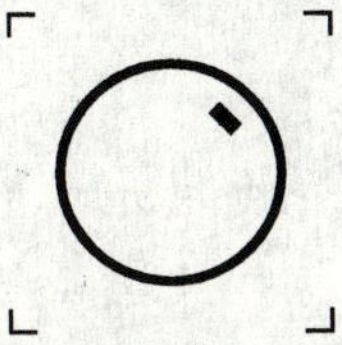	5162	抑制雨点杂波，最大位置	Anti rain-clutter, position of maximum
	5178	快速停止	Fast stop
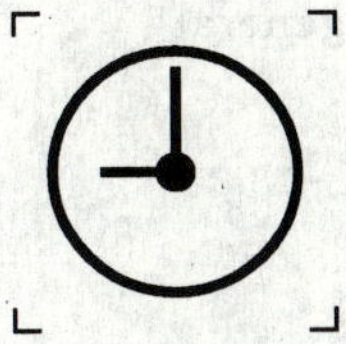	5184	钟；定时开关；计时器	Clock; time switch; timer
	5196	陀螺指示器	Gyro indicator, general

符　号	编　号	中文名称	英　文　名　称
	5197	陀螺指示器的定位	Gyro indicator，setting
	5198	陀螺罗盘仪真实方位	Gyro-compass true bearing
	5199	相对方位	Relative bearing
	5200	方位尺定位	Bearing ruler setting
	5201	相位校准	Phase calibration
	5202	角度校准	Angle calibration
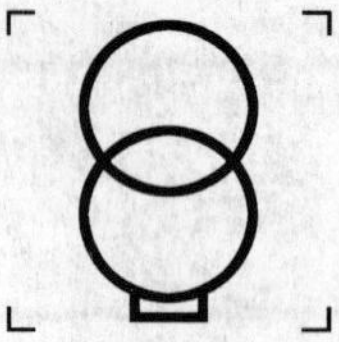	5220	短路保护变压器	Short-circuit-proof transformer
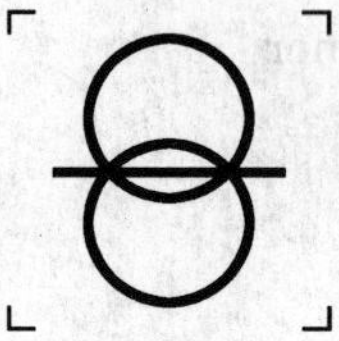	5221	隔离变压器	Isolating transformer，general
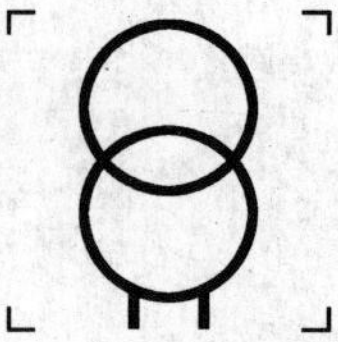	5223	非短路保护变压器	Non-short-circuit-proof transformer

符 号	编 号	中文名称	英 文 名 称
	5230	甩干	Spinning
	5231	不甩干	Without spinning
	5252	暂停通话;阻断通话	Parked call; held call
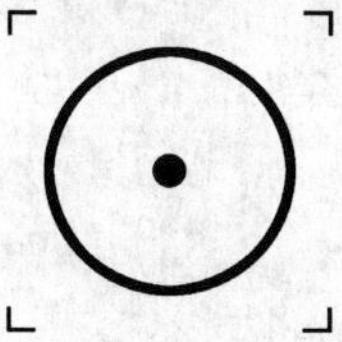	5264	设备的一部分“通”	“ON” for a part of equipment
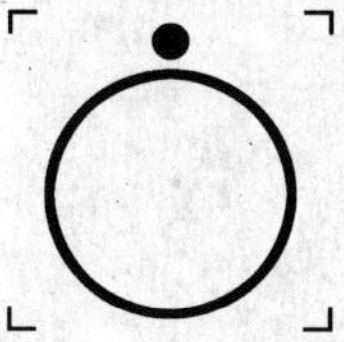	5265	设备的一部分“断”	“OFF” for a part of equipment
	5266	设备的一部分处于等待或预备状态	Stand-by or preparatory state for a part of equipment
	5270	可编程停止;睡眠定时器	Programmable stop; sleep timer
	5288	配录	Dubbing
	5293	具有肯定断开操作的动断触点的行程开关	Position switch having a break contact with positive opening operation

符 号	编 号	中文名称	英 文 名 称
	5320	间接照明	Indirect lighting
	5321	低强度照明	Low-intensity lighting
	5323	可变光阑孔板,开启	Iris diaphragm, open
	5324	可变光阑孔板,闭合	Iris diaphragm, closed
	5331	AP 型设备	Category AP equipment
	5337	X 射线管	X-ray tube
	5338	X 射线源组件	X-ray source assembly
	5339	X 射线源组件,发射	X-ray source assembly, emitting
	5383	辐射场中心的灯光指示器	Indication of radiation field centre by light

符　号	编　号	中文名称	英　文　名　称
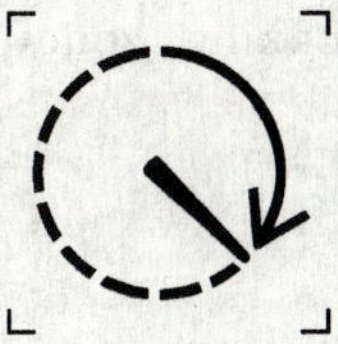	5415	流逝时间显示	Elapsed time display
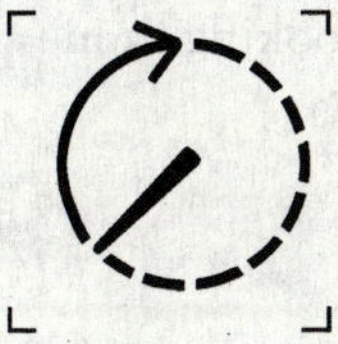	5416	剩余时间显示	Remaining time display
	5417	可编程序的持续时间	Programmable duration
	5435	亮度和对比度	Brightness and contrast
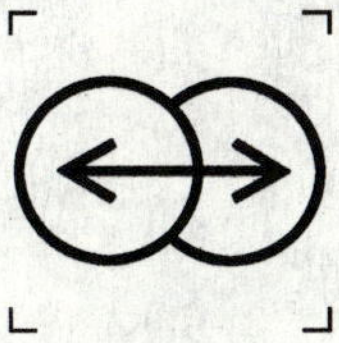	5438	立体声效果	Spatial sound effect
	5440	可编程定时器，一般符号	Programmable timer, general
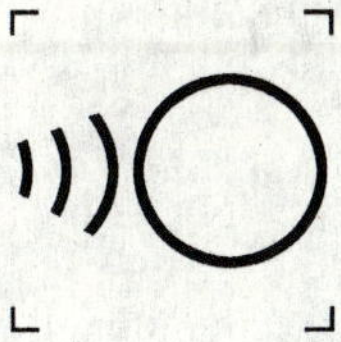	5444	遥控接收指示器	Remote control reception indicator
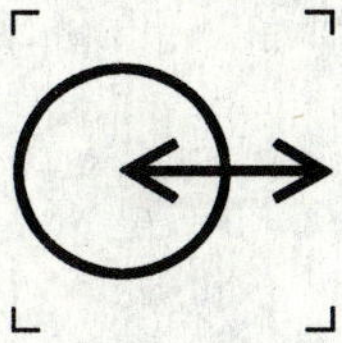	5448	输入/输出	Input/output
	5490	烹饪区扩展，同心	Enlargement of the cooking zone, concentric

符　号	编　号	中文名称	英　文　名　称
	5491	烹饪区扩展，偏心	Enlargement of the cooking zone, eccentric
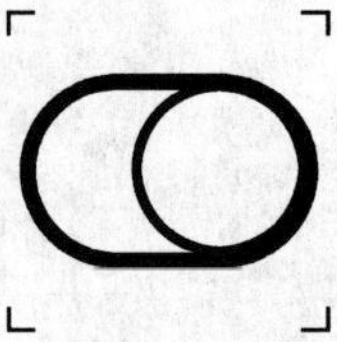	5492	烹饪区扩展，椭圆	Enlargement of the cooking zone, oval
	5503	总注销	General cancel
	5543	电唱机；唱机	Record player; phonograph
	5544	CD 播放机	Compact disc player
	5547	录制，一般符号	Recording, general
	5548	插入信号	Insertion of signals
	5549	录制静噪	Record muting
	5552	色温，自然光	Colour temperature, natural light

符　号	编　号	中文名称	英　文　名　称
	5553	色温，白炽灯	Colour temperature, incandescent lamp
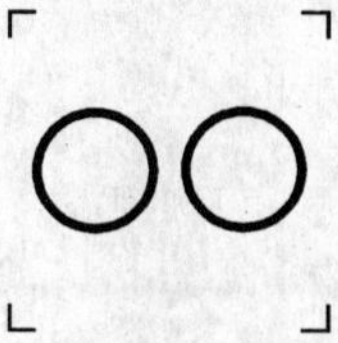	5559	双声道	Two independent audio channels
	5575	清洁/更换过滤器	Filter cleaning / changing
	5585	柔和甩干	Gentle spin dry
	5631	三基色视频信号(限定信号)	Three component video signal (qualifying symbol)
	5638	紧急停止	Emergency stop
	5711	环行声场探头	Probe for circular sound field
	5738	目标位置校准	Alignment of the target position
	5739	至目标位置	Driving to the target position

符号	编号	中文名称	英文名称
	5750	红外辐射	Radiation, infrared
	5751	紫外线辐射	Radiation, ultraviolet
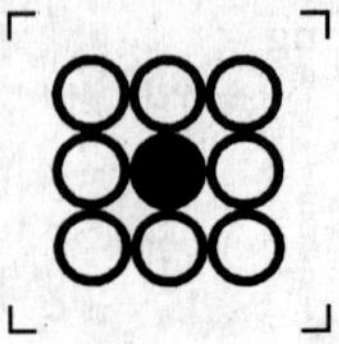	5768	像素平均值	Pixel averaging
	5792	感兴趣区的放大	Enlargement of region of interest
	5817	注射对比剂曝光	Exposure with contrast injection
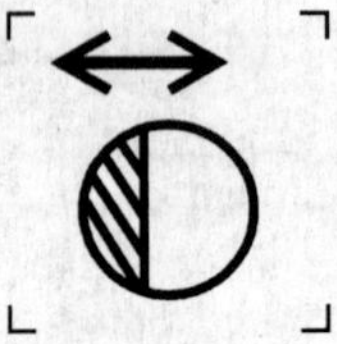	5825	楔形滤板,进/出移动	Wedge, in / out movement
	5826	轮廓楔形滤板,进/出移动	Contour wedge, in / out movement
	5827	中心楔形滤板,进/出移动	Central wedge, in / out movement
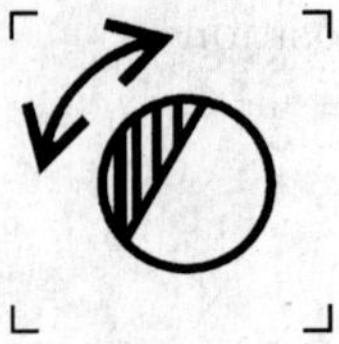	5828	楔形滤板,旋转	Wedge, rotation

符　号	编　号	中文名称	英　文　名　称
	5829	中心楔形滤板，旋转	Central wedge, rotation
	5845	内径	Inner diameter
	5846	外径	Outer diameter
	5850	串行接口	Serial interface
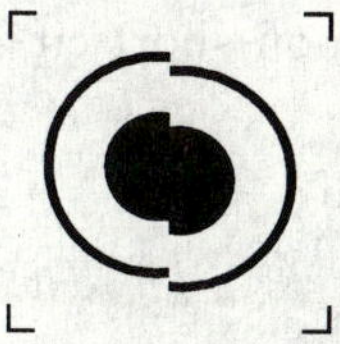	5875	光学聚焦	Optical focus
	5879	定时器	Self-timer
	5880	世界时间	World time
	5881	夏令时	Summer time
	5882	声音和语言选择	Sound and language selection

符　号	编　号	中文名称	英　文　名　称
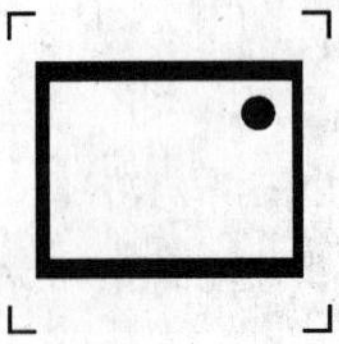	5889	图像标记	Marking of an image
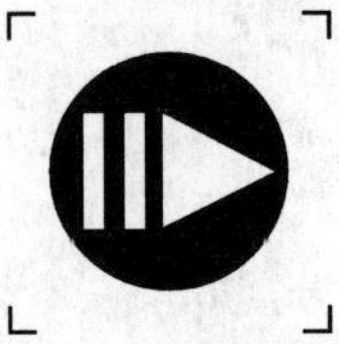	5917	单帧拍摄	Single frame shot
	5918	带反射镜的照明	Lighting with reflector
	5938	通信,红外线	Communication, infrared
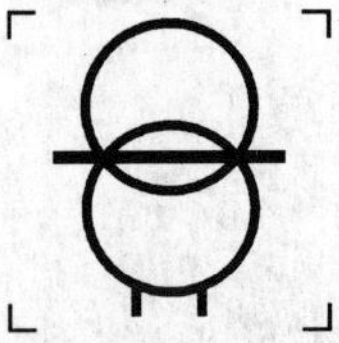	5944	隔离变压器,非耐短路	Isolating transformer, non-short-circuit proof
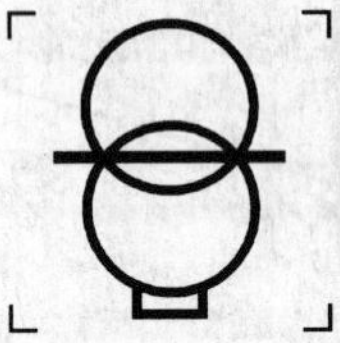	5945	隔离变压器,耐短路	Isolating transformer, short-circuit proof
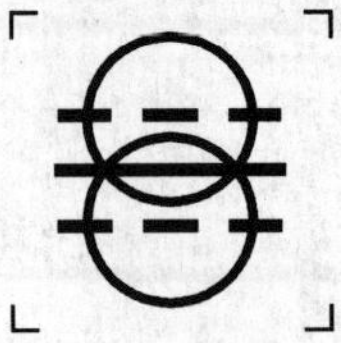	5948	抗干扰隔离变压器,一般符号	Perturbation attenuation isolating transformer, general
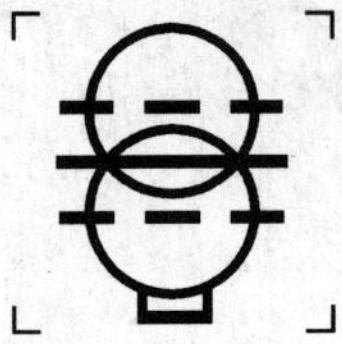	5949	抗干扰隔离变压器,耐短路	Perturbation attenuation isolating transformer, short-circuit proof
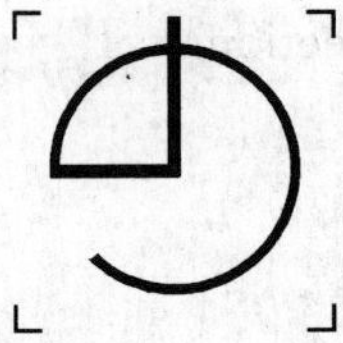	5950	小型电抗器,一般符号	Small reactor, general

符　号	编　号	中文名称	英　文　名　称
	5951	小型电抗器,非耐过载	Small reactor, non-overload proof
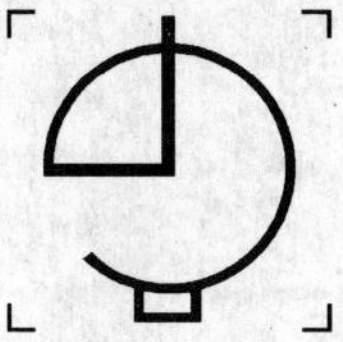	5952	小型电抗器,耐过载	Small reactor, overload proof
	5953	Ⅲ类手持灯用变压器,耐短路	Transformer for Class Ⅲ hand-lamps, short-circuit proof
	5971	Ⅲ类手持灯变压器,非耐短路	Transformer for Class Ⅲ hand-lamps, non-short-circuit proof
	5986	磁盘媒体	Disc media

3.6　桶形

符　号	编　号	中文名称	英　文　名　称
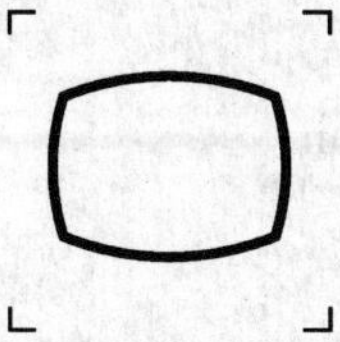	5049	电视;视频	Television; video; screen
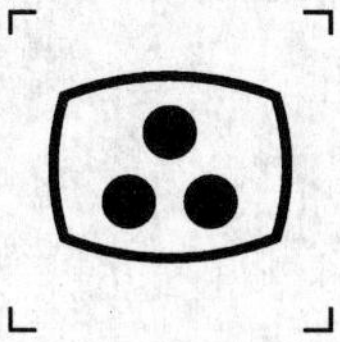	5050	彩色电视	Colour television
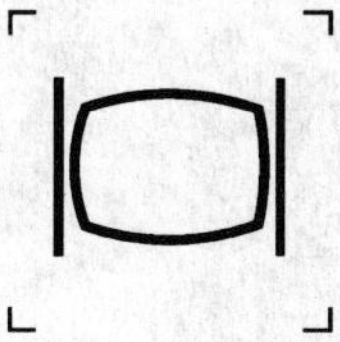	5051	电视监视器	Television monitor

符 号	编 号	中文名称	英 文 名 称
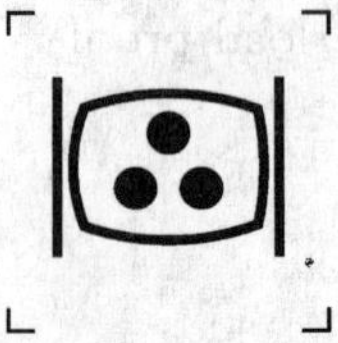	5052	彩色电视监视器	Colour television monitor
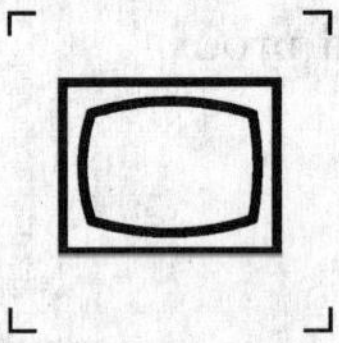	5053	电视接收机	Television receiver
	5054	彩色电视接收机	Colour television receiver
	5055	聚焦	Focus
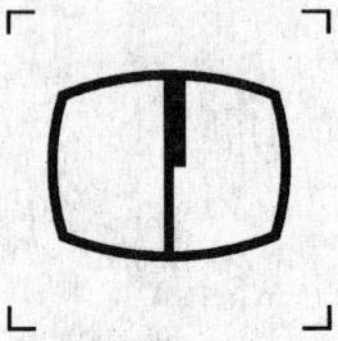	5059	图像轮廓加重器	Crispener
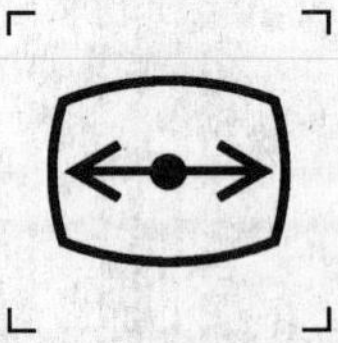	5061	水平同步	Horizontal synchronization
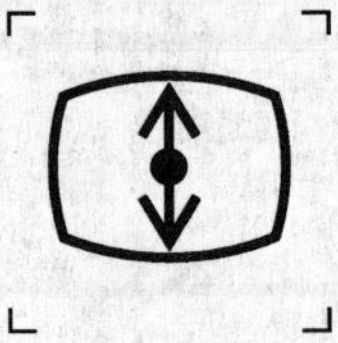	5062	垂直同步	Vertical synchronization
	5063	水平图像位移	Horizontal picture shift
	5064	垂直图像位移	Vertical picture shift

符　号	编　号	中文名称	英 文 名 称
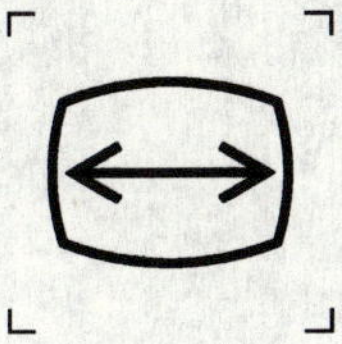	5065	水平图像幅度	Horizontal picture amplitude
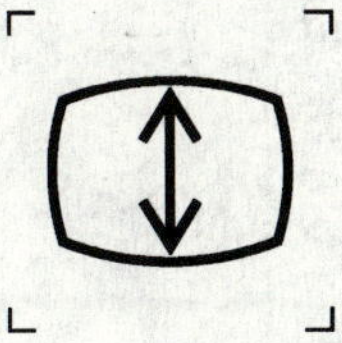	5066	垂直图像幅度	Vertical picture amplitude
	5067	图像尺寸调整	Picture size adjustment
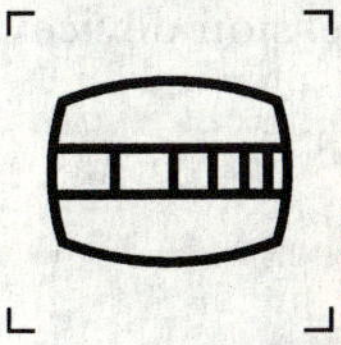	5068	水平(行)线性	Horizontal linearity
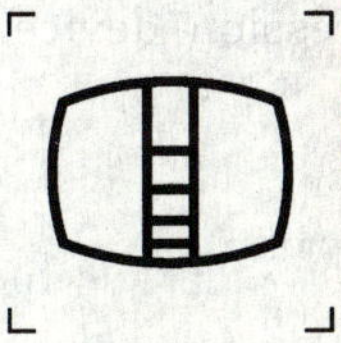	5069	垂直(场)线性	Vertical linearity
	5244	自动增益控制,大范围	Automatic gain control, large field
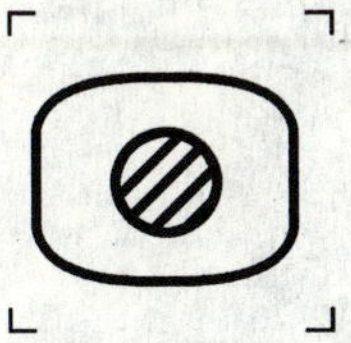	5245	自动增益控制,小范围	Automatic gain control, small field
	5289	辅助应用	Application assistance
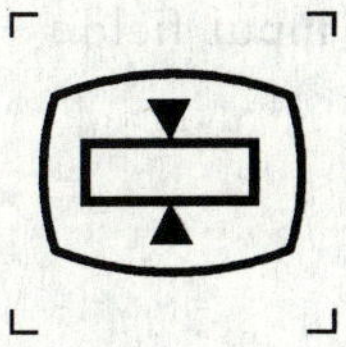	5290	页面暂停	Page hold

符　号	编　号	中文名称	英　文　名　称
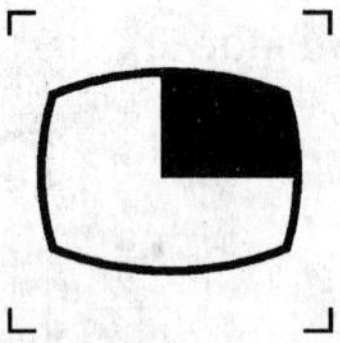	5291	画中画模式	Picture-in-picture mode
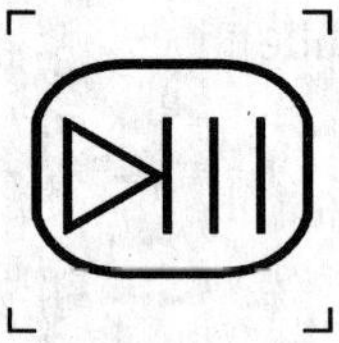	5318-1	选通，视频设备	Strobe, video equipment
	5348	X射线诊断压迫器	Radiodiagnostic compression device
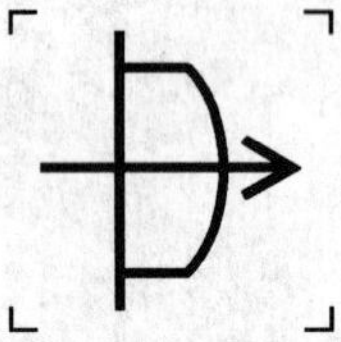	5349	X射线诊断压迫器，移动	Radiodiagnostic compression device, movement
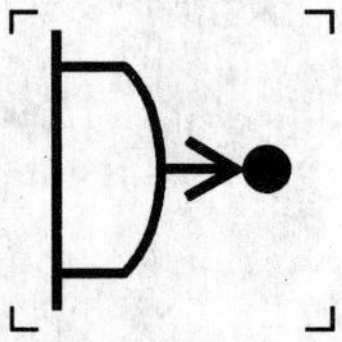	5350	X射线诊断压迫器，进行压迫	Radiodiagnostic compression device, pressure applied
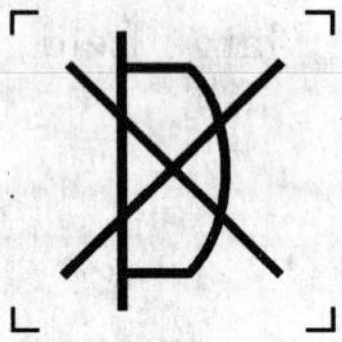	5351	X射线诊断压迫器，停放	Radiodiagnostic compression device, parked
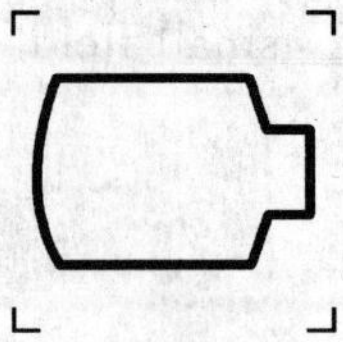	5376	X射线影像增强器	X-ray image intensifier
	5377	具有稳定输入的X射线影像增强器	X-ray image intensifier with stabilized input
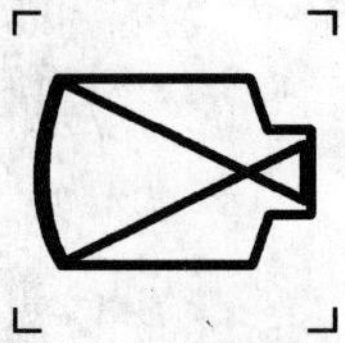	5378	影像增强器，全野输入	Image intensifier, full input field

符　号	编　号	中文名称	英　文　名　称
	5379	影像增强器，小野输入	Image intensifier，small input field
	5380	X射线影像增强器，消气器	X-ray image intensifier，gettering
	5407	电子图像，正常	Electronic image，normal aspect
	5408	电子图像，从右向左翻转	Electronic image，reversal right-to-left
	5409	电子图像，上下倒置	Electronic image，inverted top-to-bottom
	5410	电子图像，上下倒置和从右向左翻转	Electronic image，inverted top-to-bottom and reversal right-to-left
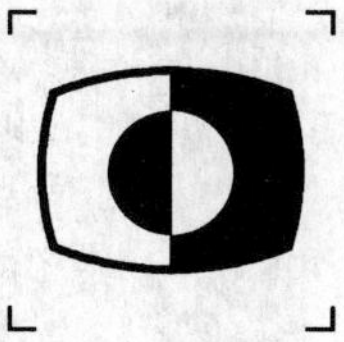	5411	电子图像，黑白反置	Screen or video image，reversal black to white
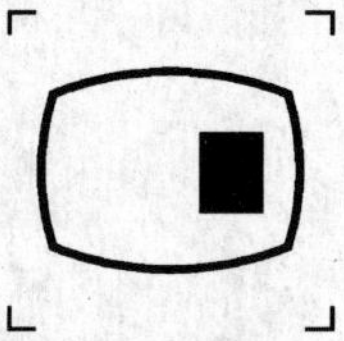	5412	电子图像，基准场	Screen or video image，reference field
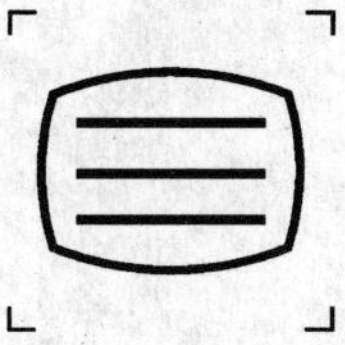	5463	图文方式	Teletext mode

符　号	编　号	中文名称	英　文　名　称
	5464-1	卫星接收模式，电视	Satellite reception mode，television
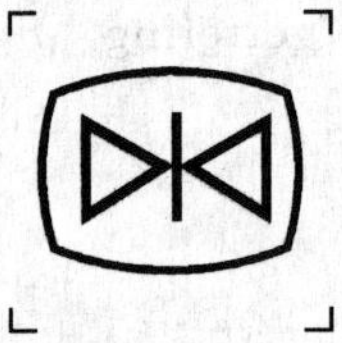	5467	图像固定	Screen or video image，freeze
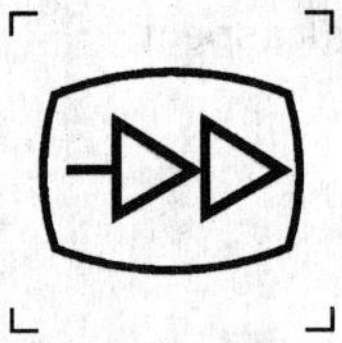	5470A	显像运转，提示信号	Run with visualization；cue
	5470B	显像运转，提示信号	Run with visualization；cue
	5471-1	逐帧画面，视频	Frame by frame，video
	5476	索引主页面	Main index page
	5478	页面扩展	Page enlargement
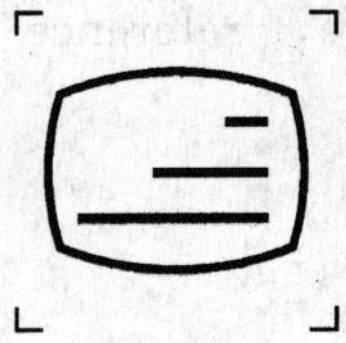	5480	图文混合	TV and text mixed
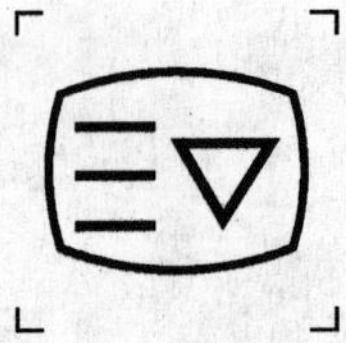	5483	页号减	Page number down

符 号	编 号	中文名称	英 文 名 称
	5484	页号加	Page number up
	5487	视频数据	Video data
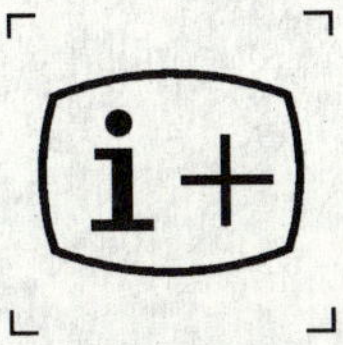	5510	屏幕上的附加信息	Additional information on screen
	5511	菜单	Menu
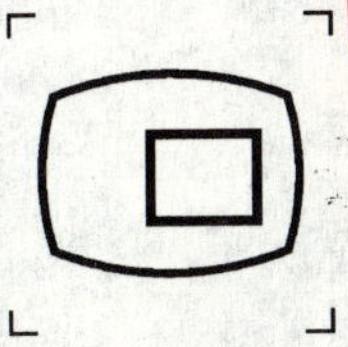	5512	系统状态显示	System status display
	5513	画中画,移动	Picture-in-picture, shift
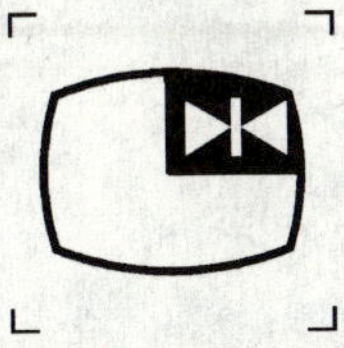	5514	画中画,固定	Picture-in-picture, freeze
	5515	画中画,切换	Picture-in-picture, swap
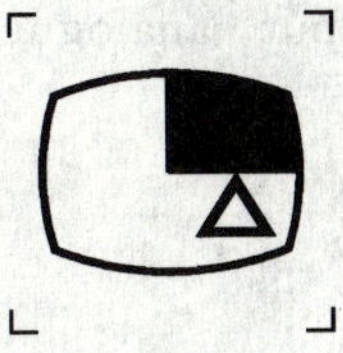	5516	画中画,选择	Picture-in-picture, select

符号	编号	中文名称	英文名称
	5517A	多画面，显示	Multi-picture display
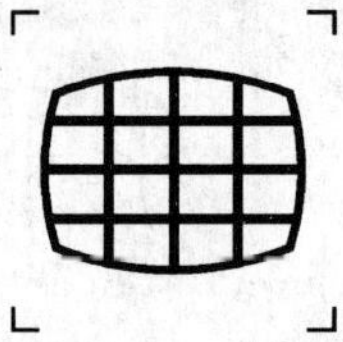	5517B	多画面，显示	Multi-picture display
	5518	视盘播放机	Video disc player
	5519	定时页码取消	Timed page cancel
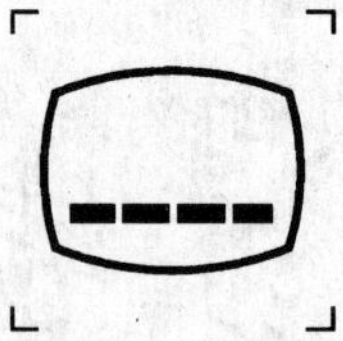	5520	字幕	Subtitle
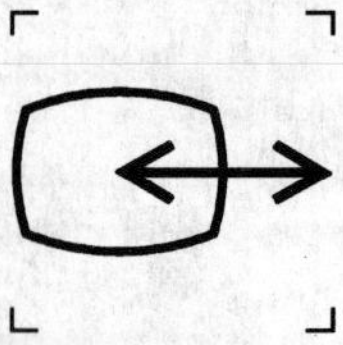	5521A	视频输入/输出	Video input/output
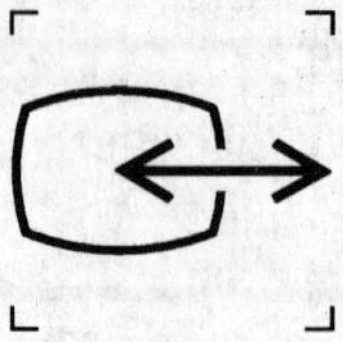	5521B	视频输入/输出	Video input/output
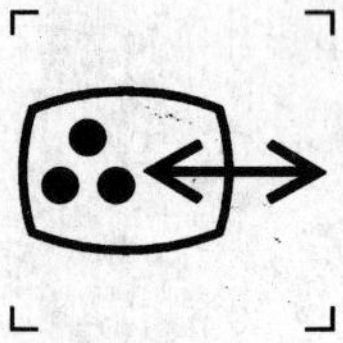	5522	彩色视频输入/输出	Colour video input/output
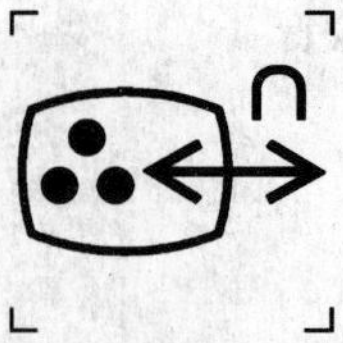	5522-1	彩色视频输入/输出，模拟式	Colour video input/output, analogue

符 号	编 号	中文名称	英 文 名 称
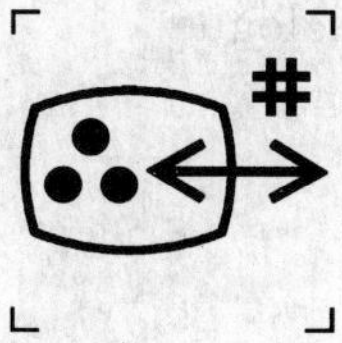	5522-2	彩色视频输入/输出,数字式	Colour video input/output, digital
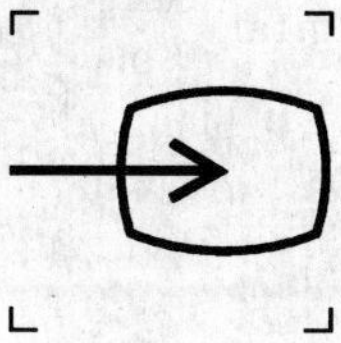	5525A	视频输入	Video input
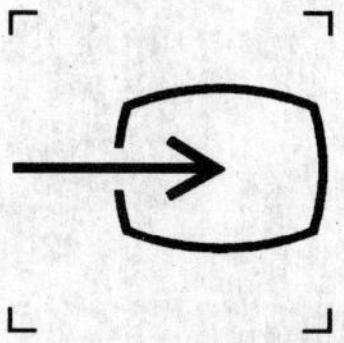	5525B	视频输入	Video input
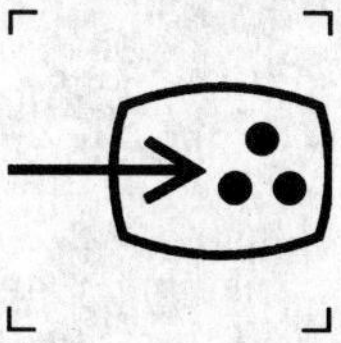	5526	彩色视频输入	Colour video input
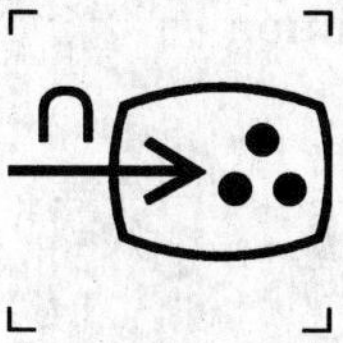	5526-1	彩色视频输入,模拟式	Colour video input, analogue
	5526-2	彩色视频输入,数字式	Colour video input, digital
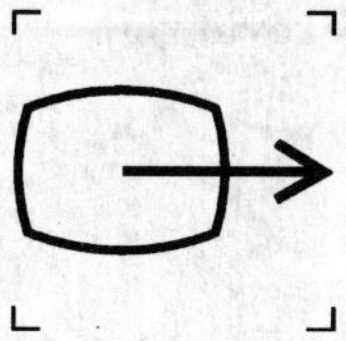	5529A	视频输出	Video output
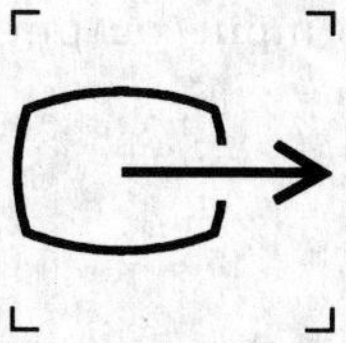	5529B	视频输出	Video output
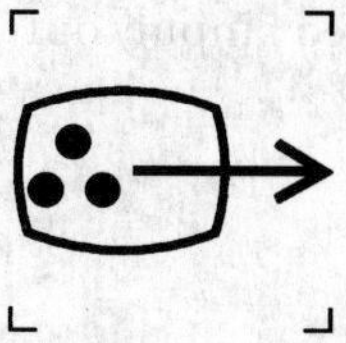	5530	彩色视频输出	Colour video output

符　号	编　号	中文名称	英　文　名　称
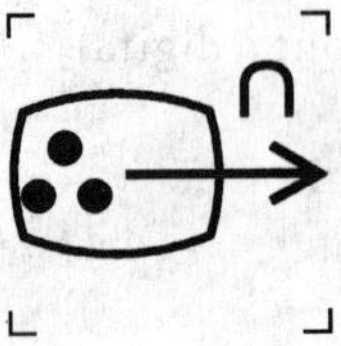	5530-1	彩色视频输出,模拟式	Colour video output, analogue
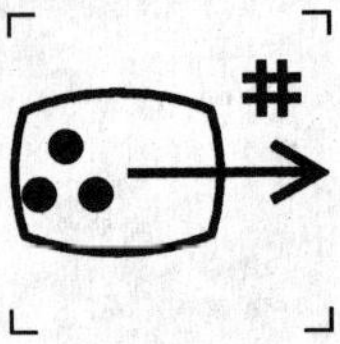	5530-2	彩色视频输出,数字式	Colour video output, digital
	5533	录制检查	Record review
	5558	白平衡	White balance
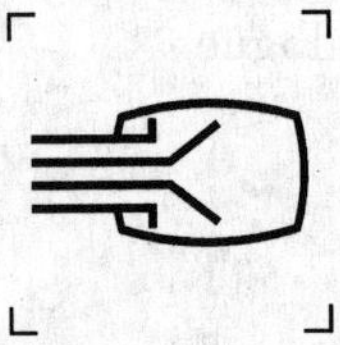	5560	电视电缆分配	Cable television distribution
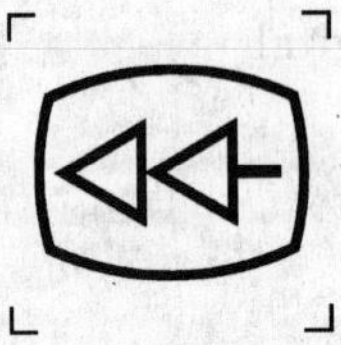	5630A	显像运转,回放	Run with visualization; review
	5630B	显像运转,回放	Run with visualization; review
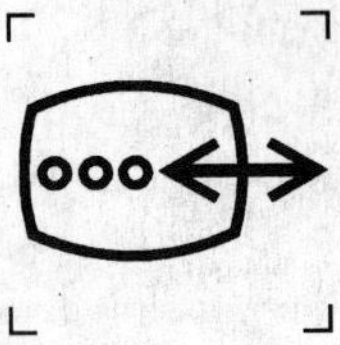	5632	三基色视频输入/输出	Three component video input/output
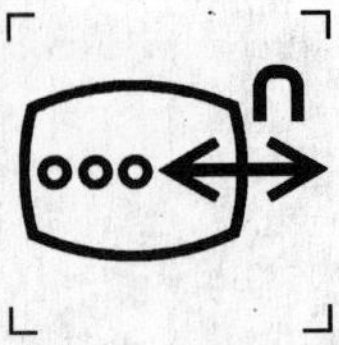	5632-1	三基色视频输入/输出,模拟式	Three component video input/output, analogue

符　号	编　号	中文名称	英　文　名　称
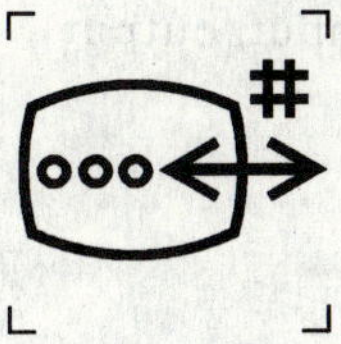	5632-2	三基色视频输入/输出，数字式	Three component video input/output, digital
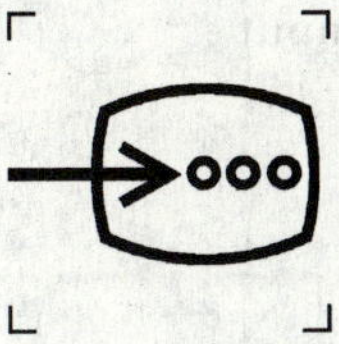	5633	三基色视频输入	Three component video input
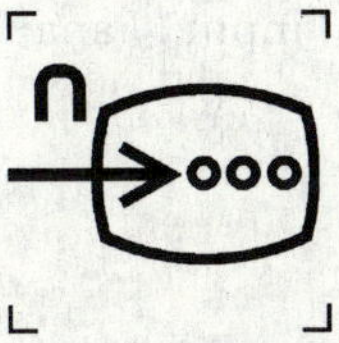	5633-1	三基色视频输入，模拟式	Three component video input, analogue
	5633-2	三基色视频输入，数字式	Three component video input, digital
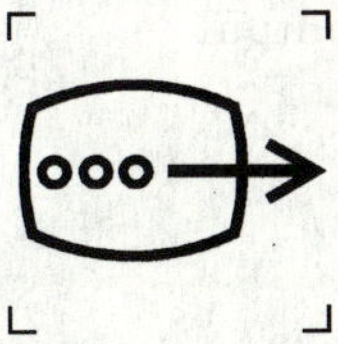	5634	三基色视频输出	Three component video output
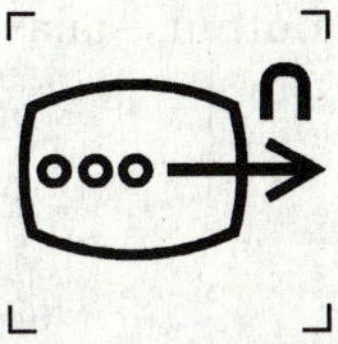	5634-1	三基色视频输出，模拟式	Three component video output, analogue
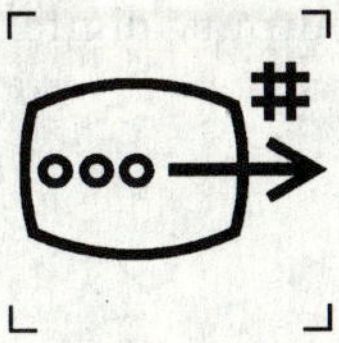	5634-2	三基色视频输出，数字式	Three component video output, digital
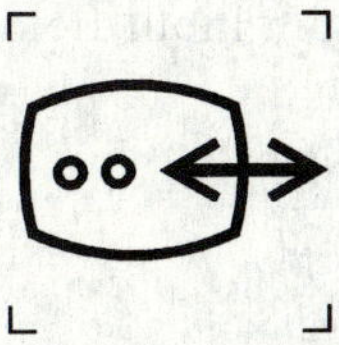	5635	色差视频输入/输出	Two component video input/output
	5635-1	色差视频输入/输出，模拟式	Two component video input/output, analogue

符　号	编　号	中文名称	英　文　名　称
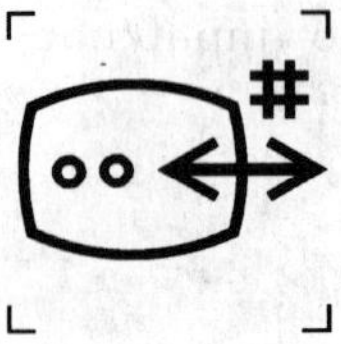	5635-2	色差视频输入/输出,数字式	Two component video input/output, digital
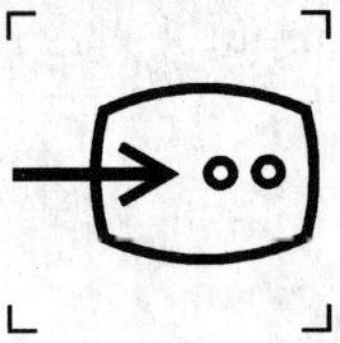	5636	色差视频输入	Two component video input
	5636-1	色差视频输入,模拟式	Two component video input, analogue
	5636-2	色差视频输入,数字式	Two component video input, digital
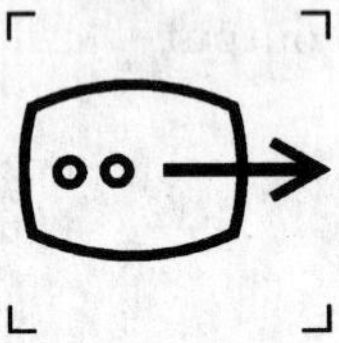	5637	色差视频输出	Two component video output
	5637-1	色差视频输出,模拟式	Two component video output, analogue
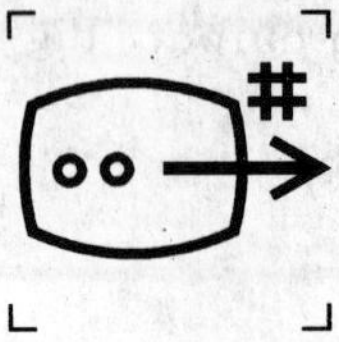	5637-2	色差视频输出,数字式	Two component video output, digital
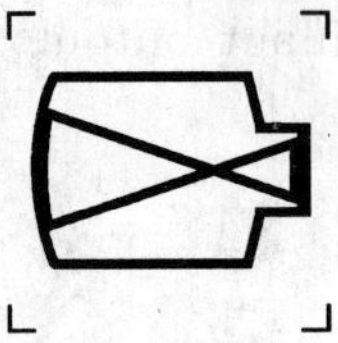	5642	像增强器,中等输入范围	Image intensifier, medium input field
	5771	电子图像,平均值	Electronic image, averaging

符　号	编　号	中文名称	英　文　名　称
	5772	电子图像,旋转	Electronic image, rotation
	5773	电子图像,交错	Television or video image, interlacing
	5788	显示图像,放大	Displayed image, enlarged
	5789	显示图像,缩小	Displayed image, reduced
	5791	手形功能	Panning function
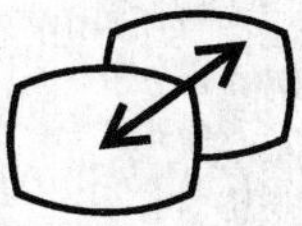	5794	图像交换	Image interchange
	5795	ECG 触发显示	ECG triggered display
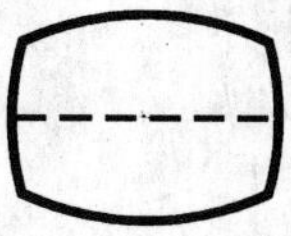	5800	分割屏幕	Split screen
	5802	屏幕选择	Screen selection

符　号	编　号	中文名称	英 文 名 称
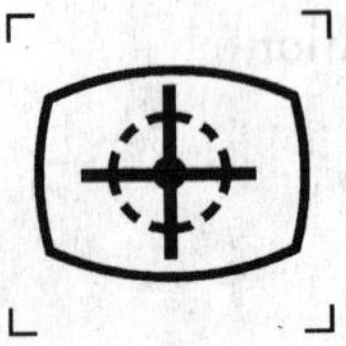	5843	目标位置	Target position
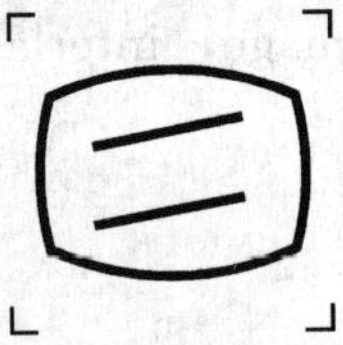	5866	图像调整,倾斜	Picture adjustment, tilt
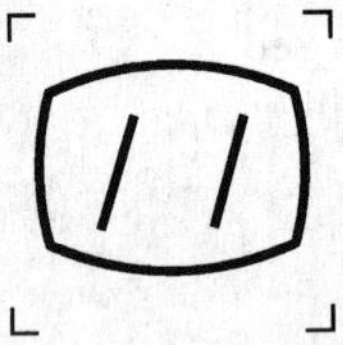	5867	图像调整,失真	Picture adjustment, skew
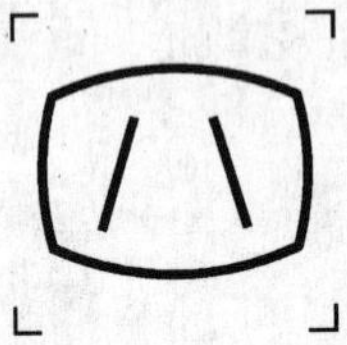	5868	图像调整,水平基准	Picture adjustment, horizontal keystone
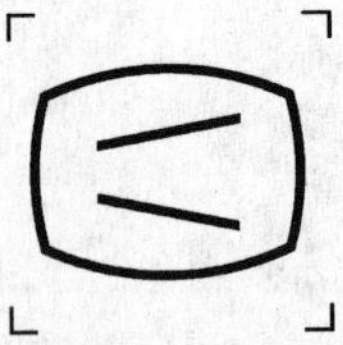	5869	图像调整,垂直基准	Picture adjustment, vertical keystone
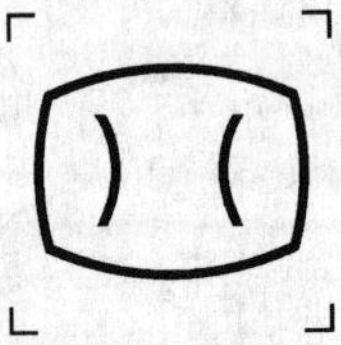	5870	图像调整,水平枕形	Picture adjustment, horizontal pincushion
	5871	图像调整,垂直枕形	Picture adjustment, vertical pincushion
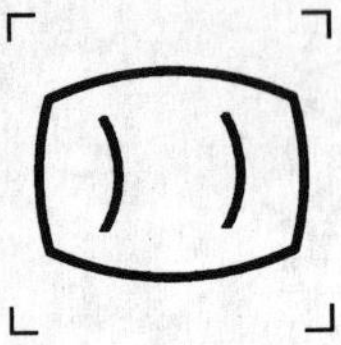	5872	图像调整,水平弓形	Picture adjustment, horizontal bow
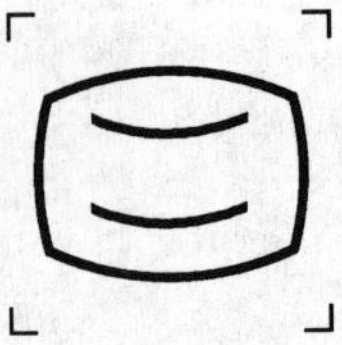	5873	图像调整,垂直弓形	Picture adjustment, vertical bow

符　号	编　号	中文名称	英　文　名　称
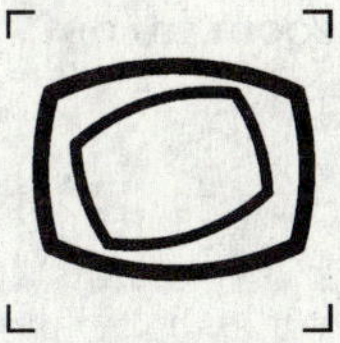	5874	图像调整，旋转	Picture adjustment, rotation
	5886	图像显示，基本设置	Image display, basic setting
	5890	存储显示的图像	Store displayed image
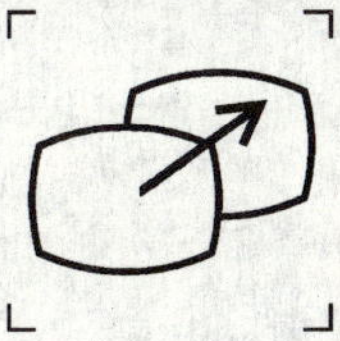	5892	传递图像	Transfer image
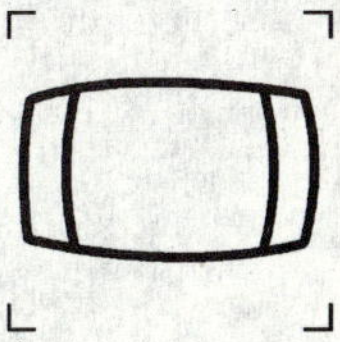	5928	宽屏幕(16：9)，标准模式	Wide-screen (16：9), normal mode
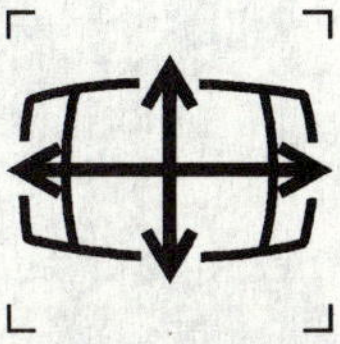	5929	宽屏幕(16：9)，图像模式选择	Wide-screen (16：9), selection of picture mode
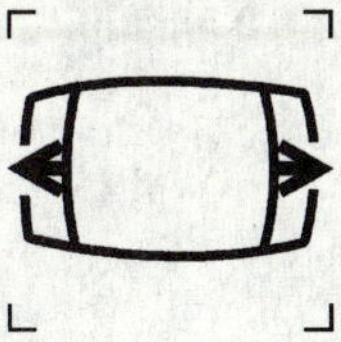	5930	宽屏幕(16：9)，全屏模式	Wide-screen (16：9), full picture mode
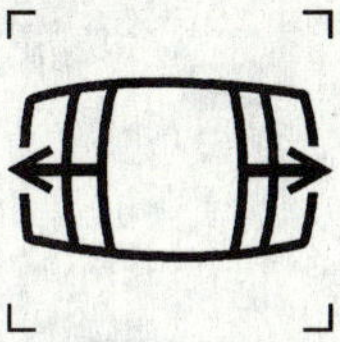	5931	宽屏幕(16：9)，水平缩放模式	Wide-screen (16：9), horizontal zoom mode
	5932	宽屏幕(16：9)，放大模式	Wide-screen (16：9), zoom mode

符号	编号	中文名称	英文名称
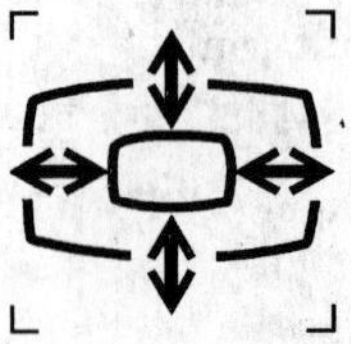	5933	宽屏幕(16∶9),放大/缩小	Wide-screen (16∶9), zoom in/out
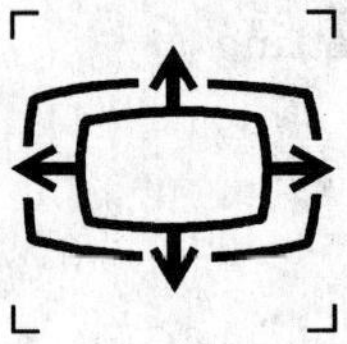	5934	宽屏幕(16∶9);图像放大模式	Wide-screen (16∶9), picture enlarge mode

3.7　三角形

符号	编号	中文名称	英文名称
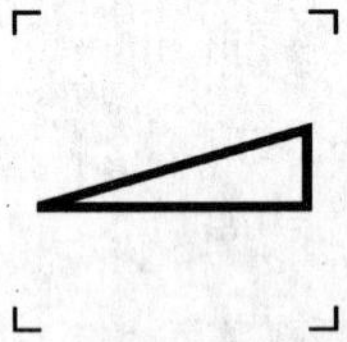	5004	可变性(可调性)	Variability
	5021	等电位	Equipotentiality
	5041	小心,烫伤	Caution, hot surface
	5060	色调	Hue
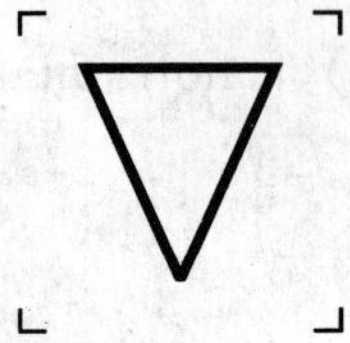	5070	单道声	Monophonic
	5072	平衡	Balance

符　号	编　号	中文名称	英　文　名　称
	5110A	停机（动作的停止）	Stop
	5134	静电敏感器件	Electrostatic sensitive devices
	5140	非电离的电磁辐射	Non-ionizing electromagnetic radiation
	5146	调到最小	Adjustment to a minimum
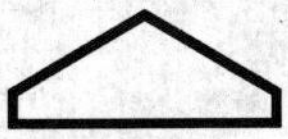	5147	调到最大	Adjustment to a maximum
	5181	步调节	Variability in steps
	5183	调节，最大步	Variability，maximum step
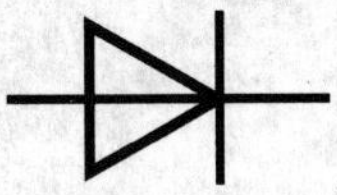	5186	整流器，一般符号	Rectifier，general
	5216	适合带电作业；双三角	Suitable for live working；double triangle

符 号	编 号	中文名称	英 文 名 称
	5287	跟踪	Tracking
	5307	告警,一般符号	Alarm, general
	5308	紧急告警	Urgent alarm
	5309	告警系统解除	Alarm system clear
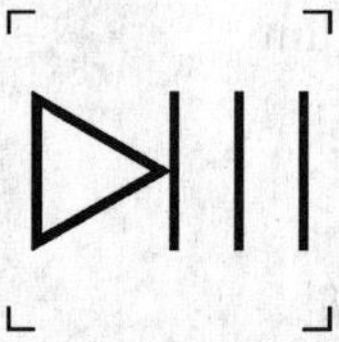	5318	选通,一般符号	Strobe, general
	5319	告警禁止	Alarm inhibit
	5331	AP 型设备	Category AP equipment
	5332	APG 型设备	Category APG equipment
	5459	弹出	Eject

符　号	编　号	中文名称	英　文　名　称
	5471	逐帧画面，一般符号	Frame by frame, general
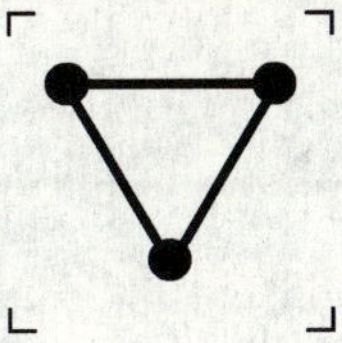	5500	三方通话	Three-party call
	5554	静止模式	Still mode
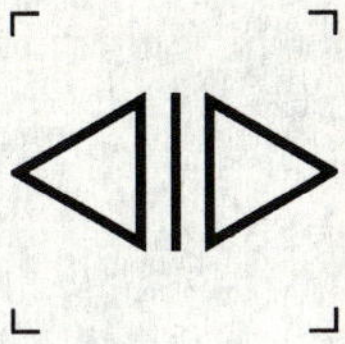	5555	磁带运转方向	Tape running direction
	5558	白平衡	White balance
	5638	紧急停止	Emergency stop
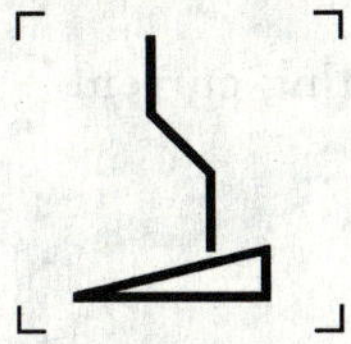	5715	超声接收器，总增益	Ultrasound receiver, overall gain
	5914	应急告警接收模式	Emergency warning reception mode

3.8 描述形

符　号	编　号	中文名称	英　文　名　称
	5001B	电池,一般符号	Battery, general
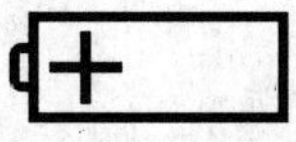	5002	电池定位	Positioning of cell
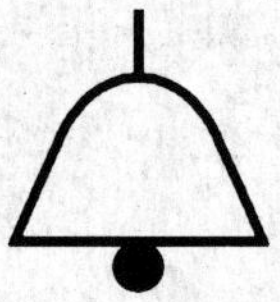	5013	铃	Bell
	5015	通风机;鼓风机;风扇	Air impeller; blower; fan
	5032	交流电	Alternating current
	5032-1	三相交流电	Three-phase alternating current
	5032-2	带中性线的三相交流电	Three-phase alternating current with neutral conductor
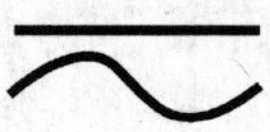	5033	交直流两用	Both direct and alternating current
	5037	高音控制	Treble control

符　号	编　号	中文名称	英　文　名　称
	5038	低音控制	Bass control
	5039	天线	Aerial; antenna
	5076	耳机	Earphone
	5077	头戴耳机	Headphones
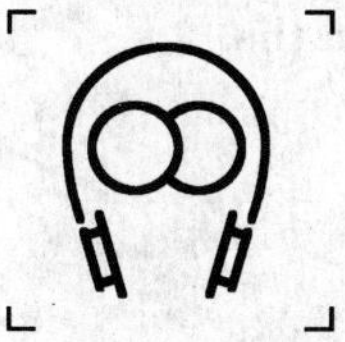	5078	头戴立体声耳机	Stereophonic headphones
	5079	头戴送、受话器	Headset
	5085	音乐	Music
	5090	电话;电话适配器	Telephone; telephone adapter
	5109	不得用于住宅区	Not to be used in residential areas

符　号	编　号	中文名称	英　文　名　称
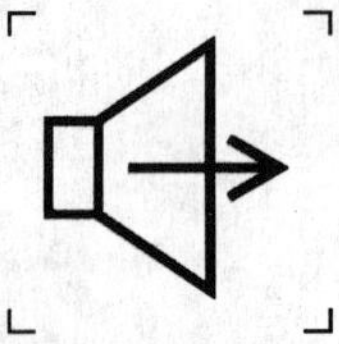	5127	按扬声器方式工作的扬声器	Loudspeaker in operation as such
	5134	静电敏感器件	Electrostatic sensitive devices
	5140	非电离的电磁辐射	Non-ionizing electromagnetic radiation
	5141	抑制海面杂波,最小位置	Anti sea-clutter, position of minimum
	5152	激光设备的辐射	Radiation of laser apparatus
	5161	抑制海面杂波,最大位置	Anti sea-clutter, position of maximum
	5179	测试电压	Test voltage
	5182	声音;音频	Sound; audio
	5187	教师;管理员	Teacher; supervisor

符　号	编　号	中文名称	英　文　名　称
	5188	学生;操作人员	Student; operator
	5189	一组学生或操作人员	Group of students; group of operators
	5190	全体学生或操作人员	All students; all operators
	5197	陀螺指示器的定位	Gyro indicator, setting
	5204	辨向天线开关	Sense-aerial switch; sense-antenna switch
	5210	讲	Speak
	5211	听	Listen
	5213	莫尔斯电键	Morse key
	5219	玩具用安全隔离变压器	Safety isolating transformer for toys

符　号	编　号	中文名称	英　文　名　称
	5222	安全隔离变压器	Safety isolating transformer，general
	5225	电动剃刀插座	Electric shaver outlet
	5294	严重玷污的物品，烹调用具	Badly soiled items；cooking utensils
	5295	一般玷污的物品	Normally soiled items
	5296	轻微玷污的物品	Lightly soiled items
	5297	精致易碎的物品	Delicate items
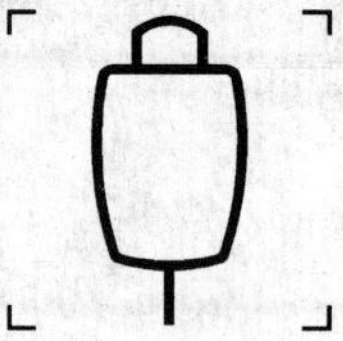	5322	手持开关	Hand-held switch
	5330	X 射线透视	Radioscopy
	5340	垂直 X 射线透视架	Vertical radioscopic stand

符　号	编　号	中文名称	英　文　名　称
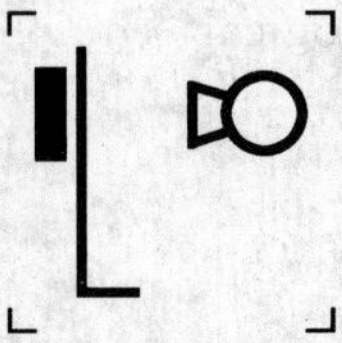	5341	垂直 X 射线摄影架	Vertical radiographic stand
	5342	水平 X 射线摄影台	Horizontal radiographic table
	5345	断层成像设备	Equipment for tomography
	5346	带有台上 X 射线源组件的可倾斜台	Tilting table with overtable X-ray source assembly
	5347	带有台下 X 射线源组件的可倾斜台	Tilting table with undertable X-ray source assembly
	5362	胶片或底片切换器	Film or cassette changer
	5363	胶片或底片切换器,双向操作	Film or cassette changers, bi-plane operation
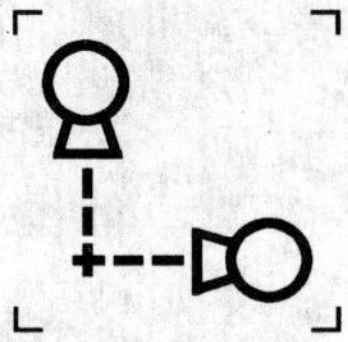	5364	X 射线诊断双向同步操作	Radiodiagnostic simultaneous bi-plane operation
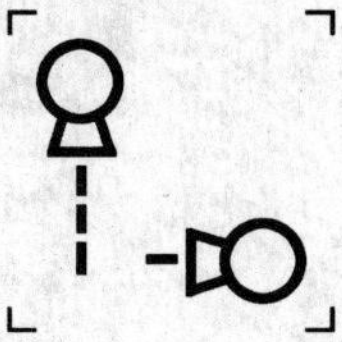	5365	X 射线诊断双向交替操作	Radiodiagnostic alternating bi-plane operation

符 号	编 号	中文名称	英 文 名 称
	5366	安装在地板上的放射线设备	Floor mounted radiological equipment
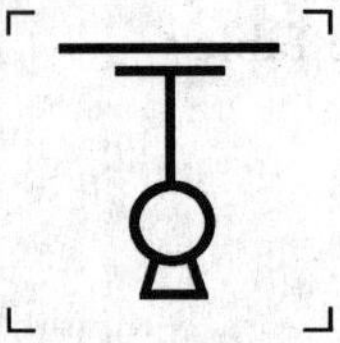	5367	悬吊在天花板上的放射线设备	Ceiling suspended radiological equipment
	5368	X射线诊断泌尿科专用床	Radiodiagnostic urological table
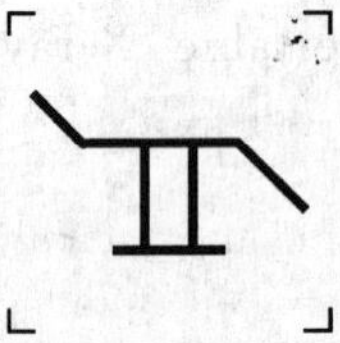	5369	外科专用床	Surgical table
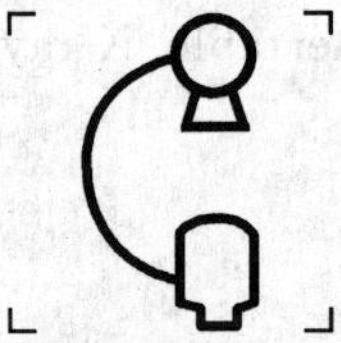	5373	X射线诊断C形臂	Radiodiagnostic C-arm
	5374	X射线诊断U形臂	Radiodiagnostic U-arm
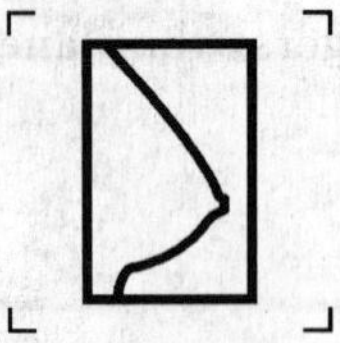	5375	乳腺X射线照相设备	Mammographic equipment
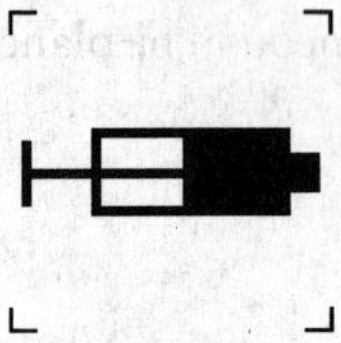	5382	注射器	Injection syringe
	5389	患者,较瘦体型	Patient, thin

符 号	编 号	中文名称	英 文 名 称
	5390	患者,正常体型	Patient, normal
	5391	患者,肥胖体型	Patient, obese
	5401	无 X 射线辐射的断层摄影的移动	Tomographic movement without X radiation
	5402	具有 X 射线辐射的断层摄影的移动	Tomographic movement with X radiation
	5440	可编程定时器,一般符号	Programmable timer, general
	5464	卫星接收模式,一般符号	Satellite reception mode, general
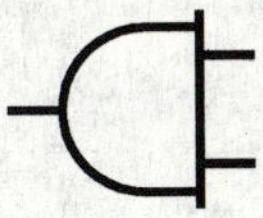	5534	电源插头	Power plug
	5536	湿度	Moisture
	5538	微距	Close-up

符　号	编　号	中文名称	英　文　名　称
	5539	广角	Wide-angle
	5540	远距(照相)	Tele(photo)
	5546	电池校验	Battery check
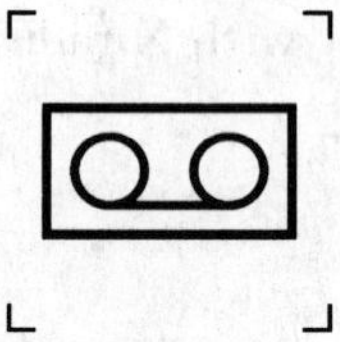	5561	盒式磁带	Cassette
	5569	锁定,一般符号	Locking, general
	5570	解锁	Unlocking
	5572	电缆盘	Cable coiling
	5573	水龙头,关	Water tap, closed
	5574	水龙头,开	Water tap, open

符　号	编　号	中文名称	英　文　名　称
	5575	清洁/更换过滤器	Filter cleaning/changing
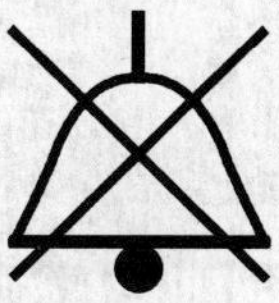	5576	关闭铃音	Bell cancel
	5577	聚焦范围,很近距离	Zone focus, very short distance
	5578	聚焦范围,近距离	Zone focus, short distance
	5579	聚焦范围,中距离	Zone focus, middle distance
	5580	聚焦范围,远距离	Zone focus, long distance
	5582	用于浴缸或淋浴器附近	Suitable for use in a bath or shower
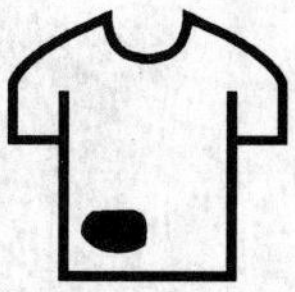	5587	轻度污染	Lightly soiled
	5588	中度污染	Medium soiled

符　号	编　号	中文名称	英　文　名　称
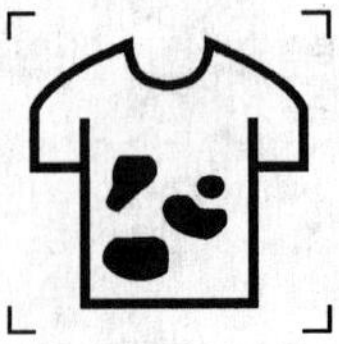	5589	重度污染	Heavily soiled
	5594	抗皱	Crease resisting
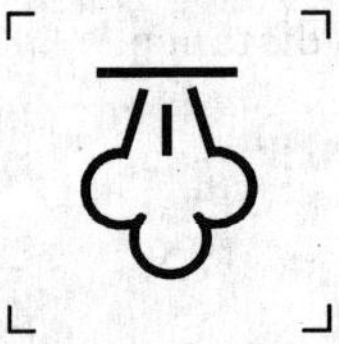	5597	蒸汽	Steam
	5598	蒸汽,中强度	Steam, medium
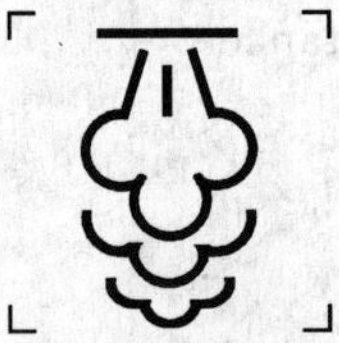	5599	蒸汽,高强度	Steam, high
	5603	室内装潢	Upholstery
	5605	刷子,伸出	Brush, extended
	5606	刷子,缩进	Brush, retracted
	5641	适合覆盖	Suitable for covering

符　号	编　号	中文名称	英文名称
	5662	日期	Date
	5663	下一个人	Next person
	5664	个人鉴别	Person identification
	5665	体重	Body weight
	5666	身高	Body height
	5667	婴儿	Baby
	5668	护士	Nurse
	5676	X射线断层摄影设备，移动到起始位置	Equipment for tomography, movement to start position
	5677	带水平台的地架式X射线源组件	Floor standing X-ray source assembly with horizontal table

符　号	编　号	中文名称	英 文 名 称
	5678	带可倾斜台的地架式X射线源组件	Floor standing X-ray source assembly with tilting table
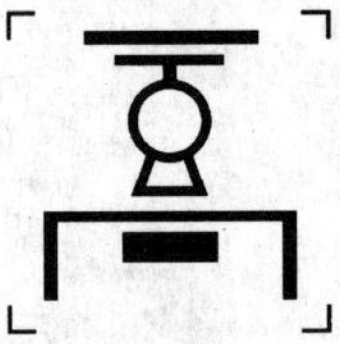	5679	带水平台的顶棚悬挂式X射线源组件	Ceiling suspended X-ray source assembly with horizontal table
	5680	带可倾斜台的顶棚悬挂式X射线源组件	Ceiling suspended X-ray source assembly with tilting table
	5681	带可倾斜台的X射线断层摄影设备	Equipment for tomography with tilting table
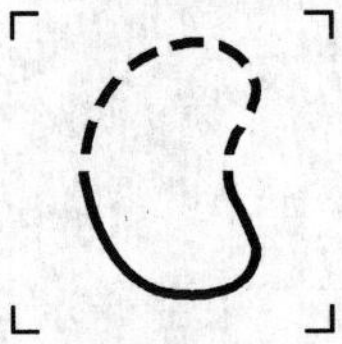	5723	边缘增强	Edge enhancement
	5734	冲击波头,治疗位置左	Shockwave head, therapy position left
	5735	冲击波头,治疗位置右	Shockwave head, therapy position right
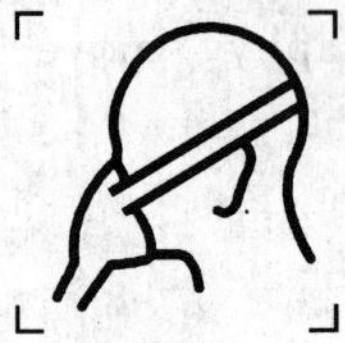	5741	呼吸面罩	Respiratory mask
	5742	气管插管	Tracheal tube

符　号	编　号	中文名称	英　文　名　称
	5743	喉镜	Laryngoscope
	5744	药瓶	Ampule
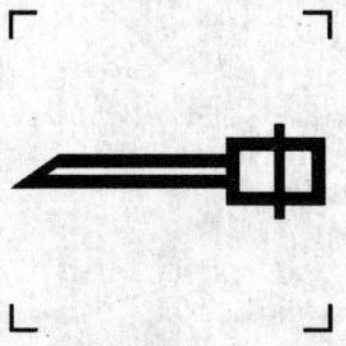	5745	皮下注射针头	Hypodermic needle
	5746	人工呼吸器	Resuscitator
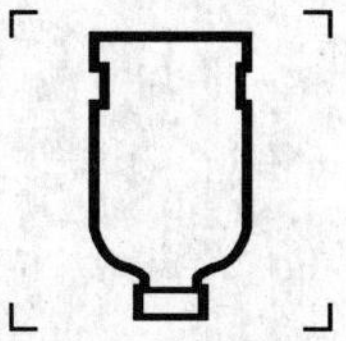	5747	注射液瓶	Infusion bottle
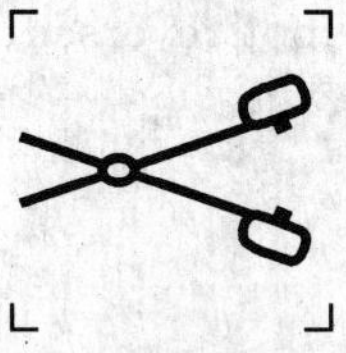	5748	手术器械	Surgical instrument
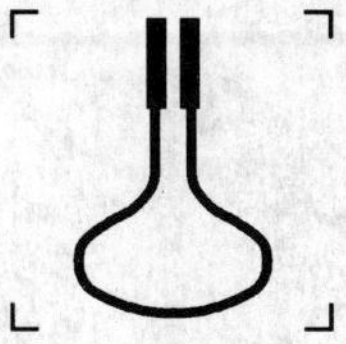	5749	电子烧灼装置	Electrical cautery device
	5751	紫外线辐射	Radiation，ultraviolet
	5770	键区	Keypad

符 号	编 号	中文名称	英 文 名 称
	5785	用于热带地区	Suitable for use in the tropics
	5786	用于亚热带地区	Suitable for use in the subtropics
	5791	手形功能	Panning function
	5792	感兴趣区的放大	Enlargement of region of interest
	5795	ECG 触发显示	ECG triggered display
	5810	患者位置,头/脚相反	Patient position, head/foot reversed
	5811	患者位置,仰卧	Patient position, supine
	5812	患者位置,俯卧	Patient position, prone
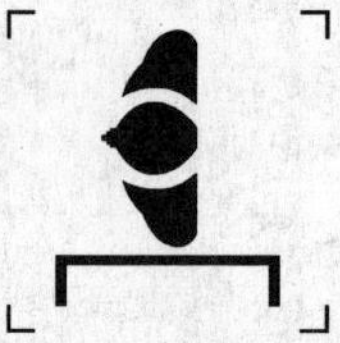	5814	患者位置,左侧卧	Patient position, left side

符　号	编　号	中文名称	英　文　名　称
	5817	注射对比剂曝光	Exposure with contrast injection
	5821	其他双平面通道的选择	Selection of other bi-plane channel
	5822	手动移动	Manual movement
	5830	X 射线源，绕水平轴旋转	X-ray source, rotation around a horizontal axis
	5831	X 射线源和影像增强器，共同旋转	X-ray source and image intensifier, combined rotation
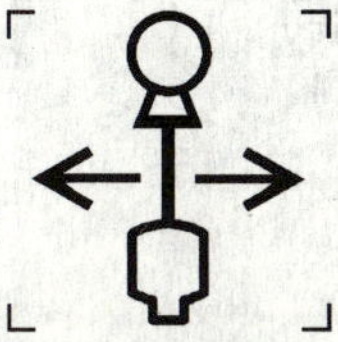	5832	X 射线源和影像增强器，联合移动	X-ray source and image intensifier, combined movement
	5833	X 射线源，绕其光束轴旋转	X-ray source, rotation around its beam axis
	5840	B 型应用部分	Type B applied part
	5841	防心脏除颤 B 型应用部分	Defibrillation-proof type B applied part

符　号	编　号	中文名称	英　文　名　称
	5844	体温	Body temperature
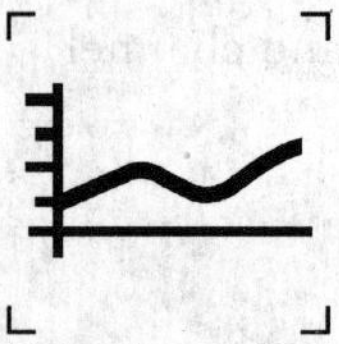	5847	趋势	Trend
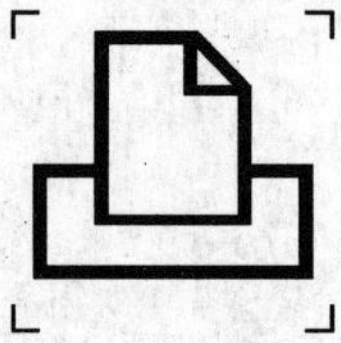	5851	打印机连接;并行接口	Printer connection; parallel interface
	5852	X-射线滤板	X-ray filter
	5854	速冻;快速结霜	Fast freeze; superfrost
	5855	最小供电容量	Minimum supply capacity
	5864	音调,降调	Tune, low key
	5876	夜间人像模式	Night portrait mode
	5877	微光模式	Low light mode

符 号	编 号	中文名称	英 文 名 称
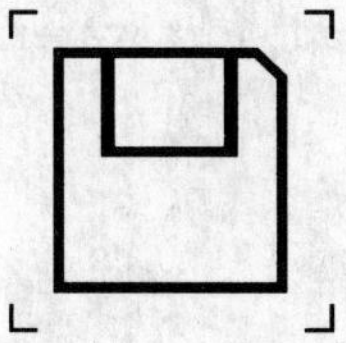	5884	存储盘	Memory disk
	5885	静物照相机	Still camera
	5895	测功计	Ergometer
	5896	光导照明	Optical conductor lighting
	5898	底架,垂直调节	Floor stand, vertical adjustment
	5913	手持话筒	Handheld microphone
	5915	隔间,语音实验室	Booth, language laboratory
	5916	一对学生	Pair of students
	5927	快速快门模式;运动模式	Fast shutter speed mode; sports mode

符　号	编　号	中文名称	英　文　名　称
	5935	清洁用电动吸水清洗头	Motorized cleaning head for water suction cleaning
	5937	心脏起搏器；植入型心律转复除颤器	Cardiac pacemaker；implantable cardioverter defibrillator
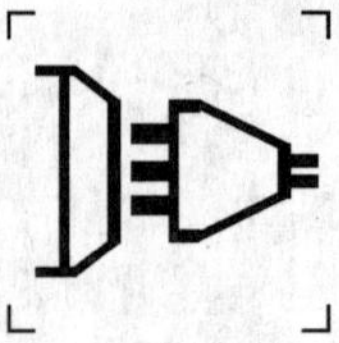	5939	电气装置的供电型式	Power supply type of electric device
	5941	自耦变压器，一般符号	Auto-transformer，general
	5942	自耦变压器，非耐短路	Auto-transformer， non-short-circuit proof
	5943	自耦变压器，耐短路	Auto-transformer，short-circuit proof
	5946	安全隔离变压器，非耐短路	Safety isolating transformer， non-short-circuit proof
	5947	安全隔离变压器，耐短路	Safety isolating transformer，short-circuit proof
	5953	Ⅲ类手持灯用变压器，耐短路	Transformer for Class Ⅲ hand-lamps，short-circuit proof

符　号	编　号	中文名称	英　文　名　称
	5954	色温,荧光灯	Colour temperature, fluorescent lamp
	5955	色温,多云/多雨	Colour temperature, cloudy/rainy
	5956	色温,日出/日落	Colour temperature, sunrise/sunset
	5957	仅限室内使用	For indoor use only
	5958	X 射线诊断 C 形臂,角度	Radiodiagnostic C-arm, angulation
	5959	X 射线源到影像增强器距离,增加	X-ray source to image intensifier distance, increase
	5960	X 射线源到影像增强器距离,减少	X-ray source to image intensifier distance, decrease
	5961	X 射线源到影像增强器,中心对准	X-ray source to image intensifier, centering
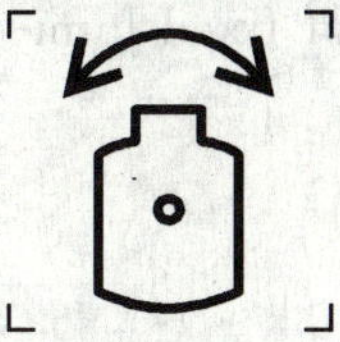	5962	影像增强器,绕水平轴旋转	Image intensifier, rotation around a horizontal axis

符　号	编　号	中文名称	英　文　名　称
	5963	X射线源,横向移动	X-ray source, lateral movement
	5964	X射线源,纵向移动	X-ray source, longitudinal movement
	5965	X射线源,垂直移动	X-ray source, vertical movement
	5966	患者支撑台,患者位置移动	Patient support, patient transfer position
	5968	抗干扰安全隔离变压器	Perturbation attenuation safety isolating transformer
	5969	抗干扰安全隔离变压器,耐短路	Perturbation attenuation safety isolating transformer, short-circuit proof
	5971	Ⅲ类手持灯变压器,非耐短路	Transformer for Class Ⅲ handlamps, non-short-circuit proof
	5972	医用场所的电源隔离变压器,非耐短路	Isolating transformer for the supply of medical locations, non-short-circuit proof
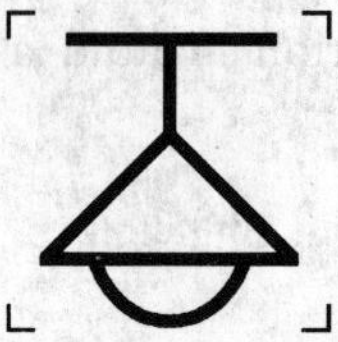	5974	固定照明的连接设备;DCL	Devices for connection of fixed luminaires; DCL

符　号	编　号	中文名称	英　文　名　称
	5979	X 射线暗盒，自由放置	X-ray cassette, freely positioned
	5980	间接 X 射线摄影，数字式	Indirect radiography, digital
	5981	透视，脉冲	Radioscopy, pulsed
	5986	磁盘媒体	Disc media
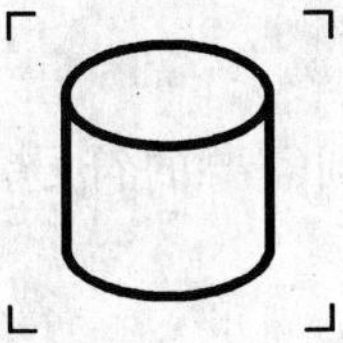	5987	硬盘	Hard disk
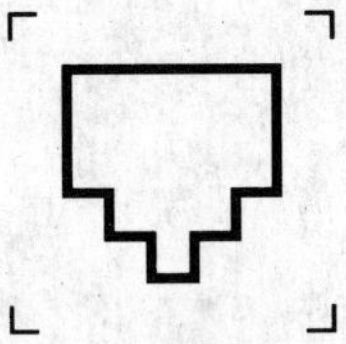	5989	电话线	Telephone line
	5990	鼠标	Mouse
	5991	键盘	Keyboard
	5992	锁定，数字	Locking, numerals; num-lock

符 号	编 号	中文名称	英 文 名 称
	5993	锁定，大写字母	Locking, capitals; caps-lock
	5994	锁定，滚动；滚动锁定	Locking, scroll; scroll lock
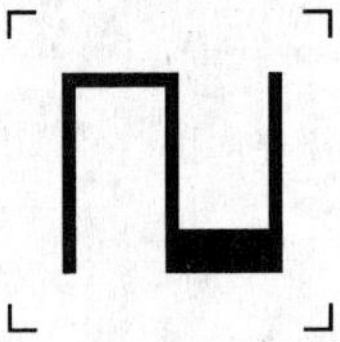	6005	脉冲背景	Pulse background
	6006	脉冲峰值	Pulse peak

4 按功能分类

本分类由符号的功能确定，一个符号可能会出现在多个类别中，用于帮助使用者找到需要的符号。本分类不应被看作是对符号应用范围的限制。

4.1 控制

编号	中文名称	编号	中文名称
5004	可变性(可调性)	5111A	暂停；中断
5009	待机	5111B	暂停；中断
5011	通/断(按钮开关)	5113	弹出
5012	灯；照明；照明设备	5114	脚踏开关
5013	铃	5124A	慢速运转；慢速
5032-1	三相交流电	5124B	慢速运转；慢速
5032-2	带中性线的三相交流电	5125A	重述
5037	高音控制	5125B	重述
5038	低音控制	5128	航首标志
5066	垂直图像幅度	5132	可编程的起点
5067	图像尺寸调整	5133	方位标记
5080	扬声器	5136	航首方位
5085	音乐	5137	指北方位
5100	磁带重放或读出的监视	5141	抑制海面杂波，最小位置
5104	起动；动作的开始	5142	抑制雨点杂波，最小位置
5110A	停机(动作的停止)	5143	区域选择器
5110B	停机(动作的停止)	5144	区域环亮度

编号	中文名称	编号	中文名称
5145	可调区域标记	5298	更新剂
5146	调到最小	5299	洗净剂
5147	调到最大	5300	洗碗机中的预洗
5161	抑制海面杂波，最大位置	5301	主洗涤剂
5162	抑制雨点杂波，最大位置	5319	告警禁止
5177	快速起动	5321	低强度照明
5178	快速停止	5323	可变光阑孔板，开启
5181	步调节	5324	可变光阑孔板，闭合
5183	调节，最大步	5325	小焦点
5211	听	5326	中焦点
5244	自动增益控制，大范围	5327	大焦点
5245	自动增益控制，小范围	5328	X射线摄影控制
5249	告警信号的频率	5329	间接X射线摄影
5250	会议电话	5330	X射线透视
5251	将用户数据输入本地存储器	5378	影像增强器，全野输入
5252	暂停通话；阻断通话	5379	影像增强器，小野输入
5253	（呼叫）转移	5401	无X射线辐射的断层摄影的移动
5263	主控台	5402	具有X射线辐射的断层摄影的移动
5264	设备的一部分“通”	5417	可编程序的持续时间
5265	设备的一部分“断”	5435	亮度和对比度
5266	设备的一部分处于等待或预备状态	5438	立体声效果
5267	同步功能	5439A	自动搜索调谐
5270	可编程停止；睡眠定时器	5439B	自动搜索调谐
5273	自动转换单元	5444	遥控接收指示器
5274	手动转换单元	5446	一位或多位数选择
5275	过压保护装置	5447	频带选择
5276	本地	5448	输入/输出
5276-1	载波，本地	5459	弹出
5276-2	载频，本地	5460	储存/存储方式结束
5276-3	测量，本地	5464-1	卫星接收模式，电视
5276-4	信令，本地	5467	图像固定
5277	远端	5470A	显像运转，提示信号
5277-1	载波，远端	5470B	显像运转，提示信号
5277-2	载频，远端	5471	逐帧画面，一般符号
5277-3	测量，远端	5471-1	逐帧画面，视频
5277-4	信令，远端	5483	页号减
5291	画中画模式	5484	页号加
5292	交换	5490	烹饪区扩展，同心
5294	严重玷污的物品，烹调用具	5491	烹饪区扩展，偏心
5295	一般玷污的物品	5492	烹饪区扩展，椭圆
5296	轻微玷污的物品	5493	烹饪区扩展，双侧
5297	精致易碎的物品	5495	复原

编号	中文名称	编号	中文名称
5498	缩位拨号	5608	烤箱,电转烤肉架
5499	呼叫转移	5609	烤箱,烤架
5500	三方通话	5610	烤箱,热循环空气
5501	回叫	5611	烤箱,热空气烤架
5502	来话禁止	5612	烤箱,底部加热
5503	总注销	5613	烤箱,顶部加热
5504	重复呼叫	5614	烤箱,底部和顶部加热
5505	无应答转移	5615	微波炉
5506	询问呼叫	5616	微波炉,转盘
5507	呼叫等待	5617	炉(箱式),自洁式
5508	呼叫拾起	5618	炉(箱式),自动
5509	撤线	5619	炉(箱式),灯
5522	彩色视频输入/输出	5620	炉(箱式),解冻位置
5522-1	彩色视频输入/输出,模拟式	5621	炉(箱式),温度计
5522-2	彩色视频输入/输出,数字式	5625	中等水量清洗,洗碗机
5526	彩色视频输入	5627	炉(箱式),保温
5526-1	彩色视频输入,模拟式	5628	功能性运动,步进模式
5526-2	彩色视频输入,数字式	5630A	显像运转,回放
5530	彩色视频输出	5630B	显像运转,回放
5530-1	彩色视频输出,模拟式	5638	紧急停止
5530-2	彩色视频输出,数字式	5640	主洗涤,洗碗机
5533	录制检查	5642	像增强器,中等输入范围
5535	响度	5643	零位偏移
5543	电唱机;唱机	5645	感兴趣区的修正
5552	色温,自然光	5646	定义感兴趣区
5553	色温,白炽灯	5647	层叠显示
5558	白平衡	5648	显示转换
5578	聚焦范围,近距离	5649	限值,一般符号
5579	聚焦范围,中距离	5650	可调上限
5580	聚焦范围,远距离	5651	可调下限
5594	抗皱	5652	基线调整
5597	蒸汽	5653	基线重置为确定值
5598	蒸汽,中强度	5657	物质混合
5599	蒸汽,高强度	5658	测距
5600	平滑地板或平面	5659	起动,测试运行
5601	地毯,一般符号	5662	日期
5602	地毯,长毛	5663	下一个人
5603	室内装潢	5664	个人鉴别
5604	窗帘	5665	体重
5605	刷子,伸出	5666	身高
5606	刷子,缩进	5668	护士
5607	炉(箱式),一般符号	5669	闪烁计数器

编号	中文名称	编号	中文名称
5670	井型闪烁计数器	5717	超声接收器,起点深度补偿
5671	伽玛照相机	5718	超声接收器,深度补偿
5672	伽玛照相机,倾斜	5719	超声接收器,远场增益
5673	伽玛照相机,旋转	5720	图像线密度
5674	患者支撑台正常速度移动	5721	动态范围
5675	患者支撑台快速移动	5722	灰度
5676	X射线断层摄影设备,移动到起始位置	5723	边缘增强
5677	带水平台的地架式X射线源组件	5726	冲击波头,台上位置
5678	带可倾斜台的地架式X射线源组件	5727	冲击波头,台下位置
5679	带水平台的顶棚悬挂式X射线源组件	5728	冲击波头,纵向运动
5680	带可倾斜台的顶棚悬挂式X射线源组件	5729	冲击波头,旋转运动
		5730	冲击波头,目标位置
5681	带可倾斜台的X射线断层摄影设备	5731	冲击波头,停放位置
5683	X射线增感屏,低灵敏度	5732	冲击波头,去耦
5684	X射线增感屏,中灵敏度	5733	冲击波头,耦合
5685	X射线增感屏,高灵敏度	5734	冲击波头,治疗位置左
5686	立体焦点	5735	冲击波头,治疗位置右
5687	超声图像,一般符号	5736	冲击波
5688	超声图像,双图像	5737	呼吸触发
5689	超声图像,区域选择	5738	目标位置校准
5690	超声图像,放大	5740	电极更换位置
5691	超声图像,扫描线选择	5750	红外辐射
5692	超声图像,图像选择	5751	紫外线辐射
5693	超声图像,M模式	5752	改变线间距
5694	超声图像,B和M模式	5753	数字指示器
5695	超声图像,M速度	5754	调节探头角度
5696	超声图像,脉冲多普勒模式	5755	轴向移动探头
5697	超声图像,CW多普勒模式	5756	停放位置的探头
5698	超声图像,测量容积扩大	5757	积分辐射测量,阈值
5699	超声图像,测量容积上移	5758	以下阈调节窗宽的能量选择型辐射测量
5700	超声图像,测量容积下移	5759	以上阈调节窗宽的能量选择型辐射测量
5701	超声图像,测量容积缩小	5760	调节窗中心位置的能量选择型辐射测量
5702	超声图像,焦点定位	5761	对称调节窗宽的能量选择型辐射测量
5707	笔式探头	5762	积分型辐射测量
5709	扇形声场探头	5763	能量选择型辐射测量
5710	线形或凸形探头	5765	床上位置探头
5711	环行声场探头	5766	床下位置探头
5712	超声能量调节	5767	能量选择辐射多道测量
5713	扫描深度调节	5768	像素平均值
5714	扫描孔径调节	5769	冲击波头,横向移动
5715	超声接收器,总增益	5780	电外科,切割模式
5716	超声接收器,近场增益	5781	电外科,混合切割模式

编号	中文名称	编号	中文名称
5782	电外科,凝结模式	5866	图像调整,倾斜
5783	电外科,喷雾凝结模式	5867	图像调整,失真
5784	电外科,双极凝结模式	5868	图像调整,水平基准
5792	感兴趣区的放大	5869	图像调整,垂直基准
5794	图像交换	5870	图像调整,水平枕形
5795	ECG 触发显示	5871	图像调整,垂直枕形
5800	分割屏幕	5872	图像调整,水平弓形
5814	患者位置,左侧卧	5874	图像调整,旋转
5815	下一个图像系列	5875	光学聚焦
5816	前一个图像系列	5876	夜间人像模式
5817	注射对比剂曝光	5877	微光模式
5818	限束器,常规预置	5879	定时器
5819	限束器,食道成像预置	5880	世界时间
5820	限束器,小区域预置	5882	声音和语言选择
5822	手动移动	5883	照相机位置选择
5823	患者支架移动起始位置的定义	5884	存储盘
5824	患者支架向起始位置移动	5885	静物照相机
5825	楔形滤板,进/出移动	5886	图像显示,基本设置
5826	轮廓楔形滤板,进/出移动	5887	照相记录仪
5827	中心楔形滤板,进/出移动	5888	传输被标记的图像
5828	楔形滤板,旋转	5889	图像标记
5829	中心楔形滤板,旋转	5890	存储显示的图像
5830	X 射线源,绕水平轴旋转	5893	电子快门,关
5831	X 射线源和影像增强器,共同旋转	5894	电子快门,开
5832	X 射线源和影像增强器,联合移动	5895	测功计
5833	X 射线源,绕其光束轴旋转	5896	光导照明
5840	B 型应用部分	5897	底架,水平调节
5841	防心脏除颤 B 型应用部分	5898	底架,垂直调节
5843	目标位置	5913	手持话筒
5844	体温	5914	应急告警接收模式
5845	内径	5915	隔间,语音实验室
5846	外径	5916	一对学生
5847	趋势	5917	单帧拍摄
5848	探头旋转	5918	带反射镜的照明
5849	设置	5923	位置,左前
5852	X-射线滤板	5927	快速快门模式;运动模式
5853	最终漂洗,洗碗机	5928	宽屏幕(16:9),标准模式
5854	速冻;快速结霜	5929	宽屏幕(16:9),图像模式选择
5856	预洗洗涤剂	5930	宽屏幕(16:9),全屏模式
5857	灯测试	5931	宽屏幕(16:9),水平缩放模式
5861	下一个;播放下一部分	5932	宽屏幕(16:9),放大模式
5862	前一个;播放前一部分	5933	宽屏幕(16:9),放大/缩小

编号	中文名称	编号	中文名称
5934	宽屏幕(16∶9);图像放大模式	5979	X射线暗盒,自由放置
5954	色温,荧光灯	5980	间接X射线摄影,数字式
5955	色温,多云/多雨	5981	透视,脉冲
5956	色温,日出/日落	5986	磁盘媒体
5958	X射线诊断C形臂,角度	5989	电话线
5959	X射线源到影像增强器距离,增加	5990	鼠标
5960	X射线源到影像增强器距离,减少	5991	键盘
5961	X射线源到影像增强器,中心对准	5992	锁定,数字
5962	影像增强器,绕水平轴旋转	5993	锁定,大写字母
5963	X射线源,横向移动	6005	脉冲背景
5964	X射线源,纵向移动	6006	脉冲峰值
5965	X射线源,垂直移动	6007	热启动
5966	患者支撑台,患者位置移动	6008	倾斜,增加
5967	机架,倾斜	6009	倾斜,减少
5973	镜像触点		

4.2 操作状态

编号	中文名称	编号	中文名称
5009	待机	5107A	常速运转;常速
5011	通/断(按钮开关)	5107B	常速运转;常速
5015	通风机;鼓风机;风扇	5108A	快速运转;快速
5037	高音控制	5108B	快速运转;快速
5038	低音控制	5110A	停机(动作的停止)
5044	信号强度衰减,本地/远端	5110B	停机(动作的停止)
5046	自动频率控制	5111A	暂停;中断
5048	彩色(限定符号)	5111B	暂停;中断
5055	聚焦	5124A	慢速运转;慢速
5070	单道声	5124B	慢速运转;慢速
5071	立体声	5125A	重述
5080	扬声器	5125B	重述
5081	扬声器/传声器	5136	航首方位
5085	音乐	5137	指北方位
5086	唱片拾音器	5140	非电离的电磁辐射
5087	立体声唱片拾音器	5141	抑制海面杂波,最小位置
5095	磁带录制	5142	抑制雨点杂波,最小位置
5096	磁带重放或读出	5143	区域选择器
5097	磁带消磁	5144	区域环亮度
5098	磁带录制时的输入监视	5145	可调区域标记
5099	磁带录制后的磁带监视	5148	视频放像机拾像器
5103	磁带剪辑	5161	抑制海面杂波,最大位置
5104	起动;动作的开始	5162	抑制雨点杂波,最大位置
5105	指令或纠错	5169	录制锁定
5106	记录内容的长度或结尾	5170	标志

编号	中文名称
5171	剪辑
5177	快速起动
5178	快速停止
5182	声音;音频
5196	陀螺指示器
5197	陀螺指示器的定位
5198	陀螺罗盘仪真实方位
5199	相对方位
5200	方位尺定位
5201	相位校准
5202	角度校准
5204	辨向天线开关
5210	讲
5211	听
5226	预洗,纺织品洗衣机
5227	主洗,纺织品洗衣机
5228	清洗
5229	最后一次清洗后停止
5230	甩干
5231	不甩干
5232	特殊处理
5234	高水位
5235	低水位
5236	排水
5237	干燥或热度控制
5252	暂停通话;阻断通话
5263	主控台
5264	设备的一部分“通”
5265	设备的一部分“断”
5266	设备的一部分处于等待或预备状态
5294	严重玷污的物品,烹调用具
5295	一般玷污的物品
5296	轻微玷污的物品
5297	精致易碎的物品
5298	更新剂
5300	洗碗机中的预洗
5319	告警禁止
5320	间接照明
5321	低强度照明
5323	可变光阑孔板,开启
5324	可变光阑孔板,闭合
5325	小焦点
5326	中焦点
5327	大焦点
5328	X 射线摄影控制
5329	间接 X 射线摄影
5330	X 射线透视
5418	灰尘袋,满
5424-1	接口器件,140 Mbit/s
5424-2	接口器件,二进制
5424-3	接口器件,同步
5433	正常运行
5434	备用操作
5436	静音
5439A	自动搜索调谐
5439B	自动搜索调谐
5448	输入/输出
5464	卫星接收模式,一般符号
5480	图文混合
5487	视频数据
5499	呼叫转移
5500	三方通话
5501	回叫
5502	来话禁止
5503	总注销
5504	重复呼叫
5505	无应答转移
5506	询问呼叫
5507	呼叫等待
5508	呼叫拾起
5509	撤线
5512	系统状态显示
5513	画中画,移动
5536	湿度
5539	广角
5540	远距(照相)
5541	背景光
5546	电池校验
5547	录制,一般符号
5548	插入信号
5549	录制静噪
5550	拾音器臂,抬起
5551	拾音器臂,放下
5552	色温,自然光

编号	中文名称
5553	色温,白炽灯
5554	静止模式
5555	磁带运转方向
5560	电视电缆分配
5562	磁带终端
5569	锁定,一般符号
5570	解锁
5573	水龙头,关
5574	水龙头,开
5575	清洁/更换过滤器
5576	关闭铃音
5581	节约;节能
5583	快洗模式
5584	洗衣粉(剂)
5585	柔和甩干
5586	1/2 量
5587	轻度污染
5588	中度污染
5589	重度污染
5596	凝液收集器,满
5600	平滑地板或平面
5601	地毯,一般符号
5602	地毯,长毛
5603	室内装潢
5604	窗帘
5605	刷子,伸出
5606	刷子,缩进
5607	炉(箱式),一般符号
5608	烤箱,电转烤肉架
5609	烤箱,烤架
5610	烤箱,热循环空气
5611	烤箱,热空气烤架
5612	烤箱,底部加热
5613	烤箱,顶部加热
5614	烤箱,底部和顶部加热
5615	微波炉
5616	微波炉,转盘
5617	炉(箱式),自洁式
5618	炉(箱式),自动
5619	炉(箱式),灯
5620	炉(箱式),解冻位置
5621	炉(箱式),温度计
5623	门,关闭
5624	门,开启
5625	中等水量清洗,洗碗机
5627	炉(箱式),保温
5631	三基色视频信号(限定信号)
5632	三基色视频输入/输出
5632-1	三基色视频输入/输出,模拟式
5632-2	三基色视频输入/输出,数字式
5633	三基色视频输入
5633-1	三基色视频输入,模拟式
5633-2	三基色视频输入,数字式
5634	三基色视频输出
5634-1	三基色视频输出,模拟式
5634-2	三基色视频输出,数字式
5635	色差视频输入/输出
5635-1	色差视频输入/输出,模拟式
5635-2	色差视频输入/输出,数字式
5636	色差视频输入
5636-1	色差视频输入,模拟式
5636-2	色差视频输入,数字式
5637	色差视频输出
5637-1	色差视频输出,模拟式
5637-2	色差视频输出,数字式
5640	主洗涤,洗碗机
5657	物质混合
5659	起动,测试运行
5661	传送准备就绪
5696	超声图像,脉冲多普勒模式
5697	超声图像,CW 多普勒模式
5707	笔式探头
5709	扇形声场探头
5710	线形或凸形探头
5711	环行声场探头
5726	冲击波头,台上位置
5727	冲击波头,台下位置
5728	冲击波头,纵向运动
5729	冲击波头,旋转运动
5730	冲击波头,目标位置
5731	冲击波头,停放位置
5732	冲击波头,去耦
5733	冲击波头,耦合
5734	冲击波头,治疗位置左

编号	中文名称	编号	中文名称
5735	冲击波头,治疗位置右	5862	前一个;播放前一部分
5738	目标位置校准	5875	光学聚焦
5740	电极更换位置	5876	夜间人像模式
5754	调节探头角度	5877	微光模式
5760	调节窗中心位置的能量选择型辐射测量	5879	定时器
5761	对称调节窗宽的能量选择型辐射测量	5880	世界时间
5762	积分型辐射测量	5881	夏令时
5763	能量选择型辐射测量	5884	存储盘
5765	床上位置探头	5890	存储显示的图像
5766	床下位置探头	5893	电子快门,关
5767	能量选择辐射多道测量	5914	应急告警接收模式
5769	冲击波头,横向移动	5915	隔间,语音实验室
5780	电外科,切割模式	5916	一对学生
5781	电外科,混合切割模式	5917	单帧拍摄
5782	电外科,凝结模式	5927	快速快门模式;运动模式
5783	电外科,喷雾凝结模式	5954	色温,荧光灯
5784	电外科,双极凝结模式	5955	色温,多云/多雨
5842	多脉冲	5956	色温,日出/日落
5847	趋势	5987	硬盘
5849	设置	5992	锁定,数字
5854	速冻;快速结霜	5993	锁定,大写字母
5861	下一个;播放下一部分	5994	锁定,滚动;滚动锁定

4.3 运动

编号	中文名称	编号	中文名称
5022	单向运动	5124B	慢速运转;慢速
5023	双向运动	5125A	重述
5024	双向局限运动	5125B	重述
5025	移离参考点的效应或作用	5192	图形记录器
5026	移向参考点的效应或作用	5318	选通,一般符号
5027	移离参考点的双向效应或作用	5318-1	选通,视频设备
5028	移向参考点的双向效应或作用	5339	X射线源组件,发射
5029	非同时移离和移向参考点的效应或作用	5342	水平X射线摄影台
5030	同时移离和移向参考点的效应或作用	5343	荧光照相架
5107A	常速运转;常速	5344	荧光照相机
5107B	常速运转;常速	5346	带有台上X射线源组件的可倾斜台
5108A	快速运转;快速	5347	带有台下X射线源组件的可倾斜台
5108B	快速运转;快速	5349	X射线诊断压迫器,移动
5110A	停机(动作的停止)	5350	X射线诊断压迫器,进行压迫
5110B	停机(动作的停止)	5351	X射线诊断压迫器,停放
5111A	暂停;中断	5364	X射线诊断双向同步操作
5111B	暂停;中断	5370	患者专用椅,绕垂直轴旋转
5124A	慢速运转;慢速	5371	患者专用椅,绕水平轴倾斜

编号	中文名称
5385	限束装置，开启
5386	限束装置，关闭
5387	具有独立开启挡板的限束装置
5388	具有独立关闭挡板的限束装置
5392	患者支架，倾斜
5393	患者支架，纵向移动
5394	患者支架，步进移动
5395	患者支架，垂直床面移动
5396	患者支架，床面平面内移动
5397	患者支架，绕纵轴旋转
5398	患者摇架，绕纵轴旋转
5399	患者支架，绕垂直轴旋转
5401	无 X 射线辐射的断层摄影的移动
5402	具有 X 射线辐射的断层摄影的移动
5403	断层摄影层位选择
5404	阳极旋转，正常速度
5405	阳极旋转，高速
5457	自动反向
5470A	显像运转，提示信号
5470B	显像运转，提示信号
5471	逐帧画面，一般符号
5471-1	逐帧画面，视频
5483	页号减
5484	页号加
5513	画中画，移动
5533	录制检查
5550	拾音器臂，抬起
5551	拾音器臂，放下
5554	静止模式
5555	磁带运转方向
5556	人工反转
5557	自动连续反转
5572	电缆盘
5630A	显像运转，回放
5661	传送准备就绪
5672	伽玛照相机，倾斜
5673	伽玛照相机，旋转
5674	患者支撑台正常速度移动
5675	患者支撑台快速移动
5676	X 射线断层摄影设备，移动到起始位置
5691	超声图像，扫描线选择
5695	超声图像，M 速度
5699	超声图像，测量容积上移
5700	超声图像，测量容积下移
5728	冲击波头，纵向运动
5729	冲击波头，旋转运动
5738	目标位置校准
5755	轴向移动探头
5756	停放位置的探头
5769	冲击波头，横向移动
5794	图像交换
5822	手动移动
5825	楔形滤板，进/出移动
5826	轮廓楔形滤板，进/出移动
5827	中心楔形滤板，进/出移动
5848	探头旋转
5861	下一个；播放下一部分
5862	前一个；播放前一部分
5888	传输被标记的图像
5890	存储显示的图像
5892	传递图像
5898	底架，垂直调节
5920	位置，中前
5921	位置，中后
5922	位置，中央
5924	位置，左后
5925	位置，左
5927	快速快门模式；运动模式
5928	宽屏幕(16：9)，标准模式
5929	宽屏幕(16：9)，图像模式选择
5930	宽屏幕(16：9)，全屏模式
5931	宽屏幕(16：9)，水平缩放模式
5932	宽屏幕(16：9)，放大模式
5933	宽屏幕(16：9)，放大/缩小
5934	宽屏幕(16：9)；图像放大模式

4.4 设备标识

编号	中文名称
5001A	电池，一般符号
5001B	电池，一般符号
5002	电池定位
5003	交流/直流变换器；整流器；电源转接器

编号	中文名称
5004	可变性(可调性)
5012	灯;照明;照明设备
5015	通风机;鼓风机;风扇
5016	熔断器
5018	功能性接地
5019	保护接地
5020	接机壳;接机架
5021	等电位
5031	直流电
5032	交流电
5033	交直流两用
5034	输入
5035	输出
5039	天线
5040	偶极子天线
5042	环形天线
5043	调谐器;无线电接收机
5070	单道声
5071	立体声
5073	全向传声器
5074	双向传声器
5075	单向或心形传声器
5076	耳机
5077	头戴耳机
5078	头戴立体声耳机
5079	头戴送、受话器
5081	扬声器/传声器
5082	传声器,一般符号
5083	立体声传声器
5084	放大器
5085	音乐
5086	唱片拾音器
5087	立体声唱片拾音器
5088	晶体或陶瓷的压电拾音器
5089	电磁式拾音器
5090	电话;电话适配器
5091	高通滤波器
5092	低通滤波器
5109	不得用于住宅区
5114	脚踏开关
5115	信号灯
5116	电视摄像机

编号	中文名称
5117	彩色电视摄像机
5118	磁带录像机
5119	彩色磁带录像机
5120	录像
5121	彩色录像
5122	重放视频
5123	重放彩色视频
5126	按传声方式工作的扬声器
5127	按扬声器方式工作的扬声器
5129	天线旋转;扫描器旋转
5134	静电敏感器件
5138	独立的照明辅助设备
5140	非电离的电磁辐射
5149	发射功率监视器
5150	发射/接收监视器
5151	水听器
5152	激光设备的辐射
5153	水下发声器
5154	水声可逆换能器
5156	变压器
5157	带通滤波器
5158	可调中心频率的带通滤波器
5159	可调带宽的带通滤波器;选择性控制
5160	带阻滤波器
5163	信息载体的录制
5164	信息载体的读出或重放
5166	信息载体的记录或录制时对输入数据的监视
5167	信息载体的记录或录制后对输入数据的监视
5168	信息载体的读出或重放时对输出数据的监视
5172	Ⅱ类设备
5180	Ⅲ类设备
5186	整流器,一般符号
5193	打印机
5194	直流/交流变换器
5195	可调带阻滤波器
5204	辨向天线开关
5213	莫尔斯电键
5216	适合带电作业;双三角
5220	短路保护变压器

编号	中文名称
5221	隔离变压器
5222	安全隔离变压器
5223	非短路保护变压器
5226	预洗,纺织品洗衣机
5227	主洗,纺织品洗衣机
5228	清洗
5229	最后一次清洗后停止
5230	甩干
5231	不甩干
5232	特殊处理
5234	高水位
5235	低水位
5236	排水
5237	干燥或热度控制
5263	主控台
5272	谐波发生器
5284	有稳定输出电压的变换器
5299	洗净剂
5301	主洗涤剂
5302	有稳定输出电流的变换器
5303	运算放大器
5304	具有逻辑元件的设备
5320	间接照明
5321	低强度照明
5328	X射线摄影控制
5329	间接X射线摄影
5330	X射线透视
5331	AP型设备
5332	APG型设备
5333	BF型应用部分
5334	防除颤的BF型应用部分
5335	CF型应用部分
5336	防除颤的CF型应用部分
5337	X射线管
5338	X射线源组件
5339	X射线源组件,发射
5340	垂直X射线透视架
5341	垂直X射线摄影架
5342	水平X射线摄影台
5343	荧光照相架
5344	荧光照相机
5345	断层成像设备

编号	中文名称
5346	带有台上X射线源组件的可倾斜台
5347	带有台下X射线源组件的可倾斜台
5348	X射线诊断压迫器
5349	X射线诊断压迫器,移动
5350	X射线诊断压迫器,进行压迫
5351	X射线诊断压迫器,停放
5352	滤线栅
5355	X射线诊断自动控制系统
5356	单片射线照相的连续换片器
5362	胶片或底片切换器
5364	X射线诊断双向同步操作
5365	X射线诊断双向交替操作
5366	安装在地板上的放射线设备
5367	悬吊在天花板上的放射线设备
5368	X射线诊断泌尿科专用床
5369	外科专用床
5370	患者专用椅,绕垂直轴旋转
5371	患者专用椅,绕水平轴倾斜
5372	头颅X射线照相设备
5373	X射线诊断C形臂
5374	X射线诊断U形臂
5375	乳腺X射线照相设备
5376	X射线影像增强器
5377	具有稳定输入的X射线影像增强器
5380	X射线影像增强器,消气器
5381	辐射过滤器或渗透
5382	注射器
5383	辐射场中心的灯光指示器
5384	辐射场的灯光指示器
5385	限束装置,开启
5386	限束装置,关闭
5387	具有独立开启挡板的限束装置
5388	具有独立关闭挡板的限束装置
5392	患者支架,倾斜
5393	患者支架,纵向移动
5394	患者支架,步进移动
5395	患者支架,垂直床面移动
5396	患者支架,床面平面内移动
5397	患者支架,绕纵轴旋转
5398	患者摇架,绕纵轴旋转
5399	患者支架,绕垂直轴旋转
5403	断层摄影层位选择

编号	中文名称
5404	阳极旋转,正常速度
5405	阳极旋转,高速
5406	电离室
5419	灰尘袋
5448	输入/输出
5518	视盘播放机
5534	电源插头
5544	CD播放机
5561	盒式磁带
5582	用于浴缸或淋浴器附近
5584	洗衣粉(剂)
5595	凝液收集器,一般符号
5639	可充电电池
5669	闪烁计数器
5670	井型闪烁计数器
5671	伽玛照相机
5672	伽玛照相机,倾斜
5673	伽玛照相机,旋转
5677	带水平台的地架式X射线源组件
5678	带可倾斜台的地架式X射线源组件
5679	带水平台的顶棚悬挂式X射线源组件
5680	带可倾斜台的顶棚悬挂式X射线源组件
5681	带可倾斜台的X射线断层摄影设备
5683	X射线增感屏,低灵敏度
5684	X射线增感屏,中灵敏度
5685	X射线增感屏,高灵敏度
5725	冲击波头
5741	呼吸面罩
5742	气管插管
5743	喉镜
5744	药瓶
5745	皮下注射针头
5746	人工呼吸器
5747	注射液瓶
5748	手术器械
5749	电子烧灼装置
5753	数字指示器
5764	放射性核素扫描仪
5770	键区
5777	电外科,电极柄
5778	电外科,一键式电极手柄
5779	电外科,双键式电极手柄
5785	用于热带地区
5786	用于亚热带地区
5795	ECG触发显示
5832	X射线源和影像增强器,联合移动
5842	多脉冲
5849	设置
5850	串行接口
5851	打印机连接;并行接口
5852	X-射线滤板
5853	最终漂洗,洗碗机
5855	最小供电容量
5856	预洗洗涤剂
5884	存储盘
5885	静物照相机
5886	图像显示,基本设置
5895	测功计
5897	底架,水平调节
5913	手持话筒
5926	直流电源连接器的极性
5935	清洁用电动吸水清洗头
5937	心脏起搏器;植入型心律转复除颤器
5938	通信,红外线
5939	电气装置的供电型式
5941	自耦变压器,一般符号
5942	自耦变压器,非耐短路
5943	自耦变压器,耐短路
5944	隔离变压器,非耐短路
5945	隔离变压器,耐短路
5946	安全隔离变压器,非耐短路
5947	安全隔离变压器,耐短路
5948	抗干扰隔离变压器,一般符号
5949	抗干扰隔离变压器,耐短路
5950	小型电抗器,一般符号
5951	小型电抗器,非耐过载
5952	小型电抗器,耐过载
5953	Ⅲ类手持灯用变压器,耐短路
5968	抗干扰安全隔离变压器
5969	抗干扰安全隔离变压器,耐短路
5970	变频器
5972	医用场所的电源隔离变压器,非耐短路
5973	镜像触点

编号	中文名称
5974	固定照明的连接设备;DCL
5977	X 射线影像接收器,X 射线透视
5986	磁盘媒体
5987	硬盘
5989	电话线
5990	鼠标
5991	键盘
5994	锁定,滚动;滚动锁定

4.5 信息传输、处理和注册

编号	中文名称
5039	天线
5040	偶极子天线
5042	环形天线
5043	调谐器;无线电接收机
5044	信号强度衰减,本地/远端
5045	调谐
5046	自动频率控制
5047	噪声抑制
5048	彩色(限定符号)
5049	电视;视频
5050	彩色电视
5051	电视监视器
5052	彩色电视监视器
5053	电视接收机
5054	彩色电视接收机
5055	聚焦
5070	单道声
5071	立体声
5073	全向传声器
5074	双向传声器
5075	单向或心形传声器
5084	放大器
5091	高通滤波器
5092	低通滤波器
5093	带式录音机
5094	立体声磁带录音机
5095	磁带录制
5096	磁带重放或读出
5097	磁带消磁
5098	磁带录制时的输入监视
5099	磁带录制后的磁带监视
5101	磁带录音机锁定装置
5102	磁带录音机上的脉冲标记
5103	磁带剪辑
5105	指令或纠错
5106	记录内容的长度或结尾
5112	信号转换
5115	信号灯
5116	电视摄像机
5117	彩色电视摄像机
5118	磁带录像机
5119	彩色磁带录像机
5120	录像
5121	彩色录像
5122	重放视频
5123	重放彩色视频
5126	按传声方式工作的扬声器
5127	按扬声器方式工作的扬声器
5129	天线旋转;扫描器旋转
5130	脉冲,一般符号
5131	长脉冲
5150	发射/接收监视器
5152	激光设备的辐射
5153	水下发声器
5154	水声可逆换能器
5157	带通滤波器
5158	可调中心频率的带通滤波器
5159	可调带宽的带通滤波器;选择性控制
5160	带阻滤波器
5163	信息载体的录制
5164	信息载体的读出或重放
5165	信息载体的消迹
5166	信息载体的记录或录制时对输入数据的监视
5167	信息载体的记录或录制后对输入数据的监视
5168	信息载体的读出或重放时对输出数据的监视
5170	标志
5173	信号低端
5182	声音;音频
5185	拒波滤波器;陷波器

编号	中文名称
5193	打印机
5213	莫尔斯电键
5249	告警信号的频率
5250	会议电话
5251	将用户数据输入本地存储器
5252	暂停通话;阻断通话
5253	(呼叫)转移
5254	链路装置
5255	行波管放大器
5256	信令发送器
5257	信令接收器
5258	测试;识别或控制信令的频率
5259	同步信令的频率
5260	解调器
5260-1	主群解调器
5260-2	次群解调器
5261	调制器
5261-1	主群调制器
5261-2	次群调制器
5262	调制解调器
5271	逻辑控制通路选择
5275	过压保护装置
5276	本地
5276-1	载波,本地
5276-2	载频,本地
5276-3	测量,本地
5276-4	信令,本地
5277	远端
5277-1	载波,远端
5277-2	载频,远端
5277-3	测量,远端
5277-4	信令,远端
5279	相位抖动滤波器
5280	环路
5281	数字组合器
5282	数字分离器
5283	再生中继器
5286	失真校正器
5286-1	失真校正器,振幅/频率
5286-2	失真校正器,相位/频率
5287	跟踪
5288	配录
5289	辅助应用
5290	页面暂停
5292	交换
5305	取样单元
5306	比较器,一般符号
5306-1	比较器,电压
5306-2	比较器,电流
5306-3	比较器,频率
5310	帧
5311	复帧
5312	帧定位
5313	帧定位丢失
5314	帧定位误差
5315	二电平信号
5316	三电平信号
5317	二进制编码信号
5420	扰码器
5421	解扰器
5430	优先
5438	立体声效果
5446	一位或多位数选择
5447	频带选择
5448	输入/输出
5459	弹出
5460	储存/存储方式结束
5464	卫星接收模式,一般符号
5487	视频数据
5495	复原
5498	缩位拨号
5499	呼叫转移
5500	三方通话
5501	回叫
5502	来话禁止
5503	总注销
5504	重复呼叫
5505	无应答转移
5506	询问呼叫
5507	呼叫等待
5508	呼叫拾起
5543	电唱机;唱机
5547	录制,一般符号
5556	人工反转

编号	中文名称
5557	自动连续反转
5559	双声道
5560	电视电缆分配
5561	盒式磁带
5628	功能性运动,步进模式
5850	串行接口
5888	传输被标记的图像
5917	单帧拍摄
5938	通信,红外线

4.6 连接和中断

编号	中文名称
5005	正号;正极
5006	负号;负极
5009	待机
5011	通/断(按钮开关)
5017	接地
5018	功能性接地
5019	保护接地
5093	带式录音机
5094	立体声磁带录音机
5098	磁带录制时的输入监视
5099	磁带录制后的磁带监视
5101	磁带录音机锁定装置
5102	磁带录音机上的脉冲标记
5103	磁带剪辑
5114	脚踏开关
5163	信息载体的录制
5164	信息载体的读出或重放
5165	信息载体的消迹
5166	信息载体的记录或录制时对输入数据的监视
5167	信息载体的记录或录制后对输入数据的监视
5168	信息载体的读出或重放时对输出数据的监视
5173	信号低端
5185	拒波滤波器;陷波器
5195	可调带阻滤波器
5254	链路装置
5266	设备的一部分处于等待或预备状态
5273	自动转换单元
5274	手动转换单元
5280	环路
5281	数字组合器
5282	数字分离器
5286-3	失真校正器,延迟/频率
5292	交换
5293	具有肯定断开操作的动断触点的行程开关
5322	手持开关
5346	带有台上 X 射线源组件的可倾斜台
5347	带有台下 X 射线源组件的可倾斜台
5424	接口器件,一般符号
5431	直达链路
5432	混合链路
5436	静音
5440	可编程定时器,一般符号
5487	视频数据
5522	彩色视频输入/输出
5522-1	彩色视频输入/输出,模拟式
5522-2	彩色视频输入/输出,数字式
5525A	视频输入
5525B	视频输入
5526	彩色视频输入
5526-1	彩色视频输入,模拟式
5526-2	彩色视频输入,数字式
5529A	视频输出
5529B	视频输出
5530	彩色视频输出
5530-1	彩色视频输出,模拟式
5530-2	彩色视频输出,数字式
5572	电缆盘
5844	体温
5850	串行接口
5851	打印机连接;并行接口
5885	静物照相机
5887	照相记录仪
5913	手持话筒
5915	隔间,语音实验室
5916	一对学生
5918	带反射镜的照明

编号	中文名称
5926	直流电源连接器的极性
5939	电气装置的供电型式
5973	镜像触点
5988	计算机网络

4.7 图像制作或处理

编号	中文名称
5012	灯;照明;照明设备
5049	电视;视频
5050	彩色电视
5051	电视监视器
5052	彩色电视监视器
5053	电视接收机
5054	彩色电视接收机
5055	聚焦
5056	亮度;辉度
5057	对比度
5058	色饱和度
5059	图像轮廓加重器
5060	色调
5061	水平同步
5062	垂直同步
5063	水平图像位移
5064	垂直图像位移
5065	水平图像幅度
5066	垂直图像幅度
5067	图像尺寸调整
5068	水平(行)线性
5069	垂直(场)线性
5116	电视摄像机
5117	彩色电视摄像机
5118	磁带录像机
5119	彩色磁带录像机
5120	录像
5121	彩色录像
5122	重放视频
5123	重放彩色视频
5148	视频放像机拾像器
5191	框架调整
5192	图形记录器
5318	选通,一般符号
5318-1	选通,视频设备
5323	可变光阑孔板,开启
5324	可变光阑孔板,闭合
5325	小焦点
5326	中焦点
5327	大焦点
5355	X射线诊断自动控制系统
5356	单片射线照相的连续换片器
5362	胶片或底片切换器
5378	影像增强器,全野输入
5379	影像增强器,小野输入
5407	电子图像,正常
5408	电子图像,从右向左翻转
5409	电子图像,上下倒置
5410	电子图像,上下倒置和从右向左翻转
5411	电子图像,黑白反置
5412	电子图像,基准场
5413	电子图像,灰度控制
5435	亮度和对比度
5464	卫星接收模式,一般符号
5467	图像固定
5470B	显像运转,提示信号
5471	逐帧画面,一般符号
5471-1	逐帧画面,视频
5478	页面扩展
5480	图文混合
5483	页号减
5484	页号加
5513	画中画,移动
5518	视盘播放机
5521A	视频输入/输出
5521B	视频输入/输出
5522	彩色视频输入/输出
5522-1	彩色视频输入/输出,模拟式
5522-2	彩色视频输入/输出,数字式
5525A	视频输入
5525B	视频输入
5526	彩色视频输入
5526-1	彩色视频输入,模拟式
5526-2	彩色视频输入,数字式
5529A	视频输出
5529B	视频输出

编号	中文名称
5530	彩色视频输出
5530-1	彩色视频输出,模拟式
5530-2	彩色视频输出,数字式
5537	亮度调节器
5538	微距
5539	广角
5540	远距(照相)
5541	背景光
5542	感光材料面;成像面
5547	录制,一般符号
5548	插入信号
5549	录制静噪
5552	色温,自然光
5553	色温,白炽灯
5554	静止模式
5556	人工反转
5557	自动连续反转
5558	白平衡
5630A	显像运转,回放
5630B	显像运转,回放
5631	三基色视频信号(限定信号)
5632	三基色视频输入/输出
5632-1	三基色视频输入/输出,模拟式
5632-2	三基色视频输入/输出,数字式
5633	三基色视频输入
5633-1	三基色视频输入,模拟式
5633-2	三基色视频输入,数字式
5634	三基色视频输出
5634-1	三基色视频输出,模拟式
5634-2	三基色视频输出,数字式
5635	色差视频输入/输出
5635-1	色差视频输入/输出,模拟式
5635-2	色差视频输入/输出,数字式
5636	色差视频输入
5636-1	色差视频输入,模拟式
5636-2	色差视频输入,数字式
5637	色差视频输出
5637-1	色差视频输出,模拟式
5637-2	色差视频输出,数字式
5642	像增强器,中等输入范围
5686	立体焦点
5687	超声图像,一般符号
5688	超声图像,双图像
5720	图像线密度
5721	动态范围
5722	灰度
5723	边缘增强
5768	像素平均值
5771	电子图像,平均值
5772	电子图像,旋转
5773	电子图像,交错
5774	胶片致黑
5788	显示图像,放大
5789	显示图像,缩小
5791	手形功能
5792	感兴趣区的放大
5794	图像交换
5800	分割屏幕
5802	屏幕选择
5817	注射对比剂曝光
5821	其他双平面通道的选择
5830	X射线源,绕水平轴旋转
5833	X射线源,绕其光束轴旋转
5843	目标位置
5851	打印机连接;并行接口
5866	图像调整,倾斜
5867	图像调整,失真
5868	图像调整,水平基准
5869	图像调整,垂直基准
5870	图像调整,水平枕形
5871	图像调整,垂直枕形
5872	图像调整,水平弓形
5874	图像调整,旋转
5875	光学聚焦
5876	夜间人像模式
5877	微光模式
5879	定时器
5883	照相机位置选择
5885	静物照相机
5886	图像显示,基本设置
5887	照相记录仪
5888	传输被标记的图像
5889	图像标记
5890	存储显示的图像

编号	中文名称
5892	传递图像
5893	电子快门,关
5894	电子快门,开
5917	单帧拍摄
5918	带反射镜的照明
5927	快速快门模式;运动模式
5928	宽屏幕(16∶9),标准模式
5929	宽屏幕(16∶9),图像模式选择
5930	宽屏幕(16∶9),全屏模式
5931	宽屏幕(16∶9),水平缩放模式
5932	宽屏幕(16∶9),放大模式
5933	宽屏幕(16∶9),放大/缩小
5934	宽屏幕(16∶9);图像放大模式
5954	色温,荧光灯
5955	色温,多云/多雨
5956	色温,日出/日落
5961	X射线源到影像增强器,中心对准
5963	X射线源,横向移动
5964	X射线源,纵向移动
5965	X射线源,垂直移动
5977	X射线影像接收器,X射线透视
5979	X射线暗盒,自由放置
5980	间接X射线摄影,数字式
5981	透视,脉冲
5982	X射线野,不受遮光器限制

4.8 变量

编号	中文名称
5004	可变性(可调性)
5037	高音控制
5038	低音控制
5045	调谐
5047	噪声抑制
5048	彩色(限定符号)
5056	亮度;辉度
5057	对比度
5058	色饱和度
5059	图像轮廓加重器
5060	色调
5061	水平同步
5062	垂直同步
5063	水平图像位移
5064	垂直图像位移
5065	水平图像幅度
5066	垂直图像幅度
5067	图像尺寸调整
5068	水平(行)线性
5069	垂直(场)线性
5072	平衡
5086	唱片拾音器
5087	立体声唱片拾音器
5093	带式录音机
5146	调到最小
5147	调到最大
5181	步调节
5183	调节,最大步
5285	可调整装置
5558	白平衡
5643	零位偏移
5698	超声图像,测量容积扩大
5699	超声图像,测量容积上移
5700	超声图像,测量容积下移
5701	超声图像,测量容积缩小
5702	超声图像,焦点定位
5712	超声能量调节
5713	扫描深度调节
5714	扫描孔径调节
5715	超声接收器,总增益
5716	超声接收器,近场增益
5717	超声接收器,起点深度补偿
5718	超声接收器,深度补偿
5719	超声接收器,远场增益
5825	楔形滤板,进/出移动
5866	图像调整,倾斜
5867	图像调整,失真
5868	图像调整,水平基准
5869	图像调整,垂直基准
5870	图像调整,水平枕形
5871	图像调整,垂直枕形
5872	图像调整,水平弓形
5874	图像调整,旋转
5879	定时器

4.9 安全

编号	中文名称	编号	中文名称
5005	正号;正极	5222	安全隔离变压器
5006	负号;负极	5265	设备的一部分“断”
5007	通(电源)	5266	设备的一部分处于等待或预备状态
5008	断(电源)	5268	双位按钮控制的“按入”状态
5013	铃	5269	双位按钮控制的“弹出”状态
5017	接地	5275	过压保护装置
5018	功能性接地	5339	X射线源组件,发射
5019	保护接地	5340	垂直X射线透视架
5020	接机壳;接机架	5574	水龙头,开
5021	等电位	5576	关闭铃音
5031	直流电	5582	用于浴缸或淋浴器附近
5032	交流电	5597	蒸汽
5032-1	三相交流电	5638	紧急停止
5033	交直流两用	5855	最小供电容量
5036	危险电压	5914	应急告警接收模式
5041	小心,烫伤	5926	直流电源连接器的极性
5140	非电离的电磁辐射	5935	清洁用电动吸水清洗头
5152	激光设备的辐射	5937	心脏起搏器;植入型心律转复除颤器
5172	Ⅱ类设备	5953	Ⅲ类手持灯用变压器,耐短路
5180	Ⅲ类设备	5957	仅限室内使用
5216	适合带电作业;双三角	5971	Ⅲ类手持灯变压器,非耐短路
5219	玩具用安全隔离变压器	5973	镜像触点
5220	短路保护变压器	5974	固定照明的连接设备;DCL

4.10 时间

编号	中文名称	编号	中文名称
5132	可编程的起点	5519	定时页码取消
5184	钟;定时开关;计时器	5662	日期
5270	可编程停止;睡眠定时器	5842	多脉冲
5415	流逝时间显示	5879	定时器
5416	剩余时间显示	5880	世界时间
5417	可编程序的持续时间	5881	夏令时
5440	可编程定时器,一般符号	5927	快速快门模式;运动模式

4.11 显示

编号	中文名称	编号	中文名称
5049	电视;视频	5056	亮度;辉度
5050	彩色电视	5196	陀螺指示器
5051	电视监视器	5197	陀螺指示器的定位
5052	彩色电视监视器	5198	陀螺罗盘仪真实方位
5053	电视接收机	5199	相对方位
5054	彩色电视接收机	5200	方位尺定位
5055	聚焦	5201	相位校准

编号	中文名称
5202	角度校准
5290	页面暂停
5291	画中画模式
5318	选通,一般符号
5318-1	选通,视频设备
5415	流逝时间显示
5416	剩余时间显示
5435	亮度和对比度
5444	遥控接收指示器
5463	图文方式
5467	图像固定
5471	逐帧画面,一般符号
5471-1	逐帧画面,视频
5476	索引主页面
5478	页面扩展
5480	图文混合
5483	页号减
5484	页号加
5487	视频数据
5510	屏幕上的附加信息
5511	菜单
5513	画中画,移动
5514	画中画,固定
5515	画中画,切换
5516	画中画,选择
5517A	多画面,显示
5517B	多画面,显示
5519	定时页码取消
5520	字幕
5521A	视频输入/输出
5521B	视频输入/输出
5645	感兴趣区的修正
5646	定义感兴趣区
5647	层叠显示
5648	显示转换
5649	限值,一般符号
5650	可调上限
5651	可调下限
5652	基线调整
5653	基线重置为确定值

编号	中文名称
5658	测距
5689	超声图像,区域选择
5690	超声图像,放大
5691	超声图像,扫描线选择
5692	超声图像,图像选择
5693	超声图像,M 模式
5694	超声图像,B 和 M 模式
5695	超声图像,M 速度
5696	超声图像,脉冲多普勒模式
5697	超声图像,CW 多普勒模式
5698	超声图像,测量容积扩大
5699	超声图像,测量容积上移
5700	超声图像,测量容积下移
5701	超声图像,测量容积缩小
5702	超声图像,焦点定位
5788	显示图像,放大
5789	显示图像,缩小
5791	手形功能
5792	感兴趣区的放大
5794	图像交换
5795	ECG 触发显示
5800	分割屏幕
5802	屏幕选择
5843	目标位置
5847	趋势
5854	速冻;快速结霜
5857	灯测试
5886	图像显示,基本设置
5888	传输被标记的图像
5890	存储显示的图像
5892	传递图像
5893	电子快门,关
5928	宽屏幕(16∶9),标准模式
5929	宽屏幕(16∶9),图像模式选择
5930	宽屏幕(16∶9),全屏模式
5931	宽屏幕(16∶9),水平缩放模式
5932	宽屏幕(16∶9),放大模式
5933	宽屏幕(16∶9),放大/缩小
5934	宽屏幕(16∶9);图像放大模式

4.12 与人有关的信息

编号	中文名称	编号	中文名称
5134	静电敏感器件	5665	体重
5140	非电离的电磁辐射	5666	身高
5187	教师;管理员	5667	婴儿
5188	学生;操作人员	5668	护士
5189	一组学生或操作人员	5751	紫外线辐射
5190	全体学生或操作人员	5810	患者位置,头/脚相反
5210	讲	5811	患者位置,仰卧
5211	听	5812	患者位置,俯卧
5319	告警禁止	5840	B型应用部分
5389	患者,较瘦体型	5841	防心脏除颤B型应用部分
5390	患者,正常体型	5844	体温
5391	患者,肥胖体型	5914	应急告警接收模式
5641	适合覆盖	5937	心脏起搏器;植入型心律转复除颤器
5663	下一个人	5966	患者支撑台,患者位置移动
5664	个人鉴别		

5 按应用专业分类

一个符号可能会出现在多个类别中,本章用于帮助使用者找到需要的符号,不应被看作是对符号应用范围的限制。

5.1 通用

编号	中文名称	编号	中文名称
5001A	电池,一般符号	5024	双向局限运动
5001B	电池,一般符号	5025	移离参考点的效应或作用
5003	交流/直流变换器;整流器;电源转接器	5026	移向参考点的效应或作用
5004	可变性(可调性)	5027	移离参考点的双向效应或作用
5005	正号;正极	5028	移向参考点的双向效应或作用
5006	负号;负极	5029	非同时移离和移向参考点的效应或作用
5007	通(电源)	5030	同时移离和移向参考点的效应或作用
5008	断(电源)	5031	直流电
5009	待机	5032	交流电
5010	通/断(按-按)	5032-1	三相交流电
5011	通/断(按钮开关)	5032-2	带中性线的三相交流电
5012	灯;照明;照明设备	5033	交直流两用
5015	通风机;鼓风机;风扇	5034	输入
5016	熔断器	5035	输出
5017	接地	5036	危险电压
5018	功能性接地	5039	天线
5019	保护接地	5040	偶极子天线
5020	接机壳;接机架	5041	小心,烫伤
5022	单向运动	5056	亮度;辉度
5023	双向运动	5057	对比度

编号	中文名称
5058	色饱和度
5059	图像轮廓加重器
5060	色调
5061	水平同步
5062	垂直同步
5063	水平图像位移
5064	垂直图像位移
5065	水平图像幅度
5066	垂直图像幅度
5067	图像尺寸调整
5068	水平(行)线性
5069	垂直(场)线性
5072	平衡
5078	头戴立体声耳机
5079	头戴送、受话器
5084	放大器
5091	高通滤波器
5092	低通滤波器
5104	起动;动作的开始
5107A	常速运转;常速
5107B	常速运转;常速
5108A	快速运转;快速
5108B	快速运转;快速
5110A	停机(动作的停止)
5110B	停机(动作的停止)
5111A	暂停;中断
5111B	暂停;中断
5114	脚踏开关
5115	信号灯
5124A	慢速运转;慢速
5124B	慢速运转;慢速
5125A	重述
5125B	重述
5140	非电离的电磁辐射
5146	调到最小
5147	调到最大
5152	激光设备的辐射
5153	水下发声器
5154	水声可逆换能器
5156	变压器
5157	带通滤波器
5158	可调中心频率的带通滤波器

编号	中文名称
5159	可调带宽的带通滤波器;选择性控制
5160	带阻滤波器
5163	信息载体的录制
5164	信息载体的读出或重放
5165	信息载体的消迹
5166	信息载体的记录或录制时对输入数据的监视
5167	信息载体的记录或录制后对输入数据的监视
5168	信息载体的读出或重放时对输出数据的监视
5169	录制锁定
5170	标志
5171	剪辑
5172	Ⅱ类设备
5173	信号低端
5177	快速起动
5178	快速停止
5180	Ⅲ类设备
5183	调节,最大步
5184	钟;定时开关;计时器
5185	拒波滤波器;陷波器
5186	整流器,一般符号
5187	教师;管理员
5188	学生;操作人员
5189	一组学生或操作人员
5190	全体学生或操作人员
5194	直流/交流变换器
5195	可调带阻滤波器
5216	适合带电作业;双三角
5221	隔离变压器
5222	安全隔离变压器
5293	具有肯定断开操作的动断触点的行程开关
5294	严重玷污的物品,烹调用具
5295	一般玷污的物品
5296	轻微玷污的物品
5297	精致易碎的物品
5298	更新剂
5302	有稳定输出电流的变换器
5303	运算放大器
5304	具有逻辑元件的设备

编号	中文名称	编号	中文名称
5305	取样单元	5752	改变线间距
5306	比较器,一般符号	5753	数字指示器
5306-1	比较器,电压	5770	键区
5306-2	比较器,电流	5842	多脉冲
5306-3	比较器,频率	5849	设置
5319	告警禁止	5861	下一个;播放下一部分
5424	接口器件,一般符号	5862	前一个;播放前一部分
5424-1	接口器件,140 Mbit/s	5877	微光模式
5424-2	接口器件,二进制	5880	世界时间
5424-3	接口器件,同步	5881	夏令时
5430	优先	5885	静物照相机
5440	可编程定时器,一般符号	5887	照相记录仪
5448	输入/输出	5918	带反射镜的照明
5495	复原	5920	位置,中前
5502	来话禁止	5921	位置,中后
5503	总注销	5922	位置,中央
5509	撤线	5923	位置,左前
5534	电源插头	5924	位置,左后
5536	湿度	5925	位置,左
5546	电池校验	5926	直流电源连接器的极性
5569	锁定,一般符号	5941	自耦变压器,一般符号
5570	解锁	5942	自耦变压器,非耐短路
5582	用于浴缸或淋浴器附近	5943	自耦变压器,耐短路
5623	门,关闭	5944	隔离变压器,非耐短路
5624	门,开启	5945	隔离变压器,耐短路
5628	功能性运动,步进模式	5946	安全隔离变压器,非耐短路
5638	紧急停止	5947	安全隔离变压器,耐短路
5639	可充电电池	5948	抗干扰隔离变压器,一般符号
5641	适合覆盖	5949	抗干扰隔离变压器,耐短路
5643	零位偏移	5950	小型电抗器,一般符号
5649	限值,一般符号	5951	小型电抗器,非耐过载
5652	基线调整	5952	小型电抗器,耐过载
5657	物质混合	5968	抗干扰安全隔离变压器
5658	测距	5969	抗干扰安全隔离变压器,耐短路
5659	起动,测试运行	5973	镜像触点
5661	传送准备就绪		

5.2 音视频设备

编号	中文名称	编号	中文名称
5002	电池定位	5007	通(电源)
5004	可变性(可调性)	5008	断(电源)
5005	正号;正极	5009	待机
5006	负号;负极	5013	铃

编号	中文名称
5014	喇叭
5015	通风机;鼓风机;风扇
5016	熔断器
5019	保护接地
5020	接机壳;接机架
5022	单向运动
5023	双向运动
5024	双向局限运动
5025	移离参考点的效应或作用
5026	移向参考点的效应或作用
5027	移离参考点的双向效应或作用
5028	移向参考点的双向效应或作用
5029	非同时移离和移向参考点的效应或作用
5030	同时移离和移向参考点的效应或作用
5031	直流电
5032	交流电
5033	交直流两用
5034	输入
5035	输出
5037	高音控制
5038	低音控制
5039	天线
5040	偶极子天线
5042	环形天线
5043	调谐器;无线电接收机
5044	信号强度衰减,本地/远端
5045	调谐
5046	自动频率控制
5048	彩色(限定符号)
5049	电视;视频
5050	彩色电视
5051	电视监视器
5052	彩色电视监视器
5053	电视接收机
5054	彩色电视接收机
5056	亮度;辉度
5057	对比度
5058	色饱和度
5059	图像轮廓加重器
5060	色调
5061	水平同步
5062	垂直同步
5063	水平图像位移
5064	垂直图像位移
5065	水平图像幅度
5066	垂直图像幅度
5067	图像尺寸调整
5068	水平(行)线性
5069	垂直(场)线性
5070	单道声
5071	立体声
5072	平衡
5073	全向传声器
5074	双向传声器
5075	单向或心形传声器
5077	头戴耳机
5078	头戴立体声耳机
5079	头戴送、受话器
5080	扬声器
5081	扬声器/传声器
5082	传声器,一般符号
5083	立体声传声器
5084	放大器
5085	音乐
5086	唱片拾音器
5087	立体声唱片拾音器
5088	晶体或陶瓷的压电拾音器
5089	电磁式拾音器
5090	电话;电话适配器
5091	高通滤波器
5092	低通滤波器
5093	带式录音机
5094	立体声磁带录音机
5095	磁带录制
5096	磁带重放或读出
5097	磁带消磁
5098	磁带录制时的输入监视
5099	磁带录制后的磁带监视
5100	磁带重放或读出的监视
5101	磁带录音机锁定装置
5102	磁带录音机上的脉冲标记
5103	磁带剪辑
5104	起动;动作的开始
5105	指令或纠错

编号	中文名称	编号	中文名称
5106	记录内容的长度或结尾	5211	听
5107A	常速运转;常速	5251	将用户数据输入本地存储器
5107B	常速运转;常速	5259	同步信令的频率
5108A	快速运转;快速	5264	设备的一部分“通”
5108B	快速运转;快速	5265	设备的一部分“断”
5110A	停机(动作的停止)	5266	设备的一部分处于等待或预备状态
5110B	停机(动作的停止)	5267	同步功能
5111A	暂停;中断	5268	双位按钮控制的“按入”状态
5111B	暂停;中断	5269	双位按钮控制的“弹出”状态
5112	信号转换	5270	可编程停止;睡眠定时器
5113	弹出	5287	跟踪
5114	脚踏开关	5288	配录
5115	信号灯	5289	辅助应用
5116	电视摄像机	5290	页面暂停
5117	彩色电视摄像机	5318	选通,一般符号
5118	磁带录像机	5318-1	选通,视频设备
5119	彩色磁带录像机	5320	间接照明
5120	录像	5321	低强度照明
5121	彩色录像	5322	手持开关
5122	重放视频	5411	电子图像,黑白反置
5123	重放彩色视频	5415	流逝时间显示
5124A	慢速运转;慢速	5416	剩余时间显示
5124B	慢速运转;慢速	5417	可编程序的持续时间
5125A	重述	5433	正常运行
5125B	重述	5434	备用操作
5126	按传声方式工作的扬声器	5435	亮度和对比度
5127	按扬声器方式工作的扬声器	5436	静音
5132	可编程的起点	5438	立体声效果
5146	调到最小	5439A	自动搜索调谐
5147	调到最大	5439B	自动搜索调谐
5148	视频放像机拾像器	5440	可编程定时器,一般符号
5151	水听器	5444	遥控接收指示器
5153	水下发声器	5446	一位或多位数选择
5154	水声可逆换能器	5447	频带选择
5172	Ⅱ类设备	5457	自动反向
5177	快速起动	5459	弹出
5178	快速停止	5460	储存/存储方式结束
5180	Ⅲ类设备	5463	图文方式
5181	步调节	5464	卫星接收模式,一般符号
5182	声音;音频	5467	图像固定
5191	框架调整	5470A	显像运转,提示信号
5210	讲	5470B	显像运转,提示信号

编号	中文名称
5471	逐帧画面,一般符号
5471-1	逐帧画面,视频
5476	索引主页面
5478	页面扩展
5480	图文混合
5483	页号减
5484	页号加
5487	视频数据
5495	复原
5498	缩位拨号
5499	呼叫转移
5500	三方通话
5501	回叫
5502	来话禁止
5503	总注销
5504	重复呼叫
5505	无应答转移
5506	询问呼叫
5507	呼叫等待
5508	呼叫拾起
5510	屏幕上的附加信息
5511	菜单
5512	系统状态显示
5513	画中画,移动
5514	画中画,固定
5515	画中画,切换
5516	画中画,选择
5518	视盘播放机
5519	定时页码取消
5520	字幕
5521A	视频输入/输出
5521B	视频输入/输出
5522	彩色视频输入/输出
5522-1	彩色视频输入/输出,模拟式
5522-2	彩色视频输入/输出,数字式
5525A	视频输入
5525B	视频输入
5526	彩色视频输入
5526-1	彩色视频输入,模拟式
5526-2	彩色视频输入,数字式
5529A	视频输出
5529B	视频输出

编号	中文名称
5530	彩色视频输出
5530-1	彩色视频输出,模拟式
5530-2	彩色视频输出,数字式
5533	录制检查
5535	响度
5537	亮度调节器
5538	微距
5539	广角
5540	远距(照相)
5541	背景光
5542	感光材料面;成像面
5543	电唱机;唱机
5544	CD播放机
5547	录制,一般符号
5548	插入信号
5549	录制静噪
5550	拾音器臂,抬起
5551	拾音器臂,放下
5552	色温,自然光
5553	色温,白炽灯
5554	静止模式
5555	磁带运转方向
5556	人工反转
5557	自动连续反转
5558	白平衡
5559	双声道
5560	电视电缆分配
5561	盒式磁带
5562	磁带终端
5576	关闭铃音
5577	聚焦范围,很近距离
5578	聚焦范围,近距离
5579	聚焦范围,中距离
5580	聚焦范围,远距离
5630A	显像运转,回放
5630B	显像运转,回放
5631	三基色视频信号(限定信号)
5632	三基色视频输入/输出
5632-1	三基色视频输入/输出,模拟式
5632-2	三基色视频输入/输出,数字式
5633	三基色视频输入
5633-1	三基色视频输入,模拟式

编号	中文名称	编号	中文名称
5633-2	三基色视频输入,数字式	5873	图像调整,垂直弓形
5634	三基色视频输出	5874	图像调整,旋转
5634-1	三基色视频输出,模拟式	5875	光学聚焦
5634-2	三基色视频输出,数字式	5876	夜间人像模式
5635	色差视频输入/输出	5877	微光模式
5635-1	色差视频输入/输出,模拟式	5879	定时器
5635-2	色差视频输入/输出,数字式	5880	世界时间
5636	色差视频输入	5881	夏令时
5636-1	色差视频输入,模拟式	5882	声音和语言选择
5636-2	色差视频输入,数字式	5883	照相机位置选择
5637	色差视频输出	5884	存储盘
5637-1	色差视频输出,模拟式	5887	照相记录仪
5637-2	色差视频输出,数字式	5913	手持话筒
5753	数字指示器	5914	应急告警接收模式
5768	像素平均值	5915	隔间,语音实验室
5773	电子图像,交错	5916	一对学生
5774	胶片致黑	5917	单帧拍摄
5861	下一个;播放下一部分	5927	快速快门模式;运动模式
5862	前一个;播放前一部分	5928	宽屏幕(16∶9),标准模式
5863	音调,升调	5929	宽屏幕(16∶9),图像模式选择
5864	音调,降调	5930	宽屏幕(16∶9),全屏模式
5865	音调,还原	5931	宽屏幕(16∶9),水平缩放模式
5866	图像调整,倾斜	5933	宽屏幕(16∶9),放大/缩小
5867	图像调整,失真	5934	宽屏幕(16∶9),图像放大模式
5868	图像调整,水平基准	5938	通信,红外线
5869	图像调整,垂直基准	5954	色温,荧光灯
5870	图像调整,水平枕形	5955	色温,多云/多雨
5871	图像调整,垂直枕形	5956	色温,日出/日落
5872	图像调整,水平弓形	5986	磁盘媒体

5.3 电话和电信

编号	中文名称	编号	中文名称
5003	交流/直流变换器;整流器;电源转接器	5140	非电离的电磁辐射
5004	可变性(可调性)	5157	带通滤波器
5047	噪声抑制	5158	可调中心频率的带通滤波器
5080	扬声器	5159	可调带宽的带通滤波器;选择性控制
5081	扬声器/传声器	5160	带阻滤波器
5082	传声器,一般符号	5173	信号低端
5083	立体声传声器	5185	拒波滤波器;陷波器
5090	电话;电话适配器	5192	图形记录器
5091	高通滤波器	5194	直流/交流变换器
5092	低通滤波器	5195	可调带阻滤波器
5112	信号转换	5213	莫尔斯电键

编号	中文名称
5249	告警信号的频率
5250	会议电话
5251	将用户数据输入本地存储器
5252	暂停通话;阻断通话
5253	(呼叫)转移
5254	链路装置
5255	行波管放大器
5256	信令发送器
5257	信令接收器
5258	测试;识别或控制信令的频率
5259	同步信令的频率
5260	解调器
5260-1	主群解调器
5260-2	次群解调器
5261	调制器
5261-1	主群调制器
5261-2	次群调制器
5262	调制解调器
5263	主控台
5271	逻辑控制通路选择
5272	谐波发生器
5273	自动转换单元
5274	手动转换单元
5275	过压保护装置
5276	本地
5276-1	载波,本地
5276-2	载频,本地
5276-3	测量,本地
5276-4	信令,本地
5276-5	告警,本地
5277	远端
5277-1	载波,远端
5277-2	载频,远端
5277-3	测量,远端
5277-4	信令,远端
5277-5	告警,远端
5278	相位抖动
5279	相位抖动滤波器
5280	环路
5281	数字组合器
5282	数字分离器
5283	再生中继器
5284	有稳定输出电压的变换器
5285	可调整装置
5286	失真校正器
5286-1	失真校正器,振幅/频率
5286-2	失真校正器,相位/频率
5286-3	失真校正器,延迟/频率
5292	交换
5302	有稳定输出电流的变换器
5303	运算放大器
5304	具有逻辑元件的设备
5305	取样单元
5306	比较器,一般符号
5306-1	比较器,电压
5306-2	比较器,电流
5306-3	比较器,频率
5310	帧
5311	复帧
5312	帧定位
5313	帧定位丢失
5314	帧定位误差
5315	二电平信号
5316	三电平信号
5317	二进制编码信号
5420	扰码器
5421	解扰器
5424	接口器件,一般符号
5424-1	接口器件,140 Mbit/s
5424-2	接口器件,二进制
5424-3	接口器件,同步
5431	直达链路
5432	混合链路
5436	静音
5464	卫星接收模式,一般符号
5487	视频数据
5498	缩位拨号
5499	呼叫转移
5500	三方通话
5501	回叫
5502	来话禁止
5503	总注销
5504	重复呼叫
5505	无应答转移

编号	中文名称	编号	中文名称
5506	询问呼叫	5850	串行接口
5507	呼叫等待	5913	手持话筒
5508	呼叫拾起	5988	计算机网络
5509	撤线	5989	电话线
5770	键区		

5.4　海事导航

编号	中文名称	编号	中文名称
5008	断(电源)	5150	发射/接收监视器
5012	灯;照明;照明设备	5151	水听器
5042	环形天线	5152	激光设备的辐射
5056	亮度;辉度	5153	水下发声器
5128	航首标志	5154	水声可逆换能器
5129	天线旋转;扫描器旋转	5161	抑制海面杂波,最大位置
5130	脉冲,一般符号	5162	抑制雨点杂波,最大位置
5131	长脉冲	5196	陀螺指示器
5133	方位标记	5197	陀螺指示器的定位
5136	航首方位	5198	陀螺罗盘仪真实方位
5137	指北方位	5199	相对方位
5141	抑制海面杂波,最小位置	5200	方位尺定位
5142	抑制雨点杂波,最小位置	5201	相位校准
5143	区域选择器	5202	角度校准
5144	区域环亮度	5204	辨向天线开关
5145	可调区域标记	5264	设备的一部分“通”
5149	发射功率监视器	5266	设备的一部分处于等待或预备状态

5.5　家用电器

编号	中文名称	编号	中文名称
5036	危险电压	5294	严重玷污的物品,烹调用具
5132	可编程的起点	5295	一般玷污的物品
5138	独立的照明辅助设备	5296	轻微玷污的物品
5225	电动剃刀插座	5297	精致易碎的物品
5226	预洗,纺织品洗衣机	5298	更新剂
5227	主洗,纺织品洗衣机	5299	洗净剂
5228	清洗	5300	洗碗机中的预洗
5229	最后一次清洗后停止	5301	主洗涤剂
5230	甩干	5415	流逝时间显示
5231	不甩干	5416	剩余时间显示
5232	特殊处理	5417	可编程序的持续时间
5234	高水位	5418	灰尘袋,满
5235	低水位	5419	灰尘袋
5236	排水	5435	亮度和对比度
5237	干燥或热度控制	5436	静音
5270	可编程停止;睡眠定时器	5439A	自动搜索调谐

编号	中文名称
5439B	自动搜索调谐
5440	可编程定时器,一般符号
5464	卫星接收模式,一般符号
5490	烹饪区扩展,同心
5491	烹饪区扩展,偏心
5492	烹饪区扩展,椭圆
5493	烹饪区扩展,双侧
5572	电缆盘
5573	水龙头,关
5574	水龙头,开
5575	清洁/更换过滤器
5581	节约;节能
5582	用于浴缸或淋浴器附近
5583	快洗模式
5584	洗衣粉(剂)
5585	柔和甩干
5586	1/2 量
5587	轻度污染
5588	中度污染
5589	重度污染
5594	抗皱
5595	凝液收集器,一般符号
5596	凝液收集器,满
5597	蒸汽
5598	蒸汽,中强度
5599	蒸汽,高强度
5600	平滑地板或平面
5601	地毯,一般符号
5602	地毯,长毛
5603	室内装潢
5604	窗帘
5605	刷子,伸出
5606	刷子,缩进
5607	炉(箱式),一般符号
5608	烤箱,电转烤肉架
5609	烤箱,烤架
5610	烤箱,热循环空气
5611	烤箱,热空气烤架
5612	烤箱,底部加热
5613	烤箱,顶部加热
5614	烤箱,底部和顶部加热
5615	微波炉
5616	微波炉,转盘
5617	炉(箱式),自洁式
5618	炉(箱式),自动
5619	炉(箱式),灯
5620	炉(箱式),解冻位置
5621	炉(箱式),温度计
5622	烤炉,托盘指示
5625	中等水量清洗,洗碗机
5627	炉(箱式),保温
5640	主洗涤,洗碗机
5641	适合覆盖
5785	用于热带地区
5786	用于亚热带地区
5851	打印机连接;并行接口
5853	最终漂洗,洗碗机
5854	速冻;快速结霜
5856	预洗洗涤剂
5879	定时器
5880	世界时间
5881	夏令时
5883	照相机位置选择
5935	清洁用电动吸水清洗头
5957	仅限室内使用
5974	固定照明的连接设备;DCL

5.6 医用设备

编号	中文名称
5001A	电池,一般符号
5002	电池定位
5004	可变性(可调性)
5005	正号;正极
5006	负号;负极
5008	断(电源)
5010	通/断(按-按)
5011	通/断(按钮开关)
5012	灯;照明;照明设备
5013	铃
5016	熔断器
5017	接地
5018	功能性接地
5019	保护接地

编号	中文名称
5020	接机壳;接机架
5021	等电位
5022	单向运动
5024	双向局限运动
5025	移离参考点的效应或作用
5026	移向参考点的效应或作用
5027	移离参考点的双向效应或作用
5028	移向参考点的双向效应或作用
5030	同时移离和移向参考点的效应或作用
5031	直流电
5032	交流电
5032-1	三相交流电
5032-2	带中性线的三相交流电
5033	交直流两用
5034	输入
5035	输出
5036	危险电压
5037	高音控制
5038	低音控制
5039	天线
5041	小心,烫伤
5049	电视;视频
5051	电视监视器
5055	聚焦
5056	亮度;辉度
5057	对比度
5063	水平图像位移
5064	垂直图像位移
5065	水平图像幅度
5067	图像尺寸调整
5077	头戴耳机
5080	扬声器
5081	扬声器/传声器
5082	传声器,一般符号
5084	放大器
5090	电话;电话适配器
5093	带式录音机
5104	起动;动作的开始
5107A	常速运转;常速
5107B	常速运转;常速
5108A	快速运转;快速
5108B	快速运转;快速

编号	中文名称
5109	不得用于住宅区
5110A	停机(动作的停止)
5111A	暂停;中断
5114	脚踏开关
5115	信号灯
5116	电视摄像机
5118	磁带录像机
5124A	慢速运转;慢速
5124B	慢速运转;慢速
5125A	重述
5125B	重述
5126	按传声方式工作的扬声器
5127	按扬声器方式工作的扬声器
5130	脉冲,一般符号
5131	长脉冲
5132	可编程的起点
5134	静电敏感器件
5140	非电离的电磁辐射
5146	调到最小
5147	调到最大
5152	激光设备的辐射
5156	变压器
5163	信息载体的录制
5164	信息载体的读出或重放
5165	信息载体的消迹
5170	标志
5172	Ⅱ类设备
5177	快速起动
5178	快速停止
5180	Ⅲ类设备
5182	声音;音频
5183	调节,最大步
5184	钟;定时开关;计时器
5192	图形记录器
5193	打印机
5210	讲
5211	听
5244	自动增益控制,大范围
5245	自动增益控制,小范围
5263	主控台
5264	设备的一部分“通”
5265	设备的一部分“断”

编号	中文名称
5266	设备的一部分处于等待或预备状态
5268	双位按钮控制的“按入”状态
5269	双位按钮控制的“弹出”状态
5270	可编程停止;睡眠定时器
5289	辅助应用
5291	画中画模式
5292	交换
5307	告警,一般符号
5308	紧急告警
5309	告警系统解除
5318	选通,一般符号
5318-1	选通,视频设备
5319	告警禁止
5320	间接照明
5321	低强度照明
5322	手持开关
5323	可变光阑孔板,开启
5324	可变光阑孔板,闭合
5325	小焦点
5326	中焦点
5327	大焦点
5328	X 射线摄影控制
5329	间接 X 射线摄影
5330	X 射线透视
5331	AP 型设备
5332	APG 型设备
5333	BF 型应用部分
5334	防除颤的 BF 型应用部分
5335	CF 型应用部分
5336	防除颤的 CF 型应用部分
5337	X 射线管
5338	X 射线源组件
5339	X 射线源组件,发射
5340	垂直 X 射线透视架
5341	垂直 X 射线摄影架
5342	水平 X 射线摄影台
5343	荧光照相架
5344	荧光照相机
5345	断层成像设备
5346	带有台上 X 射线源组件的可倾斜台
5347	带有台下 X 射线源组件的可倾斜台
5348	X 射线诊断压迫器

编号	中文名称
5349	X 射线诊断压迫器,移动
5350	X 射线诊断压迫器,进行压迫
5351	X 射线诊断压迫器,停放
5352	滤线栅
5353	滤线栅,移动
5354	滤线栅,未用
5355	X 射线诊断自动控制系统
5356	单片射线照相的连续换片器
5359	射线照相胶片选择,整幅和方向
5360	X 射线摄影胶片选择,半幅和方向
5361	射线照相胶片选择,四分之一幅和方向
5362	胶片或底片切换器
5363	胶片或底片切换器,双向操作
5364	X 射线诊断双向同步操作
5365	X 射线诊断双向交替操作
5366	安装在地板上的放射线设备
5367	悬吊在天花板上的放射线设备
5368	X 射线诊断泌尿科专用床
5369	外科专用床
5370	患者专用椅,绕垂直轴旋转
5371	患者专用椅,绕水平轴倾斜
5372	头颅 X 射线照相设备
5373	X 射线诊断 C 形臂
5374	X 射线诊断 U 形臂
5375	乳腺 X 射线照相设备
5376	X 射线影像增强器
5377	具有稳定输入的 X 射线影像增强器
5378	影像增强器,全野输入
5379	影像增强器,小野输入
5380	X 射线影像增强器,消气器
5381	辐射过滤器或渗透
5382	注射器
5383	辐射场中心的灯光指示器
5384	辐射场的灯光指示器
5385	限束装置,开启
5386	限束装置,关闭
5387	具有独立开启挡板的限束装置
5388	具有独立关闭挡板的限束装置
5389	患者,较瘦体型
5390	患者,正常体型
5391	患者,肥胖体型
5392	患者支架,倾斜

编号	中文名称
5393	患者支架,纵向移动
5394	患者支架,步进移动
5395	患者支架,垂直床面移动
5396	患者支架,床面平面内移动
5397	患者支架,绕纵轴旋转
5398	患者摇架,绕纵轴旋转
5399	患者支架,绕垂直轴旋转
5401	无 X 射线辐射的断层摄影的移动
5402	具有 X 射线辐射的断层摄影的移动
5403	断层摄影层位选择
5404	阳极旋转,正常速度
5405	阳极旋转,高速
5406	电离室
5407	电子图像,正常
5408	电子图像,从右向左翻转
5409	电子图像,上下倒置
5410	电子图像,上下倒置和从右向左翻转
5411	电子图像,黑白反置
5412	电子图像,基准场
5413	电子图像,灰度控制
5417	可编程序的持续时间
5424	接口器件,一般符号
5435	亮度和对比度
5436	静音
5440	可编程定时器,一般符号
5444	遥控接收指示器
5448	输入/输出
5459	弹出
5467	图像固定
5470A	显像运转,提示信号
5470B	显像运转,提示信号
5471	逐帧画面,一般符号
5471-1	逐帧画面,视频
5478	页面扩展
5495	复原
5503	总注销
5511	菜单
5512	系统状态显示
5517A	多画面,显示
5517B	多画面,显示
5521A	视频输入/输出
5521B	视频输入/输出

编号	中文名称
5525A	视频输入
5525B	视频输入
5529A	视频输出
5529B	视频输出
5533	录制检查
5534	电源插头
5536	湿度
5542	感光材料面;成像面
5544	CD 播放机
5546	电池校验
5547	录制,一般符号
5554	静止模式
5555	磁带运转方向
5561	盒式磁带
5562	磁带终端
5569	锁定,一般符号
5570	解锁
5573	水龙头,关
5574	水龙头,开
5575	清洁/更换过滤器
5576	关闭铃音
5582	用于浴缸或淋浴器附近
5623	门,关闭
5624	门,开启
5628	功能性运动,步进模式
5630A	显像运转,回放
5630B	显像运转,回放
5638	紧急停止
5639	可充电电池
5642	像增强器,中等输入范围
5643	零位偏移
5645	感兴趣区的修正
5646	定义感兴趣区
5647	层叠显示
5648	显示转换
5649	限值,一般符号
5650	可调上限
5651	可调下限
5652	基线调整
5653	基线重置为确定值
5655	绕轴旋转,轴视
5656	绕轴旋转,侧视

编号	中文名称
5657	物质混合
5658	测距
5659	起动,测试运行
5661	传送准备就绪
5662	日期
5663	下一个人
5664	个人鉴别
5665	体重
5666	身高
5667	婴儿
5668	护士
5669	闪烁计数器
5670	井型闪烁计数器
5671	伽玛照相机
5672	伽玛照相机,倾斜
5673	伽玛照相机,旋转
5674	患者支撑台正常速度移动
5675	患者支撑台快速移动
5676	X射线断层摄影设备,移动到起始位置
5677	带水平台的地架式X射线源组件
5678	带可倾斜台的地架式X射线源组件
5679	带水平台的顶棚悬挂式X射线源组件
5680	带可倾斜台的顶棚悬挂式X射线源组件
5681	带可倾斜台的X射线断层摄影设备
5683	X射线增感屏,低灵敏度
5684	X射线增感屏,中灵敏度
5685	X射线增感屏,高灵敏度
5686	立体焦点
5687	超声图像,一般符号
5688	超声图像,双图像
5689	超声图像,区域选择
5690	超声图像,放大
5691	超声图像,扫描线选择
5692	超声图像,图像选择
5693	超声图像,M模式
5694	超声图像,B和M模式
5695	超声图像,M速度
5696	超声图像,脉冲多普勒模式
5697	超声图像,CW多普勒模式
5698	超声图像,测量容积扩大
5699	超声图像,测量容积上移
5700	超声图像,测量容积下移
5701	超声图像,测量容积缩小
5702	超声图像,焦点定位
5707	笔式探头
5709	扇形声场探头
5710	线形或凸形探头
5711	环行声场探头
5712	超声能量调节
5713	扫描深度调节
5714	扫描孔径调节
5715	超声接收器,总增益
5716	超声接收器,近场增益
5717	超声接收器,起点深度补偿
5718	超声接收器,深度补偿
5719	超声接收器,远场增益
5720	图像线密度
5721	动态范围
5722	灰度
5723	边缘增强
5725	冲击波头
5726	冲击波头,台上位置
5727	冲击波头,台下位置
5728	冲击波头,纵向运动
5729	冲击波头,旋转运动
5730	冲击波头,目标位置
5731	冲击波头,停放位置
5732	冲击波头,去耦
5733	冲击波头,耦合
5734	冲击波头,治疗位置左
5735	冲击波头,治疗位置右
5736	冲击波
5737	呼吸触发
5738	目标位置校准
5739	至目标位置
5740	电极更换位置
5741	呼吸面罩
5742	气管插管
5743	喉镜
5744	药瓶
5745	皮下注射针头
5746	人工呼吸器
5747	注射液瓶

编号	中文名称
5748	手术器械
5749	电子烧灼装置
5750	红外辐射
5751	紫外线辐射
5753	数字指示器
5754	调节探头角度
5755	轴向移动探头
5756	停放位置的探头
5757	积分辐射测量,阈值
5758	以下阈调节窗宽的能量选择型辐射测量
5759	以上阈调节窗宽的能量选择型辐射测量
5760	调节窗中心位置的能量选择型辐射测量
5761	对称调节窗宽的能量选择型辐射测量
5762	积分型辐射测量
5763	能量选择型辐射测量
5764	放射性核素扫描仪
5765	床上位置探头
5766	床下位置探头
5767	能量选择辐射多道测量
5768	像素平均值
5769	冲击波头,横向移动
5770	键区
5771	电子图像,平均值
5772	电子图像,旋转
5773	电子图像,交错
5774	胶片致黑
5777	电外科,电极柄
5778	电外科,一键式电极手柄
5779	电外科,双键式电极手柄
5780	电外科,切割模式
5781	电外科,混合切割模式
5782	电外科,凝结模式
5783	电外科,喷雾凝结模式
5784	电外科,双极凝结模式
5788	显示图像,放大
5789	显示图像,缩小
5791	手形功能
5792	感兴趣区的放大
5794	图像交换
5795	ECG 触发显示
5800	分割屏幕
5802	屏幕选择

编号	中文名称
5810	患者位置,头/脚相反
5811	患者位置,仰卧
5812	患者位置,俯卧
5814	患者位置,左侧卧
5815	下一个图像系列
5816	前一个图像系列
5817	注射对比剂曝光
5818	限束器,常规预置
5819	限束器,食道成像预置
5820	限束器,小区域预置
5821	其他双平面通道的选择
5822	手动移动
5823	患者支架移动起始位置的定义
5824	患者支架向起始位置移动
5825	楔形滤板,进/出移动
5826	轮廓楔形滤板,进/出移动
5827	中心楔形滤板,进/出移动
5828	楔形滤板,旋转
5829	中心楔形滤板,旋转
5830	X 射线源,绕水平轴旋转
5831	X 射线源和影像增强器,共同旋转
5832	X 射线源和影像增强器,联合移动
5833	X 射线源,绕其光束轴旋转
5840	B 型应用部分
5841	防心脏除颤 B 型应用部分
5842	多脉冲
5843	目标位置
5844	体温
5845	内径
5846	外径
5847	趋势
5848	探头旋转
5849	设置
5850	串行接口
5851	打印机连接;并行接口
5852	X-射线滤板
5857	灯测试
5874	图像调整,旋转
5875	光学聚焦
5879	定时器
5884	存储盘
5885	静物照相机

编号	中文名称	编号	中文名称
5886	图像显示,基本设置	5958	X射线诊断C形臂,角度
5887	照相记录仪	5959	X射线源到影像增强器距离,增加
5888	传输被标记的图像	5960	X射线源到影像增强器距离,减少
5889	图像标记	5961	X射线源到影像增强器,中心对准
5890	存储显示的图像	5962	影像增强器,绕水平轴旋转
5892	传递图像	5963	X射线源,横向移动
5893	电子快门,关	5964	X射线源,纵向移动
5894	电子快门,开	5965	X射线源,垂直移动
5895	测功计	5966	患者支撑台,患者位置移动
5896	光导照明	5967	机架,倾斜
5897	底架,水平调节	5972	医用场所的电源隔离变压器,非耐短路
5898	底架,垂直调节	5977	X射线影像接收器,X射线透视
5913	手持话筒	5979	X射线暗盒,自由放置
5917	单帧拍摄	5980	间接X射线摄影,数字式
5918	带反射镜的照明	5981	透视,脉冲
5926	直流电源连接器的极性	5982	X射线野,不受遮光器限制
5937	心脏起搏器;植入型心律转复除颤器		

5.7 安全

编号	中文名称	编号	中文名称
5004	可变性(可调性)	5156	变压器
5005	正号;正极	5172	Ⅱ类设备
5006	负号;负极	5180	Ⅲ类设备
5007	通(电源)	5216	适合带电作业;双三角
5008	断(电源)	5219	玩具用安全隔离变压器
5010	通/断(按-按)	5220	短路保护变压器
5011	通/断(按钮开关)	5222	安全隔离变压器
5013	铃	5223	非短路保护变压器
5017	接地	5225	电动剃刀插座
5018	功能性接地	5265	设备的一部分“断”
5019	保护接地	5266	设备的一部分处于等待或预备状态
5020	接机壳;接机架	5268	双位按钮控制的“按入”状态
5021	等电位	5269	双位按钮控制的“弹出”状态
5031	直流电	5275	过压保护装置
5032	交流电	5307	告警,一般符号
5032-1	三相交流电	5308	紧急告警
5033	交直流两用	5319	告警禁止
5036	危险电压	5574	水龙头,开
5041	小心,烫伤	5582	用于浴缸或淋浴器附近
5109	不得用于住宅区	5597	蒸汽
5134	静电敏感器件	5638	紧急停止
5140	非电离的电磁辐射	5641	适合覆盖
5152	激光设备的辐射	5751	紫外线辐射

编号	中文名称
5855	最小供电容量
5857	灯测试
5914	应急告警接收模式
5935	清洁用电动吸水清洗头
5946	安全隔离变压器,非耐短路
5953	Ⅲ类手持灯用变压器,耐短路
5957	仅限室内使用
5968	抗干扰安全隔离变压器
5969	抗干扰安全隔离变压器,耐短路
5972	医用场所的电源隔离变压器,非耐短路
5973	镜像触点
5974	固定照明的连接设备;DCL

5.8 其他

编号	中文名称
5194	直流/交流变换器
5569	锁定,一般符号
5939	电气装置的供电型式
5970	变频器
5987	硬盘
5988	计算机网络
5989	电话线
5990	鼠标
5991	键盘
5992	锁定,数字
5993	锁定,大写字母
5994	锁定,滚动;滚动锁定
6005	脉冲背景
6006	脉冲峰值
6007	热启动
6008	倾斜,增加
6009	倾斜,减少

ICS 67.060
B 20

中华人民共和国国家标准

GB/T 5503—2009
代替 GB/T 5503—1985

粮油检验　碎米检验法

Inspection of grain and oils—Determination of broken kernels

2009-10-30 发布　　2009-12-01 实施

中华人民共和国国家质量监督检验检疫总局
中国国家标准化管理委员会　发布

前　言

本标准是对 GB/T 5503—1985《粮食、油料检验　碎米检验法》的修订。

本标准与 GB/T 5503—1985 的主要技术差异如下：

——增加了术语和定义；

——增加了试样制备；

——增加了大米碎米含量的仪器检验法。

本标准自实施之日起，代替 GB/T 5503—1985。

本标准由国家粮食局提出。

本标准由全国粮油标准化技术委员会归口。

本标准起草单位：河南工业大学、湖北省粮油产品质量监督检验站、郑州华孚仪器开发有限公司、南京财经大学、国家粮食储备局成都粮食储藏科学研究所。

本标准主要起草人：杨红卫、熊宁、吴存荣、唐怀建、霍权恭、周显青、王志明、刘勇、李广玉、毋桂萍、沈二波、万忠民、杨慧萍、王杏娟、董德良。

本标准所代替标准的历次版本发布情况为：

——GB/T 5503—1985。

粮油检验　碎米检验法

1　范围

本标准规定了主要米类粮食碎米检验的术语和定义、仪器和设备、样品制备、测定步骤及结果计算。

本标准适用于大米、高粱米、小米、黍米、稷米中碎米含量的测定。

2　规范性引用文件

下列文件中的条款通过本标准的引用而成为本标准的条款。凡是注日期的引用文件，其随后所有的修改单（不包括勘误的内容）或修订版均不适用于本标准，然而，鼓励根据本标准达成协议的各方研究是否可使用这些文件的最新版本。凡是不注日期的引用文件，其最新版本适用于本标准。

GB 1354　大米

GB 5491　粮食、油料检验　扦样、分样法

GB/T 5494　粮油检验　粮食油料的杂质、不完善粒检验

GB/T 11766　小米

GB/T 13356　黍米

GB/T 13358　稷米

3　术语和定义

GB 1354、GB/T 11766、GB/T 13356、GB/T 13358 规定的以及下列术语和定义适用于本标准。

3.1

高粱米碎米　broken milled sorghum kernel

通过直径 1.5 mm 圆孔筛，留存在直径 1.0 mm 圆孔筛上的破碎高粱米粒。

4　原理

以筛分法和人工挑选相结合的方法，分选出样品中的碎米，称量碎米质量，计算碎米含量。也可利用图像处理技术得到米粒的图像并判断米粒的大小、整米、大碎米和小碎米，自动计算大米碎米和大米小碎米的含量。

5　仪器和设备

5.1　天平：感量 0.01 g。

5.2　筛选器：转速 110 r/min～120 r/min，可自动控制以 1 min 为间隔按顺时针或逆时针各转动 1 次。

5.3　谷物选筛：1.0 mm、1.2 mm、1.5 mm 和 2.0 mm 圆孔筛，配有筛底和筛盖，可配合筛选器使用。

5.4　分样板：长方形平整木板或塑料板，厚约 2 mm，一条长边加工成斜口，便于分样。

5.5　电动碎米分离器。

5.6　表面皿、分析盘、镊子等。

5.7　大米碎米测定仪：具有图像采集、处理功能，图像分辨率不小于 200 dpi。

6　试样制备

6.1　样品制备

按 GB 5491 的规定扦样和分样，按 GB/T 5494 的规定除去样品中的杂质。

6.2 检验用试样

以四分法分取除去杂质的样品约 10 g(m,精确至 0.01 g)作为检验用试样。

7 操作步骤

7.1 大米碎米含量的检验

7.1.1 大米小碎米的检验

先由上至下将 2.0 mm、1.0 mm 筛和筛底套装好,再将试样置于直径 2.0 mm 圆孔筛内,盖上筛盖,安装于筛选器(5.2)上进行自动筛选,或将安装好的谷物选筛置于光滑平面上,用双手以约 100 r/min 左右的速度,顺时针及逆时针方向各转动 1 min,控制转动范围在选筛直径的基础上扩大约 8 cm～10 cm。

将选筛静置片刻,收集留存在 1.0 mm 圆孔筛上的碎米和卡在筛孔中的米粒,称量(m_1),精确至 0.01 g。

7.1.2 大米碎米的检验

将检验小碎米后留存于 2.0 mm 圆孔筛上及卡在筛孔中的米粒倒入碎米分离器(5.5),根据粒型调整碎米斗的倾斜角度,使分离效果最佳,分离 2 min。将初步分离出的整米和碎米分别倒入分析盘中,用木棒轻轻敲击分离筒,将残留在分离筒中的米粒并入碎米中,拣出碎米中不小于整米平均长度 3/4 的米粒并入整米,拣出整米中小于整米平均长度 3/4 的米粒并入碎米,将分离出的碎米与 7.1.1 检出的小碎米合并称量(m_2),精确至 0.01 g。

如无碎米分离器,则将 2.0 mm 圆孔筛上的米粒连同卡在筛孔中的米粒倒入分析盘,手工拣出小于整米平均长度 3/4 的米粒,与 7.1.1 检出的小碎米合并称量(m_2),精确至 0.01 g。

7.1.3 大米碎米的图像处理测定法

打开大米碎米测定仪(5.7),按照使用说明书调整仪器至正常工作状态。取不少于 10 g(m)的大米样品,按照仪器操作要求进行样品测定,仪器自动分析、计算出大米小碎米率和大米碎米率。

也可待仪器自动判别并分离出大米中大碎米和小碎米后,人工称量小碎米(m_1)和大碎米与小碎米的合并物(m_2),按式(1)、式(2)分别计算大米小碎米率和大米碎米率。

7.2 小米、高粱米、黍米、稷米中碎米含量的检验

先由上至下将 1.5 mm(小米为 1.2 mm)、1.0 mm 筛和筛底套装好,再将试样置于直径 1.5 mm 圆孔筛(小米为 1.2 mm)内,盖上筛盖,安装于筛选器上进行自动筛选,或将安装好的谷物选筛置于光滑平面上,用双手以约 100 r/min 左右的速度,顺时针及逆时针方向各转动 1 min,控制转动范围在选筛直径的基础上扩大约 8 cm～10 cm。

将选筛静置片刻,收集留存在 1.0 mm 圆孔筛上的碎米和卡在筛孔中的米粒,称量(m_3),精确至 0.01 g。

8 结果计算

8.1 大米小碎米率及碎米率的计算:

小碎米率 X_1 按式(1)计算:

$$X_1 = \frac{m_1}{m} \times 100\% \qquad \cdots\cdots(1)$$

式中:

X_1——小碎米率;

m_1——小碎米质量,单位为克(g);

m——试样质量,单位为克(g)。

碎米率 X_2 按式(2)计算:

$$X_2 = \frac{m_2}{m} \times 100\% \qquad \cdots\cdots(2)$$

式中：

X_2——碎米率；

m_2——碎米质量，单位为克(g)；

m——试样质量，单位为克(g)。

测定结果以双试验结果的平均值表示，保留小数点后一位。双试验结果绝对差不得超过0.5%。

8.2 小米、高粱米、黍米、稷米碎米率按式(3)计算：

$$X_3 = \frac{m_3}{m} \times 100\% \qquad \cdots\cdots(3)$$

式中：

X_3——碎米率；

m_3——碎米质量，单位为克(g)；

m——试样质量，单位为克(g)。

测定结果以双试验结果的平均值表示，保留小数点后一位。双试验结果绝对差不得超过0.5%。

ICS 29.060.10
K 11

中华人民共和国国家标准

GB/T 5584.1—2009
代替 GB/T 5584.1—1985

电工用铜、铝及其合金扁线 第1部分：一般规定

Rectangular copper or aluminium and its alloy wires for electrical purposes—Part 1：General

2009-03-19 发布　　2009-12-01 实施

中华人民共和国国家质量监督检验检疫总局
中国国家标准化管理委员会　发布

前 言

GB/T 5584《电工用铜、铝及其合金扁线》分为四个部分：

——第1部分：一般规定；

——第2部分：铜扁线；

——第3部分：铝扁线；

——第4部分：铜带。

本部分是GB/T 5584的第1部分。

本部分代替GB/T 5584.1—1985《电工用铜、铝及其合金扁线　第1部分：一般规定》。

本部分与GB/T 5584.1—1985相比主要变化如下：

——调整了扁线的宽度和厚度尺寸，从GB/T 321—2005《优先数及优先数系》规定的*R*20和*R*40数系中选取(1985年版的6.1.1；本版的6.1)；

——调整了扁线的宽度尺寸规格(1985年版的6.1.2；本版的6.1)；

——修改了扁线的尺寸公差(1985年版的6.2；本版的6.2.1)；

——修改了扁线的圆角半径(1985年版的6.3；本版的6.3)。

本部分由中国电器工业协会提出。

本部分由全国电线电缆标准化技术委员会(SAC/TC 213)归口。

本部分负责起草单位：上海电缆研究所。

本部分参加起草单位：无锡飞龙电磁线有限公司、重庆鸽牌电线电缆有限公司、无锡环宇电磁线有限公司、广东雄力双利电缆有限公司、绍兴市力博电缆有限公司、浙江宏磊铜业股份有限公司。

本部分起草人：段鹏征、黄国飞、黄志飞、杜志云、马栋梁、胡冬元、毛毅中、魏浙强。

本部分所代替标准的历次版本情况为：

——GB/T 5584.1—1985。

电工用铜、铝及其合金扁线
第1部分：一般规定

1 范围

GB/T 5584的本部分规定了电工用铜、铝及其合金扁线的产品命名和代号、材料、结构、尺寸、电气及机械性能、验收及包装等。

本部分适用于制造电机、电器设备绕组、安装配电设备及其他电工用的铜、铝及其合金扁线和铜带。

生产工艺应能保证所生产的产品符合标准规定。

2 规范性引用文件

下列文件中的条款通过GB/T 5584的本部分的引用而成为本部分的条款。凡事注日期的引用文件，其随后所有的修改单(不包括勘误的内容)或修订版均不使用于本部分，然而，鼓励根据本部分达成协议的各方研究是否可以使用这些文件的最新版本。凡是不注日期的引用文件，其最新版本适用于本部分。

GB/T 321—2005 优先数及优先数系(ISO 3:1973,IDT)

GB/T 2900.10—2001 电工术语 电缆(idt IEC 60050(461):1984)

GB/T 3952—2008 电工用铜线坯

GB/T 3954—2008 电工圆铝杆

JB/T 8137—1999 电线电缆交货盘

3 术语和定义

除GB/T 5584的本部分规定外，所有术语均采用GB/T 2900.10—2001规定的术语和定义。

3.1

尺寸规格 specification

规格导体的尺寸规格，用导体窄边和宽边的标称尺寸 $a \times b$ 表示。

3.2

优先规格 preferred specification

优先采用的规格。

3.3

中间规格 intermediate specification

允许采用但又应尽量不用的规格。

3.4

不推荐规格 specification not recommended

不推荐采用的规格。

3.5

直度 straightness

任一窄边的弧形或不直部分处于水平状态时弧形的最大高度。

4 产品命名和代号

4.1 尺寸符号

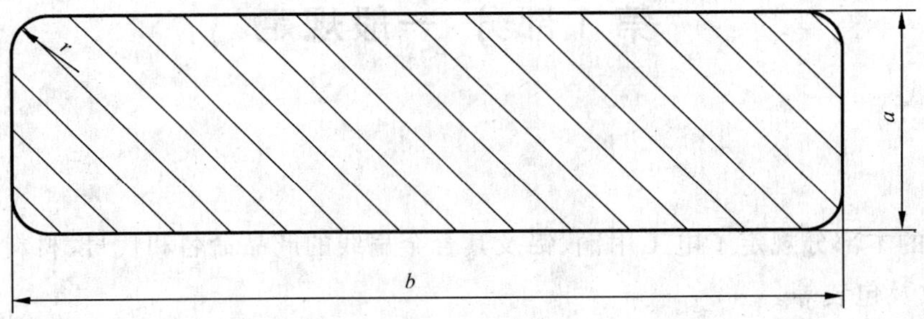

a——窄边；

b——宽边；

r——圆角半径。

图 1 扁线尺寸

4.2 状态符号

4.2.1 基本状态

退火的 O—适用于完全退火而获得最小强度状态的压力加工制品。

硬的 H—适用于退火后进行冷加工或冷加工与不完全退火结合而获得标准规定的机械性能的制品。

4.2.2 状态的划分

状态的划分由紧跟在基本状态符号后的阿拉伯数字来确定，这些数字表示通过压力加工后材料变形的程度。

注 1：铝及其合金压力加工制品的状态划分具体按 ISO/TC 79 推荐的体系。

注 2：铜及其合金压力加工制品的状态划分具体按 ISO/TC 26 推荐的体系。

4.3 产品代号

4.3.1 按材料分

铜 …………………………………………………………………………………… T

铜合金 ……………………………………………………………………………… TH

铝 …………………………………………………………………………………… L

铝合金 ……………………………………………………………………………… LH

4.3.2 按形状分

扁 …………………………………………………………………………………… B

带 …………………………………………………………………………………… D

4.3.3 按状态分

软状态(O)…………………………………………………………………………… R

硬状态(H) ………………………………………………………………………… Y

注：不同状态的合金，在 H 下角用规定代号标示。

4.4 产品表示方法

电工扁线及铜带用型号、规格及标准编号表示。例如：窄边为 2.24 mm，宽边为 16.00 mm 的软铜扁线和 H4 状态硬铝扁线，或 H2 状态的硬铜带，表示为：

TBR 2.24×16.00 GB/T 5584.2—2009；

LBY4 2.24×16.00 GB/T 5584.3—2009；

TDY2 2.24×16.00 GB/T 5584.4—2009。

5 材料

5.1 铜扁线及铜带应采用符合 GB/T 3952—2008 要求的铜线坯制造，也可采用低氧和无氧铜线坯制造。

5.2 铝扁线应采用符合电工用铝锭要求的铝锭和符合 GB/T 3954—2008 要求的铝杆制造。

5.3 铜合金和铝合金扁线的材料要求应在各后续产品标准中规定。

6 尺寸

6.1 标称尺寸

本部分推荐的矩形截面绕组线导体的宽边和窄边尺寸根据 GB/T 321—2005 的 $R20$ 和 $R40$ 数系选取。

宽边和窄边的优先尺寸均按 $R20$ 和 $R40$ 数系进行组合。

中间尺寸是宽边和窄边尺寸中的一个用 $R20$ 数系而另一个用 $R40$ 数系的组合。

本部分包括：

——宽边尺寸：从 2.00 mm 到及包括 16.00 mm；

——窄边尺寸：从 0.80 mm 到及包括 5.60 mm[1)]。

6.2 尺寸公差

6.2.1 扁线窄边 a 和宽边 b 的尺寸公差应分别符合表 2、表 3 的规定。

6.2.2 铜带的 a 边和 b 边的尺寸公差在后续铜带标准中规定。

6.3 圆角

扁线和铜带应有圆角，圆角半径应符合表 4 规定。

7 截面积

7.1 扁线和铜带的标称截面积 S 按下式计算：

$$S=a\times b-0.858r^2 \quad (\mathrm{mm}^2)$$

7.2 扁线优先规格和中间规格的标称截面积如表 1 和附录 A 所示。

7.3 铜带的标称截面积在后续铜带标准中规定。

---

1) 由于技术原因可能需要窄边尺寸 5.60 mm 到及包括 10 mm，宽边尺寸 16 mm 到及包括 25 mm 的附加尺寸，应使用 $R40$ 数系。宽边尺寸和窄边尺寸的比值应在规定范围内。附加尺寸不允许用 $R40$ 和 $R40$ 的组合。

表 1 扁线的规格系列

	窄边标称尺寸																																		
mm	0.80	0.85	0.90	0.95	1.00	1.06	1.12	1.18	1.25	1.32	1.40	1.50	1.60	1.70	1.80	1.90	2.00	2.12	2.24	2.36	2.50	2.65	2.80	3.00	3.15	3.35	3.55	3.75	4.00	4.25	4.50	4.75	5.00	5.30	5.60
宽边标称尺寸	圆角半径=(1/2)窄边标称尺寸					圆角半径=0.5 mm								圆角半径=0.65 mm						圆角半径=0.8 mm								圆角半径=1.0 mm							
2.00	1.463		1.626		1.785		2.025		2.285		2.585																								
2.12		—		—		—		—		—		—																							
2.24	1.655		1.842		2.025		2.294		2.585		2.921		3.369																						
2.36		—		—		—		—		—		—		—																					
2.50	1.863		2.076		2.285		2.585		2.910		3.285		3.785		4.137																				
2.65		—		—		—		—		—		—		—		—																			
2.80	2.103		2.346		2.585		2.921		3.285		3.705		4.265		4.677		5.237																		
3.00		—		—		—		—		—		—		—		—		—																	
3.15	2.383		2.661		2.935		3.313		3.723		4.195		4.825		5.307		5.937		6.693																
3.35		—		—		—		—		—		—		—		—		—		—															
3.55	2.703		3.021		3.335		3.761		4.223		4.755		5.465		6.027		6.737		7.589		8.326														
3.75		—		—		—		—		—		—		—		—		—		—		—													
4.00	3.063		3.426		3.785		4.265		4.785		5.385		6.185		6.837		7.637		8.597		9.451		10.65												
4.25		—		—		—		—		—		—		—		—		—		—		—		—											
4.50	3.463		3.876		4.285		4.825		5.410		6.085		6.985		7.737		8.637		9.717		10.70		12.05		13.63										
4.75		—		—		—		—		—		—		—		—		—		—		—		—		—									
5.00	3.863		4.326		4.785		5.385		6.035		6.785		7.785		8.637		9.637		10.84	—	11.95		13.45		15.20		17.20								
5.30		—		—		—		—		—		—		—		—		—				—		—		—		—							
5.60	4.343		4.866		5.385		6.057		6.785		7.625		8.745		9.717		10.84		12.18	—	13.45		15.13		17.09		19.33		21.54						
6.00		—		—		—		—		—		—		—		—		—				—		—		—		—		—					
6.30	4.903		5.496		6.085		6.841		7.660		8.605		9.865		10.98		12.24		13.75	—	15.20		17.09		19.30		21.82		24.34		27.49				
6.70		—		—		—		—		—		—		—		—		—				—		—		—		—		—		—			
7.10			6.216		6.885		7.737		8.660		9.725		11.15		12.42		13.84		15.54	—	17.20		19.33		21.82		24.66		27.54		31.09		34.64		
7.50				—		—		—		—		—		—		—		—				—		—		—		—		—		—		—	
8.00					7.785		8.745		9.785		10.99		12.59		14.04		15.64		17.56	—	19.45		21.85		24.65		27.85		31.14		35.14		39.14		43.94
8.50						—		—		—		—		—		—		—				—		—		—		—		—		—		—	
9.00							9.865		11.04		12.39		14.19		15.84		17.64		19.80	—	21.95		24.65		27.80		31.40		35.14		39.64		44.14		49.54
9.50								—		—		—		—		—		—				—		—		—		—		—		—		—	
10.0									12.29		13.79		15.79		17.64		19.64		22.04	—	24.45		27.45		30.95		34.95		39.14		44.14		49.14		55.14
10.6										—		—		—		—		—				—		—		—		—		—		—		—	
11.2											15.47		17.71		19.80		22.04		24.73	—	27.45		30.81		34.73		39.21		43.94		49.54		55.14		61.86
11.8												—		—		—		—				—		—		—		—		—		—		—	
12.5													19.79		22.14		24.64		27.64	—	30.70		34.45		38.83		43.83		49.14		55.39		61.64		69.14
13.2														—		—		—				—		—		—		—		—		—		—	
14.0															24.84		27.64		31.00	—	34.45		38.65		43.55		49.15		55.14		62.14		69.14		77.54
15.0																—		—				—		—		—		—		—		—		—	
16.0																	31.64		35.48	—	39.45		44.25		49.85		56.25		63.14		71.14		79.14		88.74

宽窄尺寸比小于 1.4 的规格为不推荐规格

宽窄尺寸比大于 8 的规格为不推荐规格

[0.95]——$R40$ 系列

[1.00]——$R20$ 系列

[1.785]——$R20 \times R20$ 优先规格的标称截面积，mm^2

[ ]——$R20 \times R40$ 或 $R40 \times R20$ 中间规格的标称截面积，mm^2，(见附录 A)

[—]——$R40 \times R40$ 的不推荐规格

表 2 窄边尺寸及公差

标称尺寸 a mm	公差 mm
$a \leqslant 3.15$	±0.030
$3.15 < a \leqslant 5.60$	±0.050

表 3 宽边尺寸及公差

标称尺寸 b mm	公差 mm
$b \leqslant 3.15$	±0.030
$3.15 < b \leqslant 6.30$	±0.050
$6.30 < b \leqslant 12.50$	±0.070
$12.50 < b \leqslant 16.00$	±0.100

表 4 圆角半径及公差

标称尺寸 a mm	圆角半径 r	
	标称 mm	公差 mm
$a \leqslant 1.00$	$a/2$	±25%
$1.00 < a \leqslant 1.60$	0.5[a]	
$1.60 < a \leqslant 2.44$	0.65[b]	
$2.44 < a < 3.55$	0.80	
$3.55 < a \leqslant 5.60$	1.00	

[a] 如果制造厂和用户之间协商同意，则宽边大于 4.75 mm 的扁线，其圆角半径可以是：①半圆；②0.80 mm。

[b] 如果制造厂和用户之间协商同意，则铜带的圆角半径可以是 $a/2$。

8 机械性能

机械性能按产品在各后续标准中规定。

9 电性能

电阻率在各后续标准中规定。

10 接头

除非经过拉线模或相当的轧制加工外，成品线不允许有接头。在最终拉制或轧制前的必须的接头应按最佳工艺实践制成；

11 直度

制造长度不超过 6 m 的硬扁线，在 1 m 长度内的直度应不超过 4 mm。

12 表面状态

12.1 表面应光洁，不应有与良好工业产品不相称的任何缺陷。

12.2 用作绝缘绕组线的导体时，扁线的表面状态由双方协商规定。

13 交货重量

交货重量或长度由各后续标准规定。

14 验收规则

14.1 产品应由制造厂的技术检查部门检查合格后方能出厂。每批出厂的产品应附有产品检验合格证。

14.2 产品按后续标准中的规定试验。

14.3 抽样规则由制造厂和使用单位协商规定。如使用单位未提出要求时，则按制造厂的规定。

第一次检验不合格时，应从该批的其余包装件上另取双倍数量的试样就不合格项目进行第二次试验，仍不合格时应进行100%检验。

14.4 产品外观用正常目力检查。

15 包装

扁线应成盘成圈或成捆包装。铜带应成卷或成圈包装。每个包装件应为同一型号、同一规格，除成捆包装件外，应为一整根的产品。

成盘包装时，盘具应符合JB/T 8137—1999的规定，并妥善包装。其他形式包装时应至少捆扎三处，然后加垫防潮材料并用麻布或类似材料绕包。

15.1 每个包装件上应附标签标明：

a) 制造厂名称或商标；

b) 产品型号及规格：$a \times b$ mm；

c) 毛重及净重：kg；

d) 制造日期：年 月 日；

e) 质量认证标志或优质品标志；

f) 标准编号。

16 运输保存

在正常的装卸、运输和保管中，应注意避免损伤产品。

附　录　A
（资料性附录）
优先尺寸和中间尺寸的标称截面积

表 A.1　标称截面积

宽边标称尺寸 mm	窄边标称尺寸 mm	圆角半径 mm	标称截面积 mm^2	宽边标称尺寸 mm	窄边标称尺寸 mm	圆角半径 mm	标称截面积 mm^2
2.00	0.80	*	1.463	2.36	1.25	0.5	2.735
	0.85	*	1.545		1.40	0.5	3.089
	0.90	*	1.626		1.60	0.5	3.561
	0.95	*	1.706	2.50	0.80	*	1.863
	1.00	*	1.785		0.85	*	1.970
	1.06	0.5	1.905		0.90	*	2.076
	1.12	0.5	2.025		0.95	*	2.181
	1.18	0.5	2.145		1.00	*	2.285
	1.25	0.5	2.285		1.06	0.5	2.435
	1.32	0.5	2.425		1.12	0.5	2.585
	1.40	0.5	2.585		1.18	0.5	2.736
2.12	0.80	*	1.559		1.25	0.5	2.910
	0.90	*	1.734		1.32	0.5	3.085
	1.00	*	1.905		1.40	0.5	3.285
	1.12	0.5	2.160		1.50	0.5	3.535
	1.25	0.5	2.435		1.60	0.5	3.785
	1.40	0.5	2.753		1.70	0.65	3.887
2.24	0.80	*	1.655		1.80	0.65	4.137
	0.85	*	1.749	2.65	0.80	*	1.983
	0.90	*	1.842		0.90	*	2.211
	0.95	*	1.934		1.00	*	2.435
	1.00	*	2.025		1.12	0.5	2.753
	1.06	0.5	2.160		1.25	0.5	3.098
	1.12	0.5	2.294		1.40	0.5	3.495
	1.18	0.5	2.429		1.60	0.5	4.025
	1.25	0.5	2.585		1.80	0.65	4.407
	1.32	0.5	2.742	2.80	0.80	*	2.103
	1.40	0.5	2.921		0.85	*	2.225
	1.50	0.5	3.145		0.90	*	2.346
	1.60	0.5	3.369		0.95	*	2.466
2.36	0.80	*	1.751		1.00	*	2.585
	0.90	*	1.950		1.06	0.5	2.753
	1.00	*	2.145		1.12	0.5	2.921
	1.12	0.5	2.429		1.18	0.5	3.089

*　0.5×窄边标称尺寸。

表 A.1（续）

宽边标称尺寸 mm	窄边标称尺寸 mm	圆角半径 mm	标称截面积 mm^2	宽边标称尺寸 mm	窄边标称尺寸 mm	圆角半径 mm	标称截面积 mm^2
2.80	1.25	0.5	3.285	3.35	0.90	*	2.841
	1.32	0.5	3.481		1.00	*	3.135
	1.40	0.5	3.705		1.12	0.5	3.537
	1.50	0.5	3.985		1.25	0.5	3.973
	1.60	0.5	4.265		1.40	0.5	4.475
	1.70	0.65	4.397		1.60	0.5	5.145
	1.80	0.65	4.677		1.80	0.65	5.667
	1.90	0.65	4.957		2.00	0.65	6.337
	2.00	0.65	5.237		2.24	0.65	7.141
3.00	0.80	*	2.263	3.55	0.80	*	2.703
	0.90	*	2.526		0.85	*	2.862
	1.00	*	2.785		0.90	*	3.021
	1.12	0.5	3.145		0.95	*	3.179
	1.25	0.5	3.535		1.00	*	3.335
	1.40	0.5	3.985		1.06	0.5	3.548
	1.60	0.5	4.585		1.12	0.5	3.761
	1.80	0.65	5.037		1.18	0.5	3.974
	2.00	0.65	5.637		1.25	0.5	4.223
3.15	0.80	*	2.383		1.32	0.5	4.471
	0.85	*	2.522		1.40	0.5	4.755
	0.90	*	2.661		1.50	0.5	5.110
	0.95	*	2.799		1.60	0.5	5.465
	1.00	*	2.935		1.70	0.65	5.672
	1.06	0.5	3.124		1.80	0.65	6.027
	1.12	0.5	3.313		1.90	0.65	6.382
	1.18	0.5	3.502		2.00	0.65	6.737
	1.25	0.5	3.723		2.12	0.65	7.163
	1.32	0.5	3.943		2.24	0.65	7.589
	1.40	0.5	4.195		2.36	0.8	7.829
	1.50	0.5	4.510		2.50	0.8	8.326
	1.60	0.5	4.825	3.75	0.80	*	2.863
	1.70	0.65	4.992		0.90	*	3.201
	1.80	0.65	5.307		1.00	*	3.535
	1.90	0.65	5.622		1.12	0.5	3.985
	2.00	0.65	5.937		1.25	0.5	4.473
	2.12	0.65	6.315		1.40	0.5	5.035
	2.24	0.65	6.693		1.60	0.5	5.785
3.35	0.80	*	2.543		1.80	0.65	6.387

* 0.5×窄边标称尺寸。

表 A.1（续）

宽边标称尺寸 mm	窄边标称尺寸 mm	圆角半径 mm	标称截面积 mm^2	宽边标称尺寸 mm	窄边标称尺寸 mm	圆角半径 mm	标称截面积 mm^2
3.75	2.00	0.65	7.137	4.50	0.90	*	3.876
	2.24	0.65	8.037		0.95	*	4.081
	2.50	0.8	8.826		1.00	*	4.285
4.00	0.80	*	3.063		1.06	0.5	4.555
	0.85	*	3.245		1.12	0.5	4.825
	0.90	*	3.426		1.18	0.5	5.095
	0.95	*	3.606		1.25	0.5	5.410
	1.00	*	3.785		1.32	0.5	5.725
	1.06	0.5	4.025		1.40	0.5	6.085
	1.12	0.5	4.265		1.50	0.5	6.535
	1.18	0.5	4.505		1.60	0.5	6.985
	1.25	0.5	4.785		1.70	0.65	7.287
	1.32	0.5	5.065		1.80	0.65	7.737
	1.40	0.5	5.385		1.90	0.65	8.187
	1.50	0.5	5.785		2.00	0.65	8.637
	1.60	0.5	6.185		2.12	0.65	9.177
	1.70	0.65	6.437		2.24	0.65	9.717
	1.80	0.65	6.837		2.36	0.8	10.07
	1.90	0.65	7.237		2.50	0.8	10.70
	2.00	0.65	7.637		2.65	0.8	11.38
	2.12	0.65	8.117		2.80	0.8	12.05
	2.24	0.65	8.597		3.00	0.8	12.95
	2.36	0.8	8.891		3.15	0.8	13.63
	2.50	0.8	9.451	4.75	0.80	*	3.663
	2.65	0.8	10.05		0.90	*	4.101
	2.80	0.8	10.65		1.00	*	4.535
4.25	0.80	*	3.263		1.12	0.5	5.105
	0.90	*	3.651		1.25	0.5	5.723
	1.00	*	4.035		1.40	0.5	6.435
	1.12	0.5	4.545		1.60	0.5	7.385
	1.25	0.5	5.098		1.80	0.65	8.188
	1.40	0.5	5.735		2.00	0.65	9.137
	1.60	0.5	6.585		2.24	0.65	10.28
	1.80	0.65	7.287		2.50	0.8	11.33
	2.00	0.65	8.137		2.80	0.8	12.75
	2.24	0.65	9.157		3.15	0.8	14.41
	2.50	0.8	10.08	5.00	0.80	*	3.863
	2.80	0.8	11.35		0.85	*	4.095
4.50	0.80	*	3.463		0.90	*	4.326
	0.85	*	3.670		0.95	*	4.556

* 0.5×窄边标称尺寸。

表 A.1（续）

宽边标称尺寸 mm	窄边标称尺寸 mm	圆角半径 mm	标称截面积 mm^2	宽边标称尺寸 mm	窄边标称尺寸 mm	圆角半径 mm	标称截面积 mm^2
5.00	1.00	*	4.785	5.60	0.90	*	4.866
	1.06	0.5	5.085		0.95	*	5.126
	1.12	0.5	5.385		1.00	*	5.385
	1.18	0.5	5.685		1.06	0.5	5.721
	1.25	0.5	6.035		1.12	0.5	6.057
	1.32	0.5	6.385		1.18	0.5	6.393
	1.40	0.5	6.785		1.25	0.5	6.785
	1.50	0.5	7.285		1.32	0.5	7.177
	1.60	0.5	7.785		1.40	0.5	7.625
	1.70	0.65	8.137		1.50	0.5	8.185
	1.80	0.65	8.637		1.60	0.5	8.745
	1.90	0.65	9.137		1.70	0.65	9.157
	2.00	0.65	9.637		1.80	0.65	9.717
	2.12	0.65	10.24		1.90	0.65	10.28
	2.24	0.65	10.84		2.00	0.65	10.84
	2.36	0.8	11.25		2.12	0.65	11.51
	2.50	0.8	11.95		2.24	0.65	12.18
	2.65	0.8	12.70		2.36	0.8	12.67
	2.80	0.8	13.45		2.50	0.8	13.45
	3.00	0.8	14.45		2.65	0.8	14.29
	3.15	0.8	15.20		2.80	0.8	15.13
	3.35	0.8	16.20		3.00	0.8	16.25
	3.55	0.8	17.20		3.15	0.8	17.09
5.30	0.80	*	4.103		3.35	0.8	18.21
	0.90	*	4.596		3.55	0.8	19.33
	1.00	*	5.085		3.75	1.0	20.14
	1.12	0.5	5.721		4.00	1.0	21.54
	1.25	0.5	6.410	6.00	0.80	*	4.663
	1.40	0.5	7.205		0.90	*	5.226
	1.60	0.5	8.265		1.00	*	5.785
	1.80	0.65	9.177		1.12	0.5	6.505
	2.00	0.65	10.24		1.25	0.5	7.285
	2.24	0.65	11.51		1.40	0.5	8.185
	2.50	0.8	12.70		1.60	0.5	9.385
	2.80	0.8	14.29		1.80	0.65	10.44
	3.15	0.8	16.15		2.00	0.65	11.64
	3.55	0.8	18.27		2.24	0.65	13.08
5.60	0.80	*	4.343		2.50	0.8	14.45
	0.85	*	4.605		2.80	0.8	16.25

* 0.5×窄边标称尺寸。

表 A.1（续）

宽边标称尺寸 mm	窄边标称尺寸 mm	圆角半径 mm	标称截面积 mm²	宽边标称尺寸 mm	窄边标称尺寸 mm	圆角半径 mm	标称截面积 mm²
6.00	3.15	0.8	18.35	6.70	1.80	0.65	11.70
	3.55	0.8	20.75		2.00	0.65	13.04
	4.00	1.0	23.14		2.24	0.65	14.65
6.30	0.80	*	4.903		2.50	0.8	16.20
	0.85	*	5.200		2.80	0.8	18.21
	0.90	*	5.496		3.15	0.8	20.56
	0.95	*	5.791		3.55	0.8	23.24
	1.00	*	6.085		4.00	1.0	25.94
	1.06	0.5	6.463		4.50	1.0	29.29
	1.12	0.5	6.841	7.10	0.90	*	6.216
	1.18	0.5	7.219		0.95	*	6.551
	1.25	0.5	7.660		1.00	*	6.885
	1.32	0.5	8.101		1.06	0.5	7.311
	1.40	0.5	8.605		1.12	0.5	7.737
	1.50	0.5	9.235		1.18	0.5	8.163
	1.60	0.5	9.865		1.25	0.5	8.660
	1.70	0.65	10.35		1.32	0.5	9.157
	1.80	0.65	10.98		1.40	0.5	9.725
	1.90	0.65	11.61		1.50	0.5	10.44
	2.00	0.65	12.24		1.60	0.5	11.15
	2.12	0.65	12.99		1.70	0.65	11.71
	2.24	0.65	13.75		1.80	0.65	12.42
	2.36	0.8	14.32		1.90	0.65	13.13
	2.50	0.8	15.20		2.00	0.65	13.84
	2.65	0.8	16.15		2.12	0.65	14.69
	2.80	0.8	17.09		2.24	0.65	15.54
	3.00	0.8	18.35		2.36	0.8	16.21
	3.15	0.8	19.30		2.50	0.8	17.20
	3.35	0.8	20.56		2.65	0.8	18.27
	3.55	0.8	21.82		2.80	0.8	19.33
	3.75	1.0	22.77		3.00	0.8	20.75
	4.00	1.0	24.34		3.15	0.8	21.82
	4.25	1.0	25.92		3.35	0.8	23.24
	4.50	1.0	27.49		3.55	0.8	24.66
6.70	0.90	*	5.856		3.75	1.0	25.77
	1.00	*	6.485		4.00	1.0	27.54
	1.12	0.5	7.289		4.25	1.0	29.32
	1.25	0.5	8.160		4.50	1.0	31.09
	1.40	0.5	9.165		4.75	1.0	32.87
	1.60	0.5	10.51		5.00	1.0	34.64

* 0.5×窄边标称尺寸。

表 A.1（续）

宽边标称尺寸 mm	窄边标称尺寸 mm	圆角半径 mm	标称截面积 mm^2	宽边标称尺寸 mm	窄边标称尺寸 mm	圆角半径 mm	标称截面积 mm^2
7.50	1.00	*	7.285	8.00	4.25	1.0	33.14
	1.12	0.5	8.185		4.50	1.0	35.14
	1.25	0.5	9.160		4.75	1.0	37.14
	1.40	0.5	10.29		5.00	1.0	39.14
	1.60	0.5	11.79		5.30	1.0	41.54
	1.80	0.65	13.14		5.60	1.0	43.94
	2.00	0.65	14.64	8.50	1.12	0.5	9.305
	2.24	0.65	16.44		1.25	0.5	10.41
	2.50	0.8	18.20		1.40	0.5	11.69
	2.80	0.8	20.45		1.60	0.5	13.39
	3.15	0.8	23.08		1.80	0.65	14.94
	3.55	0.8	26.08		2.00	0.65	16.64
	4.00	1.0	29.14		2.24	0.65	18.68
	4.50	1.0	32.89		2.50	0.8	20.70
	5.00	1.0	36.64		2.80	0.8	23.25
8.00	1.00	*	7.785		3.15	0.8	26.23
	1.06	0.5	8.265		3.55	0.8	29.63
	1.12	0.5	8.745		4.00	1.0	33.14
	1.18	0.5	9.225		4.50	1.0	37.39
	1.25	0.5	9.785		5.00	1.0	41.64
	1.32	0.5	10.35		5.60	1.0	46.74
	1.40	0.5	10.99	9.00	1.12	0.5	9.865
	1.50	0.5	11.79		1.18	0.5	10.41
	1.60	0.5	12.59		1.25	0.5	11.04
	1.70	0.65	13.24		1.32	0.5	11.67
	1.80	0.65	14.04		1.40	0.5	12.39
	1.90	0.65	14.84		1.50	0.5	13.29
	2.00	0.65	15.64		1.60	0.5	14.19
	2.12	0.65	16.60		1.70	0.65	14.94
	2.24	0.65	17.56		1.80	0.65	15.84
	2.36	0.8	18.33		1.90	0.85	16.74
	2.50	0.8	19.45		2.00	0.65	17.64
	2.65	0.8	20.65		2.12	0.65	18.72
	2.80	0.8	21.85		2.24	0.65	19.80
	3.00	0.8	23.45		2.36	0.8	20.69
	3.15	0.8	24.65		2.50	0.8	21.95
	3.35	0.8	26.25		2.65	0.8	23.30
	3.55	0.8	27.85		2.80	0.8	24.65
	3.75	1.0	29.14		3.00	0.8	26.45
	4.00	1.0	31.14		3.15	0.8	27.80

* 0.5×窄边标称尺寸。

表 A.1（续）

宽边标称尺寸 mm	窄边标称尺寸 mm	圆角半径 mm	标称截面积 mm^2	宽边标称尺寸 mm	窄边标称尺寸 mm	圆角半径 mm	标称截面积 mm^2
9.00	3.35	0.8	29.60	10.00	3.15	0.8	30.95
	3.55	0.8	31.40		3.35	0.8	32.95
	3.75	1.0	32.89		3.55	0.8	34.95
	4.00	1.0	35.14		3.75	1.0	36.64
	4.25	1.0	37.39		4.00	1.0	39.14
	4.50	1.0	39.64		4.25	1.0	41.64
	4.75	1.0	41.89		4.50	1.0	44.14
	5.00	1.0	44.14		4.75	1.0	46.64
	5.30	1.0	46.84		5.00	1.0	49.14
	5.60	1.0	49.54		5.30	1.0	52.14
9.50	1.25	0.5	11.66		5.60	1.0	55.14
	1.40	0.5	13.09	10.60	1.40	0.5	14.63
	1.60	0.5	14.99		1.60	0.5	16.75
	1.80	0.65	16.74		1.80	0.65	18.72
	2.00	0.65	18.64		2.00	0.65	20.84
	2.24	0.65	20.92		2.24	0.65	23.38
	2.50	0.8	23.20		2.50	0.8	25.95
	2.80	0.8	26.05		2.80	0.8	29.13
	3.15	0.8	29.38		3.15	0.8	32.84
	3.55	0.8	33.18		3.55	0.8	37.08
	4.00	1.0	37.14		4.00	1.0	41.54
	4.50	1.0	41.89		4.50	1.0	46.84
	5.00	1.0	46.64		5.00	1.0	52.14
	5.60	1.0	52.34		5.60	1.0	58.50
10.00	1.25	0.5	12.29	11.20	1.40	0.5	15.47
	1.32	0.5	12.99		1.50	0.5	16.59
	1.40	0.5	13.79		1.60	0.5	17.71
	1.50	0.5	14.79		1.70	0.65	18.68
	1.60	0.5	15.79		1.80	0.65	19.80
	1.70	0.65	16.64		1.90	0.65	20.92
	1.80	0.65	17.64		2.00	0.65	22.04
	1.90	0.65	18.64		2.12	0.65	23.38
	2.00	0.65	19.64		2.24	0.65	24.73
	2.12	0.65	20.84		2.36	0.8	25.88
	2.24	0.65	22.04		2.50	0.8	27.45
	2.36	0.8	23.05		2.65	0.8	29.13
	2.50	0.8	24.45		2.80	0.8	30.81
	2.65	0.8	25.95		3.00	0.8	33.05
	2.80	0.8	27.45		3.15	0.8	34.73
	3.00	0.8	29.45		3.35	0.8	36.97

表 A.1（续）

宽边标称尺寸 mm	窄边标称尺寸 mm	圆角半径 mm	标称截面积 mm^2	宽边标称尺寸 mm	窄边标称尺寸 mm	圆角半径 mm	标称截面积 mm^2
11.20	3.55	0.8	39.21	12.50	4.75	1.0	58.52
	3.75	1.0	41.14		5.00	1.0	61.64
	4.00	1.0	43.94		5.30	1.0	65.39
	4.25	1.0	46.74		5.60	1.0	69.14
	4.50	1.0	49.54	13.20	1.80	0.65	23.40
	4.75	1.0	52.34		2.00	0.65	26.04
	5.00	1.0	55.14		2.24	0.65	29.21
	5.30	1.0	58.50		2.50	0.8	32.45
	5.60	1.0	61.86		2.80	0.8	36.41
11.80	1.60	0.5	18.67		3.15	0.8	41.03
	1.80	0.65	20.88		3.55	0.8	46.31
	2.00	0.65	23.24		4.00	1.0	51.94
	2.24	0.65	26.07		4.50	1.0	58.54
	2.50	0.8	28.95		5.00	1.0	65.14
	2.80	0.8	32.49		5.60	1.0	73.06
	3.15	0.8	36.62	14.00	1.80	0.65	24.84
	3.55	0.8	41.34		1.90	0.65	26.24
	4.00	1.0	46.34		2.00	0.65	27.64
	4.50	1.0	52.24		2.12	0.65	29.32
	5.00	1.0	58.14		2.24	0.65	31.00
	5.60	1.0	65.22		2.36	0.8	32.49
12.50	1.60	0.5	19.79		2.50	0.8	34.45
	1.70	0.65	20.89		2.65	0.8	36.55
	1.80	0.65	22.14		2.80	0.8	38.65
	1.90	0.65	23.39		3.00	0.8	41.45
	2.00	0.65	24.64		3.15	0.8	43.55
	2.12	0.65	26.14		3.35	0.8	46.35
	2.24	0.65	27.64		3.55	0.8	49.15
	2.36	0.8	28.95		3.75	1.0	51.64
	2.50	0.8	30.70		4.00	1.0	55.14
	2.65	0.8	32.58		4.25	1.0	58.64
	2.80	0.8	34.45		4.50	1.0	62.14
	3.00	0.8	36.95		4.75	1.0	65.64
	3.15	0.8	38.83		5.00	1.0	69.14
	3.35	0.8	41.33		5.30	1.0	73.34
	3.55	0.8	43.83		5.60	1.0	77.54
	3.75	1.0	46.02	15.00	2.00	0.65	29.64
	4.00	1.0	49.14		2.24	0.65	33.24
	4.25	1.0	52.27		2.50	0.8	36.95
	4.50	1.0	55.39		2.80	0.8	41.45

表 A.1（续）

宽边标称尺寸 mm	窄边标称尺寸 mm	圆角半径 mm	标称截面积 mm^2	宽边标称尺寸 mm	窄边标称尺寸 mm	圆角半径 mm	标称截面积 mm^2
15.00	3.15	0.8	46.70	16.00	3.00	0.8	47.45
	3.55	0.8	52.70		3.15	0.8	49.85
	4.00	1.0	59.14		3.35	0.8	53.05
	4.50	1.0	66.64		3.55	0.8	56.25
	5.00	1.0	74.14		3.75	1.0	59.14
	5.60	1.0	83.14		4.00	1.0	63.14
16.00	2.00	0.65	31.64		4.25	1.0	67.14
	2.12	0.65	33.56		4.50	1.0	71.14
	2.24	0.65	35.48		4.75	1.0	75.14
	2.36	0.8	37.21		5.00	1.0	79.14
	2.50	0.8	39.45		5.30	1.0	83.94
	2.65	0.8	41.85		5.60	1.0	88.74
	2.80	0.8	44.25				

ICS 29.060.10
K 11

中华人民共和国国家标准

GB/T 5584.2—2009
代替 GB/T 5584.2—1985

电工用铜、铝及其合金扁线 第2部分：铜扁线

Rectangular copper or aluminium and its alloy wires for electrical purposes—Part 2：Rectangular copper wire

2009-03-19 发布　　2009-12-01 实施

中华人民共和国国家质量监督检验检疫总局
中国国家标准化管理委员会　发布

前 言

GB/T 5584《电工用铜、铝及其合金扁线》分为四个部分：

——第 1 部分：一般规定；

——第 2 部分：铜扁线；

——第 3 部分：铝扁线；

——第 4 部分：铜带。

本部分是 GB/T 5584 的第 2 部分。

本部分代替 GB/T 5584.2—1985《电工用铜、铝及其合金扁线　第 2 部分：铜扁线》。

本部分与 GB/T 5584.2—1985 相比主要变化如下：

——调整了对铜扁线的技术要求(1985 年版的 5.1；本版的 6.1)；

——调整了对铜扁线的抗拉强度和伸长率的要求(1985 年版的 5.2；本版的 6.2)。

本部分由中国电器工业协会提出。

本部分由全国电线电缆标准化技术委员会(SAC/TC 213)归口。

本部分负责起草单位：上海电缆研究所。

本部分参加起草单位：重庆鸽牌电线电缆有限公司、无锡飞龙电磁线有限公司、无锡环宇电磁线有限公司、绍兴市力博电缆有限公司、广东雄力双利电缆有限公司、浙江宏磊铜业股份有限公司。

本部分起草人：段鹏征、黄国飞、杜志云、黄志飞、马栋梁、毛毅中、胡冬元、魏浙强。

本部分所代替标准的历次版本发布情况为：

——GB/T 5584.2—1985。

电工用铜、铝及其合金扁线
第2部分：铜扁线

1 范围

GB/T 5584的本部分规定了电工铜扁线的型号、规格、技术要求、试验、交货要求等。

本部分适用于电工铜扁线。

本部分应与GB/T 5584.1—2009一起使用。

2 规范性引用文件

下列文件中的条款通过GB/T 5584的本部分的引用而成为本部分的条款。凡是注日期的引用文件，其随后所有的修改单(不包括勘误的内容)或修订版均不适用于本部分，然而，鼓励根据本部分达成协议的各方研究是否可使用这些文件的最新版本。凡是不注日期的引用文件，其最新版本适用于本部分。

GB/T 3048.2—2007 电线电缆电性能试验方法 第2部分：金属材料电阻率试验(IEC 60468:1974,MOD)

GB/T 4909.2—2009 裸电线试验方法 第2部分：尺寸测量

GB/T 4909.3—2009 裸电线试验方法 第3部分：拉力试验

GB/T 4909.6—2009 裸电线试验方法 第6部分：弯曲试验——单向弯曲

GB/T 5584.1—2009 电工用铜、铝及其合金扁线 第1部分：一般规定

3 使用导则

本部分规定的铜扁线，既可作为成品使用，也可以是一种中间产品。当作为中间产品时，其尺寸、公差及表面状态可由双方协议补充规定，或由有关的主管部门制定补充规定。

4 型号

铜扁线的型号如表1所示。

表1 型号

型 号	状 态	名 称
TBR	O	软铜扁线
TBY1	H1	H1状态硬铜扁线
TBY2	H2	H2状态硬铜扁线

5 规格

铜扁线的规格应符合GB/T 5584.1—2009的规定。

6 技术要求

6.1 铜扁线的技术要求

铜扁线的技术要求应符合表2规定。

表 2 技术要求

序号	项目名称	技 术 要 求	试验类型	试验方法
1	尺寸		T,S	GB/T 4909.2—2009
1.1	$a \times b$	符合 GB/T 5584.1—2009 中 6.1 表 1 规定		
1.2	公差	符合 GB/T 5584.1—2009 中 6.2.1 表 2、表 3 规定		
1.3	圆角	符合 GB/T 5584.1—2009 中 6.3 表 4 规定		
2	抗拉强度	符合本部分中 6.2 表 3 规定	T,S	GB/T 4909.3—2009
3	伸长率	符合本部分中 6.2 表 3 规定	T,S	GB/T 4909.3—2009
4	弯曲	符合本部分中 6.3 表 4 规定	T,S	GB/T 4909.6—2009
5	电阻率	符合本部分中 6.4 表 5 规定	T,S	GB/T 3048.2—2007
6	直度	符合 GB/T 5584.1—2009 第 11 章规定	T,S	GB/T 4909.2—2009

6.2 **抗拉强度与伸长率**

铜扁线的抗拉强度和伸长率应符合表 3 规定。

表 3 抗拉强度及伸长率

标称尺寸 a mm	型号					
	TBR		TBY1		TBY2	
	抗拉强度 N/mm² 最大值	伸长率 % 最小值	抗拉强度 N/mm²	伸长率 % 最小值	抗拉强度 N/mm² 最小值	伸长率 % 最小值
$0.80 \leqslant a \leqslant 2.00$	275	30.0	275～373	1.5	373	0.4
$2.00 < a \leqslant 4.00$	255	34.0	255～333	2.0	333	0.7
$4.00 < a \leqslant 5.60$	245	36.0	245～304	3.0	304	1.7

6.3 **弯曲**

6.3.1 硬状态铜扁线用 b 边弯曲 90°，表面应不出现裂纹。弯曲圆柱的直径根据 a 边尺寸选定，应符合表 4 规定。

6.3.2 软状态铜扁线用 a 边弯曲 90°，表面应不出现裂纹。弯曲圆柱的直径根据 b 边尺寸选定，应符合表 4 规定。

表 4 弯曲直径

标称尺寸 b mm	弯曲直径 mm	
	TBY1,TBY2	TBR
0.80～4.00	2	2
4.25～8.00	4	4
8.50～16.00	—	8

6.4 **电阻率**

铜扁线的电阻率应符合表 5 规定。

表 5　电阻率

<table>
<tr><th>型号</th><th>电阻率 ρ_{20}
$\Omega \cdot mm^2/m$
最大值</th></tr>
<tr><td>TBR
TBY1
TBY2</td><td>0.017 241
0.017 77
0.017 77</td></tr>
<tr><td colspan="2">注：计算 20 ℃时的铜扁线物理参数应取下列数值：
密度：8.89 g/cm^3；
线膨胀系数：0.000 017　1/℃；
电阻温度系数：TBR 型 0.003 93　1/℃；
TBY1，TBY2 型 0.003 81　1/℃。</td></tr>
</table>

7　试验

产品应按表 2 规定试验。

8　交货要求

8.1　铜扁线成圈的交货质量应符合表 6 规定。

8.2　根据需要成根交货时，每根长度为 4 m～6 m，短段不小于 2 m，且数量应不超过交货总质量的 10%。

8.3　根据双方协议，允许任何质量或长度的铜扁线交货。

表 6　交货质量

<table>
<tr><th rowspan="3">标称截面 S
mm^2</th><th colspan="3">交货质量
kg</th></tr>
<tr><th rowspan="2">标称质量</th><th colspan="2">最小质量</th></tr>
<tr><th>质量</th><th>数量</th></tr>
<tr><td>$S \leqslant 5$
$5 < S \leqslant 10$
$10 < S \leqslant 20$
$20 < S$</td><td>50～120</td><td>10
15
20
40</td><td>应不超过交货总质量的 10%</td></tr>
</table>

ICS 29.060.10
K 11

GB

中华人民共和国国家标准

GB/T 5584.3—2009
代替 GB/T 5584.3—1985

电工用铜、铝及其合金扁线
第3部分:铝扁线

Rectangular copper or aluminium and its alloy wires for electrical purposes—
Part 3: Aluminium rectanglar wire

2009-03-19 发布　　2009-12-01 实施

中华人民共和国国家质量监督检验检疫总局
中国国家标准化管理委员会　发布

前　言

GB/T 5584《电工用铜、铝及其合金扁线》分为四个部分：

——第1部分：一般规定；

——第2部分：铜扁线；

——第3部分：铝扁线；

——第4部分：铜带。

本部分是GB/T 5584的第3部分。

本部分代替GB/T 5584.3—1985《电工用铜、铝及其合金扁线　第3部分：铝扁线》。

本部分与GB/T 5584.3—1985相比主要变化如下：

——调整了对铝扁线的技术要求(1985年版的5.1；本版的6.1)。

本部分由中国电器工业协会提出。

本部分由全国电线电缆标准化技术委员会(SAC/TC 213)归口。

本部分负责起草单位：上海电缆研究所。

本部分参加起草单位：无锡飞龙电磁线有限公司、无锡环宇电磁线有限公司、广东雄力双利电缆有限公司、重庆鸽牌电线电缆有限公司、绍兴市力博电缆有限公司、浙江宏磊铜业股份有限公司。

本部分起草人：段鹏征、黄国飞、黄志飞、马栋梁、胡冬元、杜志云、毛毅中、魏浙强。

本部分所代替标准的历次版本情况为：

——GB/T 5584.3—1985。

电工用铜、铝及其合金扁线 第3部分:铝扁线

1 范围

GB/T 5584 的本部分规定了电工铝扁线的型号、规格、技术要求、试验、交货要求等。

本部分适用于电工铝扁线。

本部分应与 GB/T 5584.1—2009 一起使用。

2 规范性引用文件

下列文件中的条款通过 GB/T 5584 的本部分的引用而成为本部分的条款。凡事注日期的引用文件,其随后所有的修改单(不包括勘误的内容)或修订版均不使用于本部分,然而,鼓励根据本部分达成协议的各方研究是否可以使用这些文件的最新版本。凡是不注日期的引用文件,其最新版本适用于本部分。

GB/T 3048.2—2007 电线电缆金属导体材料电阻率试验方法(IEC 60468:1974,MOD)

GB/T 4909.2—2009 裸电线试验方法 第2部分:尺寸测量

GB/T 4909.3—2009 裸电线试验方法 第3部分:拉力试验

GB/T 4909.6—2009 裸电线试验方法 第6部分:弯曲试验——单向弯曲

GB/T 5584.1—2009 电工用铜、铝及其合金扁线 第1部分:一般规定

3 使用导则

本部分规定的铝扁线,既可作为成品使用,也可以是一种中间产品。当作为中间产品时,其尺寸、公差及表面状态可由双方协议补充规定,或由有关的主管部门制订补充规定。

4 型号

铝扁线的型号如表1所示。

表1 型号

型号	状态	名称
LBR	0	软铝扁线
LBY2	H2	H2 状态硬铝扁线
LBY4	H4	H4 状态硬铝扁线
LBY4	H8	H8 状态硬铝扁线

5 规格

铝扁线的规格应符合 GB/T 5584.1—2009 的规定。

6 技术要求

6.1 应符合表2规定。

表 2 技术要求

序号	项目名称	技术要求	试验类型	试验方法
1	尺寸		T,S	GB/T 4909.2—2009
1.1	$a\times b$	符合 GB/T 5584.1—2009 中 6.1 表 1 规定		
1.2	公差	符合 GB/T 5584.1—2009 中 6.2.1 表 2、表 3 规定		
1.3	圆角	符合 GB/T 5584.1—2009 中 6.3 表 4 规定		
2	抗拉强度	符合本部分中 6.2 表 3 规定	T,S	GB/T 4909.3—2009
3	伸长率	符合本部分中 6.2 表 3 规定	T,S	GB/T 4909.3—2009
4	弯曲	符合本部分中 6.3 表 4 规定	T,S	GB/T 4909.6—2009
5	电阻率	符合本部分中 6.4 表 5 规定	T,S	GB/T 3048.2—2007
6	直度	符合 GB/T 5584.1—2009 第 11 章规定	T,S	GB/T 4909.2—2009

6.2 抗拉强度与伸长率

铝扁线的抗拉强度和伸长率应符合表 3 规定。

表 3 抗拉强度及伸长率

型号	抗拉强度 N/mm^2		伸长率 % 最小值
	最小	最大	
LBR	60.0	95.0	20
LBY2	75.0	115	6
LBY4	95.0	140	4
LBY8	130	—	3

6.3 弯曲

6.3.1 软状态铝扁线用 a 边弯曲 90°表面应不出现裂纹。弯曲圆柱的直径根据 b 边尺寸选定，应符合表 4 规定。

表 4 弯曲直径

标称尺寸 b mm	弯曲直径 mm
2.00～4.00	4
4.25～8.00	8
8.50～16.00	16

6.4 电阻率

铝扁线的电阻率应符合表 5 规定。

表 5 电阻率

型 号	电阻率 ρ_{20} Ω·mm²/m 最大值
LBR	0.028 0
LBY2	0.028 264
LBY4	0.028 264
LBY8	0.028 264

注：计算 20 ℃时的铝扁线物理参数应取下列数值：

密度： 2.703 g/cm³。

线膨胀系数： 0.000 023 1/℃；

电阻温度系数： LBR 型 0.004 07 1/℃；

其余型：0.004 03 1/℃。

7 试验

产品应按表 2 规定试验。

8 交货要求

8.1 铝扁线成圈的交货质量应符合表 6 规定。

8.2 根据需要成根交货时，每根长度为 4 m～6 m，短段不小于 2 m，且数量应不超过交货总质量的 10％。

8.3 根据双方协议，允许任何质量或长度的铝扁线交货。

表 6 交货质量

标称截面 S mm²	交货质量 kg		
	标称质量	最小质量	
		质量	数量
$S \leqslant 5.0$	20～50	3	应不超过交货总质量的 10％
$5 < S \leqslant 10$		5	
$10 < S \leqslant 20$		7	
$20 < S$		10	

ICS 29.060.10
K 11

中华人民共和国国家标准

GB/T 5584.4—2009
代替 GB/T 5584.4—1985

电工用铜、铝及其合金扁线
第4部分:铜带

Rectangular copper or aluminium and its alloy wirer for electrical purposes—Part 4:Strip copper conductor

2009-03-19 发布　　　　2009-12-01 实施

中华人民共和国国家质量监督检验检疫总局
中国国家标准化管理委员会　发布

前　言

GB/T 5584《电工用铜、铝及其合金扁线》分为四个部分：

——第 1 部分：一般规定；

——第 2 部分：铜扁线；

——第 3 部分：铝扁线；

——第 4 部分：铜带。

本部分是 GB/T 5584 的第 4 部分。

本部分代替 GB/T 5584.4—1985《电工用铜、铝及其合金扁线　第 4 部分：铜带》。

本部分与 GB/T 5584.4—1985 相比主要变化如下：

——调整了铜带的尺寸公差(1985 年版的 4.2；本版的 5.2)；

——调整了铜带的圆角要求(1985 年版的 4.3；本版的 5.3)；

——调整了铜带的技术要求(1985 年版的 5.1；本版的 6.1)。

本部分由中国电器工业协会提出。

本部分由全国电线电缆标准化技术委员会(SAC/TC 213)归口。

本部分负责起草单位：上海电缆研究所。

本部分参加起草单位：无锡环宇电磁线有限公司、绍兴市力博电缆有限公司、广东雄力双利电缆有限公司、重庆鸽牌电线电缆有限公司、无锡飞龙电磁线有限公司、浙江宏磊铜业股份有限公司。

本部分起草人：段鹏征、黄国飞、马栋梁、毛毅中、胡冬元、杜志云、黄志飞、魏浙强。

本部分所代替标准的历次版本情况为：

——GB/T 5584.4—1985。

电工用铜、铝及其合金扁线 第4部分:铜带

1 范围

GB/T 5584的本部分规定了电工铜带的型号、规格、技术要求、试验、交货要求等。

本部分适用于电工铜带。

本部分应与GB/T 5584.1—2009一起使用。

2 规范性引用文件

下列文件中的条款通过GB/T 5584的本部分的引用而成为本部分的条款。凡是注日期的引用文件,其随后所有的修改单(不包括勘误的内容)或修订版均不使用于本部分,然而,鼓励根据本部分达成协议的各方研究是否可以使用这些文件的最新版本。凡是不注日期的引用文件,其最新版本适用于本部分。

GB/T 3048.2—2007 电线电缆金属导体材料电阻率试验方法(IEC 60468:1974,MOD)

GB/T 4909.2—2009 裸电线试验方法 第2部分:尺寸测量

GB/T 4909.3—2009 裸电线试验方法 第3部分:拉力试验

GB/T 4909.6—2009 裸电线试验方法 第6部分:弯曲试验——单向弯曲

GB/T 5584.1—2009 电工用铜、铝及其合金扁线 第1部分:一般规定

3 使用导则

本部分规定的铜带,既可作为成品使用,也可以是一种中间产品。当作为中间产品时,其尺寸、公差及表面状态可由双方协议补充规定,或由有关的主管部门制定补充规定。

4 型号

铜带的型号如表1所示。

表1 型号

型号	状态	名称
TDR	0	软铜带
TDY1	H1	H1状态硬铜带
TDY2	H2	H2状态硬铜带

5 规格

5.1 标称尺寸

铜带的宽窄比(b/a)为$9<b/a\leqslant 100$,其规格系列如表2所示。

表 2　标称尺寸

单位为毫米

宽边标称尺寸	窄边标称尺寸					
	0.80	1.00	1.06	1.12	1.18	1.25
	圆角半径＝0.50					
9.00	6.984	8.786	9.326			
10.00		9.786		10.986	11.586	
11.20	8.744	10.986	11.658	12.330		13.786
12.50		12.286		13.786	14.536	15.411
14.00	10.984	13.786	14.626	15.466		17.286
16.00		15.786		17.706	18.666	19.786
18.00	14.184	17.786	18.866	19.946		22.286
20.00		19.786		22.186	23.386	24.786
22.40	17.704	22.186	23.530	24.874		27.786
25.00		24.786		27.786	29.286	31.036
28.00	22.184	27.786	29.466	31.146		34.786
31.50		31.286		35.066	36.956	39.161
35.50	28.184	35.286	37.416	39.546		44.161
40.00		39.786		44.586	46.986	49.786
45.00	35.784	44.786	47.486	50.186		56.036
50.00		49.786		55.786	58.786	62.286
56.00	44.584	55.786	59.146	62.506		69.786
63.00		62.786		70.346	74.126	78.536
71.00		70.786				
80.00		79.786				
90.00		89.786				
100.00		99.786				

表 2（续）

单位为毫米

宽边标称尺寸	窄边标称尺寸					
	1.32	1.40	1.50	1.60	1.70	1.80
	圆角半径＝0.50				圆角半径＝0.65	
9.00						
10.00						
11.20						
12.50	16.286	17.286	18.536			
14.00		19.386		22.186		
16.00	20.906	22.186	23.786	25.386	26.837	28.437
18.00		24.986		28.586		32.037
20.00	26.186	27.786	29.786	31.786	33.637	35.637
22.40		31.146		35.626		39.957
25.00	32.786	34.786	37.286	39.786	42.137	44.637
28.00		38.986		44.586		50.037
31.50	41.366	43.886	47.036	50.186	53.187	56.337
35.50		49.486		56.586		63.537
40.00	52.586	55.786	59.786	63.786	67.637	71.637
45.00		67.786		71.786		80.637
50.00	65.786	69.786	74.786	79.786	84.637	89.637
56.00		78.186		89.386		100.437
63.00	82.946	87.986	94.286	100.586	106.737	113.037
71.00				113.386		
80.00				127.786		
90.00				143.786		
100.00				159.786		

表 2（续）

单位为毫米

宽边标称尺寸	窄边标称尺寸					
	1.90	2.00	2.12	2.24	2.36	2.50
	圆角半径＝0.50				圆角半径＝0.80	
9.00						
10.00						
11.20						
12.50						
14.00						
16.00	30.037					
18.00		35.637		39.957		
20.00	37.637	39.637	42.037	44.437	46.651	
22.40		44.437		49.813		
25.00	47.137	49.637	52.637	55.637	58.451	61.951
28.00		55.637		62.357		69.451
31.50	59.487	63.637	66.417	70.197	73.791	78.201
35.50		70.637		79.157		88.201
40.00	75.637	79.637	84.437	89.237	93.851	99.451
45.00		89.637		100.437		111.951
50.00	94.637	99.637	105.637	111.637	117.451	124.451
56.00		111.637				139.451
63.00	119.337	125.637	133.197		148.131	156.951
71.00		141.637				176.951
80.00		159.637				199.451
90.00		179.637				224.451
100.00		199.637				249.451

表 2（续）

单位为毫米

宽边标称尺寸	窄边标称尺寸					
	2.65	2.80	3.00	3.15	3.35	3.55
	圆角半径＝0.80					
9.00						
10.00						
11.20						
12.50						
14.00						
16.00						
18.00						
20.00						
22.40						
25.00	65.701	69.451				
28.00		77.851				
31.50	82.926	87.651	93.951	98.676	104.976	111.276
35.50		98.851		111.276		125.476
40.00	105.451	111.451	119.451	125.451	133.451	141.451
45.00		125.451		141.201		159.201
50.00	131.951	139.451	149.451	156.951	166.951	176.951
56.00		156.251		175.831		198.251
63.00	166.401	175.851	188.451	197.901	201.501	223.101
71.00						
80.00						
90.00						
100.00						

5.2 尺寸公差

铜带窄边 a 和宽边 b 的尺寸公差应符合表 3 规定。

表 3 尺寸公差

型号		宽边	
标称尺寸 a mm	公差 mm	标称尺寸 b mm	公差 mm
$0.80 \leqslant a \leqslant 1.25$	±0.03	$b \leqslant 25.00$	±0.100
$1.25 < a \leqslant 1.80$	±0.04	$25.00 < b \leqslant 50.00$	±0.120
$1.80 < a \leqslant 3.55$	±0.05	$50.00 < b \leqslant 100.00$	±0.250

5.3 圆角

铜带的圆角半径应符合 GB/T 5584.1—2009 中表 4 的规定。

6 技术要求

6.1 铜带技术要求

铜带技术要求应符合表 4 规定。

表 4 技术要求

序号	项目名称	技术要求	试验类型	试验方法
1	尺寸		T,S	GB/T 4909.2—2009
1.1	$a \times b$	符合本部分中 5.1 表 2 规定		
1.2	公差	符合本部分中 5.2 表 3 规定		
1.3	圆角	符合本部分中 5.3 规定		
2	抗拉强度	符合本部分中 6.2 表 5 规定	T,S	GB/T 4909.3—2009
3	伸长率	符合本部分中 6.2 表 5 规定	T,S	GB/T 4909.3—2009
4	弯曲	符合本部分中 6.3 表 6 规定	T,S	GB/T 4909.6—2009
5	电阻率	符合本部分中 6.4 表 7 规定	T,S	GB/T 3048.2—2009
6	直度	符合 GB/T 5584.1—2009 第 11 章规定	T,S	GB/T 4909.2—2009

6.2 抗拉强度和伸长率

铜带的抗拉强度和伸长率应符合表 5 规定。

表 5 抗拉强度和伸长率

标称尺寸 mm	型号			
	TDR	TDY1		TDY2
	伸长率 % 最小值	抗拉强度 N/mm^2 最小值	伸长率 % 最小值	抗拉强度 N/mm^2 最小值
$0.80 \leqslant a \leqslant 1.32$	35	250	10	309
$1.32 < a \leqslant 3.55$	35	250	15	289

6.3 弯曲

宽边不大于 30.00 mm 的软铜带用 a 边弯曲 90°，表面应不出现裂纹，弯曲圆柱的直径根据 b 边尺寸选定,应符合表6规定。

表6 弯曲直径

宽边标称尺寸 mm	弯曲直径 mm
9.00～16.00 16.00～30.00	16 32

6.4 电阻率

铜扁线的电阻率应符合表7规定。

表7 电阻率

型号	电阻率 ρ_{20} $\Omega \cdot mm^2/m$ 最大值
TDR TDY1 TDY2	0.017 37 0.017 77 0.017 77
注：计算20 ℃时的铜扁线物理参数应取下列数值： 密度：8.89 g/cm^3； 线膨胀系数：0.000 017 1/℃； 电阻温度系数：TDR型 0.003 93 1/℃； TDY1，TDY2型：0.003 81 1/℃。	

7 试验

产品应按表4规定试验。

8 交货要求

8.1 铜带交货时,每卷或每圈的净重为16 kg～90 kg,允许短段不小于10 m,其数量不超过总交货总质量的10%。

8.2 根据双方协议,允许任何质量或长度的铜带交货。

ICS 13.100
C 73

中华人民共和国国家标准

GB 5725—2009
代替 GB 5725—1997,GB 16909—1997

安 全 网

Safety nets

2009-04-01 发布　　　　2009-12-01 实施

中华人民共和国国家质量监督检验检疫总局
中国国家标准化管理委员会　发布

前　言

本标准的5.1.7～5.1.10、5.1.12、5.2.2.1～5.2.2.9、第7章和第8章为强制性条款，其余为推荐性条款。

本标准代替GB 5725—1997《安全网》、GB 16909—1997《密目式安全立网》。

本标准与GB 5725—1997《安全网》、GB 16909—1997《密目式安全立网》相比主要变化如下：

——增加了网目、初始下垂、A级密目式安全立网、B级密目式安全立网的定义；

——修改了部分术语和定义的解释；

——增加了密目网的性能分级；

——增加了平(立)网网目边长与规格尺寸的测量方法；

——增加了密目网网目密度及网宽度的测量方法；

——增加了对平(立)网网绳的断裂强力要求；

——修改了平(立)网耐冲击性能测试方法和要求；

——修改了密目网贯穿测试方法；

——增加了平(立)网耐候性测试方法的具体要求，作为规范性附录B；

——增加了密目网的耐老化性测试；

——删除了GB 5725—1997《安全网》中的附录B；

——删除了GB 16909—1997《密目式安全立网》中的附录A。

本标准附录A、附录B为规范性附录，附录C为资料性附录。

本标准由国家安全生产监督管理总局提出。

本标准由全国个体防护装备标准化技术委员会归口。

本标准负责起草单位：北京市劳动保护科学研究所。

本标准参加起草单位：山东省特种设备检验研究院、泰州市大华化纤厂、泰州市君安绳网厂。

本标准主要起草人：杨文芬、陈倬为、肖义庆、张波、陆冰、邓宝举、刘宏娟。

本标准所代替标准的历次版本发布情况为：

——GB 5725—1985、GB 5725—1997；

——GB 16909—1997。

安 全 网

1 范围

本标准规定了安全网的分类标记、技术要求、测试方法、检验规则及标识。

本标准适用于建筑等高处作业场所使用,防止人员或物体坠落的安全网。

2 规范性引用文件

下列文件中的条款通过本标准的引用而成为本标准的条款。凡是注日期的引用文件,其随后所有的修改单(不包括勘误的内容)或修订版均不适用于本标准,然而,鼓励根据本标准达成协议的各方研究是否可使用这些文件的最新版本。凡是不注日期的引用文件,其最新版本适用于本标准。

GB/T 5455 纺织品 燃烧性能试验 垂直法

GB/T 8834 绳索 有关物理和机械性能的测定

GB/T 10125 人造气氛腐蚀试验 盐雾试验

GB/T 12903 个体防护装备术语

GB/T 14522 机械工业产品用塑料、涂料、橡胶材料人工气候老化测试方法 荧光紫外灯

3 术语和定义

GB/T 12903 确立的以及下列术语和定义适用于本标准。

3.1

安全网 safety nets

用来防止人、物坠落,或用来避免、减轻坠落及物击伤害的网具。

注 1:安全网一般由网体、边绳、系绳等组成。

注 2:安全网按功能分为安全平网、安全立网及密目式安全立网。

3.2

安全平网 horizontal safety nets

安装平面不垂直于水平面,用来防止人、物坠落,或用来避免、减轻坠落及物击伤害的安全网,简称为平网。

3.3

安全立网 vertical safety nets

安装平面垂直于水平面,用来防止人、物坠落,或用来避免、减轻坠落及物击伤害的安全网,简称为立网。

3.4

密目式安全立网 fine mesh safety vertical net

网眼孔径不大于 12 mm,垂直于水平面安装,用于阻挡人员、视线、自然风、飞溅及失控小物体的网,简称为密目网。

注:密目网一般由网体、开眼环扣、边绳和附加系绳组成。

3.5

A 级密目式安全立网 fine mesh safety vertical net(class A)

在有坠落风险的场所使用的密目式安全立网,简称为 A 级密目网。

3.6

B 级密目式安全立网　fine mesh safety vertical net(class B)

在没有坠落风险或配合安全立网(护栏)完成坠落保护功能的密目式安全立网,简称为 B 级密目网。

3.7

网目　mesh

由一系列绳等经编织或采用其他工艺形成的基本几何形状。

注:网目组合在一起构成安全网的主体。

3.8

网目密度　mesh density

密目网每百平方厘米面积内所具有的网孔数量。

3.9

开眼环扣　round button with hole

密目网上用金属或其他硬质材料制成,中间开有孔的环状扣,两个环扣间的距离叫环扣间距。

3.10

边绳　border ropes

沿网体边缘与网体连接的绳。

3.11

系绳　tie ropes

把安全网固定在支撑物上的绳。

3.12

筋绳　tendon ropes

为增加平(立)网强度而有规则地穿在网体上的绳。

3.13

网目边长　mesh size

平(立)网相邻两个网绳结或节点之间的距离。

3.14

初始下垂　initial sag

水平悬挂好的安全网由于自重而造成的下垂距离。

3.15

预加张力　pre-tension

在测试前,消除试样不自然皱纹用的负荷。

3.16

断裂强力　breaking stress

网体试样被拉伸至断裂时所测得的最大拉伸力。

注:断裂强力单位为牛(N)或千牛(kN)。

3.17

断裂伸长　extension at break

试样达到断裂强力时的伸长。

注:断裂伸长单位为毫米(mm)。

3.18

接缝部位抗拉强力　streching resistance at unwelded joint

在规定的测试条件下,对试样施加拉力,当接缝部位撕裂时所测得的最大力。

注:接缝部位抗拉强力单位为牛(N)或千牛(kN)。

3.19

梯形法撕裂强力　trapezoidal method tearing stress

梯形试样受拉伸时,试样撕裂时所测得的最大拉伸力。

注:梯形法撕裂强力单位为牛(N)。

4　分类标记

4.1　平(立)网的分类标记由产品材料、产品分类及产品规格尺寸三部分组成:

——产品分类以字母P代表平网、字母L代表立网;

——产品规格尺寸以宽度×长度表示,单位为米;

——阻燃型网应在分类标记后加注"阻燃"字样。

示例1:宽度为3 m,长度为6 m,材料为锦纶的平网表示为:锦纶 P—3×6;

示例2:宽度为1.5 m,长度为6 m,材料为维纶的阻燃型立网表示为:维纶 L—1.5×6 阻燃。

4.2　密目网的分类标记由产品分类、产品规格尺寸和产品级别三部分组成:

——产品分类以字母ML代表密目网;

——产品规格尺寸以宽度×长度表示,单位为米;

——产品级别分为A级和B级。

注:宽度为1.8 m,长度为10 m的A级密目网表示为"ML-1.8×10 A级"。

5　技术要求

5.1　安全平(立)网

5.1.1　材料

平(立)网可采用锦纶、维纶、涤纶或其他材料制成,其物理性能、耐候性应符合本标准的相关规定。

5.1.2　质量

单张平(立)网质量不宜超过15 kg。

5.1.3　绳结构

平(立)网上所用的网绳、边绳、系绳、筋绳均应由不小于3股单绳制成。绳头部分应经过编花、燎烫等处理,不应散开。

5.1.4　节点

平(立)网上的所有节点应固定。

5.1.5　网目形状及边长

平(立)网的网目形状应为菱形或方形,按6.1.3中规定的方法测量网目边长,其网目边长不应大于8 cm。

5.1.6　规格尺寸

按6.1.4中规定的方法测量平(立)网的规格尺寸,平网宽度不应小于3 m,立网宽(高)度不应小于1.2 m。平(立)网的规格尺寸与其标称规格尺寸的允许偏差为±4%。

5.1.7　系绳间距及长度

平(立)网的系绳与网体应牢固连接,各系绳沿网边均匀分布,相邻两系绳间距不应大于75 cm,系绳长度不小于80 cm。当筋绳加长用作系绳时,其系绳部分必须加长,且与边绳系紧后,再折回边绳系紧,至少形成双根。

5.1.8　筋绳间距

平(立)网如有筋绳,则筋绳分布应合理,平网上两根相邻筋绳的距离不应小于30 cm。

5.1.9　绳断裂强力

按6.1.5的规定进行测试,平(立)网的绳断裂强力应符合表1的规定。

表 1　平(立)网绳断裂强力要求

网类别	绳类别	绳断裂强力要求/N
安全平网	边绳	≥7 000
	网绳	≥3 000
	筋绳	≤3 000
安全立网	边绳	≥3 000
	网绳	≥2 000
	筋绳	≤3 000

5.1.10　**耐冲击性能**

按附录 A 规定的方法进行测试,平(立)网的耐冲击性能应符合表 2 的规定。

表 2　平(立)网的耐冲击性能要求

安全网类别	平网	立网
冲击高度	7 m	2 m
测试结果	网绳、边绳、系绳不断裂,测试重物不应接触地面。	网绳、边绳、系绳不断裂,测试重物不应接触地面。

5.1.11　**耐候性**

按附录 B 的要求进行耐候性测试,平(立)网的绳断裂强力应符合 5.1.9 的规定。

5.1.12　**阻燃性能**

阻燃型平(立)网按 6.1.6 规定的方法进行测试,续燃、阴燃时间均不应大于 4 s。

5.2　**密目式安全立网**

5.2.1　**一般要求**

5.2.1.1　缝线不应有跳针、漏缝、缝边应均匀。

5.2.1.2　每张密目网允许有一个缝接,缝接部位应端正牢固。

5.2.1.3　网体上不应有断纱、破洞、变形及有碍使用的编织缺陷。

5.2.1.4　密目网各边缘部位的开眼环扣应牢固可靠。

5.2.1.5　密目网的宽度应介于(1.2～2)m。长度由合同双方协议条款指定,但最低不应小于 2 m。

5.2.1.6　按 6.2.2 规定的方法进行测试,网目、网宽度的允许偏差为±5%。

5.2.1.7　开眼环扣孔径不应小于 8 mm。

5.2.1.8　按 6.2.3 规定的方法进行测试,网眼孔径不应大于 12 mm。

5.2.2　**基本性能**

5.2.2.1　**断裂强力×断裂伸长**

按 6.2.4 规定的方法进行测试,长、宽方向的断裂强力(kN)×断裂伸长(mm):

——A 级不应小于 65 kN·mm;

——B 级不应小于 50 kN·mm。

5.2.2.2　**接缝部位抗拉强力**

按 6.2.5 规定的方法进行测试,接缝部位抗拉强力不应小于断裂强力。

5.2.2.3　**梯形法撕裂强力**

按 6.2.6 规定的方法进行测试,长、宽方向的梯形法撕裂强力不应小于对应方向断裂强力的 5%。

5.2.2.4　**开眼环扣强力**

按 6.2.7 规定的方法进行测试,长、宽方向的开眼环扣强力(N)不应小于 2.45×对应方向环扣间距。

5.2.2.5 系绳断裂强力

按6.2.8规定的方法进行测试，系绳断裂强力不应小于2 000 N。

5.2.2.6 耐贯穿性能

按6.2.9规定的方法进行测试，不应被贯穿或出现明显损伤。

5.2.2.7 耐冲击性能

按6.2.10规定的方法进行测试，边绳不应破断且网体撕裂形成的孔洞不应大于(200×50)mm。

5.2.2.8 耐腐蚀性能

按6.2.11规定的方法进行测试，金属零件应无红锈及明显腐蚀。

5.2.2.9 阻燃性能

按6.2.12规定的方法进行测试，纵、横方向的续燃及阴燃时间不应大于4 s。

5.2.2.10 耐老化性能

按6.2.13规定的方法进行测试，断裂强力×断裂伸长、梯形法撕裂强力和耐贯穿性能应分别符合5.2.2.1、5.2.2.3、5.2.2.6的规定。

6 测试方法

6.1 安全平(立)网测试方法

6.1.1 平(立)网的绳结构、节点、网目形状检验采用目测。

6.1.2 平(立)网的重量采用精度不低于0.05 kg的秤称量。

6.1.3 网目边长的测量

平(立)网的网目边长采用精度不低于1 mm的长度测量设备测量。

沿测量方向在相邻的两根平行网绳上各施加(10±1)N的预加张力，然后在其中一根网绳上测量连续n个($n \geqslant 10$)网目的总边长，除以测量的网目个数n后得到安全网的网目边长。结果保留小数点后一位。

6.1.4 规格尺寸的测量

平(立)网的规格尺寸采用精度不低于10 mm的长度测量设备测量。

沿测量方向在边绳上施加(500±50)N的预加张力，然后测量平(立)网的边长。结果保留小数点后一位。

6.1.5 绳断裂强力测试

从样品网上随机取下足够长度的网绳、边绳、筋绳，按GB/T 8834的要求各制成三根试样进行绳断裂强力测试。网绳、边绳结果取最小值，筋绳结果取最大值，数值均保留整数位。

6.1.6 阻燃性能测试

从样品网上随机取下长度为(300±5)mm的网绳、边绳、系绳各5根，按GB/T 5455规定的方法进行测试。结果保留小数点后一位。

6.2 密目式安全立网测试方法

6.2.1 总则

测试使用的密目网，如果设计长度超过6 m，则测试样品的长度为6 m；如果设计长度低于6 m，则按实际样品测试。如果设计宽度超过1.8 m，则测试样品的宽度为1.8 m；如果设计宽度低于1.8 m，则按实际样品测试。

6.2.2 密目网宽度

在室内环境中，在测试样品中心部位选择连续3组相对的开眼环扣，每个环扣施加30 N预加张力，测量边绳最远点组成的连线之间的距离。如果没有边绳则以扣眼中心为准。测量结果准确到1 mm。

如果在施加预加张力过程中，网发生损坏，则视为测试未通过。

6.2.3　网目密度

在室内环境中，使用截面直径为 12 mm 的圆柱试穿任意一个孔洞，应不得穿过。

6.2.4　断裂强力(kN)×断裂伸长(mm)

6.2.4.1　试样

分别沿长、宽方向从网体上随机截取宽(50±1)mm、长(300±5)mm 的试样各 3 条。

6.2.4.2　测试步骤

将试样夹持在精度 1 级的拉力试验机钳口上，钳口宽度 30 mm，钳口距离 200 mm，拉伸速度(200±10)mm/min，读取测力计的最大值及对应伸长值。

6.2.4.3　测试结果

分别计算每条试样的断裂强力(kN)×断裂伸长(mm)值，按长、宽方向分别计算平均值作为测试数据。断裂强力数值保留 3 位有效数字，断裂伸长数值保留至整数位。

6.2.5　接缝部位抗拉强力

6.2.5.1　试样

从网体接缝处随机截取宽(50±1)mm、长(300±5)mm 的试样各 3 条，保证接缝位于试样中央。

6.2.5.2　测试步骤

将试样夹持在精度 1 级的拉力试验机钳口上，钳口宽度 30 mm，钳口距离 200 mm，拉伸速度(200±10)mm/min，直至试样完全撕裂，观察试样撕裂位置。

6.2.5.3　测试结果

如试样撕裂发生在接缝两边 10 mm 范围内，则判定测试未通过。

6.2.6　梯形法撕裂强力

6.2.6.1　试样

分别沿长、宽方向从网体上随机截取宽 75 mm、长 150 mm 的试样各 3 片。在试样长边中部剪 10 mm开口。

6.2.6.2　测试步骤

将试样按图 1 夹持在精度 1 级的拉力试验机钳口上，钳口宽度 80 mm，钳口距离 10 mm，拉伸速度(200±10)mm/min，直至完全撕裂，读取测力计的最大值。

单位为毫米

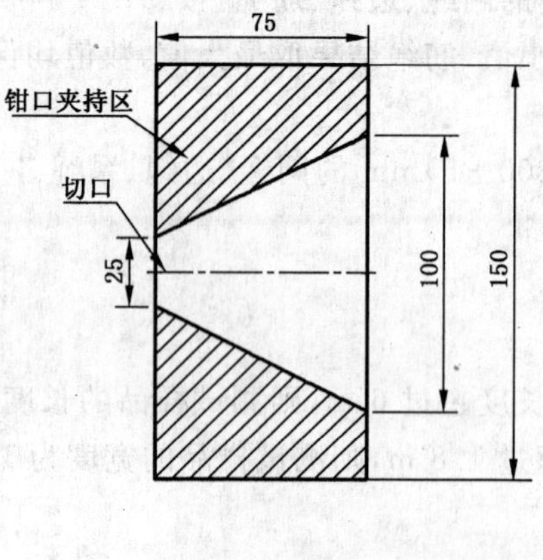

图 1　梯形法撕裂强力试样夹持示意图

6.2.6.3　测试结果

按长、宽方向分别计算平均值作为测试数据。测试结果单位为 N，保留至整数位。

6.2.7 开眼环扣强力

6.2.7.1 试样

按长、宽方向从网边截取3个试样，规格为沿网边方向网体长(450±5)mm、保留边绳甩头200 mm以上、中央有一个开眼环扣，网体方向长300 mm以上。

6.2.7.2 测试步骤

将网边通过开眼环扣及两侧边绳固定在精度1级的材料试验机一端钳口上，网体夹持在材料试验机另一端钳口上，夹持点距离300 mm，夹持宽度300 mm，以(200±20)mm/min速度拉伸，读取测力计读数。

6.2.7.3 测试结果

按长、宽方向分别计算平均值作为测试数据。测试结果单位为N，保留至整数位。

6.2.8 系绳断裂强力

6.2.8.1 试样

试样按GB/T 8834规定的方法制备，数量为3根。

6.2.8.2 测试步骤

按GB/T 8834规定的方法进行测试。

6.2.8.3 测试结果

计算平均值作为测试数据。测试结果单位为N，保留至整数位。

6.2.9 耐贯穿性能

6.2.9.1 试样

按长、宽方向沿网边截取(1×1)m试样各一块，试样应有一边为完整网边。

6.2.9.2 测试步骤

将试样在自然状态下，夹持在(1×1)m的框架内，斜放30°，网边安装在上方。距网中心高度1 m释放测试棒。测试棒直径50 mm、质量(5±0.2)kg、端面为测试棒的最小截面且边角锋利，圆角小于R_1。

6.2.9.3 测试结果

目测，如果测试棒穿过网体或出现测试棒可以穿过的撕裂空洞，则视为测试未通过。

6.2.10 耐冲击性能

6.2.10.1 测试样品

测试样品为可以销售、使用或在用的完整密目网。

6.2.10.2 测试步骤

按附录A中规定的方法进行测试，试验高度如下：

——A级：1.8 m；

——B级：1.2 m。

6.2.10.3 测试结果

以截面(200×50)mm的立方体不能穿过撕裂空洞视为测试通过。测试结果以测试重物吊起之前为准，立方体穿过撕裂空洞时不应施加明显的外力。

6.2.11 耐腐蚀性能

6.2.11.1 试样

沿网边截取带连续3个开眼环扣的网片，宽度30 mm。

6.2.11.2 测试步骤

所有金属零件按GB/T 10125中规定的中性盐雾(NSS)测试方法进行，测试周期为2 d。

6.2.12 阻燃性能

按GB/T 5455中规定的测试方法进行。

6.2.13 耐老化性能

实际使用时间超过1年的密目网可以不做此项。

6.2.13.1 试样

分别按6.2.4.1、6.2.6.1和6.2.9.1裁取试样。

6.2.13.2 老化处理

有机材料采用紫外线照射(A法)和氙灯照射(B法)两种方法。仲裁以A法为准。

含金属丝(纤维)网体应额外采用盐雾法(C法)预处理。

6.2.13.2.1 紫外线照射(A法)

应保证试样中心面向灯泡距离为(400±20)mm;正常工作时箱内温度不超过60℃,灯泡为标称450 W的紫外高压氙气灯,推荐的型号为XBO-450 W/4或CSX-450 W/4。连续照射260 h,放置1 h后测试。

6.2.13.2.2 氙灯照射(B法)

氙灯波长在(280～800)nm范围内的辐射能可测量;黑板温度(70±3)℃;相对湿度(50±5)%;喷水或喷雾周期每隔102 min喷水18 min。试样中心累计接受波长(280～800)nm范围内的辐射能量为0.8 GJ/m^2,放置1 h后测试。

6.2.13.2.3 盐雾法(C法)

按GB/T 10125中规定的中性盐雾(NSS)测试方法进行,测试周期为7 d。

6.2.13.3 测试结果

经老化处理后的试样分别按6.2.4、6.2.6和6.2.9中规定的方法测试断裂强力×断裂伸长、梯形法撕裂强力和耐贯穿性能,结果应符合5.2.2.10的规定。

7 检验规则

7.1 检验类别

检验类别分为出厂检验和型式检验。

7.2 出厂检验

生产企业应对所生产的安全网批次逐批进行出厂检验,检验项目、单项检验样本大小、不合格分类、判定数组见表3及表4。

表3 平(立)网的出厂检验要求

检验项目	批量范围	单项检验样本大小	不合格分类	单项判定数组	
				合格判定数	不合格判定数
系绳间距及长度 筋绳间距 绳断裂强力 耐冲击性能 标识	<500	3	A	0	1
	501～5 000	5			
	≥5 001	8			
节点 网目形状及边长 规格尺寸	<500	3	B	1	2
	501～5 000	5			
	≥5 001	8			

表 4　密目式安全立网的出厂检验要求

检验项目	批量范围	单项检验样本大小	不合格分类	单项判定数组	
				合格判定数	不合格判定数
断裂强力×断裂伸长 接缝部位抗拉强力 梯形法撕裂强力 开眼环扣强力 系绳断裂强力 耐贯穿性能 耐冲击性能 阻燃性能 标识	<500	3	A	0	1
	501～5 000	5			
	≥5 001	8			
一般要求	<500	3	B	1	2
	501～5 000	5			
	≥5 001	8			

7.3　型式检验

7.3.1　有下列情况时需进行型式检验：

——新产品鉴定或老产品转厂生产的试制定型鉴定；

——正式生产后，当原材料、生产工艺、产品结构形式等发生较大变化，可能影响产品性能时；

——停产超过半年后恢复生产时；

——周期检查，每年一次；

——出厂检验结果与上次型式检验结果有较大差异时；

——国家有关主管部门提出型式检验要求时。

7.3.2　样本由提出检验的单位或委托第三方从企业出厂检验合格的产品中随机抽取，样品数量以满足全部测试项目要求为原则。

8　标识

8.1　平(立)网的标识由永久标识和产品说明书组成。

8.1.1　平(立)网的永久标识：

——本标准号；

——产品合格证；

——产品名称及分类标记；

——制造商名称、地址；

——生产日期；

——其他国家有关法律法规所规定必须具备的标记或标志。

8.1.2　制造商应在产品的最小包装内提供产品说明书，应包括但不限于以下内容：

——平(立)网安装、使用及拆除的注意事项；

——储存、维护及检查；

——使用期限；

——在何种情况下应停止使用。

8.2　密目网的标识由永久标识和产品说明组成。

8.2.1　密目式安全立网的永久标识：

——本标准号；
——产品合格证；
——产品名称及分类标记；
——制造商名称、地址；
——生产日期；
——其他国家有关法律法规所规定必须具备的标记或标志。

8.2.2 批量供货的密目网应在最小包装内提供产品说明，应包括但不限于以下内容：
——密目网的适用和不适用场所；
——使用期限；
——整体报废条件或要求；
——清洁、维护、储存的方法；
——拴挂方法；
——日常检查的方法和部位；
——使用注意事项；
——警示“不得作为平网使用”；
——警示“B级产品必须配合立网或护栏使用才能起到坠落防护作用”；
——为合格品的声明。

附 录 A
（规范性附录）
安全网的耐冲击性能测试

A.1 原理

利用专用的测试装置，使测试球从规定的高度自由落入测试网，根据其破坏程度来判断安全网的耐冲击性能。

A.2 测试设备

A.2.1 测试重物

A.2.1.1 表面光滑，直径为(500±10)mm，质量为(100±1)kg的钢球。

A.2.1.2 底面直径为(550±10)mm，高度不超过900 mm，质量为(120±1)kg的圆柱形沙包。

A.2.1.3 出厂检验可选用A.2.1中规定的任意一种测试重物。

A.2.1.4 型式检验、仲裁检验等应使用A.2.1.1中规定的测试重物。

A.2.2 测试吊架

能将测试重物提升、并在规定的位置释放使之自由落下的测试吊架一个。

A.2.3 安全网测试框架

长6 m、宽3 m，距地面高度为3 m，采用管径不小于50 mm，壁厚不小于3 mm的钢管牢固焊接而成的刚性框架。

A.3 测试样品

规格尺寸为3 m×6 m的平网或立网，或可以销售、使用或在用的完整密目网。

A.4 测试方法

安全网的耐冲击性能测试如图A.1所示。

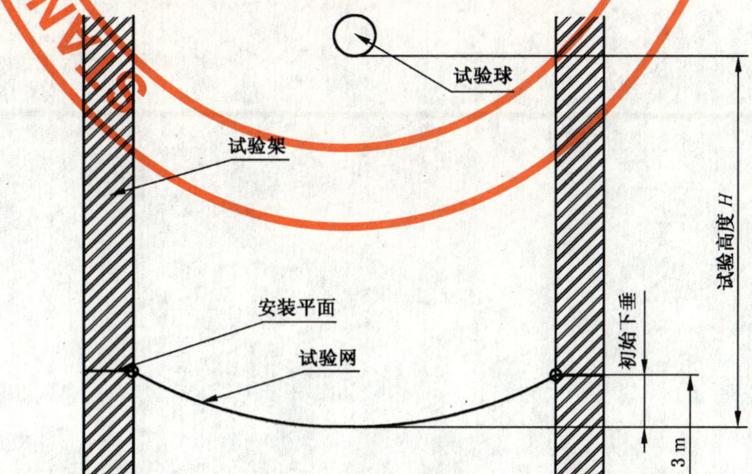

图A.1 平(立)网的耐冲击性能测试

A.4.1 试验高度 H：平网为 7 m，立网为 2 m，A 级密目网为 1.8 m，B 级密目网为 1.2 m。

A.4.2 冲击点应为样品的几何中心位置。

A.4.3 测试步骤

A.4.3.1 将测试样品牢固系在测试框架上；

A.4.3.2 提升测试吊架，将测试重物提升到规定高度，使其底面与样品网安装平面间的距离再加上样品网的初始下垂等于试验高度 H，然后释放测试重物使之自由落下；

A.4.3.3 观察样品情况。

A.5 测试结果的评定

平(立)网按表 2 的规定，密目网按 6.2.10.3 的规定进行测试结果的评定，并记录测试结果。

附 录 B
（规范性附录）
平（立）网的耐候性测试

B.1 原理

通过采用模拟户外湿热自然大气中主要因素的人工气候加速测试方法，测试平（立）网的耐候性。

B.2 测试设备

符合 GB/T 14522 要求的耐候测试箱。

B.3 测试样品

从样品网上分别取 3 根边绳、3 根网绳，按 GB/T 8834 的要求制成样绳。

B.4 测试方法

B.4.1 按照 GB/T 14522 规定的方法进行测试。

B.4.2 采用荧光紫外线测试时，光照温度采用 60 ℃±3 ℃，光照和冷凝周期选择 4 h 光照、4 h 冷凝。

B.4.3 采用氙灯人工气候测试时，黑板温度为 63 ℃±3 ℃，相对湿度为 65%±5%，喷水周期为每 102 min 喷水 18 min。

B.4.4 测试周期为 14 d。

B.5 测试结果的评定

测试后的样品按照 6.1.5 规定的方法进行断裂强力测试，结果应符合 5.1.9 的要求。

附 录 C
（资料性附录）
包装、运输、储存的一般要求

C.1 每张安全网宜用塑料薄膜、纸袋等独立包装，内附产品说明书、出厂检验合格证及其他按有关规定必须提供的文件。

C.2 安全网的外包装可采用纸箱、丙纶薄膜袋等。

C.3 安全网应由专人保管发放，如暂不使用，应存放在通风、避光、隔热、无化学品污染的仓库或专用场所。

C.4 如安全网的贮存期超过两年，应按0.2%抽样，不足1 000张时抽样2张进行耐冲击性能测试，测试合格后方可销售使用。

参 考 文 献

[1] BS EN 1263-1:2002 Safety nets—Part 1:Safety requirements,test methods

[2] BS EN 1263-2:2002 Safety nets—Part 2:Safety requirements for the positioning limits

[3] ANSI A10.11—1989 Personnel and debris nets

[4] BS 8411:2007 Code of practice for safety nets on construction sites and other works

ICS 73.040
D 20

中华人民共和国国家标准

GB/T 5751—2009
代替 GB 5751—1986

中国煤炭分类

Chinese classification of coals

2009-06-01 发布　　2010-01-01 实施

中华人民共和国国家质量监督检验检疫总局
中国国家标准化管理委员会　发布

前　言

本标准代替 GB 5751—1986《中国煤炭分类》。

与 GB 5751—1986 相比，本标准主要作了如下修改：

——标准的属性由强制性改为推荐性；

——按 GB/T 1.1 及 GB/T 3715 的要求，对标准的编写格式及符号、基准的书写格式等进行了相应修改；

——对标准章节进行了重新编排，将分类参数及其表示符号、测定方法放在一章里(即 4.3.1)；

——增加了对术语“煤”及其定义的描述(第 3 章)；

——增加了 4.1 用以说明本分类体系的性质和用途；

——增加了 4.2 对煤炭分类用煤样的要求。

本标准由中国煤炭工业协会提出。

本标准由全国煤炭标准化技术委员会归口。

本标准起草单位：煤炭科学研究总院北京煤化工研究分院，中钢集团鞍山热能研究院有限公司，煤炭科学研究总院西安研究院。

本标准主要起草人：罗陨飞，姜英，陈亚飞，白向飞，孟庆波，张群，杨金和，陈鹏，陈文敏，冯安组，张秀仪，郝琦，朱春笙。

本标准所代替标准的历次版本发布情况为：

——GB 5751—1986。

中国煤炭分类

1 范围

本标准规定了基于应用的中国煤炭分类体系。

本标准适用于中华人民共和国境内勘查、生产、加工利用和销售的煤炭。

2 规范性引用文件

下列文件中的条款通过本标准的引用而成为本标准的条款。凡是注日期的引用文件，其随后所有的修改单(不包括勘误的内容)或修订版均不适用于本标准，然而，鼓励根据本标准达成协议的各方研究是否可使用这些文件的最新版本。凡是不注日期的引用文件，其最新版本适用于本标准。

GB/T 212 煤的工业分析方法(GB/T 212—2008,ISO 11722:1999,Solid mineral fuels—Hard coal—Determination of moisture in the general analysis test sample by drying in nitrogen,ISO 1171:1997,Solid mineral fuels—Determination of ash,ISO 562:1998,Hard coal and coke—Determination of volatile matter,NEQ)

GB/T 213 煤的发热量测定方法(GB/T 213—2008,ISO 1928:1995,Solid mineral fuels—Determination of gross calorific value by the bomb calorimetric method and calculation of net calorific value,MOD)

GB 474 煤样的制备方法(GB 474—2008,ISO 18283:2006,Hard coal and coke—Manual sampling,MOD)

GB 475 商品煤样人工采取方法(GB 475—2008,ISO 18283:2006,Hard coal and coke—Manual sampling,MOD)

GB/T 476 煤中碳和氢的测定方法(GB/T 476—2008,ISO 625 Solid mineral fuels—Determination of carbon and hydrogen—Liebig method, MOD)

GB/T 479 烟煤胶质层指数测定方法

GB/T 482 煤层煤样采取方法

GB/T 2566 低煤阶煤的透光率测定方法

GB/T 4632 煤的最高内在水分测定方法(GB/T 4632—2008,ISO 1018:1975,Hard coal—Determination of moisture-holding capacity, MOD)

GB/T 5447 烟煤粘结指数测定方法

GB/T 5450 烟煤奥阿膨胀计试验(GB/T 5450—1997,eqv ISO 349:1989)

GB/T 19494.1 煤炭机械化采样 第1部分:采样方法(GB/T 19494.1—2004,ISO 13909-1:2001 Hard coal and coke—Mechanical sampling—Part 1:General introduction,ISO 13909-2:2001 Hard coal and coke—Mechanical sampling—Part 2:Coal—Sampling from moving streams,ISO 13909-3:2001 Hard coal and coke—Mechanical sampling—Part 3:Coal—Sampling from stationary lots,NEQ)

GB/T 19494.2 煤炭机械化采样 第2部分:煤样的制备(GB/T 19494.2—2004,ISO 13909-1:2001 Hard coal and coke—Mechanical sampling—Part 1:General introduction,ISO 13909-4:2001 Hard coal and coke—Mechanical sampling—Part 4:Coal—Preparation of test samples,NEQ)

MT/T 998 生产煤样采取方法

煤炭资源勘探煤样采取规程(原煤炭部1979年颁布)

3 术语和定义

下列术语和定义适用于本标准。

煤 coal

煤炭

主要由植物遗体经煤化作用转化而成的富含碳的固体可燃有机沉积岩，含有一定量的矿物质，相应的灰分产率小于或等于50%(干基质量分数)。

注1：通常在地质煤化作用进程中，当全水分降到75%(质量分数)时，泥炭转化为煤；而在正常煤化进程中，无干扰煤层转化为半石墨的上限定为镜质体平均随机反射率 R_{ran} 为6.0%，或者，用镜质体平均最大反射率 R_{max} 为8.0%为其上限更好。对于跃变的接触变质的煤层，R_{max} 的上限可以超过10%。以上注释参见 ISO 11760：2005《国际煤分类》。

注2：目前国内用于煤炭储量计算时所统计的煤炭灰分上限为40%。

4 分类总则

4.1 本标准规定的中国煤炭分类体系是一种应用型的技术分类体系，可以用于

——说明煤炭的类别；

——指导煤炭的利用；

——根据一些重要的煤质指标进行不同煤的煤质比较；

——指导选取适宜的煤炭分析测试方法等。

4.2 对煤炭分类用煤样的要求

4.2.1 判定煤炭类别时要求所选煤样为单种煤(单一煤层煤样或相同煤化程度煤组成的煤样)，对不同煤化程度的混合煤或配煤不应作煤炭类别的判定。

注：对单种煤的判别可参照 GB/T 15591，商品煤反射率分布图标准偏差≤0.1%且无凹口时，为单一煤层煤。煤的镜质体反射率显微镜测定方法参见 GB/T 6948。

4.2.2 用于判定煤炭类别的煤样可以是勘查煤样、煤层煤样、生产煤样或商品煤样。

4.2.3 分类用煤样的采取

4.2.3.1 勘查煤样的采取应按《煤炭资源勘探煤样采取规程》的规定执行。

4.2.3.2 煤层煤样的采取应按 GB/T 482 的规定执行。

4.2.3.3 生产煤样的采取应按 MT/T 998 的规定执行。

4.2.3.4 商品煤样的采取应按 GB 475 和 GB/T 19494.1 的规定执行。

4.2.4 分类用煤样的制备

分类用煤样的制备按 GB 474 和 GB/T 19494.2 的规定执行。

4.2.5 分类用煤样的灰分

4.2.5.1 分类用煤样的干燥基灰分产率应小于或等于10%。对于干燥基灰分产率大于10%的煤样，在测试分类参数(4.3)前应采用重液方法进行减灰后再分类，所用重液的密度宜使煤样得到最高的回收率，并使减灰后煤样的灰分在5%～10%之间。减灰的方法可按 GB 474 中附录 B 进行。

4.2.5.2 对易泥化的低煤化程度褐煤，可采用灰分尽可能低的原煤。

4.3 分类参数

4.3.1 分类参数有两类，即用于表征煤化程度的参数和用于表征煤工艺性能的参数：

a) 用于表征煤化程度的参数：

——干燥无灰基挥发分：符号为 V_{daf}，以质量分数表示，其测定方法参见 GB/T 212；

——干燥无灰基氢含量：符号为 H_{daf}，以质量分数表示，其测定方法参见 GB/T 476；

——恒湿无灰基高位发热量：符号为 $Q_{gr,maf}$，单位为兆焦每千克(MJ/kg)，其测定方法参见 GB/T 213；

——低煤阶煤透光率：符号为 P_M，以百分数表示，其测定方法参见 GB/T 2566；

b) 用于表征煤工艺性能的参数：

——烟煤的粘结指数：符号为 $G_{R.I}$(简记 G)，其测定方法参见 GB/T 5447；

——烟煤的胶质层最大厚度：符号为 Y，单位为毫米(mm)，其测定方法参见 GB/T 479；

——烟煤的奥阿膨胀度：符号为 b，以百分数表示，其测定方法参见 GB/T 5450。

4.3.2 采用煤化程度参数(主要是干燥无灰基挥发分)将煤炭划分为无烟煤、烟煤和褐煤。

注：褐煤和烟煤的划分，采用透光率作为主要指标，并以恒湿无灰基高位发热量为辅助指标。

4.3.3 无烟煤亚类的划分采用干燥无灰基挥发分和干燥无灰基氢含量作为指标，如果两种结果有矛盾，以按干燥无灰基氢含量划分的结果为准。

4.3.4 烟煤类别的划分，需同时考虑烟煤的煤化程度和工艺性能(主要是粘结性)。烟煤煤化程度的参数采用干燥无灰基挥发分作为指标；烟煤粘结性的参数，以粘结指数作为主要指标，并以胶质层最大厚度(或奥阿膨胀度)作为辅助指标，当两者划分的类别有矛盾时，以按胶质层最大厚度划分的类别为准。

4.3.5 褐煤亚类的划分采用透光率作为指标。

5 分类

5.1 煤类划分及代号

本分类体系中，先根据干燥无灰基挥发分等指标，将煤炭分为无烟煤、烟煤和褐煤；再根据干燥无灰基挥发分及粘结指数等指标，将烟煤划分为贫煤、贫瘦煤、瘦煤、焦煤、肥煤、1/3 焦煤、气肥煤、气煤、1/2 中黏煤、弱黏煤、不黏煤及长焰煤。各类煤的名称可用下列汉语拼音字母为代号表示：

WY——无烟煤；YM——烟煤；HM——褐煤。

PM——贫煤；PS——贫瘦煤；SM——瘦煤；JM——焦煤；FM——肥煤；1/3JM——1/3 焦煤；QF——气肥煤；QM——气煤；1/2ZN——1/2 中黏煤；RN——弱黏煤；BN——不黏煤；CY——长焰煤。

5.2 编码

各类煤用两位阿拉伯数码表示。十位数系按煤的挥发分分组，无烟煤为 0($V_{daf}\leqslant 10.0\%$)，烟煤为 1～4(即 $V_{daf}>10.0\%\sim 20.0\%$，$>20.0\%\sim 28.0\%$，$>28.0\%\sim 37.0\%$和$>37.0\%$)，褐煤为 5($V_{daf}>37.0\%$)。个位数，无烟煤类为 1～3，表示煤化程度；烟煤类为 1～6，表示粘结性；褐煤类为 1～2，表示煤化程度。

5.3 中国煤炭分类体系表

5.3.1 无烟煤、烟煤及褐煤的划分，见表 1。

表 1 无烟煤、烟煤及褐煤分类表

类别	代号	编码	分类指标	
			V_{daf}/%	P_M/%
无烟煤	WY	01, 02, 03	≤10.0	—
烟煤	YM	11,12,13,14,15,16	>10.0～20.0	—
		21,22,23,24,25,26	>20.0～28.0	
		31,32,33,34,35,36	>28.0～37.0	
		41,42,43,44,45,46	>37.0	
褐煤	HM	51, 52	>37.0[a]	≤50[b]

表 1（续）

类　别	代　号	编　码	分类指标	
			V_{daf}/%	P_M/%

[a] 凡 V_{daf}>37.0%，G≤5，再用透光率 P_M 来区分烟煤和褐煤（在地质勘查中，V_{daf}>37.0%，在不压饼的条件下测定的焦渣特征为1～2号的煤，再用 P_M 来区分烟煤和褐煤）。

[b] 凡 V_{daf}>37.0%，P_M>50%者为烟煤；30%<P_M≤50%的煤，如恒湿无灰基高位发热量 $Q_{gr,maf}$>24 MJ/kg，划为长焰煤，否则为褐煤。恒湿无灰基高位发热量 $Q_{gr,maf}$ 的计算方法见下式：

$$Q_{gr,maf} = Q_{gr,ad} \times \frac{100(100 - MHC)}{100(100 - M_{ad}) - A_{ad}(100 - MHC)} \quad \cdots\cdots (1)$$

式中：

$Q_{gr,maf}$——煤样的恒湿无灰基高位发热量，单位为焦耳每克(J/g)；

$Q_{gr,ad}$——一般分析试验煤样的恒容高位发热量，单位为焦耳每克(J/g)，其测试方法参见 GB/T 213；

M_{ad}——一般分析试验煤样水分的质量分数，单位为百分数(%)，其测试方法参见 GB/T 212；

MHC——煤样最高内在水分的质量分数，单位为百分数(%)，其测试方法参见 GB/T 4632。

5.3.2　无烟煤亚类的划分，见表2。

表 2　无烟煤亚类的划分

亚类	代号	编码	分类指标	
			V_{daf}/%	H_{daf}/%[a]
无烟煤一号	WY1	01	≤3.5	≤2.0
无烟煤二号	WY2	02	>3.5～6.5	>2.0～3.0
无烟煤三号	WY3	03	>6.5～10.0	>3.0

[a] 在已确定无烟煤亚类的生产矿、厂的日常工作中，可以只按 V_{daf} 分类；在地质勘查工作中，为新区确定亚类或生产矿、厂和其他单位需要重新核定亚类时，应同时测定 V_{daf} 和 H_{daf}，按上表分亚类。如两种结果有矛盾，以按 H_{daf} 划亚类的结果为准。

5.3.3　烟煤的分类，见表3。

表 3　烟煤的分类

类　别	代　号	编　码	分类指标			
			V_{daf}/%	G	Y/mm	b/%[b]
贫煤	PM	11	>10.0～20.0	≤5		
贫瘦煤	PS	12	>10.0～20.0	>5～20		
瘦煤	SM	13	>10.0～20.0	>20～50		
		14	>10.0～20.0	>50～65		
焦煤	JM	15	>10.0～20.0	>65[a]	≤25.0	≤150
		24	>20.0～28.0	>50～65		
		25	>20.0～28.0	>65[a]	≤25.0	≤150
肥煤	FM	16	>10.0～20.0	(>85)[a]	>25.0	>150
		26	>20.0～28.0	(>85)[a]	>25.0	>150
		36	>28.0～37.0	(>85)[a]	>25.0	>220

表 3（续）

类别	代号	编码	分类指标			
			V_{daf}/%	G	Y/mm	b/%[b]
1/3 焦煤	1/3JM	35	>28.0～37.0	>65[a]	≤25.0	≤220
气肥煤	QF	46	>37.0	(>85)[a]	>25.0	>220
气煤	QM	34	>28.0～37.0	>50～65	≤25.0	≤220
		43	>37.0	>35～50		
		44	>37.0	>50～65		
		45	>37.0	>65[a]		
1/2 中黏煤	1/2ZN	23	>20.0～28.0	>30～50		
		33	>28.0～37.0	>30～50		
弱黏煤	RN	22	>20.0～28.0	>5～30		
		32	>28.0～37.0	>5～30		
不黏煤	BN	21	>20.0～28.0	≤5		
		31	>28.0～37.0	≤5		
长焰煤	CY	41	>37.0	≤5		
		42	>37.0	>5～35		

a 当烟煤粘结指数测值 G≤85 时，用干燥无灰基挥发分 V_{daf} 和粘结指数 G 来划分煤类。当粘结指数测值 G>85 时，则用干燥无灰基挥发分 V_{daf} 和胶质层最大厚度 Y，或用干燥无灰基挥发分 V_{daf} 和奥阿膨胀度 b 来划分煤类。在 G>85 的情况下，当 Y>25.00 mm 时，根据 V_{daf} 的大小可划分为肥煤或气肥煤；当 Y≤25.0 mm 时，则根据 V_{daf} 的大小可划分为焦煤、1/3 焦煤或气煤。

b 当 G>85 时，用 Y 和 b 并列作为分类指标。当 V_{daf}≤28.0%时，b>150%的为肥煤；当 V_{daf}>28.0%时，b>220%的为肥煤或气肥煤。如按 b 值和 Y 值划分的类别有矛盾时，以 Y 值划分的类别为准。

5.3.4 褐煤亚类的划分，见表 4。

表 4 褐煤亚类的划分

类别	代号	编码	分类指标	
			P_M/%	$Q_{gr,maf}$/(MJ·kg^{-1})[a]
褐煤一号	HM1	51	≤30	—
褐煤二号	HM2	52	>30～50	≤24

a 凡 V_{daf}>37.0%，P_M>30%～50%的煤，如恒湿无灰基高位发热量 $Q_{gr,maf}$>24 MJ/kg，则划为长焰煤。

5.3.5 中国煤炭分类简表，见表 5。

表 5 中国煤炭分类简表

类别	代号	编码	分类指标					
			V_{daf}/%	G	Y/mm	b/%	P_M/%[b]	$Q_{gr,maf}$[c]/(MJ·kg^{-1})
无烟煤	WY	01,02,03	≤10.0					
贫煤	PM	11	>10.0～20.0	≤5				
贫瘦煤	PS	12	>10.0～20.0	>5～20				

表 5(续)

类别	代号	编码	分类指标					
			V_{daf}/%	G	Y/mm	b/%	P_M/%[b]	$Q_{gr,maf}$[c]/(MJ·kg⁻¹)
瘦煤	SM	13,14	>10.0~20.0	>20~65				
焦煤	JM	24 15,25	>20.0~28.0 >10.0~28.0	>50~65 >65[a]	≤25.0	≤150		
肥煤	FM	16,26,36	>10.0~37.0	(>85)[a]	>25.0			
1/3 焦煤	1/3JM	35	>28.0~37.0	>65[a]	≤25.0	≤220		
气肥煤	QF	46	>37.0	(>85)[a]	>25.0	>220		
气煤	QM	34 43,44,45	>28.0~37.0 >37.0	>50~65 >35	≤25.0	≤220		
1/2 中黏煤	1/2ZN	23,33	>20.0~37.0	>30~50				
弱黏煤	RN	22,32	>20.0~37.0	>5~30				
不黏煤	BN	21,31	>20.0~37.0	≤5				
长焰煤	CY	41,42	>37.0	≤35			>50	
褐煤	HM	51 52	>37.0 >37.0				≤30 >30~50	≤24

a 在 G>85 的情况下,用 Y 值或 b 值来区分肥煤、气肥煤与其他煤类,当 Y>25.00 mm 时,根据 V_{daf} 的大小可划分为肥煤或气肥煤;当 Y≤25.0 mm 时,则根据 V_{daf} 的大小可划分为焦煤、1/3 焦煤或气煤。

按 b 值划分类别时,当 V_{daf}≤28.0%时,b>150%的为肥煤;当 V_{daf}>28.0%时,b>220%的为肥煤或气肥煤。

如按 b 值和 Y 值划分的类别有矛盾时,以 Y 值划分的类别为准。

b 对 V_{daf}>37.0%,G≤5 的煤,再以透光率 P_M 来区分其为长焰煤或褐煤。

c 对 V_{daf}>37.0%,P_M>30%~50%的煤,再测 $Q_{gr,maf}$,如其值大于 24 MJ/kg,应划分为长焰煤,否则为褐煤。

5.4 中国煤炭分类图,见图 1。

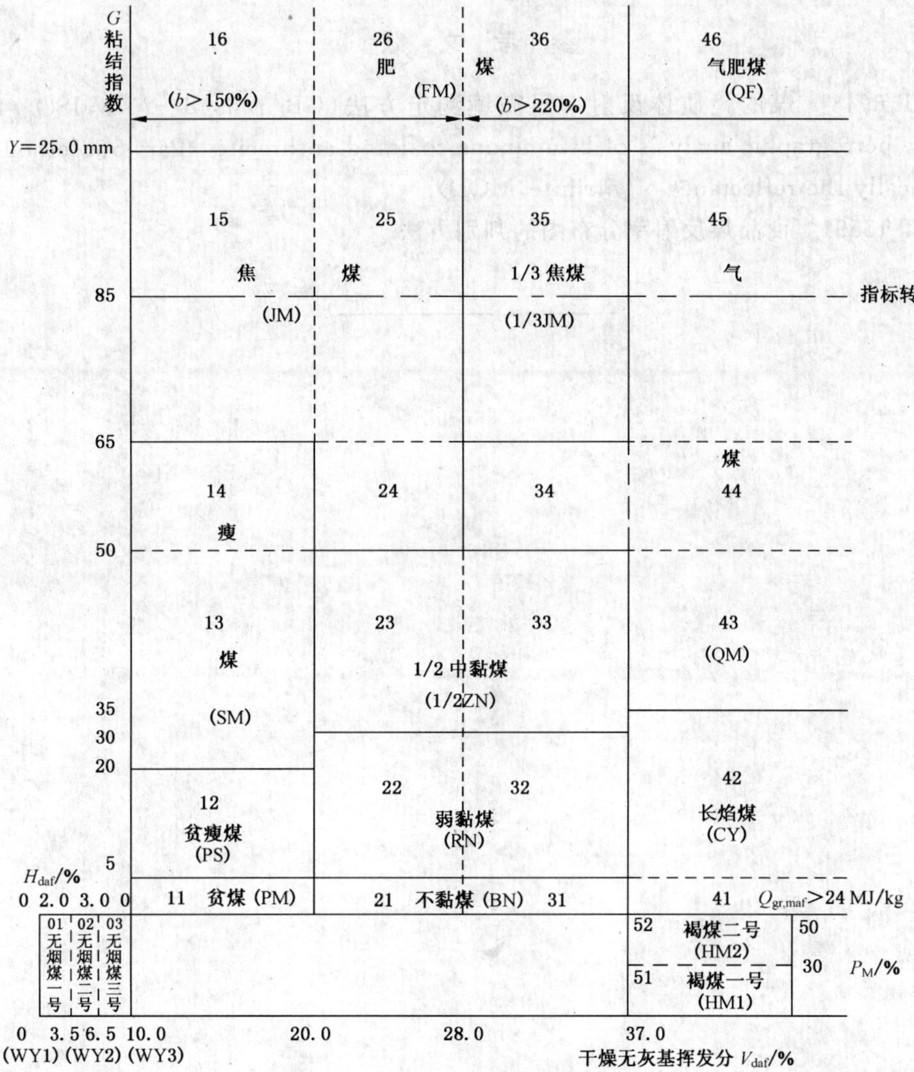

注 1：分类用煤样的干燥基灰分产率应小于或等于 10%，干燥基灰分产率大于 10% 的煤样应采用重液方法进行减灰后再分类；对易泥化的低煤化程度褐煤，可采用灰分尽可能低的原煤。

注 2：G=85 为指标转换线。当 G>85 时，用 Y 值与 b 值并列作为分类指标，以划分肥煤或气肥煤与其他煤类的指标。Y>25.00 mm 者，划分为肥煤或气肥煤；当 V_{daf}≤28.0% 时，b>150% 的为肥煤；当 V_{daf}>28.0% 时，b>220% 的为肥煤或气肥煤。如按 b 值和 Y 值划分的类别有矛盾时，以 Y 值划分的类别为准。

注 3：无烟煤划分亚类按 V_{daf} 和 H_{daf} 划分结果有矛盾时，以 H_{daf} 划分的亚类为准。

注 4：当 V_{daf}>37.0% 时，P_M>50% 者为烟煤，P_M≤30% 者为褐煤；P_M>30%～50% 时，以 $Q_{gr,maf}$ 值>24 MJ/kg 者为长焰煤，否则为褐煤。

图 1　中国煤炭分类图

参 考 文 献

［1］ GB/T 6948 煤的镜质体反射率显微镜测定方法(GB/T 6948—2008,ISO 7404-5:1994,Methods for the petrographic analysis of bituminous coal and anthracite—Part 5:Method of determining microscopically the reflectance of vitrinite,MOD)

［2］ GB/T 15591 商品煤反射率分布图的判别方法

ICS 53.040.20
G 42

GB

中华人民共和国国家标准

GB/T 5756—2009
代替 GB/T 5756—1986

输送带术语及其定义

Conveyor belts—Terms and definition

(ISO 5284:1986,Conveyor belts—List of equivalent terms,NEQ)

2009-04-24 发布　　　　2009-12-01 实施

中华人民共和国国家质量监督检验检疫总局
中国国家标准化管理委员会　发布

前　言

本标准与 ISO 5284:1986《输送带——术语对照表》(英文版)的一致性程度为非等效。

本标准代替 GB/T 5756—1986《输送带与传动带术语》。

本标准与 GB/T 5756—1986 相比主要变化如下:

——对标准名称作了修改;

——对标准章条作了调整;

——删除了有关传动带的术语(1986 年版的 1.3、2.1.23、2.3、3.8、3.9、3.13、3.14、3.16、4.2、4.4、4.12、4.13 和 4.14);

——增加了规范性引用文件(见本版的第 2 章);

——增加了耐寒输送带的术语及其定义(见本版的 3.1.2.25);

——增加了抗撕裂输送带的术语及其定义(见本版的 3.1.2.26);

——增加了节能输送带的术语及其定义(见本版的 3.1.2.27);

——增加了轻型输送带的术语及其定义(见本版的 3.1.2.28);

——增加了使用寿命和贮存寿命的术语及其定义(见本版的 3.4.21 和 3.4.22);

——增加了外观缺陷术语及其定义(1986 年版的第 3 章;本版的 3.3.14~3.3.24)。

本标准由中国石油和化学工业协会提出。

本标准由全国带轮与带标准化技术委员会输送带分技术委员会(SAC/TC 428/SC 1)归口。

本标准起草单位:阜新环宇橡胶(集团)有限公司、青岛科技大学、济宁广通输送带有限责任公司。

本标准主要起草人:屈柏峰、辛永录、裴伟强、张敬伟、刘莉、牛洪龙。

本标准所代替标准的历次版本发布情况为:

——GB/T 5756—1986。

输送带术语及其定义

1 范围

本标准规定了输送带品种与型式术语、带的结构与加工术语、带的缺陷术语、带的性能及试验术语。

本标准适用于具有橡胶或塑料覆盖层的输送带。

2 规范性引用文件

下列文件中的条款通过本标准的引用而成为本标准的条款。凡是注日期的引用文件，其随后所有的修改单(不包括勘误的内容)或修订版均不适用于本标准，然而，鼓励根据本标准达成协议的各方研究是否可使用这些文件的最新版本。凡是不注日期的引用文件，其最新版本适用于本标准。

ISO 21183-2:2005 轻型输送带 第2部分:术语对照表

3 术语和定义

下列术语和定义适用于本标准。

3.1 带的品种与型式术语

3.1.1 基本品种术语

3.1.1.1

带 belt

环绕在两个(或两个以上)带轮上，用以将运动、动力或物料从一个位置传递到另一位置的柔性条状物。

3.1.1.2

输送带 conveyor belt

安装在输送机上用以承载和输送物料的带。

3.1.1.3

胶带 rubber belt

用橡胶与其他材料复合制造的带。

3.1.2 输送带品种与型式术语

3.1.2.1

织物芯输送带 textile conveyor belt

以织物为带芯抗拉体的输送带、包括多层芯输送带和整体织物芯输送带。

3.1.2.2

单层芯输送带 single type conveyor belt

以单层帆布或帘布为抗拉体的输送带。

3.1.2.3

多层芯输送带 ply type conveyor belt

以两层或两层以上帆布或帘布为抗拉体的输送带。

3.1.2.4

帆布芯输送带 duck conveyor belt

以帆布为抗拉体的输送带。

3.1.2.5

帘布芯输送带　cord fabric conveyor belt

以帘布为抗拉体的输送带。

3.1.2.6

整体织物芯输送带　solid woven conveyor belt

以整体织物为抗拉体的输送带。

3.1.2.7

绳芯输送带　cord conveyor belt

以绳为抗拉体的输送带。

3.1.2.8

钢丝绳芯输送带　steel cord conveyor belt

以钢丝绳为抗拉体的输送带。

3.1.2.9

切边输送带　cut edge conveyor belt; raw edge conveyor belt

将硫化后的大宽度带片沿纵向切割而制成的输送带。

3.1.2.10

耐油输送带　oil resistant conveyor belt

具有规定耐油性的输送带。

3.1.2.11

耐酸碱输送带　chemicals resistant conveyor belt

具有规定的耐酸、碱腐蚀性能的输送带。

3.1.2.12

耐冲击输送带　shock resistant conveyor belt

具有规定耐冲击性的输送带。

3.1.2.13

耐热输送带　heat resistant conveyor belt

具有规定耐热性的输送带。

3.1.2.14

导静电输送带　antistatic conveyor belt

具有规定导静电性的输送带。

3.1.2.15

阻燃输送带　fire resistant conveyor belt

具有规定阻燃性的输送带。

3.1.2.16

钢丝绳牵引输送带　steel cable conveyor belt

靠外在钢丝缆绳承托并牵引而运转的输送带。

3.1.2.17

挡边输送带　raised edge conveyor belt; flanged edge conveyor belt

带边部位制备有纵向挡边，以防止物料撒落的输送带。

3.1.2.18

横隔板输送带　raised rib conveyor belt; cleated conveyor belt

覆盖层制备有等间距横向隔板，以对散装物料进行高倾角输送的输送带。

3.1.2.19

花纹输送带　patterned conveyor belt; rough top conveyor belt

覆盖层制备有凸起花纹，以增大带与物料间摩擦力的输送带。

3.1.2.20

管状输送带　tubular conveyor belt

两侧边部位可卷起成为筒形，以防止物料撒落的输送带。

3.1.2.21

提升带　elevator belt

装有提斗，能对物料进行提升输送的输送带。

3.1.2.22

载人输送带　passenger conveyor belt

用以载人的输送带。

3.1.2.23

食品输送带　foodstuff conveyor belt

用以输送食品的输送带。

3.1.2.24

磁性输送带　magnetic conveyor belt

具有磁性，能吸附铁磁性物料进行高倾角输送的输送带。

3.1.2.25

耐寒输送带　cold resistant conveyor belt

具有规定耐寒性的输送带。

3.1.2.26

抗撕裂输送带　anti-tear conveyor belt

具有抗撕裂性的输送带。

3.1.2.27

节能输送带　saving energy conveyor belt

输送过程中能节省电能的输送带。

3.1.2.28

轻型输送带　light conveyor belts

主要用于室内单位负荷输送（例如：邮包、盒子、纸箱、包装箱、行李、各种工业货物和食品）。

3.2　带的结构与加工术语

3.2.1　通用结构与加工术语

3.2.1.1

带芯　carcase; reinforcement; core

带中起骨架作用，使带具有一定强度和刚度的结构件，包括抗拉体和横向体。

3.2.1.2

抗拉体　tension element; tensile member

带中用以抵抗纵向拉力的纵向绳或经线与带的纵向平行的织物。

3.2.1.3

横向体　weft element

带中用以增加横向刚度或防止纵向撕裂的横向绳或经线与带的横向平行的织物。

3.2.1.4

绳胶　cord rubber

包在绳周围的胶。

3.2.1.5

对口胶　insert rubber; filler; fillet

在对接接缝中嵌入的胶条。

3.2.1.6

封口胶　saddlel butt strap

用来覆盖带的外层接缝的胶条。

3.2.1.7

接头　joint

带或其布层等的连接部位。

3.2.1.8

接头线　joint line

被连接两部分在宽平面上的分界线。

3.2.1.9

机械接头　mechanical joint

用机械连接件连接而成的接头。

3.2.1.10

硫化接头　vulcanized joint

用胶浆或胶料粘合并硫化而成的接头。

3.2.1.11

对接　butt joint

被连接两端互不搭叠的接头形式。

3.2.1.12

搭接　overlap joint

被连接两端互相搭叠的接头形式。

3.2.1.13

阶梯接头　steplike joint

接合面呈阶梯状的带接头。

3.2.1.14

斜面接头　slopelike joint

接合面呈斜面状的带接头。

3.2.1.15

纵向接头　longitudinal joint

接头线与带的纵向平行的布层接头。

3.2.1.16

横向接头　transverse joint

接头线与带的横向平行的布层接头。

3.2.1.17

接头长度　joint length

接头中被连接两端互相搭叠部分的长度。

3.2.1.18

接头角度　joint angle

接头线与带的纵向之间的夹角。

3.2.1.19

裁断角度　bias angle

裁断胶布时,裁断线与布的经线之间的夹角。

3.2.1.20

带坯　raw belt;green belt

已成型未硫化的带。

3.2.1.21

成型　assembling　building

将带的各结构件组合在一起使其成为带坯的过程。

3.2.1.22

开边式结构　open-edge ply arrangement

织物边部开放(即各层不包卷)的带芯结构(见图1)。

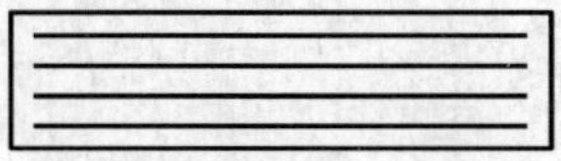

图1

3.2.1.23

环形带　endless belt

产品呈环形的带。

3.2.1.24

有端带　open-end belt

产品不呈环形(有两个带端)的带。

3.2.2　**输送带结构与加工术语**

3.2.2.1

承载面　carrying side

用来承载物料的带表面。

3.2.2.2

非承载面　non-carrying side; pulley side

用来传递驱动力的带表面。

3.2.2.3

覆盖层　cover

覆盖在带芯外面的保护层。

3.2.2.4

上覆盖层　top cover;face cover

位于带的承载面的覆盖层。

3.2.2.5

下覆盖层　bottom cover;back cover

位于带的非承载面的覆盖层。

3.2.2.6

覆盖胶　rubber cover

由橡胶构成的覆盖层。

3.2.2.7

缓冲补强层　breaker ply

带中起改善粘合、缓和冲击、增加强度作用的网布或帘布层。

3.2.2.8

缓冲层 cushion breaker

带中位于覆盖层与带芯之间或带芯各层之间,起缓冲作用的胶层。

3.2.2.9

边胶 edge rubber

用以保护带芯边部的胶条。

3.2.2.10

增强带边 reinforced edge

嵌有布层以增加强度的带边。

3.2.2.11

耳胶 ear rubber

位于钢丝缆绳牵引输送带边部,用以限定钢缆位置的纵向槽形胶条。

3.2.2.12

带片 slab belt

用来切制切边输送带的大宽度带。

3.2.2.13

中梯式结构 step ply arrangement

带芯布层在承载面侧中部留有阶梯形空缺并以胶料填充的带芯结构(见图 2)。

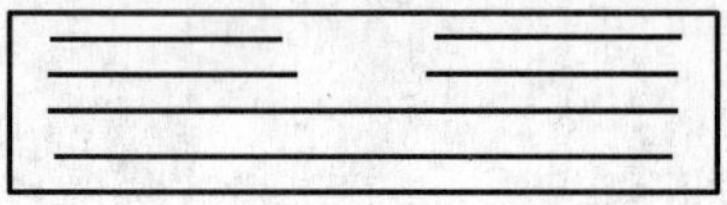

图 2

3.2.2.14

边梯式结构 edge-step ply arrangement

带芯布层下宽上窄,边部留有阶梯形空缺并以胶料填充的带芯结构(见图 3)。

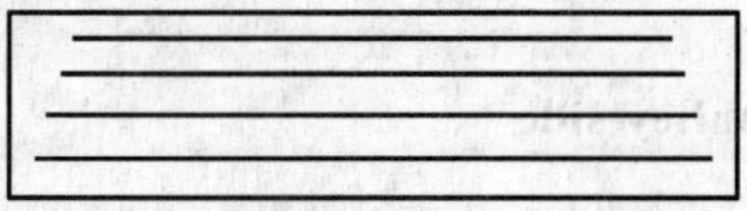

图 3

3.2.2.15

倒梯式结构 reverse-step ply arrangement

带芯布层上宽下窄,边部留有阶梯形空缺并以胶料填充的带芯结构(见图 4)。

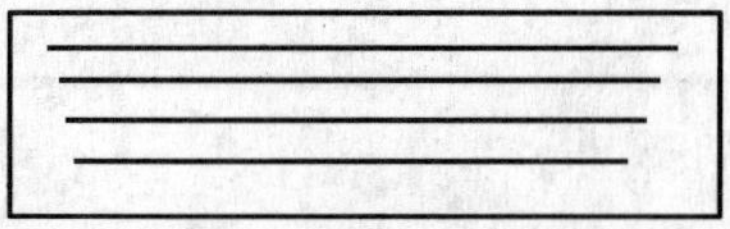

图 4

3.3 带的缺陷术语

3.3.1

鱼鳞纹 scale like mark

带表面的鱼鳞状不平整缺陷。

3.3.2

布层纵波浪 longitudinal wave

带芯布层纵向上起伏不平呈波浪状的缺陷。

3.3.3

布层横波浪　transverse wave

带芯布层横向上起伏不平呈波浪状的缺陷。

3.3.4

露芯　bare core

不应外露的带芯外露的缺陷。

3.3.5

鼓泡　blister

因带内部存有气体而导致带表面局部鼓胀的缺陷。

3.3.6

明疤　scar;pit

输送带表面局部微凹处的缺陷。

3.3.7

覆盖层重皮　rubber overlap

覆盖层表面形成互不粘合的数层的缺陷。

3.3.8

胶层海绵　rubber sponginess

胶层内部形成海绵样微孔群的缺陷。

3.3.9

布层打褶　ply overlap

同层胶布局部打褶的缺陷。

3.3.10

模型痕迹　mould mark;press mark

带表面由于硫化模具上有伤痕而造成的不平整缺陷。

3.3.11

带身不直　dog leg;misalignment

在正常放置条件下,带身不直的缺陷。

3.3.12

段间凸起　ridge at press overlap

采用分段硫化方法时,带的各硫化段交叠处出现凸起的缺陷。

3.3.13

脱开　separation;bond failure

带的结构件之间局部粘合失效而分离的缺陷。

3.3.14

覆盖层脱层　cover separation

覆盖层局部分层、互不粘合的缺陷。

3.3.15

布层脱层　separation

布层之间局部脱开的缺陷。

3.3.16

夹沟　groove mark

带两侧出现的沟痕。

3.3.17

裂口　split

带两侧出现的缝隙。

3.3.18

带侧凸出　ridge on belt edge

带两侧局部突起的缺陷。

3.3.19

扯掉边胶　edge rubber falling

因流失胶边处理不当或机械损伤造成的边胶脱落。

3.3.20

带侧露布　bare fabric at belt edge

带两侧露出带芯布层的缺陷。

3.3.21

带面露布纹　bare fabric on cover

覆盖层上局部露出织物层的缺陷。

3.3.22

边胶海绵　spongy edge rubber

带两侧边胶出现海绵样微孔群的现象。

3.3.23

压上熟胶边　overlap vulcanizate rubber

已经硫化的胶边又压在带表面上的缺陷。

3.3.24

龟裂　crack

带上明显的裂纹或裂缝。

3.4　带的性能及试验术语

3.4.1

全厚度试样　full-thickness test piece

保持成品带厚度的试样。

3.4.2

全厚度拉伸强度　full-thickness tensile strength

对全厚度试样做拉伸试验时，拉断试样所需的力与试样原宽度之比。

3.4.3

伸长率　elongation

带或其试样由拉伸应力引起的形变，其值用伸长增量与原长之比的百分数表示。

3.4.4

拉断伸长率　elongation at break

在拉伸试验中，试样拉断时的伸长率。

3.4.5

参考力　reference load

标称全厚度拉伸强度与规定系数及试样宽度的乘积，或标称全截面拉伸强度与规定系数的乘积。

3.4.6

参考力伸长率　elongation at reference load

在拉伸试验中，当试样承受参考力时的伸长率。

3.4.7

剥离力 stripping force

在剥离试验中,将试样相邻两层剥离开所需要的力。

3.4.8

层间粘合强度 ply adhesion

剥离力与试样宽度之比。

3.4.9

撕裂强度 tearing strength

在撕裂试验中,使试样撕裂所需要的力。

3.4.10

疲劳试验 fatigue test

使试样按规定条件运转至试样发生损坏的试验。

3.4.11

疲劳寿命 fatigue life

在疲劳试验中,试验带损坏达一定程度时的运转时间或回转次数。

3.4.12

阻燃性 fire resistant properties

带不易发生燃烧或燃烧不易扩展的性能。

3.4.13

喷灯燃烧试验 burner flame test

使试样接触喷灯的火焰,然后撤离喷灯,观察试样是否燃烧及燃烧情况的试验。

3.4.14

续燃时间 flame duration

在喷灯燃烧试验中,撤离喷灯后试样火焰持续的时间。

3.4.15

滚筒摩擦试验 drum friction test

使滚筒在固定试样上摩擦转动,测定滚筒温度并观察试样破坏情况的试验。

3.4.16

导静电性 static conductivity

带的传导静电、防止发生火花放电的性能。

3.4.17

成槽性 troughability

输送带横向弯曲成槽形,以增大运量、减少物料撒落的性能。

3.4.18

成槽度 troughness

在成槽性试验中,试样最大挠度与试样原宽度之比。

3.4.19

接头强度保持率 joint strength index

带的接头拉伸强度与带的标称拉伸强度之比,用百分数表示。

3.4.20

直线度 linearity

使带边在规定长度内完全包含在内部的两条平行线之间的距离。

3.4.21

使用寿命　service life

输送带可有效使用的时间。

3.4.22

贮存寿命　storage life

输送带可安全存放的时间，在此时间内输送带仍应符合规范要求和具有适宜的使用寿命。

3.5　轻型输送带的其他术语

有关轻型输送带的其他术语见 ISO 21183-2:2005。

汉语拼音索引

英文索引

A

B

C

D

E

F

G

H

I

J